高等学校教材

现代大学化学

王风云　夏明珠　雷　武　主编

化学工业出版社

·北京·

全书分上、下两篇，上篇为经典化学部分，包括物质结构与化学键、元素与化合物、化学反应的基本原理、溶液的性质与溶液中的反应、物质的状态与相平衡、氧化还原反应与电化学、表面现象与胶体化学和有机化学基础共8章，下篇为现代化学部分，包括材料化学基础、能源化学基础、环境化学基础、日用化学基础、生命化学基础、食品化学基础和药物化学基础共7章。每章均附有适量习题与思考题。

本书可作为非化学化工专业本科生、化学化工专业专科生的普通化学教材。选用时可根据学时数对内容进行取舍。

图书在版编目（CIP）数据

现代大学化学/王风云，夏明珠，雷武主编. —北京：化学工业出版社，2009.8（2015.10重印）
高等学校教材
ISBN 978-7-122-06258-1

Ⅰ. 现… Ⅱ. ①王…②夏…③雷… Ⅲ. 化学-高等学校-教材 Ⅳ. O6

中国版本图书馆CIP数据核字（2009）第114864号

责任编辑：刘俊之　　文字编辑：陈　雨
责任校对：郑　捷　　装帧设计：关　飞

出版发行：化学工业出版社（北京市东城区青年湖南街13号　邮政编码100011）
印　　装：北京科印技术咨询服务有限公司数码印刷分部
787mm×1092mm　1/16　印张18¾　字数501千字　2015年10月北京第1版第2次印刷

购书咨询：010-64518888　　售后服务：010-64518899
网　　址：http://www.cip.com.cn
凡购买本书，如有缺损质量问题，本社销售中心负责调换。

定　　价：46.00元

前　言

化学与数学、物理学一样，是一门最经典的自然科学学科。随着人类的进步和社会的发展，化学已渗透到人类生活的每一个角落，人们已离不开也避不开化学。因此，化学知识是现代人的现代生活必不可少的基础知识。

但是，由于许多高校学科建设的需要，许多专业的本、专科学生已不开或少开化学课程，其主要原因是当前大多《普通化学》和《大学化学》教材专业性、理论性强，直观上看来与日常生活和生产实践的关系不太紧密。再加上各地高考方案不同，最终使得现在的许多大学生甚至研究生的化学知识只有高中甚至初中生水平，这对于全面提高学生和国民素质是不利的。

编者近年来一直从事基础化学教学与基础化学知识的普及工作，深刻认识到提高国民化学素质教育的重要性。因此，认为编写一本实用性强、适用范围广的《现代大学化学》教材具有实际意义。

本教材分上、下两篇，上篇为经典化学部分，下篇为现代化学部分。上篇理论性和专业性较强，下篇实用性、科普性较强。本书适宜作为非化学化工专业本科生、化学化工专业专科生的普通化学教材。使用时也可根据学时数只选用上篇或下篇。

参加本书编写的有南京理工大学王风云，夏明珠，雷武；山东理工大学张曙光；南京师范大学王风贺；南通大学张跃华。其中第 1 章、第 9 章由张曙光负责编写；第 2 章、第 12 章由雷武负责编写；第 3 章、第 15 章由王风云负责编写；第 4 章、第 10 章由张跃华负责编写；第 7 章、第 11 章由王风贺负责编写；第 8 章、第 13 章由夏明珠负责编写；第 5 章由王风云、王风贺共同编写；第 6 章由雷武、张曙光共同编写；第 14 章由夏明珠、张跃华共同编写。最后由王风云统稿。

在编写过程中，曾参考大量前人的著作，其中一些在下篇各章的参考文献中已经列出。但许多属于经典化学内容的文献，以及来源于网上资源的资料，由于来源广泛、数量庞大，故无法一一列出，在此一并致谢！

由于本书涉及面较广，再加上编者水平有限、时间仓促，因此缺点和不足在所难免。恳请读者指正。

编者

2009 年 4 月

目　录

上篇　经典化学部分

第1章　物质结构与化学键

化学是研究原子间的化合及分解的科学。因此要认识和掌握化学运动的规律，就必须从原子的结构及运动规律着手。研究原子结构，主要是要掌握电子在原子核外的运动规律。

1.1　原子的结构与核外电子的排布

1.1.1　原子的组成与结构

原子是构成自然界各种物质的基本单位，由原子核和核外轨道电子（又称束缚电子或绕行电子）组成。原子的体积很小，直径只有 10^{-8}cm，原子的质量也很小，如氢原子的质量为 1.67356×10^{-24}g，而核质量占原子质量的99%以上。原子的中心为原子核，它的直径比原子的直径小很多。

原子核带正电荷，束缚电子带负电荷，两者所带电荷相等，符号相反，因此，原子本身呈电中性。束缚电子按一定的轨道绕原子核运动。当原子吸收外来能量，使轨道电子脱离原子核的吸引而自由运动时，原子便失去电子而显电性，成为离子。

1.1.2　原子核外电子的运动与描述

1913年，丹麦物理学家玻尔（N. Bohr）提出了原子壳式模型：在原子中，电子不能沿着任意的轨道绕核旋转，而只能沿着一定能量的轨道运动，即原子轨道的能量是量子化的；一般来说，电子的能量越高，所在轨道离核就越远；当电子在不同的原子轨道上发生跃迁时，会放出或吸收能量；放出的能量以光子的形式释放出来，因此产生原子光谱。玻尔运用牛顿力学定律推导出了氢原子的轨道半径和能量以及电子从高能态跃迁至低能态时辐射光的频率，成功地解释了氢原子和类氢离子（He^{+}、Li^{2+}、Be^{3+}）光谱。

由于微观粒子具有波粒二象性。1926年，奥地利物理学家薛定谔（E. Schrödinger）根据德布罗意的物质波观点，引用电磁波的波动方程，提出了描述微观粒子运动规律的基本方程，称为薛定谔方程，这个波动方程一组方程的解，就是描述原子核外电子运动状态的数学函数式，称为波函数，用 $\psi(r,\theta,\varphi)$ 表示。每一个波函数都表示电子的一种运动状态，通常把这种波函数叫做原子轨道（atomic obital）。

波函数是一种数学函数式，可以用图像来形象地表示这些抽象的函数。对氢原子及类氢原子，在球坐标下对波函数 $\psi(r,\theta,\varphi)$ 进行变量分离，分解为径向部分 $R(r)$ 和角度部分 $Y(\theta,\varphi)$ 的乘积，即 $\psi(r,\theta,\varphi)=R(r)\cdot Y(\theta,\varphi)$，电子云的径向分布 $R^2(r)$ 和角度分布 $Y^2(\theta,\varphi)$ 综合起来，$|\psi|^2=R^2(r)\cdot Y^2(\theta,\varphi)$，就可以得到电子云的空间分布图。

1.1.3　原子核外电子的排布

原子轨道能级是决定核外电子排布和构型的重要因素。

1.1.3.1　屏蔽效应

对氢原子，核外只有一个电子，只存在核与电子之间的引力，电子的能量完全由主量子数 n 决定。在多电子原子中，核外电子不仅受到原子核的吸引，而且还受到电子之间的相互排斥作用。这种排斥力的存在，实际上相当于减弱了原子核对外层电子的吸引力。若用 σ 表示被抵消掉的那部分电荷，称为屏蔽常数，则有效电荷 $z^*=z-\sigma$。这种由于其他电子对某一电子的排斥而抵消了一部分核电荷的作用称为屏蔽效应。

1.1.3.2　穿透效应

在多电子原子中，角量子数 l 较小的轨道上的电子，钻到核附近空间的概率较大，具有较强的穿透能力。这种电子减小了其他电子的屏蔽，又能增强核对它的吸引力，使其能量降低。这种外层电子向内层穿透的现象称为穿透效应。

1.1.3.3　能级交错及近似能级图

若只考虑主量子数的影响，应该有 $E_{3d}<E_{4s}$，但由于 4s 的角量子数比 3d 小，其结果使得 4s 轨道能量降低很多，其降低值超过了主量子数增加所引起的能量升高值，同时 3d 轨道所受屏蔽效应大，最终导致轨道能级交错，即 $E_{4s}<E_{3d}$。

一般来说，当轨道的 n 值增大对轨道能量的影响小于 l 值减小对轨道能量影响时，电子的穿透效应对轨道能量的影响起主导作用，能级交错现象即会发生。除 $E_{4s}<E_{3d}$外，还有 $E_{5s}<E_{4d}$，$E_{6s}<E_{4f}<E_{5d}$，$E_{7s}<E_{5f}<E_{6d}$。

多电子原子中的能级顺序受到多方面因素的影响，如核电荷数、主量子数、角量子数、屏蔽效应、穿透效应及电子的自旋等，因而难于精确地描绘原子中电子的能级。鲍林和科顿在大量光谱学实验数据的基础上，总结出了多电子原子的近似能级图，分别称为鲍林近似能级图和科顿原子轨道能级图。

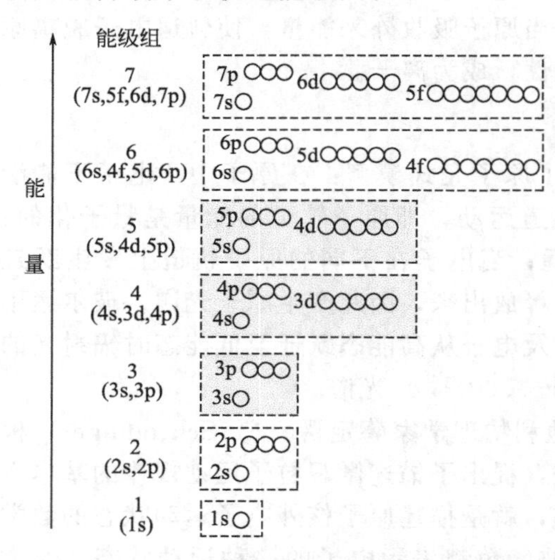

图 1.1.1　鲍林的原子轨道近似能级图

1939 年，鲍林（L. Pauling）从大量的光谱实验数据出发，计算得出了多电子原子中轨道能量的高低顺序，如图 1.1.1 所示。图中用小圆圈代表原子轨道，方框中的几个轨道能量相近，称为一个能级组。这样的能级组共有七个，各能级组均以 s 轨道开始，并以 p 轨道结束。它与周期表中七个周期有着对应关系。

由鲍林图不难看出，角量子数 l 相同时轨道的能级只由主量子数 n 决定，n 值越大，能级越高，例如 $E_{1s}<E_{2s}<E_{3s}<E_{4s}$，$E_{2p}<E_{3p}<E_{4p}$；若主量子数 n 相同，则轨道的能级由角量子数 l 决定，l 值越大能级越高，这种现象称为能级分裂，例如 $E_{ns}<E_{np}<E_{nd}<E_{nf}$；若主量子数 n 和角量子数 l 同时变动，则会出现“能级交错”现象，这可以用屏蔽效应和穿透效应来解释。

1.1.3.4　核外电子排布

根据原子光谱实验和量子力学理论，人们总结出了原子处于基态时核外电子排布的三项基本原则，分别是能量最低原理，泡利不相容原理和洪特规则。

“能量越低越稳定”是自然界中一条普遍的规律，原子中的电子也不例外，其所处状态总是尽可能地使整个体系的能量最低，这样的体系最稳定，这就是能量最低原理。因此，电子总是优先占据可供占据的能量最低轨道，然后按照鲍林原子轨道近似能级图 1.1.1 依次进入能量较高的轨道。

1925 年，瑞士物理学家泡利（W. Pauli）根据元素在周期表中的位置和光谱分析结果指出，在同一原子中不能存在运动状态完全相同的电子，或者说同一原子中不能存在四个量子数完全相同的电子，或者说同一轨道最多只能容纳两个自旋相反的电子，这就是泡利不相容原理。由于 s、p、d、f 各亚层的原子轨道数目分别为 1、3、5、7，所以各亚层最多只能容纳 2、6、10、14 个电子。每个电子层中原子轨道总数为 n^2，因而各电子层中电子的最大容量为 $2n^2$ 个。

1925 年，洪特（F. Hund）从大量光谱实验数据中总结出一条规律："电子分布到能量相同的简并轨道时，总是优先以自旋相同的方向单独占据之"。根据洪特规则推断，当简并原子轨道处于全充满（p^6，d^{10}，f^{14}），半充满（p^3，d^5，f^7）和全空（p^0，d^0，f^0）时更加稳定。

依据上述电子排布的基本原则，可以将周期表中各元素基态原子的核外电子按主量子数由小到大的顺序排布出来，所得电子排布方式称为元素的基态电子构型。尚有一些副族元素的电子层构型不服从核外电子排布的三项基本原则，出现"反常"现象，至今尚未得到很好的解释。

1.1.4　元素周期表

原子的外层电子构型随原子序数的增加而呈现周期性变化，而原子外层电子构型的周期性变化又引起元素性质的周期性变化，元素性质周期性变化的规律称为元素周期律，反映元素周期律的元素排布称元素周期表（periodic table）。

1.1.4.1　周期

表中横行称为周期，共分为七个周期。能级组的形成是元素划分为周期的本质原因。也就是每当一个新的能级组开始填充电子时，标志着核外电子排布中增添了一个新的电子层，周期表中开始了一个新的周期。因此元素所在的周期数必等于该元素原子的电子层数，各能级组中轨道所容纳的电子总数应与相应周期包含的元素数目相等。于是，除了尚未填满的第七周期外，各周期所包含的元素数目顺次为 2、8、8、18、18、32。

前三个周期为短周期，第四周期以后称为长周期。长周期包含了过渡及内过渡元素。所谓过渡元素是指具有未充满 d 电子的原子或阳离子的元素，具体来说是指周期表中 d、ds 区的元素。内过渡元素是指具有未充满 f 电子的那些原子的元素，分成两个单行单独排列在周期表的下方。习惯上把 $z=57$ 的镧到 $z=71$ 的镥共 15 个元素称为镧系元素；把 $z=89$ 的锕到 $z=103$ 的铹共 15 个元素称为锕系元素。

1.1.4.2　主族

周期表中竖列称为族，由原子电子层结构相似的元素所组成。周期表把元素分成 16 个族，其中有 7 个 A 族，也称主族；7 个 B 族，也称副族；稀有气体为零族；还有一个第Ⅷ族，由铁、钌、锇、钴、铑、铱、镍、钯、铂三列元素构成，也属于副族。凡包含长、短周期元素的各列，称为主族；仅包含长周期元素的各列，称为副族。

各主族元素的族数等于该族元素原子最外层中的电子数（即价电子数）。在同一族内，虽然不同元素的原子电子层数不同，但外层电子数都相同，这决定了同一族元素性质的相似性。副族元素的情况稍有不同，除最外层电子外，次外层 d 电子及外数第三层 f 电子也可部分或全部参加反应，所以副族元素的族数应为该元素能失去（或参加反应）电子的总数。

1.1.4.3　特征电子组态

根据核外电子填充的特点，周期表元素形成了若干特征电子组态，从而将其划分为 s、

p、d、f、ds五个区域。最后一个电子填充在s轨道上的元素称为s区元素族，包括ⅠA和ⅡA族元素，其价电子组态为$ns^{1\sim2}$；最后一个电子填充在p轨道上的元素称为p区元素族，包括ⅢA至ⅦA和零族，所有元素的价电子组态均为$ns^2np^{1\sim6}$（除了氦无p电子外）；最后一个电子填充在d轨道上的元素称为d区元素族，包括ⅢB至ⅦB和第Ⅷ族，其价电子组态为$(n-1)d^{1\sim9}ns^{1\sim2}$［钯例外，为$(n-1)d^{10}ns^0$］；最后一个电子填充在f轨道上的元素称为f区元素族，包括镧系和锕系元素，其价层电子组态为$(n-2)f^{1\sim14}(n-1)d^{0\sim1}ns^2$［钍例外，为$(n-2)f^0(n-1)d^2ns^2$］；最后一个电子填充在d轨道或s轨道上，价电子组态为$(n-1)d^{10}ns^{1\sim2}$的元素称为ds区元素，包括ⅠB和ⅡB两个副族元素。

1.1.5　元素性质的周期性

如前所述，原子的电子层结构具有周期性变化的规律，因此与之有关的基本性质，如原子半径、电离能、电子亲合能、电负性等也呈现显著的周期性变化规律。

1.1.5.1　原子半径

从量子力学理论的观点看，一个孤立的自由原子的核外电子，从原子核附近到距核无穷远处都有出现的概率。所以严格地说，原子没有固定的半径。通常所说的“原子半径”是指原子在分子或晶体中所表现的大小，原子半径随原子所处环境的不同而有不同的定义，主要有原子半径、共价半径、金属半径和范德华（van der Waals）半径几种。

所谓原子轨道半径是指自由原子最外层轨道径向分布函数$4\pi r^2\varphi^2$的主峰位置到原子核的距离，该定义只适用于比较自由原子的大小。所谓共价半径是指，若同种元素的两个原子以共价单键连接时，它们核间距离的一半，共价半径可用于比较非金属原子的大小。在金属晶格中相邻金属原子核间距离的一半称为原子的金属半径，原子的金属半径通常比其单键共价半径大10%～15%。稀有气体在凝聚态时，原子之间靠微弱的分子间作用力（范德华力）结合在一起，而不形成化学键。取固相中相邻原子核间距的一半作为原子半径，称为范德华半径。一般范德华半径比同种元素的单键共价半径大得多。非金属原子的范德华半径与其负离子半径大致相等。原子半径随原子序数的变化见图1.1.2。

1.1.5.2　电离能

基态气体原子M失去最外层第一个电子成为气态离子M^+所需的能量，称为第一电离能(I_1)，再相继逐个失去电子所需的能量分别称为第二、第三…电离能（I_2、I_3…）。很显然，第一电离能最小，因为从正离子电离出电子远比从中性原子电离出电子困难，且离子电荷数越高越困难，所以$I_1<I_2<I_3$…。电离能的单位可用电子伏（eV）或$kJ\cdot mol^{-1}$表示，$1eV=96.48kJ\cdot mol^{-1}$。电离能$I$随原子序数的变化见图1.1.3。

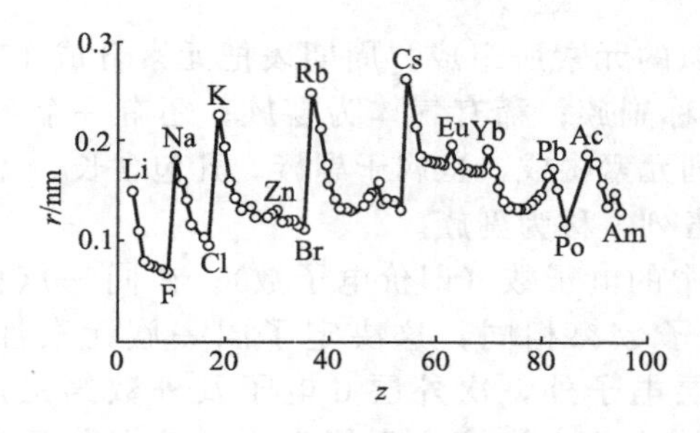

图1.1.2　原子半径r随z的变化

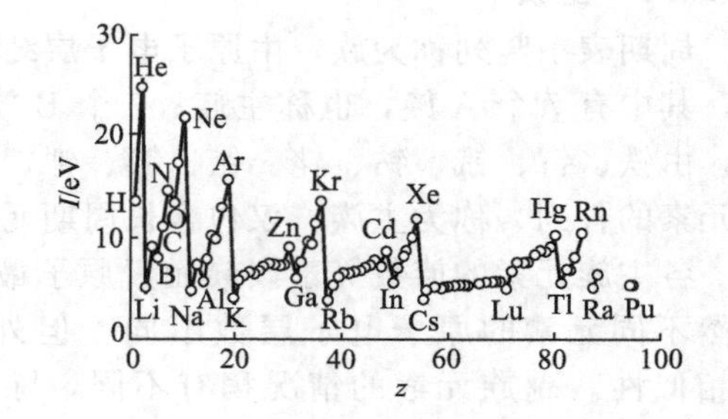

图1.1.3　电离能I随z的变化

1.1.5.3　电子亲合能

一个基态的气态原子X得到一个电子形成气态负离子X^-所放出的能量，称为元素的电子亲合能，常以符号 E_{ea}表示，正值表示放出能量，负值表示吸收能量。电子亲合能等于电子亲合反应焓变的负值 $-\Delta H$。像电离能一样，电子亲合能也有第一、第二…之分。非金属原子的电子亲合能越大，则表示该原子生成负离子的倾向越大。电子亲合能的周期变化规律与电离能的规律基本相同。

1.1.5.4　电负性

如前所述，电离能是孤立原子束缚电子能力的量度，电子亲合能是孤立原子结合电子能力的量度。而当原子形成化学键时，原子吸引成键电子能力的相对大小如何来度量呢？1932 年，Pauling 提出了电负性（electronegativity）的概念。此后有关电负性的概念、标度和计算方法都在不断发展，出现了多套数值不同的电负性数据，其中影响最大的是鲍林的电负性系列。

若 A、B 两原子成键，且假定是纯共价键，则可用热化学数据求解出其纯共价键能 E_{AB}。但事实上，A—B 键不可能是纯共价键，实验测得 A—B 键的键能为 D_{AB}，记 $\Delta = D_{AB} - E_{AB}$，并设 x_A、x_B 分别为元素 A 和 B 的电负性，令 $x_A - x_B = 0.102\Delta^{1/2}$，且人为指定元素氟的电负性为 4.0（现在建议值为 3.9），便可得出周期表中其他元素的电负性值（图 1.1.4）。在元素性质研究中，电负性是判断元素金属性强弱以及了解其化学性质的重要参数。

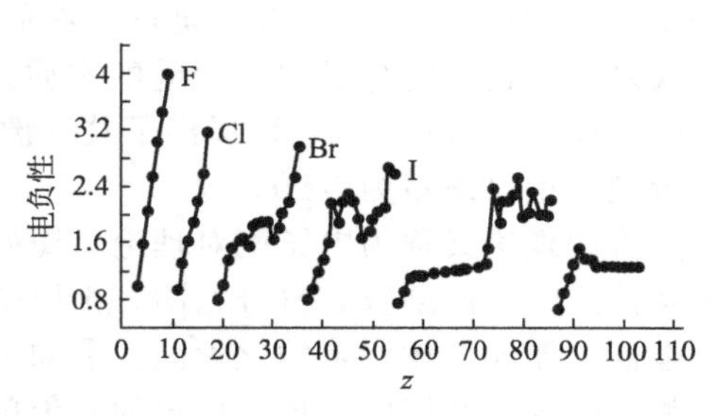

图 1.1.4　电负性的周期性变化

1.2　分子结构与化学键理论

分子是由原子组成的，是物质能独立存在并保持其化学特性的最小微粒。组成分子的原子数可以少至只含一个原子，也可以多达千千万万，前者如稀有气体、金属的单原子分子，后者如塑料、橡胶等高分子材料。迄今，人们已经发现了 115 种元素，正是这些元素的原子组成分子，从而构成了丰富多彩的物质世界。那么，原子之间如何结合成分子，分子之间又是如何结合成宏观物体的呢？

通常把分子中直接相邻的两个（或多个）原子之间的强相互作用力称为化学键。化学键分为离子键、共价键、金属键和配位键。存在于分子之间的吸引力较弱，称为范德华力；氢键属于一种较强且有方向性的分子间力。

1.2.1　离子键

当活泼金属原子和活泼非金属原子在一定反应条件下互相接近时，它们都有达到稳定的稀有气体原子结构的倾向，由于原子间电负性相差较大，活泼金属原子易失去最外层电子而成为带正电荷的正离子（又称阳离子），而活泼非金属原子易得电子，使最外层电子充满而带负电荷成为负离子（又称阴离子）。正、负离子由于静电引力相互吸引而形成离子晶体。当吸引、排斥作用平衡时，正、负离子在平衡位置附近振动，系统能量最低，形成稳定的化学键，这种化学键称为离子键。

离子键没有方向性和饱和性，键的离子性与电负性有关。实验表明，即使电负性最小的铯与电负性最大的氟形成最典型的离子型化合物氟化铯中，键的离子性也只有 92%。这告诉我们，离子间不是纯粹的静电作用，仍有部分原子轨道重叠，有一定的共价性。

离子键的本质是静电作用力，当离子电荷越大时，离子间的距离越小，离子间的引力越强，离子键越稳定。离子键的强度一般可以用晶格能 U_0 的大小来衡量。晶格能是指 1mol 离子化合物中的气态正、负离子，由相互远离到结合成离子晶体时所释放出的能量，或 1mol 离子晶体解离成自由气态离子时所吸收的能量。

离子型化合物在绝大多数情况下为晶状固体，硬度大，易击碎，熔点、沸点高，熔化热、汽化热高，熔化状态能导电，许多（不是所有）化合物溶于水。这些性质都可以由离子键理论得到解释。

1.2.2　共价键

1.2.2.1　价键理论

离子键理论能很好地说明离子化合物的形成和性质，但不能说明由相同原子组成的单质分子（如 H_2、N_2 等）、由不同非金属元素结合所生成的分子（如 HCl、CO_2、NH_3 等）以及大量有机化合物分子中化学键的本质。为了说明该类分子的形成机理，1916 年美国化学家路易斯（Lewis G. N.）提出了共价键理论，鲍林等人继承并发展了这一成果，建立了现代价键理论（缩写为 VB）。

价键理论又称为电子配对理论（简称 VB 法），其要点如下。①自旋相反的两个单电子相互接近时，波函数 ψ 符号相同，则原子轨道的对称性匹配，核间的电子云密集，体系的能量最低，能够形成稳定的化学键。②如果 A、B 原子各有一个未成对电子，且自旋相反，则可相互配对，共用电子形成稳定的共价单键。如果 A、B 各有 2 个或 3 个未成对电子，则自旋相反也可以两两配对，形成共价双键或共价三键（如氧分子双键、氮分子三键等）。③共价键具有饱和性。如 HCl 分子中 H 原子的 1 个 1s 未成对电子和 Cl 原子的 1 个 3p 电子配对形成共价单键以后，已无未成对电子，故 HCl 分子不能再与其他原子结合。④原子轨道重叠时，重叠越多，电子在两核之间出现的概率越大，体系的能量越低，形成的共价键也越稳定。因此，共价键应尽可能沿着原子轨道最大重叠的方向形成，称为最大重叠原理。所以，共价键具有方向性，这也决定着分子的空间构型，影响着分子的性质。

按共用电子对的提供方式不同，可将共价键分为正常共价键和配位共价键。如果共用电子对是由两个成键原子各提供 1 个电子而形成，称为正常共价键；如果共用电子对由单一原子所提供，则称为配位共价键（或称配位键），提供、接受电子对的原子分别称为电子对给予体和电子对接受体，通常用“→”表示配位键。正常共价键和配位键的区别仅仅表现在成键机理上，即共用电子对的来源不同；但成键以后，二者并无任何差别。

根据原子轨道的重叠方式不同，共价键可分为 σ 键、π 键和离域大 π 键。如果原子轨道按“头碰头”的方式发生重叠，轨道重叠的部分沿键轴方向呈圆柱形对称分布，这种共价键称为 σ 键。如 s-s 重叠（H_2 分子），s-p_x 重叠（HCl 分子），p_x-p_x 重叠（Cl_2 分子）形成 σ 键，见图 1.2.1(a)。如果原子轨道按“肩并肩”的方式发生重叠，轨道重叠部分对通过键轴的一个平面具有镜面反对称，这种共价键称为 π 键。如图 1.2.1(b) 所示，除 p-p 轨道可以重叠形成 π 键外，p-d、d-d 轨道重叠也可以形成 π 键。

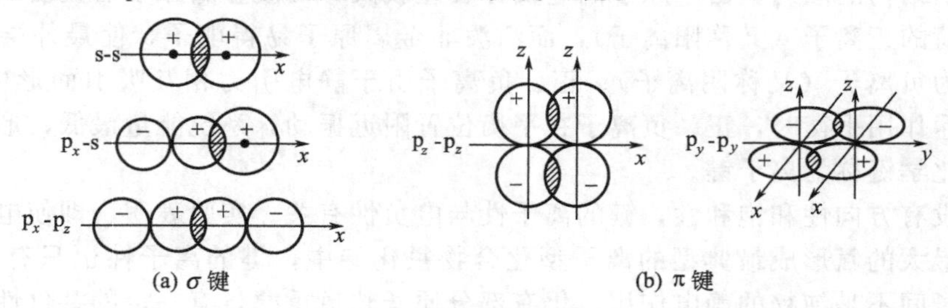

图 1.2.1　σ 键、π 键形成示意图

σ键在键轴方向呈圆柱形对称，电子云密布在两核之间，满足轨道最大重叠原理，两核间浓密的电子云将两个成键原子核强烈地吸引在一起，所以σ键的键能大，稳定性高。π键以键轴平面呈镜面反对称，电子云密布在键轴上下，“肩并肩”的重叠方式使得在键轴平面上的电子云密度为零，只是通过键轴平面上、下两块电子云将两核吸在一起，这两块电子云离核较远，形成π键时轨道不可能满足最大重叠原理。因此，一般来说π键稳定性小，π电子活泼而易参与化学反应。如果两原子形成多重键，则其中必定先形成一个σ键，其余为π键。如 N_2 分子有三个键，一个σ键，两个π键，其中σ键由 $2p_x$-$2p_x$ 轨道形成，π键分别由轨道 $2p_y$-$2p_y$、$2p_z$-$2p_z$ 形成。

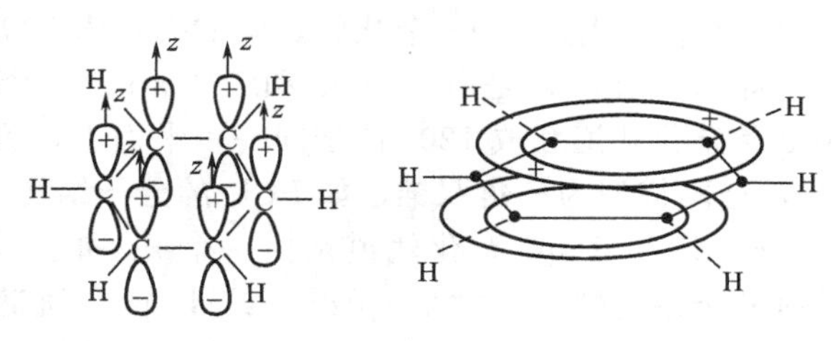

图 1.2.2　苯分子中的离域π键

由两个以上原子轨道以“肩并肩”方式重叠形成的键，称为离域π键或大π键。一般的π键是由两个原子的 p 轨道叠加而成，电子只能在两个原子之间运动；而大π键是由多个原子提供多条相互平行的 p 轨道叠加而成，电子在这个广大区域中运动。通常大π键用符号 π_n^m 表示，n 表示 p 轨道数（即成键的原子数），m 表示电子数。苯分子中的六原子中心、六电子的大π键（图 1.2.2），用 π_6^6 表示。

1.2.2.2　杂化轨道理论

现代价键理论成功地解释了共价键的成键本质以及共价键的方向性、饱和性等问题，但在解释分子（如 H_2O、CH_4 等）空间构型等问题上，所得结论与实验事实有许多冲突之处。为了阐明共价分子的空间结构，在价键理论的基础上，鲍林于 1931 年提出了杂化轨道理论：在分子形成过程中，由于原子间的相互影响，同一原子中能量相近、类型不同的若干原子轨道“混合”起来，重新作出空间取向，而组成同等数目且能量完全相同的一组新轨道，所形成的新轨道称为杂化轨道，杂化轨道与其他原子的原子轨道或杂化轨道重叠形成共价键。

杂化轨道理论认为，在原子形成分子的过程中，需要经过激发、杂化、轨道重叠等过程，这就是杂化轨道理论的基本要点。

如在形成 CH_4 分子时，碳原子欲与 4 个氢结合，必定要从 2s 轨道的一个电子激发到 $2p_z$ 轨道上，这样才有 4 个未成对电子分别与四个氢结合成键。在成键过程中，激发和成键同时发生，由基态变为激发态所需的能量由形成更多共价键而放出更多的能量来补偿。

处于激发态的几条不同类型的原子轨道进一步线性组合成一组新轨道的过程称为杂化。

杂化轨道的电子云分布更为集中，因而杂化轨道的成键能力比未杂化的原子轨道的成键能力要强。杂化轨道与其他原子成键时，同样要满足原子轨道的最大重叠原理，重叠越多，形成的化合物越稳定。化合物的空间构型也是由满足原子轨道最大重叠的方向所决定的。

原子轨道的杂化只有在形成分子的过程中才会发生，而孤立的原子是不可能发生杂化的。而且原子轨道之所以杂化是因为杂化可以使成键原子轨道之间重叠得更多，比未杂化时原子轨道的成键能力增强，系统能量更低、更稳定。

参与杂化的原子轨道种类和数目不同，可以形成不同类型的杂化轨道。

sp 杂化轨道是由一个 ns 和一个 np 轨道组合而成。每条 sp 杂化轨道含有 (1/2)s 和 (1/2)p 的成分。sp 杂化轨道间的夹角为 180°，呈直线型。如 $BeCl_2$ 的分子结构。

sp^2 杂化轨道是由一个 ns 和两个 np 轨道组合而成。每条 sp^2 杂化轨道含有 (1/3)s 和 (2/3)p 的成分。sp^2 杂化轨道间的夹角为 120°，呈平面三角形。如 BF_3 分子结构。乙烯（C_2H_4）分子中的 C 原子也是采用 sp^2 杂化轨道成键的。C 原子用 sp^2 杂化轨道彼此重叠形成 C-C σ键，同时每个 C 原子还有一条未杂化的 p 轨道，含有一个电子，它们以“肩并肩”

的方式重叠形成一个C-C间的π键，垂直于乙烯分子的平面。

sp^3 杂化轨道是由一个 *n*s 轨道和三个 *n*p 轨道组合而成。每条 sp^3 杂化轨道含有（1/4）s 和（3/4）p 的成分。sp^3 杂化轨道间的夹角为 109°28′，呈四面体构型，例如 CH_4 结构。

sp^3d 杂化轨道是由一个 *n*s 和三个 *n*p 及一个 *n*d 轨道组合而成，共有5条杂化轨道，其中3条杂化轨道互成120°位于同一个平面上，另外2条杂化轨道垂直于这个平面，夹角为90°，空间构型为三角双锥，如 PCl_5 的分子结构。

sp^3d^2 和 d^2sp^3 杂化轨道是由一个 *n*s 和三个 *n*p 及两个 *n*d 或（*n*−1）d 轨道组合而成，共有6条杂化轨道。六个 sp^3d^2（或 d^2sp^3）轨道指向正八面体的六个顶点，杂化轨道间的夹角为90°或180°，空间构型为正八面体，如 SF_6 的分子结构。

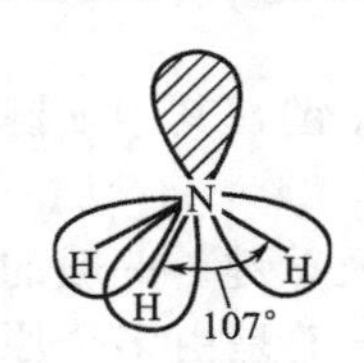

图 1.2.3 NH_3 的空间构型

同类型的杂化轨道可分为等性杂化和不等性杂化两种。凡是杂化轨道成分相同的杂化即为等性杂化。如 CH_4、CCl_4 分子中的C原子杂化。而如果杂化轨道中有一条或几条被孤对电子所占据，使得杂化轨道之间的夹角改变，造成杂化轨道不完全等同，该类杂化称为不等性杂化。例如 NH_3 分子中（图1.2.3），N原子的价电子结构为 $2s^22p_x^12p_y^12p_z^1$，按杂化轨道理论，该N原子采用 sp^3 杂化轨道成键。由前述可知，sp^3 杂化轨道间的夹角为109°28′，呈四面体构型，而实验测得 NH_3 分子中N—H键之间的夹角为107°20′，其原因是，在4个 sp^3 杂化轨道中，有一个轨道被N原子的一对孤对电子所占据，因孤对电子不参与成键而密布于N原子周围，对3个N—H键的电子云具有较强的排斥作用，而使得 sp^3 杂化轨道间的夹角由109°28′变为107°20′，分子空间构型由四面体型变为三角锥型。H_2O 分子中也存在类似情形。

1.2.2.3 价层电子对互斥理论

价键理论和杂化轨道理论比较成功地解释了共价键的特性，然而在预测分子中某原子采取何种杂化类型、分子的空间构型方面仍有许多欠缺。比如，H_2O、CO_2 都是 AB_2 型分子，H_2O 分子的键角为104°45′，而 CO_2 是直线型分子；又如 NH_3 和 BF_3 同为 AB_3 型分子，两者分别为三角锥形、平面三角形结构，这是为什么？以上两个问题是价键理论和杂化轨道理论所不能解释的。

为了解决这一问题，1940年英国化学家西奇威克（Sidgwick）和鲍威尔（Powell）提出了价层电子对互斥理论（简称VSEPR理论），后经吉莱斯（Gillespie）和尼霍姆（Nyholm）于1957年发展为较简单且又能比较准确地判断分子几何构型的学说。

价层电子对互斥理论认为，分子的立体构型取决于中心原子的价电子对（包括价层轨道电子对和孤对电子对）数目。价电子对之间存在斥力，来源于两个方面：一是各电子对间的静电斥力；二是电子对中自旋方向相同的电子间产生的斥力。

价层电子对间的斥力大小与电子对的类型有关。不同价电子对间的排斥作用顺序为：孤对-孤对＞孤对-键对＞键对-键对。电子对间的斥力还与其夹角有关，斥力大小顺序是90°＞120°＞180°。需要注意的是，这里所说的成键电子对只包括形成σ键的电子对，不包括形成π键的电子对，即分子中的多重键皆按单键处理。

为了减小价电子对间的排斥力，电子对间应尽可能相互远离，按能量最低原理排布在球面上。其分布方式为：当价电子对数目为2时，呈直线；价电子对数目为3时，呈平面三角；价电子对数目为4时，呈正四面体；价电子对数目为5时，呈三角双锥；价电子对数目为6时，呈八面体等。

根据VSEPR理论，分子或复杂离子几何构型的判断可按以下三步进行。第一步，确定中心原子价层电子数。价层电子对数 N=（中心原子价电子数 n+配位原子提供电子数 l−离子代数值 m）/2。式中配位原子提供电子数 l 的计算方法是：氢和卤素原子均提供1个价电子；氧和硫原子提供电子为零。因为氧和硫价电子数为 6，它与中心原子成键时，往往从中心原子接受 2 个电子而达到稳定的八隅体结构。第二步，由中心原子的价电子对数，根据前面的讨论找出电子对间斥力最小的电子排布方式。第三步，把配位原子按相应的几何构型排布在中心原子周围，每一对电子连接一个配位原子，剩下的未与配位原子结合的电子对便是孤对电子。含有孤对电子的分子几何构型不同于价电子的排布，孤对电子所处的位置不同，分子空间构型也不同，但孤对电子总是处于斥力最小的位置，除去孤对电子占据的位置后，便是分子的几何构型。

【例 1.2.1】 用价层电子对互斥理论预测 IF_2^- 的空间构型。

解： 中心原子 I 的价电子数为 $n=7$，$l=2\times1$，$m=-1$。则 $N=[7+2-(-1)]/2=5$。5 对电子是以三角双锥方式排布。

因配位原子 F 只有 2 个，所以 5 对电子中，只有 2 对为成键电子对，3 对为孤对电子。由此可得如图 1.2.4 的三种可能情况，选择结构中电子对斥力最小，即夹角最大的那一种结构，得到 IF_2^- 分子为直线型结构的正确结论，如图 1.2.4 (a) 所示。

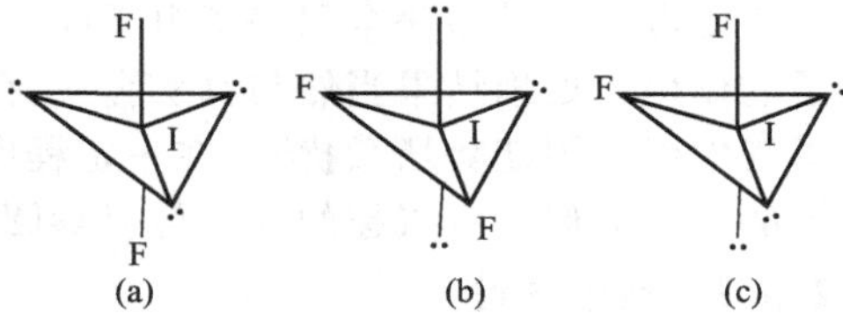

图 1.2.4　IF_2^- 的分子构型

用价层电子对互斥理论可确定大多数主族元素的化合物分子和复杂离子的构型，常见分子构型见图 1.2.5。

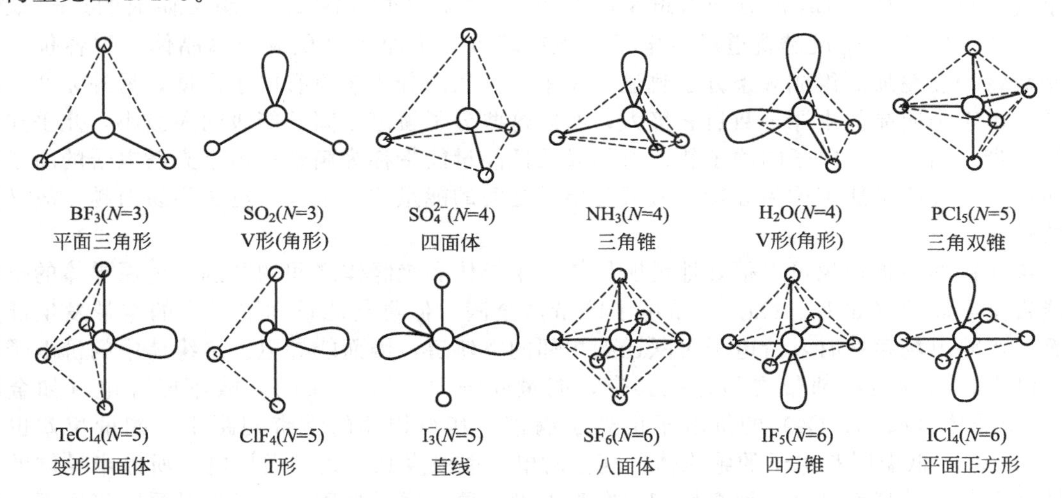

图 1.2.5　几个典型分子的几何构型

1.2.3　金属键

周期表中 4/5 的元素为金属元素。除汞在室温是液体外，所有金属在室温都是晶体，其共同特征是：具有金属光泽，具备优良的导电、导热性，富有延展性等。这些特性是由金属内部所特有的化学键（金属键）的性质所决定的。

与非金属相比，金属原子的半径大，核对价电子的吸引比较弱，电子容易从金属原子上脱落成为自由电子而汇成“电子海”，金属正离子浸没在该电子海洋中，自由电子与正离子之间的作用力将金属原子紧密黏合在一起而成为金属晶体，这种作用力称为金属键。

金属元素大致可分为两大类：一类是简单金属；另一类是过渡金属、稀土和锕系金属。简单金属主要包括碱金属、碱土金属和 Zn、Cd、Hg、Ga、In、Tl 等。该类金属元素电负性、电离能较小，最外层价电子容易脱离原子核的束缚，这样原子实和价电子便可截然分开，即原子实对金属整体的影响是局域的，而价电子则整体共有。用近自由电子模型处理这类金属获得了与实验大致相符的结论。另一类金属包括 d 壳层未充满的过渡金属、4f 壳层未填满的稀土金属以及 5f 壳层未填满的锕系金属，这些未填满的次外层电子能级和外层 s、p 电子相近，且这些 d 电子或 f 电子介于共有、局域化状态之间，所以研究方法与简单金属不同。

1.2.3.1　自由电子模型

简单金属的自由电子模型是：价电子完全共有并构成金属中导电的自由电子，原子实与价电子间的相互作用完全忽略，自由电子之间也是毫无相互作用的理想状态。为了保持金属电中性，可设想原子实带正电分布于整个体积中与自由电子的负电荷正好中和。

自由电子气模型完全忽略了电子间的相互作用，也忽略了原子实形成的周期势场对自由电子的作用，处理结果当然与真实金属有差距，后来发展了“近自由电子模型”（即在自由电子气中引入周期势场微扰），在一定程度上反映了简单金属的实际情况，可作为金属电子结构的一级近似。有兴趣的读者可以参阅相关专著。

1.2.3.2　能带理论

能带理论是在分子轨道理论的基础上发展起来的现代金属键理论。它将整块金属看作一个大分子，这个分子由晶体中所有原子组合而成。由于各原子的原子轨道之间的相互作用，便组成一系列相应的分子轨道，其数目与形成它的原子轨道数目相同。根据分子轨道理论，一个气态双原子分子 Li_2 的分子轨道是由 2 个 Li 原子轨道（$1s^2 2s^1$）组合而成的。σ_{2s}成键轨道填 2 个电子，σ_{2s}^*反键轨道没有电子。现在若有 n 个原子聚积成金属晶体，则各价电子波函数将相互叠加而组成 n 条分子轨道，其中 $n/2$ 条的分子轨道有电子占据，另外 $n/2$ 条是空的。由于金属晶体中原子数目 n 极大，所以这些分子轨道之间的能级间隔极小，几乎连成一片能带，由已充满电子的原子轨道所形成的低能量能带称为满带；由未充满电子的原子轨道所形成的高能量能带称为导带；满带与导带之间的能量相差很大，电子不易逾越，故又称为禁带。

金属键的能带理论可以很好地说明导体、半导体和绝缘体之间的区别。金属导体的价电子能带是半满的（如 Li、Na）或价电子能带虽全满，但可与能量间隔不大的空带发生部分重叠，当外电场存在时，价电子可跃迁到相邻的空轨道，因而能导电。绝缘体中的价电子都处于满带，满带与相邻带之间存在禁带，能量间隔大（$E_g \geqslant 5eV$），故不能导电（如金刚石）。半导体（如 Si、Ge）的价电子也处于满带，其与相邻的空带间距小，能量相差也小（$E_g < 3eV$），低温时是电子的绝缘体，高温时电子能激发跃过禁带而导电，所以半导体的导电性随温度的升高而升高，而金属却因升高温度，原子振动加剧，电子运动受阻等原因，使得金属导电性下降。

1.2.4　配位键

成键原子由单方面提供电子对与另一原子共用形成的共价键，称为配位键。氨和三氟化硼可以形成配位化合物 $H_3N \rightarrow BF_3$，式中→表示配位键。在 N、B 原子之间的一对电子来自于 N 原子上的孤对电子。

因此配位键是极性键，电子总是偏向一方。根据极性强弱，有的接近离子键，有的接近极性共价键。在一些配合物中，除配体向受体提供电子形成普通配位键外，受体的电子也向配体转移形成反馈配位键。以 $Ni(CO)_4$ 为例，CO 中碳上的孤对电子向镍原子供电子配位形成 σ 配位键，镍原子的 d 电子则反过来流向 CO 的空 π^* 反键轨道，形成四电子三中心 d-p π 键，即为反馈配位键，非金属配位化合物中也可能存在这种键。

形成配位键必须具备两个条件：①一个原子要有能接受孤对电子的空轨道；②另一

个原子要具有能提供的孤对电子。配位键广泛存在，通过配位键还能形成复杂的离子（或分子）。过渡元素的离子或原子都具有能接受电子对的空轨道，称为中心离子；一些分子或离子，如 NH_3、H_2O、Cl^-、CN^-、SCN^- 等，具有可提供的孤对电子，称为配位体。中心离子与配位体通过配位键结合形成的复杂离子叫配位离子，形成的中性分子叫配位化合物。

配位键的形成过程和配位化合物的性质可以用价键理论、晶体场理论和分子轨道理论来解释。价键理论认为配体上的电子进入中心原子的杂化轨道。这种理论可以解释配合物的对称性、稳定性和磁性，但不能解释配合物在形成过程中的颜色变化。晶体场理论将配体看作点电荷或偶极子，同时考虑配体产生的静电场对中心原子的原子轨道能级的影响。除可以解释配合物的对称性、稳定性和磁学性质外，还通过中心原子的轨道能级分裂来解释配合物在形成过程中的颜色变化。分子轨道理论假定电子在分子轨道中运动，应用群论或根据成键的基本原则就可得出分子轨道能级图；再把电子从能量最低的分子轨道开始按照泡利原理逐一填入，即得分子的电子组态，分子轨道分为成键轨道和反键轨道，分子的键合程度取决于分子中成键电子数与反键电子数之差。

1.2.5 分子间相互作用力

前面我们已经讨论了四类化学键（离子键、共价键、金属键、配位键），它们都是分子内部原子间的作用力，原子通过这些化学键组合而成各种分子和晶体。除此之外，分子与分子之间还存在着一些弱相互作用，包括范德华力、氢键作用，是决定物质熔沸点、溶解度等物化性质的重要因素。

1.2.5.1 分子的极性与偶极矩

双原子分子形成的共价键可分为极性键和非极性键，若两个相同原子组成的分子，由于电负性相同，两原子间形成非极性共价键，即分子中的正、负电荷重心重合，这种分子是非极性分子。如果由两个不同原子组成分子（如 HCl、CO），由于它们的电负性不相同，两原子间形成极性键，即分子中的正、负电荷重心不会重合，这种分子是极性分子。由多个不同原子组成的分子（如 SO_2、CO_2、CH_4、$CHCl_3$ 等），它们是否为极性分子，不仅决定于元素的电负性（或是键的极性），而且还决定于分子的空间构型。例如：SO_2、CO_2 中 S=O 键、C=O 都是极性键，但因为 CO_2 是直线型结构，键的极性相互抵消，正、负电荷重心重叠，所以，CO_2 是非极性分子。而 SO_2 为V形结构，正、负电荷重心不重合，因而 SO_2 是极性分子。

分子极性的强弱，可以用偶极矩（μ）表示，其定义为：极性分子正、负电荷重心间的距离 d（即偶极长）与偶极电荷 q 的乘积，即 $\mu=qd$。因为一个电子所带电量为 4.8×10^{-10} 静电单位，而偶极长 d 相当于原子间距离，其数量级为 10^{-8} cm。通常把 10^{-18} 厘米·静电单位作为偶极矩 μ 的单位，称为“德拜”(Debye)，用D表示。偶极矩是一个矢量，可以通过实验测得。偶极矩越大，分子极性越大；偶极矩 $\mu=0$，它是非极性分子。常用物质的偶极矩可通过查阅相应的手册获得。

由于极性分子的正、负电荷重心不重合，因此分子中始终存在着正极端和负极端。极性分子固有的偶极叫做永久偶极。而非极性分子在外电场的影响下可以变成具一定偶极的极性分子，极性分子也一样，在外电场的影响下其偶极增大。这种在外电场影响下所产生的偶极叫诱导偶极。诱导偶极的大小同外界电场的强度成正比。变形性大的分子，产生的诱导偶极也大。此外，非极性分子在没有外电场的作用下，正、负电荷重心也可能发生变化。这是因为分子内部的原子和电子都在不停地运动着，不断地改变它们的相对位置。在某一瞬间，分子的正、负电荷重心发生不重合的现象，这时所产生的偶极叫做瞬间偶极。瞬间偶极的大小同分子的变形性有关，分子越大，越容易变形，瞬间偶极也越大。

1.2.5.2 分子间作用力

19世纪末，范德华（van der Waals）发现分子间作用力的存在是造成实际气体偏离理想气体方程的原因，后人将其称为范德华力，其强度比化学键小1～2个数量级，大约仅为10^0～10^1kJ·mol^{-1}。范德华力包括取向力、诱导力、色散力三个部分。

取向力是指极性分子与极性分子之间的作用力。极性分子具有永久偶极，它们具有正、负两极。当两极接近，同极相斥，异极相吸，一个分子带负电的一端和另一个分子带正电的一端接近，使分子按一定的方向排列。

诱导力是发生在极性分子和非极性分子之间以及极性分子与极性分子之间的作用力。非极性分子与极性分子相遇时，非极性分子受到极性分子偶极电场的影响，电子云变形，产生了诱导偶极。诱导偶极同极性分子的永久偶极间的作用力叫做诱导力。同样，极性分子与极性分子之间除了取向力外，由于极性分子的电场互相影响，每个分子也会发生变形，产生诱导偶极，从而也产生诱导力。

任何一个分子，由于电子的不断运动和原子核的不断振动，都有可能在某一瞬间产生电子与核的相对位移，造成正、负电荷重心分离，从而产生瞬时偶极，这种瞬时偶极可能使它相邻的另一个非极性分子产生瞬时诱导偶极，于是两个偶极处在异极相邻的状态，从而在分子间产生相互吸引力，这种由于分子不断产生瞬时偶极而形成的作用力称为色散力。色散力必须根据近代量子力学原理才能正确解释它的来源和本质，从量子力学导出的这种力的理论公式与光色散公式相似，因此把这种力称为色散力。量子力学的计算表明，色散力与分子的变形性有关。分子间总是存在色散力的，且变形性愈大，色散力愈大，色散力与分子间距离的七次方成反比。在一般分子中，色散力往往是主要的，只有极性很大的分子，取向力才显得重要。

1.2.5.3 氢键

氢键是一种存在于分子之间或分子内部的作用力，比化学键弱，又比范德华力强。

在HF分子中，H和F原子以共价键结合，但因F原子的电负性大，电子云强烈偏向F原子一方，结果使H原子一端显正电性。由于H原子半径很小，又只有一个电子，当电子强烈地偏向F原子后，H原子几乎成为一个“裸露”的质子，因此正电荷密度很高，可以和相邻的HF分子中的F原子产生静电吸引作用，形成氢键。

氢键通常表示为X—H┄Y，X和Y代表F、O、N等电负性大、半径较小的原子。除了分子间的氢键外，某些物质的分子也可以形成分子内氢键，如邻硝基苯酚、$NaHCO_3$晶体等。

总之，分子欲形成氢键必须具备两个基本条件：其一是分子中必须有一个与电负性很强的元素形成强极性键的氢原子；其二是分子中必须有带孤对电子、电负性大而且原子半径小的元素。

氢键具有方向性和饱和性。氢键不同于化学键，其键能小，键长较长。氢键的键能主要与X、Y的电负性有关，一般电负性越大，氢键越强；氢键的键能还与Y的原子半径有关，半径越小，键能越大。如F—H┄F为最强的氢键，O—H┄O，O—H┄N，N—H┄N的强度依次减弱；Cl的电负性与N相同，但半径比N大，只能形成很弱的氢键O—H┄Cl，而Br、I则不能形成氢键。

氢键广泛存在于水、醇、酚、酸、氨、胺、氨基酸、蛋白质、碳水化合物等许多化合物中。氢键的存在对物质的熔点、沸点、密度、溶解度、酸性等性质均有重要的影响。

1.3　晶体结构

1.3.1　晶体的基本概念

按照其中原子排列的有序程度，固体物质可以分为晶体和无定形体。晶体具有整齐规则的几何外形、固定的熔点和各向异性的特征，而无定形体则无上述特征，是内部质点排列不规则、无一定结晶外形的固体。

1.3.1.1　晶体的特性

晶体结构最基本的特征是周期性。晶体是由原子或分子在空间按一定规律周期重复地排列构成的固体物质。晶体在生长过程中，自发地形成晶面，晶面相交形成晶棱，晶棱会聚成顶点，从而具有多面体的外形。因此具有规则的几何外形是晶体最为突出的特征。

有固定的熔点是晶体的又一特征。晶体加热至熔点开始熔化，熔化过程中温度保持不变，完全熔化成液态后温度才继续上升。而非晶态玻璃体熔化时，随着温度升高，黏度逐渐变小，变成流动性较大的液体。

晶体在不同方向上具有不同的物理性质，如电导率、折射率、机械强度等，这是由晶体中各方向排列的质点间距离和取向不同所造成的，这种差异通过成千上万次叠加，在宏观上体现出各向异性。而玻璃体等非晶态物质，微观结构上的差异由于无序分布而平均化了，所以非晶态物质是各向同性的。

晶体内部粒子周期性的排列及其理想的外形都具有特定的对称性，如中心对称、面对称、轴对称等。晶体就是按其对称性的不同而进行分类的。

1.3.1.2　晶格和晶胞

为了便于研究晶体中微粒（原子、离子或分子）在空间排列的规律和特点，将晶体中按周期重复的那一部分微粒抽象成几何质点，连接其中任何两点所组成的向量进行无限平移，这一套点的无限组合就叫做点阵。一维的点阵是直线点阵，二维的点阵是平面点阵，三维的点阵是空间点阵。

表 1.3.1　各晶系的晶胞参数

晶系	边长	夹角	晶体实例
立方	$a=b=c$	$\alpha=\beta=\gamma=90°$	Cu，NaCl
四方	$a=b\neq c$	$\alpha=\beta=\gamma=90°$	Sn，SnO_2
正交	$a\neq b\neq c$	$\alpha=\beta=\gamma=90°$	I_2，$HgCl_2$
三方	$a=b=c$	$\alpha=\beta=\gamma\neq 90°$	Bi，Al_2O_3
	$a=b\neq c$	$\alpha=\beta=90°$ $\gamma=120°$	
六方	$a=b\neq c$	$\alpha=\beta=90°$ $\gamma=120°$	Mg，AgI
单斜	$a\neq b\neq c$	$\alpha=\gamma=90°$ $\beta=120°$	S，$KClO_3$
三斜	$a\neq b\neq c$	$\alpha\neq\beta\neq\gamma\neq 90°$	$CuSO_4\cdot 5H_2O$

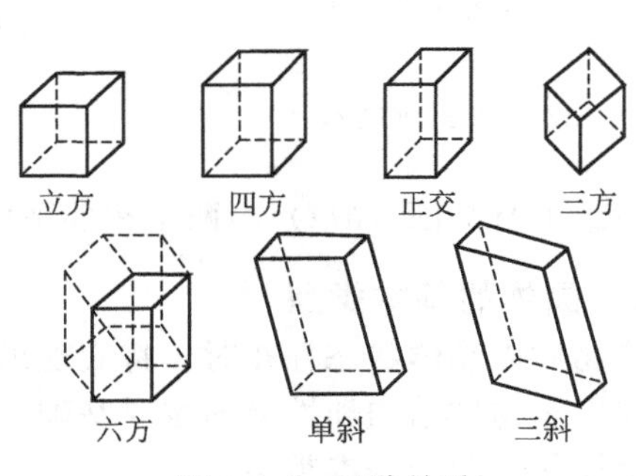

图 1.3.1　7 种晶系

平面点阵的点的连接形成平面格子，每个格子一般为平行四边形。空间点阵的点的连接形成空间格子。每一个格子一般是平行六面体。这种空间格子就称为晶格。把晶体中的微粒抽象地看成一个结点，把它们连接起来，构成不同形状的空间格子，这些空间格子都是六面体。假如将晶体结构截裁成一个一个彼此互相并置的而且等同的平行六面体的基本单元，它代表晶体的基本重复单元。我们称这些基本单元为晶胞。晶体是由晶胞无间隙地堆砌而成。若知道晶胞的特征（大小和形状），也就知道整个晶体的结构了。

晶胞的大小和形状由 6 个参数决定，它们是六面体的三边长 a、b、c，和三边夹角 α、

β、γ，这六个参数总称晶胞参数（也称点阵参数）。尽管世界上晶体有千万种，但它们晶胞的形状根据晶胞参数不同，只能归结为七大类（即七个晶系）：立方晶系、四方晶系、正交晶系、三方晶系、六方晶系、单斜晶系和三斜晶系，如图 1.3.1 所示，它们的晶胞参数见表 1.3.1。在以上七种晶体中，它们都是六面体，只是由于晶胞参数不同而有不同的形状。

1.3.1.3 晶面指数与晶面间距

不同方向的晶面，由于原子、分子排列不同，具有不同的性质。为了加以区别，晶体学中给予不同方向的晶面以不同的指标，称为晶面指数。

设有一组晶面与 3 个坐标轴 x、y、z 相交，在 3 个坐标轴上的截距分别为 r、s、t（以 a、b、c 为单位的截距数目），截距数目之比 $r:s:t$ 可表示晶面的方向。但直接用截距比表示时，当晶面与某一坐标轴平行时，截距会出现∞，为了避免这种情况发生，规定截距的倒数比 $1/r:1/s:1/t$ 作为晶体指标。由于点阵特性，截距倒数比可以约成互质整数比，即 $1/r:1/s:1/t=h:k:l$，晶面指标用（hkl）表示。

图 1.3.2 中，r、s、t 分别为 2、2、3；$1/r:1/s:1/t=1/2:1/2:1/3=3:3:2$，即晶面指标为（332），我们说（332）晶面，实际是指一组平行的晶面。

图 1.3.3 给出了立方晶系的几组晶面及其晶面指标。（100）晶面表示晶面与 a 轴相截，与 b 轴、c 轴平行；（110）晶面表示与 a、b 轴相截，与 c 轴平行；（111）晶面则与 a、b、c 轴相截，截距之比为 $1:1:1$。

晶面指标出现负值表示晶面在晶轴的反向与晶轴相截。晶面（$00\bar{1}$），（$00\,\bar{1}$），（010），（$0\,\bar{1}0$），（100），（$\bar{1}00$）可通过 3 重或 4 重旋转轴联系起来，晶面性质是相同的，可用 {100} 符号来代表这 6 个晶面。同理可用 {111} 代表（111），（$\bar{1}\bar{1}\bar{1}$），（$11\,\bar{1}$），（$1\,\bar{1}1$），（$\bar{1}11$），（$1\bar{1}\bar{1}$），（$\bar{1}\bar{1}1$），（$\bar{1}1\,\bar{1}$）这 8 个晶面。

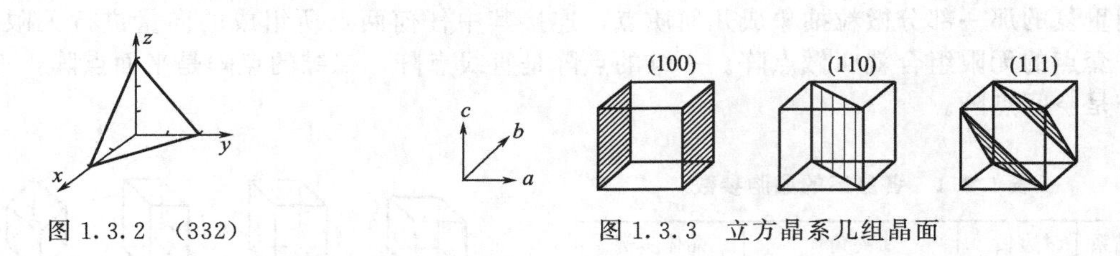

图 1.3.2 （332）

图 1.3.3 立方晶系几组晶面

一组平行晶面（hkl）中两个相邻平面间的垂直距离称为晶面间距，用 d_{hkl} 表示。

1.3.2 晶体的基本类型

当物质以晶体状态存在时，将表现出其他物质状态所没有的优异的物理性能，因而是人类研究固态物质结构和性能的重要基础。晶体可分为离子晶体、原子（共价）晶体、分子晶体和金属晶体四种基本类型。

1.3.3 离子晶体

由离子键结合而成的晶体，即为离子晶体。在离子晶格的结点上是正、负离子，离子之间的作用力是静电作用力。由于正、负离子间的静电作用力强，所以离子晶体具有较高的熔点、沸点和硬度。

决定二元离子晶体构型的主要因素是正负离子半径比和离子极化程度。

1.3.3.1 NaCl 型晶体

NaCl 晶体属面心立方点阵，Na^+ 与 Cl^- 交替排列，如图 1.3.4(a) 所示，Na^+ 与 Cl^- 的配位数均为 6。NaCl 晶体结构可看成 Cl^- 作立方最密堆积，Na^+ 填在 Cl^- 形成的八面体空隙中。每个晶胞含有 4 个 Cl^- 和 4 个 Na^+。碱金属的卤化物、氢化物，碱土金属的氧化物、硫化物、硒化物、碲化物，过渡金属的氧化物、硫化物，以及间隙型碳化物、氮化物都属 NaCl 型结构。

1.3.3.2　CsCl 型晶体

CsCl 晶体属简单立方点阵，Cl^- 作简单立方堆积，Cs^+ 填在立方体空隙中，正、负离子配位数均为 8，晶胞含 Cl^- 和 Cs^+ 各 1 个，如图 1.3.4(b) 所示。属于 CsCl 型晶体的化合物有 CsCl，CsBr，CsI，RbCl，TlCl，TlBr，TlI，NH_4Cl，NH_4Br，NH_4I 等。

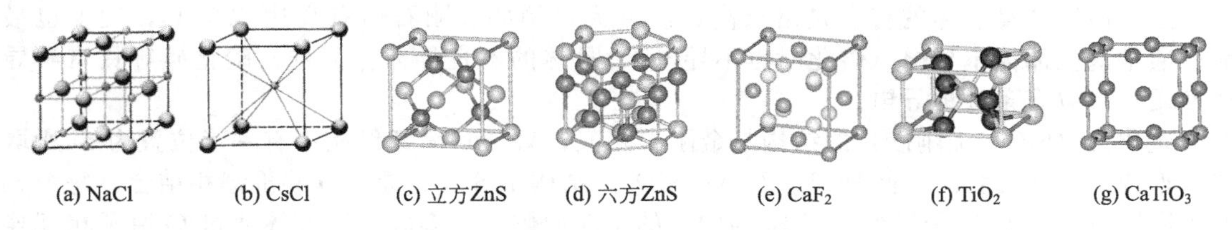

图 1.3.4　一些离子晶体的结构

1.3.3.3　ZnS 型晶体

ZnS 晶体结构有两种型式：立方 ZnS[图 1.3.4(c)] 和六方 ZnS [图 1.3.4(d)]。两种型式化学键的性质相同，都是离子键向共价键过渡，具有一定的方向性，Zn、S 原子的配位数都是 4。差别在于原子堆积方式：立方 ZnS 中的 S 原子作立方最密堆积，Zn 原子填在一半的四面体空隙中，形成立方面心点阵；而六方 ZnS 晶体中的 S 原子作六方最密堆积，Zn 原子填在一半的四面体空隙中，形成六方点阵。

立方 ZnS 晶胞中，S、Zn 原子各有 4 个。属于立方 ZnS 结构的化合物有硼族元素的磷化物、砷化物，铜的卤化物，Zn、Cd 的硫化物、硒化物。六方 ZnS 中，S、Zn 原子各有 2 个。属于六方 ZnS 结构的化合物有 Al、Ga、In 的氮化物，铜的卤化物，Zn、Cd、Mn 的硫化物、硒化物。

1.3.3.4　CaF_2 型晶体

CaF_2 晶体属立方面心点阵 [图 1.3.4(e)]，F^- 作简单立方堆积，Ca^{2+} 数目比 F^- 少一半，所以填了一半的立方体空隙。每个 Ca^{2+} 有八个 F^- 配位，而每个 F^- 有 4 个 Ca^{2+} 配位，每个 CaF_2 晶胞中有 4 个 Ca^{2+}，8 个 F^-。碱土金属氟化物，一些稀土元素如 Ce、Pr 的氟化物，过渡金属 Zr、Hf 的氟化物均属 CaF_2 型晶体。

1.3.3.5　TiO_2（金红石）型晶体

AB_2 型晶体中，最常见的重要结构是四方金红石（TiO_2）结构 [图 1.3.4(f)]。在此结构中 Ti^{4+} 处于略有变形的氧八面体中，即氧离子作假六方堆积，Ti^{4+} 填在它的准八面体空隙中，Ti^{4+} 配位数为 6，O^{2-} 与 3 个 Ti^{4+} 配位（3 个 Ti^{4+} 几乎形成等边三角形）。TiO_2 晶体属四方晶系，每个晶胞中含有 2 个 Ti^{4+}、4 个 O^{2-}。一些过渡金属氧化物如 TiO_2、VO_2、MnO_2、FeO_2，氟化物 MnF_2、CoF_2、NiF_2 等均为金红石结构。

1.3.3.6　多元离子晶体的结构

多元离子化合物有许多重要构型，如钙钛矿（$CaTiO_3$）、尖晶石等结构。ABO_3 化合物大多是钙钛矿型结构。理想的钙钛矿结构属立方晶系，但因离子极化等因素的影响，许多型变为四方、正交晶系，这种型变使得晶体的压电、热释电和非线性光学性质等发生了改变，因而成为一类十分重要的技术晶体。钙钛矿 [$CaTiO_3$，图 1.3.4(g)] 属正交晶系，每个晶胞中 Ca 原子处于体心位置，Ti 原子处于顶点位置，O 原子位于每条棱的中心位置。O、Ca 原子构成面心正交点阵，Ti 原子处于 O 原子的八面体空隙中，配位数为 6，Ca 原子配位数为 12。

1.3.4 原子晶体

在晶格结点上排列的粒子为原子，彼此之间以共价键结合形成的晶体称为原子晶体。金刚石、单晶硅、半导体单晶锗、Ⅳ主族元素单质，以及碳化硅（SiC）、砷化镓（GaAs）、方石英（SiO_2）等化合物都是原子晶体。

在原子晶体中，不存在独立的小分子，而只能把整个晶体看作由大量原子构成的大分子，没有确定的相对分子质量。由于共价键具有饱和性和方向性，所以原子晶体的配位数一般不高。如图 1.3.5(a) 为金刚石面心立方晶体。由于原子间以共价键相连，而共价键结合力极强，所以这类晶体的特点是熔点高，硬度大，例如金刚石熔点高达 3750℃，硬度也最大。通常这类晶体不导电（熔化时也不导电），是热的不良导体。但硅、碳化硅等具有半导体性质，可以有条件地导电。

碳化硅（SiC，金刚砂）的结构与金刚石相似，只是 C 骨架结构中有一半位置为 Si 所取代，形成 C—Si 交替的空间骨架。石英（SiO_2）结构中 Si、O 原子以共价键相结合，每个 Si 原子周围有 4 个 O 原子排列成以 Si 为中心的正四面体，许多硅氧四面体通过 O 原子相互连接而形成巨大分子，如图 1.3.5(b) 为方石英的面心立方晶体。

原子晶体的主要特点是：原子间不再以紧密的堆积为特征，它们之间是通过具有方向性和饱和性的共价键相连接，特别是通过成键能力很强的杂化轨道重叠成键，使它的键能接近 $400kJ \cdot mol^{-1}$。所以原子晶体的构型和性质都与共价键性质相关，原子晶体中配位数比离子晶体少，硬度和熔点都比离子晶体高，一般不导电，在常见溶剂中不溶解，延展性差。

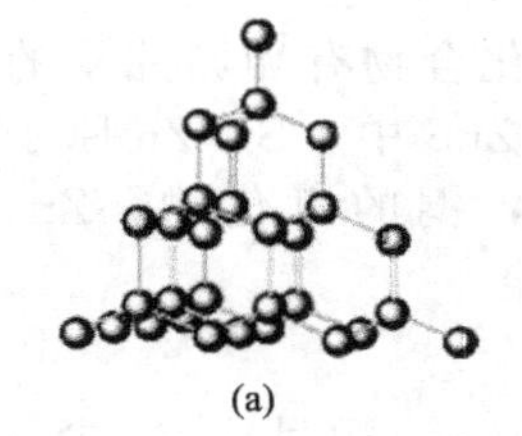

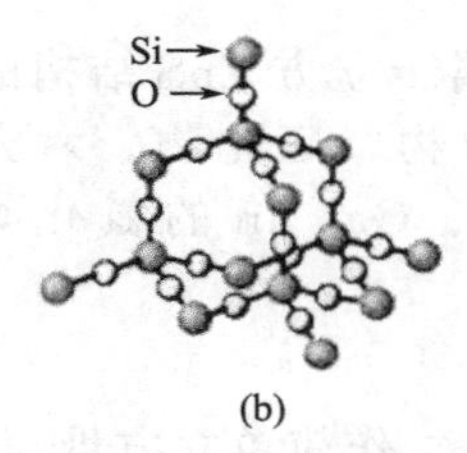

图 1.3.5 金刚石（a）和方石英（b）的晶体结构

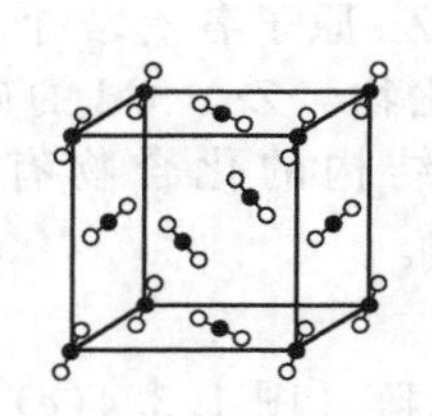

图 1.3.6 CO_2 晶胞

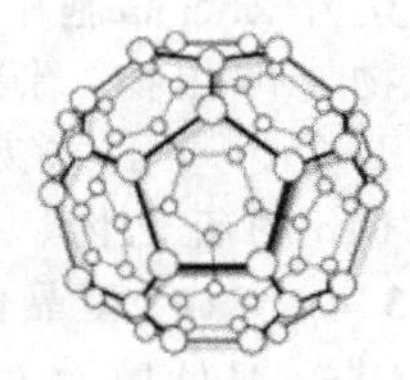

图 1.3.7 C_{60}结构图

1.3.5 分子晶体

在分子晶体中，组成晶胞的质点是分子（包括极性分子和非极性分子），分子间依靠范德华力或氢键作用结合在一起。如 Cl_2、Br_2、CO_2、NH_3、HCl 等，它们在常温下是气体或液体，但降温凝聚后的固体都是分子晶体。如图 1.3.6 所示为 CO_2 分子的晶胞图。

在分子晶体中，存在着单个分子。由于分子间的作用力较弱，所以其熔点、沸点低，且在固体或熔化状态通常不导电。那些极性强的分子晶体（如 HCl 等）溶解在极性溶剂（如 H_2O）中，因发生电离而导电。

由于分子间作用力没有方向性和饱和性，所以那些球形以及近似球形的分子，通常也采用配位数达 12 的最密堆积方式而组成分子晶体，这样可以使能量降低。最典型的球形分子是 1985 年发现的 C_{60}分子，由于其外形像足球，亦称足球烯（图 1.3.7）。60 个碳原子组成一个笼状的多面体圆球，球面上有 20 个六元环、12 个五元环，每个顶角上的 C 原子与周围 3 个 C 原子形成 3 个 σ 键，各碳原子的剩余轨道和电子共同组成离域大 π 键。C_{60}分子内碳原子间是共价键结合，而分子间则以范德华力结合而成分子晶体。经 X 射线衍射实验确定，C_{60}晶体也是面心立方密堆积结构，每个晶胞中含有 4 个 C_{60}分子。微小的 C_{60}球体间作用力弱，因此润滑性能极好。

1.3.6　金属晶体

在金属晶体中，原子失去了它的部分或全部价电子而成为离子实，这些离开了原子的价电子为全部离子实所共有。金属键就是靠共有化价电子和离子实之间的库仑力形成的。由于金属键没有饱和性和明显的方向性，所以金属原子总是尽可能地提高空间利用度，形成高配位数的晶体结构。如果把金属原子看成是等径圆球，则晶体中的原子排列可视为等径圆球的堆积。

如图 1.3.8 所示，如果将等径圆球在平面上排列，有两种排布方式。若按图(a) 方式排列，圆球周围剩余空隙最小，称为密置层；若按图(b) 方式排列，剩余的空隙较大，称为非密置层。由密置层按一定方式堆积起来的结构称为密堆积结构。经 X 射线衍射实验证明，在金属晶体中原子堆积一般有体心立方堆积、面心立方密堆积和六方密堆积三种方式。

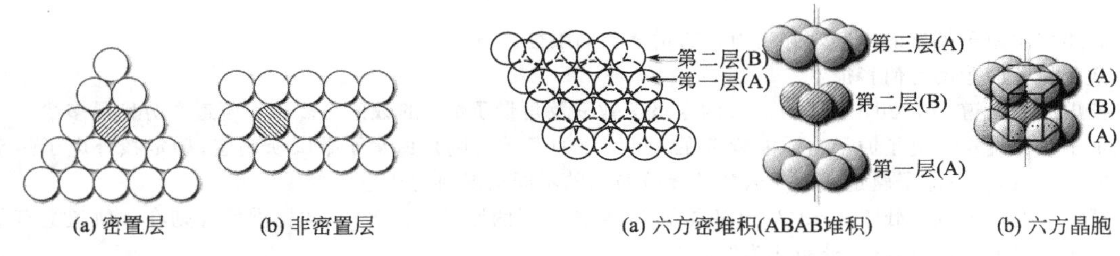

(a) 密置层　(b) 非密置层

图 1.3.8　圆球平面排列的两种方式

(a) 六方密堆积(ABAB堆积)　(b) 六方晶胞

图 1.3.9　圆球的六方密堆积

在第一密置层，每个圆球都和六个球相切而周围留下六个空隙。为了保持最紧密的堆积，第二密置层的球心（B）应放在第一层的空隙上，但这只能用去空隙的一半。第三密置层的放法有两种。①第三密置层的球心又对准第一密置层的球心（A），重复下去，形成 ABABAB…的堆积方式，则称为 AB 堆积［图 1.3.9(a)］。在这种堆积中，每个球周围等距离地排列了十二个球，故配位数为 12。从堆积中可以划分出六方晶胞［图 1.3.9(b)］，故称六方密堆积。②第三密置层球心（C）又相间地对准另一半空隙，第四密置层的球心对准第一密置层的球心（A），然后依次重复而形成 ABCABCABC…的堆积方式，称为 ABC 堆积［图 1.3.10(a)］，这种堆积的配位数和空间利用率同于面心立方密堆积。从堆积中划出立方晶体，是面心立方晶胞［图 1.3.10(b)］，故称面心立方堆积。

另一种堆积方式是体心立方堆积，是由非密置层相互错开重复堆积起来的，从中可划分出立方晶胞，圆球呈体心立方晶格分布，故称为体心立方堆积，这种堆积的配位数为 8，空间利用率低于以上两种堆积方式，不是密堆积结构。

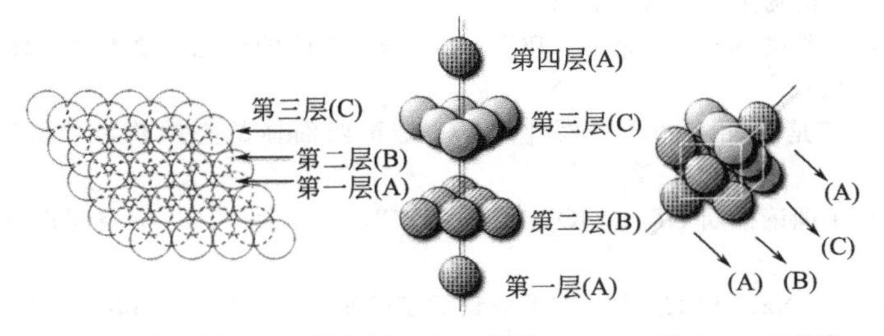

(a) 面心立方密堆积(ABCABC堆积)　(b) 面心立方晶胞

图 1.3.10　圆球的面心立方密堆积

1.3.7　混合型晶体

除上述四种典型的晶体外，还有一种混合型晶体（也称过渡型晶体），如石墨、CaI_2、

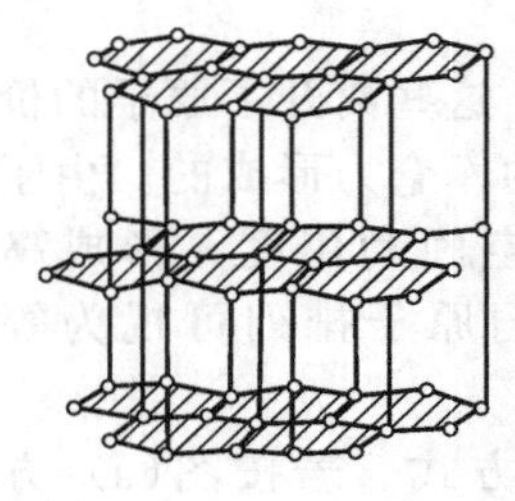

图 1.3.11　石墨的层状结构

CdI_2、MgI_2、$Ca(OH)_2$ 等。

以石墨晶体为例（图 1.3.11），同层的 C 原子以 sp^2 杂化轨道与相邻的 3 个 C 原子形成共价键，无限延展成正六角形的蜂巢状片层结构，此时 C 原子均剩余一个容纳单电子的 p 轨道，这些 p 轨道垂直于片层平面而相互平行形成了离域大 π 键。这些 p 电子比较自由，可以在整个片层中运动，相当于金属中的自由电子，所以石墨导热性、导电性好。同一片层中的碳原子结合力很强，所以石墨熔点高，化学性质稳定。另一方面，石墨中层与层之间距离较大，以范德华力相结合，因而石墨片层之间容易发生相对滑动。可见，石墨晶体兼有原子晶体、金属晶体和分子晶体的特征，因而得名为混合型晶体。

习题与思考题

1.1　简述玻尔原子模型的内容，并指出它的贡献和局限性。

1.2　微观粒子的运动有何特征？

1.3　指出原子轨道 2p，3d，4s，4f，5s 的主量子数 n 及角量子数 l 的数值是多少？轨道数分别是多少？

1.4　量子数①确定多电子原子轨道能量 E 的大小；ψ 的函数式则是由量子数②所确定；确定核外电子运动的量子数是③；原子轨道或电子云的角度分布图的不同情况决定于量子数④。

1.5　某元素有 6 个电子处于 $n=3, l=2$ 的能级上，则该元素的原子序数为①，根据洪特规则在 d 轨道上有②个未成对电子，它的电子分布式为③。

1.6　当主量子数 $n=4$ 时，可能有多少条原子轨道？分别用 ψ_{nlm} 表示出来。

1.7　用(n,l,m)表示的原子轨道(1,1,1)，(3,2,−2)，(3,2,−3)，(3,1,1)，(2,1,−1)和(2,3,2)中，哪种原子轨道是不存在的？为什么？

1.8　有人写出几个元素的电子排布为 $1s^2 2s^1 2p^2$，$1s^2 2s^2 2p_x^2$ 和 $[Ne]3s^3$，指出其错误并改正之。

1.9　在元素 Mg、Fe、Cr、Al 和 S 中，哪个原子具有 $1s^2 2s^2 2p^6 3s^2 3p^4$ 的电子结构？

1.10　写出原子序数分别为 19、30、42、46 和 54 的元素的价层电子构型。

1.11　在基态原子 Ag、Cd、Sb、Mo 和 Co 的电子分布中，未成对电子数最多的是哪一个原子？

1.12　在元素 Ba、V、Ag、Ar、Cs、Hg、Ni、Ga 中，原子的外层电子构型属 $ns^{1\sim2}$ 的是①，属 $(n-1)d^{1\sim8}ns^2$ 的是②，属 $(n-1)d^{10}ns^{1\sim2}$ 的是③，属 $ns^2np^{1\sim6}$ 的是④。

1.13　离子 K^+、Ca^{2+}、Sc^{3+}、Ti^{3+} 和 Ti^{4+} 中，哪个离子的半径最小？

1.14　试比较 Na 和 Mg；Li 和 Rb 及 S 和 Cl 的原子半径大小，并说明理由。

1.15　在具有构型 $4s^2 4p^3$，$4s^2 4p^4$，$4s^2 4p^5$ 和 $4s^2 4p^6$ 的元素中，谁的第一电离能最小？为什么？

1.16　化合物 NH_3、H_2O、H_2S、HCl、HF 中，哪一种化合物的氢键作用最强？

1.17　如何理解共价键具有方向性和饱和性？

1.18　简单说明 σ 键和 π 键的主要特征是什么？

1.19　根据杂化轨道理论预测 SiF_4、$HgCl_2$、PCl_3、OF_2 和 H_2O 的杂化轨道类型、分子的空间构型，并判断偶极矩是否为 0。

1.20　实验证明 BF_3 分子是平面三角形，而 $[BF_4]^-$ 是正四面体的空间构型，试用杂化轨道理论进行解释。

1.21　试用价电子对互斥理论推断 NF_3、NO_2、PCl_5、BCl_3、H_2S 和 ClF_3 的空间构型，并用杂化轨道理论加以说明。

1.22　氢在 HCl、NaOH、NaH 和 H_2 中，主要成键类型分别是①、②、③和④。

1.23　试比较 NaF、HF、HCl、HBr、HI、I_2 中键的极性的相对大小。

1.24　化合物 B_2H_6、NaCl、CCl_4、H_2S、CH_4 中，哪一个为极性共价化合物？

1.25　化合物 HCl、H_2、HI、HBr、HF 中，偶极矩最大的是哪一种化合物？

1.26　举例说明键的极性和分子的极性在什么情况下是一致的？在什么情况下是不一致的？

1.27　已知 CS_2 的电偶极矩为零，试用杂化轨道理论简要说明 CS_2 分子内共价键的形成情况，有几个 σ 键，几个 π 键？

1.28　纯态 Cl_2、苯、HCl、H_2O 和 NH_3 中分别存在什么形式的分子间力（色散、诱导、取向、氢键）?

1.29　由常温下 Mn_2O_7 是液体的事实，Mn_2O_7 中 Mn 与 O 之间的化学键应是哪种键型？为什么?

1.30　NH_3 的沸点比 PH_3 ①，是由于 NH_3 分子间存在着②；PH_3 的沸点比 SbH_3 低，是由于③的缘故。

1.31　CCl_4 分子与 H_2O 分子间的相互作用力有①；NH_3 分子与 H_2O 分子间的相互作用力有②。

1.32　物质 O_2、SiC、KCl 和 Ti 处于晶态时的晶体类型分别是什么?

1.33　熔融固态的 CCl_4、MgO、SiO_2 和 H_2O 时，需克服什么力?

1.34　固体物质石墨、干冰、SiC、NaCl 和 SiF_4 的晶格中，由独立分子占据晶格结点的是哪一个?

1.35　四种离子晶体 CaF_2、$BaCl_2$、NaCl 和 MgO 中，熔点最高的是哪一种？为什么?

1.36　石墨的结构是一种混合键型的晶体结构，利用石墨作电极或作润滑剂各与其晶体中哪部分结构有关？金刚石为什么没有这种性能?

参　考　文　献

[1] 印永嘉，姚天扬. 化学原理. 北京：高等教育出版社，2006.
[2] 王夔. 化学原理和无机化学. 北京：北京大学医学出版社，2005.
[3] 邓建成，易清风，易兵. 大学化学基础. 第2版. 北京：化学工业出版社，2008.
[4] 邱治国，张文莉. 大学化学. 第2版. 北京：科学出版社，2008.
[5] 卜平宇，夏泉. 普通化学. 北京：科学出版社，2006.
[6] 华彤文，陈景祖. 普通化学原理. 第3版. 北京：北京大学出版社，2005.
[7] 张英珊. 化学概论. 北京：化学工业出版社，2005.
[8] Darrell D Ebbing，Steven D Gammon. General chemistry（8th ed.），N. Y.：Houghton Mifflin Company，2005.

第2章 元素与化合物

2.1 惰性气体

ⅧA族元素的化学性质很不活泼，曾被认为不能与其他元素原子化合，常以单原子气体分子状态存在，因此又称惰性气体（inert gas）。包括氦（He）、氖（Ne）、氩（Ar）、氪（Kr）、氙（Xe）、氡（Rn）六个元素。惰性气体的外层电子组态，除He为$1s^2$外，其余均为ns^2np^6。

2.1.1 惰性气体的性质

惰性气体的一些物理性质，如熔点、沸点、溶解度、密度等，均随原子序数的增大而增大，与这些非极性单原子分子的色散力的递增相适应。惰性气体在通常条件下很难失去或获得电子而与其他元素形成化合物。但在一定条件下，惰性气体仍然可以与某些物质反应，如Xe可以与F_2在不同条件下反应生成XeF_2，XeF_4，XeF_6等。

2.1.2 惰性气体的应用

惰性气体的一个共同生物效应是全身麻醉作用。超低温技术中常常用到液氦，利用液氦可以获得0.001K的低温。因氦轻而稳定（不可燃），可代替氢气充气球或汽艇。用氦气和氧气的混合气体代替空气供潜水员呼吸，可避免潜水员迅速返回水面时因压力突然下降引起的“气塞病”。大量氦气还用于航天工业和核反应工程。惰性气体在电场作用下，易于放电发光，因此，常用于制造特种光源。少量的氡气用于医疗，但氡的放射性也会危害人体健康。

2.2 s区元素：碱金属与碱土金属

s区元素包括：碱金属元素即锂（Li）、钠（Na）、钾（K）、铷（Rb）、铯（Cs）、钫（Fr）六种；碱土金属元素即铍（Be）、镁（Mg）、钙（Ca）、锶（Sr）、钡（Ba）、镭（Ra）六种。

2.2.1 碱金属与碱土金属的性质

碱金属（alkali metals）元素的价层电子组态为ns^1，碱金属元素的原子半径在同一周期中都是最大的。碱金属原子的次外层具有稀有气体原子的稳定的电子层组态，对核电荷的屏蔽作用较大，所以它们的第一电离能在同一周期中是最小的。碱金属原子很容易失去一个电子而呈+1氧化值，因此碱金属元素是金属性很强的金属元素。

碱土金属（alkaline earth metals）元素的价层电子组态为ns^2。碱土金属元素原子半径较同周期的碱金属为小，要失去一个电子比同一周期的碱金属原子要难。碱土金属元素的第二电离能约为第一电离能的2倍，而第三电离能却相当大，因此，碱土金属元素在化合物中呈现+2氧化值。

在同一族中，碱金属元素和碱土金属元素从上至下，原子半径依次增大，电离能和电负性依次减小，金属活泼性依次增强。

2.2.2 重要的碱金属与碱土金属化合物

2.2.2.1 氧化物

碱金属元素和碱土金属元素与氧元素能形成正常氧化物、过氧化物、超氧化物和臭氧化物，这里主要介绍正常氧化物和过氧化物。

碱金属在空气中燃烧时，金属锂主要生成 Li_2O，而金属钠、钾、铷和铯主要生成 Na_2O_2、KO_2、RbO_2、CsO_2。虽然在缺氧条件下也可以制得除锂元素之外的其他碱金属元素的氧化物，但由于反应条件不易控制，因此通常采用碱金属还原其过氧化物、硝酸盐或亚硝酸盐的方法制取氧化物。例如：$Na_2O_2+2Na = 2Na_2O$；$2KNO_3+10K = 6K_2O+N_2\uparrow$ 等。

碱土金属与氧气反应，一般形成氧化物。工业生产上，制取碱土金属氧化物是利用碱土金属的碳酸盐、氢氧化物、硝酸盐或硫酸盐的热分解反应。

碱金属氧化物和碱土金属氧化物的热稳定性的总趋势是从 Li_2O 到 Cs_2O，从 BeO 到 BaO 逐渐降低。碱金属氧化物和碱土金属氧化物的熔点的变化趋势与热稳定性的变化趋势相同。Li_2O 的熔点高达 1973K 以上，Na_2O 在 1548K 时升华，而其他碱金属氧化物在未达到熔点时已经分解。

碱金属和碱土金属除铍外，都能生成过氧化物。在碱金属和碱土金属过氧化物中，过氧化钠的实用价值最大。工业上制备过氧化钠，是将钠加热至熔化，通入除去 CO_2 的干燥空气，维持反应温度在 573～673K 得到 Na_2O_2，反应式为 $4Na+2O_2 \xlongequal{573\sim673K} 2Na_2O_2$。

过氧化钠为黄色粉末，易吸潮，在 773K 仍很稳定。过氧化钠与水或稀酸作用，生成过氧化氢。生成的过氧化氢不稳定，分解放出氧气。在潮湿空气中，过氧化钠吸收二氧化碳并放出氧气。因此，过氧化钠常用作高空飞行或潜水时的供氧剂和二氧化碳吸收剂。

2.2.2.2　氢氧化物

碱金属氢氧化物易溶于水，而碱土金属氢氧化物在水中的溶解度较小。碱金属氢氧化物的溶解度从 LiOH 到 CsOH 依次增大，碱土金属氢氧化物的溶解度从 $Be(OH)_2$ 到 $Ba(OH)_2$ 也依次递增。

在碱金属氢氧化物和碱土金属氢氧化物中，$Be(OH)_2$ 为两性氢氧化物；其他碱金属氢氧化物和碱土金属氢氧化物都是强碱和中强碱。

工业上用电解饱和食盐水的方法制备 NaOH：$2NaCl+2H_2O = 2NaOH+Cl_2\uparrow+H_2\uparrow$。制备少量 NaOH 时，可将消石灰或石灰乳与碳酸钠浓溶液混合：$Na_2CO_3+Ca(OH)_2 = CaCO_3\downarrow+2NaOH$。NaOH 易与 CO_2 反应生成碳酸盐，所以要密封保存。

KOH 的性质与 NaOH 的性质相似，但价格比 NaOH 高，除非有特殊需要，一般很少使用 KOH。NaOH 的价格低廉，来源充足，且有较强碱性，因此生产上常用它来调节溶液的 pH 或沉淀分离某些物质。由于 $Ca(OH)_2$ 的溶解度较小，因此通常使用它的悬浮液（石灰乳）。

2.2.2.3　盐类

除了与有色阴离子形成的盐具有颜色外，其他碱金属盐类均无色。碱金属盐类除少数难溶于水外，其他一般易溶于水。碱金属盐类通常具有较高的熔点，这是由于阳离子与阴离子之间的静电作用为较强的离子键。碱金属盐类熔融时存在着自由移动的阳离子和阴离子，所以具有很强的导电能力。

一般来说，碱金属盐具有较高的热稳定性。结晶卤化物在高温时挥发而不分解；硫酸盐在高温时既不挥发又难分解；碳酸盐（除 Li_2CO_3 外）均难分解。但碱金属硝酸盐的热稳定性较低，加热时容易分解：$4LiNO_3 \xrightarrow{773K} 2Li_2O+4NO_2\uparrow+O_2\uparrow$；$2NaNO_3 \xrightarrow{653K} 2NaNO_2+O_2\uparrow$；$2KNO_3 \xrightarrow{673K} 2KNO_2+O_2\uparrow$。

大多数碱土金属盐为无色的离子晶体。碱土金属的硝酸盐、氯酸盐、高氯酸盐和乙酸盐等易溶于水；碱土金属的卤化物（除氟化物外）也易溶于水；碱土金属的碳酸盐、磷酸盐和草酸盐等都难溶于水。碱土金属的硫酸盐和铬酸盐的溶解度差别较大，$BaSO_4$ 和 $BaCrO_4$ 难溶于水，而 $MgSO_4$ 和 $MgCrO_4$ 等易溶于水。钙、锶、钡的硫酸盐在浓硫酸中显著溶解。碱土金属的碳酸盐、草酸盐、铬酸盐、磷酸盐等，均能溶于强酸溶液（如盐酸）中。例如：$CaCO_3 + 2H^+ \xlongequal{} Ca^{2+} + CO_2 \uparrow + H_2O$；$2BaCrO_4 + 2H^+ \xlongequal{} 2Ba^{2+} + Cr_2O_7^{2-} + H_2O$；$Ca_3(PO_4)_2 + 4H^+ \xlongequal{} 3Ca^{2+} + 2H_2PO_4^-$。因此，要使这些难溶碱土金属盐沉淀完全，应控制溶液 pH 为中性或微碱性。

除 $BeCO_3$ 外，碱土金属的碳酸盐在常温下是稳定的，只有在强热的条件下，才能分解为相应的氧化物和二氧化碳。碱土金属的碳酸盐按 $BeCO_3$，$MgCO_3$，$CaCO_3$，$SrCO_3$，$BaCO_3$ 顺序，热稳定性依次递增，这是由于碱土金属离子的半径按 Be^{2+}，Mg^{2+}，Ca^{2+}，Sr^{2+}，Ba^{2+} 顺序逐渐增大的缘故。

碱土金属的卤化物除了氟化物外，一般易溶于水。水合氯化铍和水合氯化镁加热时发生分解：$BeCl_2 \cdot 4H_2O \xrightarrow{加热} BeO + 2HCl \uparrow + 3H_2O \uparrow$；$MgCl_2 \cdot 6H_2O \xrightarrow{>408K} Mg(OH)Cl + HCl \uparrow + 5H_2O \uparrow$。

氯化钙可用作制冷剂，按质量比 7∶5 将 $CaCl_2 \cdot 6H_2O$ 与冰水混合，可获得 218K 的低温。无水氯化钙是工业生产和实验室中常用的干燥剂之一。氯化钡（$BaCl_2 \cdot 2H_2O$）是最重要的可溶性钡盐，它是制备各种钡盐的原料。可溶性钡盐对人、畜皆有毒，对人的致死剂量为 0.8g，使用时切忌入口。

2.3 p 区元素

p 区元素包括第ⅢA～ⅧA 族元素。p 区元素沿 B-Si-As-Te-At 对角线分为两部分，对角线右上角的元素（含对角线上的元素）为非金属元素，对角线左下角的元素为金属元素。

2.3.1 卤素

周期表中第ⅦA 族元素也称卤族元素，简称卤素（halogen），由氟（F）、氯（Cl）、溴（Br）、碘（I）、砹（At）五种元素组成。卤族元素的价层电子组态为 ns^2np^5，与稀有气体的 8 电子稳定结构相比较，仅缺少一个电子。因此，卤族元素极易获得一个电子，形成氧化值为－1 的化合物。

氯、溴、碘元素的最外电子层中都存在空 nd 轨道，因此可以表现出＋1、＋3、＋5、＋7氧化值。氟元素与有多种氧化值的元素化合，所形成的化合物中该元素一般表现为最高氧化值，如 AsF_5、SF_6、IF_7 等。这是因为氟原子半径小，空间位阻不大，而电负性又很大的缘故。

2.3.1.1 卤素单质

卤族元素的单质皆为双原子分子，固态时为分子晶体，因此熔点和沸点都比较低。从 F_2 到 I_2，熔点、沸点依次升高。常温下，F_2、Cl_2 是气体，Br_2 是液体，I_2 是固体。Cl_2 容易液化，在常温下加压至约 600kPa 时，氯气即可转化为黄色的液体。固态碘具有较高的蒸气压，容易升华，适当加热即可直接转化为气态碘，利用碘的这一性质，可对粗制碘进行纯化。

卤族元素的单质均有颜色，从 F_2 到 I_2，随着相对分子质量的增大，颜色依次由浅黄、黄绿、红棕到紫黑。卤族元素的单质均有刺激性气味，强烈刺激眼、鼻、喉、气管的黏膜，吸入较多卤族元素的单质蒸气会引起严重中毒，所以使用时应注意安全。卤族元素的单质都具有氧化性。F_2、Cl_2、Br_2 均为强氧化剂，I_2 是一种中等强度的氧化剂。

F_2 可以与所有金属单质直接作用，生成高氧化值的金属氟化物。Cl_2 也可以与大多数金属单质直接作用，但反应不如 F_2 剧烈。Cl_2 在干燥的情况下不与铁作用，因此可以储存在铁罐中。Br_2 和 I_2 的反应活性较差，常温下只能与活泼金属单质作用，与其他金属单质在较高的温度发生化学反应。

F_2 几乎能与所有非金属单质（O_2、N_2 除外）直接化合，而且反应剧烈，常伴随燃烧和爆炸。F_2 还能与稀有气体 Xe、Kr 在一定条件下发生反应。Cl_2 也可以与除 O_2、N_2 及稀有气体外的非金属单质直接化合，但反应不如 F_2 剧烈。Br_2 和 I_2 的反应活性要差一些。

卤族元素的单质都能与氢气直接化合，生成卤化氢：$X_2 + H_2 = 2HX$。F_2 在低温和暗处即可与 H_2 化合，并放出大量的热引起爆炸。Cl_2 与 H_2 在常温下反应缓慢，但在强光照射或高温下，反应瞬间完成并可发生爆炸。Br_2、I_2 与 H_2 的反应需在一定的条件下才能进行。

卤族元素的单质与水发生两类化学反应。第一类反应是卤族元素的单质从水中置换出氧气的反应：$2X_2 + 2H_2O = 4HX + O_2\uparrow$；第二类反应是卤族元素的单质发生歧化反应：$X_2 + H_2O \rightleftharpoons H^+ + X^- + HXO$。$F_2$ 的氧化性最强，与水只发生第一类反应，反应非常剧烈。

由卤素单质的所在电对的标准电极电势可知，卤素单质氧化能力大小顺序为 $F_2 > Cl_2 > Br_2 > I_2$；而卤素离子的还原能力的大小顺序为：$I^- > Br^- > Cl^- > F^-$。因此，F_2 能氧化 Cl^-、Br^- 和 I^-，置换出 Cl_2、Br_2、I_2；Cl_2 能置换出 Br_2 和 I_2；而 Br_2 只能置换出 I_2。

2.3.1.2　卤化氢与卤化物

卤化氢（hydrogen halides）都是具有强烈刺激性气味的无色气体，物理性质从 HCl 至 HI 呈现规律性变化，但 HF 有许多例外，如它的熔点、沸点反常地高，而表观解离度又反常地小。

卤化氢的水溶液为氢卤酸，它们均为无色液体，氢卤酸的酸性从 HF 至 HI 依次增强，除氢氟酸外，其他氢卤酸均为强酸。氢氟酸是弱酸，但它与其他弱酸不同，它的解离度随溶液浓度的增大而增加，当浓度大于 $5mol \cdot L^{-1}$ 时，它几乎成了强酸。这主要是因为当 HF 溶液浓度增大时，一部分 F^- 通过氢键缔合生成稳定的 HF_2^-。氢氟酸的另一特性是能与 SiO_2 或硅酸盐反应，生成 SiF_4 气体：$SiO_2 + 4HF \longrightarrow SiF_4\uparrow + 2H_2O$；$CaSiO_3 + 6HF \longrightarrow CaF_2 + SiF_4\uparrow + 3H_2O$。因此，氢氟酸不能用玻璃或陶瓷容器储存，而常用于蚀刻玻璃。HF 及其水溶液都有剧毒，能损伤呼吸系统和伤害皮肤，使用时应注意防护。

氢卤酸的还原性从 HF 至 HI 依次增强。HF 不能被氧化剂氧化，HCl 需用强氧化剂才能氧化，HBr 则较易被氧化，而 HI 能被空气中的 O_2 氧化 $4H^+ + 4I^- + O_2 = 2I_2 + 2H_2O$。

卤化物（halides）一般是指卤素与其他元素生成的二元化合物，包括金属卤化物和非金属卤化物两大类。有些非金属卤化物不溶于水，而溶于水的非金属卤化物通常发生强烈的水解反应，如：$PCl_5 + 4H_2O = H_3PO_4 + 5HCl$；$SiCl_4 + 4H_2O = H_4SiO_4 + 4HCl$ 等。但 NCl_3 水解反应比较特殊：$NCl_3 + 3H_2O = NH_3 + 3HOCl$。

金属卤化物的情况比较复杂，有些金属卤化物属于共价型化合物，有些属于离子型化合物，还有些介于两类化合物之间称为过渡型化合物。究竟形成哪种类型的卤化物，主要取决于金属离子的极化力和卤素离子的变形性。

大多数金属卤化物易溶于水。金属卤化物的溶解度规律是：对于离子型卤化物，同一金属元素的卤化物的溶解度大小顺序为：碘化物＞溴化物＞氯化物＞氟化物。对于共价型金属卤化物，则溶解度变化规律正好相反：氟化物＞氯化物＞溴化物＞碘化物。

2.3.1.3　卤素的含氧酸及其盐

除氟外，氯、溴、碘均可形成氧化值分别为＋1、＋3、＋5、＋7 的含氧酸及其盐，在此重点讨论氯的含氧酸及其盐的性质和有关用途。

次氯酸（hypochlorous acid）是一种极弱的酸（$K_a^{\ominus}=4.0\times10^{-8}$），因此次氯酸盐极易水解：$ClO^- + H_2O \rightleftharpoons HClO + OH^-$。次氯酸只存在于溶液中，而且很不稳定，其分解反应有以下两种方式：$2HClO \longrightarrow 2HCl + O_2\uparrow$ 和 $3HClO = 2HCl + HClO_3$。次氯酸极不稳定，实际应用多为次氯酸盐。通常是把氯气通入冷的碱溶液中制备次氯酸盐：$Cl_2 + 2NaOH \xrightarrow{<313K} NaClO + NaCl + H_2O$；$2Cl_2 + 3Ca(OH)_2 \longrightarrow Ca(ClO)_2 + CaCl_2 + Ca(OH)_2 + 2H_2O$。次氯酸钙、氯化钙和氢氧化钙组成的混合物就是漂白粉，其有效成分为次氯酸钙。漂白粉置于空气中会逐渐失效，也是因为空气中的 CO_2 和 H_2O 与漂白粉作用生成 HClO，而 HClO 发生分解的结果。

亚氯酸（chlorous acid）是唯一已知的亚卤酸，$K_a^{\ominus}=1.1\times10^{-2}$，它仅存在于溶液中，其酸性强于次氯酸。亚氯酸溶液可由硫酸和亚氯酸钡溶液作用制取：$H_2SO_4 + Ba(ClO_2)_2 \longrightarrow BaSO_4\downarrow + 2HClO_2$。亚氯酸盐（chlorite）在溶液中较为稳定，其晶体受热或受撞击时会发生爆炸。亚氯酸及其盐都有强氧化性，其还原产物通常为 Cl^-。

用氯酸钡与稀硫酸作用可制得氯酸（chloric acid）：$H_2SO_4 + Ba(ClO_3)_2 \longrightarrow BaSO_4\downarrow + 2HClO_3$。氯酸有毒，内服 2～3g 可危及生命。氯酸是强酸，其酸性与盐酸相近。氯酸不稳定，仅存在于溶液中，当 $HClO_3$ 的质量分数超过 40%时即发生分解，反应剧烈，甚至能引起爆炸：$3HClO_3 \longrightarrow 2O_2\uparrow + Cl_2\uparrow + HClO_4 + H_2O$。氯酸具有强氧化性，它能将碘氧化为碘酸：$2HClO_3 + I_2 \longrightarrow 2HIO_3 + Cl_2\uparrow$。氯酸盐（chlorates）比较稳定。氯酸钾是最重要的氯酸盐，它是无色透明晶体，在催化剂二氧化锰存在时，473K 下氯酸钾可分解为氯化钾和氧气：$2KClO_3 \xrightarrow{MnO_2} 2KCl + 3O_2\uparrow$。氯酸盐在酸性溶液中显强氧化性，例如 $KClO_3$ 在中性溶液中不能氧化 KI，但酸化后即能将 I^- 氧化为 I_2：$ClO_3^- + 6I^- + 6H^+ = 3I_2 + 3H_2O + Cl^-$。

浓硫酸与高氯酸钾作用可制得高氯酸（perchloric acid）：$KClO_4 + H_2SO_4(浓) \xrightarrow{冷却} KHSO_4 + HClO_4$。无水高氯酸是无色、黏稠状液体，冷、稀溶液比较稳定，浓溶液不稳定。当温度高于 363K 时，$HClO_4$ 发生分解，可引起爆炸。高氯酸盐（perchlorates）比较稳定，固体高氯酸盐受热分解，放出氧气，但热分解温度高于氯酸钾。

2.3.2 碳、氮、氧、硫、磷

2.3.2.1 碳

非金属元素 C（carbon）是第ⅣA 族元素，在自然界分布很广。C 元素的价层电子组态为 $2s^2 2p^2$，因此它能生成氧化值为+2 和+4 的化合物，碳还能生成氧化值为−4 的化合物。

金刚石、石墨和富勒烯是碳元素的主要同素异形体。通常所说的无定形碳（如焦炭、炭黑等）都具有石墨结构，活性炭是经过加工处理得到的无定形碳。金刚石是典型的原子晶体，每个碳原子都以 sp^3 杂化轨道与另外四个碳原子形成共价键，构成正四面体。石墨具有层状结构，层内每个碳原子都以 sp^2 杂化轨道与邻近的三个碳原子形成共价单键，构成六角平面的网状结构，这些网状结构又连成片状结构。1985 年，发现了由 N 个碳原子组成的 C_N 分子（$N<200$），称为碳原子簇，它们都呈现封闭的多面体形的圆球形或椭球形。C_{60} 是由 60 个碳原子相互联结的多边形所构成的近似圆球的分子。它的结构很像由著名建筑师富勒所设计的一个博览会建筑的圆顶，所以被称为富勒烯。在球面上有 60 个顶点，由 60 个碳原子组成 12 个五元环面、20 个六元环面和 90 条棱。

碳的重要化合物包括一氧化碳、二氧化碳和碳酸盐等。

一氧化碳（carbon monoxide）是无色、无味、有毒的气体，微溶于水。实验室用浓硫酸从 HCOOH 中脱水制备少量 CO。木炭在氧气不充分的条件下燃烧生成 CO。工业上 CO 的主要来源是水煤气。CO 具有很强的配位能力，能与过渡金属元素的原子或离子形成羰基配合物，如 $Fe(CO)_5$，$Ni(CO)_4$，$Co_2(CO)_8$ 等。CO 具有还原性，与氧化剂作用时被氧化

为 CO_2。在有机合成中，常利用 CO 与其他非金属单质反应制备某些有机化合物。例如：$CO+2H_2 \xrightleftharpoons{Cr_2O_3,\ ZnO} CH_3OH$；$CO+Cl_2 \xrightleftharpoons{活性炭} COCl_2$（光气）等。CO 是重要的化工原料和燃料，常用于有机合成和制备羰基化合物。CO 的毒性很大，它能与人体血液中的血红蛋白结合形成稳定的配合物，使血红蛋白失去输送 O_2 的功能。

二氧化碳（carbon dioxide）是一种无色无味气体，很容易液化。常温下加压至 7.6MPa 即可使 CO_2 液化。固体 CO_2 俗称“干冰”，属于分子晶体，在常压下 −78.5℃ 直接升华。在化工生产上，CO_2 用于生产 Na_2CO_3、$NaHCO_3$、NH_4HCO_3 和尿素。CO_2 也常用作低温冷冻剂，还广泛用于啤酒、饮料等生产中。由于 CO_2 不助燃，可用作灭火剂。但燃烧的金属镁能与 CO_2 反应，所以镁燃烧时不能用 CO_2 扑救。工业上使用的 CO_2，大多数是石灰生产和酿酒过程的副产品。

二氧化碳的水溶液呈弱酸性，因此通常称为碳酸（carbonic acid）。但实际上 CO_2 溶于水后，大部分 CO_2 是以水合分子 $CO_2 \cdot H_2O$ 的形式存在，仅有一小部分 CO_2 与 H_2O 形成 H_2CO_3。H_2CO_3 仅存在于水溶液中，而且浓度很小，浓度增大时立即分解释放 CO_2。

碳酸盐（carbonates）通常分为正盐和酸式盐（碳酸氢盐，bicarbonates）两种类型。铵离子和除 Li 外的碱金属元素的碳酸盐易溶于水，其他金属元素的碳酸盐难溶于水。对于难溶的碳酸盐来说，其相应的碳酸氢盐有较大的溶解度，这符合离子间引力与溶解度之间的关系。但是，易溶的 Na_2CO_3、K_2CO_3、$(NH_4)_2CO_3$ 的溶解度却比相应碳酸氢盐的溶解度大。于是，向碳酸铵饱和溶液中通入 CO_2 至饱和，可生成 NH_4HCO_3 沉淀：$2NH_4^+ + CO_3^{2-} + CO_2 + H_2O \Longrightarrow 2NH_4HCO_3\downarrow$。

碱金属元素的碳酸盐和碳酸氢盐溶液，因水解而分别呈强碱性和弱碱性。当其他金属离子与碱金属碳酸盐溶液作用时就会产生碳酸盐、碱式碳酸盐或氢氧化物等沉淀。例如：$Ba^{2+} + CO_3^{2-} \longrightarrow BaCO_3\downarrow$；$2Fe^{3+} + 3CO_3^{2-} + 3H_2O \longrightarrow 2Fe(OH)_3\downarrow + 3CO_2\uparrow$；$2Cu^{2+} + 2CO_3^{2-} + H_2O \longrightarrow Cu_2(OH)_2CO_3\downarrow + CO_2\uparrow$。一般来说，氢氧化物碱性较强的金属离子可沉淀为碳酸盐；氢氧化物碱性较弱的金属离子可沉淀为碱式碳酸盐；而强水解性的金属离子（特别是显两性者）可沉淀为氢氧化物。

碳酸盐和碳酸氢盐的热稳定性较差。碳酸氢盐受热分解为相应的碳酸盐、二氧化碳和水。大多数碳酸盐在加热时分解为金属氧化物和二氧化碳。一般来说，碳酸、碳酸氢盐、碳酸盐的热稳定性顺序是：碳酸＜酸式盐＜正盐。例如，Na_2CO_3 很难分解，$NaHCO_3$ 在 270℃分解，H_2CO_3 在室温以下立即分解。

2.3.2.2　氮

氮（nitrogen）是第ⅤA 族元素，N 的价层电子组态为 $2s^2 2p^3$。氮元素主要以单质存在于大气中，氮元素是构成动植物组织的基本元素。氮气是无色、无臭、无味的气体，微溶于水，0℃时 1L 水仅能溶解标准状态下 23mL 氮气。工业上以空气为原料生产氮气。首先将空气液化，然后分馏，得到的氮气中含有少量的氩气和氧气。实验室制备少量氮气，可以采用加热 NH_4NO_2 固体的方法：$NH_4NO_2 \xrightarrow{加热} N_2\uparrow + H_2O\uparrow$。在常温下，氮气的化学性质极不活泼，不与任何单质化合。升高温度，氮气的化学活性增大。

氨（ammonia）是一种无色、具有刺激臭味的气体，它在水中的溶解度极大。氨容易液化，液态氨的标准摩尔气化焓较大，因此常用作制冷剂。实验室一般用铵盐与强碱共热制取氨；工业上目前主要是采用以氮气和氢气为原料合成氨。氨的化学性质较活泼，能与许多物质发生反应。这些反应基本上可分为加合反应、取代反应和氧化还原反应三种类型。①加合反应：因为 NH_3 分子中的 N 原子上有一对孤对电子，因此 NH_3 可作为路易斯碱与一些路易斯酸发生加合反应（在本质上，与后文所说的配位反应相同），如 NH_3 与 Ag^+ 和 Cu^{2+} 分

别形成 $[Ag(NH_3)_2]^+$ 和 $[Cu(NH_3)_4]^{2+}$。氨与某些盐也能发生加合反应，如氨与无水 $CaCl_2$ 可生成 $CaCl_2 \cdot 8NH_3$，得到的氨合物与结晶水合物相似。②取代反应：NH_3 分子中的 H 原子可以被活泼金属取代形成氨基化物，如将氨气通入熔融的金属钠中生成氨基化钠：$2Na+2NH_3 \xrightarrow{630K} 2NaNH_2+H_2\uparrow$；此外，金属氮化物（如 Mg_3N_2）也可以看成是 NH_3 分子中三个 H 原子全部被金属原子取代形成的化合物。③氧化反应：在 NH_3 分子中，N 的氧化值为−3，为最低氧化值，所以 NH_3 具有还原性，在一定条件下可被氧化为 N_2 或氧化值较高的氧化物。例如，氨在纯氧气中燃烧生成水和氮气：$4NH_3+3O_2 \longrightarrow 6H_2O+2N_2\uparrow$。

氨与酸反应可以生成各种铵盐（ammonium salts）。铵盐一般为无色晶体，易溶于水，但酒石酸氢铵与高氯酸铵等少数铵盐的溶解度较小。铵盐在水溶液中都有一定程度的水解。NH_4^+ 离子可用萘斯勒试剂（$K_4[HgI_4]$ 的 KOH 溶液）进行鉴定：$NH_4^+ +2[HgI_4]^{2-}+4OH^- \longrightarrow \left[O\begin{smallmatrix}\diagup Hg \diagdown\\ \diagdown Hg \diagup\end{smallmatrix}NH_2\right]I\downarrow+7I^-+3H_2O$；当 NH_4^+ 的含量和萘斯勒试剂的量不同时，生成沉淀的颜色从红棕色到深褐色有所不同。为防止其他离子的干扰，可在试液中加碱，使逸出的氨与滴在滤纸条上的萘斯勒试剂反应。固体铵盐受热极易分解，其分解产物与铵盐阴离子所对应酸的性质有关。挥发性酸形成的铵盐，分解产物通常为氨和相应的酸，如 $(NH_4)_2CO_3 \xrightarrow{加热} 2NH_3\uparrow+H_2O\uparrow+CO_2\uparrow$，$NH_4Cl \xrightarrow{加热} HCl\uparrow+NH_3\uparrow$；不挥发酸形成的铵盐，分解产物为氨和难挥发的酸或酸式盐，如 $(NH_4)_3PO_4 \xrightarrow{加热} 3NH_3\uparrow+H_3PO_4$，$(NH_4)_2SO_4 \xrightarrow{加热} NH_3\uparrow+NH_4HSO_4$；氧化性酸形成的铵盐，分解产物为氮气或氮的氧化物，如 $(NH_4)_2Cr_2O_7 \xrightarrow{加热} N_2\uparrow+Cr_2O_3+4H_2O\uparrow$，$NH_4NO_3 \xrightarrow{加热} N_2O\uparrow+2H_2O\uparrow$。

将等物质的量的 NO 和 NO_2 的混合气体溶解在冰水中，或在亚硝酸盐的冷溶液中加入硫酸，均可生成亚硝酸（nitrous acid）：$NO+NO_2+H_2O = 2HNO_2$；$Ba(NO_2)_2+H_2SO_4 \longrightarrow BaSO_4\downarrow+2HNO_2$。亚硝酸是一种弱酸，酸性比乙酸稍强。亚硝酸很不稳定，从未制得游离酸。亚硝酸盐（nitrites）的热稳定性较高，碱金属和碱土金属的亚硝酸盐的热稳定性更高。用金属在高温下还原固态硝酸盐，可以得到亚硝酸盐，如 $Pb+KNO_3 = KNO_2+PbO$。亚硝酸盐一般易溶于水，但 $AgNO_2$ 难溶于水。在亚硝酸及其盐中，氮的氧化值为+3，为中间值，因此它既可以作氧化剂又可以作还原剂。亚硝酸盐在酸性溶液中是较强氧化剂，它可以氧化 Fe^{2+} 和 I^- 等，本身被还原为 NO：$HNO_2+Fe^{2+}+H^+ \longrightarrow NO\uparrow+H_2O+Fe^{3+}$；$2HNO_2+2I^-+2H^+ \longrightarrow 2NO\uparrow+2H_2O+I_2$。亚硝酸及其盐与强氧化剂作用时，可被氧化成 NO_3^-，例如：$5HNO_2+2MnO_4^-+H^+ \longrightarrow 5NO_3^-+3H_2O+2Mn^{2+}$。$NO_2^-$ 也是一种配位能力很强的配体，能与许多金属离子生成配位个体，如 $[Co(NO_2)_6]^{3-}$ 等。

纯硝酸是无色液体，沸点为 83℃，易挥发，与水以任何比例互溶。硝酸不稳定，受热或光照时发生分解：$4HNO_3 \xrightarrow{热或光} 4NO_2\uparrow+O_2\uparrow+2H_2O$，生成的 NO_2 溶于硝酸溶液中，使硝酸溶液呈现黄色到棕色。溶解的 NO_2 越多，硝酸溶液的颜色就越深。

硝酸（nitric acid）的重要化学性质表现为强氧化性和硝化作用。硝酸具有强氧化性，很多非金属元素单质（如碳、磷、硫、碘等）都能被硝酸氧化成相应的氧化物或含氧酸：$3C+4HNO_3 \longrightarrow 3CO_2\uparrow+4NO\uparrow+2H_2O$；$3P+5HNO_3+2H_2O \longrightarrow 3H_3PO_4+5NO\uparrow$；$S+2HNO_3 \longrightarrow H_2SO_4+2NO\uparrow$；$3I_2+10HNO_3 \longrightarrow 6HIO_3+10NO\uparrow+2H_2O$。

V(浓 HNO_3)：V(浓 HCl) ＝1∶3 的混合物称为王水（aqua regia）。金、铂等贵金属溶于王水，这是因为金属离子与 Cl^- 形成配离子，如 $[AuCl_4]^-$、$[PtCl_6]^{2-}$ 等，降低了 Au^{3+} 或 Pt^{4+} 的浓度，使 Au、Pt 所在电对的电极电势减小，因此在浓硝酸作用下反应向 Au、Pt 溶解的方向进行：$Au+HNO_3+4HCl \longrightarrow NO\uparrow+H[AuCl_4]+2H_2O$；$3Pt+4HNO_3+$

$18HCl \longrightarrow 3H_2[PtCl_6] + 4NO\uparrow + 8H_2O$。

硝酸能与有机化合物发生硝化反应，生成硝基化合物。例如：$C_6H_6 + HNO_3 \xrightarrow{H_2SO_4} C_6H_5NO_2 + H_2O$。利用硝酸的硝化作用可以制造许多含氮染料、塑料、药物，也可制造硝化甘油、三硝基甲苯（TNT）、三硝基苯酚（苦味酸）等烈性炸药。

硝酸与金属或金属氧化物作用可制得相应的硝酸盐（nitrates）。硝酸盐晶体在常温下比较稳定，但在高温时发生分解而具有氧化性。硝酸盐热分解的产物与金属离子有关，包括以下三种情况。①活泼金属（比 Mg 活泼的碱金属和碱土金属）的硝酸盐热分解时生成亚硝酸盐和氧气：$2NaNO_3 \xrightarrow{加热} 2NaNO_2 + O_2\uparrow$。②活泼性较小的金属（活泼性在 Mg～Cu 之间）的硝酸盐热分解时生成金属氧化物、二氧化氮和氧气：$2Pb(NO_3)_2 \xrightarrow{加热} 2PbO + 4NO_2\uparrow + O_2\uparrow$。③活泼性更小的金属（活泼性比 Cu 差）硝酸盐热分解生成金属单质、二氧化氮和氧气：$2AgNO_3 \xrightarrow{加热} 2Ag + 2NO_2\uparrow + O_2\uparrow$。由于硝酸盐在高温时分解放出氧气，所以硝酸盐用于制造烟火及黑火药。

2.3.2.3　磷

P（phosphorus）也是第ⅤA 族元素，价层电子组态为 $3s^2 3p^3$。磷容易被氧化，因此在自然界中主要以磷酸盐形式分布在地壳中，如磷酸钙 $[Ca_3(PO_4)_2]$，氟磷灰石 $[3Ca_3(PO_4)_2 \cdot CaF_2]$ 等。

将磷酸钙、沙子和焦炭混合后在电炉中加热到约 1500℃，可以得到白磷。反应分两步进行：$2Ca_3(PO_4)_2 + 6SiO_2 \longrightarrow 6CaSiO_3 + P_4O_{10}$；$P_4O_{10} + 10C \longrightarrow P_4 + 10CO\uparrow$。磷的常见同素异形体有白磷、红磷和黑磷三种。

白磷（white phosphorus）是透明的、软的蜡状晶体，由 P_4 分子通过分子间力堆积起来。P_4 分子为四面体构型，其分子结构如图 2.3.1(a) 所示。在 P_4 分子中，P 原子均位于四面体顶点，P 原子间以共价单键结合。每个 P 原子利用 p_x、p_y、p_z 轨道分别与另外三个 P 原子形成三个 σ 键，键角为 60°。白磷分子具有张力，结构是不稳定的。白磷的化学性质很活泼，在空气中能自燃，因此必须将其保存在冷水中。

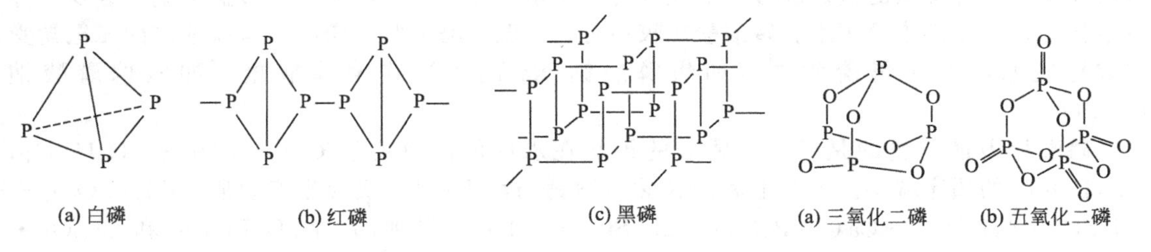

图 2.3.1　几种单质磷的结构　　图 2.3.2　磷氧化物的结构式

将白磷在隔绝空气的条件下加热至 400℃，可转化为红磷：P_4(白磷)$\longrightarrow$4P(红磷)。红磷（red phosphorus）的结构比较复杂，其分子结构是 P_4 中的一个 P—P 键断裂后相互连接起来的长链结构，如图 2.3.1(b) 所示。另外，还有含横截面为五角形管道的层、网状复杂结构。红磷比白磷稳定，其化学性质不如白磷活泼，在室温下不与 O_2 反应，加热 400℃以上才能燃烧。红磷不溶于有机溶剂。

白磷在高压和较高温度下可以转变为黑磷（black phosphorus）。黑磷也不溶于有机溶剂。黑磷具有与石墨类似的层状结构，但与石墨不同的是，黑磷每一层内的磷原子并不都在同一平面上，而是相互以共价键连接成网状结构，如图 2.3.1(c) 所示。黑磷具有导电性。

气态或液态的三氧化二磷（phosphorus anhydride）都以二聚分子 P_4O_6 的形式存在

[图 2.3.2(a)]，P_4O_6 是白色易挥发的蜡状固体，熔点为 23.8℃，沸点为 173℃。P_4O_6 易溶于有机溶剂。在空气流中加热 P_4O_6，P_4O_6 被氧化生成 P_4O_{10}。常温下，P_4O_6 在空气中也会缓慢氧化，生成 P_4O_{10}。$P_4O_6+2O_2 = P_4O_{10}$。P_4O_{10} 与冷水反应较慢，生成亚磷酸：$P_4O_6+6H_2O(冷) = 4H_3PO_3$。$P_4O_6$ 与热水反应，则歧化为磷酸和膦或单质磷：$P_4O_6+6H_2O(热) = 3H_3PO_4+PH_3$，$5P_4O_6+18H_2O(热) = 12H_3PO_4+8P$。

五氧化二磷（phosphorus pentoxide）是以二聚分子 P_4O_{10} 的形式存在 [图 2.3.2(b)]，P_4O_{10} 是白色雪花状晶体，在 360℃时升华。P_4O_{10} 具有很强的吸水性，因此常用作气体和液体的干燥剂。P_4O_{10} 甚至能使硫酸、硝酸等脱水，生成相应的氧化物：$P_4O_{10}+6H_2SO_4 = 6SO_3+4H_3PO_4$；$P_4O_{10}+12HNO_3 = 6N_2O_5+4H_3PO_4$。

次磷酸（hypophosphorous acid，H_3PO_2）是一种无色晶体，熔点为 26.5℃，极易溶于水，易潮解。H_3PO_2 是一元中强酸，$K_a^{\ominus}=1.0\times10^{-2}$。$H_3PO_2$ 在常温下比较稳定，加热至 50℃分解；在碱性溶液中不稳定，歧化为 HPO_3^{2-} 和 PH_3。H_3PO_2 是一种强还原剂，在溶液中能将 $AgNO_3$、$HgCl_2$、$CuCl_2$ 等重金属盐还原为单质。如化学镀镍就是利用 NaH_2PO_2，将镍盐还原为金属镍，沉积在金属镀件的表面。

亚磷酸（phosphorous acid，H_3PO_3）是一种无色晶体，熔点为 73℃，易潮解，易溶于水。亚磷酸是一种二元酸，$K_{a_1}^{\ominus}=6.3\times10^{-3}$，$K_{a_2}^{\ominus}=2.0\times10^{-7}$。在 H_3PO_3 中，有一个 H 原子与 P 原子直接相连接。H_3PO_3 受热时发生歧化反应：$4H_3PO_3 \xrightarrow{加热} 3H_3PO_4+PH_3$。亚磷酸能形成正盐和酸式盐。碱金属和钙的亚磷酸盐易溶于水，其他金属的亚磷酸盐都难溶于水。亚磷酸和亚磷酸盐都是强还原剂，如亚磷酸能将 Ag^+ 还原为金属银，能将热的浓硫酸还原为二氧化硫。

正磷酸（H_3PO_4）常简称为磷酸（phosphoric acid），是磷的含氧酸中最重要的一种，是三元中强酸。工业上常用质量分数为 76% 的硫酸分解磷灰石制取磷酸：$Ca_3(PO_4)_2+3H_2SO_4 = 2H_3PO_4+3CaSO_4$。磷酸为无色晶体，熔点为 42.3℃，是一种难挥发性酸，能与水以任何比例混溶。市售磷酸是黏稠状的浓溶液，磷酸的质量分数约为 83%。

磷酸是磷的最高氧化值化合物，但几乎没有氧化性。磷酸可以形成磷酸二氢盐、磷酸一氢盐和正盐三种类型的盐。磷酸二氢盐都易溶于水，而磷酸一氢盐和磷酸盐除钠、钾及铵等少数盐外，一般都难溶于水。磷酸盐比较稳定，一般不易分解。磷酸一氢盐或磷酸二氢盐受热容易脱水，生成焦磷酸盐（如焦磷酸钠 $Na_4P_2O_7$）或偏磷酸盐 [如六偏磷酸钠 $(NaPO_3)_6$]。

磷酸盐中最重要的是钙盐。磷酸的钙盐在水中的溶解度按 $Ca(H_2PO_4)_2$，$CaHPO_4$，$Ca_3(PO_4)_2$ 的顺序减小。工业上利用天然磷酸钙与浓 H_2SO_4 反应生产磷肥：$Ca_3(PO_4)_2+2H_2SO_4+4H_2O \longrightarrow Ca(H_2PO_4)_2+2CaSO_4\cdot2H_2O$，得到的 $Ca(H_2PO_4)_2$ 和 $CaSO_4\cdot2H_2O$ 的混合物称为“过磷酸钙”，可作为化肥施用。

磷酸盐与过量钼酸铵 [$(NH_4)_2MoO_4$] 及适量浓硝酸混合后加热，生成黄色的磷钼酸铵沉淀：$PO_4^{3-}+12MoO_4^{2-}+24H^++3NH_4^+ \longrightarrow (NH_4)_3PO_4\cdot12MoO_3\cdot6H_2O(黄色)\downarrow+6H_2O$，利用这一反应，可以鉴定 PO_4^{3-}。

2.3.2.4　氧和硫

周期表中第ⅥA 族元素也称为氧族元素，由氧（O）、硫（S）、硒（Se）、碲（Te）和钋（Po）五种元素组成。氧（oxygen）和硫（sulfur）元素是典型的非金属元素。氧族元素的价电子层组态为 ns^2np^4，表现出较强的非金属性。氧族元素还具有较强的配位能力，O 和 S 是常见的配位原子。

氧单质有两种同素异形体，即氧气（oxygen，O_2）和臭氧（ozone，O_3）。O_2 是无色、无味的气体，在90K时凝聚为淡蓝色液体，冷却到54K时，凝结为蓝色的固体。O_2 有两个未成对电子，具有顺磁性。O_2 的最主要的化学性质是氧化性：O_2 几乎能与除稀有气体和极少数金属元素以外的所有元素直接或间接地化合，生成不同类型的化合物。O_3 是 O_2 的同素异形体，O_3 的氧化性比 O_2 强，它能将 I^- 氧化析出单质碘：$O_3 + 2I^- + 2H^+ \longrightarrow I_2 \downarrow + O_2 \uparrow + H_2O$，这一反应可用于测定 O_3 的含量。臭氧还能氧化有机化合物，如常用 O_2 氧化烯烃的反应确定烯烃中双键的位置。利用 O_3 的氧化性及不容易导致二次污染这一优点，可用 O_3 消毒饮用水，其优点是杀菌快，且消毒后无异味。

硫单质俗称硫黄，是分子晶体，很松脆，不溶于水。硫的导电性和导热性很差。单质硫有多种同素异形体，最常见的两种同素异形体是斜方硫（rhombic sulfur）和单斜硫（monoclinic sulfur）。斜方硫（通常所说的硫黄）为黄色晶体，密度为2.06 g·cm^{-3}，熔点为385.8K；单斜硫为浅黄色晶体，密度为1.96g·cm^{-3}，熔点为392K。将斜方硫加热到368.6K时转变为单斜硫：$S(斜方) \xrightleftharpoons{368.6K} S(单斜)$，因此，368.6K是斜方硫和单斜硫这两种同素异形体的转变温度。

斜方硫和单斜硫的分子都是由8个S原子组成的，具有环状结构。在 S_8 分子中，每个S原子采取 sp^3 不等性杂化，形成两个共价键。S_8 分子之间靠分子间作用力结合，因此熔点较低，它们都不溶于水，而溶于 CS_2、CCl_4 等非极性溶剂或 CH_3Cl、C_2H_5OH 等弱极性溶剂。斜方硫与单斜硫相比，只是晶体中的分子排列不同而已。

2.3.3　半导体元素

在金属元素和非金属元素分界线的那一道线上，都是半导体元素，包括硼、硅、锗、砷、锑、碲、钋。

2.3.3.1　硼

硼（boron）为第ⅢA族元素，价层电子组态为 $2s^2 2p^1$。硼的熔点高，且熔融液态硼的反应活性较高，所以极难制得高纯度单质硼。用镁或钠还原氧化硼可制得无定形硼：$B_2O_3 + 3Mg \xrightarrow{高温} 3MgO + 2B$。晶态纯硼可在钽、钨和氮化硼的表面上热分解 BI_3 制得，晶态硼的化学反应活性很低，无定形硼则比较活泼。

硼元素可以与氢元素形成一系列共价型氢化物，如 B_2H_6，B_4H_{10}，B_5H_9，B_6H_{10} 等。由于这类氢化物的性质与烷烃相似，因此又称为硼烷（borane）。目前已制备出的硼烷有20多种。根据硼烷的组成，可以将硼烷分为多氢硼烷和少氢硼烷两大类，其通式可以分别写作 B_nH_{n+6} 和 B_nH_{n+4}。

乙硼烷（B_2H_6）是最简单的硼烷。用强还原剂与卤化硼在乙醚等溶液中反应可以制得 B_2H_6：$4BF_3 + 3LiAlH_4 \xlongequal{乙醚} 2B_2H_6 + 3LiF + 3AlF_3$；$4BF_3 + 3NaBH_4 \xlongequal{乙醚} 3NaBF_4 + 2B_2H_6$。上述反应进行得很完全，产率很高，产物的纯度也比较高。

由于B是缺电子原子，硼烷分子内所有的价电子总数不能满足形成一般共价键所需要的数目。在 B_2H_6 和 B_4H_{10} 这类硼烷分子中，除了形成一部分正常共价键外，两个B原子与一个H原子通过共用两个电子形成三中心两电子键。三中心两电子键是一种非定域键，常以弧线表示，好像是两个B原子通过H原子作为桥梁联结起来的，所以三中心两电子键又称为氢桥（hydrogen bridge）。氢桥与氢键不同，它是一种特殊的共价键，体现了硼氢化合物的缺电子特征。值得注意的是，B_2H_6 分子中，两个B原子间没有B—B单键，而 B_4H_{10} 中则有一个B—B单键。B_2H_6 和 B_4H_{10} 的结构见图2.3.3(b)和(c)。

将硼砂（borax）溶于沸水中，加入盐酸，放置后可析出硼酸（boric acid）：$Na_2B_4O_7 + 5H_2O + 2HCl \longrightarrow 4H_3BO_3 \downarrow + 2NaCl$。硼酸为无色微带珍珠光泽的晶体或白色疏松的粉末，有滑腻感，无臭，溶于水和乙醇。硼酸常用作消毒防腐药，能抑制细菌和微生物生长，刺激

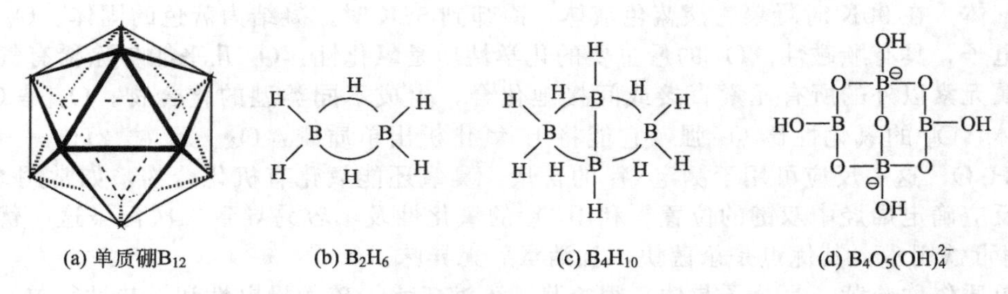

图 2.3.3 单质硼，硼烷与硼砂的结构式

性小，$20 \sim 50 g \cdot L^{-1}$水溶液用于洗眼、漱口等，也用于治疗皮肤的溃疡。硼酸也用作食物防腐剂。大量硼酸用于搪瓷工业。

最重要的硼酸盐（borates）是四硼酸钠，又称为硼砂。硼砂的分子式是$Na_2B_4O_5(OH)_4 \cdot 8H_2O$，习惯上常常写为 $Na_2B_4O_7 \cdot 10H_2O$[结构式见图 2.3.3(d)]。硼砂是无色透明的晶体，在干燥的空气中容易失水风化。或受热时失去结晶水，加热至 350～400℃进一步脱水而成为无水四硼酸钠（$Na_2B_4O_7$）；在 878℃时熔化为玻璃体。熔融的硼砂可以溶解许多金属氧化物，形成偏硼酸的复盐：$Na_2B_4O_7 + CoO \longrightarrow Co(BO_2)_2 \cdot 2NaBO_2$；$Na_2B_4O_7 + NiO \longrightarrow Ni(BO_2)_2 \cdot 2NaBO_2$。上述反应可以看作是酸性氧化物 B_2O_3 与碱性金属氧化物作用生成偏硼酸盐的过程。不同金属形成的偏硼酸复盐呈现不同的特征颜色，如 $Co(BO_2)_2 \cdot 2NaBO_2$ 为蓝色而 $Ni(BO_2)_2 \cdot 2NaBO_2$ 为棕色。利用硼砂与金属氧化物所形成复盐的特征颜色，可以鉴定某些金属离子，这在分析化学上称为硼砂珠试验（borax-bead test）。

硼砂易溶于水，其水溶液因 $[B_4O_5(OH)_4]^{2-}$ 的水解而显碱性：$[B_4O_5(OH)_4]^{2-} + 5H_2O \rightleftharpoons 4H_3BO_3 + 2OH^- \rightleftharpoons 2H_3BO_3 + 2[B(OH)_4]^-$。硼砂溶液的 pH 值为 9.24。硼砂溶液中含有等物质的量的 H_3BO_3 和 $[B(OH)_4]^-$，因此具有缓冲作用，在实验室中常用硼砂配制缓冲溶液。在分析化学中，常利用硼砂作基准物质标定 HCl 溶液的浓度。

2.3.3.2 硅

硅（silicon）是第ⅣA 族元素，价层电子组态为 $3s^23p^2$。硅在地壳中的含量仅次于氧，其丰度在所有元素中位居第二位。硅元素与第ⅢA 族的硼元素在周期表中处于对角线位置，它们的单质及其化合物的性质具有相似性。

硅多以二氧化硅（silicon dioxide）和硅酸盐（silicates）的形式存在于地壳中，它是构成各种矿物的重要元素。在矿物中，硅原子通过 Si—O—Si 键构成链状、层状和三维骨架的复杂结构，组合成岩石、土壤、黏土和沙子等。

硅有晶体和无定形两种类型。晶体硅的结构与金刚石类似，熔点和沸点较高，性质脆硬。工业用晶体硅可按下列步骤得到：$SiO_2 \xrightarrow{C，电炉} Si \xrightarrow{Cl_2} SiCl_4 \xrightarrow{蒸馏}$纯 $SiCl_4 \xrightarrow{H_2，还原} Si$。

自然界中常见的石英（quartz）就是二氧化硅晶体，它是一种坚硬、脆性、难熔的无色晶体。二氧化硅晶体是原子晶体，所以它具有与 CO_2 显著不同的物理性质。SiO_2 与 HF 溶液（或气体）、热的强碱溶液或熔融的碳酸钠作用时，转变为可溶性硅酸盐或 SiF_4 和 H_2SiF_6：$SiO_2 + 6HF(aq) \longrightarrow H_2SiF_6 + 2H_2O$；$SiO_2 + 2OH^- \xrightarrow{加热} SiO_3^{2-} + H_2O$；$SiO_2 + NaCO_3 \xrightarrow{加热} NaSiO_3 + CO_2\uparrow$。

SiO_2 是硅酸（silicic acid）的酸酐。由于 SiO_2 不溶于水，因此不能与水直接反应得到硅酸，通常用可溶性硅酸盐与酸反应制取硅酸 H_4SiO_4。硅酸是溶解度较小的二元弱酸。用酸与可溶性硅酸盐作用制取硅酸时，开始并没有白色沉淀生成，这是因为刚开始生成的单分子硅酸溶于水，当这些单分子硅酸逐渐缩合为多硅酸时，生成了硅酸溶胶。当硅酸溶胶的浓度足够大时，就得到一种白色胶冻状的、软而透明的半固体物质硅酸凝胶（silicic acid gel）。将硅酸凝胶充分洗涤除去可溶性杂质，干燥脱去水分后，即成为多孔性稍透明的白色固体，称为硅胶（silica gel）。硅胶的表面积很大，因此它是很好的干燥剂、吸附剂及催化剂载体。若将硅胶用粉红色 $CoCl_2$ 溶液浸泡，加热干燥后，得到一种蓝色硅胶（$CoCl_2$ 为蓝色）。蓝色硅胶吸水后又变为粉红色（$CoCl_2 \cdot 6H_2O$ 为粉红色），因此称为变色硅胶。变色硅胶可用作干燥剂，它变为粉红色后需重新烘干后再使用。

硅酸盐（silicates）有可溶性和不溶性两大类。除碱金属元素的硅酸盐外，其他金属元素的硅酸盐均难溶于水，天然硅酸盐都难溶于水。在可溶性硅酸盐中，以硅酸钠（Na_2SiO_3）最为重要。

无论是在水溶液中还是在自然界中，硅酸盐中的硅总是以硅氧四面体［SiO_4］的形式存在，如图 2.3.4 所示。

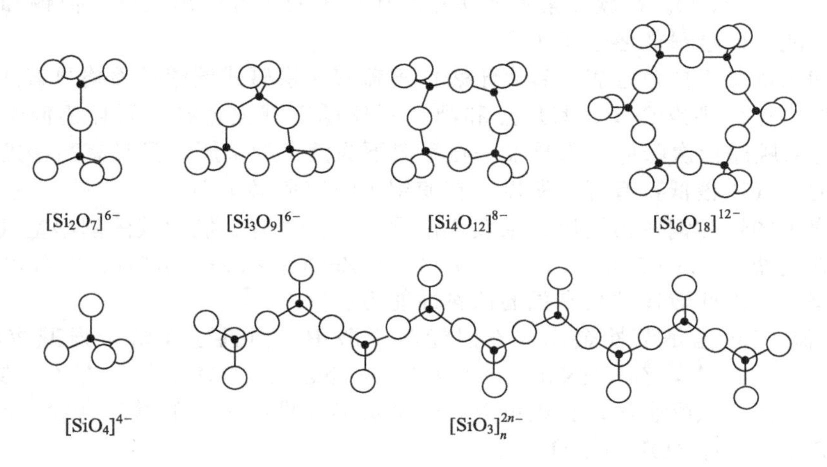

图 2.3.4　常见硅氧四面体的结构

硅酸钠可由石英砂（SiO_2）与烧碱（NaOH）或纯碱（Na_2CO_3）反应而制得。硅酸钠溶液由于水解显强碱性：$Na_2SiO_3 + 2H_2O \rightleftharpoons NaH_3SiO_4 + NaOH$。硅酸钠溶液与氯化铵饱和溶液混合，或通入 CO_2 气体，均可析出白色硅酸沉淀：$Na_2SiO_3 + 2NH_4Cl \longrightarrow H_2SiO_3\downarrow + 2NH_3\uparrow + 2NaCl$；$Na_2SiO_3 + H_2O + CO_2 \longrightarrow Na_2CO_3 + H_2SiO_3\downarrow$。

市售的水玻璃（俗名泡花碱）是多种硅酸盐的混合物，其化学组成可表示为 $Na_2O \cdot nSiO_2$。建筑工业及造纸工业用水玻璃作为黏合剂。木材或织物用水玻璃浸泡后，可以防水、防腐。水玻璃还用作软水剂、洗涤剂和肥皂的填料，它也是制取硅胶和分子筛的原料。

2.4　d 区与 ds 区元素

2.4.1　d 区与 ds 区元素的结构特征

d 区元素包括ⅢB～ⅧB 族元素（不包括镧以外的镧系元素和锕以外的锕系元素）。d 区元素的价层电子组态为 $(n-1)d^{1\sim10}ns^{1\sim2}$（Pd 为 $4d^{10}5s^0$）。

ds 区元素包括ⅠB 族和ⅡB 族元素。ds 区元素基态原子的结构特点是最外层只有 1 个或 2 个电子，次外层有 10 个 d 电子。ds 区元素的价层电子组态为 $(n-1)d^{1\sim10}ns^{1\sim2}$。

d 区与 ds 区元素有许多共同的性质，如大多数元素单质的硬度较大，熔点和沸点较高，导电性、导热性及延展性良好；在金属活动顺序表中多数位于氢以前，能够从非氧化性酸中置换出 H_2；大多具有多种氧化值，低氧化值时常以简单离子的形式存在于晶体或溶液中，高氧化值时则以氧化物、含氧酸盐及配合物的形式存在，并且这些化合物大多具有一定的颜色等。

2.4.2 ds区元素：铜族和锌族元素

铜族元素包括铜、银和金3种元素，构成周期表的ⅠB族。锌族元素包括锌、镉和汞3种元素，构成周期表的ⅡB族，它们同属于ds区。

在铜族元素中，铜是红色金属，银是银白色金属，金是黄色金属。与碱金属相比，它们有较高的密度和硬度及较高的熔点和沸点。铜族元素的导电性和传热性在所有金属中是最好的，其中以银最好，其次是铜和金。它们都有良好的延展性，其中以金的延展性最好。

与碱金属相比，铜族元素的金属活泼性较差，并按铜、银、金的顺序减弱。铜在潮湿的含有二氧化碳的空气中，表面会生成一层绿色的铜锈，其反应式为：$2Cu+O_2+CO_2+H_2O \xlongequal{} Cu_2(OH)_2CO_3$。银在含 H_2S 的空气中表团会变暗变黑，其反应为：$4Ag+2H_2S+O_2 \xlongequal{} 2Ag_2S+2H_2O$。铜族元素不能从盐酸和稀硫酸中置换出氢气，但铜和银可以溶于硝酸和热浓硫酸，而金只能溶于王水。

锌、镉和汞都是银白色金属。锌由于表面覆盖着一层碱式碳酸锌而略显蓝灰色。本族元素的单质为低熔点低沸点金属，其熔点和沸点不仅低于碱土金属，而且还低于铜族，并按Zn、Cd、Hg的顺序依次降低。汞是唯一在室温下为液态的金属，且具有高密度、导电性和流动性。汞的蒸气压很低且有毒，所以，在使用汞时应务必小心。

锌族元素中的锌和铜较为活泼，汞表现惰性。锌在含有二氧化碳的潮湿空气中表面可生成一层碱式碳酸盐：$4Zn+2O_2+CO_2+3H_2O \xlongequal{} ZnCO_3 \cdot 3Zn(OH)_2$。它可以保护内部的锌不被继续侵蚀。因此镀锌铁具有强的抗腐蚀能力。

与Al相似，Zn也是两性金属，不但能溶于酸中，而且还能溶于强碱溶液中：$Zn+2HCl \xlongequal{} ZnCl_2+H_2\uparrow$，$Zn+2NaOH+2H_2O \xlongequal{} Na_2[Zn(OH)_4]+H_2\uparrow$。锌有别于铝，铝不能溶于氨水形成氨配合物，锌则可以溶于氨水形成易溶于水的氨配合物：$Zn+4NH_3+2H_2O \xlongequal{} [Zn(NH_3)_4](OH)_2+H_2\uparrow$。

汞虽然表现惰性，但与硫黄研磨即生成硫化汞，即：$Hg+S \xrightarrow{研磨} HgS$。汞的这种反常性质是由于汞是液态，经研磨即成微小粒珠，与硫的接触面积增大，因而反应容易进行。

2.4.3 重要的d区元素

2.4.3.1 铁系元素

第一过渡系的ⅧB族元素铁、钴、镍价电子层组态分别是 $3d^6 4s^2$、$3d^7 4s^2$、$3d^8 4s^2$。它们的原子半径十分相近，性质很相似，称为铁系元素。

铁、钴、镍单质都是具有光泽的银白色金属。铁、钴略带灰色，而镍为银白色。它们的密度都较大，熔点也较高。钴比较硬而脆，铁和镍却有很好的延展性。此外，它们都表现有铁磁性，钴、镍、铁合金是很好的磁性材料。

铁、钴、镍都是中等活泼的金属单质。在常温和无水情况下，铁系元素的单质均较稳定，但在高温时，它们能与氧气、硫、氮气、氯气发生剧烈的反应：$3M+2O_2 \xlongequal{} M_3O_4$（M= Fe, Co）；$M+S \xlongequal{} MS$（M = Fe, Co, Ni）；$M+Cl_2 \xlongequal{} MCl_2$（M = Co, Ni）；$2Fe+3Cl_2 \xlongequal{} 2FeCl_3$。

在常温下，铁与铝、铬一样，因“钝化”而不与浓硝酸、浓硫酸反应，所以可用铁制品盛装和运输浓硝酸和浓硫酸。稀硝酸能溶解铁，若铁过量，则生成硝酸亚铁；若硝酸过量，则生成硝酸铁。铁能从非氧化性酸中置换出氢气，也能被浓碱溶液所侵蚀，在潮湿空气中生成铁锈。钴和镍在大多数无机酸中缓慢溶解，但在碱性溶液中稳定性较高。

铁的氧化物有氧化亚铁、四氧化三铁和氧化铁。Fe_2O_3 及其水合物具有多种颜色，因此可用作颜料。Fe_3O_4 是黑色、具有磁性的物质。铁丝在氧气中燃烧可生成 Fe_3O_4。粉末状

Fe_3O_4 常作为颜料，称为“铁黑”。

铁的氢氧化物有 $Fe(OH)_2$ 和 $Fe(OH)_3$，它们都是难溶于水的弱碱。在亚铁盐、铁盐溶液中加碱时，有相应的氢氧化物沉淀生成：$Fe^{2+}+2OH^- \longrightarrow Fe(OH)_2\downarrow$（白色胶状物）；$Fe^{3+}+3OH^- \longrightarrow Fe(OH)_3\downarrow$（棕色胶状物）。氢氧化铁实际上是含水量不定的水合氧化铁。

铁（Ⅱ）和铁（Ⅲ）的硝酸盐、硫酸盐、氯化物和高氯酸盐等都易溶于水，并且在水中发生微弱的水解使溶液显酸性。它们的碳酸盐、磷酸盐、硫化物等弱酸盐都难溶于水。

铁（Ⅱ）和铁（Ⅲ）的可溶性盐类从溶液中析出时，常带有结晶水，如 $FeSO_4 \cdot 7H_2O$，$Fe_2(SO_4)_3 \cdot 9H_2O$ 等。铁（Ⅱ）盐一般为浅绿色，而铁（Ⅲ）盐一般为红棕色。

水合钴离子$[Co(H_2O)_6]^{2+}$呈粉红色。$CoCl_2 \cdot 6H_2O$ 是红色晶体，加热时，失水成无水盐，呈深蓝色，是干燥剂硅胶的主要成分。水合镍离子 $[Ni(H_2O)_6]^{2+}$ 呈亮绿色，失水呈黄色。

钴、镍与铁相比，其中一个重要差别在于+2 氧化态趋于稳定。在 Co^{2+}、Ni^{2+} 溶液中加入碱，可得到相应的 $Co(OH)_2$、$Ni(OH)_2$ 沉淀。但是与 $Fe(OH)_2$ 不同，$Co(OH)_2$ 在空气中只能慢慢地氧化为 $Co(OH)_3$，而 $Ni(OH)_2$ 在空气中稳定，必须用强氧化剂（如 Br_2）才能把它转化为 $Ni(OH)_3$。在 $Co(OH)_3$、$Ni(OH)_3$ 中加入 HCl 溶液，情况也与 $Fe(OH)_3$ 不同，发生如下反应：$2Co(OH)_3+6HCl \longrightarrow 2CoCl_2+Cl_2\uparrow+6H_2O$，$2Ni(OH)_3+6HCl \longrightarrow 2NiCl_2+Cl_2\uparrow+6H_2O$。$Fe(OH)_2$，$Co(OH)_2$，$Ni(OH)_2$ 的还原性逐渐减弱，而 $Fe(OH)_3$，$Co(OH)_3$，$Ni(OH)_3$ 的氧化性逐渐增强。

铁盐与氨水反应只能得到氢氧化物沉淀，而钴盐、镍盐与过量氨水反应得到相应的配离子 $[Co(NH_3)_6]^{2+}$、$[Ni(NH_3)_6]^{2+}$。酸性溶液中 Co^{2+} 与 SCN^- 作用生成蓝色配合物 $[Co(SCN)_4]^{2-}$，可用于鉴定 Co^{2+}。硫酸镍是镍重要的化合物，为黄绿色晶体。Ni^{2+} 在弱碱性溶液中，可同有机试剂乙二酰二肟形成鲜红色的螯合物沉淀。这个反应可用于鉴定 Ni^{2+} 的存在。

2.4.3.2　铂系元素

根据金属单质的密度，铂系元素可分为两组：第五周期的 Ru、Rh、Pd 的密度较小，称为轻铂金属；第六周期的 Os、Ir、Pt 的密度略大，称为重铂金属。铂系元素都是难熔金属，轻铂金属和重铂金属的熔点、沸点都是从左到右逐渐降低。这 6 种元素中，最难熔的是 Os，最易熔的是 Pd。熔点、沸点的这种变化趋势与铁系金属相似。

铂系元素除 Os 呈蓝灰色外，其余的都是银白色的。铂系元素都是稀有金属，它们在地壳中的含量很少。铂系元素几乎完全以单质状态存在，高度分散在各种矿石中，并共生在一起。从铂系元素原子的价电子结构来看，除 Os 和 Ir 有 2 个 s 电子外，其余的都只有 1 个 s 电子或没有 s 电子。同一周期铂系元素形成高氧化数的倾向从左向右逐渐降低。铂系元素的第六周期各元素形成高氧化数的倾向比第五周期相应各元素大。其中只有 Ru 和 Os 表现出了与族数相一致的+8 氧化数。

铂系金属的化学性质表现在以下几个方面。①铂系金属对酸的化学稳定性比所有其他各族金属都高，尤其是 Ru、Os、Rh 和 Ir，不仅不溶于普通强酸，也不溶于王水。Pd 和 Pt 都能溶于王水，Pd 还能溶于 HNO_3（稀 HNO_3 中溶解慢，浓 HNO_3 中溶解快）和热 H_2SO_4。②当存在氧化剂时，铂系金属与碱一起熔融，都可以转变成可溶性的化合物。③铂系金属不和 N_2 反应，室温下对 O_2、S、P、F_2、Cl_2 等非金属都是稳定的，高温下才能与它们反应，生成相应的化合物。④铂系金属都有一个特性，即很高的催化活性，金属细粉的催化活性尤其高。⑤由于铂系金属离子 d 电子数比较多，所以铂系金属的重要特性是可以与许多配体形成配合物。⑥铂系元素和 Fe、Co、Ni 相似，同一周期中形成高氧化数的倾向从左到右逐渐降低。

2.4.3.3 钛钒铬锰

钛（Ti）元素基态原子的价层电子组态为$3d^2 4s^2$，在地壳中的丰度为0.42%。金属钛具有银白色光泽，外观似钢，具有钢的机械强度而又比钢轻。钛具有优良的抗腐蚀性能，这是由于其表面上形成一层致密的氧化物薄膜，保护钛不与氧化剂起作用的缘故。金属钛不被稀酸和稀碱溶液侵蚀，它可溶于热盐酸和冷硫酸生成钛（Ⅲ）盐：$2Ti + 3H_2SO_4 = Ti_2(SO_4)_3 + 3H_2\uparrow$，钛易溶于氢氟酸中生成$TiF_3$，$2Ti + 6HF = 2TiF_3 + 3H_2\uparrow$。钛广泛地用于制造涡轮的引擎、喷气式飞机及化学工业和航海事业的各种装备。在国防工业上，钛用于制造军舰、导弹，是国防战略物资。此外，在生物医学工程上，金属钛用于接骨。

钛的化合物中比较重要的有二氧化钛、硫酸钛酰和四氯化钛。二氧化钛（TiO_2）在自然界中以金红石或锐钛矿的形式存在，是钛的重要矿物之一，为红色或黄红色的晶体。但用沉淀法制得的TiO_2是白色粉末，俗称"钛白"，它兼有铅白的掩盖性和锌白的持久性，且光泽好，是一种高级的白色颜料。二氧化钛不溶于水，也不溶于稀酸。TiO_2与浓硫酸共热时生成$Ti_2(SO_4)_3$和$TiOSO_4$。$TiOSO_4$称为硫酸钛酰，是一种白色粉末，可溶于冷水中，完全水解时生成钛酸，$TiOSO_4 + 3H_2O = H_4TiO_4 + H_2SO_4$。纯$TiCl_4$是无色透明的液体，沸点为136℃，易水解。$TiO_2$很稳定，因此直接还原$TiO_2$制备金属钛很困难。所以，工业上生产金属钛时，先制备$TiCl_4$，再将$TiCl_4$还原为金属钛。四氯化钛通常是采用TiO_2的还原与氯化联合法制备：$TiO_2 + 2C + 2Cl_2 = TiCl_4 + 2CO$。生成的$TiCl_4$可被熔融镁还原，但要在氩气流中进行：$TiCl_4 + 2Mg = 2MgCl_2 + Ti$。蒸去$MgCl_2$和残余的Mg，得到海绵状钛。

钒（V）元素基态原子的价层电子组态为$3d^3 4s^2$，由于V^{3+}的离子半径与Fe^{3+}的离子半径相近，因此许多铁矿石中含有钒。钒是银灰色金属，硬度比钢大，其熔点、沸点比钛高。钒易钝化，常温下在空气中是稳定的，能抵抗空气氧化和海水腐蚀。钒不与强碱溶液、稀H_2SO_4溶液、盐酸作用，但溶于氢氟酸、浓硫酸、硝酸和王水中。钒钢具有很大的硬度、很高的弹性和优良的抗磨损、抗冲击性能，用于制造汽车和飞机。

在钒的化合物中，比较重要的有五氧化二钒和钒酸盐。加热偏钒酸铵可获得极纯的五氧化二钒（V_2O_5）：$2NH_4VO_3 = V_2O_5 + 2NH_3\uparrow + H_2O\uparrow$。五氧化二钒呈橙黄色至砖红色，无臭、无味、有毒、微溶于水。V_2O_5是两性氧化物，能溶于强碱生成钒酸盐或偏钒酸盐。也能溶于强酸溶液，生成淡黄色的VO_2^+，五氧化二钒主要用作催化剂，如在SO_2接触氧化法制造硫酸作催化剂。五氧化二钒溶于水生成钒酸。制成游离的钒酸有偏钒酸（HVO_3）和四钒酸（$H_2V_4O_{11}$）。最重要的含氧酸盐是硫酸盐。将V_2O_5溶于硫酸溶液尚未制得过固体的硫酸盐，只得到V_2O_5的硫酸溶液。在水溶液中，随着溶液pH值的降低，单钒酸根逐渐脱水缩合而成多钒酸根。这种缩合平衡，除与溶液pH有关之外，还与溶液浓度有关。钒酸盐除了缩合性以外，在强酸性溶液中还有氧化性。

铬（Cr）元素基态原子的价层电子组态为$3d^5 4s^1$。铬是灰白色金属，熔点和沸点很高。铬是硬度最大的金属。单质的金属性并不活泼，这是由于容易钝化的缘故。在工业上，为了防止生锈，常在铁制品表面上镀一层铬，这一镀层能长期保持光亮。常温下，铬能溶于稀盐酸和浓硫酸中，在高温下，铬能与活泼非金属单质反应，与碳、氮、硼元素也能形成化合物。

在铬的化合物中，比较重要的有Cr_2O_3、$Cr(OH)_3$和$K_2Cr_2O_7$。金属铬在空气中燃烧、重铬酸铵受热分解或用硫还原重铬酸盐，均可制得三氧化二铬（Cr_2O_3）。三氧化二铬为绿色晶体，硬度大，微溶于水，常用作绿色颜料或研磨剂。向Cr（Ⅲ）盐溶液中加入适量碱，可生成灰蓝色的$Cr_2O_3 \cdot H_2O$胶状沉淀，也可以写成$Cr(OH)_3$。Cr_2O_3和$Cr(OH)_3$具有两性，可以与酸作用可生成相应的铬（Ⅲ）盐，与碱作用生成深绿色的亚铬酸盐：$Cr_2O_3 +$

$2NaOH+3H_2O$ ══ $2Na[Cr(OH)_4]$。在碱性溶液中，Cr(Ⅲ) 具有较强还原性，可被 H_2O_2、Cl_2 等氧化剂氧化成铬酸盐。$K_2Cr_2O_7$ 在酸性溶液中具有强氧化性，其还原产物为 Cr^{3+}，在加热的情况下，$K_2Cr_2O_7$ 能与浓盐酸作用放出 Cl_2：$K_2Cr_2O_7+14HCl$ ══ $2CrCl_3+3Cl_2+7H_2O+2KCl$。饱和 $K_2Cr_2O_7$ 溶液与浓硫酸按体积比 1∶7 混合，可得到实验室常用的铬酸洗液。当洗液由棕红色转变为棕绿色时，表明洗液基本失效。在 $K_2Cr_2O_7$ 溶液中，加入 H_2O_2 和乙醚时，可生成蓝色过氧化物，这是鉴定 Cr(Ⅵ) 的灵敏反应。

锰（Mn）元素基态原子的价层电子组态为 $3d^5 4s^2$，块状锰是白色的金属，质硬而脆，不能进行冷加工和热加工。锰是特种合金钢的重要组成元素，块状金属锰在空气中生成一层致密的氧化物保护膜，但粉末状的锰却容易被氧化。加热时，锰与卤素单质猛烈反应。在高温下，锰也能与硫、磷、碳等非金属单质直接化合。锰与热水反应生成 $Mn(OH)_2$ 和 H_2，锰也溶于稀盐酸、稀硫酸和稀硝酸中。在氧化剂存在下，金属锰还能与熔碱反应生成锰酸盐。

锰的重要化合物有 MnO_2 和 $KMnO_4$。MnO_2 为黑色粉末状，不溶于水，常温下稳定。自然界中存在的 MnO_2 称为软锰矿。软锰矿是一种广泛使用的氧化剂，是制造干电池的原料；它是玻璃工业的除色剂，是制备锰盐或锰的其他化合物的主要原料；它也可用作催化剂等。在酸性介质中，MnO_2 是强氧化剂，与浓盐酸作用可放出 Cl_2：MnO_2+4HCl(浓) ══ $MnCl_2+Cl_2+2H_2O$；在碱性介质中，MnO_2 具有还原性，与 $KClO_3$ 等氧化剂一起熔融时，可被氧化成锰酸钾（K_2MnO_4）。高锰酸钾（$KMnO_4$）为深紫色晶体，常温下稳定，易溶于水，其水溶液显紫红色。在酸性溶液中，MnO_4^- 是强氧化剂，本身被还原为 Mn^{2+}：$2MnO_4^-+5H_2O_2+6H^+$ ══ $2Mn^{2+}+5O_2\uparrow+8H_2O$，分析化学中常用此反应测定 H_2O_2 的含量。在近中性溶液中，MnO_4^- 作氧化剂时，其还原产物为 MnO_2：$2MnO_4^-+H_2O+I^-$ ══ $2MnO_2\downarrow+IO_3^-+2OH^-$。在强碱性介质中，$MnO_4^-$ 作氧化剂时，其还原产物为 MnO_4^{2-}：$2MnO_4^-+SO_3^{2-}+2OH^-$ ══ $2MnO_4^{2-}+SO_4^{2-}+H_2O$。日常生活中及医学临床上，常利用 $KMnO_4$ 的强氧化性消毒杀菌。

2.5　配位化合物

过渡金属的一个重要特点是可形成配位化合物。配合物的制备、应用与结构研究是近十数年来热门的研究课题。

2.5.1　配位化合物的基本概念

2.5.1.1　配位化合物的定义

配位化合物（coordination compounds）简称配合物，是由可以给出孤对电子或多个不定域电子的一定数目的离子或分子（称为配体）和具有接受孤对电子或多个不定域电子的空位的原子或离子（统称中心原子），按一定的组成和空间构型所形成的化合物。把由一定数目的配体与中心原子所形成的复杂分子或离子称为配位个体，如 $[Fe(CO)_5]$、$[CoCl_3(NH_3)_3]$、$[Fe(SCN)_6]^{3-}$ 等复杂离子或分子都是配位个体。$[Fe(CO)_5]$ 和由配位个体所形成的相应化合物，如 $[Cu(NH_3)_4]SO_4$、$K_3[Fe(CN)_6]$ 等，都是配合物。

2.5.1.2　配合物的结构

配位个体是配合物的特征部分，也称配合物的内界，通常把内界写在方括号之内。配合物中，除了内界以外的其他离子称为配合物的外界。

中心原子位于配位个体的中心位置，它是配位个体的核心部分。中心原子一般是金属离子，特别是过渡元素的离子或原子，某些高氧化值的非金属元素的原子也可以作中心原子。

在配位个体中，与中心原子结合的阴离子或分子称为配体（ligands），如配位个体 $[Ag(NH_3)_2]^{2+}$、$[Fe(CO)_5]$、$[SiF_6]^{2-}$ 中的 NH_3、CO、F^- 都是配体。配体中直接与中心原子相结合的原子称为配位原子，如配体 NH_3 中的 N 和 H_2O 中的 O 都是配位原子。

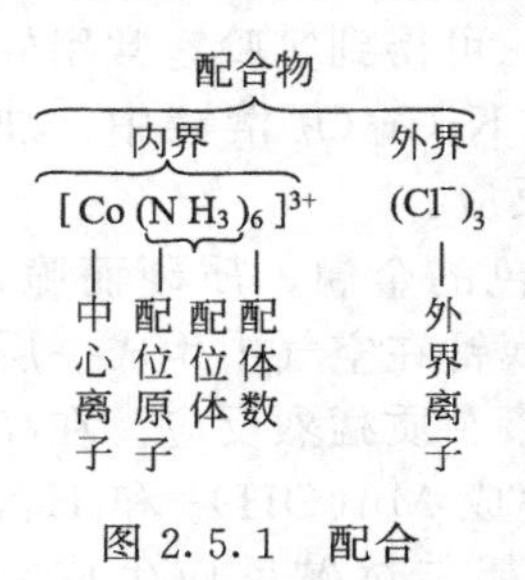

图 2.5.1 配合物的结构

只含一个配位原子的配体称为单齿（unidentate）配体，如 NH_3、H_2O、F^-等。含两个或两个以上配位原子的配体称为多齿（multidentate）配体，如乙二胺（$NH_2CH_2CH_2NH_2$，缩写为 en）等。多齿配体能与中心原子形成环状结构的配位个体（称为螯合物），因此也称螯合剂（chelating agents）。

配位个体中直接与中心原子结合的配位原子的数目称为中心原子的配位数（coordination number）。如果配体均为单齿配体，则配体的数目与中心原子的配位数相等。例如 $[Ag(NH_3)_2]^{2+}$中的配体 NH_3 是单齿配体，则配位数是 2。如果配体中有多齿配体，则中心原子的配位数与配体的数目不相等。例如，en 是双齿配体，则 $[Cu(en)_2]^{2+}$中 Cu^{2+}的配位数为 4。

配合物的结构可表示如图 2.5.1 所示。

2.5.1.3 配合物的命名

配合物的命名遵循以下一般性原则：①从后向前或从右向左；②内、外界之间加“酸”或“化”分开，外界卤素 X 用“化”分开；③配体与中心离子（原子）之间加“合”分开；④中心离子氧化数可紧跟中心离子后用罗马字母表示，并加上小括号；⑤配位体个数用中文一、二、三…表示，“一”可略；⑥如果配合物中有多种配位体，则它们的排列次序为，阴离子配体在前，中性分子配体在后，无机配体在前，有机配体在后。不同配位体的名称之间还要用中圆点“·”分开。

2.5.2 配位化合物的异构现象

具有相同的组成而结构不同的现象称为异构现象。在配合物中，异构现象相当普遍。通常可将配合物的异构现象分为结构异构（structural isomerism）和立体异构（stereoisomerism）两大类。

2.5.2.1 结构异构

配合物的结构异构常见的有解离异构（ionization isomerism）和键合异构（linkage isomerism）。

组成相同的配合物，在水溶液中解离得到不同离子的现象称为解离异构。例如，$[CoSO_4(NH_3)_5]$ Br 与 $[CoBr(NH_3)_5]SO_4$ 属于解离异构体，前者在水溶液中解离出 $[CoSO_4(NH_3)_5]^+$和 Br^-，而后者在水溶液中解离出 $[CoBr(NH_3)_5]^{2+}$和 SO_4^{2-}。

键合异构是由于两可配体以两种不同配位原子与中心原子配位所产生的异构现象。例如，$[Co(NO_2)(NH_3)_5]Cl_2$与$[Co(ONO)(NH_3)_5]Cl_2$属于键合异构体，前者的配体 NO_2^- 中的 N 原子为配位原子，后者的配体 NO_2^- 中的 O 原子为配位原子。另一个可能生成键合异构体的配体为 SCN^-，SCN^-中的 N 原子和 S 原子都可以作配位原子。

2.5.2.2 立体异构

配合物的立体异构是指组成相同的配合物的不同配体在空间排列不同而产生的异构现象。立体异构又分为几何异构（geometric isomerism）和对映异构（enantiomorphism isomerism）。

配位数为 2 和 3 的配合物及配位数为 4 的四面体配合物不可能存在几何异构体。几何异构体主要存在于配位数为 4 的平面正方形和配位数为 6 的八面体配合物中。

在配合物的几何异构体中，当同种配体处于相邻位置时称为顺式(*cis-*) 异构体，处于对角线位置时称为反式(*trans-*) 异构体。例如，平面正方形的配合物 $[PtCl_2(NH_3)_2]$ 有两种几何异构体，即顺式二氯二氨合铂和反式二氯二氨合铂［图 2.5.2(a)］。在 MA_3B_3 类型的配合物中，若 A、B 两种配体各自连成互相平行的平面者称为面式异构体，反之若两平面互相垂直则称为经式异构体，见图 2.5.2(b)。

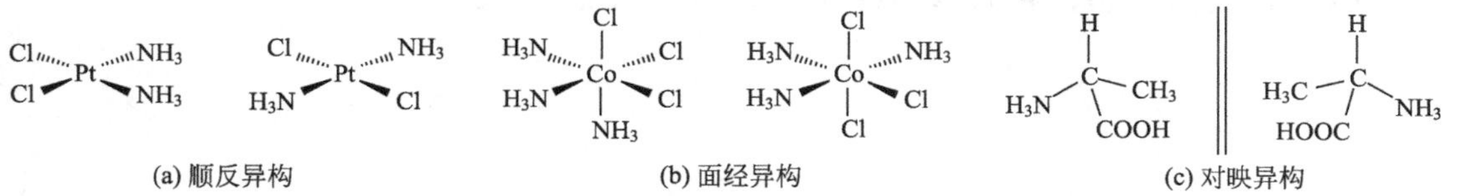

(a) 顺反异构　(b) 面经异构　(c) 对映异构

图 2.5.2　立体异构的几种类型

如果两种化合物的组成和相对位置皆相同，但它们互为镜像关系，像左右手一样不能重合，这种异构称为手性异构或镜像异构。丙氨酸的两种对映异构体见图 2.5.2(c)。对映异构体可使平面偏振光的偏振方向发生偏转，使偏振光向左偏转的对映异构体称为左旋体，使偏振光向右偏转的对映异构体称为右旋体，因此对映异构又称为旋光异构（optical isomerism)。旋光异构体在生物体内的生理功能具有显著的差异。

习题与思考题

2.1　试说明稀有气体的熔点、沸点、密度等性质的变化趋势和原因。

2.2　你会选择哪种稀有气体作为：(a) 温度最低的液体冷冻剂；(b) 电离能最低安全的放电光源；(c) 最廉价的惰性气氛？

2.3　通 Cl_2 于消石灰中，可得漂白粉，而在漂白粉溶液中加入盐酸可产生 Cl_2，试用电极电势说明这两个现象。

2.4　大气层中臭氧是怎样形成的？哪些污染物引起臭氧的破坏？如何鉴别 O_3？它有什么特征反应？

2.5　医药上常用 H_2O_2（30%或 3%）消毒灭菌，你知道其作用原理吗？在实验室中如何制备 H_2O_2？如何鉴别？使用及保存时应注意什么？

2.6　如何鉴定铵根离子和磷酸根离子？请写出相关方程式。

2.7　请回答下列问题：①如何除去 N_2 中少量 NH_3 和 NH_3 中的水蒸气？②如何除去 NO 中微量的 NO_2？③过磷酸钙肥料为什么不能和石灰一起储存？④为什么久置的浓 HNO_3 会变黄？

2.8　试通过实验来鉴别 $NaNO_3$ 和 $NaNO_2$，并写出相应的化学反应方程式。

2.9　概述 CO 的实验室制法及收集方法，并写出相应的化学反应方程式。

2.10　如何鉴别 Na_2CO_3 和 $NaHCO_3$？

2.11　商品氢氧化钠中为什么常含杂质碳酸钠？如何检验？又如何除去？

2.12　用方程式说明铜器在潮湿空气中慢慢生成一层绿色的铜锈？

2.13　铝离子和锌离子有何相同之处和不同之处？如何区分？

2.14　为什么实验室中常用硼砂配制缓冲溶液？叙述其原理。

2.15　简要说明下列名词的含义：① 配离子和配位分子；②单齿配体和多齿配体。

2.16　下列说法是否正确，为什么？①配体的数目就是中心原子的配位数；②配离子的几何构型取决于中心原子所采取的杂化轨道类型；③配合物的形成体一定是金属离子。

2.17　写出下列各物质的名称：①$[Co(en)_3]_2(SO_4)_3$；②$[Ag(NH_3)_2]^+$；③$[Cr(OH)_3H_2O(en)]$；④$[Co(ONO)(NH_3)_5]SO_4$。

2.18　写出下列各物质的化学式：①二氯·四水合铁（Ⅲ）离子；②五氯·氨合铂（Ⅳ）离子；③ 四氯·合金（Ⅲ）离子；④三硝基·三氨合钴（Ⅲ）。

参　考　文　献

[1] 华彤文，陈景祖. 普通化学原理. 第 3 版. 北京：北京大学出版社，2005.

[2] 印永嘉，姚天扬．化学原理．北京：高等教育出版社，2006.
[3] 王夔．化学原理和无机化学．北京：北京大学医学出版社，2005.
[4] 邓建成，易清风，易兵．大学化学基础．第2版．北京：化学工业出版社，2008.
[5] 邱治国，张文莉．大学化学．第2版．北京：科学出版社，2008.
[6] 卜平宇，夏泉．普通化学．北京：科学出版社，2006.
[7] Kenneth W Whitten. General chermistry (7th ed). London: Thomson Brooks, 2004.
[8] 浙江大学普通化学教研组编．普通化学．第5版．北京：高等教育出版社，2002.

第3章 化学反应的基本原理

3.1 化学反应体系的描述

3.1.1 体系与环境

热力学研究的对象称为体系或系统（systems），它是大量分子、原子、离子等物质微粒组成的宏观集合体。体系以外与体系密切相关、影响所及的部分称为环境（surroundings）。系统与环境之间存在着物理界面或假想的界面。根据系统与环境之间发生物质与能量的传递情况的不同，系统可分为三类。①敞开系统（open system）：系统与环境之间通过界面既有物质的质量传递，也有能量（以热和功的形式）的传递。②封闭系统（closed system）：系统与环境之间通过界面只有能量的传递，而无物质的质量传递。因此封闭系统中物质的质量是守恒的。③隔离系统（isolated system）：系统与环境之间既无物质的传递亦无能量的传递。因此隔离系统中物质的质量是守恒的，能量也是守恒的。隔离系统又常称为孤立体系。

按照上述定义，盛有热水的敞口水杯为敞开体系，盛有热水、上盖严密但保温性能不好的水杯为封闭体系，盛有热水、上盖严密且保温性能优良的保温杯为隔离体系。

3.1.2 状态与状态函数

系统的状态是指系统所处平衡态时的样子，这个总的平衡包括热平衡（系统内部各部分之间、系统与环境之间温度相等，无热量传递），力平衡（系统中各部分及系统与环境之间各种作用力均达到平衡），相平衡（体系中各相的组成与数量均不随时间而变）和化学平衡（系统中物质的种类和量不随时间而变）四部分。热力学中采用系统的宏观性质来描述系统的状态，所以系统的宏观性质也称为系统的状态函数。最基本的热力学函数包括热力学能 U，焓 H，熵 S，亥姆霍茨函数 A，吉布斯函数 G；再加上可由实验直接测定的压力 p，体积 V，温度 T 共八个。应用演绎法和数学方法，可导出一系列的热力学公式，进而用以解决物质的 p、V、T 变化，相变化和化学变化等过程的能量效应（功与热）及过程的方向与限度（即平衡）问题。

体系的热力学性质可分为强度性质和广度性质两类。其中强度性质是指与系统中所含物质的量无关、无加和性（如 p、T 等）的性质；广度性质是指与系统的大小、所含物质的量的多少有关的性质（如 V、U、S、H、A、G 等）。广度性质具有加和性，强度性质与广度性质之间的关系为：强度性质=(一种广度性质)/(另一种广度性质)，如 $V_m=V/n$，$d=W/V$ 等。

状态函数与保守力场中的势函数一样，并具有势函数的一切特点，包括：①状态与函数数值之间的关系是单值关系；②状态函数的微分是全微分；③状态函数的积分值与积分的路径无关，状态函数的封闭积分值为零。这些特点可表述为：状态一定值一定，异途同归变化等，周而复始变化零。

3.1.3 过程与途径

过程是在一定环境条件下，系统由始态变化到终态的经过；途径是指系统由始态变化到终态所经历的过程的总和。常见的变化过程有状态变化过程、相变化过程、化学变化过程等。

系统的状态变化过程是指体系的 p，V，T 发生变化的过程。典型的 p，V，T 变化过程包括以下几点：①定温过程：若过程的始态、终态的温度相等，且过程中体系的温度等于环境的温度，即 $T_1=T_2=T_{环}$，则该过程称为定温过程。在定温过程中，仅有 $T_1=T_2$ 的要求而无 $T=c$ 的要求。②定压过程：若过程的始态、终态的压力相等，且过程中的压力恒定等于环境的压力，即 $p_1=p_2=p_{环}$，则该过程称为定压过程。在定压过程中，仅有 $p_1=p_2$ 的要求而无 $p=c$ 的要求。③定容过程：系统的状态变化过程中体积保持恒定（即 $V_1=V_2$）的过程称为定容过程。同理，在定容过程中，仅有 $V_1=V_2$ 的要求而无 $V=c$ 的要求。④绝热过程：系统状态变化过程中，与环境间的能量传递只可能有功的形式，而无热的形式，即 $Q=0$，则该过程称为绝热过程。⑤循环过程：系统由始态经一连串过程又回复到始态的过程叫循环过程。在循环过程中，所有的状态函数的改变量均为零，如 $\Delta p=0$，$\Delta T=0$，$\Delta V=0$，$\Delta U=0$，$\Delta H=0$，$\Delta G=0$ 等。⑥对抗恒定外压过程：系统在体积膨胀的过程中所对抗的环境的压力 $p_{环}$＝常数的过程。⑦自由膨胀过程（向真空膨胀）的过程：若左球内充有气体，右球内呈真空，活塞打开后，气体向右球膨胀，该过程称为自由膨胀过程（或叫向真空膨胀过程）。

3.1.4 热量和功

3.1.4.1 热量

由于系统与环境间温度差的存在而引起的能量传递形式称为热或热量（heat），以符号 Q 表示，SI 单位为焦耳（J）。它是环境与系统间无序的能量传递形式。我们规定：热的计量以体系为准，$Q>0$ 表示系统从环境吸热（因而系统的能量升高），$Q<0$ 表示体系向环境放热（因而体系的能量降低）。

需要注意的是，当体系变化的始态、终态确定后，Q 的数值还与具体过程有关，因此 Q 不具有状态函数的性质，它属于过程函数。对微小变化过程的热量变化用符号 δQ 表示而不能以全微分 dQ 表示。

3.1.4.2 功

在热力学中，把除热以外其他各种形式被传递的能量均称为功（work），它是由于系统与环境间压力差或其他广义力的存在引起的能量传递形式，以符号 W 表示，SI 单位为焦耳（J）。

规定：功的计量以体系为准。$W>0$ 表示环境对体系做功（因而体系的能量升高），$W<0$ 表示体系对环境做功（因而体系的能量降低）。功也是与过程有关的量，微小变化过程的功以 δW 表示而不能用 dW 表示。

功可分为体积功和非体积功。体积功（亦称膨胀功）是指当体系发生体积变化时体系与环境间所传递的能量，常用 W_e 表示，非体积功指体积功以外所有其他形式的功（如电功 Edq、表面功 γdA 等），常用 W_f 表示。

3.1.4.3 常见过程体积功的计算

热力学中，功的定义是反抗环境压力所做的功。设一个带有活塞储有一定量气体的汽缸，截面积为 A，环境压力为 p_{su}，活塞在环境压力方向上的位移为 dl，体系体积改变 dV，则体系反抗环境压力所做的功为

$$W_e=-\int_{l_1}^{l_2}F_{su}dl=-\int_{l_1}^{l_2}(F_{su}/A)(Adl)=-\int_{V_1}^{V_2}p_{su}dV \tag{3.1.1}$$

在以 p 为纵坐标、V 为横坐标的 p-V 图上，曲线 p_{su} 下，$V_1\sim V_2$ 间的面积即为该过程的体积功。

① 定容过程的功：由于 $dV=0$，故 $W_e=0$。

② 自由膨胀过程的功：在自由膨胀过程中 $p_{su}=0$，则 $W_e=0$。

③ 对抗恒定外压过程的功：由于 p_{su}＝常数，则 $W_e=-p_{su}(V_2-V_1)$。当 $V_2>V_1$ 时，体系膨胀，体系对环境做功，$W_e<0$。

④ 准静态过程与可逆过程的功：若系统由始态到终态的过程是由一连串无限邻近且无限接近于平衡的状态构成，则这样的过程称为准静态过程。

设一个储有一定量气体的汽缸，截面积为 A，与一个定温热源 T 相接触。(A) 将活塞上的重物同时取走三个，外压从 p_1 降为 p_2，体积从 V_1 膨胀至 V_2，过程中系统对环境做功 $W_e=-p_2(V_2-V_1)$，如图3.1.1(a)、(b) 所示。(B) 将活塞上重物分三次逐一取走，外压由 p_1 分段经 p'、p''，最后降到 p_2，气体由 V_1 分段经 V'、V'' 最后膨胀到 V_2，这时系统对环境做功 $W_e=-[p'(V'-V_1)+p''(V''-V')+p_2(V_2-V'')]$，如图 3.1.1(c)、(d) 所示。(C) 设想活塞上放置一堆无限微小的沙粒，每次取走一粒沙子，系统的压力 p 与此时的外压 p_{su} 相差极为微小，即 $p=p_{su}+\mathrm{d}p$。由于每次膨胀的推动力极小，过程的进展无限慢，系统与环境无限趋近于平衡（该过程称为准静态过程），见图 3.1.1(e)、(f)。因此可以用积分代替求和，则

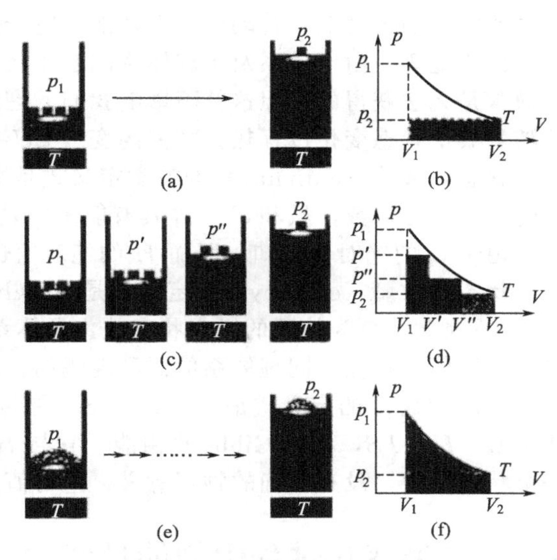

3.1.1　准静态过程示意图

$$W_e=-\int_{V_1}^{V_2}p_{su}\mathrm{d}V=-\int_{V_1}^{V_2}(p-\mathrm{d}p)\mathrm{d}V=-\int_{V_1}^{V_2}p\mathrm{d}V$$

与过程 (A)、(B) 相比较，在定温条件下，在无摩擦的准静态过程中，系统对环境做功 $(-W_e)$ 为最大。

无摩擦力的准静态过程还有一个重要的特点，即系统可以由该过程的终态按原途径步步回复，直到系统和环境都恢复到原来的状态。例如设想由上述过程的终态，在活塞上添加原来最后取走的一粒细沙，外压增加到 $p_2+\mathrm{d}p$，气体将被压缩直到内、外压力相等，气体达到新的平衡状态。依此类推，依序将原来取走的细沙逐一加回到活塞上，气体将回到原来的状态。环境对系统所做的功为

$$W_e=-\int_{V_2}^{V_1}p_{su}\mathrm{d}V=-\int_{V_2}^{V_1}(p+\mathrm{d}p)\mathrm{d}V=-\int_{V_2}^{V_1}p\mathrm{d}V$$

由于沿同一定温途径积分，它正好等于在原膨胀过程中系统对环境做的功。所以这一压缩过程使系统回到了始态，同时环境也复原了。对于定温压缩过程来说，无摩擦力准静态过程中环境对系统做的功为最小。

如果在整个过程中，系统内部无限接近于热平衡（即 $T=T_{su}$）；系统与环境的相互作用无限接近于力平衡（即 $p=p_{su}$），过程的进展无限缓慢；系统和环境能够由终态沿着原来的途径从相反方向步步回复，直到都恢复原来的状态。则该无摩擦力的准静态膨胀过程和压缩过程便可称为可逆过程（reversible process）。热力学中涉及的可逆过程是无摩擦力（以及无黏滞性、电阻、磁滞性等广义摩擦力）的准静态过程。

对于可逆过程，由于 $p_{su}=p\pm\mathrm{d}p$，因此总可以用体系的压力 p 来代替环境的压力 p_{su}，来计算体系在给定过程中所做的功。对于理想气体的等温可逆过程，体系所做的功为

$$W_e=-\int_{V_1}^{V_2}p_{su}\mathrm{d}V=-\int_{V_1}^{V_2}p\mathrm{d}V=-\int_{V_1}^{V_2}(nRT/V)\mathrm{d}V=nRT\ln(V_1/V_2)\qquad(3.1.2)$$

3.1.5 常用热力学函数的定义与本质

在热力学中，除了 p、V、T 外，其他几个热力学函数分别是热力学能 U，焓 H，熵 S，亥姆霍茨函数 A，吉布斯函数 G。

状态函数热力学能（internal energy）U 是体系内部动能和势能的总和。动能包括组成体系的粒子的平动能、转动能、振动能、电子运动能和核运动能等，势能包括键能和分子间相互作用能等。由于体系及组成体系的粒子及其内部运动的复杂性，体系的热力学能的绝对值通常是无法获得的，但这并不影响我们的理解和应用，因为在实际应用中，我们只要知道伴随着某个状态变化过程热力学能的变量 $\Delta U = U_2 - U_1$ 就可以了。

状态函数焓（enthalpy）的数学定义式是 $H = U + pV$，它是为了应用和处理的方便而引进的一个状态参数，虽和 U 一样具有能量的量纲，但与 U 不同的是 H 并没有明确的物理意义。由于 U 的绝对值未知，因而 H 的绝对值也是无法知晓的。

状态函数熵（entropy）的定义式是 $S = k\ln\Omega$，该式称为 Boltzmann 公式。式中 k 为 Boltzmann 常数，Ω 为体系的微观状态数，是体系混乱程度的表示。体系的有序性越好，Ω 就越小，熵值就越低，同理体系的混乱度越高，Ω 就越大，熵值就越高。

状态函数 A 的定义式是 $A = U - TS$，称为 Helmhotz 自由能或功函；状态函数 G 的定义式是 $G = H - TS$，称为 Gibbs 自由能。它与 H 一样，也是为了应用和处理的方便而引进的一个状态参数，没有明确的物理意义，绝对值未知。

3.2 各种变化过程中的能量变化

1840 年～1848 年间焦耳（Joule J. P.）做了一系列实验，总结这些实验的结果，得出了一个重要的结论：无论以何种方式，无论直接或分成几个步骤，使一个绝热封闭体系从某始态变到某终态，所需的功是一定的，这个功只与系统的始态和终态有关，而与系统所经历的具体途径无关。这表明系统中存在一个只与体系状态有关的函数，在绝热过程中此状态函数的改变量等于过程的功。这个状态函数就是后来所熟知的热力学能 U。上述结论可表示为 $\Delta U = U_2 - U_1 = W$（适用于绝热、封闭体系）。

3.2.1 热力学第一定律

在封闭体系中所发生的过程一般往往不是绝热的。当系统与环境之间的能量传递除功的形式之外还有热的形式时，则根据能量守恒，焦耳的实验结论可改写为

$$\Delta U = U_2 - U_1 = Q + W \tag{3.2.1}$$

式中 $W = W_e + W_f$。此即热力学第一定律的数学表达式。可见，热力学第一定律是有关能量守恒的规律，即能量既不能创造，亦不能消灭，仅能由一种形式转化为另一种形式，它是定量研究各种形式的热-功（机械功、电功、表面功等）相互转化的理论基础。

对于微小的变化过程，可得热力学第一定律的微分表达式

$$dU = \delta Q + \delta W \tag{3.2.2}$$

热力学第一定律的实质是能量守恒。即封闭系统中的热力学能，不会自行产生或消灭，只能以不同的形式等量地相互转化。因此也可以用“第一类永动机（在不需要外界供能、自身能量也不减少的前提下，可以源源不断地对外做功的机械）不能制成”来表述热力学第一定律。

3.2.2 定容热效应与定压热效应

对于不做非膨胀功的封闭体系的定容过程，由于 $W = W_e + W_f = 0 + 0 = 0$，定容过程的热效应用 Q_V 表示，则由热力学第一定律有

$$\Delta U = Q_V \quad 或 \quad dU = \delta Q_V \tag{3.2.3}$$

即在不做非膨胀功的封闭体系的定容过程中，系统从环境吸收的热等于系统热力学能的增加。由于只有在定容过程中才有式(3.2.3) 成立，又由于 ΔU 本身也不是状态函数，故 Q_V 不是状态函数。

同理，对于不做非膨胀功的封闭体系的定压过程，由于 $W = W_e + W_f = -p(V_2 - V_1) + 0 = pV_1 - pV_2 = p_1V_1 - p_2V_2$，定压过程的热效应用 Q_p 表示，则由热力学第一定律有 $\Delta U + \Delta(pV) = Q_p$，即

$$\Delta H = Q_p \quad 或 \quad dH = \delta Q_p \tag{3.2.4}$$

即在不做非膨胀功的封闭体系的定压过程中，系统从环境吸收的热等于系统焓的增加。同理 Q_p 也不是状态函数。

考虑到 $H = U + pV$，则 $\Delta H = \Delta U + \Delta(pV)$，即

$$Q_p = Q_V + \Delta(pV) \tag{3.2.5}$$

此即定容热效应与定压热效应之间的关系式。

3.2.3　热力学第一定律在简单 *p*、*V*、*T* 变化过程中的应用

3.2.3.1　组成不变均相体系的热力学能与焓

对于组成不变的均相体系，所有已定义的状态函数均可以 T、p、V 为自变量来表示，又由于 T、p、V 间有状态方程的联系（如理想气体状态方程 $pV = nRT$），因此三个自变量中只有两个是独立的。因此在组成不变的均相体系中所有已定义的状态函数均可以 T、p、V 中的任意两个为自变量来表示。为了讨论的便利，习惯上取 $U = U(T,V)$，$H = H(T,p)$。

根据全微分公式，若 $Z = Z(x,y)$，则 $dZ = (\partial Z/\partial x)_y dx + (\partial Z/\partial y)_x dy$。对于 U、H 则有

$$dU = (\partial U/\partial T)_V dT + (\partial U/\partial V)_T dV \tag{3.2.6}$$

$$dH = (\partial H/\partial T)_p dT + (\partial H/\partial p)_T dp \tag{3.2.7}$$

3.2.3.2　组成不变均相体系的热容

对于无相变、无化学变化、不做非膨胀功的封闭体系，在定容（定压）过程中升高单位热力学温度时所吸收的热称为该体系的定容热容（定压热容），用符号 $C_V(C_p)$表示。显见

$$C_V(T) = \delta Q_V/dT = (\partial U/\partial T)_V \quad 或 \ C_{V,m}(T) = (1/n)C_V(T) = (\partial U_m/\partial T)_V \tag{3.2.8}$$

$$C_p(T) = \delta Q_p/dT = (\partial H/\partial T)_p \quad 或 \ C_{p,m}(T) = (1/n)C_p(T) = (\partial H_m/\partial T)_p \tag{3.2.9}$$

其中，$C_{V,m}(T)$ 和 $C_{p,m}(T)$ 分别为定容摩尔热容和定压摩尔热容，n 为体系中所含的物质的量。

通常，物质的热容仅与体系的温度有关，可表示为 $C_{V,m}(T) = a + bT + cT^2 + \cdots$，$C_{p,m}(T) = a' + b'T + c'T^2 + \cdots$。通过对特定体系大量实验数据的多项式拟合，可求得适用于该特定体系的拟合参数 a、b、c 或 a'、b'、c'。

在热化学研究中，定压控制往往比定容控制来得方便，因此了解 C_V（T）和 C_p（T）之间的相互关系是具有实际意义的。

根据定义，有 $C_p - C_V = (\partial H/\partial T)_p - (\partial U/\partial T)_V = [\partial(U + pV)/\partial T]_p - (\partial U/\partial T)_V = (\partial U/\partial T)_p + p(\partial V/\partial T)_p - (\partial U/\partial T)_V$。将式(3.2.6) 在定压的条件下再除以 dT，有$(\partial U/\partial T)_p = (\partial U/\partial T)_V + (\partial U/\partial V)_T(\partial V/\partial T)_p$，代入上式得

$$C_p - C_V = [(\partial U/\partial V)_T + p](\partial V/\partial T)_p \tag{3.2.10}$$

对于液体及固体，$(\partial V/\partial T)_p$ 项的贡献很小；对于气体，$(\partial U/\partial V)_T$ 项的贡献很小。

3.2.3.3　理想气体的热力学能、焓与热容

焦耳在 1843 年做了一个实验，实验装置为用带旋塞的短管联结的两个铜容器。关闭旋塞，一容器中充入干燥空气至压力为某值，另一容器抽成真空。整个装置浸没在水浴中。待平衡后测定水的温度。然后开启旋塞，于是空气向真空容器膨胀，待平衡后再测定水的温

度。发现空气膨胀前后水的温度不变，即空气膨胀前后体系温度没有变化。

由于该过程属于真空自由膨胀过程，故 $W=0$；又由于膨胀前后水温没有变化，故 $Q=0$。由热力学第一定律 $dU=\delta Q+\delta W$ 知 $dU=0$。将 $dU=0$，$dT=0$ 代入式(3.2.6)，得 $(\partial U/\partial V)_T dV=0$。由于 $dV\neq 0$，则必有 $(\partial U/\partial V)_T=0$。同理可证 $(\partial U/\partial p)_T=0$。即实验条件下空气的热力学能只是温度的函数。

焦耳实验是不够灵敏的。更精确的实验表明，实际气体自由膨胀时气体的温度略有改变。且起始压力愈低，温度变化愈小。由此可以认为，焦耳的结论只适用于理想气体。

同样，对于理想气体，$(\partial H/\partial V)_T=[\partial(U+pV)/\partial V]_T=[\partial(U+nRT)/\partial V]_T=(\partial U/\partial V)_T+[\partial(nRT)/\partial V]_T=0$；$(\partial H/\partial p)_T=0$。因此，对于理想气体，有

$$(\partial U/\partial V)_T=0;\ (\partial U/\partial p)_T=0;\ (\partial U/\partial V)_T=0;\ (\partial H/\partial p)_T=0 \quad (3.2.11)$$

即理想气体的热力学能和焓只是温度的函数。

进一步，对于理想气体，由于 $(\partial U/\partial V)_T=0$；$(\partial V/\partial T)_p=nR/p$，代入式(3.2.10) 得

$$C_p-C_V=nR \quad 或 \quad C_{p,m}-C_{V,m}=R \quad (3.2.12)$$

式中，$R=8.3145\text{J}\cdot\text{mol}^{-1}\cdot\text{K}^{-1}$ 为摩尔气体常量。

联立式(3.2.6)、式(3.2.8) 和式(3.2.11)，式(3.2.7)、式(3.2.9) 和式(3.2.11)，对于理想气体有

$$\Delta U=n\int_{T_1}^{T_2}C_{V,m}dT,\Delta H=n\int_{T_1}^{T_2}C_{p,m}dT \quad (3.2.13)$$

由于在式(3.2.6)～式(3.2.13) 的推导过程中没有引进任何假设和条件，因此式(3.2.13) 对理想气体的任何单纯 p、V、T 变化过程（如定压过程、定容过程、定温过程、绝热过程等）均适用。

3.2.3.4　理想气体绝热可逆过程的方程与能量变化

根据热力学第一定律，对于不做非膨胀功的绝热过程有 $dU=\delta W_e+\delta W_f=\delta W_e$；对于封闭理想气体体系的单纯 p、V、T 变化，且若在变化范围内 $C_{V,m}$ 为常数，根据式(3.2.13) 有 $dU=C_V dT$。联立该两式，有 $C_V dT=W_e=-p_{su}dV$。

根据理想气体状态方程 $pV=nRT$，对于可逆过程有 $p_{su}=p$，代入上式得 $C_V dT=-(nRT/V)dV$。方程两边同除以 T，考虑到 $C_p-C_V=nR$，并令 $\gamma=C_p/C_V$ 称为热容比或绝热指数（对理想气体为常数），则上式变为 $(dT/T)+(\gamma-1)(dV/V)=0$，积分得 $TV^{\gamma-1}=$ 常数。再分别将 $T=pV/(nR)$ 和 $V=nRT/p$ 代入，最终得理想气体绝热可逆过程方程

$$TV^{\gamma-1}=C_1;\quad pV^{\gamma}=C_2;\quad Tp^{(1-\gamma)/\gamma}=C_3 \quad (3.2.14)$$

式(3.2.14) 称为理想气体绝热可逆过程方程，其适用条件是不做非膨胀功的封闭体系的理想气体体系的绝热可逆过程。

根据可逆过程功的定义，有

$$W_e=-\int_{V_1}^{V_2}p dV=-\int_{V_1}^{V_2}C_2\frac{dV}{V^{\gamma}}=\frac{C_2}{\gamma-1}(V_2^{1-\gamma}-V_1^{1-\gamma})=\frac{1}{\gamma-1}(p_2V_2-p_1V_1)$$

将理想气体绝热可逆方程代入，理想气体绝热可逆过程的功又可表示为

$$W_e=\frac{p_1V_1}{\gamma-1}[(V_1/V_2)^{\gamma-1}-1] \quad 或 \quad W_e=\frac{p_1V_1}{\gamma-1}[(p_2/p_1)^{(\gamma-1)/\gamma}-1]$$

3.2.3.5　理想气体的卡诺循环

卡诺循环（Carnot cycle）是理想气体经等温（高温热源 T_2）可逆膨胀、绝热可逆膨胀、等温（低温热源 T_1）可逆压缩和绝热可逆压缩四个过程所构成的循环。是法国军事工程师萨迪·卡诺（S. Carnot，1796—1832）在研究热机效率时提出的一种循环。在 p-V 图上卡诺循环过程见图 3.2.1。

根据以上讨论，四个过程的能量变化为

状态 A 到状态 B：$\Delta U_1=0$；$Q_1=W_1=nRT_2\ln(V_B/V_A)$

状态 B 到状态 C：$Q_2=0$；$\Delta U_2=W_2=nC_{V,m}(T_1-T_2)$

状态 C 到状态 D：$\Delta U_3=0$；$Q_3=W_3=nRT_1\ln(V_D/V_C)$

状态 D 到状态 A：$Q_4=0$；$\Delta U_4=W_4=nC_{V,m}(T_2-T_1)$

根据理想气体的绝热可逆过程方程 $T_2V_B^{\gamma-1}=T_1V_C^{\gamma-1}$ 及 $T_1V_D^{\gamma-1}=T_2V_A^{\gamma-1}$ 得，$V_B/V_A=V_C/V_D$，代入得卡诺循环过程的能量变化为

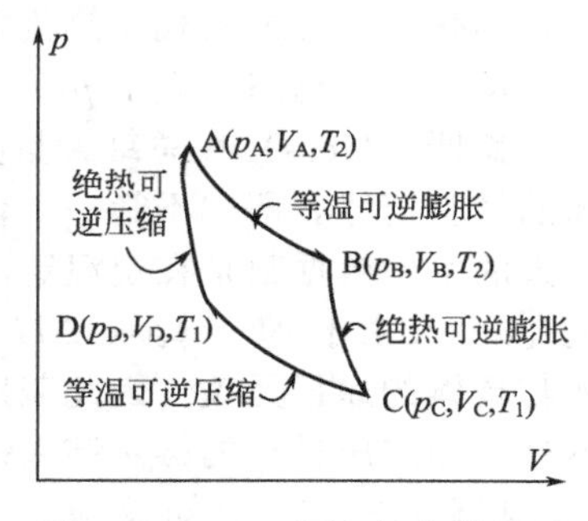

图 3.2.1 p-V 图上的卡诺循环

$$\Delta U=\Delta U_1+\Delta U_2+\Delta U_3+\Delta U_4=0$$

$$W=W_1+W_2+W_3+W_4=nR(T_2-T_1)\ln(V_B/V_A)=nR(T_2-T_1)\ln(V_C/V_D)$$

$$Q=W$$

在卡诺循环中，热机从高温热源 T_2 吸热 Q_1，一部分转变为功 W，另一部分热量 Q_3 传递给低温热源 T_1。若记 η 为热机的热功转换系数或热机效率，则

$$\eta=W/Q_1=(T_2-T_1)/T_2=1-T_1/T_2 \tag{3.2.15}$$

由此可以看出，卡诺循环的效率只与两个热源的热力学温度有关，高温热源的温度 T_2 愈高，低温热源的温度 T_1 愈低，则卡诺循环的效率愈高。因为不可能获得 $T_2\to\infty$ 的高温热源或 $T_1=0K$ 的低温热源，所以卡诺循环的效率必定小于 1。

3.2.4 热力学第一定律在相变化中的应用

体系在指定压力和与这个压力相对应的相变温度下发生的相变称为正常相变，否则称为非正常相变。正常相变是可逆过程，非正常相变为不可逆过程。例如，在 373.2K 时水的蒸汽压为 101.325kPa，则在 373.2K 和 101.325kPa 的条件下水的蒸发和凝聚过程即为正常相变，为可逆过程。而在 373.2K 和 100kPa 的条件下所发生的过程只能是水的蒸发，而其逆过程（水的凝聚）不可能发生。因此在 373.2K 和 100kPa 的条件下所发生的水的汽化过程为非正常相变，为不可逆过程。

对于不做非膨胀功的封闭体系，在定温、定压的条件下发生相的变化时，与环境间交换的热量称为该体系的相变热。相变热在量值上等于系统的焓变，故又称相变焓，记为 $Q_p=\Delta H$。通常汽化焓用 $\Delta_{vap}H$ 表示，熔化焓用 $\Delta_{fus}H$ 表示，升华焓用 $\Delta_{sub}H$ 表示，晶型转变焓用 $\Delta_{trs}H$ 表示。

对于不做非膨胀功的封闭体系的正常相变过程，根据热力学第一定律有

$$\Delta U=Q_p+W_e=\Delta H-p(V_\beta-V_\alpha)$$

若系统在定温、定压的条件下由 α 相经正常相变到 β 相，则过程的体积功为 $W_e=-p(V_\beta-V_\alpha)$。若 α、β 均为凝聚相（液相或固相），则通常由于 V_β 与 V_α 差别较小，故 W_e 通常较小。若 α、β 中有一相为气相（如 β 相），并假定其服从理想气体状态方程，由于 $V_\beta\gg V_\alpha$，故

$$W_e=-pV_\beta=-\mathrm{nRT}$$

3.2.5 热力学第一定律在化学变化中的应用

对于不做非膨胀功的封闭体系，在定温定压或定温定容的条件下所进行的反应，体系放出或吸收的热量称为该反应过程的反应热。

3.2.5.1 热化学方程式与盖斯定律

反应过程的描述常用反应方程式表示。注明具体反应条件（如 T，p，聚集态，反应热

等）的化学反应方程式叫热化学方程式，可表示为

反应物（物态，T_1，p_1）$\longrightarrow$产物（物态，T_2，p_2）$+Q$

盖斯（Hess）在总结大量实验数据的基础上，于1840年提出了一个被后人称为盖斯定律的经验定律，即“不管一个化学反应是分几步完成的，过程的总的热效应相同”。考虑到前人的实验数据都是在定温定压或定温定容的条件下进行的，因此该热效应要么是Q_p要么是Q_V。又由于$\Delta U=Q_V$，$\Delta H=Q_p$，而U、H为状态函数，其变化量只与初、终态有关，而与具体的途径无关。因此盖斯定律是热力学第一定律应用于不做非膨胀功的封闭体系的定容过程和定压过程的必然结果。

【例3.2.1】 已知反应(a) $H_2(g)+(1/2)O_2(g)\longrightarrow H_2O(l)$、反应(b) $C_2H_4(g)+3O_2(g)\longrightarrow 2CO_2(g)+2H_2O(l)$和反应(c) $C_2H_6(g)+(7/2)O_2(g)\longrightarrow 2CO_2(g)+3H_2O(l)$在给定温度下的反应热分别为$-285.8$kJ、$-1411$kJ和$-1560$kJ。问反应(d) $C_2H_4(g)+H_2(g)\longrightarrow C_2H_6(g)$在该温度下的反应热为多少？

解： 考察（a）、（b）、（c）、（d）四个热反应方程式，发现（d）=（a）+（b）−（c），相应的有

$$\Delta_r H(d)=\Delta_r H(a)+\Delta_r H(b)-\Delta_r H(c)$$
$$=(-285.8\text{kJ})+(-1411\text{kJ})-(-1560\text{kJ})=-136.8\text{kJ}$$

在例3.2.1中，如果我们知道反应式(d)中反应物与产物的焓的数值，我们就可以通过$\Delta_r H(d)=\sum\nu_P H_P-\sum\nu_R H_R$求得反应的焓变。由于物质的焓的绝对值未知，因此计算无法进行。为了解决这个问题，人们规定了一系列的相对标准值，通过这些相对标准值可以求得反应的热力学量的变化。这些相对标准焓包括标准生成焓、标准燃烧焓等。

3.2.5.2　物质的热力学标准态的规定

如前所述，一些热力学量（如热力学能U、焓H、吉布斯函数G等）的绝对值是不能测量的，能测量的仅是当T、p和组成等发生变化时这些热力学量的变化值ΔU、ΔH和ΔG。因此，重要的问题是要为物质的状态定义一个基线。标准状态或简称标准态，就是这样一种基线。按GB 3102.893中的规定，标准状态时的压力简称标准压力，用符号$p^{\ominus}$表示，$p^{\ominus}=100$kPa，右上角标“$\ominus$”表示标准态的符号。

规定在温度为T、压力为$p^{\ominus}$的条件下并表现出理想气体特性的气体纯物质称为气体的标准态，这是一个假想的状态；规定温度为T、压力$p^{\ominus}$下液体（或固体）纯物质称为液体（或固体）的标准态。

3.2.5.3　物质B的标准摩尔生成焓 $\Delta_f H_m^{\ominus}$（B，β，T）

在压力$p^{\ominus}$和温度T下，由最稳定状态的单质生成物质B时的标准摩尔焓变称为物质B的标准摩尔生成焓，记为$\Delta_f H_m^{\ominus}$(B,β,T)。

例如反应C(石墨,298.15K,$p^{\ominus}$)$+O_2$(g,298.15K,$p^{\ominus}$)$=\!=\!=CO_2$(g,298.15K,$p^{\ominus}$)的反应热为$Q_p=-393.51$kJ，此即气态CO_2的标准摩尔生成焓，即$\Delta_f H_m^{\ominus}$（CO_2，g，298.15K）$=-393.51$kJ。

在此，下标f表示生成（formation）；下标m表示生成1mol物质B，或生成反应的化学计量系数$\nu_B=+1$；β代表物质B的相态(β=g,l,s)；最稳定单质是指在所讨论的温度T及标准压力$p^{\ominus}$下最稳定的状态，但磷除外（选取的是固态白磷而不是更稳定的固态红磷）。

根据上述定义能够得到的直接推论是：在压力$p^{\ominus}$和温度T下，最稳定状态的单质的标准生成焓$\Delta_f H_m^{\ominus}$(单质,β,T)=0。常用物质的标准摩尔生成焓有手册可查。

3.2.5.4　物质B的标准摩尔燃烧焓 $\Delta_c H_m^{\ominus}$(B,β,T)

简单化合物可以通过单质以简单的步骤制备而得，因此简单化合物的标准摩尔生成焓的数据较易获得，但许多化合物（如复杂有机化合物）无法通过单质以简单的步骤制备而得，因此这些化合物的标准摩尔生成焓的数据较难获得。幸运的是，这些物质常常可以与氧发生

反应而放出反应热，为此我们有下述关于标准摩尔燃烧焓的定义。

在压力 $p^{\ominus}$ 和温度 T 下，由 1mol B 物完全氧化成相同温度下指定产物时的标准摩尔焓变称为该物质的标准摩尔燃烧焓，记为 $\Delta_c H_m^{\ominus}(B,\beta,T)$。式中下标 c 表示燃烧（combustion），其他符号的意义同前。

所谓指定产物一般是指：C 氧化为 CO_2（g），H 氧化为 H_2O（l），S 氧化为 SO_2（g），N 转化为 N_2（g），Cl 变为 HCl（水溶液）等。不同手册中对指定产物的规定有可能不同，因此其标准摩尔燃烧焓的数值自然也不同，查阅手册时应注意。

根据物质 B 的标准摩尔燃烧焓的定义可知：标准状态下的 H_2O（l）、CO_2（g）、SO_2（g）等物质的标准摩尔燃烧焓，在任何温度 T 时均为零。

3.2.5.5　摩尔溶解焓

在恒定的 T、p 下，单位物质的量的溶质 B 溶解于溶剂 A 中，形成摩尔分数为 x_B 的溶液时过程的焓变，称为该组成溶液的摩尔溶解焓，以 $\Delta_{sol} H_m^{\ominus}(B,x_B)$ 表示。摩尔溶解焓的大小主要与溶质及溶剂的性质及溶液的组成有关，压力的影响往往可以忽略。

3.2.5.6　摩尔稀释焓

恒定的 T、p 下，某溶剂中质量摩尔浓度为 m_1 的溶液用同样的溶剂稀释成为质量摩尔浓度为 m_2 的溶液时，所引起的每单位物质的量的溶质之焓变称为摩尔稀释焓，以 $\Delta_{dil} H_m^{\ominus}$（$c_1 \rightarrow c_2$）表示。摩尔溶解焓和摩尔稀释焓的数据同样有手册可查。

3.2.5.7　根据物质的标准生成焓和标准燃烧焓来计算反应的标准摩尔焓变 $\Delta_r H_m^{\ominus}(T)$

根据状态函数"异途同归变化等"的性质及图 3.2.2 所示的关系式，可得根据物质的标准生成焓和标准燃烧焓来计算反应的标准摩尔焓变的关系式分别为

$$\Delta_r H_m^{\ominus}(T)=\sum \nu_P \Delta_f H_m^{\ominus}(P,T)-\sum \nu_R \Delta_f H_m^{\ominus}(R,T) \qquad (3.2.16)$$

$$\Delta_r H_m^{\ominus}(T)=\sum \nu_R \Delta_c H_m^{\ominus}(R,T)-\sum \nu_P \Delta_c H_m^{\ominus}(P,T) \qquad (3.2.17)$$

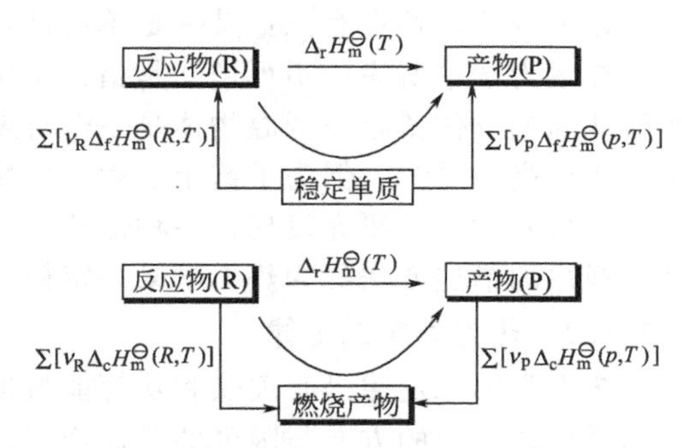

图 3.2.2　由标准生成焓或标准燃烧焓计算标准反应焓

【例 3.2.2】　已知 298.2K 下 C_2H_6（g）、C_2H_4(g)和 H_2(g) 的标准燃烧焓分别为 −1560kJ、−1411kJ 和 −286kJ。问乙烷裂解为乙烯反应的反应焓为多少？

解：　该裂解反应的方程式为 $C_2H_6(g) = C_2H_4(g) + H_2(g)$

由式(3.2.16) 有 $\Delta_r H_m^{\ominus}(298.2K)=(-1560)-[(-1411)+(-286)]=137$ (kJ)

3.2.6　反应的标准摩尔焓变与温度的关系

利用标准摩尔生成焓或标准摩尔燃烧焓的数据计算反应的标准摩尔焓，通常只能查到 298.15K 下的数据，因此只能求得 298.15K 下的标准反应热 $\Delta_r H_m^{\ominus}$（298.15K）。任意温度 T 下反应的 $\Delta_r H_m^{\ominus}(T)$ 该如何计算呢？

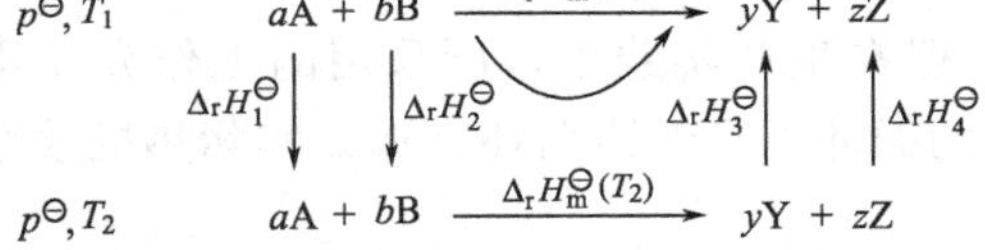

$p^{\ominus},T_1$　$aA + bB \xrightarrow{\Delta_r H_m^{\ominus}(T_1)} yY + zZ$

$\Delta_r H_1^{\ominus}$　$\Delta_r H_2^{\ominus}$　$\Delta_r H_3^{\ominus}$　$\Delta_r H_4^{\ominus}$

$p^{\ominus},T_2$　$aA + bB \xrightarrow{\Delta_r H_m^{\ominus}(T_2)} yY + zZ$

图 3.2.3　反应的标准摩尔焓变与温度的关系

设有在 $p^{\ominus}$、T_1 下进行的化学反应 $aA + bB \longrightarrow yY + zZ$，欲求该反应在该条件下的焓变 $\Delta_r H_m^{\ominus}(T_1)$，设计过程见图 3.2.3。根据状态函数的性质，有 $\Delta_r H_m^{\ominus}(T_1)=\Delta_r H_1^{\ominus}+\Delta_r H_2^{\ominus}+\Delta_r H_m^{\ominus}(T_2)+\Delta_r H_3^{\ominus}+\Delta_r H_4^{\ominus}$。

其中 $\Delta_r H_1^{\ominus} = a\int_{T_1}^{T_2} C_{p,m}(A,T)dT$；$\Delta_r H_2^{\ominus} = b\int_{T_1}^{T_2} C_{p,m}(B,T)dT$；$\Delta_r H_3^{\ominus} = y\int_{T_2}^{T_1} C_{p,m}(Y,T)dT$；$\Delta_r H_4^{\ominus} = z\int_{T_2}^{T_1} C_{p,m}(Z,T)dT$ 。

记 $$\sum_B \nu_B C_{p,m}(B,T) = yC_{p,m}(Y,T) + zC_{p,m}(Z,T) - aC_{p,m}(A,T) - bC_{p,m}(B,T)$$

则 $$\Delta_r H_m^{\ominus}(T_2) = \Delta_r H_m^{\ominus}(T_1) + \int_{T_1}^{T_2} \sum \nu_B C_{p,m}(B,T)dT \tag{3.2.18}$$

式(3.2.18) 称为基尔霍夫（Kirchhoff）公式，其主要作用是根据 298.15K 下的反应焓变 $\Delta_r H_m^{\ominus}$(298.15K) 求该反应在任意温度 T 下的反应焓变 $\Delta_r H_m^{\ominus}(T)$。应当注意的是，上述讨论没有考虑包含相变化的情形，当伴随有相变化时，需把相变焓考虑进去。

3.3 自发变化的方向与判断

3.3.1 自发变化与热力学第二定律

3.3.1.1 自发变化过程的特点

不需要借助外界力量而能够自动发生的过程称为自发过程。如水从高处往低处流，热量由高温向低温扩散，墨水在水中的扩散，煤燃烧生成二氧化碳和水，低温下水凝结为冰等。而这些过程的逆过程不能自动发生，即热量不能自动从低温物体传至高温物体等。

自发变化的特点有三：其一是单向性，其二为有限度，其三是不可逆性。

在热力学中所说的不可逆性是指：不可能使体系与环境同时复原而不留下任何痕迹。如热量从高温物体传导至低温物体是一个自发过程，通过空调或制冷系统可以将热量从低温系统传送至高温系统，但为了这个过程的发生，环境消耗了电能，因而给环境留下了痕迹。

对自发过程的研究发现，各种形式的不可逆过程具有共同本质。人们所总结出的对这种客观规律的描述方法称为热力学第二定律。

3.3.1.2 热力学第二定律

热力学第二定律是有关热和功等能量形式相互转化的方向与限度的规律，进而推广到有关物质变化过程的方向与限度的普遍规律。根据讨论对象的不同，热力学第二定律有多种不同的叙述方法，常见的有克劳修斯（Clausius）说法和开尔文（Kelvin）说法等。

热力学第二定律的克劳修斯表述（1850 年）是：不可能把热从低温物体传到高温物体而不引起其他变化。该表述表达了热传导的不可逆性。

热力学第二定律的开尔文表述（1851 年）是：不可能从单一热源吸热使之完全变为功而不引起其他变化。该表述表达了热功转换的不可逆性。

在以上表述中，问题的关键既不是“不能将热从低温物体传到高温物体”，也不是“不可能从单一热源吸热使之完全变为功”，问题的关键是“而不引起其他变化”。

如前所说，制冷机是一种将热从低温物体传到高温物体的机械，在实现这种传递的同时消耗了环境的电能，使环境发生了变化；理想气体的等温膨胀过程是一个从单一热源吸热并使之完全变为功的例子，但伴随着这个过程的发生体系的体积（因而状态）发生了变化。

3.3.1.3 卡诺定理

如前所述，卡诺热机的效率为 $\eta = 1 - T_1/T_2$。但在生产实践中，所采用的工作介质不是理想气体，所采用的过程不是可逆过程，所采用的循环不是卡诺循环。那么实际热机效率如何呢？

卡诺在总结大量实验数据的基础上得到了以下结论，即所有工作于同温热源和同温冷源间的热机，可逆热机的效率最高，该结论被后人称为卡诺定理。在数学上可表示为 $\eta_I \leqslant \eta_R$，其中 $\eta_R = W/Q_1$，$\eta_I = W/Q_1'$ 为热机效率，下标 R 表示可逆热机，I 表示任意热机，W 和 Q 分别表示在循环过程中所做的功和所吸的热。

3.3.2　熵的本质与热力学第三定律

热力学第二定律指出，一切自发过程都是不可逆的，而有关一切不可逆过程的本质又与热功转换的不可逆性等价，因此我们可将讨论的焦点集中到对热运动与功的讨论上。

热运动是分子随机运动的一种表现，分子热运动的结果只能使体系的无序度增加，直到体系的无序度达到最大为止；而功是与矢量力相联系的，是有序的。因此功-热转化的本质是“有序运动”向“无序运动”的转化，或者说“自发过程是体系混乱度增加的过程”。

在热力学和统计力学中，用熵（entropy）S 来表示体系混乱度的大小或无序程度，熵也是一个状态函数。体系的混乱度愈高则体系的熵值愈大。

3.3.2.1　Boltzmann 公式

若用 Ω 表示给定体系在给定宏观状态下的热力学概率（统计力学中称之为微观状态数），考虑到体系的微观状态数越多则体系的混乱度越高，因此体系的熵值 S 与热力学概率之间必定存在某种函数关系，设 $S = f(\Omega)$。

设某体系由 A、B 两部分组成，达平衡后两部分的热力学概率分别为 Ω_A、Ω_B，两部分的熵值分别为 S_A 和 S_B；因而根据概率的计算方法和热力学函数的性质知，整个体系的热力学概率为 $\Omega_t = \Omega_A \cdot \Omega_B$，而总熵值为 $S_t = S_A + S_B$。即 $S_A = f(\Omega_A), S_B = f(\Omega_B), S_t = f(\Omega_t) = f(\Omega_A \cdot \Omega_B) = f(\Omega_A) + f(\Omega_B) = S_A + S_B$。显然，满足这种运算法则的函数只能是对数函数，即 $S \propto \ln\Omega$ 或

$$S = k\ln\Omega \tag{3.3.1}$$

式(3.3.1) 称为 Boltzmann 公式，比例系数 k 称为 Boltzmann 常数，可以证明，$k = R/L = 1.3804 \times 10^{-23}\ \mathrm{J \cdot K^{-1}}$，$R$ 和 L 分别为摩尔气体常数和 Avgadro 常数。

3.3.2.2　热熵与构型熵

由于温度的升高加剧了分子的热运动，有较多的分子进入了较高的运动能级，增加了体系的微观状态数，因而使熵值增加。由于温度的升高而增加的熵值称为热熵。

分子在空间的相对位置或构型发生变化，也可增加体系的混乱度，因而也可使体系的熵值增加。由于相对位置或构型发生变化而增加的熵值称为构型熵。

物质熵值的大小一般服从以下几条定性的规律：①分子越大，结构越复杂，运动方式越多，因而熵值越大；②同一种物质在不同温度下，温度越高熵值越大，且 $S_{气} > S_{液} > S_{固}$；③混合物或溶液的熵值大于纯物质的熵值，聚合反应使得体系的熵值减小，分解反应使得体系的熵值增加。

3.3.2.3　热力学第三定律

熵是体系的基本热力学性质，在许多热力学计算和生产实践中需要了解物质的具体熵值。那么在给定的条件下物质的熵值是多少呢？热力学第三定律为我们回答了这个问题。

1906 年，能斯特根据理查兹测得的可逆电池电动势随温度变化的数据，提出了称之为“能斯特热定理”的假设，1911 年，普朗克对热定理作了修正，后人又对他们的假设进一步修正，形成了热力学第三定律。因此热力学第三定律是科学实验的总结。

热力学第三定律也有多种不同的叙述方法，其中最典型的是能斯特说法和普朗克说法。能斯特（1906 年）说法是：随着热力学温度趋于零；凝聚系统定温反应的熵变趋于零；普朗克（1911 年）说法是：凝聚态纯物质在 0K 时的熵值为零；后经路易斯和吉布森（1920 年）修正为：纯物质完美晶体在 0K 时的熵值为零。

3.3.2.4　规定摩尔熵和标准摩尔熵

在本质上，热力学第三定律是一个约定，由这个约定而求得的某物质在任意温度 T(K) 时的熵值称为标准熵或规定熵。例如，在 $p=p^{\ominus}$，$T=298.2\text{K}$ 时

温度变化	0K	→	熔点温度 T_f	→	沸点温度 T_b	→	$T=298.2\text{K}$
状态变化	完美晶体	→	固-液相变	→	液-气相变	→	气态
熵值变化	0	ΔS_1	ΔS_f	ΔS_2	ΔS_{vap}	ΔS_3	

则该物质的规定摩尔熵为

$$S_m^{\ominus}(\beta,\ 298.2\text{K})=0+\Delta S_1+\Delta S_f+\Delta S_2+\Delta S_{vap}+\Delta S_3$$

$$=\int_0^{T_f} C_p(s)\,d\ln T+\frac{\Delta_{fus}H}{T_f}+\int_{T_f}^{T_b} C_p(l)\,d\ln T+\frac{\Delta_{vap}H}{T_b}+\int_{T_b}^{298.2} C_p(g)\,d\ln T$$

298.2K 时纯物质的标准摩尔熵 $S_m^{\ominus}(\beta,\ 298.2\text{K})$ 可通过手册查得。任意温度 T 下该物质的熵值 $S_m^{\ominus}(\beta,\ T)$ 可由式

$$S_m^{\ominus}(\beta,T)=S_m^{\ominus}(\beta,298.2K)+\int_{298.2\text{K}}^{T} C_{p,m}^{\ominus}\,d\ln T \qquad (3.3.2)$$

计算而得。

3.3.3　热力学函数的计算

熵判据 $dS_{隔离}\geqslant 0$（等号对可逆过程成立，不等号对不可逆过程成立）的适用条件是隔离系统，在实际应用中很不方便。在化工过程中常用的是定温定压或定温定容过程，在这种条件下又如何判断过程的方向与限度呢？

为此我们引进两个新的状态函数，即亥姆霍茨函数 A 和吉布斯函数 G。A 和 G 和状态函数焓 H 一样，都是为了数学处理上的方便而引进的，它们都是某些状态函数的组合。

3.3.3.1　亥姆霍茨函数 A

克劳修斯不等式在定温过程中可改写为 $dS_T\geqslant Q/T$，即

$$T(S_2-S_1)\geqslant Q \quad 或 \quad T_2S_2-T_1S_1=\Delta(TS)_T\geqslant Q$$

将热力学第一定律 $Q=\Delta U-W$ 代入，得

$$\Delta(TS)_T\geqslant\Delta U-W \quad 或 \quad \Delta(U-TS)_T\leqslant W$$

定义　$A=U-TS$ 称为亥姆霍茨函数或亥姆霍茨自由能。则有

$$\Delta A_T\leqslant W \qquad (3.3.3)$$

等号对可逆过程成立，不等号对不可逆过程成立。由于 U、TS 都是状态函数，所以 A 也是状态函数；A 与 U 具有相同的能量量纲。

式(3.3.3) 表明，系统在定温可逆过程中所做的功（$-W$）在数值上等于亥姆霍茨函数 A 的减少，而系统在定温不可逆过程中所做的功（$-W$）恒小于 A 的减少。即 A 的大小表明了体系做功的能力，故 A 又常被称为功函。

对于不做非膨胀功的封闭体系，在定温定容过程中，由于 $\delta W=\delta W_f+\delta W_e=0+0=0$，所以式(3.3.3) 又可表示为

$$(\Delta A)_{T,V}\leqslant 0 \qquad (3.3.4)$$

等号对可逆过程或平衡过程成立，不等号对不可逆过程成立。式(3.3.4) 表明：对于不做非膨胀功的封闭体系，在定温定容过程中，只能自发地向亥姆霍茨函数减小的方向进行，直到 $(\Delta A)_{T,V}=0$ 时系统达到平衡。

3.3.3.2　吉布斯自由能 G

如前所述，在定温条件下克劳修斯不等式可表示为 $\Delta(TS)\geqslant Q$。在定压条件下由于 $p_1=p_2=p_{环境}$，则 $W=-p_{环境}(V_2-V_1)+W_f=-(p_2V_2-p_1V_1)+W_f=-\Delta(pV)+W_f$，所以

$\Delta(TS)_{T,p} \geqslant \Delta U + \Delta(pV) - W_f$，或 $\Delta(U+pV-TS)_{T,p} \leqslant W_f$。

定义 $G=U+pV-TS=H-TS$ 称为吉布斯函数或叫吉布斯自由能，则有

$$\Delta G_{T,p} \leqslant W_f \tag{3.3.5}$$

等号对可逆过程成立，不等号对不可逆过程成立。由于 H、TS 都是状态函数，所以 G 也是状态函数；G 与 H 具有相同的能量量纲。

式(3.3.5) 表明，系统在定温定压可逆过程中所做的非膨胀功（$-W_f$）在数值上等于体系 Gibbs 自由能 G 的减少，而系统在定温定压不可逆过程中所做的非膨胀功（$-W_f$）恒小于 G 的减少。

对于不做非膨胀功的封闭体系的定温定压过程，由于 $W_f=0$，所以式(3.3.5) 又可表示为

$$G_{T,p} \leqslant 0 \tag{3.3.6}$$

等号对可逆过程或平衡过程成立，不等号对不可逆过程成立。式(3.3.6) 表明：对于不做非膨胀功的封闭体系的定温定压过程，只能自发地向 Gibbs 自由能减小的方向进行，直到 $\Delta G_{T,p}=0$ 时系统达到平衡。

3.3.3.3　热力学函数间的关系

可以将已讨论过的热力学函数分为两类：第一类是基本函数，如 p、T、V、U 和 S，它们均具有明确的物理意义；第二类是辅助函数，如 H、A 和 G，它们没有明确的物理意义，它们的引入只是为了讨论的方便，只有在特定的条件下其变化值才与过程的热或功相联系。辅助函数与基本函数之间的关系如图 3.3.1 所示。

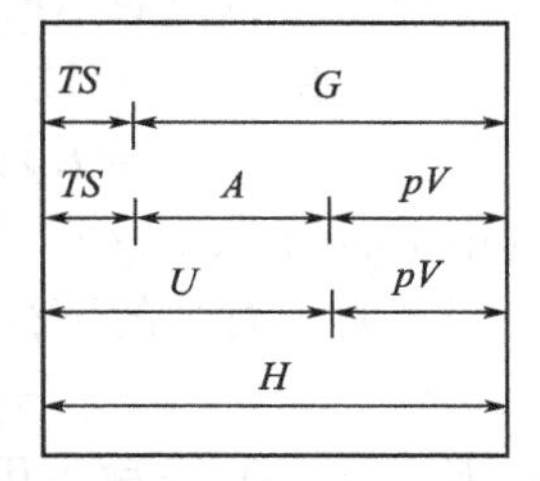

图 3.3.1　几个热力学函数间的关系

3.4　化学反应进行的限度与平衡

在实际生产当中我们需要知道，如何控制反应条件，使反应按我们所需要的方向进行。在给定条件下反应进行的最高限度是多少？这些问题尤其对于开发新反应、设计反应途径是非常重要的。关于这类问题的研究要依赖于热力学知识，把热力学基本原理和规律应用于化学反应，这样我们就可以从原则上确定反应进行的方向，平衡的条件，反应所能达到的最高限度，以及推导出平衡时物质的数量关系，并能用平衡常数来表示。

3.4.1　化学反应的平衡常数和等温方程式

日常生活中所涉及到的化学反应可分为气相反应、液相反应和复相反应等多种类型。对于这些类型的化学反应，达平衡时会与哪些因素有关呢？

3.4.1.1　气相反应的平衡常数与等温方程式

根据热力学知识，任意气相物质 i 在温度为 T、压力为 p 的条件下其化学势可表示为

$$\mu_i(T,p)=\mu_i^{\ominus}(T,p^{\ominus})+RT\ln(f_i/p^{\ominus})=\mu_i^{\ominus}(T,p^{\ominus})+RT\ln(p_i\gamma_i/p^{\ominus}) \tag{3.4.1}$$

其中 $f_i=\gamma_i p_i$ 为气体 i 的逸度，γ_i 为逸度系数，且 $\lim\limits_{p\to 0}\gamma_i=0$。对于给定的化学反应，由于

$$\Delta_r G_m=\sum\nu_i\mu_i=\sum\nu_i[\mu_i^{\ominus}(T)+RT\ln(f_i/p^{\ominus})]=\sum\nu_i\mu_i^{\ominus}(T)+RT\ln[\prod(f_i/p^{\ominus})^{\nu_i}] \tag{3.4.2}$$

当反应达平衡时，$\Delta_r G_m=0$，于是 $\sum\nu_i\mu_i^{\ominus}(T)=-RT\ln[\prod(f_i/p^{\ominus})_{eq}^{\nu_i}]$。方程左边为只与温度有关的常数，故方程右边也是只与温度有关的常数。记

$$K_f^{\ominus}(T)=\prod(f_i/p^{\ominus})_{eq}^{\nu_i} \tag{3.4.3}$$

称为气相反应的标准平衡常数，则

$$\sum\nu_i\mu_i^{\ominus}(T)=-RT\ln[K_f^{\ominus}(T)] \tag{3.4.4}$$

代入式(3.4.2) 得

$$\Delta_r G_m = -RT\ln[K_f^{\ominus}(T)] + RT\ln[\prod (f_i/p^{\ominus})^{\nu_i}] = -RT\ln K_f^{\ominus} + RT\ln Q_f = RT\ln[Q_f/K_f^{\ominus}] \tag{3.4.5}$$

式(3.4.5) 称为 van't Hoff 化学反应等温式。显见：①当 $Q_f < K_f^{\ominus}$ 时，$\Delta_r G_m < 0$，反应能正向进行；②当 $Q_f > K_f^{\ominus}$ 时，$\Delta_r G_m > 0$，反应不能正向进行，但可以逆向进行；③当 $Q_f = K_f^{\ominus}$ 时，$\Delta_r G_m = 0$，反应已达平衡。

3.4.1.2 气相反应平衡常数的表达式

式(3.4.3) 和式(3.4.4) 所定义的平衡常数 $K_f^{\ominus}(T)$ 称为用逸度表示的平衡常数，由于其可以通过热力学函数直接求得，因此又称为热力学平衡常数或标准平衡常数。除 $K_f^{\ominus}(T)$以外，平衡常数还有其他几种表达形式。

(1) 用压力表示的平衡常数 K_p　将 $f_i = \gamma_i p_i$ 代入式(3.4.3)，则

$$K_f^{\ominus}(T) = \prod (f_i/p^{\ominus})_{eq}^{\nu_i} = \prod (\gamma_i p_i/p^{\ominus})_{eq}^{\nu_i} = \prod (\gamma_i^{\nu_i})_{eq} \cdot \prod (p_i^{\nu_i})_{eq} \prod (1/p^{\ominus})_{eq}^{\nu_i}$$

$$= K_\gamma K_p (p^{\ominus})^{-\Sigma\nu_I} \tag{3.4.6}$$

其中 $K_\gamma = K_\gamma(T,p) = \prod (\gamma_i^{\nu_i})_{eq}$；$K_p = K_p(T,p) = \prod (p_i^{\nu_i})_{eq}$。在不致引起混淆的情况下，代表“平衡”意义的下标 eq 常略去不写。

记
$$K_p^{\ominus}(T,p) = K_p(T,p) \cdot (p^{\ominus})^{-\Sigma\nu_i} \tag{3.4.7}$$

则 $K_p^{\ominus}(T,p)$ 也称为用压力表示的热力学平衡常数或标准平衡常数，而 $K_p(T,p)$ 称为用压力表示的实验平衡常数，$K_p^{\ominus}(T,p)$ 为无量纲量，而 $K_p(T,p)$ 为有量纲量。

对于理想气体或当体系的压力较低时，$K_\gamma(T,p) = 1$，则 $K_f^{\ominus}(T) = K_p^{\ominus}(T,p)$，此时 $K_p^{\ominus}$ 也只是温度的函数。

(2) 用物质的量分数表示的平衡常数 K_x　由气体分压定律 $p_i = p\gamma_i x_i$ 得 $x_i = p_i/p\gamma_i$，由平衡常数的通用定义式得

$$K_x(T,p) = \prod (x_i)^{\nu_i} = \prod (p_i/p\gamma_i)^{\nu_i} = [\prod (p_i)^{\nu_i} / \prod (\gamma_i)^{\nu_i}] \cdot p^{-\Sigma\nu_i}$$

$$= [K_p(T,p)/K_\gamma(T,p)] \cdot p^{-\Sigma\nu_i} \tag{3.4.8}$$

由式(3.4.8) 可见，$K_x(T,p)$一定是 T，p 的函数。对于理想气体或当体系的压力较低时，由于 $K_\gamma(T,p) = 1$，则

$$K_x(T,p) = K_p(T) \cdot p^{-\Sigma\nu_i} \tag{3.4.9}$$

(3) 用物质的量浓度表示的平衡常数 K_c　若将气体看成理想气体，则由于 $p_i = (n_i/V)RT = c_i RT$，故有

$$K_c(T) = \prod c_i^{\nu_i} = \prod (p_i/RT)^{\nu_i} = \prod p_i^{\nu_i} \cdot (RT)^{-\Sigma\nu_i} = K_p(T) \cdot (RT)^{-\Sigma\nu_i} \tag{3.4.10}$$

综合式(3.4.7)～式(3.4.10)，对理想气体体系，得各平衡常数间的关系

$$K_p(T) = K_p^{\ominus}(T) \cdot (p^{\ominus})^{\Sigma\nu_i} = K_x(T,p) \cdot p^{\Sigma\nu_i} = K_c(T) \cdot (RT)^{\Sigma\nu_i} \tag{3.4.11}$$

值得指出的是，平衡常数的数值与反应式的写法有关。例如

对于反应　$H_2(g) + I_2(g) \longrightarrow 2HI(g)$　则　$K_p = p_{HI}^2 / p_{H_2} p_{I_2}$

若将反应写成　$2H_2(g) + 2I_2(g) \longrightarrow 4HI(g)$　则　$K_p' = p_{HI}^4 / p_{H_2}^2 p_{I_2}^2 = K_p^2$

3.4.1.3 复相反应的平衡常数

前面我们讨论了气相反应的平衡常数表示方法，其实不论是气相反应还是液相反应，均是反应物和产物都处在同一相中，这些反应就叫均相反应。但是如果参加反应的反应物或产物不是在同一个相中，这类反应就叫“复相反应”。如 Ag_2O 的分解反应，$CaCO_3$ 的分解反应都属于复相反应。下面以分解反应 $CaCO_3(s) \longrightarrow CO_2(g) + CaO(s)$ 为例，讨论复相分解反应的平衡常数。

如果将此反应放在某一个密闭的容器中进行，产物 CO_2 不移走的话，这个反应很快就

能达到平衡。根据平衡的条件，平衡时，产物的化学势之和等于反应物的化学势之和，即 $\mu(CO_2,g)+\mu(CaO,s)=\mu(CaCO_3,s)$。把 CO_2 看成理想气体，考虑到纯凝聚态的活度为 1，则 $\mu^{\ominus}(CO_2,g)+RT\ln(p_{CO_2}/p^{\ominus})+\mu^{\ominus}(CaO,s)=\mu^{\ominus}(CaCO_3,s)$，即 $\mu^{\ominus}(CO_2,g)+\mu^{\ominus}(CaO,s)-\mu^{\ominus}(CaCO_3,s)=-RT\ln(p_{CO_2}/p^{\ominus})$，或 $\Delta_r G_m^{\ominus}=-RT\ln(p_{CO_2}/p^{\ominus})$。与式(3.4.4)，式(3.4.6) 比较得

$$K_p^{\ominus}=p_{CO_2}/p^{\ominus} \tag{3.4.12}$$

从上式可以看出，当反应达平衡时，平衡常数表达式中，只出现了气体的平衡分压，而凝聚态不出现在平衡常数表达式中。另外当达平衡时，$K_p^{\ominus}$ 是常数，所以 CO_2 的分压是个定值，并且与 CaO、$CaCO_3$ 的数量无关。因此平衡时 CO_2 的分压称为 $CaCO_3$ 分解反应的分解压。对于一般的反应来说，分解压就是指固体物质在一定温度下，分解反应达平衡时产物中气体的总压力。

根据上面的讨论，复相反应的平衡常数表达式为 $K_p^{\ominus}=\Pi\ (p_i/p^{\ominus})^{\nu_i}=$常数。

3.4.2　平衡转化率与平衡常数的计算

3.4.2.1　平衡转化率的计算

在科学研究和生产实际中，为了了解和表示相应化学反应的效率，定义

$$\alpha(\text{平衡转化率})=\frac{\text{达平衡后原料转化的物质的量}}{\text{投入原料的物质的量}}\times 100\%$$

和

$$\beta(\text{平衡产率})=\frac{\text{达平衡时目标产物的物质的量}}{\text{按反应式计算,原料全部变为目标产物时应得的物质的量}}\times 100\%$$

显然，转化率是通过原料的消耗量来衡量反应限度的，而产率只是从获得产品的数量来衡量反应限度，后者常用于有副反应发生的体系。

平衡转化率又称为理论转化率或最高转化率，对离解反应 α 又称为离解度。一般化工生产中所说的转化率常称为实际转化率，它是指反应至未达平衡的某程度时反应物的转化百分数。

3.4.2.2　平衡常数与反应的标准 Gibbs 自由能变的关系

根据以上讨论可知，对于任意气相反应有 $\sum\nu_i\mu_i^{\ominus}(T)=-RT\ln K_f^{\ominus}(T)$(对任意气相反应)$=-RT\ln K_p^{\ominus}(T)$(对理想气体体系)。类似的可以证明，对凝聚相反应，有

$$\sum\nu_i\mu_i^{\ominus}(T)=-RT\ln K_a^{\ominus}(T) \tag{3.4.13}$$

其中 $K_a^{\ominus}$ 为用活度 a 表示的平衡常数，$a_i=\gamma_i c_i$，c_i 为体系中物质 i 的物质的量浓度，γ_i 为物质的量浓度标度的活度系数。

由此可见，只要知道给定化学反应的 $\sum\nu_i\mu_i^{\ominus}$ 之值，就可以求得该反应的热力学平衡常数 $K_f^{\ominus}(T)$ 或 $K_a^{\ominus}(T)$。由于在等温等压的条件下，物质的化学势 μ 就是该物质的摩尔 Gibbs 自由能，即 $\mu_i=G_{i,m}$。则 $\sum\nu_i\mu_i^{\ominus}(T)=\sum\nu_i G_{i,m}^{\ominus}(T)=\Delta_r G^{\ominus}$，这恰恰是反应的标准 Gibbs 自由能变，即反应体系中各物质均处于标准状态时反应的 Gibbs 自由能变化，于是

$$\Delta_r G^{\ominus}(T)=-RT\ln K_f^{\ominus}(T)\quad(\text{对气相反应}) \tag{3.4.14}$$

$$\Delta_r G^{\ominus}(T)=-RT\ln K_a^{\ominus}(T)\quad(\text{对凝聚相反应}) \tag{3.4.15}$$

3.4.2.3　由标准生成 Gibbs 自由能计算反应的平衡常数

由以上讨论可以看出，如果已知给定反应体系中各物质在标准状态下的标准 Gibbs 自由能的数值，就可以由

$$\Delta_r G^{\ominus}(T)=\sum(\nu_P G_{P,m}^{\ominus})-\sum(\nu_R G_R^{\ominus},m) \tag{3.4.16}$$

计算反应的标准 Gibbs 自由能变，进而求取反应的热力学平衡常数，式中下标 R、P 分别代表反应物和产物。

为了确定物质标准Gibbs自由能的数值，可以仿照以前定义标准生成焓的做法定义标准生成Gibbs自由能。即在给定温度T及标准压力$p^{\ominus}$时，由纯态（纯理想气体，纯液体或纯固体）的稳定单质化合生成1mol标准状态下的化合物的标准Gibbs自由能变，称为该化合物的标准生成自由能，记为$\Delta_f G_m^{\ominus}(T)$，它只是温度的函数。对于有离子参与的反应，规定$H^+$（aq，$m_{H^+}=1$）时$\Delta_f G_m^{\ominus}(T)$，由此可求出其他离子的标准生成自由能。

与$\Delta_f H_m^{\ominus}$一样，298.2K时$\Delta_f G_m^{\ominus}$的数值也有表可查。若要计算其他温度下$\Delta_f G_m^{\ominus}$的数值，可分别通过基尔霍夫（Kirchhoff）定律，熵与温度的关系式(3.3.5)及Gibbs-Helmhotz公式计算而得。

3.4.3　平衡的干扰和移动

3.4.3.1　温度对平衡常数的影响

前面我们讨论了各种平衡常数，$K_f^{\ominus}$，$K_a^{\ominus}$，$K_p^{\ominus}$，K_p，K_x，K_c等，这些平衡常数都与温度有关，只要温度不同，其平衡常数的值就不同，也就是说，不同温度下所进行的反应，其限度是不同的。

将方程$\Delta_r G_m^{\ominus}=-RT\ln K_p^{\ominus}$两边同除以$T$，得$\Delta_r G_m^{\ominus}/T=-R\ln K_p^{\ominus}$。在等压下对温度求偏微商，有$[\partial(\Delta_r G_m^{\ominus}/T)/\partial T]_p=-R[\partial(\ln K_p^{\ominus})/\partial T]_p$，与吉布斯-亥姆霍兹方程比较，得

$$\left[\frac{\partial \ln K_p^{\ominus}}{\partial T}\right]_p=\frac{\Delta_r H_m^{\ominus}}{RT^2} \tag{3.4.17a}$$

积分得

$$\ln[K_p^{\ominus}(T_2)/K_p^{\ominus}(T_1)]=(\Delta_r H_m^{\ominus}/R)(1/T_1-1/T_2) \tag{3.4.17b}$$

或

$$\ln K_p^{\ominus}(T)=-\Delta_r H_m^{\ominus}/RT+C \tag{3.4.17c}$$

式(3.4.17a)为微分式，式(3.4.17b)为定积分式，而式(3.4.17c)为不定积分式(当温度变化范围较小时，C为常数)。由微分式可见，若$\Delta_r H_m^{\ominus}>0$（即吸热反应），则$[\partial(\ln K_p^{\ominus})/\partial T]_p>0$，即升高温度对正向反应有利；若$\Delta_r H_m^{\ominus}<0$（即放热反应），则$[\partial(\ln K_p^{\ominus})/\partial T]_p<0$，即升高温度对逆向反应有利。综上，升高温度，反应向吸热的方向进行。

3.4.3.2　压力的影响

对于理想气体体系，由于$K_f^{\ominus}$，$K_a^{\ominus}$，$K_p^{\ominus}$，K_p，K_c均只是温度的函数，故它们均不随压力而变。但由式(3.4.9)得$(\partial \ln K_x/\partial p)_T=-\sum\nu_i/p=-\Delta\nu/p$。

若$\Delta\nu>0$，即产物的分子数较多，$(\partial \ln K_x/\partial p)_T<0$，增加压力对逆向反应有利；若$\Delta\nu<0$，即产物的分子数较少，$(\partial \ln K_x/\partial p)_T>0$，增加压力对正向反应有利；若$\Delta\nu=0$，即反应前后体系的分子数不变，$(\partial \ln K_x/\partial p)_T=0$，$K_x$不随压力而变。综上，增加压力，反应向物质的量（mol）减少的方向进行。

3.4.3.3　惰性气体对化学平衡的影响

惰性气体对平衡的影响与温度、压力的影响之间存在着质的差别，因为T、p往往影响平衡常数的数值。虽然惰性气体不能影响平衡常数K的数值，但它能引起平衡的移动。

在T、p一定时，$K_p(T,p)=K_x(T,p)\cdot p^{\Delta\nu}=\Pi(x_i)^{\nu_i}\cdot p^{\Delta\nu}=[\Pi(n_i/\sum n_j)^{\nu_i}]\cdot p^{\Delta\nu}=\Pi(n_i^{\nu_i})\cdot(p/\sum n_j)^{\Delta\nu}=$常数。式中，$n_i$为平衡体系中物质$i$的物质的量，$\sum n_j$为体系的总物质的量。若$\Delta\nu>0$，即产物的分子数较多，在总压不变的条件下增加惰性气体可使得$\sum n_j$增加，为保持K_p为常数必有Π（$n_i^{\nu_i}$）增加，即平衡右移；若$\Delta\nu<0$，即产物的分子数较少，在总压不变的条件下增加惰性气体可使得$\sum n_j$增加，为保持K_p为常数必有$\Pi(n_i^{\nu_i})$增加，即平衡左移。

事实上，在体系总压恒定的前提下增加惰性气体可使体系的总物质的量增加，因而使参

与反应物质的分压降低，其效果与降低体系压力相同。综上，增加惰性气体，使反应向体系物质的量增多的方向移动。

综合温度、压力及惰性气体等对平衡的影响，我们可统一得出结论：当一个平衡体系遭受扰动时，平衡的移动总是朝着减小这种扰动的方向进行。这就是勒·夏特勒（Le Chatelier）原理。

3.5　化学反应的速率

化学热力学研究的是化学变化的方向、能达到的最大限度以及外界条件对平衡的影响。化学热力学只能预测反应的可能性，但无法预料反应实际能否发生？反应的速率如何？反应的机理如何？

化学动力学研究的是化学反应的速率和反应的机理，以及温度、压力、催化剂、溶剂和光照等外界因素对反应速率的影响，解决将热力学反应的可能性变为现实性的问题。

3.5.1　化学反应速率的表示与测量

3.5.1.1　化学反应速率的表示

化学反应速率可用单位时间内某一种反应物或生成物的浓度的变化来表示。因为在反应过程中，反应物的浓度不断减少，而生成物的浓度则不断增加，所以用反应物的浓度变化来表示反应速率时可加上负号，而用生成物的浓度变化来表示反应速率时则加上正号。例如通式为

$$bB + dD = eE + fF \qquad (3.5.1)$$

的化学反应，则化学反应的速率可表示成$-dc_B/dt$，$-dc_D/dt$，dc_E/dt 或 dc_F/dt。

由于参加反应的各物质 B、D、E、F 的系数不相同，所以用上述各式来表示速率时，在数值上并不相等。很容易看出，它们之间应该有下列关系：$(-dc_B/dt):(-dc_D/dt):(dc_E/dt):(dc_F/dt)=b:d:e:f$；因此，不同表示的速率之间的相互关系是

$$(-1/b)(dc_B/dt)=(-1/d)(dc_D/dt)=(1/e)(dc_E/dt)=(1/f)(dc_F/dt) \qquad (3.5.2)$$

为了书写的简便，许多参考书中用方括号表示物质的物质的量浓度，即 $c_A=[A]$，$dc_A/dt=d[A]/dt$。在本书中两种表示方法兼用。

3.5.1.2　反应速率的实验测定

如上所述，对于一个给定计量方程的化学反应，其反应的速率可以用反应体系中任何一种物质的浓度随时间的变化率来表示。因此速率测量的关键就是测量反应体系中某种物质的浓度随时间的变化关系，在 c-t 曲线上 $t=t_i$ 时刻的斜率就是 $t=t_i$ 时刻的瞬时速率。

根据物质浓度的测量方法的不同，可将速率测量方法分为化学方法和物理方法两类。

用化学方法来测定浓度，必须迅速使反应停止。可采取突然降温，冲稀，加入阻化剂等办法来冻结反应，对于只有催化剂存在时才能进行的反应，可除去催化剂，阻止反应继续进行，然后再用化学分析方法分析其中某物质的浓度。所以化学方法手续比较麻烦。

物理方法是利用反应体系中某物质浓度与有关的物理量的对应关系来进行测定的。测定过程中不必停止反应，可以配备自动连续记录的测定装置，因而比化学方法迅速、方便。通常可用的物理性质有压力、体积、旋光度、折射率、色度、吸光度、电导率、电动势、介电常数、黏度、热导率、质谱、色谱等。对不同的反应，可选用不同的物理性质来测定。由于物理方法不是直接测量浓度，所以必须预先知道给定物质的浓度与相应物理量之间的对应关系（俗称标准曲线），最好能选择与浓度变化呈线性关系的那些物理量和测量范围，使得从测出的物理量变换为浓度值时简便准确。

3.5.2　基元反应与质量作用定律

在化学反应速率的讨论中，通常把表示反应速率与浓度等参数间的关系，如 $r=\mathrm{d}[x]/\mathrm{d}t=f(c_1,c_2,\cdots)$，或表示反应体系中某物质的浓度随时间的变化关系，如 $c_i=g(t)$，统称为反应速率方程或反应动力学方程。前者为动力学方程的微分形式，而后者为动力学方程的积分形式。

3.5.2.1　基元反应与总包反应

我们通常见到的化学反应方程大多只是一个计量方程，如 I_2 与 H_2 生成 HI 的反应，其化学计量方程为 $I_2+H_2 = 2HI$。它只是告诉我们，反应结束后每消耗 1mol I_2，必也消耗 1mol H_2 同时生成 2mol HI。而不是说“一个氢分子与一个碘分子碰撞，同时生成了两个碘化氢分子”。实际上，该反应在微观上是分以下两步骤进行的：$I_2 \longrightarrow 2I\cdot$；$2I\cdot + H_2 \longrightarrow 2HI$。

我们将反应物分子在碰撞中一步直接转化为生成物分子的反应称为基元反应或元反应。如 H_2 与 Cl_2 生成 HCl 的反应，实验表明就是由以下 4 个基元反应组成的

$$Cl_2+M \longrightarrow 2Cl\cdot+M \tag{3.5.3a}$$

$$Cl\cdot+H_2 \longrightarrow HCl+H\cdot \tag{3.5.3b}$$

$$H\cdot+Cl_2 \longrightarrow HCl+Cl\cdot \tag{3.5.3c}$$

$$2Cl\cdot+M \longrightarrow Cl_2 \tag{3.5.3d}$$

其中，$Cl\cdot$ 为活性氯原子（或称氯自由基）；M 为惰性传能介质或反应器壁。

由若干个基元反应组成的化学计量方程称为总反应或总包反应，生产实践中所遇到的化学计量方程大多为总包反应。

在总反应中，连续或同时发生的所有基元反应称为反应历程或反应机理，在有些情况下，反应机理还要给出所经历的每一步的立体化学结构图。同一反应在不同的条件下可有不同的反应机理；具有相同类型化学计量式的反应可能有完全不同的反应历程。见表 3.5.1。

表 3.5.1　相同类型反应的不同反应历程

总　反　应	反　应　机　理
$H_2+Cl_2 = 2HCl$	①$Cl_2+M \longrightarrow 2Cl\cdot+M$；②$Cl\cdot+H_2 \longrightarrow HCl+H\cdot$；③$H\cdot+Cl_2 \longrightarrow HCl+Cl\cdot$
$H_2+Br_2 = 2HBr$	①$Br_2+M \longrightarrow 2Br\cdot+M$；②$Br\cdot+H_2 \longrightarrow HBr+H\cdot$；③$H\cdot+Br_2 \longrightarrow HBr+Br\cdot$
$H_2+I_2 = 2HI$	①$I_2+M \longrightarrow 2I\cdot$；②$2I\cdot+H_2 \longrightarrow 2HI$

3.5.2.2　基元反应的质量作用定律

在一定温度下，基元反应的反应速率和反应物质浓度以其系数为幂的乘积成正比。对于形如式(3.5.1）的基元反应，根据质量作用定律其速率方程可表示为

$$r=k[B]^b[D]^d \tag{3.5.4}$$

式中 b、d 分别为反应方程式(3.5.1）中反应物 B、D 的系数。

质量作用定律只适用于基元反应，对非基元反应不成立。如对总包反应 $H_2+Br_2 = 2HBr$，实验证明其动力学方程式为

$$\frac{\mathrm{d}[HBr]}{\mathrm{d}t}=\frac{k_1[H_2][Br_2]^{1/2}}{1+k_2[HBr]/[Br_2]} \tag{3.5.5}$$

同理，与质量作用定律相吻合的反应，不一定是基元反应（如生成碘化氢的反应，其速率方程为 $\mathrm{d}[HI]/\mathrm{d}t=k[H_2][I_2]$）。

根据微观可逆性原理，基元反应是可逆反应，其逆反应也是基元反应。

3.5.2.3　反应级数与反应分子数

在基元反应中，实际参加反应的微观粒子的总数目，称为反应分子数。根据反应分子数

可将基元反应区分为单分子反应、双分子反应和三分子反应。实验表明，绝大多数基元反应为双分子反应，在分解反应和异构化反应中可能出现单分子反应。由于复杂体系中，三个以上反应物分子同时碰撞到一起并能发生化学反应的概率极低，因此三分子反应的例子很少，到目前为止尚未发现四分子反应的实例。反应分子数只可能是简单的正整数 1、2 或 3。

速率方程式(3.5.4) 中各反应物浓度项上的指数称为该反应物的分级数；所有浓度项指数的代数和称为该反应的总级数，通常用 n 表示。如 $r=k[A]^0=k$ 称为 0 级反应；$r=k[A]$ 称为一级反应；$r=k[A]^2$ 和 $r=k'[A][B]$ 称为二级反应；$r=k[A]^3$，$r=k'[A]^2[B]$ 和 $r=k''[A][B][C]$ 均称为三级反应。对基元反应，反应级数与反应分子数数值相等。

反应级数与反应分子数是两个不同的概念。反应级数可以是正数、负数、整数、分数或零，有的反应［如速率方程式(3.5.5)］无法用简单的数字来表示级数。

反应级数是由实验确定的结果，随处理问题方式的不同而不同。如对基元反应 $A+B \longrightarrow$ 产物，反应分子数为 2，速率方程为 $r=k[A][B]$，为二级反应。但若投料时使 $[B] \gg [A]$，则在反应过程中 [B] 消耗很少或浓度几乎不变，则 $r=k[A][B]=(k[B])[A]=k'[A]$，表现为一级反应。

3.5.2.4　速率系数

速率方程中的比例系数 k 称为反应的速率系数或速率常数，它的物理意义是当反应物的浓度均为单位浓度时的反应速率，因此它的数值与反应物的浓度无关，所以 k 又称为比速率。在催化剂等其他条件确定时，k 的数值仅是温度的函数。

在气相反应及非电解质溶液的反应中，速率系数与系统中各物质的浓度无关；对溶液中进行的反应，速率系数与溶剂的种类和性质有关；对在电解质溶液中的反应，速率系数与溶液中离子强度有关；复杂反应的速率系数还与催化剂有关。

速率系数数值的大小与浓度单位有关。因为除一级反应外，速率系数都含有浓度的量纲；k 的单位随着反应级数的不同而不同。

反应速率系数 k 是化学反应速率研究的主要内容。

3.5.3　简单级数反应的速率方程

3.5.3.1　一级反应

反应速率只与反应物浓度的一次方成正比的反应称为一级反应。常见的一级反应有放射性元素的蜕变反应、分子重排反应、五氧化二氮的分解反应等。

根据质量作用定律，对基元反应 R（反应物，瞬时浓度记为 c）$\longrightarrow P$（产物，瞬时浓度记为 x），其一级反应动力学方程的微分形式为 $-\mathrm{d}c/\mathrm{d}t=k_1c$，或 $\mathrm{d}x/\mathrm{d}t=k_1c$。对上述微分方程积分，并考虑到时刻 $t=t_0$ 时反应物的浓度 $c=c_0$，最终得

$$\ln(c_0/c)=k_1t \quad 或 \quad c=c_0\exp(-k_1t) \tag{3.5.6}$$

式(3.5.6) 称为一级反应动力学方程的积分式。考察该积分表达式，可以得到以下几点结论。①对一级反应，$\ln c$ 与 t 呈线性关系，直线的斜率即为 k_1，这是作图法求一级反应速率系数的依据；②若将反应物消耗一半（即剩余浓度 $c=c_0/2$）所需要的时间称为半衰期，记为 $t_{1/2}$，则一级反应的半衰期 $t_{1/2}=\ln 2/k_1$，且与起始浓度 c_0 无关。可以证明，对一级反应所有分数衰期都是与反应物起始浓度无关的常数，且 $t_{1/2}:t_{3/4}:t_{7/8}=1:2:3$。③$k_1$ 的量纲是［时间］$^{-1}$，和浓度的单位选择无关。根据这样的一个特点，可以从速率系数的单位去判断反应级数：若某反应的速率系数的单位是［时间］$^{-1}$，则该反应一定是一级反应。另外由于 k_1 的单位和浓度的单位无关，所以又可以用和 c 成正比的物理量代入式(3.5.6) 来求得 k_1。

例如蔗糖的水解反应方程为 $C_{12}H_{22}O_{11}$（蔗糖）$+H_2O$ ══ $C_6H_{12}O_6$（葡萄糖）$+C_6H_{12}O_6$

(果糖)，它实际上是二级反应，但由于水是大量的，所以尽管水参与了反应，但它的浓度基本保持不变。所以整个反应可视为一级反应。根据一级反应动力学方程的积分式知，欲求 k_1 须知蔗糖的 c_0 和 c，c_0 易得，但 c 不易求，为减小误差，通常不直接测蔗糖的 c_0 和 c，而是测和 c_0 及 c 成正比的量。由于蔗糖、葡萄糖和果糖都具有旋光性，所以可通过测定系统的旋光度来确定蔗糖的浓度。若记 α_0、α_∞ 和 α_t 分别为蔗糖未转化、蔗糖已完全转化和反应进程中溶液的旋光度，则有 $\alpha_0=k_R c_0$，$\alpha_\infty=k_P c_0$ 和 $\alpha_t=k_R c+k_P(c_0-c)$，式中 k_R 和 k_P 分别为蔗糖和反应产物的旋光系数。联立以上三式解得 $c_0=(\alpha_0-\alpha_\infty)/(k_R-k_P)=k'(\alpha_0-\alpha_\infty)$，$c=k'(\alpha_t-\alpha_\infty)$，代入一级反应动力学方程的积分式，得

$$\ln\frac{\alpha_0-\alpha_\infty}{\alpha_t-\alpha_\infty}=k_1 t \tag{3.5.7}$$

3.5.3.2　二级反应

反应速率方程中，浓度项的指数和等于 2 的反应称为二级反应。常见的二级反应有乙烯、丙烯的二聚作用，乙酸乙酯的皂化反应，碘化氢的热分解反应等。其基元反应可分别有以下几种形式（表 3.5.2）

表 3.5.2　二级反应基元反应形式

序号	反应式	反应物初始浓度	动力学微分方程
1	$2A \longrightarrow X$	$[A]_0=a$	$d[x]/dt=k_2(a-x)^2$
2	$A+B \longrightarrow X$	$[A]_0=[B]_0=a$	$d[x]/dt=k_2(a-x)^2$
3	$A+B \longrightarrow X$	$[A]_0=a,[B]_0=b,a\neq b$	$d[x]/dt=k_2(a-x)(b-x)$

对上述动力学微分方程积分，分别得

$$\frac{1}{a-x}-\frac{1}{a}=k_2 t \quad 或 \quad \frac{1}{c}-\frac{1}{c_0}=k_2 t \tag{3.5.8a}$$

$$\frac{1}{a-b}\ln\frac{b(a-x)}{a(b-x)}=k_2 t \tag{3.5.8b}$$

由此可见，对具有两种反应物且当初始投料浓度 $a\neq b$ 时，其动力学方程要复杂一些，给研究带来不便，因此在实际实验设计中，人们总是采用 $[A]_0=[B]_0=a$ 的投料方案，故(3.5.8a) 是更常用的二级反应动力学积分方程表达式。考察该式，有：①对二级反应，$1/c$-t 呈线性关系，直线的斜率为 k_2；②k_2 的量纲为（时间）$^{-1}$·（浓度）$^{-1}$；③半衰期与起始浓度成反比，即 $t_{1/2}=1/(k_2 c_0)$，且 $t_{1/2}:t_{3/4}:t_{7/8}=1:3:7$。

3.5.3.3　零级反应

在反应速率微分方程中，反应速率与反应物浓度的零次幂成正比，即反应速率与反应物浓度无关的反应称为零级反应。常见的零级反应有表面催化反应和酶催化反应等，这时反应物总是过量的，反应速率取决于固体催化剂的有效表面活性位数或酶的浓度。

对零级反应的动力学微分方程 $dx/dt=k_0$ 积分得

$$x=k_0 t \quad 或 \quad c_0-c=k_0 t \tag{3.5.9}$$

通过对零级反应速率方程积分式的考察，可得到类似的规律如表 3.5.3 所示。

3.5.3.4　三级反应

三级反应基元反应式有三种形式，分别是：①$3A \longrightarrow P$（产物），初始投料浓度为 a；②$2A+B \longrightarrow P$（产物），通常只考虑初始投料浓度 $a=2b$ 的情形；③$A+B+C \longrightarrow P$（产物），通常只考虑初始投料浓度 $a=b=c$ 的情形。在上述三种情形下，其动力学微分方程可统一写为 $dx/dt=k_3(a-x)^3$。积分得

$$\frac{1}{(a-x)^2}-\frac{1}{a^2}=2k_3t \tag{3.5.10}$$

考察式(3.5.10)，可得到的动力学规律如表 3.5.3 所示。

3.5.3.5　$n(n\neq 1)$ 级反应速率方程的通解

在只有一种反应物，或虽有多种反应物但各组分的初始浓度比例于计量系数，或虽有多种反应物但除组分 A 之外其他组分大大过量（因而浓度可视为常数）的情况下，动力学微分方程具有 $-\mathrm{d}c/c^n=k_n\mathrm{d}t$ 的通用形式。当 $n=1$ 时积分得式(3.5.6)，当 $n\neq1$ 时积分得

$$\frac{1}{c^{n-1}}-\frac{1}{{c_0}^{n-1}}=(n-1)k_nt \tag{3.5.11}$$

各级反应动力学规律如表 3.5.3 所示。

表 3.5.3　简单级数反应动力学规律一览表

n	反应类型	微分式	积分式	半衰期	k 的量纲
0	吸附催化反应	$\mathrm{d}x/\mathrm{d}t=k_0$	$x=c_0-c=k_0t$	$c_0/(2k_0)$	$[c]\cdot[t]^{-1}$
1	$A\longrightarrow P$	$\mathrm{d}x/\mathrm{d}t=k_1(c_0-x)$	$\ln(c_0/c)=k_1t$	$\ln2/k_1$	$[t]^{-1}$
2	$2A\longrightarrow P$ $A+B\longrightarrow P(a=b)$ $A+B\longrightarrow P(a\neq b)$	$\mathrm{d}x/\mathrm{d}t=k_2(c_0-x)^2$ $\mathrm{d}x/\mathrm{d}t=k_2(a-x)(b-x)$	$1/c_0-1/c=k_2t$ $\frac{1}{a-b}\ln\frac{b(a-x)}{a(b-x)}=k_2t$	$1/(k_2c_0)$ 对 A,B 各有半衰期	$[c]^{-1}\cdot[t]^{-1}$
3	$3A\longrightarrow P$ $2A+B\longrightarrow P(a=2b)$ $A+B+C\longrightarrow P(a=b=c)$	$\mathrm{d}x/\mathrm{d}t=k_3(c_0-x)^3$	$\frac{1}{(c_0-x)^2}-\frac{1}{c_0^2}=2k_3t$	$3/(2k_3c_0^2)$	$[c]^{-2}[t]^{-1}$
n	$nA\longrightarrow P(n\neq1)$	$\mathrm{d}x/\mathrm{d}t=k_n(c_0-x)^n$	$\frac{1}{(c_0-x)^{n-1}}-\frac{1}{c_0^{n-1}}=(n-1)k_nt$	$\frac{2^{n-1}-1}{(n-1)k_nc_0^{n-1}}$	$[c]^{1-n}\ [t]^{-1}$

【例 3.5.1】 求 0、1、2、3 和 n 级反应的 $t_{1/4}$、$t_{1/2}$、$t_{3/4}$ 及 $t_{3/4}:t_{1/2}:t_{1/4}$。

解： 根据表 3.5.3 中各级反应的速率方程，将求得的 $t_{1/4}$、$t_{1/2}$、$t_{3/4}$ 及 $t_{3/4}:t_{1/2}:t_{1/4}$ 列入表 3.5.4。

表 3.5.4　不同级数反应的分数级衰期及其相互关系

反应级数	$t_{1/4}$	$t_{1/2}$	$t_{3/4}$	$t_{3/4}:t_{1/2}:t_{1/4}$
0	$c_0/(4k_0)$	$c_0/(2k_0)$	$3c_0/(4k_0)$	$3:2:1$
1	$\ln(4/3)/k_1$	$\ln2/k_1$	$\ln4/k_1$	$\ln4:\ln2:\ln(4/3)$
2	$1/(3k_2c_0)$	$1/(k_2c_0)$	$3/(k_2c_0)$	$9:3:1$
3	$7/(18k_3c_0^2)$	$3/(2k_3c_0^2)$	$15/(2k_3c_0^2)$	$15:3:7/9$
$n(n\neq1)$	$\frac{(4/3)^{n-1}-1}{(n-1)k_n{c_0}^{n-1}}$	$\frac{2^{n-1}-1}{(n-1)k_nc_0^{n-1}}$	$\frac{4^{n-1}-1}{(n-1)k_n{c_0}^{n-1}}$	$[4^{n-1}-1]:[2^{n-1}-1]:[(4/3)^{n-1}-1]$

3.5.4　温度对反应速率的影响

温度对反应速率的影响方式是很复杂的。前人总结了大量实验的结果，发现温度对反应速率的影响大致可分为指数型、爆炸型、酶催化型、反常型等几种形式。由于 90%以上的化学反应属于指数型的，所以以下我们将主要讨论指数型化学反应速率与温度的关系。

3.5.4.1　范特霍夫（van't Hoff）规则

温度对反应速率的影响实际上是温度对反应速率系数 k 的影响。范特霍夫根据大量的实验数据总结出一条经验规律，其表述为：温度每升高 10K，反应速率近似增加 2～4 倍。若令

$$k_{T+10}/k_T=\varphi \text{ 或 } \quad k_{T+n\times10}/k_T=\varphi^n \tag{3.5.12}$$

则 $\varphi=2\sim4$，其中 φ 称为范特霍夫温度系数。在数据不全的情况下，可根据这个规则来近似估算温度对反应速率系数的影响程度。

【例 3.5.2】 某反应在 390K 时反应进行至某种程度需时 10 min。若使该反应在 290K 下进行，欲达到相同的反应程度至少需时多少？

解：反应速率方程的积分式可表示为 $f(c)=kt$，在相同反应程度的情况下，有 $k_1t_1=k_2t_2$。则

$$t_{290}=\frac{k_{290+10\times 10}}{k_{290}}\times t_{390}=2^{10}\times 10=10240(\text{min})=7.1(\text{天})$$

3.5.4.2 阿仑尼乌斯（Arrhenius）经验式

阿仑尼乌斯针对温度对化学反应的影响为指数型的化学反应，提出了一个数学关系式，称为阿仑尼乌斯经验式。阿仑尼乌斯经验式具有指数型、对数型、微分型和积分型等表达型式，分别为

指数型 $k=A\cdot\exp[-E_a/(RT)]$ (3.5.13a)

对数型 $\ln k=\ln A-E_a/(RT)=B-C/T$ (3.5.13b)

微分型 $\mathrm{d}\ln k/\mathrm{d}T=E_a/(RT^2)$ (3.5.13c)

积分型 $\frac{k_2}{k_1}=\exp\left(\frac{E_a}{R}\cdot\frac{T_2-T_1}{T_1T_2}\right)$ 或 $\ln\frac{k_2}{k_1}=\frac{E_a}{R}\cdot\frac{T_2-T_1}{T_1T_2}$ (3.5.13d)

式中，A 为指前因子；R 为气体常数；E_a 为实验活化能。A 和 E_a 在一定的温度范围内为常数。

3.5.4.3 活化能的定义及其对反应速率的影响

化学反应的首要条件是分子间的碰撞。由于分子间的碰撞频率很高（约 10^{15} 次/秒），如果每次碰撞都能引起化学反应，则任何反应都应能在瞬间完成，但事实并非如此。为此阿仑尼乌斯提出了活化能的概念。

阿仑尼乌斯定义，能量较高的、能够通过碰撞发生反应的分子称为活化分子；使普通分子（具有平均能量的分子）变为活化分子（能量较高的、能够发生有效碰撞的分子）所需要的最小能量称为反应的活化能。

基元反应的活化能有其明确的物理意义。例如，对于对峙反应式（3.5.14），其平衡常数可表示为 $K=k_f/k_b$。将热力学基本关系式 $\mathrm{d}\ln K_c/\mathrm{d}T=\Delta U/(RT^2)$ 和式(3.5.13c) 代入并整理，得 $\Delta U=E_f-E_b=\Delta E_a$，即正、逆反应的活化能差为化学反应的恒容热效应。

复杂反应的活化能没有明确的物理意义，它是各基元反应的活化能的特定组合，叫做表观活化能。表观活化能组合的方式决定于基元反应的速率系数与表观速率系数之间的关系，这个关系从反应机理推导而得。

对于常见的化学反应，其活化能大约在 40～400kJ·mol^{-1} 之间。一般来说，若 $E_a<60$kJ·mol^{-1}，则该反应为室温下的瞬时反应；若 $E_a\approx 100$kJ·mol^{-1}，则该反应在室温下可平稳进行；若 $E_a\approx 150$kJ·mol^{-1}，则该反应在 200℃ 时才能进行；若 $E_a\approx 300$kJ·mol^{-1}，则该反应需在 800℃以上方能发生。由此可见，活化能和反应温度对反应速率的影响是十分明显的。

通过阿仑尼乌斯经验式可以证明，对于给定的室温下的化学反应，若通过某种方法（如采用催化剂）使其活化能降低 4～10kJ·mol^{-1}，则可使该反应速率增加 5～50 倍。

3.5.4.4 活化能的测定与估算

可根据不同温度下速率系数的实验值，通过阿仑尼乌斯经验式计算反应的实验活化能。求算方法又可分为作图法和计算法两种。

由（3.5.13b）可见，$\ln k$-$1/T$ 之间为线性关系，直线的斜率为 $-E_a/R$，由此可求得实验活化能 E_a。

由（3.5.13d）得，$E_a=[RT_1T_2/(T_2-T_1)]\ln(k_2/k_1)$，若已知反应在两个不同温度下

的速率系数，则可由上式求得实验活化能 E_a。

当缺乏实验数据时，可通过估算法获得基元反应活化能的近似值。常用的有以下几条估算规则：①对于基元反应，所需活化能约为待破化学键之键能的30%；②对于有自由基参与的化学反应（如 $A\cdot+B—C\longrightarrow A—B+C\cdot$），在放热反应的方向上所需活化能约为待破键之键能的5.5%，而对其逆反应，$E_{-1}=E_{+1}+\Delta H$；③对分子裂解成自由基的反应（如 $A_2+M\longrightarrow 2A\cdot+M$），所需的活化能即为待破键之键能；④对于自由基的复合反应（如 $2A\cdot+M\longrightarrow A_2+M$），其活化能为零。

【例3.5.3】 已知某反应的活化能 $E_a=144.3\text{kJ}\cdot\text{mol}^{-1}$，在 $T_1=557\text{K}$ 时反应的速率系数 $k_1=3.3\times10^{-2}\ \text{s}^{-1}$。若要求该反应在10min内转化率达90%，问反应所需的温度 T_2 应为多少？

解： 由速率系数的量纲知，该反应为一级反应。则 T_2 时的速率系数应为

$$k_2(T_2)=t^{-1}\ln(c_0/c)=(600\text{s})^{-1}\ln(c_0/0.1c_0)=3.84\times10^{-3}\text{s}^{-1}$$

由
$$\ln(k_2/k_1)=(E_a/\text{R})(1/T_1-1/T_2)$$

得
$$T_2=521\text{K}$$

3.5.5 典型复杂反应的速率方程

如果一个化学反应是由两个或两个以上的基元反应以各种方式联系起来的，则这种反应就是复杂反应。最简单、最典型的复杂反应有对峙反应、平行反应、连串反应和链反应等。

3.5.5.1 对峙反应

在正、反两个方向上都能进行的反应称为对峙反应。可表示为

$$\text{B}+\text{D}\underset{k_\text{b}}{\overset{k_\text{f}}{\rightleftharpoons}}\text{E}+\text{F} \tag{3.5.14}$$

若正、反两个方向上的反应均为基元反应，且假定起始反应物投料正比于其计量系数，在此 $c_{B0}=c_{D0}=a$，反应过程中某时刻 t 产物E和F的浓度为 x，则根据质量作用定律有

$$r=\text{d}x/\text{d}t=r_f-r_b=k_f\ (a-x)^2-k_bx^2 \tag{3.5.15}$$

反应达平衡时，由于 $r=\text{d}x/\text{d}t=0$，即 $r_f=r_b$ 或 $k_f(a-x_e)^2=k_bx_e{}^2$，令

$$K=k_f/k_b=x_e{}^2/(a-x_e)^2 \tag{3.5.16}$$

称为化学反应的平衡常数，则 $k_b=k_f/K$。将该式代入式(3.5.15)并积分得

$$\ln\frac{a+(1/\sqrt{K}-1)x}{a-(1/\sqrt{K}-1)x}=(2a/\sqrt{K})k_ft \tag{3.5.17}$$

3.5.5.2 平行反应

同一种反应物同时发生的不同的化学反应称为平行反应。如氯苯的氯化反应在起始投料浓度相同的情况下有

$$p\text{-}C_6H_4Cl_2(x_1)+HCl(x_1+x_2)\overset{k_1}{\longleftarrow}C_6H_5Cl(a-x)+Cl_2(a-x)\overset{k_2}{\longrightarrow}o\text{-}C_6H_4Cl_2(x_2)+HCl(x_1+x_2)$$

其动力学微分方程为 $\text{d}x/\text{d}t=\text{d}x_1/\text{d}t+\text{d}x_2/\text{d}t=k_1(a-x)^2+k_2(a-x)^2=(k_1+k_2)(a-x)^2$，积分得 $(a-x)^{-1}-a^{-1}=(k_1+k_2)t$。该式与式(3.5.8a)具有相同的形式。若起始投料浓度分别为 a 和 b，且 $a\neq b$，则类似地可得与式(3.5.8b)相同形式的积分表达式 $(a-b)^{-1}\ln\{[b(a-x)]/[a(b-x)]\}$。

对于平行反应，在反应开始后的任意时刻两种反应的产物量之比等于其速率系数之比，即

$$(\text{d}x_2/\text{d}t)\ /\ (\text{d}x_1/\text{d}t)\ =x_2/x_1=k_2/k_1 \tag{3.5.18}$$

对于给定的反应，由于反应的速率系数只是温度的函数，当温度一定时，k_1、k_2、k_2/k_1 均具有定值，x_2/x_1 也具有定值。因此欲改变平行反应中产物的组成，唯一的办法是改

变体系的温度。

设同时发生的平行反应的速率系数分别可表示为 $k_1=A_1\exp[-E_1/(RT)]$ 和 $k_2=A_2\exp[-E_2/(RT)]$，两式相除、取对数并对温度 T 微分，得 $\mathrm{d}\ln(k_2/k_1)/\mathrm{d}T=(E_2-E_1)/(RT^2)=\mathrm{B}$。

若 $E_2>E_1$ 则 $B>0$，即 $\mathrm{d}\ln(k_2/k_1)/\mathrm{d}T>0$，或随着 T 的升高 $\ln(k_2/k_1)$ 升高，即 k_2 的增加值大于 k_1 的增加值；同理，若 $E_2<E_1$ 则 $B<0$，即 $\mathrm{d}\ln(k_2/k_1)/\mathrm{d}T<0$，或随着 T 的升高 $\ln(k_2/k_1)$ 降低，即 k_2 的增加值小于 k_1 的增加值。由此可得到的结论是：升高温度有利于活化能较大的反应，降低温度有利于活化能较小的反应。

3.5.5.3　连串反应

如果一个反应需经过连续几步才能完成，且前一步的产物是下一步的反应物，则这种反应便称为连串反应。对最简单的连串反应为 $\mathrm{A}\xrightarrow{k_1}\mathrm{B}\xrightarrow{k_2}\mathrm{C}$，设起始（$t=0$）时，反应体系中各物质的浓度分别为 a，0，0；而在反应过程中的某时刻（$t=t$）各物质浓度分别为 x，y，z。则根据质量作用定律，其动力学方程的微分式分别为 $-\mathrm{d}x/\mathrm{d}t=k_1x(1)$；$\mathrm{d}y/\mathrm{d}t=k_1x-k_2y(2)$；$\mathrm{d}z/\mathrm{d}t=k_2y(3)$。对式(1) 积分得

$$\ln(a/x)=k_1t\quad 或\quad x=a\cdot\exp(-k_1t)\tag{3.5.19a}$$

将式(3.5.19a) 代入上述式(2)，有 $\mathrm{d}y/\mathrm{d}t=k_1a\cdot\exp(-k_1t)-k_2y$，积分得

$$y=[k_1a/(k_2-k_1)][\exp(-k_1t)-\exp(-k_2t)]\tag{3.5.19b}$$

将式(3.5.19a) 和式(3.5.19b) 代入 $x+y+z=a$，得

$$z=a\left[1-k_2(k_2-k_1)^{-1}\exp(-k_1t)+k_1(k_2-k_1)^{-1}\exp(-k_2t)\right]\tag{3.5.19c}$$

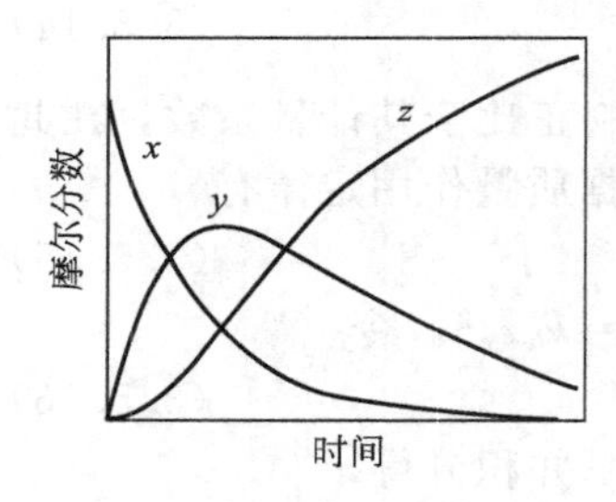

图 3.5.1　连串反应各物质浓度随时间的变化

根据式(3.5.19) 以时间 t 为横坐标，各物质浓度为纵坐标，可得反应过程中各物质浓度随时间的变化关系，见图 3.5.1。由图可见，中间产物 B 在反应过程中出现一个极大值，这是连串反应的特征。用求极值的方法可求得极大点的位置和极大值分别为

$$t_{\max}=\frac{\ln(k_2/k_1)}{k_2-k_1}\quad y_{\max}=a\left(\frac{k_1}{k_2}\right)^{\frac{k_2}{k_2-k_1}}\tag{3.5.20}$$

从式(3.5.19c) 可见，如果 $k_1\gg k_2$，则 $z\approx a[1-\exp(-k_2t)]$，即产物浓度受第二步控制；如果 $k_1\leqslant k_2$，则 $z\approx a[1-\exp(-k_1t)]$，即产物浓度受第一步控制。对于连串反应，不管反应分几步进行，控制整个反应的必定是速率最慢的那一步。

3.5.5.4　链反应

链反应分为直链反应与支链反应两种。直链反应是指在一个自由基消亡的同时产生且只产生一个新自由基的反应；而支链反应是指在一个自由基消亡的同时产生两个或两个以上新自由基的反应。燃烧、爆炸和核反应均为支链反应。

链反应的机理包括链引发、链传递和链终止三部分。其中链引发是分子在一定的条件下裂解成自由基的反应，所需的活化能约为待破化学键的键能，故反应速率相对较慢；链传递是分子与自由基反应生成新自由基的交替过程，所需活化能较低，通常为室温下的瞬时反应；链终止是自由基的复合反应，其活化能为零。

$H_2+Cl_2\longrightarrow 2HCl$ 的反应是一个链反应，实验证明其反应历程为

链引发　　$Cl_2\xrightarrow{k_1}2Cl\cdot$

链传递　　$Cl\cdot+H_2\xrightarrow{k_2}HCl+H\cdot$

$$H\cdot + Cl_2 \xrightarrow{k_3} HCl + Cl\cdot$$

链终止
$$2Cl\cdot \xrightarrow{k_4} Cl_2$$

链反应动力学方程式的建立可采用稳态处理法。即对于有自由原子或自由基参与的反应，当反应达到稳定状态后，可近似地认为该活性中间体的浓度不随时间而变，即 $d[x]/dt=0$。

将稳态近似法应用于上述反应，由 $d[Cl\cdot]/dt=k_1[Cl_2]-k_2[Cl\cdot][H_2]+k_3[H\cdot][Cl_2]-k_4[Cl\cdot]^2=0$ 及 $d[H]/dt=k_2[Cl\cdot][H_2]-k_3[H\cdot][Cl_2]=0$ 得 $[Cl\cdot]=(k_1[Cl_2]/k_4)^{1/2}$，$[H\cdot]=(k_1/k_4)^{1/2}(k_2/k_3)[H_2][Cl_2]^{-1/2}$；代入 $d[HCl]/dt=k_2[Cl\cdot][H_2]+k_3[H\cdot][Cl_2]$，得 $d[HCl]/dt=2k_2(k_1/k_4)^{1/2}[H_2][Cl_2]^{1/2}=k[H_2][Cl_2]^{1/2}$。比较得 $k=2k_2(k_1/k_4)^{1/2}$，或 $A\exp[-E_a/(RT)]=2A_2(A_1/A_4)^{1/2}\exp[-(E_2+E_1/2-E_4/2)/(RT)]$。其中，$A=2A_2(A_1/A_4)^{1/2}$ 称为表观指前因子，$E_a=E_2+\frac{1}{2}E_1-\frac{1}{2}E_4$ 称为表观活化能，E_1、E_2 和 E_4 分别为相应基元步骤的活化能。

习题与思考题

3.1 有一容器 $p=10$atm，$n=10$mol，$T=27$℃的理想气体，求：①在空气中体积膨胀了1L，它做了多少功？②体系膨胀到桶内压力也为1atm，做了多少功？③膨胀时外压总是比内压小一点，问恒温膨胀到桶内压力为1atm，体系做了多少功？④若以大气（设为非理想气体）为体系，上述理想气体为环境，则在上述过程③中大气的 ΔU 为多少？

3.2 5mol 理想气体（$C_{p,m}=7R/2$），初态压力为 $p_1=0.1$MPa，体积为 $V_1=410\text{dm}^3$，经 $pT=$常数的可逆过程压缩到 $p_2=0.2$MPa。试计算：①终态的温度 T_2；② 该过程的 ΔU，ΔH，Q 和 W。

3.3 在101.325kPa的压力下，0.1kg温度为268K的过冷水，经振动后会破坏过冷而结冰，最终达平衡时温度升高至273K。求过程的 Q，W，ΔU 和 ΔH，并计算所析出的冰的质量。已知水的凝固热 $\Delta_{fus}H_m=-6030\text{J}\cdot\text{mol}^{-1}$，在该温度范围内 $C_{p,m}(l,H_2O)=76.7\ \text{J}\cdot\text{K}^{-1}\cdot\text{mol}^{-1}$。

3.4 已知298K时甲醛(g) 的燃烧热 $\Delta_c H_m^{\ominus}$ 为$-563.6\text{kJ}\cdot\text{mol}^{-1}$，甲醇(g) 的生成热 $\Delta_f H_m^{\ominus}$ 为$-201.2\text{kJ}\cdot\text{mol}^{-1}$，$H_2$(g) 与C（石墨）的燃烧热分别为$-286\text{kJ}\cdot\text{mol}^{-1}$及$-394\text{kJ}\cdot\text{mol}^{-1}$。求反应 $CH_3OH(g) \longrightarrow HCHO(g) + H_2(g)$ 在298K下的反应热 $\Delta_r H_m^{\ominus}$。

3.5 查表并计算 $CO(g)+1/2O_2(g) = CO_2(g)$ 在1680K时的反应热。

3.6 甲烷在绝热条件下与纯氧完全燃烧，释放的热量全部用于加热产物，问体系能达到的最高温度是多少？在组成为 $80\%N_2+20\%O_2$ 的空气中绝热完全燃烧所能达到的最高温度又是多少？

3.7 甲烷气体在一定温度和通常压力下可看成理想气体，其 $\gamma=C_p/C_V=1.31$，若3L甲烷在100℃自1atm经绝热可逆膨胀到0.1atm。问终态温度和体积各是多少？体系做了多少功？

3.8 定压膨胀系数 α 和等温压缩系数 β 的定义分别为 $\alpha=(\partial V/\partial T)_p/V$ 和 $\beta=-(\partial V/\partial p)_T/V$。已知某气体的定压膨胀系数 $\alpha=nR/(pV)$，等温压缩系数 $\beta=1/p+a/V$，其中 n 为体系的物质的量，R 为气体常数，a 为常数。求该气体的状态方程。

3.9 ① 试证：$(\partial U/\partial T)_p=C_p-p(\partial V/\partial T)_p$；②试证：$(\partial T/\partial V)_p(\partial V/\partial p)_T(\partial p/\partial T)_V=-1$；③已知范德华气体的状态方程为 $(p+a/V^2)(V-b)=RT$，试证其焦尔系数 $(\partial T/\partial V)_U=-a/(V^2C_V)$；④已知某气体服从状态方程 $pV=RT+\alpha p$（$\alpha>0$ 为常数），试证：$(\partial U/\partial V)_T=0$，$(\partial U/\partial p)_T=0$；⑤ 对气相反应，证明 $(\partial \ln K_c/\partial T)_p=\Delta U/(RT^2)$。

3.10 已知液体苯的正常凝固点是5℃，$\Delta H_{熔}=9940\text{J}\cdot\text{mol}^{-1}$，$C_{p,m}$（液苯）$=127\ \text{J}\cdot\text{K}^{-1}\cdot\text{mol}^{-1}$，$C_{p,m}$(固苯)$=123\ \text{J}\cdot\text{K}^{-1}\cdot\text{mol}^{-1}$。通过计算说明在$-5$℃时过冷液体苯是否会自动凝固？

3.11 在25℃下将1mol氧从1atm绝热可逆压缩到6atm，求过程的 Q，W，ΔU，ΔH，ΔA，ΔG，ΔS 和 $\Delta S_{隔离}$。已知 $C_{p,m}(O_2)=(7/2)R$，$S_m^{\ominus}(O_2, 298.2\text{K})=205.03\ \text{J}\cdot\text{K}^{-1}\cdot\text{mol}^{-1}$。

3.12 若-5℃固体苯的蒸气压为2.28kPa，-5℃时过冷液体苯凝固时的熵变 $\Delta S=-35.5\ \text{J}\cdot\text{K}^{-1}\cdot\text{mol}^{-1}$，放热$9.87\text{kJ}\cdot\text{mol}^{-1}$。问$-5$℃时液体苯上的蒸气压为多少？

3.13 已知25℃时正丁醇的气化热为42.747kJ·mol^{-1}，正丁醇的饱和蒸气压与温度的关系为$\lg(p/Pa)=10.7105-1971.7/(T/℃+230)$，若将正丁醇蒸气看成理想气体，求25℃，101.325kPa下的液态正丁醇气化为同温度、同压力下蒸气的摩尔熵变。

3.14 已知苯的正常凝固点是5℃，$C_{p,m}(l,C_6H_6)=126.9$ J·K^{-1}·mol^{-1}，$C_{p,m}$（s，C_6H_6）＝122.7 J·K^{-1}·mol^{-1}，摩尔熔化热$\Delta_{fus}H_m^{\ominus}=9923$J·mol^{-1}。试求1mol－5℃过冷液体苯凝固为－5℃固体苯过程的①体系熵变；②环境熵变；③通过计算说明该过程自发与否。

3.15 金刚石和石墨在298.2K时的标准熵分别为2.38J·K^{-1}·mol^{-1}和5.74 J·K^{-1}·mol^{-1}，燃烧热分别为－395.3kJ·mol^{-1}和－393.4kJ·mol^{-1}；密度分别为3.513g·cm^{-3}和2.260g·cm^{-3}。求①在101.325kPa和25℃下，石墨转化为金刚石的ΔG_m；②在上述条件下，哪一种晶型稳定？③增加压力能否使在常压下不稳定的晶体变为稳定？如果可能，需要加多大压力？

3.16 已知在25℃时CO(g)和CH_3OH(g)的标准生成焓$\Delta_f H_m^{\ominus}$分别为－110.5kJ及－201.2kJ；CO(g)，H_2(g)和CH_3OH(l)的标准熵$S_m^{\ominus}$分别为197.6J·K^{-1}·mol^{-1}，130.6J·K^{-1}·mol^{-1}和127.0J·K^{-1}·mol^{-1}，25℃时甲醇的饱和蒸气压为16.6kPa，气化热$\Delta_v H_m^{\ominus}=38.0$kJ·mol^{-1}，蒸气可视为理想气体，求25℃时反应$CO(g)+2H_2(g)=CH_3OH(g)$的$\Delta G^{\ominus}$及$K_p^{\ominus}$。

3.17 在1000K及1atm下，以1mol SO_2(g)与0.5mol O_2(g)反应，达平衡后SO_3(g)的摩尔分数为0.46。求：①反应的K_p；②总压从1atm增至2atm时，SO_2(g)的转化率为多少？③若向反应体系中加入2mol惰性气体，总压仍维持在1atm，此时SO_2(g)的转化率又为多少？

3.18 在25℃和101.325kPa时N_2O_4有18.46%离解，求在50.663kPa及25℃时N_2O_4的离解度。

3.19 求出分数衰期的比率$t_{1/2}/t_{1/3}$与反应级数n的函数关系式，并验证比率$t_{1/2}/t_{1/3}$的值对于零级，一级，二级和三级反应分别为1.500，1.701，2.000和2.400。

3.20 二级反应$CH_3CH_2NO_2+OH^-=H_2O+CH_3CH=NO_2^-$在273.16K时的速率常数$k_2=39.1$mol^{-1}·L·min^{-1}。反应起始时溶液中硝基乙烷的浓度为0.004mol·L^{-1}，氢氧化钠的浓度为0.005mol·L^{-1}，问当硝基乙烷的转化率达90%时，反应所需的时间为多少？

3.21 599.15K时，1,3-丁二烯的二聚反应在一恒定容器中进行，实验分别测得在$t=0$min，3.25min，12.18min，24.55min，42.50min和68.05min时容器的总压力$p_{总}$＝84.25kPa，82.45kPa，77.87kPa，72.89kPa，67.89kPa及63.26kPa。求反应的级数与反应速率常数。

3.22 某具有单一反应物的二级反应，反应物初始浓度为0.42mol·L^{-1}，在350K时反应物浓度降低到初始浓度的1/3需时2.4min，而在280K时反应至相同程度需要30min，求该反应的活化能。

3.23 已知反应$C_2H_6=C_2H_4+H_2$的反应机理为①$C_2H_6\xrightarrow{k_1}2CH_3\cdot$，$E_1=351.5$kJ·mol^{-1}；②$CH_3\cdot+C_2H_6\xrightarrow{k_2}CH_4+C_2H_5\cdot$，$E_2=33.5$kJ·mol^{-1}；③$C_2H_5\cdot\xrightarrow{k_3}C_2H_4+H\cdot$，$E_3=167$kJ·mol^{-1}；④$C_2H_6+H\cdot\xrightarrow{k_4}H_2+C_2H_5\cdot$，$E_4=29.3$kJ·mol^{-1}；⑤$H\cdot+C_2H_5\cdot\xrightarrow{k_5}C_2H_6$，$E_5=0$。求该反应的速率方程和表观活化能。

3.24 甲基亚硝酸酯和乙基亚硝酸酯的分解反应速率常数分别可表示为$k_1=10^{13}\exp(-18318.5/T)$和$k_2=10^{14}\exp(-18968/T)$。问在什么温度下，两反应的反应速率相等？

3.25 某平行反应A⟶B（速率常数为k_1）和A⟶D（速率常数为k_2）的指前因子都是10^{13}s^{-1}，活化能分别为$E_1=108.78$kJ·mol^{-1}和$E_2=83.68$kJ·mol^{-1}。计算1000K时产物浓度之比c_B/c_D是300K时的多少倍？根据计算结果说明，如B为目标产物应如何控制反应条件？若D为目标产物呢？

3.26 乙酸酐的分解反应是一级反应，该反应的活化能$E_a=144.35$kJ·mol^{-1}。已知284℃时这个反应的速率常数$k=3.3\times10^{-2}$s^{-1}，现要控制该反应在10min内转化率达90%，问反应温度应为多少度？

3.27 平行反应A⟶B（主反应，速率常数为k_1，活化能为E_1）和A⟶D（副反应，速率常数为k_2，活化能为E_2）的反应速率常数分别可表示为$\lg(k_1/s^{-1})=-2000/(T/K)+4.00$和$\lg(k_2/s^{-1})=-4000/(T/K)+8.00$。问①若A的初始浓度$c_{A,0}=0.1$mol·dm^{-3}，$c_{B,0}=c_{D,0}=0$，计算400K时，经过10s，A的转化率为多少？此时B和D的浓度各为多少？②用具体计算说明，该反应在500K进行时，主反应比在400K下进行更为有利。③试证明该反应的总活化能为$E=(k_1E_1+k_2E_2)/(k_1+k_2)$，并计算400K时的活化能$E$。

3.28 经实验确定，反应$CO+Cl_2\longrightarrow COCl_2$的动力学方程式为$d[COCl_2]/dt=k[CO][Cl_2]^{3/2}$，其机理

为：①$Cl_2 = 2Cl\cdot$（快速，平衡常数为 $K_{c,1}$）；②$Cl\cdot + CO = COCl\cdot$（快速，平衡常数为 $K_{c,2}$）；③$COCl\cdot + Cl_2 \longrightarrow COCl_2 + Cl\cdot$（慢，速率常数为 k_3）。试证：该反应的表观速率常数 $k = k_3 \cdot K_{c,1}^{1/2} \cdot K_{c,2}$。

3.29　反应 $A(g) \underset{k_{-2}}{\overset{k_1}{\rightleftharpoons}} B(g) + C(g)$ 在 25℃时，k_1 和 k_{-2} 分别为 0.2 s^{-1} 和 40$Pa^{-1} \cdot min^{-1}$，且反应温度增高 10℃时 k_1 和 k_{-2} 均加倍。试计算：①25℃时反应的平衡常数；②正、逆反应的活化能；③恒容反应热 $\Delta_r H_m$；④如果反应开始时物系中只有 A，且起始压力为 101325Pa，求总压达 151988Pa 时的反应时间。

参 考 文 献

[1] 傅献彩，沈文霞，姚天扬. 物理化学. 第 5 版. 北京：高等教育出版社，2006.
[2] 印永嘉，姚天扬. 化学原理. 北京：高等教育出版社，2006.
[3] 华彤文，陈景祖. 普通化学原理. 第 3 版. 北京：北京大学出版社，2005.
[4] 王夔. 化学原理和无机化学. 北京：北京大学医学出版社，2005.
[5] 高执棣. 化学热力学基础. 北京：北京大学出版社，2006.
[6] 张淑平，施利毅. 化学基本原理. 北京：化学工业出版社，2005.
[7] 赵新生. 化学反应理论导论. 北京：北京大学出版社，2003.
[8] 邓建成，易清风，易兵. 大学化学基础. 第 2 版. 北京：化学工业出版社，2008.
[9] 邱治国，张文莉. 大学化学. 第 2 版. 北京：科学出版社，2008.
[10] 卜平宇，夏泉. 普通化学. 北京：科学出版社，2006.
[11] Ira N Levine. Physical chemistry (6th ed). Boston：McGraw-Hill，c2009.
[12] Thomas Engel，Philip Reid. Physical chemistry. San Francisco：Pearson Benjamin Cummings，2006.

第4章 溶液的性质与溶液中的反应

在工业生产中，大约有90%的化学反应是在介质的参与下进行的，而水是其中应用最多的介质。因此研究溶液尤其是水溶液的性质具有重要的理论意义和实用价值。

4.1 溶液的定义与浓度表示

4.1.1 溶液的定义与分类

通常把两种或两种以上不同物质混合而得到的均匀、稳定的彼此呈分子、原子或离子状态分布的多组分均相体系称为溶液（solution）。

溶液可分为电解质溶液和非电解质溶液，也可按照聚集状态的不同分为液态溶液（如氯化钠溶液），气态溶液（如地球的大气层）和固态溶液（如黄铜是由锌和铜形成的固态溶液，又称固溶体）。我们通常所说的溶液一般指液态溶液。在液态溶液中，常把液体称为溶剂（solvent），溶解在液体中的气体或固体叫做溶质（solute）。如果是两种液体完全互溶，则把含量较多的一种液体叫做溶剂，较少的一种叫做溶质。但在理论上，溶液中的任何组分都是等同的，所以溶质和溶剂的区分一般是习惯性的。例如，等体积的甲醇和乙醇的混合物，如以甲醇为溶剂，则乙醇为溶质，如以乙醇为溶剂，则甲醇为溶质。因此，哪一组分作溶剂需要具体指明。水是日常生活中应用最多的溶剂。

4.1.2 溶液含量的表示方法

溶液中溶质和溶剂的相对含量通常用溶液的浓度来表示。溶液含量有多种表示方法，常用的有物质的量浓度，质量分数，质量摩尔浓度，物质的量分数（摩尔分数）等。

物质的量浓度（molarity，$mol \cdot L^{-1}$）c_B 定义为单位体积溶液中所含的溶质B的物质的量（单位为mol），用公式表示为

$$c_B = n_B/V \tag{4.1.1}$$

质量分数（mass percent）w_B 的定义为溶质的质量（m_B）占溶液的质量 $m(=\sum m_i)$ 的百分数。即

$$w_B = m_B/\sum m_i \tag{4.1.2}$$

w_B 是无量纲量，很显然有 $\sum w_i = 1$。质量分数也常用质量百分数来表示：$w_B\% = (m_B/\sum m_i) \times 100\%$。

质量摩尔浓度（molality，$mol \cdot kg^{-1}$）b_B 的定义是溶液中溶质 B 的物质的量（n_B）除以溶剂的质量（m_A）。用公式表示为

$$b_B = n_B/m_A \tag{4.1.3}$$

由于溶剂的质量单位为kg，所以质量摩尔浓度即为每1kg溶剂中所含溶质B的物质的量。用该方法表示溶液的浓度的优点是可以用准确称重的方法进行溶液的配制，且溶液的浓度不随温度变化。

物质的量分数（mole fraction）x_B 表示溶液中某一组分B的物质的量占全部溶液的物质的量（$n_总$）的分数，即

$$x_A = n_A/n_总 ; \ x_B = n_B/n_总 \tag{4.1.4}$$

式中，n_i 代表组分 i（i=A、B、…）的物质的量，单位为mol；$n_总$ 代表组成溶液的全部物

质（溶质和溶剂）的总的物质的量，单位为mol。物质的量分数为无量纲量。

若分别记 m 和 V 为给定溶液的质量和体积，则借助于密度（density，$kg \cdot m^{-3}$）的定义式 $d=m/V$，可进行各种溶液的组成表示方法之间的相互换算。

【例 4.1.1】 23g 的乙醇（C_2H_5OH）溶于 500g 水中，此溶液的密度为 $992kg \cdot m^{-3}$。试计算：（1）乙醇的物质的量分数；（2）乙醇的质量分数；（3）乙醇的质量摩尔浓度：（4）乙醇的物质的量浓度。

解： 以 A 代表水，B 代表乙醇。已知摩尔质量 $M_A = 18.02 \times 10^{-3} kg \cdot mol^{-1}$，$M_B = 46.07 \times 10^{-3} kg \cdot mol^{-1}$

（1）$x_B = n_B/(n_A + n_B) = (m_B/M_B)/(m_A/M_A + m_B/M_B) = (23/46.07)/(500/18.02 + 23/46.06) = 0.0177$

（2）$w_B = m_B/\sum m_i = m_B/(m_A + m_B) = 0.023/(0.023 + 0.500) = 0.044$

（3）$b_B = n_B/m_A = (m_B/M_B)/m_A = [(23 \times 10^{-3})/(46.07 \times 10^{-3})]/(500 \times 10^{-3}) = 0.9985(mol \cdot kg^{-1})$

（4）$c_B = n_B/V = (m_B/M_B)/[(m_A + m_B)/d] = 974.0mol \cdot m^{-3} = 0.947mol \cdot L^{-1}$

4.2　稀溶液的两个经验定律

如果把一杯液体置于密闭的容器中，液面上那些能量较大的分子就会克服液体分子间的引力从表面逸出，成为蒸气分子，这个过程叫做蒸发（evaporation），也称为汽化（vaporization）。蒸发是一个吸热过程。相反，蒸气分子在液面上的空间不断运动时，某些蒸气分子可能撞到液面，为液体分子所吸引而重新进入到液体中去，这个过程称为凝聚（condensation）。凝聚是放热过程。由于液体在一定温度时的蒸发速率是恒定的，蒸发刚开始时，蒸气分子不多，凝聚的速率远小于蒸发速率。随着蒸发的进行，蒸气浓度逐渐加大，凝聚的速率也随着加大。在一定温度下，当凝聚的速率和蒸发的速率达到相等时，液体（液相）和它的蒸气（气相）就处于两相平衡状态，称为气-液相平衡。在一定温度下，达到相平衡时，蒸气所具有的压力称为该温度下液体的饱和蒸气压，简称为蒸气压（vapor pressure）。

4.2.1　拉乌尔定律

在溶剂中加入了非挥发性的非电解质后，溶剂的蒸气压会降低。对于非电解质的稀溶液，法国著名的科学家拉乌尔（F. M. Raoult）于 1887 年根据其多次的实验结果总结出了一条经验定律，即“定温下的稀溶液中，溶剂的蒸气压等于纯溶剂的蒸气压乘以溶液中溶剂的物质的量分数”。用公式可以表示为

$$p_A = p_A^* \cdot x_A \tag{4.2.1}$$

式中，p_A^* 代表在一定温度下纯溶剂 A 的蒸气压；p_A 代表在同一温度下溶液中溶剂 A 的饱和蒸气压；x_A 代表溶液中溶剂 A 的物质的量分数。由拉乌尔定律可见，溶液中溶剂的蒸气压较纯溶剂的蒸气压低。

若溶液中仅有 A，B 两个组分，且 B 为非挥发性溶质，则 $x_A + x_B = 1$，上式可改写为

$$p_A = p_A^*(1 - x_B) \quad 或 \quad (p_A^* - p_A)/p_A^* = x_B \tag{4.2.2}$$

即溶剂的蒸气压降低值与纯溶剂的蒸气压之比等于溶质的物质的量分数，这是拉乌尔定律的另一种表现形式。

一般来说，只有稀溶液的溶剂才适用于拉乌尔定律。这是因为在稀溶液中，溶质分子数目很少，指定的溶剂分子周围几乎都是溶剂分子，极少或几乎没有受到溶质分子的影响。因此，溶剂分子所受的作用力并未因少量溶质分子的存在而改变，它从溶液中逸出的能力也没

有改变。但是由于溶质分子的存在，减少了单位体积和单位表面上溶剂分子的数目，因而单位时间内从液体表面逸出的溶剂分子数相应地减少了，以致溶液中溶剂的蒸气压较纯溶剂的蒸气压低。

4.2.2 亨利定律

1803 年英国化学家亨利（W. Henry）发现，在一定的温度下，气体溶解于液体时，气体在液相中的物质的量分数与在平衡气相中该物质的分压成正比。这一规律对于挥发性的溶质也适用。这就是稀溶液中的另一条重要的规律，称之为亨利定律。具体表述为：”在一定温度下的稀溶液中，当气液达平衡时，挥发性溶质在气相中的分压与其在溶剂中的溶解度成正比“。用公式表示为

$$p_B = k_x \cdot x_B \tag{4.2.3}$$

式中，x_B 为挥发性溶质在稀溶液中的物质的量分数；p_B 为气体 B 在液面上的分压力；k_x 为与温度、总压、溶质和溶剂的性质有关的比例常数或亨利常数，可以通过实验测定。溶液越稀，亨利定律的结果越准确。对于混合气体在总压力不大时，亨利定律能分别适用于每一种气体，可以近似认为与其他气体的分压无关。如果用质量摩尔浓度 b_B 和物质的量浓度 c_B 来表示挥发性溶质在稀溶液中的溶解度，则亨利定律可以表示为

$$p_B = k_b \cdot b_B \quad 和 \quad p_B = k_c \cdot c_B \tag{4.2.4}$$

k_x、k_b 和 k_c 均称为亨利常数，对于不同的溶液组成表示方法，k_x、k_b 和 k_c 是不相等的。

在应用亨利定律时应注意以下几点。①亨利定律不仅适用于纯气体，也适用于混合气体。对于混合气体，式 $p_B = k_x \cdot x_B$ 中，p_B 指的是气体组分 B 的平衡分压，不是液面上气体的总压。②溶质在气相和在溶液中的分子状态必须相同。如果溶质分子在溶液中与溶剂形成化合物，或者发生电离与缔合而改变了分子状态，则亨利定律就不再适用。③亨利定律适用于低压气体或稀溶液的溶质。

拉乌尔定律和亨利定律均只适用于稀溶液。在稀溶液中，溶质分子被大量的溶剂分子包围，溶质分子和溶质分子之间的相互作用可以忽略不计，气相中的溶质分子数与其在溶液中的浓度成正比，即稀溶液中溶质服从亨利定律。而在稀溶液中，溶剂分子和其在纯溶剂中所处的环境相差不大，所以溶剂服从拉乌尔定律。反过来，把在一定压力和温度下，溶质服从亨利定律而溶剂服从拉乌尔定律的溶液称之为稀溶液。

4.3 理想溶液

4.3.1 理想溶液的定义

从宏观上来讲，对于任一组分在全部浓度范围内都符合拉乌尔定律的溶液称之为理想溶液（ideal solution）；从微观上来讲，各组分中分子的大小及作用力相似，如果以一种组分的分子取代另一组分的分子时，没有能量和空间结构的变化，则这样的溶液称之为理想溶液。因此，理想溶液也可以定义为各组分以任意比例混合成溶液时，没有热效应和体积的变化。实际上，除了少数几种混合物以外，大多数溶液都不具有理想溶液的性质。但许多溶液在一定的浓度区间内一些性质很像理想溶液，因此理想溶液的引入有一定的理论意义和实际意义。如果将适用于理想溶液的一些公式进行修正就能应用于实际溶液。

4.3.2 理想溶液中各组分的化学势

4.3.2.1 多组分体系中的偏摩尔量

纯物质的广度性质具有简单的加和性。如在 298.15K 时，乙醇的摩尔体积为 V_m(乙醇)=58.28cm^3，若将 1mol 乙醇加入到任意量的乙醇中，体系的体积增加了 58.28cm^3。而物质在

多组分均相体系中的广度性质与纯态的体系不同，例如将乙醇和水以不同的比例混合，使溶液的总量为 100g，并记溶液在混合过程中的过量体积 $\Delta_{mix}V=V_{溶液}-(V_{水}+V_{乙醇})$，以 $w_{乙醇}$ 为横坐标，ΔV 为纵坐标，所得到的关系曲线见图 4.3.1。

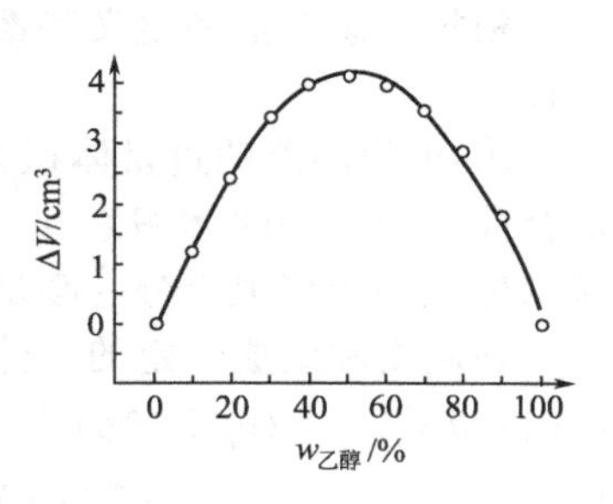

图 4.3.1　乙醇-水混合液的过量体积

从图 4.3.1 可以看出，溶液的体积并不等于各组分在纯态时的体积之和。因此，对于两种或两种以上物质所构成的均相体系，必须应用新的概念来代替纯物质所用的摩尔量的概念，即偏摩尔量（partialmolar quantity）的概念。

纯物质或者组成恒定的多组分体系的状态只要有两个独立的变量（如 T 和 p）就可以确定了。但对多组分封闭体系，当组成改变或者有相变、化学变化时，体系的广度性质 Z 的改变除与 T、p 有关外，还与各组分物质的量的变化有关。即函数可写为 $Z=Z(T,p,n_1,n_2,n_3,\cdots)$，当体系的状态发生微小变化时，状态函数 Z 的变化是全微分

$$dZ=(\partial Z/\partial T)_{p,n}dT+(\partial Z/\partial p)_{T,n}dp+(\partial Z/\partial n_1)_{T,p,n_z}dn_1+(\partial Z/\partial n_2)_{T,p,n_z}dn_2+\cdots \quad (4.3.1)$$

式中，下标 n 代表体系中各组分的量都不变，n_z 表示除了指定的某组分外，其余各组分的物质的量不变。当体系在定温定压下发生变化时

$$Z_{B,m}=(\partial Z/\partial n_B)_{T,p,n_z} \quad (4.3.2)$$

则

$$dZ=\sum Z_{B,m}dn_B \quad (4.3.3)$$

$Z_{B,m}$ 称为组分 B 的偏摩尔量，其物理意义为：定温定压下，向浓度一定的无限大体系中加入 1mol 组分 B 而引起体系中某一广度性质 Z 的改变量；或是在 T、p 及各组分物质的量都保持不变时，体系中某一广度性质 Z 随组分 B 的偏摩尔变化率。常用到的偏摩尔量有偏摩尔体积，偏摩尔焓，偏摩尔吉布斯自由能等。

4.3.2.2　理想溶液中各组分的化学势

在各种偏摩尔量中，以偏摩尔吉布斯自由能最为重要。在多组分体系中，物质 B 的偏摩尔吉布斯自由能称为化学势（chemical potential）。用符号 μ_B 表示。故物质 B 的化学势定义为

$$\mu_B=G_{B,m}=(\partial G/\partial n_B)_{T,p,n_z} \quad (4.3.4)$$

μ_B 是体系的强度性质，单位是 $J\cdot mol^{-1}$。

由两种或两种以上的易挥发物质组成的理想溶液，在定温和定压的条件下，溶液的气相和液相达平衡时，根据相平衡的条件，溶液中任一组分 B 在液相和气相中的化学势相等，即 $\mu_B(s)=\mu_B(g)$。若将蒸气看作是理想气体，则 $\mu_B(s)=\mu_B(g)=\mu_B^{\ominus}(T)+RT\ln(p_B/p^{\ominus})$。将拉乌尔定律 $p_B=p_B^*\ x_B$ 代入，并去掉气液标记，得 $\mu_B=\mu_B^{\ominus}(T)+RT\ln(p_B^*/p^{\ominus})+RT\ln x_B$。因为在定温定总压的条件下，组分 B 的蒸气压 p_B^* 也为定值，令 $\mu_B^*(T,p_B^*)=\mu_B^{\ominus}(T)+RT\ln(p_B^*/p^{\ominus})$，则组分 B 的化学势为

$$\mu_B=\mu_B^*(T,p_B^*)+RT\ln x_B \quad (4.3.5)$$

当 $x_B=1$ 时，$\mu_B^*(T,p_B^*)$ 是纯组分 B 的化学势，它是温度和压力的函数。选取温度 T 和压力 p（p 为溶液上方混合蒸气中各组分的平衡分压之和）时，纯液体状态作为理想溶液中组分 B 的标准态。而压力 p 对 p^* 的影响不大，所以 $\mu_B^*(T,p)=\mu_B^*(T,p_B^*)$，此时式(4.3.5) 又可改写为

$$\mu_B=\mu_B^*(T,p)+RT\ln x_B \quad (4.3.6)$$

式(4.3.6) 是理想溶液中任一组分 B 的化学势公式，也是理想溶液的热力学定义式。任一

组分的化学势均可用式(4.3.6)来表示的溶液即为理想溶液。

4.3.3　理想溶液的通性

根据理想溶液的定义和溶液中任一组分的化学势的表达式，可以导出理想溶液的一些通性。

① 理想溶液的过量体积为零。对理想溶液，由纯组分混合成溶液时，溶液的体积等于混合前各纯组分的体积之和，而没有增加和减少，$\Delta_{\text{mix}}V=0$。或说理想溶液中某组分的偏摩尔体积等于该纯组分的摩尔体积，混合前后体积不变。

在温度和组成恒定的条件下，将式(4.3.6)对 p 求偏导数得 $(\partial\mu_{\text{B}}/\partial p)_{T,x}=[\partial(\mu_{\text{B}}^*+RT\ln x_{\text{B}})/\partial p]_{T,x}=(\partial\mu_{\text{B}}^*/\partial p)_T$。由热力学基本方程，并根据化学势的定义和偏导数的性质，有 $(\partial\mu_{\text{B}}/\partial p)_{T,x}=V_{\text{B}}$，$(\partial\mu_{\text{B}}^*/\partial p)_{T,x}=V_{\text{B,m}}^*$，则上式可化为 $V_{\text{B}}=V_{\text{B,m}}^*$。该式说明理想混合物中任一组分 B 的偏摩尔体积等于该组分纯液体在相同 T、p 下的摩尔体积，所以混合过程系统体积的变化为

$$\Delta_{\text{mix}}V=V_{\text{混合后}}-V_{\text{混合前}}=V_{\text{溶液}}-V_{\text{混合前}}=\sum n_{\text{B}}V_{\text{B}}-\sum n_{\text{B}}V_{\text{B,m}}^*=0 \tag{4.3.7}$$

②理想溶液的各组分混合前后热效应为零。将式(4.3.6)除以 T 得 $\mu_{\text{B}}/T=\mu_{\text{B}}^*/T+R\ln x_{\text{B}}$，再在 p、x 恒定的条件下对 T 求偏导数，得 $[\partial(\mu_{\text{B}}/T)/\partial T]_{p,x}=[\partial(\mu_{\text{B}}^*/T+R\ln x_{\text{B}})/\partial T]_{p,x}=[\partial(\mu_{\text{B}}^*/T)/\partial T]_p$。将吉布斯-亥姆霍兹公式 $[\partial(G/T)/\partial T]_p=-H/T^2$ 应用于上式得 $H_B=H_{\text{B,m}}^*$。该式说明理想液态混合物中任一组分的偏摩尔焓等于该组分纯液体在相同温度、压力下的摩尔焓。从而可得混合过程系统焓的变化为

$$\Delta_{\text{mix}}H=H_{\text{混合后}}-H_{\text{混合前}}=H_{\text{溶液}}-H_{\text{混合前}}=\sum n_{\text{B}}H_{\text{B}}-\sum n_{\text{B}}H_{\text{B,m}}^*=0 \tag{4.3.8}$$

因为在混合过程中没有非体积功，且为恒压过程，所以 $\Delta_{\text{mix}}H$ 为混合过程的恒压热，简称为混合热。由此可见，理想液态混合物的混合热等于零，即形成理想混合物的过程中没有热效应。

③ 理想溶液具有理想的混合熵。由式(4.3.6)结合 $(\partial G/\partial T)_p=S$ 可得 $S_{\text{B}}=S_{\text{B,m}}^*-R\ln x_{\text{B}}$。将该式代入混合性质计算式可得在形成混合物时的理想混合熵为

$$\Delta_{\text{mix}}S=\sum n_{\text{B}}(S_{\text{B}}-S_{\text{B,m}}^*)=-R\sum(n_{\text{B}}\ln x_{\text{B}}) \tag{4.3.9}$$

因 $x_{\text{B}}<1$，故混合熵 $\Delta_{\text{mix}}S>0$。

④ 理想溶液具有理想的混合吉布斯能。在恒温条件下，由 $\Delta G=\Delta H-T\Delta S$ 可得纯物质形成理想液态混合物过程中的吉布斯自由能变

$$\Delta_{\text{mix}}G=RT\sum(n_{\text{B}}\ln x_{\text{B}}) \tag{4.3.10}$$

因 $x_{\text{B}}<1$，故混合吉布斯自由能小于零。

4.4　实际溶液

实际溶液（real solution）大都不符合理想溶液的条件，因为溶液中各组分分子的大小和结构不尽相同，异种组分分子间作用力与同种组分分子间作用力也不完全相等，而且形成溶液时往往发生物理或化学效应。因此，实际溶液的性质将与理想溶液发生偏差。

4.4.1　溶质的溶剂化作用

从稳定单质或相应的正负离子化合生成给定量的晶体会释放出大量的热，这种热称为晶体的晶格能。在合适的溶剂中晶体能够溶解为自由离子而无需从外界吸热，必定是由于自由离子进入溶液后与溶剂分子发生相互作用而释放出能量，这个能量基本抵消了拆散晶格所需的能量。这种溶质分子或离子进入溶剂后与溶剂分子发生相互作用的过程称为溶剂化（solvation)，如果以水为溶剂则称为水化或水合（hydration）。溶质-溶剂间的相互作用力包括静电力（离子-偶极相互作用）、范德华力（包括取向力、诱导力和色散力）和氢键等。相互作用力的大小和性质与溶质及溶剂的性质有关。由于溶剂化作用的存在，溶液中的溶质分子及其周围的性质发生了很大的变化。

在考虑一个处于无限远的真空中的自由粒子的溶剂化作用的时候，通常分两步考虑。第一步是在溶剂中产生一个与自由粒子相同体积的空腔，这个过程所需要的自由能称为造腔自由能；第二步是将自由粒子引入这个空腔并与溶剂发生相互作用，这个过程所需的自由能称为相互作用自由能。溶剂化作用所对应的热力学函数既可以通过实验测定（如溶解热的测定等），也可以通过理论计算（如 Born-Haber 循环）而求得。

4.4.2 非电解质稀溶液的依数性

溶液的物理和化学性质与溶剂和溶质的本质有关，组成不同的溶液其性质也不同。但稀溶液有一些性质（如溶液的蒸气压下降、沸点升高、凝固点降低以及溶液具有渗透压等）与溶剂的本质有关，与溶质的量（质点数）有关，而与溶质的本质无关。这种只与溶液中溶质的数量有关而与溶质的本性无关的性质称为稀溶液的依数性（colligative properties）。

4.4.2.1 稀溶液的蒸气压下降

由于难挥发的溶质的蒸气压很小，与溶剂的蒸气压相比可忽略不计。当溶剂溶解了难挥发的溶质后，溶剂的一部分表面或多或少地被溶质的微粒所占据，从而使得单位时间内从溶液中蒸发出的溶剂分子数比原来从纯溶剂中蒸发出的分子数要少，溶剂的蒸发速率变小，使凝聚占了优势，结果使系统在较低的蒸气浓度或压力下，溶剂的蒸气（气相）与溶剂（液相）建立平衡。因此，在达到平衡时，难挥发溶质的溶液中溶剂的蒸气压力低于纯溶剂的蒸气压力。同一温度下，纯溶剂蒸气压力与溶液蒸气压力之差称为溶液的蒸气压下降。显然，溶液的浓度越大，溶液的蒸气压下降越多。

如果以 Δp 表示溶液的蒸气压下降，p_A^* 为纯溶剂在某一温度时的蒸气压，p_A 为溶液中溶剂的蒸气压，x_B、x_A 分别表示溶液中溶质和溶剂的物质的量分数，根据拉乌尔定律 $p_A = p_A^*(1-x_B)$ 得溶液的蒸气压下降

$$\Delta p = p_A^* - p_A = p_A^* - p_A^*(1-x_B) = p_A^* x_B \tag{4.4.1a}$$

即在一定温度下，难挥发的非电解质稀溶液的蒸气压下降与溶质的物质的量分数成正比，而与溶质的本性无关。对于稀溶液，溶质的物质的量 n_B 与溶剂的物质的量 n_A 相比要小很多，因此有 $x_B = n_B/(n_A + n_B) \approx n_B/n_A$。如果溶剂是水，溶液的质量摩尔浓度为 b_B，则 $x_B = b_B/(1000/18) = b_B/55.5$，并令 $K_R = p_A^*/55.5$，则式(4.4.1a) 又可写为

$$\Delta p = p_A^* x_B = p_A^*(b_B/55.5) = (p_A^*/55.5) \cdot b_B = K_R \cdot b_B \tag{4.4.1b}$$

即当温度一定时，稀溶液的蒸气压下降与溶液的质量摩尔浓度成正比。这是拉乌尔定律的又一种表现形式。

【例 4.4.1】 在 293K 时，水的饱和蒸气压为 2334.5 Pa。如果在 500g 水中溶解 25.97g 甘露糖醇，甘露糖醇的摩尔质量为 $181\text{g}\cdot\text{mol}^{-1}$，求该溶液的蒸气压。

解： 水的摩尔质量为 $18.02\text{g}\cdot\text{mol}^{-1}$，甘露糖醇的摩尔质量为 $181\text{g}\cdot\text{mol}^{-1}$，则蒸气压下降值为

$$\Delta p = p_A^* x_B = p_A^*[(m_B/M_B)/(m_A/M_A + m_B/M_B)] \approx p_A^*[(m_B/M_B)/(m_A/M_A)] = 12.1\text{Pa}$$

溶液的蒸气压 $p_A = p_A^* - \Delta p = 2334.5 - 12.1 = 2322.4$ (Pa)

4.4.2.2 稀溶液的沸点上升

将液态物质加热，它的蒸气压就随着温度的升高而逐渐增大。当液体的蒸气压等于外界压力时就沸腾，此时的温度称为该液体在此压力下的沸点（boiling point）。在达到沸点时，

虽继续加热但液体的温度不再上升，此时提供的热能全部用于液态物质克服分子间的作用力而不断蒸发为气态。所以，纯净的液态物质都有固定的沸点。

液态物质的沸点，与外界压力关系很大，外界压力越大，液态物质的沸点越高。

难挥发的非电解质溶于水中后，由于溶液的蒸气压比纯溶剂的蒸气压低，在 373K 时，溶液的蒸气压必然小于 1.013×10^5 Pa，因此在 373K 时溶液不沸腾。要使溶液沸腾，必须升高温度使溶液的蒸气压达到 1.013×10^5 Pa。所以，溶液的沸点要高于纯水的沸点。溶液的浓度越大，蒸气压越低，溶液的沸点也就越高。

设 T_0 为纯溶剂的沸点，T 为稀溶液的沸点，溶液的沸点上升为 ΔT_b，则 $\Delta T_b=T-T_0$。由于溶液的沸点上升是由于蒸气压下降引起的，所以稀溶液的沸点上升与稀溶液的蒸气压下降成正比，即与稀溶液的质量摩尔浓度成正比

$$\Delta T_b=K_b\cdot b_B \tag{4.4.2}$$

其中 K_b 为溶剂的沸点升高常数（ebullioscopicconstant），与溶剂的性质有关而与溶质的本性无关。几个常见物质的沸点升高常数如表 4.4.1 所示。

【例 4.4.2】 10g 葡萄糖 $C_6H_{12}O_6$ 溶于 400g 乙醇 C_2H_5OH 中，溶液的沸点较纯乙醇的沸点上升了 0.1428K，另外有 2g 有机物质溶于 100g 乙醇中，此溶液的沸点上升 0.1250K，求此有机物质的摩尔质量。

解： 已知 $M_{葡萄糖}=180.157\text{g}\cdot\text{mol}^{-1}$，则 $b_{葡萄糖}=10/(M_{葡萄糖}400\times10^{-3})=0.1388$（$\text{mol}\cdot\text{kg}^{-1}$）

由 $\Delta T_b=K_b\cdot b_B$ 得乙醇的沸点升高常数 $K_b=\Delta T_b/b_B=1.029\text{K}\cdot\text{kg}\cdot\text{mol}^{-1}$

又由 $\Delta T'_b=K_b\cdot b_{有机物}=1.029\times[2/(M_{有机物}\times100\times10^{-3})]=0.125\text{K}$，得 $M_{有机物}=165\text{g}\cdot\text{mol}^{-1}$。

表4.4.1　几种溶剂的沸点、凝固点、沸点上升和凝固点下降常数

物理性质	乙酸	苯	氯仿	萘	乙醇	丙酮	环己烷	水
沸点 T_b/K	391.05	353.25	334.35	491.15	351.6	329.7	—	373.15
K_b/K·kg·mol^{-1}	3.07	2.53	3.85	5.80	1.20	1.72	—	0.51
凝固点/K	289.75	278.65	280.95	353.5	—	—	279.7	273.15
K_f/K·kg·mol^{-1}	3.9	5.12	14.4	6.9	—	—	20.0	1.86

4.4.2.3　溶液的凝固点下降

在一定外界压力下，某物质固相与液相共存时的温度，也就是固相蒸气压与液相蒸气压相等时的温度，称为该物质在此压力下的凝固点。凝固点也就是物质的熔点，也就是在一定外界压力下，固态物质转变成液态时的温度。

当水中溶解有难挥发的非电解质溶质后，溶液的蒸气压要比纯溶剂的蒸气压低。由于溶质是溶解在水中，加入溶质只影响了溶液中水的蒸气压，而对冰的蒸气压没有影响，因此在 273K 时，溶液的蒸气压小于冰的蒸气压，此时溶液和冰不能共存，所以 273K 不是溶液的凝固点。在 273K 以下的某一温度时，溶液的蒸气压可以和冰的蒸气压相等，此时冰和溶液达到平衡，与此对应的温度就是溶液的凝固点，它比水的凝固点（273K）低。溶液的浓度越大，其凝固点降低也越多。

记 T_0 为纯溶剂的凝固点，T 为稀溶液的凝固点，则稀溶液的凝固点下降 $\Delta T_f=T_0-T$。可以证明，ΔT_f 也与溶液的质量摩尔浓度成正比，即

$$\Delta T_f=K_f\cdot b_B \tag{4.4.3}$$

其中 K_f 为常数，称为凝固点降低常数（cryoscopicconstant），与溶剂的性质有关而与溶质的本性无关。几个常见物质的沸点升高常数亦见表 4.4.1。

引起稀溶液的沸点升高和凝固点降低现象的本质是溶液中溶剂的蒸气压下降，可以通过水溶液的例子来说明这个问题。

以蒸气压为纵坐标，温度为横坐标，画出水和冰的蒸气压曲线，如图 4.4.1 所示。水在正常沸点（373.15K）时的蒸气压恰好等于外界压力（101.325kPa）。如果水中溶解了难挥发的溶质，其蒸气压就要下降。因此，溶液中溶剂的蒸气压曲线就低于纯水的蒸气压曲线，在 373.15K 时溶液的蒸气压就低于 101.325kPa。要使溶液的蒸气压与外界压力相等，就必须把溶液的温度升到 373.15K 以上。由图 4.4.1 可见，溶液的沸点比水的沸点高值为 ΔT_{bp}。

从图 4.4.1 还可以看到，在 273.16K 时，冰的蒸气压曲线和水的蒸气压曲线相交于一点，即此时冰的蒸气压和水的蒸气压相等，均为 611Pa。向水中加入溶质变为溶液后（溶质是溶于水中而不溶于冰中，因此只影响液相的蒸气压，而对冰的蒸气压则没有影响），溶液的蒸气压必定低于冰的蒸气压，冰与溶液不能共存，所以溶液在 273.16K 时不能结冰，冰要转化为水。在 273.16K 以下某一温度时，冰的蒸气压曲线与溶液的溶剂蒸气压曲线可以相交于一点，这个温度就是溶液的凝固点。它比纯水的凝固点要低 ΔT_{fp}（凝固点下降度数）。

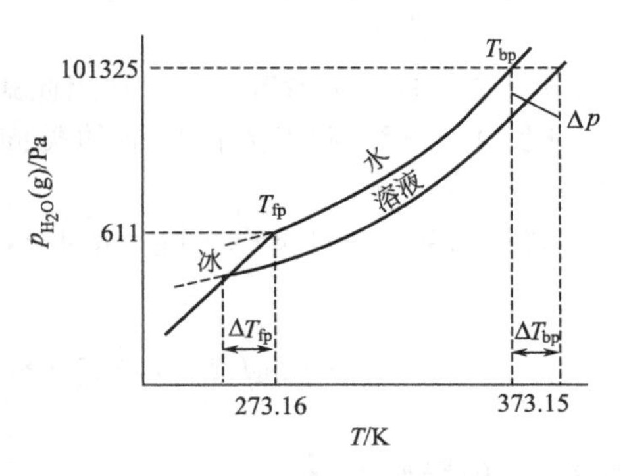

图 4.4.1　水和冰的蒸气压力曲线

【例 4.4.3】 已知樟脑（$C_{10}H_{15}O$）的凝固点降低常数 $K_f=40\ K\cdot kg\cdot mol^{-1}$。

（1）某溶质相对分子质量为 210，溶于樟脑形成质量分数为 5% 的溶液，问凝固点降低多少？

（2）另一溶质相对分子质量为 9000，溶于樟脑形成质量分数为 5% 的溶液，问凝固点降低多少？

解：（1）已知 $w_B=5\%$，$M_B=210$，$b_B=(5/M_B)/(95\times10^{-3})=0.2506\ (mol\cdot kg^{-1})$，$\Delta T_f=40\times0.2506=10.02K$

（2）已知 $w_B=5\%$，$M_B=9000$，$b_B=5.848\times10^{-3}mol\cdot kg^{-1}$，$\Delta T_f=K_f\cdot b_B=0.2239K$

【例 4.4.4】 称取 0.2000g 葡萄糖溶于 10.00g 水中，测得该溶液的凝固点为 −0.207℃，试计算葡萄糖的摩尔质量。

解：已知水的凝固点下降常数 $K_f=1.86\ ℃\cdot kg\cdot mol^{-1}$，溶液浓度 $b_B=(0.2000\times10^{-3}/M_B)/(10.00\times10^{-3})$

代入公式 $\Delta T_f=K_f\cdot b$ 可求得葡萄糖的摩尔质量 $M_B=0.1797kg\cdot mol^{-1}=179.7g\cdot mol^{-1}$

4.4.2.4　溶液的渗透压

在如图 4.4.2 所示的容器中，左边盛纯水，右边盛糖水溶液，中间用一半透膜（一种只允许小分子通过而不允许大分子通过的物质，如动物肠衣、细胞膜、火棉胶等）隔开，并使两端液面高度相等。经过一段时间以后，可以观察到左端纯水液面下降，右端糖水液面升高，说明纯水中一部分水分子通过半透膜进入了溶液，这种溶剂分子通过半透膜向溶液中扩散的过程称为渗透。渗透现象产生的原因可粗略地解释为：溶液的蒸气压小于纯溶剂的蒸气压，所以纯水分子通过半透膜进入溶液的速率大于溶液中水分子通过半透膜进入纯水的速率，故使糖水体积增大，液面升高。随着渗透作用的进行，右端水柱逐渐增高，水柱产生的静水压使溶液中的水分子渗出速率增加，当水柱达到一定的高度时，静水压恰好使半透膜两边水分子的渗透速率相等，渗透达到平衡。在一定温度下，为了阻止渗透作用的进行而必须向溶液施加的最小压力称为渗透压（osmotic pressure），

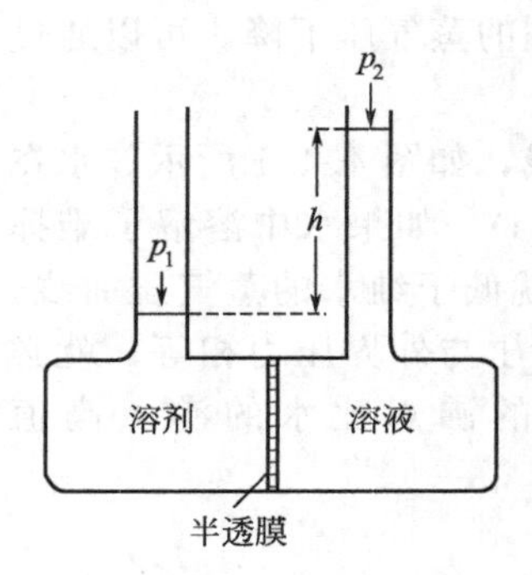

图 4.4.2　渗透压示意图

用符号 π 表示。

1885 年，范特霍夫（van't Hoff）提出的稀溶液的渗透压定律为

$$\pi V = nRT \quad 或 \quad \pi = (n/V)RT = c_B RT \tag{4.4.4a}$$

当 R 取值为 $8.314 kPa \cdot dm^3 \cdot mol^{-1} \cdot K^{-1}$，$T$、$V$、$n$ 取相应的国际单位时，渗透压 π 的单位为 kPa。对很稀的水溶液，溶液的物质的量浓度 c_B 近似等于质量摩尔浓度 b_B，因此式(4.4.4a)又可写为

$$\pi = b_B RT \tag{4.4.4b}$$

利用此式可以测定稀溶液的渗透压和计算溶质的摩尔质量。

【例 4.4.5】 测得人体血液的凝固点下降值为 0.56 K，求人在体温 37℃时血液的渗透压。

解：已知 $K_f = 1.86 K \cdot kg \cdot mol^{-1}$，由于 $\Delta T_f = K_f \cdot b_B$，则 $b_B = 0.56/1.86 = 0.301\ (mol \cdot kg^{-1})$

$$\pi = b_B RT = 0.301 \times 8.314 \times (273.2 + 37) = 776.3\ (kPa)$$

4.4.3　电解质溶液

4.4.3.1　电解质溶液的性质

电解质分为强电解质（strong electrolyte）和弱电解质（weak electrolyte）两类。在水溶液中全部离解（dissociation）的物质称为强电解质。它们的离解过程是不可逆的，不存在离解平衡。一般离子型化合物和强极性共价化合物如强酸（如 HCl，H_2SO_4）和强碱（如 KOH，NaOH）及绝大多数盐类（如 NaCl，KNO_3 等）都是强电解质。难溶盐（slightly soluble salt）如 $BaSO_4$，AgCl 等，虽然在水中的溶解度很小，但溶于水的那部分能全部离解，故也属于强电解质。而弱电解质是指在水溶液中只有部分离解的物质。弱电解质在离解过程中，离子又因互相吸引而有一部分重新结合成分子，因此，离解过程是可逆的。一般弱极性共价化合物，如弱酸 H_2CO_3，HCOOH 和弱碱 $NH_3 \cdot H_2O$ 及少数盐 $HgCl_2$ 等都是弱电解质。

应当注意的是，弱电解质与强电解质之间没有绝对的界限，它们的区分只是相对的。如 H_2SO_4 的二级离解常数 $K_{a_2} = 1.2 \times 10^{-2}$，说明它在水溶液中并非全部离解，但是我们依然把 H_2SO_4 看作强电解质。

4.4.3.2　电解质溶液理论

对于强电解质，其稀溶液似乎应该 100%电离，但实际情况并非如此。例如，$0.1 mol \cdot L^{-1}$的 KCl 溶液，室温下测得的电离度仅为 85%左右，而且随浓度的增加，测得的电离度还会继续下降。为了解释这种现象，德拜（P. Debye）和休克尔（E. Hückel）于 1923 年提出了强电解质溶液理论。他们指出，由于正、负离子的相互吸引，在强电解质溶液中某一离子周围除了有同号电荷的离子外，还有更多的异号电荷离子。溶液中离子总是同含有过量异号电荷的离子联系在一起形成离子氛（图 4.4.3）。这种情况可以形象地描述成：在正离子周围形成了负离子组成的“离子氛”，在负离子周围也有正离子组成的“离子氛”。但是离子氛并不是固定由哪些离子互吸形成的，而是瞬息万变的。某些离子本来是被其他离子包围，而瞬间可能又在离子氛的外围。由于离子氛的形成，离子受到牵制，不能独立行动。就溶液的依

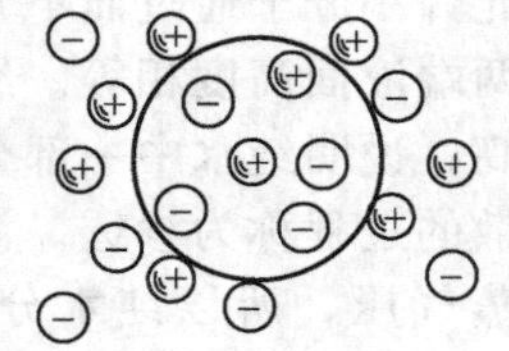
图 4.4.3　离子氛示意图

数性来说，电解质溶液中的离子不如非电解质溶液中离子那样发挥完全独立的粒子作用。实际上强电解质在溶液中是完全电离的，正是由于离子氛的形成，从而造成强电解质不完全电离的假象。这种由实验测得的电离度称为表观电离度，它并不代表强电解质在溶液中实际的电离度。溶液的浓度越大，离子电荷越多，离子氛效应也就越显著，则强电解质的表观电离度就越小。

4.4.3.3 活度与活度系数

强电解质溶液中正、负离子的相互吸引作用，不仅使表观电离度小于实际电离度，而且使发挥作用的离子的浓度也小于实际浓度。为了定量地表示强电解质在溶液中的性质，路易斯（G. N. Lewis）提出了活度（activity）的概念。所谓活度即为有效浓度，用 a 来表示。活度的数值等于实际浓度乘以活度系数 $a=\gamma\cdot c$。式中 γ 为活度系数，反映电解质溶液中离子活动的自由程度的高低或相互牵制作用的大小，可以通过实验来测定。γ 的数值越小，离子自由活动的程度越低，离子的相互牵制作用越大。γ 与离子浓度 c 和离子的电荷 z 有关，通常用离子强度I（ionic strength）来表达两个因素的综合作用。离子强度I 的定义为

$$I=(1/2)\sum c_i z_i^2 \quad 或 \quad I=(1/2)\sum b_i z_i^2 \tag{4.4.5}$$

离子强度越高，活度系数越低，活度越小。当离子强度很小时，活度和浓度基本相等；当溶液无限稀释时，活度系数等于 1，此时活度和浓度相等，所以对于稀溶液或准确度要求不高的计算，可以不考虑活度系数的影响，而以电离度为 100%来计算。例如，在 $0.010\text{mol}\cdot\text{L}^{-1}$ $AgNO_3$ 溶液中，可以近似地认为，$[Ag^+]=0.010\text{mol}\cdot\text{L}^{-1}$，$[NO_3^-]=0.010\text{mol}\cdot\text{L}^{-1}$。

在对结果的精度要求较高的场合，应考虑活度系数的计算问题。对此前人已进行了大量的理论研究和实验工作。当溶液的离子强度 $I<0.01\text{mol}\cdot\text{L}^{-1}$时，可采用 Debye-Hückel 极限公式

$$\lg\gamma_i=-A|z_i|^2 I^{1/2},\ \lg\gamma_\pm=-A|z_+z_-|I^{1/2} \tag{4.4.6}$$

计算，式中 A 是与温度及溶剂性质有关的常数，对于 25℃下的水溶液，$A=0.509\ (\text{kg}\cdot\text{mol}^{-1})_{1/2}$。$\gamma_i$ 为离子 i 的活度系数，而 $\gamma_\pm$ 为正、负离子的平均活度系数或电解质的活度系数，对于如 $M_{\nu+}X_{\nu-}\longrightarrow\nu^+M^{z+}+\nu^-X^{z-}$ 的电解质溶液，它们之间的关系为 $\gamma_\pm=(\gamma_+^{\nu+}\gamma_-^{\nu-})^{1/\nu}$，$\nu=\nu_++\nu_-$。当溶液的离子强度大于 $0.01\text{mol}\cdot\text{L}^{-1}$时，可采用改进的 Debye-Hückel 公式

$$\lg\gamma_\pm=-A|z_+z_-|[I^{1/2}/(1+I^{1/2})-0.30I] \tag{4.4.7}$$

来计算。在 Debye-Hückel 理论的基础上发展起来的匹查（K. S. Pitzer）理论可以解决几乎所有电解质在广泛浓度范围内活度系数的计算问题。

4.5 水溶液中的酸碱平衡

酸和碱是两类极为重要的化学物质，酸碱反应又是一类极为重要的化学反应。很多化学反应都属于酸碱反应，一些化学反应只有在酸或碱存在下才能顺利进行，它们属于酸碱催化反应。掌握酸碱反应的本质和规律，研究酸碱理论，是化学理论研究的重要内容。

人们对酸碱的认识经历了一个由浅入深、由感性到理性、由低级到高级的过程。随着科学技术的进步和生产的发展，人们对酸碱本质的认识不断深化，提出了多种酸碱理论。阿仑尼乌斯（S. Arrhenius）提出了酸碱电离理论，布朗斯特（J. N. Brøsted）和劳莱（T. M. Lowry）提出了酸碱质子理论，路易斯（G. N. Lewis）提出了酸碱电子理论。

4.5.1 酸碱理论

4.5.1.1 酸碱电离理论

1884 年阿仑尼乌斯提出了酸碱电离理论，该理论指出：电解质在水溶液中电离生成正、

负离子，酸是在水溶液中经电离生成 H^+ 正离子的物质；碱是在水溶液中经电离生成 OH^- 负离子的物质。即能电离出 H^+ 是酸的特征，能电离出 OH^- 是碱的特征。酸碱反应称为中和反应，其实质是 H^+ 和 OH^- 相互作用生成 H_2O。该理论将电解质分为酸、碱和盐三大类。根据各种溶液导电性的不同，阿仑尼乌斯还提出了强、弱酸碱和电离度等概念。

酸碱电离理论从物质的化学组成上揭示了酸碱的本质，并且应用化学平衡的原理衡量了酸碱强弱的定量标度，对化学学科的发展起了积极的推动作用。但这一理论也具有局限性，因为其只限于水溶液，离开了水溶液就没有酸碱反应了。但越来越多的反应是非水溶液中的反应，许多不含 H^+ 及 OH^- 的物质也表现出了酸碱性，例如 NH_3 不能电离出 OH^-，但它显碱性。这些现象是酸碱电离理论无法解释的，这就促使了人们对酸碱进行重新认识。

4.5.1.2　酸碱质子理论

在水溶液中，离子是以水合离子的形式存在。H^+ 是氢原子失去电子后的质子，它与水分子结合成水合质子。水合质子的结构复杂，可以简写为 H_3O^+，也可直接简写为 H^+，同样 OH^- 在水中也以水合离子的形式存在，一般简写为 OH^-。

根据 Brøsted-Lowry 的酸碱质子理论，凡能释放质子的物质叫酸，凡能接受质子的物质叫碱。可以用式子表示为：酸$=$碱＋质子。例如 $HAc = Ac^- + H^+$，$HCl = Cl^- + H^+$，$HSO_4^- = SO_4^{2-} + H^+$，$NH_4^+ = NH_3 + H^+$，等。

从以上几个例子可以看出，酸可以是中性分子、阳离子、阴离子，这些物质都含有氢原子，并在反应中可以放出质子。碱也可以是中性分子、阳离子、阴离子。我们把酸和其释放 H^+ 后的相应的碱称为共轭酸碱对（conjugate acid-base pair)。如：HCl 与 Cl^-，HSO_4^- 与 SO_4^{2-} 皆为共轭酸碱对，即酸失去质子后变为它的共轭碱，碱得到质子后变为它的共轭酸，两者是相互依存的。

有的物质既可以作为酸，也可以作为碱。如在 $HSO_4^- = H^+ + SO_4^{2-}$，$HSO_4^- + H^+ = H_2SO_4$，$NH_3 + H^+ = NH_4^+$，$NH_3 = H^+ + NH_2^-$ 等反应中，HSO_4^- 和 NH_3 有时为酸，有时为碱。这些物质究竟是作为酸还是碱，是由与之反应的碱或酸的共轭酸或碱的强度决定的。

质子 H^+ 的半径只有氢原子的十万分之一，所以电荷密度非常高。游离质子在水溶液中只能瞬时存在，它必然要转移到另一能接受质子的物质上去，所以实际上的酸碱反应是两个共轭酸碱对共同作用的结果。如在反应 $HAc(酸_1) + H_2O(碱_2) = H_3O^+(酸_2) + Ac^-(碱_1)$ 中，正反应是 $HAc(酸_1)$向 $H_2O(碱_2)$ 提供质子后成为共轭碱 $Ac^-(碱_1)$，$H_2O(碱_2)$ 接受质子后成为共轭酸 $H_3O^+(酸_2)$。逆反应是 $H_3O^+(酸_2)$向 $Ac^-(碱_1)$ 提供质子后成为共轭碱 $H_2O(碱_2)$，$Ac^-(碱_1)$ 接受质子后成为共轭酸 $HAc(酸_1)$。由此可见，正、逆反应都是质子传递反应。酸碱反应是两个共轭酸碱对共同作用的结果。因此，可以用酸碱相对强弱来判断反应的方向。

酸碱质子理论认为，反应方向总是从较强酸、较强碱向较弱酸、较弱碱进行。由于酸性 $HNO_3 > NH_4^+$，碱性 $NH_3 > NO_3^-$，所以反应 $HNO_3(酸_1) + NH_3(碱_1) = NH_4^+(酸_2) + NO_3^-(碱_2)$是向右进行的；由于酸性 $HNO_3 > H_3O^+$，碱性 $H_2O > NO_3^-$，所以反应 $HNO_3(酸_1) + H_2O(碱_1) = H_3O^+(酸_2) + NO_3^-(碱_2)$是向右进行的。

酸碱质子理论不仅适用于水溶液，还适用于气相和非水溶液中的酸碱反应。例如，在液态氨和冰醋酸中，也分别存在着质子自递反应 $NH_3 + NH_3 = NH_4^+ + NH_2^-$ 和 $HAc + HAc = H_2Ac^+ + Ac^-$。无论在气相中、水溶液中还是在其他有机溶液中，反应的实质都是一样的。

4.5.1.3　酸碱电子理论

在酸碱质子理论提出来的同时，1916 年路易斯根据反应物分子在反应中价电子的重新分配而提出了一种酸碱定义，把酸碱反应与化学键联系起来。由于配合物的形成也归结于电子对的键合，所以路易斯的酸碱理论又叫酸碱电子理论或广义酸碱理论。

路易斯酸碱可简单地定义为：酸是任何可以接受外来电子对的分子或离子，即酸是电子对的接受体；碱则是可以给出电子对的分子和离子，即碱是电子对的给予体。酸碱反应生成配合物或加合物，酸碱之间以共价键相结合，并不发生电子转移。根据路易斯酸碱电子理论，酸碱反应的通式可表示为：A(路易斯酸，电子对接受体)＋B(路易斯碱，电子对给予体)$\longrightarrow$A : B。例如：

① H^+ 与 OH^- 反应生成 H_2O。这是典型解离理论的酸碱中和反应。根据酸碱电子理论，H^+ 是酸，OH^- 是碱，二者反应时，OH^- 给出电子对，H^+ 接受电子对，形成配位键 $HO^- \longrightarrow H^+$，H_2O 是酸碱的加合物。

② 氯化氢和氨在气相中反应，生成氯化铵。氯化铵是由铵离子和氯离子组成的离子化合物。在这一反应中，氯化氢中的氢转移给氨，生成铵离子和氯离子，这是一个质子转移反应。但是，按照电子理论，氯化氢是酸，可以接受电子对，氨是碱，可以给出电子对。

③ 在 Cu^{2+} 与 NH_3 的反应中，Cu^{2+} 有空轨道，可以接受电子对；NH_3 中的氮原子上有孤对电子，作为电子对的给予体。Cu^{2+} 与 NH_3 以配位键结合，生成四氨合铜配离子。按照配合物的价健理论，Cu^{2+} 为形成体，是路易斯酸；NH_3 为配位体，是路易斯碱。所以说配合物是路易斯碱的加合物。

通过上述讨论，说明电子理论更加扩大了酸碱的范围。无论在固态、液态、气态或在溶液中，大多数无机化合物都可以看作是路易斯酸碱的加合物。特别是对研究配合物，酸碱的电子理论更为重要。

4.5.2　水的质子离解

HAc 在水溶液中的离解失去质子，NH_3 溶解于水接受质子，都必须要有溶剂水分子参加。因此水是一种既能够提供质子又能够接受质子的两性溶剂。

作为溶剂的水，由于其两性作用，一个水分子可以从另一个水分子夺取质子而形成 H_3O^+ 和 OH^-，其反应方程式为 $H_2O + H_2O \rightleftharpoons H_3O^+ + OH^-$，即水分子之间存在着质子的传递作用，叫做质子的自递作用。反应的平衡常数 $K_w = K_c[H_2O]^2 = [H_3O^+][OH^-]$ 称为水的质子自递常数。由于水合质子常简写作 H^+，因此水的质子自递常数常简写为

$$K_w = [H^+][OH^-] \tag{4.5.1}$$

这个常数就是水的离子积，在 25℃时等于 1.0×10^{-14}。于是 $K_w(298.2K) = 1.0\times10^{-14}$，或 $pK_w(298.2K) = 14.00$。

4.5.3　溶液 pH 值的测定

水的离子积常数反映了溶液中 H^+ 浓度和 OH^- 浓度的相互依存关系。它表明中性溶液中既有 H^+，也有 OH^-；而在酸性溶液中并不是没有 OH^-，在碱性溶液中也并不是没有 H^+。任何溶液中都同时存在 H^+ 和 OH^-，只是它们的浓度不同。例如在 298.2K 时，中性溶液中$[H^+] = [OH^-] = (K_w)^{0.5} = 1.0\times10^{-7}\,mol\cdot L^{-1}$；酸性溶液中$[H^+] > [OH^-]$，$[H^+] > 1.0\times10^{-7}\,mol\cdot L^{-1}$；碱性溶液中$[H^+] < [OH^-]$，$[H^+] < 1.0\times10^{-7}\,mol\cdot L^{-1}$。所以，水溶液的酸性、中性、碱性均可以用 $[H^+]$ 统一表示，中性就是酸性和碱性的界限。

1909 年，瑞典化学家索仑森（S. P. L. Sörensen）提出了表示酸碱性的简化符号。现在普遍使用的索仑森酸性 pH 标度，其定义为 $pH = -\lg[H^+]$。$[OH^-]$ 和 K_w 也可以用 pOH 和 pK_w 来表示，且 $pH + pOH = pK_w = 14$。pH 值是溶液酸碱性的度量，pH 值越小，$[H^+]$ 越大，溶液的酸性越强，碱性越弱；反之，pH 值越大，$[H^+]$ 越小，溶液的碱性越

强，酸性越弱。pH 和 pOH 的使用范围一般为 0～14，即［H^+］或［OH^-］为 1.0mol·L^{-1} 以下的溶液。在此范围以外，常直接用物质的量浓度 c（即［H^+］或［OH^-］）来表示溶液的酸碱性。

测定溶液 pH 值的方法很多，通常有酸碱指示剂法、pH 试纸法或酸度计法等。酸碱指示剂一般是有机弱酸或弱碱，它们的分子和离子在不同的酸度下呈现不同的颜色。每一种指示剂都有一定的变色范围，因此可以用指示剂颜色的变化来确定溶液的 pH 值范围。pH 试纸是由多种指示剂的混合溶液浸泡而成的。测定时，将被测溶液滴在试纸上，呈现的颜色与标准比色板进行比较得到该溶液的 pH 值。pH 试纸有精密 pH 试纸和广泛 pH 试纸之分。精密 pH 试纸能够比较准确地测出溶液的 pH 值。相对来说，pH 试纸的测量精确度较差，欲准确测定溶液的 pH 值，应使用仪器分析方法。常用的 pH 测量仪器是酸度计或称 pH 计。

4.5.4　同离子效应与缓冲溶液

4.5.4.1　同离子效应

同离子效应（common ion effect）通常是指在弱电解质溶液中加入和该电解质有相同离子的电解质，从而降低了弱电解质电离度的效应。例如，在 H_2S 饱和溶液中加入强酸，由于［H^+］浓度增大，平衡向生成 H_2S 分子的方向移动，降低了 H_2S 溶液的电离度，使溶液中［S^{2-}］减小。又如乙酸是一种弱电解质，如果将乙酸钠加入乙酸溶液中，由于乙酸钠是一种强电解质，能完全电离产生大量的乙酸根，结果使乙酸的电离明显向左移动。

上述平衡移动的结果降低了乙酸的电离度，也使溶液中 H_3O^+ 离子浓度降低，相应的 pH 值升高。在弱碱溶液中加入一种具有与该溶液相同阳离子的盐，同样会产生同离子效应。例如，在氨水中加入氯化铵，由于化学平衡的向左移动，必然会降低氨水的电离度，使得溶液的 OH^- 离子浓度大大降低，pH 值变小。

【例 4.5.1】　试求 ① 0.10mol·L^{-1}的乙酸溶液的 pH 值和乙酸溶液的电离度。② 若向上述溶液中加入一定量的乙酸钠，使乙酸钠的浓度达到 0.10mol·L^{-1}，计算此时溶液的 pH 值和乙酸溶液的电离度。

解：① 反应方程为 $HAc = H^+ + Ac^-$，设达平衡时 HAc、H^+ 和 Ac^- 的浓度分别为 $0.01-x$、x 和 x，则有

$$K_a = [H^+][Ac^-]/[HAc] = x^2/(0.1-x) = 1.76\times10^{-5}$$

由于 $c/K_a > 500$，$0.10-x \approx 0.10$，则

$$x = [H^+] = (K_a \cdot c)^{1/2} = (0.10\times1.76\times10^{-5})^{1/2} = 1.33\times10^{-3}$$

$$pH = -\lg[H^+] = -\lg(1.33\times10^{-3}) = 2.88$$

电离度 $\alpha = ([H^+]/c)\times100\% = (1.33\times10^{-3}/0.10)\times100\% = 1.33\%$

② 设达平衡时溶液中［H^+］为 x，则 $K_a = [H^+][Ac^-]/[HAc] = [x(0.10+x)]/(0.10-x) = 1.76\times10^{-5}$

由于 $c/K_a > 500$，$0.10+x \approx 0.10$，$0.10-x \approx 0.10$，求得

$$x = [H^+] = K_a = 1.76\times10^{-5}$$

$pH = -\lg[H^+] = -\lg(1.76\times10^{-5}) = 4.75$，$\alpha = ([H^+]/c)\times100\% = (1.76\times10^{-5}/0.10)\times100\% = 0.0176\%$可见，由于同离子效应，使 HAc 的电离度大大降低。

4.5.4.2　缓冲溶液

所谓缓冲溶液（buffer solution）是指不因加入少量的酸或碱而引起溶液中氢离子浓度发生显著变化的溶液，即缓冲溶液能抗拒溶液酸度的显著变化，缓冲溶液稳定溶液 pH 值的作用叫缓冲作用。

缓冲溶液一般是由弱酸及其盐（如乙酸和乙酸钠），弱碱及其盐（如氨和氯化铵）或者

是由同种多元酸两种不同酸度的盐（如碳酸和碳酸氢钠、磷酸二氢钠和磷酸氢二钠等）组成的。根据酸碱质子理论，缓冲溶液实际上就是共轭酸和共轭碱的混合溶液。那么缓冲溶液为什么能够抗拒溶液的 pH 值发生显著变化呢？下面以乙酸和乙酸钠的混合溶液为例来说明缓冲溶液的原理。

乙酸为弱电解质，存在着平衡 $HAc \rightleftharpoons Ac^- + H^+$；而乙酸钠为强的电解质，在水溶液中可以完全电离，其电离方程为 $NaAc \longrightarrow Na^+ + Ac^-$。在含有 HAc 和 NaAc 的溶液中，由于同离子效应，抑制了 HAc 的电离，体系中 HAc 和 Ac^- 的浓度都较高，而 H^+ 的浓度相对较小。

如果在这种溶液中加入少量的强酸（如 HCl），则溶液中大量存在的 Ac^- 就会和 H^+ 结合生成弱电解质 HAc，使乙酸的电离平衡向左移动，溶液中的 H^+ 的浓度也不会显著增大。如果向这种溶液中加入少量的强碱（如 NaOH），则 OH^- 和溶液中的 H^+ 结合生成水，这时 HAc 的电离平衡向右移动，溶液中未电离的 HAc 就会不断地电离生成 H^+ 和 Ac^-，H^+ 的浓度基本不变，因而溶液的 pH 值基本不变。达到缓冲的目的。

但是，任何缓冲溶液的缓冲能力都是有一定的限度的。在上述的乙酸-乙酸钠缓冲溶液中，如果加入过量的强酸或强碱，溶液的 pH 值就会发生显著的变化，这主要是由于溶液中能与 H^+ 结合的 Ac^- 及能与 OH^- 结合的 H^+ 量是有限的。因此，缓冲溶液的缓冲能力取决于溶液中所含弱酸（或弱碱）及其相应的盐的量。

缓冲溶液的缓冲对即共轭酸碱对存在着平衡 $HB + H_2O \rightleftharpoons B^- + H_3O^+$，由 $K_a = [H^+][B^-]/[HB]$ 得 $[H^+] = K_a[HB]/[B^-]$，所以 $pH = pK_a - \lg([HB]/[B^-])$ 或 $pH = pK_a - \lg(c_{共轭酸}/c_{共轭碱})$。

【例 4.5.2】 等体积混合 $0.20mol \cdot L^{-1}$ 的 HAc 和 $0.20mol \cdot L^{-1}$ NaAc 溶液，试计算 ① 缓冲溶液的 pH 值，② 往 50mL 上述溶液中加入 0.50mL $1.0mol \cdot L^{-1}$ 的 HCl 溶液后，溶液的 pH 值。

解： ① 等体积混合后，HAc 和 NaAc 浓度都是 $0.10mol \cdot L^{-1}$

$pH = pK_a - \lg(c_{共轭酸}/c_{共轭碱}) = pK_a - \lg([HAc]/[Ac^-]) = 4.74 - \lg(0.10/0.10) = 4.74$

② 50mL 缓冲溶液加入 0.5mL $1.0mol \cdot L^{-1}$ HCl 后，可以认为这时溶液的体积为 50.5mL，HCl 在该溶液中浓度为 $c(HCl) = 0.5 \times 1.0/50.5 \approx 0.010\ (mol \cdot L^{-1})$。

由于 HCl 在溶液中完全电离，加入的 H^+ 的浓度为 $0.010mol \cdot L^{-1}$，加入的 H^+ 离子与溶液中的 Ac^- 离子结合成 HAc 分子，使溶液中的 Ac^- 离子浓度减少，而 HAc 分子浓度增加，即

$$[Ac^-] = (0.10 \times 50 - 0.50 \times 1.0)/(50 + 0.5) = 0.089(mol \cdot L^{-1})$$
$$[HAc] = (0.10 \times 50 + 0.50 \times 1.0)/(50 + 0.5) = 0.11(mol \cdot L^{-1})$$
$$pH = pK_a - \lg([HAc]/[Ac^-]) = 4.74 - \lg(0.11/0.089) = 4.65$$

通过计算，可以看出缓冲溶液的缓冲作用是十分明显的。

4.6　水溶液中的沉淀-溶解平衡

与水溶液中的酸碱平衡不同，沉淀（precipitation）-溶解（dissolving）平衡是水溶液中难溶盐和它们的组分离子之间的平衡，这是一种两相化学平衡体系。例如，在氯化钙溶液中加入碳酸钠溶液，生成白色的碳酸钙沉淀；在硫酸钠溶液中加入氯化钡溶液，生成白色的硫酸钡沉淀，这种在溶液中溶质相互作用，析出难溶性的固态物质的反应称为沉淀反应。如果在含有碳酸钙沉淀的溶液中加入过量的盐酸，则可使沉淀溶解，该反应称为溶解反应。这种

沉淀与溶解反应的特征是在反应过程中伴随有新物相的生成和消失，存在着固态难溶电解质和由它离解产生的离子之间的平衡，这种平衡称为沉淀-溶解平衡。

4.6.1　溶解度与溶度积

沉淀-溶解平衡是一个复杂的物理化学过程，这个平衡也是一个可逆平衡。固态物质溶解度的大小受很多因素的影响。所谓溶解度（solubility）是指在1L水中盐能溶解并离解为组分离子的物质的量。溶解度与温度有关，同一种物质在不同溶剂中具有不同的溶解度，不同的物质在同一种溶剂中的溶解度也不相同。例如25℃时，$LiClO_3$ 在每升水中能溶解35mol，而 AgCl 在水中的溶解度仅为 $1.35\times10^{-5}mol\cdot L^{-1}$左右。

没有绝对不溶的物质。难溶盐在水中的溶解度虽然很小，但已溶解的部分一般都是以组分离子的形式存在的。这是因为难溶盐 MX 是由 M^+ 和 X^- 组成的晶体，当它溶于水时，在水分子的作用下，束缚在晶体中的 M^+ 离子和 X^- 离子不断进入溶液中成为水合离子（这个过程称为溶解），同时已经溶解在水中的 M^+ 离子和 X^- 离子处于不停的运动中，当它们与晶体碰撞时又有可能回到晶体的表面，以固体的形式析出（这个过程称为沉淀），从而形成了矛盾的统一体——沉淀-溶解平衡。

如果 MX 是难溶盐，溶液中离子数目不多，离子之间的相互影响可以忽略。当溶解速率等于沉淀速率时，便建立了固体和溶液中离子之间的平衡，其平衡常数表达式为 $K_a=[a_{M^+}][a_{X^-}]/[a_{MX}]$。在溶液中，固体的活度为1，所以有 $K_a=[a_{M^+}][a_{X^-}]$。由于难溶盐的溶液很稀，活度系数近似为1，故可以用浓度代替活度，且为了与一般的平衡常数相区别，将 K_a 写成 K_{sp}，即 $K_{sp}=[M^+][X^-]$。式中 $[M^+]$，$[X^-]$ 均是平衡浓度，在温度一定时，平衡浓度的乘积 K_{sp} 是一个常数。这个常数称为溶度积常数，简称溶度积（solubility product）。需要指出的是，对于不同类型的难溶盐，其溶度积的表达方式是不一样的。对于通式

$$M_nX_m(固)\rightleftharpoons nM^{m+}(aq)+mX^{n-}(aq) \tag{4.6.1}$$

溶度积常数的表达式为

$$K_{sp},M_nX_m=[M^{m+}]^n[X^{n-}]^m \tag{4.6.2}$$

4.6.2　溶解度 s 与溶度积 K_{sp} 的关系与计算

溶度积和溶解度均反映了饱和溶液中物质的溶解能力。对于易溶物质一般用溶解度来衡量，而难溶电解质的溶解能力一般用溶度积来表示，但二者可以相互换算。当溶液中无其他平衡存在时，可以很简便地从溶度积 K_{sp} 求出难溶化合物的溶解度 s；反之，若已知难溶电解质的溶解度 s，也可以计算出它的溶度积 K_{sp}。

对于 MX 型难溶化合物，有 $[M^+]=[X^-]=s$，因此 $K_{sp,MX}=[M^+][X^-]=s\cdot s=s^2$，$s=(K_{sp,MX})^{1/2}$。对于如式(4.6.1)的一般形式，则有

$$K_{sp,M_nX_m}=[M^{m+}]^n[X^{n-}]^m=(ns)^n(ms)^m,s=[K_{sp,M_nX_m}/(n^n\cdot m^m)]^{1/(n+m)} \tag{4.6.3}$$

【例 4.6.1】 已知在25℃时，AgCl，Ag_2CrO_4 和 CaF_2 的溶度积分别为 1.8×10^{-10}，2.0×10^{-12} 和 2.7×10^{-11}。比较该温度下 AgCl，Ag_2CrO_4 和 CaF_2 在纯水中的溶解度。

解：设 AgCl 的溶解度为 s_1，则 $s_1=(K_{sp,AgCl})^{1/2}=(1.8\times10^{-10})^{1/2}=1.3\times10^{-5}(mol\cdot L^{-1})$

设 Ag_2CrO_4 的溶解度为、s_2，则 $(2s_2)^2(s_2)=2.0\times10^{-12}$，$s_2=7.9\times10^{-5}mol\cdot L^{-1}$

设 CaF_2 的溶解度为 s_3，则 $(s_3)(2s_3)^2=2.7\times10^{-11}$，$s_3=1.9\times10^{-4}mol\cdot L^{-1}$

计算结果表明，相同类型的难溶电解质的溶解度，溶度积越小，其溶解度也越小。但若

比较不同类型的难溶化合物溶解度大小，不能单从溶度积进行比较，还必须考虑难溶化合物的分子类型。

【例 4.6.2】 25℃时，$Mg(OH)_2$ 的溶解度为 $1.65\times10^{-4}mol\cdot L^{-1}$，试计算其溶度积常数。

解：1mol $Mg(OH)_2$ 溶解产生 1mol Mg^{2+} 和 2mol OH^-

所以　$[Mg^{2+}]=s=1.65\times10^{-4}mol\cdot L^{-1}$，$[OH^-]=2s=2\times1.65\times10^{-4}mol\cdot L^{-1}$

$$K_{sp}=[Mg^{2+}][OH^-]^2=(1.65\times10^{-4})(2\times1.65\times10^{-4})^2=1.8\times10^{-11}$$

4.6.3 溶解-沉淀平衡的应用

4.6.3.1 沉淀的转化

将一定浓度的 $CaCl_2$ 溶液和 KH_2PO_4 溶液混合后有沉淀生成，经分析发现初期沉淀物为 $Ca_3(PO_4)_2$，但放置一定的时间后 $Ca_3(PO_4)_2$ 的量逐渐减少而产生了相应量的 $Ca_{10}(PO_4)_6(OH)_2$（羟基磷灰石），放置足够长时间后几乎全部沉淀物转变成了羟基磷灰石，这种组成和晶型随时间的变化称为沉淀物的陈化或转化。含水盐（如 $CaCl_2\cdot2H_2O$，$ZnSO_4\cdot7H_2O$，$CaSO_4\cdot2H_2O$ 等）均是由最初的沉淀转化而来的。

也有一些沉淀物的组成和晶型本身并不会随时间发生变化，但可以通过人为地改变条件，导致沉淀的转化。例如，锅炉中的锅垢的成分之一为 $CaSO_4$，它既不溶于碱，又不易溶于酸，更不溶于水，因而难以被消除。但加入 Na_2CO_3 后发生反应 $CaSO_4+CO_3^{2-}\longrightarrow CaCO_3+SO_4^{2-}$，坚硬难除的 $CaSO_4$ 转化为疏松的、可溶于酸的 $CaCO_3$，这样，锅垢的清除就容易了。反应的平衡常数 $K=K_{sp}(CaSO_4)/K_{sp}(CaCO_3)=1.3\times10^4$。此平衡常数较大，预期沉淀转化较完全。一般来说，溶解度较大的难溶电解质可以转化为溶解度较小的难溶电解质。

4.6.3.2 重结晶

由于不同沉淀物质在不同溶剂或不同温度下的溶解度是不相同的，将含有杂质的沉淀物以适当的溶剂进行溶解，再以适当的方法结晶出来称之为重结晶（recrystallization）。重结晶是进一步提纯物质的有效方法，通过重结晶方法可获得高纯度产品。溶解度稍大一些的盐在溶液中的含量要丰富一些；溶解度稍小一些的盐在晶体中的含量要丰富一些，每进行一次重结晶操作，就使溶解度比较小的那种物质在晶体中更加富集，使溶解度比较大的那种物质在溶液中更加富集。在经过成百上千次反复重结晶以后，便可以将溶解度比较小的物质和溶解度比较大的物质完全分开。

重结晶的关键在于选择一种适当的溶剂，用于重结晶的溶剂一般应具备下列条件：对物质有一定的溶解度，但溶解度不宜过大，当外界条件（如温度等）改变时，其溶解度能明显地改变；对杂质有较好的溶解性。用于物质重结晶的溶剂可以是蒸馏水（或无盐水），也可以是有机溶剂如丙酮、石油醚、乙酸乙酯、低级醇等，也可以是混合溶剂。

4.6.3.3 分步沉淀

如果溶液中含有几种离子，当加入某种沉淀剂时，可能与溶液中几种离子都能反应而产生沉淀。例如，在含有等浓度的 Cl^- 和 I^- 的混合溶液中，逐滴加入 $AgNO_3$ 溶液，先是产生黄色的 AgI 沉淀，后来才出现白色的 AgCl 沉淀，这种先后沉淀的现象称为分步沉淀。

在分布沉淀试验中，离子浓度乘积先达到溶度积的先沉淀，后达到的后沉淀。在实际工作中，常利用分步沉淀控制条件，以达到分离离子的目的。一般认为离子浓度小于 $1.0\times10^{-5}mol\cdot L^{-1}$时即为沉淀完全。

【例 4.6.3】 已知在 25℃时，AgCl 和 Ag_2CrO_4 的溶度积分别为 1.8×10^{-10} 和 2.0×10^{-12}。现有某溶液中 Cl^- 和 CrO_4^{2-} 的浓度均为 $0.01mol\cdot L^{-1}$，通过计算说明，逐滴加入

$AgNO_3$ 试剂，哪一种沉淀首先析出？当第二种沉淀析出时，第一种离子是否被沉淀完全（忽略由于 $AgNO_3$ 的加入所引起的体积变化）？

解：开始生成 AgCl 沉淀时，所需的 Ag^+ 的最低浓度是

$$[Ag^+]=1.8\times10^{-10}/0.01=1.8\times10^{-8}(mol\cdot L^{-1})$$

开始生成 Ag_2CrO_4 沉淀时，所需的 Ag^+ 的最低浓度是

$$[Ag^+]=(2.0\times10^{-12}/0.01)^{1/2}=1.4\times10^{-5}\ (mol\cdot L^{-1})$$

AgCl 开始沉淀时，所需的 Ag^+ 的浓度低，故 AgCl 首先沉淀出来。

开始生成 Ag_2CrO_4 沉淀时，$[Cl^-]=(1.8\times10^{-10})/(1.4\times10^{-5})=1.3\times10^{-5}\ (mol\cdot L^{-1})$

因此，当第二种沉淀 Ag_2CrO_4 开始析出时，第一种离子 Cl^- 可认为已经沉淀完全。

4.7 水溶液中的配位平衡

4.7.1 配位-解离平衡和配离子的稳定常数

当向 $CuSO_4$ 溶液中加入稀 $NH_3\cdot H_2O$ 时，首先生成浅蓝色的 $Cu(OH)_2$ 沉淀，继续向溶液中加入 $NH_3\cdot H_2O$ 时，则浅蓝色沉淀溶解而生成 $[Cu(NH_3)_4]^{2+}$ 的深蓝色溶液。此时若向溶液中加入少量稀 NaOH 溶液，则见不到有 $Cu(OH)_2$ 沉淀出现，这说明溶液中的 Cu^{2+} 似乎全部配合生成了 $[Cu(NH_3)_4]^{2+}$，但若向该溶液中加入少量 Na_2S 溶液，立即会有黑色的 CuS 沉淀生成，这说明在溶液中还有少量游离的 Cu^{2+} 存在；同理，当向硝酸银溶液中加入氨水时，首先出现的是白色 AgOH 沉淀。继续加入氨水，白色沉淀消失，形成无色的 $[Ag(NH_3)_2]^+$ 溶液，此时若向溶液中加入 NaCl 溶液，则无 AgCl 沉淀，若加入 KI 溶液，则有黄色的 AgI 沉淀生成。这两个例子说明，尽管形成了配合物，但 Cu^{2+} 和 Ag^+ 并没有完全配合，溶液中既存在中心离子与配位体的反应，又存在配位离子的解离反应，当配合和解离达到平衡时，即存在如下配合平衡关系 $Cu^{2+}+4NH_3 \rightleftharpoons [Cu(NH_3)_4]^{2+}$ 和 $Ag^++2NH_3 \rightleftharpoons [Ag(NH_3)_2]^+$。这种平衡关系称为配位-解离平衡。

溶液中配离子的生成反应达到平衡时的平衡常数叫做该配离子的形成常数，也称为稳定常数（stable constant），用 $K_{稳}$ 表示。$K_{稳}$ 越大，表示该配离子在水溶液中越稳定。上述方程的逆反应所对应的平衡常数称为解离常数，又称为不稳定常数，用 $K_{不稳}$ 表示。显然，任何一个配离子的稳定常数与其不稳定常数互为倒数，即 $K_{稳}=1/K_{不稳}$。

一般的，当金属离子 M 与配位体 L 形成 ML_n 型配合物时，是分步进行的，每一步都有一个对应的稳定常数，我们称之为逐级稳定常数。形成过程和相应的常数如下：

$M+L\longrightarrow ML$　　第一级稳定常数　　$K_1=[ML]/([M][L])$

$ML+L\longrightarrow ML_2$　　第二级稳定常数　　$K_2=[ML_2]/([ML][L])$

…

$ML_{n-1}+L\longrightarrow ML_n$　　第 n 级稳定常数　　$K_n=[ML_n]/([ML_{n-1}][L])$

K_1，K_2，…，K_n 称为逐级稳定常数。显见，多配体配离子的总稳定常数等于逐级稳定常数的乘积，即

$$K_{稳}=K_1K_2\cdots K_n=[ML_n]/([M][L]^n) \tag{4.7.1}$$

4.7.2 配合稳定常数的应用

和其他的平衡常数一样，配合物的稳定常数或不稳定常数可以用来比较配合物的稳定性大小（注意配合物的类型），计算配位平衡中各有关离子的浓度，以及判断配离子与沉淀之间转化的可能性。若已知平衡时各有关离子的浓度，也可以求算 $K_{稳}$ 值。

4.7.2.1 比较配合物稳定性的大小

【例 4.7.1】 已知 $[HgI_4]^{2-}$ 的 $K_{稳_1}=6.76\times10^{29}$，$[HgCl_4]^{2-}$ 的 $K_{稳_2}=1.2\times10^{15}$。判断反应 $[HgCl_4]^{2-}+4I^- \rightleftharpoons [HgI_4]^{2-}+4Cl^-$ 进行的方向及反应进行的程度。

解： 给定反应的平衡常数 $K=[HgI_4^{2-}][Cl^-]^4/([HgCl_4^{2-}][I^-]^4)$

右端分子分母各乘上 $[Hg^{2+}]$ 得

$$K=\{[HgI_4^{2-}]/([Hg^{2+}][I^-]^4)\}\times\{([Hg^{2+}][Cl^-]^4)/[HgCl_4^{2-}]\}=K_{稳_1}/K_{稳_2}$$
$$=6.76\times10^{29}/1.2\times10^{15}=5.4\times10^{14}$$

平衡常数 K 值很大，可以认为反应向生成 $[HgI_4]^{2-}$ 的方向进行得十分完全。

4.7.2.2 计算配位平衡中各有关离子的浓度

【例 4.7.2】 已知 $[Cu(NH_3)_4]^{2+}$ 的 $K_稳=2.09\times10^{13}$。当 $1.0\times10^{-3}mol\cdot L^{-1}$ 的 $[Cu(NH_3)_4]^{2+}$ 和 $1.0mol\cdot L^{-1}$ NH_3 处于平衡状态时，计算溶液中游离的 Cu^{2+} 浓度。

解： 溶液中存在的平衡方程为 $Cu^{2+}+4NH_3 \rightleftharpoons [Cu(NH_3)_4]^{2+}$

设平衡时游离铜离子浓度为 x（$mol\cdot L^{-1}$），则由 $K_稳=[Cu(NH_3)_4^{2+}]/([Cu^{2+}][NH_3]^4)=2.09\times10^{13}$

得
$$x=4.8\times10^{-17}mol\cdot L^{-1}$$

4.7.2.3 判断配离子与沉淀之间转化的可能性

【例 4.7.3】 向 $[Ag(CN)_2]^-$ 和 CN^- 的平衡浓度均为 $0.1mol\cdot L^{-1}$ 的溶液中加入 NaCl，能否产生 AgCl 沉淀？若改用 Na_2S，能否产生 Ag_2S 沉淀（计算中忽略体积的变化）？

解： 查表可得：$K_稳([Ag(CN)_2]^-)=1.58\times10^{21}$，$K_{sp}(AgCl)=1.56\times10^{-10}$，$K_{sp}(Ag_2S)=1.60\times10^{-49}$

对反应 $Ag^++2CN^-\longrightarrow[Ag(CN)_2]^-$ 有 $K_稳([Ag(CN)_2]^-)=[Ag(CN)_2^-]/([Ag^+][CN^-]^2)$

故
$$[Ag^+]=[Ag(CN)_2^-]/\{[CN^-]^2\cdot K_稳([Ag(CN)_2]^-)\}$$
$$=0.1/(0.1^2\times1.58\times10^{21})=6.3\times10^{-21}(mol\cdot L^{-1})$$

① 生成 AgCl 沉淀的条件是 $[Ag^+][Cl^-]>K_{sp}(AgCl)$，即 $[Cl^-]>2.5\times10^{10}mol\cdot L^{-1}$。显然，通过加入 NaCl 不可能产生 AgCl 沉淀。

② 生成 Ag_2S 沉淀的条件是 $[Ag^+]^2[S^{2-}]>K_{sp}(Ag_2S)$，即 $[S^{2-}]>4\times10^{-9}mol\cdot L^{-1}$。显然，加入 Na_2S 可以生成 Ag_2S 沉淀。

由此可见，究竟是发生配位反应，还是发生沉淀反应，取决于配离子的稳定常数 $K_稳$（即配合物的稳定性）和难溶电解质的溶度积 K_{sp}，以及配体和沉淀剂的浓度。配位反应和沉淀反应都是离子互换反应，离子互换反应总是向着生成更难解离或更难溶解的物质的方向（或减小溶液中某种离子浓度的方向）进行。

与沉淀生成和溶解相对立的是配合物的解离和生成。在配体和沉淀剂的浓度一定的条件下，配合物的 $K_稳$ 值越大，越容易生成相应的配合物，沉淀则越容易溶解；而沉淀的 K_{sp} 越小，则配合物越容易解离而生成沉淀。

习题与思考题

4.1 将 22.5g $Na_2CO_3\cdot10H_2O$ 溶解于水，得到 200mL Na_2CO_3 水溶液，此溶液密度为 $1.040g\cdot mL^{-1}$。计算此溶液的物质的量浓度 c_B，溶液中的 Na_2CO_3 的物质的量分数 x_B 及质量分数 w_B。

4.2 在 25℃时，氮溶于水的亨利常数 $k=8.67\times10^9Pa$，若将氮和水平衡时的压力从 6.66×10^5Pa 降至 1.01×10^5Pa，问从 1000g 水中可以放出 N_2 多少毫升？

4.3 在 298.15K 时，有 0.1kg 9.47%（质量分数）的硫酸溶液，其密度为 $1.0603\times10^3kg\cdot m^{-3}$。在该温

度下，纯水的密度为 997.1kg · m^{-3}。求该硫酸溶液的：①质量摩尔浓度；②物质的量浓度；③ H_2SO_4 的物质的量分数。

4.4 苯和甲苯在 293.15K 时，蒸气压分别为 9.96kPa 和 2.97kPa，今以等质量的苯和甲苯在 293.15K 时相混合，试求：①苯和甲苯的分压力；②液面上蒸气的总压力（设溶液为理想溶液）。

4.5 在 293.15K 时，乙醚的蒸气压为 58.95kPa，今在 0.10kg 乙醚中溶入某非挥发性有机物质 0.01kg，乙醚的蒸气压降低到 56.79kPa，试求该有机物的摩尔质量。

4.6 1.22×10^{-2}kg 苯甲酸，溶于 0.10kg 乙醇中，使乙醇的沸点升高了 1.13K，若将 1.22×10^{-2}kg 苯甲酸溶于 0.10kg 苯中，则苯的沸点升高了 1.36K。计算苯甲酸在两种溶剂中的摩尔质量。计算结果能说明什么问题？

4.7 某水溶液含有非挥发性溶质，在 271.65K 时凝固，求：①该溶液的正常沸点；②在 298.15K 时的蒸气压（该温度时纯水的蒸气压为 3.178kPa）；③ 298.15K 时的渗透压（假定是理想溶液）。

4.8 已知含 NH_3 浓度为 1.00mol · L^{-1}的某清洁剂中，OH^- 离子浓度为 4.20×10^{-3} moL · L^{-1}（pH＝11.6）。如果在该清洁剂中加入一定量的 NH_4NO_3 使其浓度达到 0.500moL · L^{-1}，计算 OH^- 离子浓度及溶液的 pH 的变化。

4.9 某溶液由 0.50mol · L^{-1}乙酸及 0.40mol · L^{-1}乙酸钠组成，计算该缓冲溶液的 pH 值（已知乙酸的 K_a 为 1.75×10^{-5}）。

4.10 已知苯甲酸的 $K_a=6.14\times10^{-5}$。问欲配制 pH 值为 4.26 的苯甲酸-苯甲酸钠缓冲溶液，所需的两者浓度比为多少？

4.11 已知 $K_{sp,AgBr}=5.2\times10^{-13}$。计算 25℃时，溴化银的溶解度及饱和溴化银溶液中 [Ag^+] 和 [Br^-] 值。

4.12 某溶液中含有 0.10mol · L^{-1}的钡离子和 0.20mol · L^{-1}的钙离子。若使钡离子以硫酸钡的形式开始生成沉淀，加入溶液中的硫酸根离子应控制在什么浓度？当钙离子也开始沉淀时，残留在溶液中的钡离子占总量的百分比是多少？

4.13 某溶液中含有 Cl^- 和 I^-，它们的浓度都是 0.01mol · L^{-1}。通过计算说明，逐滴加入 $AgNO_3$ 试剂，哪一种沉淀首先析出？当第二种沉淀析出时，第一种离子是否被沉淀完全（忽略由于 $AgNO_3$ 所引起的体积变化）？

4.14 若溶液中含有 0.010mol · L^{-1}的 Fe^{3+} 和 0.010mol · L^{-1}的 Mg^{2+}，计算分离两种离子的 pH 范围。

4.15 将 1.0×10^{-3}mol 的 AgI 溶于 100 mL KCN 溶液，问 KCN 溶液的浓度为多少？若溶于 100mL NH_3 溶液，问 NH_3 溶液的浓度为多少？由此可得出什么结论？

参 考 文 献

[1] 傅献彩，沈文霞，姚天扬. 物理化学. 第 5 版. 北京：高等教育出版社，2006.
[2] 华彤文，陈景祖. 普通化学原理. 第 3 版. 北京：北京大学出版社，2005.
[3] 朱传征，高剑南. 现代化学基础. 上海：华东师范大学出版社，1998.
[4] 董元彦，李宝华，路福绥. 物理化学. 第三版. 北京：科学出版社，2004.
[5] 李保山. 基础化学. 北京：科学出版社，2005.
[6] 天津大学无机化学教研室. 大学化学. 天津：天津大学出版社，1996.
[7] 邓景发，范康年. 物理化学. 北京：高等教育出版社，1993.
[8] 南京大学《无机及分析化学》编写组，无机及分析化学. 第 3 版. 北京：高等教育出版社，1996.
[9] 张淑平，施利毅. 化学基本原理. 北京：化学工业出版社，2005.
[10] 邓建成，易清风，易兵. 大学化学基础. 第 2 版. 北京：化学工业出版社，2008.
[11] 卜平宇，夏泉. 普通化学. 北京：科学出版社，2006.

第5章　物质的状态与相平衡

物质是由大量分子所组成，且分子在不停地运动。固体和液体的分子不会散开而能保持一定的体积，固体还能保持一定的形状，表明它们的分子间存在相互吸引力；另一方面，当对固体和液体施加很大的压力时，它们的可压缩性很小，表明当分子间的距离很近时，还存在一定的相互排斥力。

在通常情况下，分子间的作用力倾向于使分子聚集在一起，并在空间形成某种较规则的有序排列。升高温度，分子的热运动加剧，分子力图破坏有序排列，变成无序的状态。当温度升高至一定程度，热运动足以破坏原有的排列秩序时，物质的宏观状态则发生突变，即从一种聚集状态转变到另一种聚集状态，例如从固态变成液态，从液态再变到气态。

当温度再继续升高，外界所供给的能量足以破坏气体分子中的原子核和电子的结合，气体就电离成自由电子和正离子组成的电离气体，即等离子体。

物质的状态及其物质相间的平衡是化学热力学的主要研究对象，有着重要的实际意义。

5.1　物质的聚集状态

物质的聚集状态（*c*ollective state）是指在一定的温度和压力下，物质所处的相对稳定的状态。微观粒子按照一定的聚集方式形成物质。

由于物质内部分子处于无序的热运动之中，当外界的条件发生变化时，会使物质内部分子的热运动状态发生变化，导致物质的聚集状态也发生相应的改变。自然界中物质聚集状态一般有四种，即气态（gas）、液态（liquid）、固态（state）和等离子态（plasma）。不同的聚集状态在一定的条件下可以相互转化，同时其微观结构和能量均发生变化。

在一定条件下，物质总是以一定的聚集状态参加化学反应。对于某一给定的化学反应，由于反应物质的聚集状态不同，反应速率和反应的能量关系也有所不同。当物质处于不同的聚集状态时，会呈现出不同的物化性质。

无论物质处于哪一种聚集状态，都有许多宏观性质，如压力 p，体积 V，温度 T，密度 d，热力学能 U 等。在众多宏观性质中，p、V、T 是物理意义明确、又易于直接测量的基本性质。对一定量的纯物质或组成不变的单相系统，p、V、T 中任意两个量确定后，第三个量即随之确定，此时物质处于一定的状态。描述该状态之间关系的方程称为状态方程。

5.1.1　气态

气体是既无固定体积，又无固定形状的一种聚集状态，扩散性和压缩性是气体的基本特征。由于组成气体的分子永恒地处在无规则的运动状态，当我们将气体引入任何形状、大小的容器中时，无论气体的量多或量少，气体分子都能自动扩散，它们均可完全和均匀地充满整个容器，不同的气体能以任何比例迅速地混合成完全均一的气态溶液，并均匀地充满整个容器。因此，所谓气体的体积指的就是气体所在容器的容积。

由于气体分子之间的空间很大，对它施加压力，气体的体积就会缩小而且黏度增加。此外，气体的体积不仅受压力的影响，同时还与温度、气体的量有关。

因此，在描述气体的状态时，必须明确常用气体的物质的量 n、体积 V、压力 p 和热力学温度 T 四个物理量。上述四个物理量一旦确定，物质的状态也随之而定，物质的密度、黏度、摩尔体积等参数也就有了具体的数值。能反映这四者关系的数学表达式，称为气体的状态方程。

5.1.1.1　低压下气体的几个经验定律

前人对气体的性质进行了大量的实验研究，积累了大量的实验数据。通过对这些实验数据的归纳和总结，得到了许多经验定律，其中重要的有波义尔定律，查里-盖·吕萨克定律，阿佛加德罗定律，道尔顿分压定律和阿马格分体积定律等。

英国化学家波义尔（R. Boyle）于 1660 年前后通过大量实验发现，当压力较低与温度恒定时，一定量气体的体积与压力成反比，即

$$pV=c_1 \quad (p\text{ 较低},T、n\text{ 恒定}) \tag{5.1.1}$$

法国化学家查理（J. A. C. Charles）于 1787 年提出，当压力较低且恒定时，一定量气体的体积与温度成正比。在数学上可表示为

$$V=c_2T \quad 或 \quad V/T=c_2 \quad (p\text{ 较低},p、n\text{ 恒定}) \tag{5.1.2}$$

1802 年，法国化学家盖·吕萨克（J. L. Gay-Lussac）发现，当体系的体积一定时，一定量气体的压力与体系的热力学温度成正比，即

$$p=c_3T \quad 或 \quad p/T=c_3 \quad (p\text{ 较低},n、V\text{ 恒定}) \tag{5.1.3}$$

意大利化学家阿佛加德罗（A. Avogadro）通过实验，于 1811 年提出，当压力较低，且温度、压力恒定时，任何气体的摩尔体积相同，可表示为

$$V/n=c_4 \quad (p\text{ 较低},T、p\text{ 恒定时}) \tag{5.1.4}$$

英国物理学家和化学家道尔顿（J. Dalton）通过对大气中水蒸气压变化的研究，于 1801 年，提出了有关混合气体分压的经验定律：混合后气体的总压力等于各组分气体单独存在于与混合气体相同的温度、体积条件下的分压之和。可表示为

$$p_{\text{total}}=p_1+p_2+p_3+\cdots+p_n=\sum p_i \tag{5.1.5}$$

5.1.1.2　理想气体的状态方程

设 $V=V(T, p, n)$，由第 3 章的讨论可知，V 为状态函数，状态函数的微分为全微分，即有 $dV=(\partial V/\partial T)_{p,n}dT+(\partial V/\partial p)_{T,n}dp+(\partial V/\partial n)_{T,p}dn$，分别将式(5.1.2)，式(5.1.1)和式(5.1.4) 微分后代入，上式变为 $dV=c_2dT-(c_1/p^2)dp+c_4dn=V(dT/T)-V(dp/p)+V(dn/n)$。方程两边同除以 V，得 $dV/V=dT/T-dp/p+dn/n$，即 $d\left[\ln\left(\frac{pV}{nT}\right)\right]=0$，积分得 $\ln\left(\frac{pV}{nT}\right)=c$，或$\frac{pV}{nT}=e^c=R$，最终得

$$pV=nRT \tag{5.1.6}$$

式中 $R=e^c$ 为积分常数，与气体的种类无关，因此称为普适气体常数。

式(5.1.6) 是从低压下的几个实验定律导出的，因此也只适用于低压下的气体。在较低压力下，气体分子的密度较低，因此气体分子本身的体积与体系的体积 V 相比可以忽略不计；气体分子之间相距较远，因此分子与分子之间的相互作用力也可以忽略不计。在极限情况下，我们把分子本身的体积为零、分子之间没有相互作用力的气体称为理想气体（ideal gas)，式(5.1.6) 称为理想气体状态方程。

实验发现，在 0℃（273.15K）、1atm（101325Pa）下，1mol 任何气体的体积均为 22.4L，将这些数据代入式(5.1.6)，有 $R=pV/(nT)=(101325\text{Pa}\times22.4\times10^{-3}\text{m}^3)/(1\text{mol}\ 273.15\text{K})=8.314\text{Pa}\cdot\text{m}^3\cdot\text{K}^{-1}\text{mol}^{-1}=8.314\ \text{J}\cdot\text{K}^{-1}\cdot\text{mol}^{-1}$。

在实践中，真正的理想气体是不存在的，但当体系的温度不太低、压力不太高时，由于分子间距较大，因而分子间相互作用力微弱，气体分子本身的体积相对于气体的体积可以忽略不计，许多惰性气体（如 H_2，O_2，N_2，CO_2，He，Ar 等）均可近似看成理想气体，用

理想气体状态方程来处理。

不难发现，波义尔定律、查里-盖·吕萨克定律和阿佛加德罗定律等是理想气体状态方程的必然结果。对给定温度和体积条件下的混合理想气体，有 $p_{total}=n_{total}RT/V=(RT/V)\sum n_i=\sum(n_iRT/V)=\sum p_i$，这就是道尔顿分压定律。对给定温度和压力条件下的混合理想气体，有 $V_{total}=n_{total}RT/p=(RT/p)\sum n_i=\sum(n_iRT/p)=\sum V_i$，这就是阿马格分体积定律。同理，若记 $x_i=n_i/\sum n_i=n_i/n_{total}$ 为混合理想气体中第 i 种理想气体的物质的量分数，则由 $pV=nRT$ 及 $p_iV=n_iRT$ 得 $p_i=p\cdot x_i$，由 $pV=nRT$ 及 $pV_i=n_iRT$ 得 $V_i=V\cdot x_i$。

【例 5.1.1】 一个体积 $V=35.5\ dm^3$ 的液化气钢瓶。在25℃时，使用前测得瓶内压力为 1.25×10^3 kPa，试估算液化气钢瓶压力降为 1.0×10^3 kPa 时所用去的液化气质量（液化气的摩尔质量按 $34g\cdot mol^{-1}$ 计）。

解： 设使用前、后钢瓶中液化气的物质的量分别为 n_1 和 n_2，则使用前后物质的量之差为

$$\Delta n=n_1-n_2=p_1V/(RT)-p_2V/(RT)=(p_1-p_2)V/(RT)=3.6\ (mol)$$

所用去的液化气质量为 $m=3.6mol\times34g\cdot mol^{-1}=122.4g$

5.1.1.3　实际气体状态方程

理想气体状态方程只有在低压、高温下才近似适用。在高压、低温下，随着气体分子间距离的缩短和分子平均动能的降低，分子之间的引力和分子自身的体积不能被忽略。当实际气体偏离理想气体行为时，理想气体状态方程需要修正，修正后的状态方程称为实际气体状态方程。迄今为止，人们提出的实际气体状态方程有数百个。

1881年，范德华（J. D. van der Waals）从实际气体分子间存在相互吸引力和分子本身具有确定体积两方面考虑，对理想气体状态方程进行了修正，提出的实际气体状态方程称为范德华状态方程，可表示为

$$(p+an^2/V^2)(V-nb)=nRT\quad 或\quad (p+a/V_m^2)(V_m-b)=RT \tag{5.1.7}$$

式中，V_m 为摩尔体积；a 为与温度无关、反映不同气体分子间引力大小的特性常数，单位 $Pa\cdot m^6\cdot mol^{-2}$，$a/V_m^2$ 称为压力校正项；b 称为体积校正项，为与温度无关、反映不同气体分子体积大小的特性常数，单位 m^3mol^{-1}。

有人认为，理想气体状态方程是实际气体状态方程的一级近似。设 $pV_m/(RT)=f(V_m)$，将函数 $f(V_m)$ 展开为 $1/V_m$ 的级数，则有

$$pV_m/(RT)=1+B(T)/V_m+C(T)/V_m^2+D(T)/V_m^3+\cdots \tag{5.1.8}$$

式(5.1.8)称为实际气体的维里方程（virial equation），$B(T)$、$C(T)$ 和 $D(T)$ 分别称为第二、第三和第四维里系数，它们均为温度的函数，可通过实验确定。

5.1.2　液态

由于液体分子的间距比气体分子小（一般液体分子间距为0.1～0.3nm，而气体分子间距要比它大约100倍），分子间存在有较强的分子间作用力，因而液体分子运动的自由程度较气体分子小。液体的特性主要表现在以下几个方面：①具有确定的体积和可变的外形；②具有较小的压缩性和膨胀性；③液体界面具有表面张力和毛细作用；④在一定的条件下，液体具有特定的蒸气压、沸点和凝固点等。

液体分子克服分子间引力而逸出液体表面成为蒸气的过程称为液体的蒸发（evaporation），对于敞开体系，蒸发可以一直持续到液体全体消失。如果将液体置于密封容器中，液体在蒸气分子逸出表面的同时，蒸气中的分子也会通过界面进入液体，该过程称为凝聚（condensation）。在密闭容器中，蒸发和凝聚过程同时发生。达平衡后，蒸气称为饱和蒸气，相应的蒸气压力称为饱和蒸气压，简称蒸气压（vapor pressure）。

蒸气压的大小反映了液体分子之间相互作用力的大小，即一定温度时液体蒸发的难易程度。通常液体分子间作用力越小，越易蒸发，蒸气压越高。温度升高，分子间的作用力减小，蒸气压增大。当温度升高至液体的蒸气压与外界压力相等时，该温度即为液体的沸点。外界压力越大，液体的沸点越高，反之亦然。水的沸点与压力的关系可表示为 $T_{bp}/℃=30.52\ln[(p/Pa+7275)/4055]$。通常在海平面上的大气压为 101325Pa，这时水的沸点是 100℃；当海拔升高时，大气压随之降低，我国青藏高原的平均海拔在 4000m 以上，大气压力约为 70100Pa，水的沸点低于 90℃，此时可采用烘烤法和高压锅烤、煮食物。

5.1.3 固态

固态（solid state）是人们日常生活中接触最多的一种聚集状态，固体最显著的特征是具有一定的体积和形状，且不随容器的变化而变化。由于固体内部的粒子间有着相当强的作用力，抑制了固体内部粒子的自由运动的幅度，从而使之只能在固定位置上作小幅度的振动，因此固体具有刚性和不可压缩性，在外力作用不太大时，固体的体积、形状改变都很小。

根据固态物质的结构和性质，可以将固体分为晶体（crystal）与非晶体（amorphous substance）。晶体又称晶形固体，其特征是构成固体的分子、原子或离子，在内部有规则地排列，晶体具有规则的集合外形，确定的熔点和各向异性（如食盐、金刚石、金属等），在自然界中大多数固体物质都是晶体。非晶体（如玻璃，沥青，松香，石蜡，橡胶，塑料等）也叫做无定形物质或无定形固体，其特征是构成固体的分子、原子或离子在固体内部作无规则的分布，它们没有固定的熔点，只有软化的温度范围。当温度升高时，它慢慢变软，直到最后成为流动的熔融体。

5.1.4 等离子态

1879 年，英国物理学家克鲁克斯（S Crookes）在前人工作的基础上，系统地研究了放电管中电离气体性质，首次提出物质存在第四种聚集状态，即等离子态（plasma state）。

随着温度升高，物质分子排列的有序程度降低，物质可以由固态变为液态，温度继续升高，物质由液态变为气态。若采取如加热、放电等手段，将气体物质加热到足够高温度时，使得原子的动能超过原子的电离能，则气体中部分粒子会发生电离。当电离产生的带电粒子超过一定限度时，气体的行为、性质则主要取决于离子和电子间的库仑力，产生一种新的流体，这种流体是由大量带电粒子（包括离子和电子）和中性粒子（分子、原子）所组成的体系，实际上是一种导电流体，是带电粒子密度达到一定程度时的电离气体，但由于其中正电荷总数等于负电荷总数，整体呈电中性，这种电离气体所形成的物质新的聚集状态，称为等离子体（plasma），是物质的第四种聚集状态。等离子体可分为高温等离子体（又称热等离子体）和低温等离子体（又称冷等离子体）。关于等离子体的研究已经形成了一门独立的新学科。等离子体在许多领域中有着广泛的应用，具有十分广阔的前景。

5.2 相与相律

5.2.1 物质的相

系统中物理性质和化学性质完全均匀、相同的部分称为相（phase）。相与相之间有明显的物理界面，不同的相具有明显不同的性质。系统中相的数目称为相数，用符号 P 表示，P 为正整数，如 1，2，3 等。相数与系统中物质的多少及是否连续无关，例如冰水混合物中，无论有多少升水多少块冰，皆为两相。

对于常压下不发生化学变化的气态混合物，由于气体的无限扩散性，气体均能以分子形态充分混合，使得这些气体最终会形成一个均匀的单相系统。因此不论多少种气体的混合物，其相数 P 均为 1。对于液相系统，根据它们彼此能否互溶及互溶程度，其相数 P 可分别为 1、2 或 3。如水和乙醇为单相系统；水和油为液-液两相系统。对于固体系统，固溶体合金是指两种或多种金属不仅在熔融时能够互相溶解，而且在凝固后也能保持互溶状态的固态溶液，是一种均匀的组织，所以固溶体的相数为 1。除固溶体外，有几种固体物质，就是几个相。如果同种固体有几种不同的晶型，每种晶型各为一相。通常将液相和固相统称为凝聚相。

5.2.2　物种、组分与自由度

物种（species）数是指多相系统中所含化学物质的种类数，用符号 S 表示。组分（component）数是指足以确定多相平衡系统中各相组成所需要的最少独立物种数，用符号 C 表示。由定义可知，组分数与物种数之间的关系为：组分数 C＝物种数 S－各物种之间的独立关系数。各物种数之间的独立关系数包括独立的化学平衡关系数 R 和同一相中独立的浓度关系数 R'。故组分数为

$$C=S-R-R' \tag{5.2.1}$$

例如，一定温度下，密闭真空容器中的 NH_4HS 固体分解达到平衡时，系统为 NH_4HS 固体，NH_3 气体和 H_2S 气体的多相平衡系统，而且三个物种之间存在一个化学平衡 $NH_4HS(s) = H_2S(g) + NH_3(g)$，则独立的化学平衡关系数 $R=1$；NH_3 和 H_2S 在同一相中且存在 1∶1 的浓度关系，则独立浓度关系数 $R'=1$。则该系统的组分数 $C=3-1-1=1$。在给定的系统中，物种数 S 会因考虑问题的角度的不同而不同，但组分数 C 是固定不变的。

自由度（degree of freedom）是指在不引起旧相消失和新相形成（即相数不变）的前提下，可在一定范围内独立变化的强度性质（如温度、压力、浓度等）的数目。独立变化的强度性质也可称之为独立变量，独立变量的个数称为自由度，用符号 F 表示。例如，液态纯水可以在一定范围内任意改变温度和压力，仍能保持系统为单相，则此纯液态水系统有两个独立可变的强度性质，$F=2$。当水与水蒸气两相平衡时，若改变系统的温度，其压力必须随之变化，因此水与水蒸气两相平衡系统只有一个独立可变的强度性质，即 $F=1$。

5.2.3　Gibbs 相律

相律（phase rule）是指多相平衡体系中，联系体系内相数 P、组分数 C、自由度 F 及影响物质性质的外界因素之间关系的一种普遍规律。外界因素，通常有温度、压力、重力场、磁场、表面能等。如果只考虑温度和压力，而不考虑其他因素，自由度与组分数、相数具有如下关系：

$$F = C-P+2 \tag{5.2.2}$$

该式是在 1876～1878 年由吉布斯（J. W. Gibbs）通过大量相平衡的研究推导出来的，所以叫做吉布斯相律。式中，“2”表示温度和压力两个独立强度性质。

值得注意的是，相律只适用于相平衡系统，若除温度和压力外，还需考虑环境中其他因素（如重力场、电场、磁场等强度变量）对相平衡系统的影响，则相律的形式为 $F=C-P+n$。式中 n 指除了浓度以外的所有环境强度变量。

对于只有固相和液相存在的凝聚系统，压力对相平衡系统的影响很小，因而可以忽略。则相律的形式为 $F=C-P+1$。若指定温度或压力，则相律形式为 $F=C-P+1$。若同时指定温度和压力，则相律形式为 $F=C-P$。

由 $F=C-P+2$ 得 $P=C+2-F$。当自由度 $F=0$（即系统的浓度、压力、温度等强度性质都一定）时，系统中最多可能存在的平衡相数 $P_{max}=C+2$。

由以上讨论可以发现，对于单组分体系，$C=1$，$P_{max}=3$，$F_{max}=2$，即单组分体系最多可有三相共存，最多有两个独立变量（T，p），可在二维图上表示其相态的变化。对于二组分体系，$P_{max}=4$，$F_{max}=3$，即二组分体系最多可以四相共存，最多有三个独立变量（T，p，x_B），需要在三维图上才能完全表示其相态的变化。对于三组分体系，$P_{max}=5$，$F_{max}=4$，即三组分体系最多有五相共存，最多有四个独立变量（T,p,x_B,x_C），需要在四维图上才能完全表示其相态的变化。

5.2.4　相平衡

在一定条件下，气态、液态和固态可以相互转化。例如冰受热融化变成液态的水，水受热气化变成水蒸气。固体熔化、液体气化、气体液化、液体固化等物态变化，统称为相变（phase change），相变时两相之间的动态平衡称为相平衡（phase equilibrium），温度、压力、组成等因素对相变影响的关系图称为相图（phase diagram）。

5.3　单组分体系的相图

5.3.1　克劳修斯-克拉贝龙方程

对单组分体系，最多可有三相共存，最多有两个独立变量（T，p），所以相图中的两相线可用曲线 $p=f(T)$ 表示，曲线的形式决定其斜率的大小。克拉贝龙（B. P. É. Clapeyron）通过热力学方法推导出了单组分系统两相平衡时压力与浓度的关系。

若单组分 A 在温度为 T、压力为 p 时，存在 α 和 β 两相，且 α 和 β 两相达到平衡，即 $G_{m,\alpha}(T,p)=G_{m,\beta}(T,p)$。当体系温度由 T 改变到 $T+dT$、压力相应变为 $p+dp$ 时，系统建立了新的平衡，有 $G_{m,\alpha}(T+dT,p+dp)=G_{m,\beta}(T+dT,p+dp)$。记 $G_{m,\alpha}(T+dT,p+dp)=G_{m,\alpha}(T,p)+dG_{m,\alpha}$，$G_{m,\beta}(T+dT,p+dp)=G_{m,\beta}(T,p)+dG_{m,\beta}$，比较得 $dG_{m,\alpha}=dG_{m,\beta}$。

将单组分均相系统的热力学基本方程 $dG_m=-S_m dT+V_m dp$ 代入，得 $-S_{m,\alpha}dT+V_{m,\alpha}dp=-S_{m,\beta}dT+V_{m,\beta}dp$，即 $(S_{m,\beta}-S_{m,\alpha})dT=(V_{m,\beta}-V_{m,\alpha})dp$，或 $dp/dT=\Delta S_m/\Delta V_m=(T\Delta S_m)/(T\Delta V_m)$。

在等压条件下，得 $\Delta H_m=T\Delta S_m$，代入上式，得

$$dp/dT=\Delta H_m/(T\Delta V_m) \tag{5.3.1}$$

式(5.3.1）称为克拉贝龙方程，式中 ΔH_m 为摩尔相变热，ΔV_m 为物质在相变过程中摩尔体积的变化。克拉贝龙方程适用于任何纯物质的任何两相平衡体系。

如果所讨论的平衡两相中有一相为气相，且气体服从理想气体状态方程，由于 $\Delta V_m=V_m(气)-V_m(凝聚)\approx V_m(气)=RT/p$。代入式(3.5.3）并整理，得

$$d\ln p/dT=\Delta H_m/(RT^2) \tag{5.3.2a}$$

式(5.3.2a）为称为克劳修斯-克拉贝龙方程，常被简称为克-克方程。ΔH_m 为凝聚相的摩尔蒸发（液→气相变）热或摩尔升华（固→气相变）热。由于在一定的温度范围内，凝聚相的 ΔH_m 近似为常数，则分别对式(5.3.2a）进行不定积分和定积分处理，则有

$$\ln p=-(\Delta H_m/R)/T+C=-B/T+C \tag{5.3.2b}$$

$$\ln(p_2/p_1)=(\Delta H_m/R)(1/T_1-1/T_2) \tag{5.3.2c}$$

式(5.3.2a）～式(5.3.2c）均称为克-克方程。

【例 5.3.1】　已知水在 101.325kPa 时的沸点为 100℃，摩尔蒸发热 ΔH_m 为 40.64kJ·mol^{-1}，计算在压力为 70kPa 的高原地区，水的沸点是多少？

解：将 $p_1=101.325$kPa，$p_2=70$kPa，$T_1=(273.2+100)$K，$\Delta H_m=40.64$kJ·mol^{-1}代入克-克方程式(5.3.2c)，

解得 $T_2=363K=89.8℃$。这个温度就是 p_2 压力下水的沸点。

5.3.2　水的相图

由 $F=C-P+2$ 可知，对于单组分系统，$F=3-P$。当 $P=1$ 时 $F=2$，有两个独立变量 T 和 p，相图上为“面”，称为单相面；当两相共存（$P=2$）时 $F=1$，只有一个独立变量 T 或 p，T 和 p 之间存在关系式 $p=f(T)$ 或 $T=g(p)$，相图上为“线”，称为两相线；三相共存时 $F=0$，无任何独立变量，T、p 一定，相图上表现为“点”，称为三相点（triple point）。

水的相图如图5.3.1所示。图中的三条实线 OC、OB 和 OA 均为两相线，分别是水-气、冰-气、水-冰的两相平衡线。三条线和一个点将整个平面分成三个单相区，即 AOC 液相区、COB 气相区和 BOA 固相区。线 OC 与 OA、OC 与 OB、OB 与 OA 分别形成液态水的单相面、水蒸气的单相面和固态冰的单相面。此时 $P=1$，$F=2$，有两个独立变量 T 和 p，且 T 和 p 在一定范围内变化时，系统仍维持单相。

气固平衡线 OB 又称冰的升华（sublimation）线或水蒸气的凝华（sublimation）曲线，它代表冰和水蒸气能在稳定的平衡中共存的条件。OA 线是水的液固平衡线又称水的凝固（freezing）曲线或冰的熔化（melting）曲线，它表示要维持液态水和固态冰平衡状态的温度和压力的关系。OC 线又称水的气化（vaporization）曲线或水蒸气的液化（condensation）曲线，表示在特定压力下，水沸腾时的温度。

从 OC 线可见，随着压力的增加，沸点也随之升高，当压力升高到约22000kPa时温度达374℃，即达到临界点 C。临界点（critical point）是物质固有的性质，其临界参数（如 T_c，p_c，V_{mc}）具有确定的数值。在临界点时，液体的密度与蒸气的密度相等，液态和气态间的界面已经消失，在临界点以上液态的水就不存在了。在临界温度（$T_c=374+273=647K$）以上的区域称为气相区，因为超过这个温度，无论使用多大的压力都不能使水液化。OA 线也不能无限延长，大约在 2.03×10^8Pa 时就有不同结构的冰生成，相图就变得复杂了。OF 线是 OC 的延长线，它代表过冷水的饱和蒸气压曲线。OF 线在 OB 线以上，它的蒸气压比同温度下处于稳定状态的冰的蒸气压大，因此过冷水使处于不稳定状态，一旦稍有振动或向液体中加入点冰屑，过冷水马上就会变成冰。OA，OB，OC 线的坡度可根据克拉贝龙方程来计算。其中 OA 线的斜率为负，主要是由于冰的比容比水的比容大的缘故。

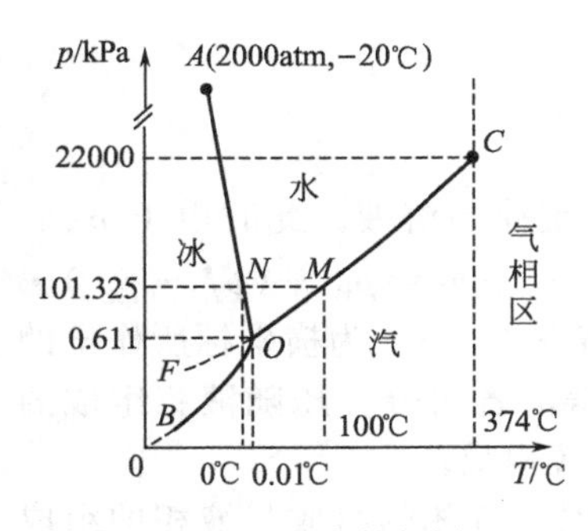

图5.3.1　水的相图

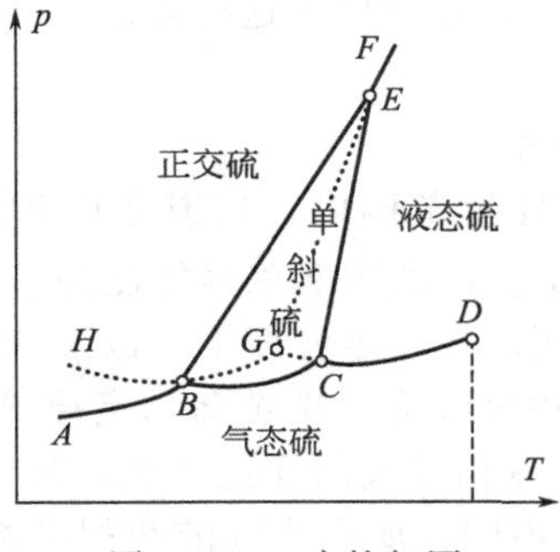

图5.3.2　硫的相图

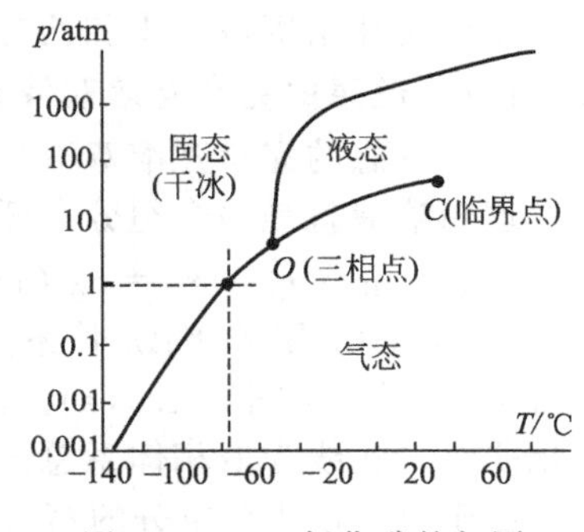

图5.3.3　二氧化碳的相图

O 点是三条线的交点，称为三相点（triple point），在该点是水-冰-水蒸气呈平衡，在三相点时，没有独立变量，T、p 是由体系本身确定的。水的三相点的温度是273.16K，压力是610.62Pa，与通常所说的冰点不同。通常所说的冰点是在 $p=1atm$ 时 $T_f=0℃$（即 $T_f=273.15K$），并且当外压改变时，冰点也随着变化，当然此时也是冰-水-汽三相平衡。这主要是由下面两个因素造成的：①在通常情况下，冰和水都已经被空气所饱和，所以实际上，它已经不是单组分体系了，而是稀溶液，根据稀溶液的依数性，冰点降低了 0.00241K；②在三相点时，外压是 610.62Pa，冰点时外压 $p=101325\text{Pa}$，那么外压改变时，温度也会发生变化。根据克拉贝龙方程计算，有 $\Delta T=-0.00748\text{K}$。这两种效应之和使温度下降 0.00989K，约为 0.01K。所以通常所说的冰点比三相点的温度降低了 0.01K，等于 273.15K。

5.3.3 硫和二氧化碳的相图

硫的相图如图 5.3.2 所示。由图可见，硫有气态，液态，正交硫和单斜硫 4 种不同形态。图中 AB 线为正交硫的气-固平衡线，BC 线为单斜硫的气固平衡线，CD 线为硫气-液平衡线；虚线所表示的为硫的介稳状态。BG 是 AB 的延长线，正交硫和气态硫达介稳平衡；CG，EG 和 BH 也为相应的两相介稳平衡曲线。B 为正交硫-单斜硫-气态硫的三相平衡点；C 为单斜硫-液态硫-气态硫的三相平衡点；E 是正交硫-单斜硫-液态硫的三相点；G 是正交硫-气态硫-液态硫共存的介稳三相点。D 是硫的临界点，在此温度以上硫只以气态存在。

二氧化碳的相图见图 5.3.3。二氧化碳的三相点温度 $T_t=-56.6℃$，三相点压力 $p_t=517.8\text{kPa}$。由于三相点的压力大于大气压力，所以在日常生活中，我们只能看到二氧化碳的固态和气态形式，而不能看到其液态形式。

5.4 二组分体系的相图

二组分体系最多可出现四相平衡，体系最多可以有三个自由度，即温度、压力和浓度。因此要描述二组分体系所处的状态，需要三个坐标才能进行详细的描述。但通常为了方便起见，一般是固定一个变量，用两个坐标即平面图形来表示。平面图可以有三种，p-x 图，T-x图和 p-T 图，前两种比较常见。二组分体系的相图类型较多，可分为完全互溶双液系，部分互溶双液系，不互溶双液系，具有简单低共熔混合物的体系，有化合物生成的体系，完全互溶的固溶体及部分互溶的固溶体等。

5.4.1 完全互溶双液系

如果两种液体在全部浓度范围内能以任意比例互溶形成单一的液相，这种体系就叫做完全互溶双液体系。根据相似相溶原则，一般来说，只有两种物质的结构很相似（如苯和甲苯，正己烷和正庚烷，水和乙醇等），才能形成这种体系。

5.4.1.1 理想的完全互溶双液系

（1）理想的完全互溶双液系的相图

理想溶液就是两个组分在任意浓度范围内，均遵守拉乌尔定律的溶液。此时由于 $p_A=p_A^*\cdot x_A$，$p_B=p_B^*\cdot x_B=p_B^*(1-x_A)$，则溶液总蒸气压为 $p=p_A+p_B=p_B^*+(p_A^*-p_B^*)\cdot x_A$。以苯 (A)-甲苯 (B) 体系为例，在一定温度下，以 p 为纵坐标，x_A 为横坐标所作出的压力-组成图，见图 5.4.1(a)。图中虚线为根据拉乌尔定律求得的各组分分压随液相组成的变化曲线，实线为液相体系总压随液相组成的变化曲线，称为液相线。

由于 A、B 两个组分的蒸气压不同，所以当气液两相平衡时，气相的组成与液相的组成是不同的。蒸气压较大的组分在气相中的含量比液相中要大。根据分压定律，气相的组成为

$$y_B=1-y_A \tag{5.4.1a}$$

$$y_A=p_A/p=p_A^*\cdot x_A/[p_B^*+(p_A^*-p_B^*)\cdot x_A] \tag{5.4.1b}$$

即根据液相体系的组成 x_A 或 x_B，可以求出平衡时气相中的组成 y_A 或 y_B。即给定一个总压 $p_i(p_B^*\leqslant p_i\leqslant p_A^*)$ 就可以从图 5.4.1(a) 的液相线上确定溶液的组成 $x_{A,i}$，然后代入式 (5.4.1) 求得平衡气体的组成 $y_{A,i}$，这样就得到了在液相状态为$(T=c, p_i, x_{A,i})$时平衡气体

的状态（$T=c, p_i, y_{A,i}$），这些平衡气体的状态点的集合就是与体系压力对应的气相组成线，称为气相线。将液相线和气相线画在同一张图上，就得到理想的完全互溶双液系的压力（p）-组成（x_A）图，见图 5.4.1(b)。

在 p-x 图中的液相线以上，由于 $p>p_{饱和}$，气体将全部凝聚，为液相区，通常用 l 表示；在气相线以下，$p<p_{饱和}$，液体将全部气化，液体将不再存在，为气相区，用 g 表示；在气相线与液相线之间，为气-液共存区，记为 l-g。

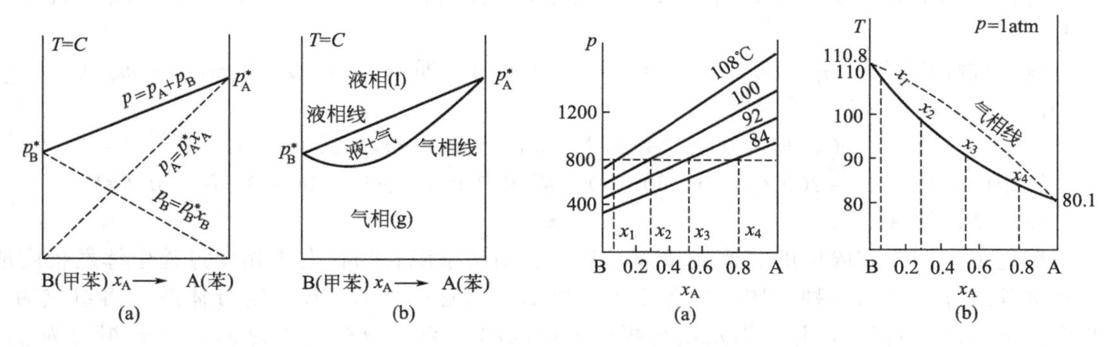

图 5.4.1　理想溶液的 p-x 图(a) 和 p-x-y 图 (b)　　　　图 5.4.2　由 p-x 图作 T-x 图

由于通常的生产实践是在恒压条件下进行的，因此固定 $p=C$ 的 T-x 图应用得更多。T-x 图既可以通过实验直接获得，也可以根据已知的 p-x 图而求得。下面仍以上述苯-甲苯体系为例，来讨论由 p-x 图获得 T-x 图的方法与步骤。

在不同温度下液体有不同的饱和蒸气压，即当 T 不同时在 p-x 图上具有不同的液相线。在总压为 $p=101.325\text{kPa}$ 处作一条水平线，与各液相线交点的横坐标分别为 x_1，x_2，…[图 5.4.2(a)]。如与温度为 T_2 的液相线的交点的横坐标为 x_2，表明组成为 x_2 的二元液体在一个大气压下的沸点为 T_2，余类推。将如此得到的 T_i，x_i 标在 T-x 图上，就得到了 T-x 图上的液相线。最后再采用 p-x 图中根据液相线画气相线的相同方法画出气相线，其总的 T-x 图如图 5.4.2(b) 所示。

对 T-x 图，因纵坐标为 T，所以气相线在上，液相线在下。如果有一个二元气体自高温开始冷却，当温度降至气相线所对应的温度时开始有液相凝结，故气相线又称为露点线；如果该体系从液体开始升温，当温度升至液相线所对应的温度时液体开始沸腾（冒泡），故液相线又成为泡点线。

(2) 杠杆规则

见图 5.4.3，现将组成为 x 的溶液进行加热，当加热到温度为 T_1 时，体系的物系点落在两相平衡区的 C 点，这时实际上体系出现了两个相，一个是液相，一个是气相。通过 C 点作平行于横坐标的平行线，与液相线相交的是液相点 D，与气相线相交的是气相点 E，所以 D、E 就叫做两个相的相点，DE 线就叫做结线。这条结线可分成两个部分，CD 和 CE，那么这两条线段的长度比就可代表两个相所含物质的数量比。

设体系所含物质总量为 n，其中 A 的物质的量分数为 x；设液相中所含物质的量为 n_l，A 的物质的量分数为 x_1；设气相中所含物质的量为 n_g，A 的物质的量分数为 x_2。由于体系所含物质总量一定等于两个相物质的量的加和，即 $n=n_l+n_g$，方程两边同乘以 x 得 $nx=n_l x+n_g x$。整个体系中 A 物质的量为 $nx=n_l x_1+n_g x_2$，比较两式得 $n_l x+n_g x=n_l x_1+n_g x_2$，或 $n_l(x-x_1)=n_g(x_2-x)$，即

$$n_l/n_g=(x_2-x)/(x-x_1)=CD/CE \qquad (5.4.2a)$$

杠杆规则适用于等温、等压条件下任意两相平衡区中各相组成的计算。如果相图的横坐标不是物质的量分数 x 而是质量分数 w，则杠杆规则类似地可以表示为

$$w_l/w_g=(w_2-w)/(w-w_1)=CD/CE \tag{5.4.2b}$$

【例 5.4.1】 某二组分体系的等压相图见图 5.4.4。设有含 B 50%的混合气 300g，使之从 200℃开始冷却到 100℃。问第一滴溶液和最后一个气泡的组成如何？当冷却到 150℃时，B 在气、液两项中的质量各是多少？

解： 由相图 5.4.4 可以看出，第一滴溶液的组成为含 B77%，最后一个气泡的组成为含 B18%。

根据杠杆规则有 m_l（w_2-w）$=m_g$（$w-w_1$），即 m_l（$0.70-0.50$）$=m_g$（$0.50-0.40$）

由于 $m_l+m_g=300$，与上式联立并解得：$m_l=100$g，$m_g=200$g

气相中 B 的质量＝200×0.40＝80（g），液相中 B 的质量＝100×0.70＝70（g）。

（3）精馏原理

在化工生产或实验中的蒸馏或精馏，都是利用液态混合物在发生相变过程中挥发程度的差异将各组分分离的一种操作。如图 5.4.5 所示，现有一个 A，B 二组分体系，将组成为 x 的液体进行加热到 T_4，此时物系点在两相平衡区的 O 点，液相组成为 x_4，气相组成为 y_4。现在我们把气相和液相样品用两个容器分别收集起来。首先把组成为 y_4 的气相样品冷却到 T_3，这时将有一部分气相被冷凝为液相，液相组成为 x_3，气相组成为 y_3；把组成为 x_3 的样品再继续冷凝到 T_2，又有一部分气相被冷凝，液相组成为 x_2，气相组成为 y_2；再冷凝就为 y_1,x_1,…，继续下去，最后的少量气相中几乎就剩下纯 B。

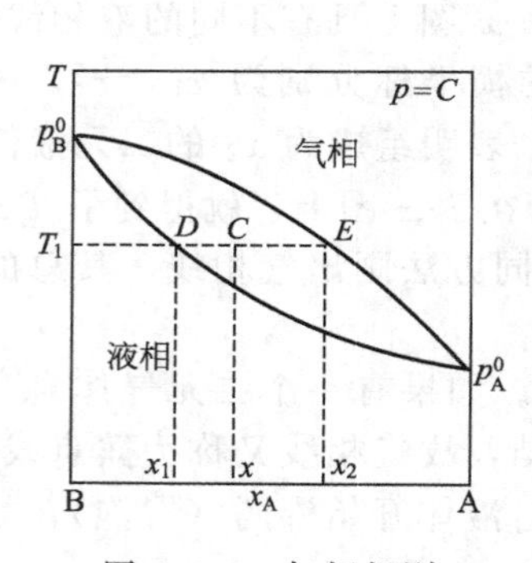

图 5.4.3　杠杆规则

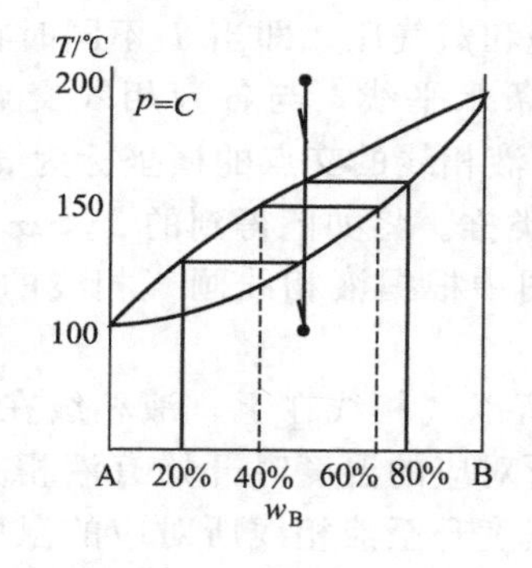

图 5.4.4　例 5.4.1

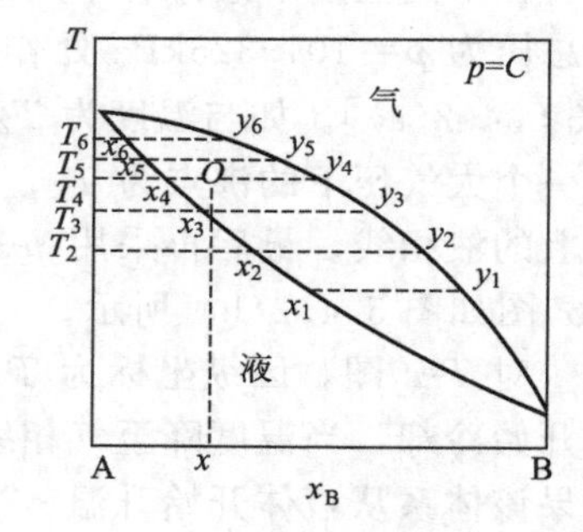

图 5.4.5　精馏原理

再看组成为 x_4 的液相，对此液相进行加热到 T_5，液相部分被气化成气相，组成为 y_5，液相组成变为 x_5；将组成为 x_5 的液相再部分气化，液相组成变为 x_6，如此进行下去，最后剩下的少量液相几乎就是纯 A。就是说经过反复多次的部分冷凝和部分蒸发，就可以使 A、B 完全分离开。

5.4.1.2　非理想的完全互溶状液系

前面我们讨论的是理想溶液，但对于绝大多数完全互溶双液系来说，或多或少对拉乌尔定律都要产生偏差。产生偏差的情况通常有三种：小偏差体系，具有较大正偏差的体系和具有较大负偏差的体系。

如果溶液总的蒸气压处于两个纯组分之间，则这样的体系称为小偏差体系。如甲醇-水体系、四氯化碳-环己烷等属于正偏差较小的液体混合物；乙醚-氯仿溶液属于负偏差较小的体系。微偏差体系的相图（图 5.4.6）与无偏差体系的相图（图 5.4.1 和图 5.4.2）相近，只是液相线不再是直线而已。

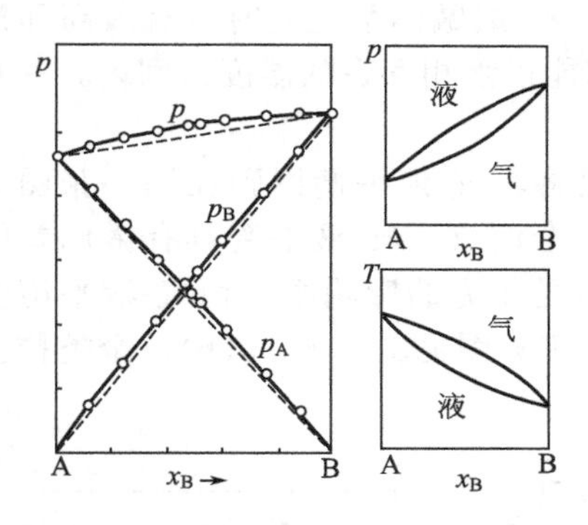

图 5.4.6 微正偏差体系的相图

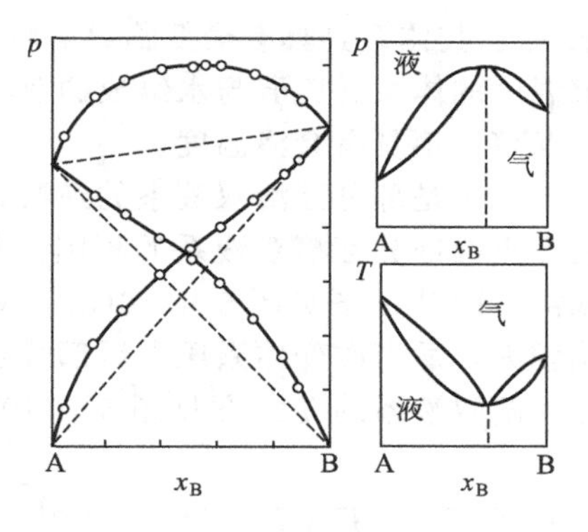

图 5.4.7 大正偏差体系的相图

在溶液的总蒸气压曲线上有一极大点的体系称为具有大正偏差的双液体系（如乙醇-水，苯-乙醇，乙丙醇-环己烷等）。其 p-x 图和 T-x 图如图5.4.7所示。在其 T-x 图上有一个极小点（或 p-x 图上有一个极大点），在极值点处，液相组成与气相组成是相同的，如果将具有这个组成的溶液进行加热，从开始沸腾到完全气化，溶液的组成是固定不变的，所以具有这个组成的溶液叫做最低恒沸混合物（azeotrope），它所对应的沸点叫做最低恒沸点。

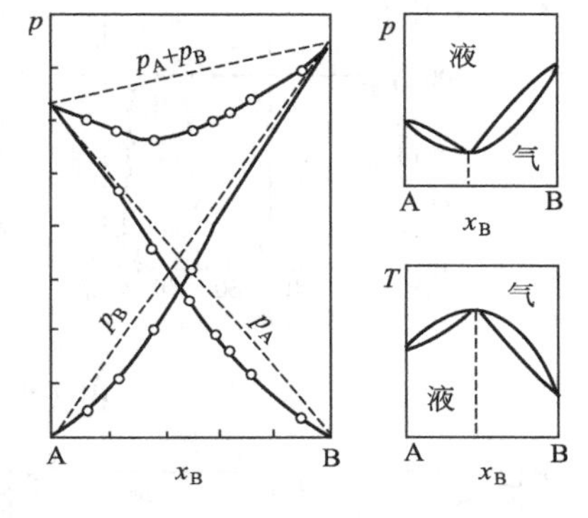

图 5.4.8 大负偏差体系的相图

对于具有最低恒沸点的体系，如果将组成为 x 的溶液进行加热分离，如果 x 的组成介于A和恒沸物之间，则最后只能得到纯组分A和恒沸混合物；如果 x 的组成介于B和恒沸物之间，则最后只能得到纯B和恒沸物。

在溶液的总蒸气压曲线上有一极小点的体系称为具有大负偏差的双液体系（如硝酸-水体系，三氯甲烷-丙酮体系等），见图5.4.8。在其 T-x 图中的极大点称为最高恒沸点，在该点液相组成和气相组成相同，具有该组成的溶液从开始沸腾到蒸发完毕，其沸点和组成不变，故称其为最高恒沸混合物。

5.4.2 部分互溶双液系

当两种液体的性质、结构差别较大时，就不能够在所有浓度范围内任意互溶了，而只有在一种液体的量相对来说很少，而另一种液体的量很多时，才能够形成单一的液相。而在其他数量配比的条件下，体系会分层出现两个液相，这样的体系就叫部分互溶体系。部分互溶体系可分为三类：①具有最高临界溶解温度的体系；②具有最低临界溶解温度的体系；③同时具有最高和最低临界溶解温度的体系。

最典型的具有最高临界溶解温度体系的例子是水-苯胺体系，其 T-x 图如图5.4.9所示。图中在帽形区以外是个单相区，在帽形区域内，是一个两相平衡区，如果物系点落在 A_n 点，这时体系实际上是由组成为 A'、A'' 的两个液相组成。这两个平衡共存的液相叫共轭溶液（conjugate solution）。

帽形区左边的 BD 线，代表的是苯胺在水中的溶解度曲线，右边的 BE 线是水在苯胺中的溶解度曲线。由图可知，不论是苯胺在水中的溶解度还是水在苯胺中的溶解度，都是随温度的升高而增大。当温度达 B 点时，两个液层的浓度相同。在 B 点以上，两种液体可以以任意的比例互溶，所以最高点 B 所对应的温度叫做最高临界溶解温度或会溶温度（consolute temperature）。

水-三乙胺体系是具有最低临界溶解温度的体系，水-烟碱体系是同时具有最高和最低临界溶解温度的体系。乙醚与水组成的双液系，在它们能以液相存在的温度区间内，一直是彼此部分互溶，不具有会溶温度。

图 5.4.9 是部分互溶双液系的纯凝聚相图，如果将其气-液平衡图画在同一张图上，则可得到完整的部分互溶双液系的相图。凝聚相具有上会溶点、气-液平衡具有微偏差的部分互溶双液系的 T-x 图见图 5.4.10(a)，由于液-液平衡受压力的影响很小而气-液平衡受压力的影响较大，适当改变体系压力后部分互溶双液系的 T-x 图见图 5.4.10(b)。余类推。典型的部分互溶双液系的 T-x 图见图 5.4.10。

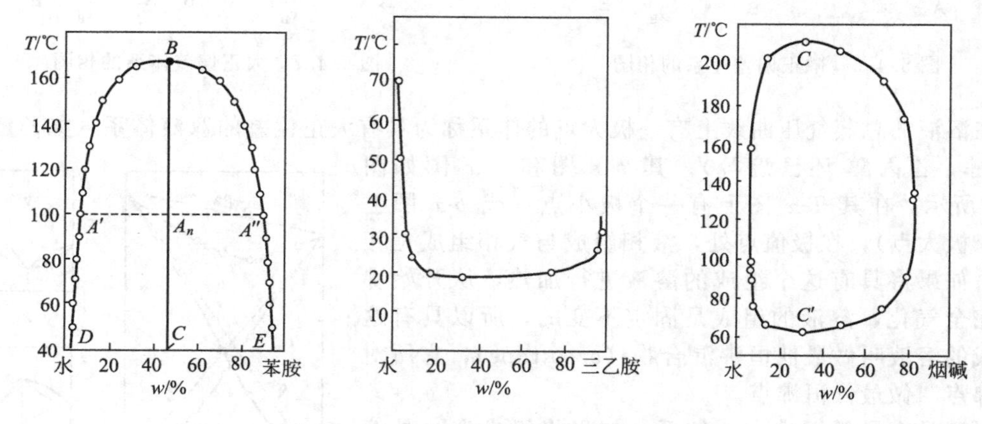

图 5.4.9　几个部分互溶双液系的 T-x 图

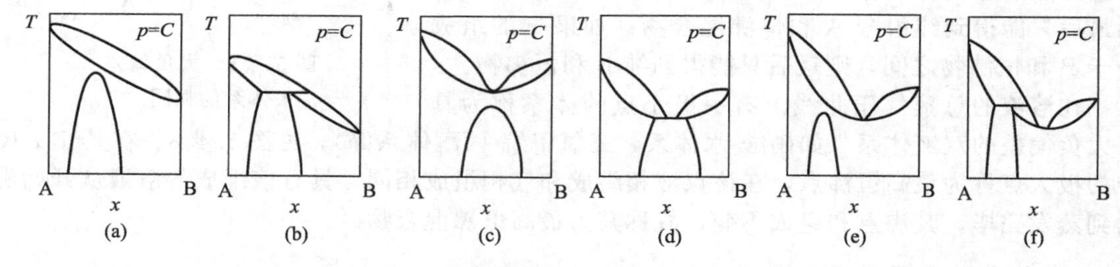

图 5.4.10　几种典型的部分互溶双液系的 T-x 图

5.4.3　完全不互溶双液体系

如果两种液体彼此互溶的程度很小，则可近似看成是不互溶双液系。当两种完全不互溶液体共存时，各组分的蒸气压与单独存在时一样，混合溶液液面上的总压等于各组分单独存在时的压力之和，即 $p=p_A^*+p_B^*$。显然，不互溶双液系的蒸气压必大于任一组分的蒸气压，因而其沸点必低于任一纯组分的沸点。

有些有机化合物或者由于沸点较高，或者在其沸点以前就分解了，不能或不易用通常的蒸馏方法来提纯。根据上述不互溶双液体系的性质，可采用水蒸气蒸馏的方法来提纯它们。在水蒸气蒸馏时，让水蒸气以气泡的形式通过有机液体冒出，这样可起到搅拌作用，以使体系的蒸气相和两个液体相达成平衡。当混合物沸腾时，两液体的蒸气压分别为 p_A^* 和 p_B^*。根据道尔顿分压定律，气相中分压之比等于物质的量之比，因此 $p_A^*/p_B^*=n_A/n_B=(m_A/M_A)/(m_B/M_A)$，即 $m_A/m_B=(p_A^*M_A)/(p_B^*M_B)$或

$$m_{有机}/m_{水}=(M_{有机}\,p_{有机}^*)/(18.02p_{水}^*) \tag{5.4.3}$$

此即气相中两个组分的质量比或馏出物中两个组分的质量比，称为“蒸气消耗系数”，此系数的数值越大，表明水蒸气蒸馏的效率越高。从式(5.4.3) 可以看出，欲使水蒸气蒸馏有较高的效率，有机物的分子量应当比较大，且在 100℃左右有机物的蒸气压 $p^*_{有机}$ 不能太小。

从式(5.4.3) 还可看出，利用水蒸气蒸馏方法可测定有机液体的分子量

$$m_{有机}=m_{水}(M_{有机}p^*_{有机})/(18.02p^*_{水}) \tag{5.4.4}$$

5.4.4 生成简单低共熔混合物的固-液体系

前面所讨论的二组分体系都是双液体系，下面讨论的二组分体系是固-液体系，这种体系在固体和液体平衡时，其上方的蒸气压很小，压力对体系的影响可忽略不计，所以这种固-液平衡体系又叫凝聚体系。对这类体系的研究，通常指定压力为标准压力 $p^{\ominus}$，然后讨论温度与组成的关系。体系中最多有两个自由度，最多可出现三相平衡。对这种相图的绘制，有两种方法，一种是热分析法，另一种是溶解度法。

5.4.4.1 热分析法

热分析法是绘制相图的最常用的方法之一。其基本原理是，当将体系进行缓慢而均匀的加热或冷却时，如果体系内不发生相变，则温度随时间的变化是均匀的；当体系内有相变发生时，由于相变潜热的存在，温度随时间的变化要发生改变，在温度-时间图上会出现一个转折点或水平段。温度随时间的变化曲线叫做步冷曲线 (coolingcurve)。

以 Cd-Bi 体系为例。现配制 5 个样品，其中 Cd 的百分含量分别为 (*a*) 0%，(*b*) 20%，(*c*) 40%，(*d*) 70%，(*e*) 100%，然后把 5 个样品加热熔融后，放在一定的环境中冷却，观察温度随时间的变化，每隔一定的时间记录一次温度。然后以温度为纵坐标，时间为横坐标，绘制 5 个样品的步冷曲线 (图 5.4.11)。

a 和 *e* 是纯 Bi 和纯 Cd 的步冷曲线。$C=1$，$F=1-P+1=2-P$。当体系的温度高于 A 点时，温度随时间的变化是均匀的，说明在这之前体系没有发生相变，但当温度降到 A 点时，温度随时间不再变化，步冷曲线上出现一个水平段，说明体系中有相变发生。由 $F=2-P$可知，当体系有固体 *Bi* 析出时，$P=2$，$F=0$，此时体系中没有变量，所以步冷曲线才出现平台，即从开始凝固到全部凝固的过程中体系保持凝固点的温度不变，只有当液相完全消失后，体系的温度才开始下降。样品 *e* 与 *a* 相同。

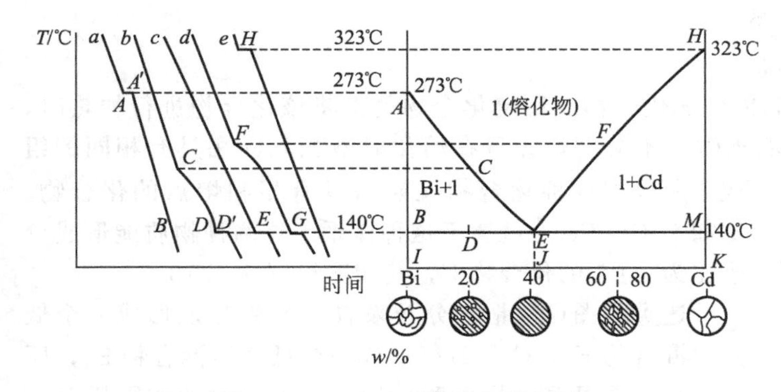

图 5.4.11　由步冷曲线绘制相图

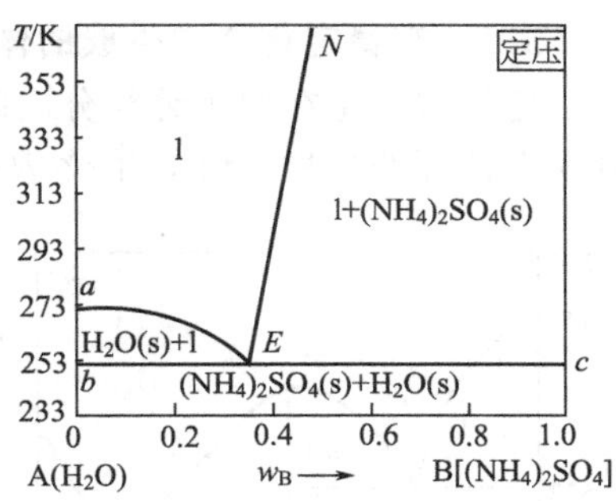

图 5.4.12　由溶解度绘制相图

b 和 *d* 号样品，组分数 $C=2$，$F=3-P$。首先看样品 *b*，在 C 点之前，温度随时间的变化是均匀的，体系没有相变发生。当温度降到 C 点，曲线出现转折，说明体系中有相变发生，体系中先析出固体 Bi，体系出现两相平衡，$P=2$，$F=1$，体系中还有一个自由度，因

为组成已经确定含 Cd 20%，所以这个自由度是温度，温度仍然随时间而变化，但由于相变热的存在，温度的下降速率减缓。当温度降到 D 点时，曲线出现平台，温度不再随时间而变化。此时，体系中的另一种金属 Cd 也达到了凝固点，开始凝固，这时体系出现了三相平衡。Bi(s)－Cd(s)－L(E)，$F=2-3+1=0$，温度不随时间变化。只有液相完全消失后，温度才又继续下降。样品 d 与样品 b 基本相同，只不过是在拐点时先析出 Cd，到 G 点时析出 Bi。

样品 c 比较特殊，这条步冷曲线没有拐点，只是温度下降到 E 点时出现了水平段。在平台前，体系是以单一的液相形式存在，体系有两个自由度。当达到 E 点时，同时达到了 Cd 和 Bi 的凝固点，两种金属同时析出而出现三相平衡，使 $F=0$。只有液相完全消失后，体系的温度才会下降。有了这五条步冷曲线我们就可以绘制二组分凝聚体系的相图了（温度-组成图）。

5.4.4.2 溶解度法

溶解度法主要是用来绘制水-盐体系的相图。对水-盐体系我们可以测出不同温度下盐在水中的溶解度和水中加盐后水的冰点。有了这些数据就能画出水-盐体系的相图（图 5.4.12）。图中，左边纵坐标代表的是纯水，在 a 点以上水以液态的形式存在，a 点以下水以固态的冰存在，在 a 点上水和冰呈两相平衡共存，纯水的凝固点为 0℃。根据稀溶液的依数性，当在水中加盐后，水的凝固点要降低，且盐的浓度越大，温度下降得越多，所以随着 $(NH_4)_2SO_4$ 的加入，溶液的凝固点越来越低。到达 E 点时，$(NH_4)_2SO_4$ 也达到了饱和，aE 线是冰（s_A）-溶液（l）成平衡的两相平衡线，也叫冰的熔点线，到 E 点时，$(NH_4)_2SO_4$ 达饱和，再加 $(NH_4)_2SO_4$ 就不溶了。如果升温，$(NH_4)_2SO_4$ 的溶解度增大。EN 线，是固体 $(NH_4)_2SO_4(s_B)$ 与溶液成平衡的曲线，也叫 $(NH_4)_2SO_4$ 在水中的溶解度曲线。

aEN 线以上的区域为单相区（l），是 $(NH_4)_2SO_4$ 的不饱和溶液；aEb 区为冰（s_A）和 l（溶液）两相平衡区；NEc 区为溶液（l）和固体硫酸铵（s_B）的两相平衡区；bc 线以下是冰（s_A）和固体硫酸铵（s_B）的两相平衡区。

E 点是 aE 线与 EN 线的交点，此点是冰（s_A）-硫酸铵水溶液（l）-固体硫酸铵（s_B）的三相点。此时 $F=0$，就是说，体系的温度、压力、浓度都已经确定了，与两固相平衡共存的溶液只能是浓度为 E 的溶液。温度只能是－18.3℃，E 点叫最低共熔点（eutectic point），E 点所析出的固体叫低共熔混合物（eutectic mixture）。

5.4.5 有化合物生成的固-液体系

5.4.5.1 有稳定化合物生成的体系

这种体系是在两个纯组分之间能生成化合物。稳定化合物是指将该化合物进行加热时，表现出良好的热稳定性，熔化为液态时也不分解，并且在熔化时液相和固相具有相同的组成，所以把这种化合物又叫做具有相和熔点的化合物。比如 $CaCl_2$-$FeCl_3$ 就属于这种体系。这两种物质能形成分子比为 1∶1 的化合物 C，其相图见图 5.4.13。

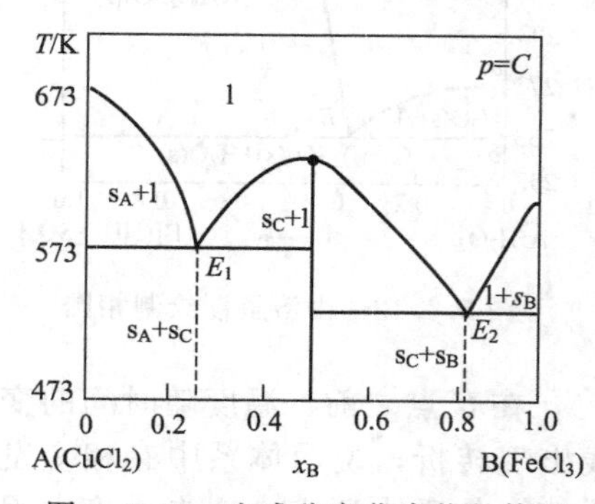

图 5.4.13 生成稳定化合物的体系

这类相图可以把它分开来看：A 和 C 能形成一个低共熔混合物 E_1，C 和 B 能形成一个低共熔混合物 E_2，所以这个相图可看成是由两个低共熔混合物的相图拼合而成。在两个低共熔点之间有一个极大点，它稳定化合物的相和熔点。如将组成与化合物相同的溶液进行冷却，到该点开始有 C 析出，C 是一种化合物，所以它是纯物质，此时体系就是单组分体系了，步冷曲线与纯化合物的相同。

属于这类二组分体系的还有 Au-Fe(1∶2)、$CuCl_2$-KCl（1∶1）；酚-苯酚（1∶1）、水-盐体系等。另外有些体系在两个纯组分之间不止形成一种化合物，而是形成两种、甚至几种，尤其是水-盐体系，能形成几种水合物。比如水-硫酸可以形成三种水合物（图 5.4.14）。可用类似的方法对这类体系进行分析讨论。

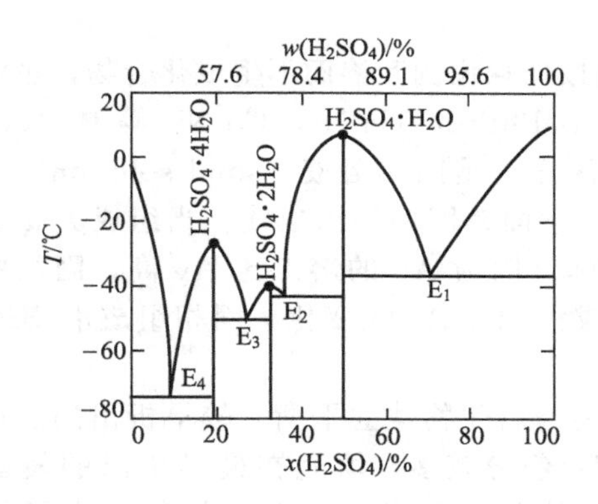

图 5.4.14 水-硫酸体系的 T-x 图

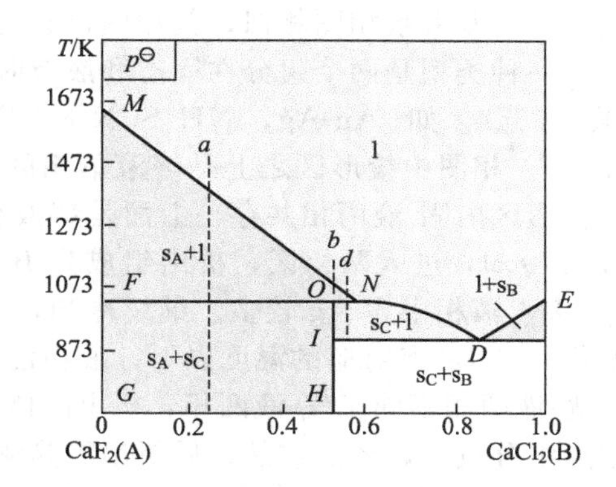

图 5.4.15 生成不稳定化合物的体系

5.4.5.2 有不稳定化合物生成的体系

这种体系是在两个纯组分 A、B 之间能形成一个不稳定的化合物。不稳定化合物是指热稳定性较差，当把这种化合物进行加热时，还没等达到它的熔点就分解了，分解产物是形成了一个新固相和一个组成与化合物不同的溶液，由于溶液的组成和该化合物的组成不同，所以把这种化合物叫做具有不相合熔点的化合物，它的分解反应称为转熔反应。其转熔反应可表示为 $C_2 \longrightarrow C_1 + S$，$C_2$ 是二组分体系所形成的不稳定化合物，C_1 是分解后产生的新固相，它可以是 A 或 B，也可以是另一种化合物。S 是分解后产生的溶液。上述转熔反应是可逆的，加热时自左向右，冷却时由右向左移动。在发生转熔反应时，体系出现了三相平衡共存，$F=2-3+1=0$，即温度和组成都不能发生变化，在步冷曲线上要出现一个水平段，直到 S 消失后温度才继续下降。典型的生成不稳定化合物体系的相图见图 5.4.15。

由稳定化合物转化为不稳定化合物，其相图演变过程如图 5.4.16 所示。在演变过程中，原来的熔点逐步变成了转熔点。

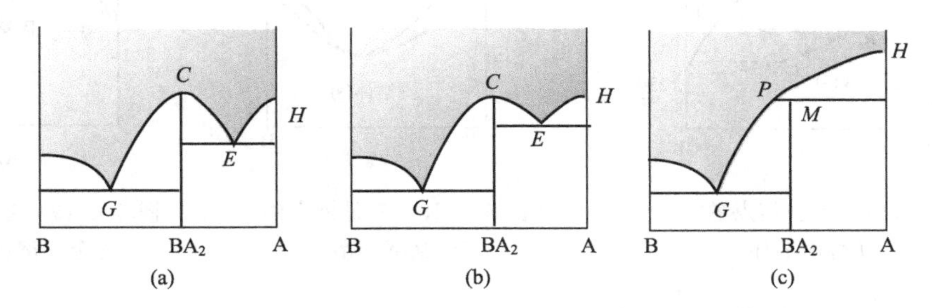

图 5.4.16 稳定化合物变为不稳定化合物的相图变化

5.4.6 有固溶体生成的固-液体系

有些二组分固-液体系，当我们将熔融液进行冷却时，所析出的固体不是纯组分，而是固体溶液（就是固体和固体是以分子的状态相混合，也是一种分子分散体系），这种体系叫做固溶体（solid solution）。根据两个组分在固相中相互溶解的程度，可以把它们分成完全互溶和部分互溶两种类型。

5.4.6.1 固相完全互溶的二组分体系

这类体系不仅在液相中完全互溶，而且在固相中也能以任意比例互溶，在固相中形成了一个均匀的单一固相（分子分散体系），所以这种体系最多可出现两相平衡共存，因为不能出现三相平衡，所以 $F\neq 0$，因此在画步冷曲线时不能有水平段。固相完全互溶体系的相图与完全互溶双液系相图相似，其相图也分为三种。

第一种类型是两个组分在固态和液态时能彼此按任意比例互溶而不生成化合物，也没有低共熔点（如 Au-Ag，NH_4SCN-KSCN，$PbCl_2$-$PbBr_2$，Cu-Ni，Co-Ni 等体系，图 5.4.17）。相图中梭形区之上是熔液单相区；梭形区之下是固体溶液（solid solution）单相区；梭形区内固-液两相共存，上面是熔液组成线，下面是固溶体组成线。当组成为 a 物系从 A 点冷却，进入两相区，析出组成为 B 的固溶体。因为 Au 的熔点比 Ag 高，固相中含 Au 较多，液相中含 Ag 较多。继续冷却，液相组成沿 AA_1A_2 线变化，固相组成沿 BB_1B_2 线变化，在 B_2 点对应的温度以下，液相消失。

固-液两相不同于气-液两相，析出晶体时，不易与熔化物建立平衡。较早析出的晶体含高熔点组分较多，形成枝晶；后析出的晶体含低熔点组分较多，填充在最早析出的枝晶之间，这种现象称为枝晶偏析。这种固相组织的不均匀，会影响合金的性能。为了使固相合金内部组成更均一，可以把合金加热到接近熔点的温度，保持一定时间，使内部组分充分扩散，趋于均一，然后缓慢冷却，这种过程称为退火，退火是金属工件制造工艺中的重要工序。在金属热处理过程中，还有一种处理工艺称为淬火，淬火是使加热到接近熔点的金属突然冷却，使其来不及发生相变，保持高温时的结构状态。金属经淬火后可提高硬度。

当两种组分的粒子大小和晶体结构不完全相同时，在它们的 T-x 图上就会出现最低点或最高点两种情形（图 5.4.18，图 5.4.19）。Na_2CO_3-K_2CO_3，KCl-KBr，p-C_6H_4ICl-p-$C_6H_4Cl_2$ 等体系的相图会出现最低点。但出现最高点的系统较少。

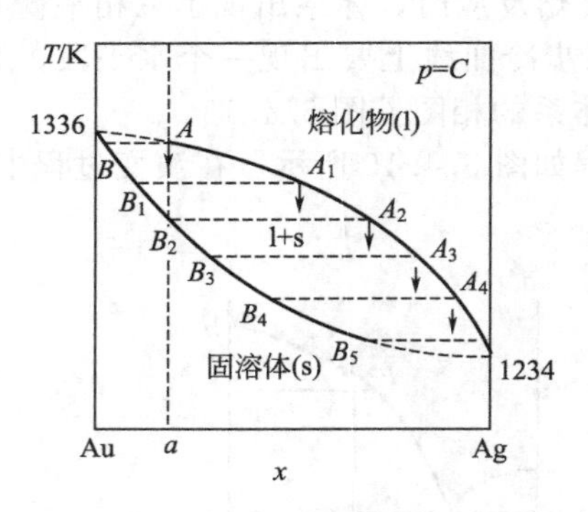

图 5.4.17 无极值点的完全互溶固溶体

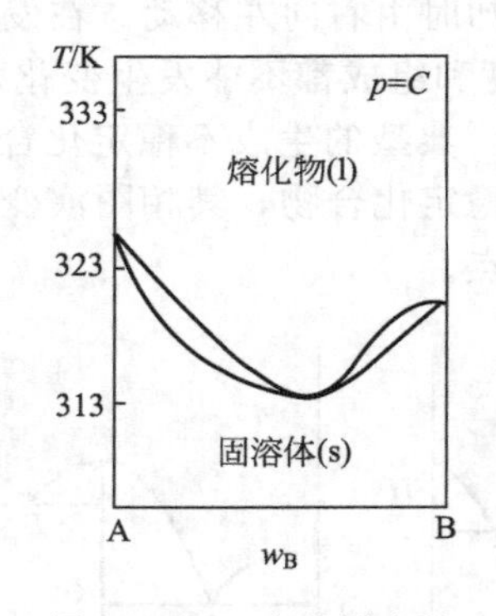

图 5.4.18 有最低点的完全互溶固溶体

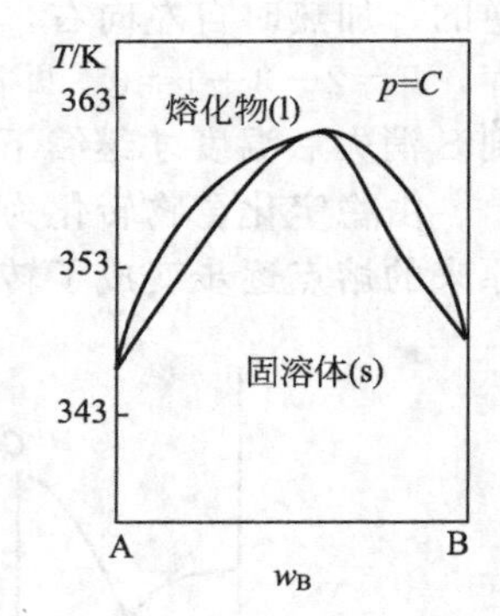

图 5.4.19 有最高点的完全互溶固溶体

5.4.6.2 固相部分互溶的二组分体系

两个组分在液态可无限混溶，而在固态只能部分互溶，形成类似于部分互溶双液系的帽形区。在帽形区外，是固溶体单相，在帽形区内，是两种固溶体两相共存。属于这种类型的相图形状各异，最典型的有两种类型，有低共熔点的体系（图 5.4.20）和有转熔温度的体系（图 5.4.21）。

在图 5.4.21 中，由于区域 $FDEG$ 的平衡组成曲线实验较难测定，故在此用虚线表示。

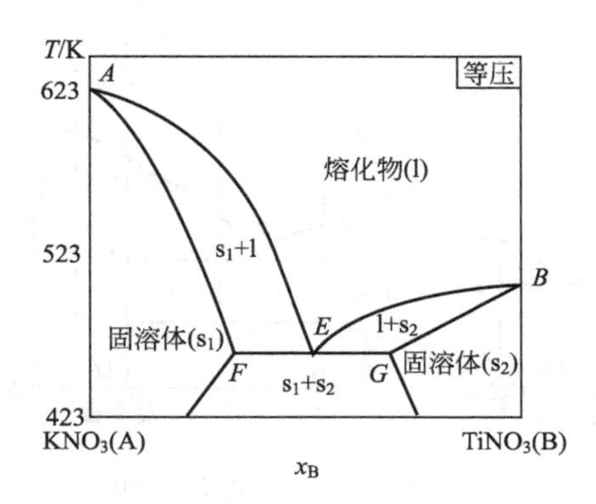

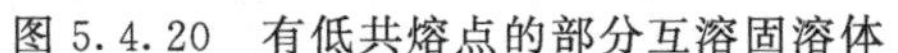
图 5.4.20　有低共熔点的部分互溶固溶体

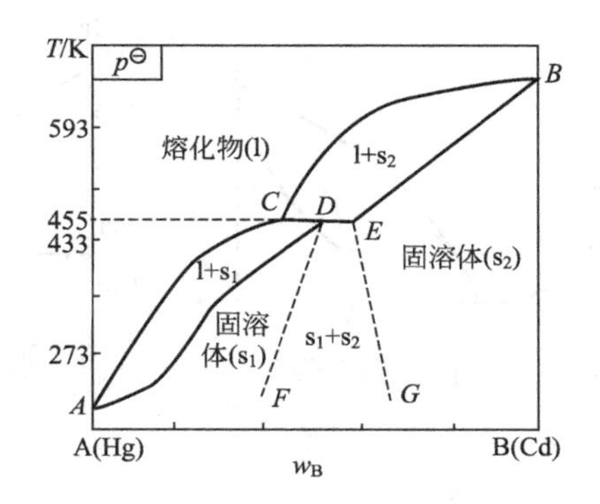

图 5.4.21　有转熔温度的部分互溶固溶体

以生成低共熔混合物的体系、生成稳定与不稳定化合物的体系、部分互溶体系的相图为基础，可以得到一系列复杂相图，对复杂相图可将其拆分成简单相图后再讨论。

对三组分体系，最多可有四个独立变量，固定压力和温度因素后可在平面图上表示。常用的有直角坐标表示法和等边三角形表示法，详细的讨论可参考有关书籍。

习题与思考题

5.1　若环丙烷可视为一种理想气体，在 323K 和 94.8kPa 的压力下，已知 1L 的环丙烷的质量为 1.5g，试求环丙烷的相对分子质量（M）。

5.2　已知盐酸的质量分数为 9.66%，密度为 $1.18\text{g}\cdot\text{mL}^{-1}$，摩尔质量为 $36.46\text{g}\cdot\text{mol}^{-1}$，试计算该溶液的物质的量浓度。

5.3　已知乙二醇摩尔质量为 $61.2\text{g}\cdot\text{mol}^{-1}$，计算由 40g 乙二醇和 60g 水所组成的防冻液的质量摩尔浓度。

5.4　已知水的摩尔气化焓 $\Delta_{\text{vap}}H_{\text{m}}=40.64\text{kJ}\cdot\text{mol}^{-1}$，若压力锅内最高允许压力为 0.23 MPa，计算水在压力锅内所能达到的最高温度为多少？

5.5　将固体 NH_4HCO_3(s) 放入真空容器中，等温在 400K，NH_4HCO_3 按式 $NH_4HCO_3(s) \longrightarrow NH_3(g) + H_2O(g) + CO_2(g)$ 分解并达到平衡。系统的组分数 C 和自由度数 F 分别为多少？

5.6　已知溴苯和水完全不互溶；且在 92℃及 100℃时，水的饱和蒸气压分别为 75.787kPa 和 101.325kPa；溴苯与水的混合物在 101.325kPa 下沸点为 95.7℃。假设水的蒸发焓 $\Delta_{\text{vap}}H_{\text{m}}$ 与温度无关，试计算馏出物中两种物质的质量比。

5.7　在 p=101.3kPa，85℃时，由甲苯（A）及苯（B）组成的二组分液态混合物即达到沸腾。该液态混合物可视为理想液态混合物。试计算该理想液态混合物在 101.3kPa 及 85℃沸腾时的液相组成及气相组成。已知 85℃时纯甲苯和纯苯的饱和蒸气压分别为 46.00kPa 和 116.9kPa。

5.8　A 和 B 两种物质的混合物在 101325Pa 下沸点-组成图如下，若将 1mol A 和 4mol B 混合，在 101325Pa 下先后加热到 T_1=200℃，T_2=400℃，T_3=600℃，根据沸点-组成图回答下列问题：①上述 3 个温度中，什么温度下平衡系统是两相平衡？哪两相平衡？各平衡相的组成是多少？各相的量是多少(mol)？②上述 3 个温度中，什么温度下平衡系统是单相？是什么相？

5.9　已知 CaF_2-$CaCl_2$ 相图，欲从 CaF_2-$CaCl_2$ 系统中得到化合物 $CaF_2\cdot CaCl_2$ 的纯粹结晶。试述应采取什么措施和步骤？

5.10　图（习题 5.10）是 SiO_2-Al_2O_3 体系在高温区间的相图，在高温下，SiO_2 有白硅石和鳞石英两种变体的转晶线，AB 线之上为白硅石，之下为鳞石英。①指出各相区分别由哪些相组成；②图中三条水平线分别代表哪些相平衡共存；③画出从 x、y、z 冷却的步冷曲线（莫来石的组成是 $2SiO_2\cdot 3Al_2O_3$）。

5.11　Au 和 Sb 分别在 1333K 和 903K 时熔化，并形成一种化合物 $AuSb_2$，在 1073K 熔化时固液组成不一致。试画出符合上述数据的简单相图，并标出所有的相区名称。画出含 50% Au 之熔融物的步冷曲线。

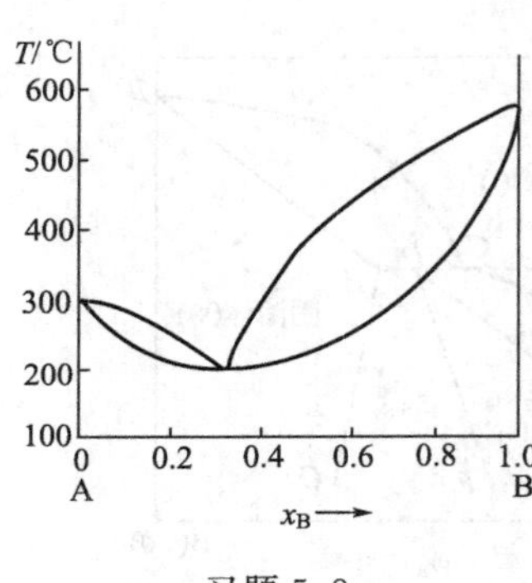

习题 5.8

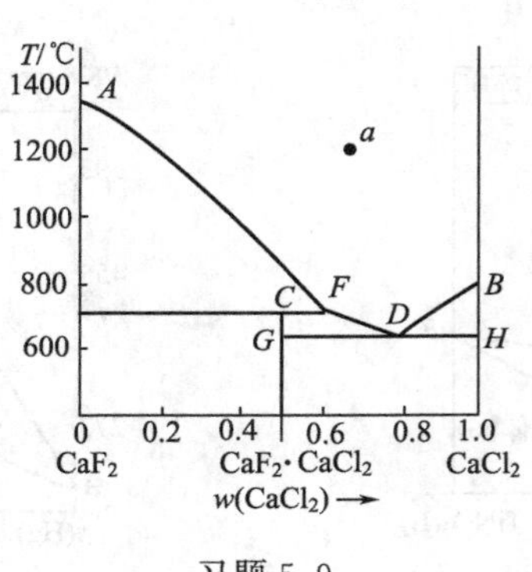

习题 5.9

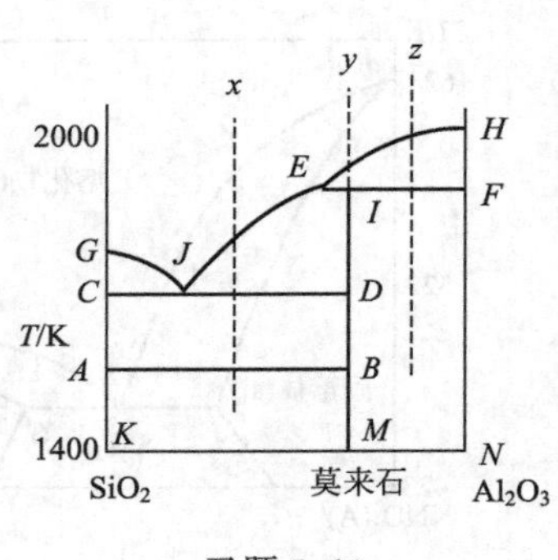

习题 5.10

5.12　苯（A）和二苯基甲醇（B）的正常熔点分别为6℃和65℃，两种纯态物不互溶，低共熔点为1℃，低共熔液中含B为0.2（摩尔分数），A和B可形成不稳定化合物AB_2，它在30℃时分解。①根据以上数据画出苯-二苯基甲醇的T-x示意图；②标出各区域的相态；③说明含B的摩尔分数为0.8的不饱和溶液在冷却过程中的变化情况。

5.13　下表是苯（A）-乙醇（B）体系在$p=100210$ Pa下的沸点-组成数据。①按照表中的数据绘制苯（A）-乙醇（B）体系的T-x图。②说明图中点，线，区的意义。③$x_B=0.40$的混合物，用普通蒸馏的方法能否将苯和乙醇完全分离？用普通蒸馏的方法分离所得的产物是什么？④由0.10mol苯与0.90mol乙醇组成的溶液，将其蒸馏加热到348.2K，试问馏出液的组成如何？残液的组成又如何？馏出液与残液各为多少摩尔？

T_b/K	352.8	348.2	342.5	341.2	340.8	341.0	341.4	342.0	343.3	344.8	347.4	351.1
x_B	0	0.040	0.159	0.298	0.421	0.537	0.629	0.718	0.798	0.872	0.939	1.00
y_B	0	0.151	0.353	0.405	0.436	0.466	0.505	0.549	0.606	0.683	0.787	1.00

参考文献

[1] 傅献彩，沈文霞，姚天扬．物理化学．第5版．北京：高等教育出版社，2006.
[2] 华彤文，陈景祖．普通化学原理．第3版．北京：北京大学出版社，2005.
[3] 江棂，邢宏龙，张勇，张群正．工科化学[M]．北京：化学工业出版社，2003：272.
[4] 樊行雪，方国女．大学化学原理及应用（上册）[M]．北京：化学工业出版社，2000：22.
[5] 金若水，王韵华，芮承国．现代化学原理（下册）[M]．北京：高等教育出版社，2003：195.
[6] 林智信，刘义，安从俊．动力学-电化学-表面及胶体化学．武汉：武汉大学出版社，2003.
[7] 邓建成，易清风，易兵．大学化学基础．第2版．北京：化学工业出版社，2008.
[8] 卜平宇，夏泉．普通化学．北京：科学出版社，2006.
[9] Ira N Levine. Physical chemistry (6th ed). Boston：McGraw-Hill，c2009.
[10] Thomas Engel，Philip Reid. Physical chemisrty. San Francisco：Pearson Benjamin Cummings，2006.

第6章　氧化还原反应与电化学

根据反应过程中是否存在电子转移，化学反应可分为两大类：有电子转移的氧化还原反应和无电子转移的非氧化还原反应。从涉及化学化工过程的工矿业生产（如元素提取、燃烧化石燃料以获取能源等），到生物体的发生、发展和消亡过程，直至衣、食、住、行、用等，大多都伴随着氧化还原反应的发生，因此它是一类非常重要的化学反应。

6.1　氧化还原反应的基本原理

6.1.1　几个基本概念

6.1.1.1　氧化数

氧化数（oxidation number）是某原子的荷电数，其值可通过假设把每个键中的电子指定给电负性更大的原子而求得。氧化数的确定应遵循以下原则。①电中性物质中，各元素的氧化数总和为零；离子性物质中，各元素的氧化数总和等于该离子的形式电荷数。②化合物中元素的氧化数有正负之分，其符号取决于元素电负性的相对大小，电负性较小的为正，电负性较大的为负。在离子化合物中，元素的氧化数等于相应正、负离子的电荷数。在极性共价化合物中，元素的氧化数为两原子之间共用电子对的偏移数。在非极性共价分子（如 P_4、S_8、Cl_2 等）中，由于 P-P、S-S、Cl-Cl 键中共用电子对没有偏移，故元素氧化数为零。③氧化数可以是整数，也可以是分数。例如在 Fe_3O_4 中，Fe 的氧化数为 8/3。④除 NaH，CaH_2，$NaBH_4$，$LiAlH_4$ 中氢的氧化数为－1 以外，氢的氧化数一般为＋1。所有氟化物中，氟的氧化数为－1。氧的氧化数一般为－2，但也有许多例外，例如 KO_2(－1/2)，H_2O_2(－1)，O_3^-(－1/3)，O_2^+(＋1/2)，OF_2(＋2) 等。⑤在配合物中，当自由基或原子团作为配体时，其氧化数均看作－1，如 CH_3(－1)、C_5H_5(－1) 等；当中性分子作为配体时，若配体中的配位原子提供偶数个电子（如 H_2O、CO、NH_3、C_2H_4、C_6H_6 等），其氧化数为零。需要注意的是，NO 作为配体时，其氧化数为＋1，如 $Cr^{(-4)}(NO)_4^{(+1)}$，这是因为 NO^+ 与 CO 为等电子体，NO 作为配体时，可以看作先给出一个电子到中心体上，然后再提供一对电子占据中心体的空轨道。

从以上讨论可知，元素的氧化数与化合价是两个不同的概念，主要表现在以下几个方面。①含义不同。化合价能反映出原子成键的能力，与分子结构联系密切；而氧化数是人为规定的，与分子结构无直接联系，未知结构化合物中元素的氧化数也可以根据化学式求得。有机化合物中的 C 原子都呈＋4 价，而不同化合物中的碳可以有不同的氧化数，例如 C 在 CH_4，H_3COH，HCOOH 和 HCHO 中氧化数分别为－4，－2，＋2 和 0。②所用的数字范围不同。化合价均取整数（一般不超过＋8 或－4），而氧化数可以取零、分数或整数。③表示的符号不同。Pauling 建议，氧化数表示为 $+m$ 或 $-n$；离子化合物中的化合价，用 $m+$ 或 $n-$ 表示，而在共价化合物中，用罗马字母表示，如 Fe(Ⅱ)、Fe(Ⅲ)。

引入氧化数，可以在不用详细研究化合物的结构和反应机理的情况下，判断是否发生了氧化还原反应，计算氧化-还原当量，配平氧化-还原反应方程式等。

6.1.1.2　氧化与还原，氧化剂与还原剂

一个氧化还原（redox）反应同时进行着两个过程：氧化数升高的过程，称为氧化（oxidation）；氧化数降低的过程，称为还原（reduction）。这两个过程相辅相成、缺一不可。与

之相对应，反应物分成两类：发生氧化的物质称为还原剂（reductant），发生还原的物质称为氧化剂（oxidant）。将上述两对概念综合起来表述，即：在反应中氧化数升高（失去电子）的物质称为还原剂，它在反应过程中使氧化剂还原，表现出还原性，而自身所发生的是氧化过程，即被氧化；在反应中氧化数降低（得到电子）的物质称为氧化剂，它在反应过程中使还原剂氧化，表现出氧化性，而自身发生的是还原过程，即被还原。如反应 $CuO+H_2 \longequal Cu+H_2O$ 中，Cu 的氧化数由 +2 变为 0，被还原，是氧化剂；H 的氧化数由 0 变为 +1，被氧化，是还原剂。

常见的氧化剂包括，一些氧化数容易降低的物质以及氧化数高的离子或化合物，如氧气、卤素、$KMnO_4$、$K_2Cr_2O_7$、浓 H_2SO_4、HNO_3 等。常见的还原剂则是氧化数易升高的物质以及氧化数低的离子或化合物，例如 Na、Mg、Al、Zn、H_2、H_2S、KI 和 $FeSO_4$ 等。具有多种化合态的元素，其中间氧化数的化合态，既可作氧化剂又可作还原剂。譬如过氧化氢中氧的氧化数为 −1，当与强氧化剂氯气反应时，过氧化氢扮演还原剂的角色，氧元素的氧化数升高；而当在酸性溶液中与亚铁盐反应时，它却成为氧化剂，氧元素氧化数降低。

6.1.2 氧化还原方程式的配平

配平氧化还原反应方程式主要有两种方法：氧化数法和离子-电子法。但在配平之前，首先要弄清氧化剂、还原剂在给定条件下反应后的产物是什么。

6.1.2.1 氧化数法

氧化数法（oxidation number method）配平的基本原则是：反应中氧化剂中元素氧化数的降低值等于还原剂中元素氧化数的增加值，简而言之，得失电子的总数相等。下面以 $P_4+HClO_3 \longrightarrow HCl+H_3PO_4$ 为例，来说明氧化数法配平氧化还原反应方程式的具体步骤。

第一步，正确书写反应物和生成物的分子式或离子式。第二步，找出反应式中氧化数发生变化的元素，并标出反应前后的氧化数，如 P(0→+5)，Cl(+5→−1)。第三步，计算出还原剂分子中所有原子的氧化数的总升高值和氧化剂分子中所有原子的氧化数总降低值，如 4P：$4\times(+5-0)=+20$；Cl：$-1-(+5)=-6$。第四步，按“氧化剂氧化数降低总和等于还原剂氧化数升高总和”的原则，确定得失电子的最小公倍数（在此为 60)，在氧化剂（$HClO_3$）和还原剂（P_4）分子式前面乘上恰当的系数（在此分别为 10 和 3)，得 $3P_4+10HClO_3 \longrightarrow 12H_3PO_4+10HCl$。第五步，用物料守恒定律来检查在反应中不发生氧化数变化的分子数目，以达到方程式两边所有种类的原子数均相等。上式中右边比左边多了 36 个 H 原子和 18 个 O 原子，所以左边要添加 18 个 H_2O 分子，即 $3P_4+10HClO_3+18H_2O \longequal 12H_3PO_4+10HCl$（配平方程式两边的 H、O 原子数时，反应介质不同，对方程式所采用的改写方法也不同：在酸性介质中 O 多的一边加 H^+，少的一边加 H_2O；在碱性介质中，O 多的一边加 H_2O，O 少的一边加 OH^-；在中性介质中，一边加 H_2O 另一边加 H^+ 或 OH^-）。第六步，检查方程式两边是否满足质量守恒，电荷守恒。

【例 6.1.1】 配平 Cu_2S 与 HNO_3 反应的化学方程式 $Cu_2S+HNO_3 \longrightarrow Cu(NO_3)_2+H_2SO_4+NO$。

解：① 正确书写：$Cu_2S+HNO_3 \longrightarrow Cu(NO_3)_2+H_2SO_4+NO$

② Cu(+1→+2)；S(−2→+6)；N(+5→+2)

③ 2Cu：$2\times(2-1)=+2$，S：$6-(-2)=+8$，失电子总数 $=2+8=10$；N：$2-5=-3$

④ 确定得失电子的最小公倍数为 30。由方程式可知，氧化剂 HNO_3 并未完全发生还原反应转化成 NO，而是尚有一部分与 Cu^{2+} 化合成 $Cu(NO_3)_2$，因而由最小公倍数 30 确定的

系数 3 和 10 应分别写到还原剂 Cu_2S、还原产物 NO 的前面，这样就可以配平方程式中的 Cu、S 元素了，即 $3Cu_2S + HNO_3 \longrightarrow 6Cu(NO_3)_2 + 3H_2SO_4 + 10NO$，根据前面分析可知，$HNO_3$ 的系数应为 $10 + 2 \times 6 = 22$，故有 $3Cu_2S + 22\ HNO_3 \longrightarrow 6Cu(NO_3)_2 + 3H_2SO_4 + 10NO$

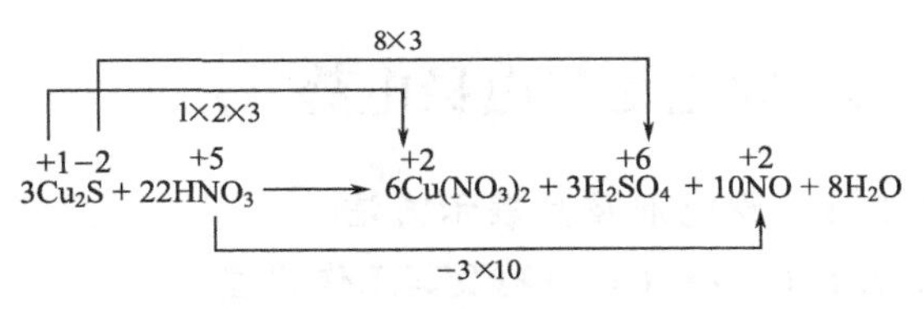

⑤ 依据物料守恒定律可知，上式中左边比右边多了 16 个 H 原子和 8 个 O 原子，所以右边应添加 8 个 H_2O 分子，即 $3Cu_2S + 22HNO_3 \longrightarrow 6Cu(NO_3)_2 + 3H_2SO_4 + 10NO + 8H_2O$

⑥ 经检查，方程式两边确实满足质量守恒、电荷守恒。

6.1.2.2　离子-电子法

有些化合物的氧化数比较难以确定，用氧化数法配平存在一定困难，这时可采用离子-电子法（ion-electron method）配平。离子电子法配平方程式是将反应式改写成半反应式，先将半反应式配平，然后将这些半反应式加和起来，消去其中的电子而完成。下面以 $H^+ + NO_3^- + Cu_2O \longrightarrow Cu^{2+} + NO + H_2O$ 为例，对离子-电子法的配平步骤进行说明。

第一步，先将反应物和产物以离子形式列出（难溶物、弱电解质和气体均以分子式表示）。第二步，把总反应式分解为还原过程和氧化过程两个半反应，如还原过程：$NO_3^- \longrightarrow NO$；氧化过程：$Cu_2O \longrightarrow Cu^{2+}$。第三步，添加一定数目的电子和介质，使半反应两边的原子个数和电荷数相等。本步骤为关键步骤，一般来说具有以下规律：在酸性介质中用 H^+、H_2O 配平，O 多的一边加 H^+、O 少的一边加 H_2O；在碱性介质中，用 OH^-、H_2O 配平，O 多的一边加 H_2O，O 少的一边加 OH^-；在中性介质中，用 H_2O 和 H^+ 或 OH^- 配平。离子反应是在酸性还是在碱性介质中进行，可以根据弱电解质存在的形式来进行判断。在此，还原过程为 $NO_3^- + 4H^+ + 3e^- \longrightarrow NO + 2H_2O$(A)，氧化过程为 $Cu_2O + 2H^+ - 2e^- \longrightarrow 2Cu^{2+} + H_2O$(B)。第四步，根据氧化还原反应中得失电子必须相等的原则，将两个半反应乘以适当的系数，合并、约化成一个配平的离子方程式。即 A×2+B×3 得 $3Cu_2O + 2NO_3^- + 14H^+ = 6Cu^{2+} + 2NO + 7H_2O$。第五步，检查方程式两边是否满足质量守恒，电荷守恒。

【例 6.1.2】　配平反应方程 $ClO_3^- + As_2S_3 \longrightarrow H_2As_2O_4^- + SO_4^{2-} + Cl^-$

解： 两个半反应方程分别为 $ClO_3^- + 6H^+ \longrightarrow Cl^- + 3H_2O - 6e^-$　(A)

$$As_2S_3 + 20H_2O \longrightarrow 2H_2AsO_4^- + 3SO_4^{2-} + 36H^+ + 28e^- \quad (B)$$

A×14+B×3 得：　$14ClO_3^- + 3As_2S_3 + 18H_2O = 14Cl^- + 6H_2AsO_4^- + 9SO_4^{2-} + 24H^+$

综上，离子-电子法的优点是不用计算氧化剂或还原剂的氧化数变化，在配平过程中不参与氧化还原反应的物种会自然配平。

6.1.2.3　有机物的氧化-还原反应方程式的配平

以下以异丁苯的酸性氧化反应为例，讨论有机物的氧化还原反应方程式配平的一般步骤。反应方程为 $Pr\text{-}CH_2CH(CH_3)_2 + KMnO_4 + H_2SO_4 \longrightarrow Pr\text{-}COOH + (CH_3)_2C{=}O + MnSO_4 + K_2SO_4 + H_2O$。首先，$Pr\text{-}CH_2CH(CH_3)_2$ 与 Pr-COOH 及 $(CH_3)_2C{=}O$ 比较，前者比后两者少 3 个 O 原子、多两个 H 原子，即相当于失去 8 个电子；另一方面，反应前后，$Mn^{7+} + 5e^- \longrightarrow Mn^{2+}$，即每个 Mn^{7+} 获得 5 个电子。根据氧化还原反应中得失电子必须相等的原则，得失电子的最小公倍数为 40，在氧化剂和还原剂分子式前面乘上恰当的系数，即 $5Pr\text{-}CH_2CH(CH_3)_2 + 8KMnO_4 + 12H_2SO_4 \longrightarrow 5Pr\text{-}COOH + 5(CH_3)_2C{=}O + 8MnSO_4 + 4K_2SO_4 + 17H_2O$。

6.2　原电池与电极电势

6.2.1　原电池及其表示方法

6.2.1.1　Zn-Cu 电池及其工作原理

当将锌片放入硫酸铜溶液中时，我们会观察到锌片逐渐溶解，同时锌片上不断析出红色铜，而蓝色 $CuSO_4$ 溶液的颜色逐渐变浅，这是因为发生了氧化还原反应 $Zn+Cu^{2+}═══Zn^{2+}+Cu$ 的缘故。如前所述，这个反应可以拆分成两个半反应方程式：锌极反应为 $Zn-2e^-═══Zn^{2+}$，即 Zn 片失电子发生氧化作用生成 Zn^{2+} 进入溶液，为负极（anode）；铜极反应为 $Cu^{2+}+2e^-═══Cu$，即 Cu^{2+} 获得电子被还原成金属铜析出，为正极（cathode）。

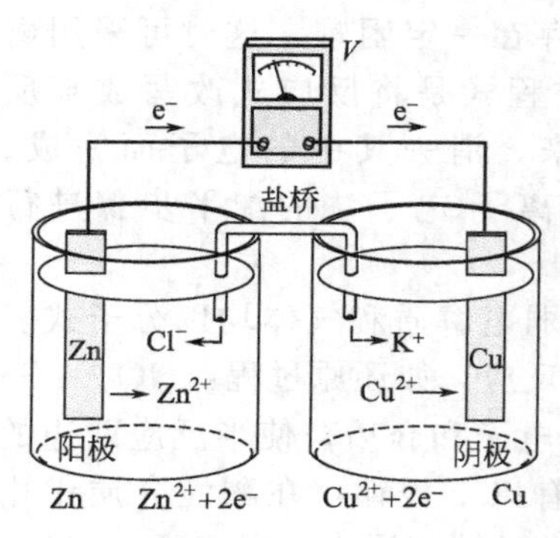

图 6.2.1　铜锌原电池

以上反应中发生了电子转移并伴随有能量的转化。由于 Zn 和 $CuSO_4$ 溶液直接接触，电子就从 Zn 原子直接转移到 Cu^{2+} 上而得不到有序的电子流。随着氧化还原反应的进行，溶液温度有所升高，即反应放出的化学能转变为热能而白白耗费掉。如果能将类似的这部分化学能加以有效利用，势必将大大拓宽能源来源的多样性，那么如何才能实现其合理利用呢？

按图 6.2.1 所示的装置，分别向盛有 $ZnSO_4$、$CuSO_4$ 溶液的甲、乙两烧杯中放入锌片、铜片，然后用一倒置的 U 形管把两个烧杯中的溶液连接起来（U 形管中装满用 KCl 饱和溶液和琼脂做成的冻胶，这种装满冻胶的 U 形管叫做盐桥），此时串联在 Zn 极和 Cu 极间的检流计指针立即向一方偏转，说明导线中有电流通过，该装置称为铜锌原电池，或丹尼尔（Daniell）电池（cell）。

上述装置产生电流的原因是，Zn 原子失去两个电子形成 Zn^{2+}（$Zn-2e^-═══Zn^{2+}$），电子经过导线流向铜片，在铜片表面上，溶液中的 Cu^{2+} 获得电子变成金属铜析出（$Cu^{2+}+2e^-═══Cu$）。随着反应的进行，$ZnSO_4$ 溶液因含有过多的 Zn^{2+} 而带上正电，$CuSO_4$ 溶液因含过多的 SO_4^{2-} 而带负电，这将影响电子从 Zn 片继续向 Cu 片移动。由于盐桥（salt bridge）的存在，其中 Cl^- 会向 $ZnSO_4$ 溶液扩散，K^+ 向 $CuSO_4$ 溶液扩散，以保持两种盐溶液的电中性。因此，锌的溶解和铜的析出得以继续进行，电流可以源源不断地产生，该装置发生的总反应式为 $Zn+Cu^{2+}═══Zn^{2+}+Cu$。总之，铜锌原电池的工作原理是：使 Cu^{2+} 不直接从 Zn 片上获得电子，而是让 Zn 片上的电子经过一段金属导线后传给 Cu^{2+}，这样氧化和还原反应分别在两处进行，实现了化学能向电能的转变。Zn 失去电子、氧化数升高、被氧化，为还原剂；Cu^{2+} 获得电子、氧化数降低，为氧化剂。

6.2.1.2　原电池的表示方法

根据 IUPAC（国际纯粹与应用化学联合会）协约，原电池可用下面的符号表示：

$$(-)电极\,|\,电解质溶液(c)\,|\,电极(+)$$

譬如，Daniell 电池可表示为：$(-)Zn|ZnSO_4(c_1)\parallel CuSO_4(c_2)|Cu(+)$。习惯上，负极在左，正极在右，其中“|”表示相界面，“‖”表示两种不同的溶液（或两种不同浓度的同种溶液间用盐桥来连接），c 表示溶液的浓度（若为气体，则用分压表示）。

关于原电池的表示，以下几点需要特别说明。①一个电池由两极上发生的两个半反应组成，负极上失电子进行氧化反应（如 $Zn-2e^-═══Zn^{2+}$），正极上得到电子发生还原反应（如 $Cu^{2+}+2e^-═══Cu$）。这种分别在负极或正极上进行的氧化反应或还原反应，称为电极

反应。若将以上两式相加，即可得整个原电池所发生的氧化还原反应 $Zn+Cu^{2+}$ ══ $Zn^{2+}+Cu$，称为电池反应方程。②每个半反应都包括两种物质，一种是高氧化态的氧化型物质（如 Zn^{2+}、Cu^{2+}），另一种是低氧化态的还原型物质（如 Zn、Cu），分别组成了氧化还原电对（如 Zn^{2+}/Zn、Cu^{2+}/Cu），即每个原电池都有两个氧化还原电对，简称电对，以“氧化型/还原型”来表示。相同相态的同一元素不同价态物质也可以组成氧化还原电对［如 $Fe^{2+}(c)$ 和 $Fe^{3+}(c)$，$PbSO_4(s)$ 和 $PbO_2(s)$ 等］，在电池符号表示时两者用“,”号隔开，即 $Fe^{2+}(c),Fe^{3+}(c)$及 $PbSO_4(s)$，$PbO_2(s)$。③氧化还原电对中若存在金属单质，可直接采用金属单质作电极，如 Zn、Cu 等；否则，需外加一种不参与电极反应的惰性材料作电极导电体，常用的惰性导电体有铂和石墨，如 $Pt|Fe^{2+}(c_1)$，$Fe^{3+}(c_2)$。④凡参加氧化还原反应及电极反应的物质，有的虽自身未发生氧化还原反应，但在原电池符号中仍需表示出来。例如电池反应 $MnO_4^-+5Fe^{2+}+8H^+$ ══ $Mn^{2+}+5Fe^{3+}+4H_2O$，负极反应是 $Fe^{2+}-e^-$ ══ Fe^{3+}，正极反应是 $MnO_4^-+8H^++5e^-$ ══ $Mn^{2+}+4H_2O$。其中 H^+ 未发生氧化还原，但因参与了电极反应，故也应在电池符号中表示出来：$(-)Pt|Fe^{2+}(c_1)$，$Fe^{3+}(c_2)\|MnO_4^-(c_3)$，$Mn^{2+}(c_4)$，$H^+(c_5)|Pt(+)$。

鉴于以上分析，由反应式写电池符号时，首先应把总反应分解为两个电极反应，写出电极反应的氧化还原电对，并判断所组成的电极类型；然后写出两个电极符号并组成电池。如已知电池反应

$Cu+Cl_2$ ══ $Cu^{2+}+2Cl^-$，则负极反应为 $Cu-2e^-$ ══ Cu^{2+}，符号$(-)Cu|Cu^{2+}(c_1)$；正极反应为 Cl_2+2e^- ══ $2Cl^-$，符号 $Cl^-(c_2)|Cl_2(p)|Pt(+)$；电池符号为$(-)Cu|Cu^{2+}(c_1)\|Cl^-(c_2)|Cl_2(p)|Pt(+)$。反之，由电池符号书写电池反应方程时，应首先根据电池符号分别写出两个电极反应并分别配平；在两个半反应前乘以适当系数后相加或相减并约化得到总反应方程式。例如已知电池符号$(-)Pt|MnO_4^-(c_1),Mn^{2+}(c_2),H^+(c_3)\|H^+(c_4)|PbSO_4(s),PbO_2(s),Pt(+)$，则负极反应为 $Mn^{2+}+4H_2O-5e^-$ ══ $MnO_4^-+8H^+$；正极反应为 $PbO_2+SO_4^{2-}+4H^++2e^-$ ══ $PbSO_4+2H_2O$；(负极反应×2)+(正极反应×5)得电池反应方程式为 $5PbO_2+5SO_4^{2-}+2Mn^{2+}+4H^+$ ══ $5PbSO_4+2MnO_4^-+2H_2O$。

【例 6.2.1】 分别写出反应 ①$2Fe^{3+}+Sn^{2+}$ ══ $2Fe^{2+}+Sn^{4+}$和②$2AgCl+Fe$ ══ $2Ag+FeCl_2$ 的电池符号。

解: ① 电对 Fe^{3+}/Fe^{2+} 为正极，电对 Sn^{4+}/Sn^{2+} 为负极。两个电对本身均无导体，需外加电极导体。电池符号为$(-)Pt|Sn^{4+}(c_1),Sn^{2+}(c_2)\|Fe^{3+}(c_3),Fe^{2+}(c_4)|Pt(+)$

② 电对 Fe^{2+}/Fe 为负极，电对 AgCl/Ag 为正极。两个电对均有导体，无需外加电极导体。正极中的 Cl^- 没有氧化数变化，但参加了电极反应。凡是参加了电极反应的物质，不论是否发生氧化数的变化，都必须写进电池符号。电池符号为$(-)Fe|Fe^{2+}(c_1)\|Cl^-|AgCl|Ag(+)$

【例 6.2.2】 根据电池符号$(-)Pt|H_2(p^\ominus)|H^+(c_1)\|Cl^-(c_2)|Cl_2|Pt(+)$写出电极反应和电池反应。

解: 负极反应 H_2 ══ $2H^++2e^-$；正极反应 Cl_2+2e^- ══ $2Cl^-$；电池反应 Cl_2+H_2 ══ $2Cl^-+2H^+$

6.2.2 电极电势与电池电动势

6.2.2.1 电极电势

电极电势（electrode potential）的产生可以用德国化学家能斯特（H. W. Nernst）提出的双电层理论（electron double layer）来解释。

把金属棒（M）插入水中，由于水分子的极性很大，易与构成晶格的金属离子相吸引而

发生水合（hydration）作用，结果一部分金属离子与金属棒中的其他金属离子之间的化学键减弱，甚至在金属棒上留下电子而自身以水合离子 M^{n+}（aq）的形式进入金属棒表面的临近水层之中，金属离子越活泼，这种倾向越大。另一方面，水溶液中溶解的金属离子又有一种从金属表面获得电子而沉积在金属表面的倾向。金属越不活泼，水溶液中金属离子浓度越大，这种倾向就越大。金属棒因失去金属离子而带负电荷，溶液因纳入了金属离子而带正电荷，这两种电荷因电性相反而彼此相互吸引，以致大多数金属离子聚集在金属棒附近的水层中，对即将进入水溶液的金属离子有排斥作用，即阻碍金属的继续溶解。当 $v_{溶解}=v_{沉积}$ 时，达到一种动态平衡，这样在金属棒与溶液两相界面上形成了一个带相反电荷的双电层（见图 6.2.2），双电层的厚度虽然很小，但却在金属和溶液之间产生了电势差，此即为金属的电极电势，能描述电极得失电子能力的相对强弱，用 $\varphi(M^{n+}/M)$ 表示。如铜电极的电极电势以 $\varphi(Cu^{2+}/Cu)$ 表示。

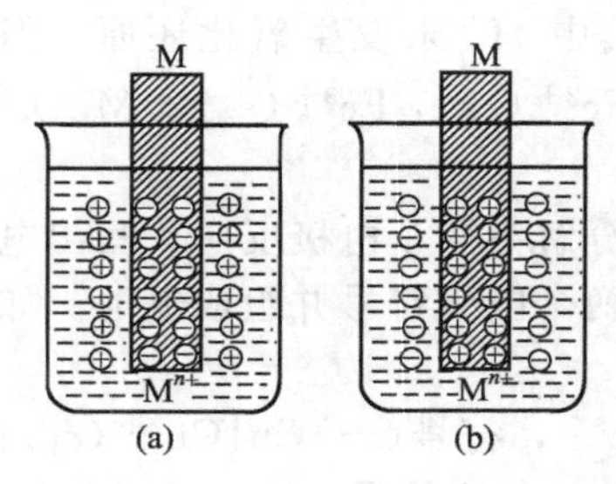

图 6.2.2 双电层示意图

金属棒不仅浸在纯水中会产生电势差，即使浸入含有该金属盐的溶液中也会发生类似的作用。由于溶液中已经存在该金属的离子，所以离子从溶液中析出沉积到金属棒上的过程加快，因而使金属在另一电势下建立平衡。如果金属离子很容易进入溶液，则金属棒在溶液中仍带负电荷，只是比纯水中时所带的负电荷要少［图 6.2.2(a)］；如果金属离子不易进入溶液，溶液中已经存在的金属离子起初在金属棒上的沉积速度可能超过金属离子由金属棒进入溶液的速度，因而可使金属棒带正电荷［图 6.2.2(b)］。金属的电极电势除与本身的活泼性（即金属的种类）和金属离子在溶液中的浓度有关外，还取决于温度、介质等因素。

6.2.2.2 电池电动势

在外电路没有电流通过的状态下，原电池两个电极的平衡电极电势之差称为电池的电动势（electromotive force，EMF），用符号 E 表示，则 $E=\varphi_{+}-\varphi_{-}$。

6.2.2.3 电极的分类

根据电极材料和与之相接触的溶液，可将电极分成三类。①第一类电极，电极与它的离子溶液相接触。这类电极又可分为两种：金属-金属离子电极，以金属本身作电极，如 $Zn|Zn^{2+}$；气体-离子电极，这类电极需要外加惰性固体导电材料，如 $Pt|Cl_2(g)|Cl^-$，该类电极的电势来自于电中性组分和离子之间的电子转移。②第二类电极，包括金属-金属难溶盐或氧化物-阴离子电极，是通过在金属表面涂以该金属的难溶盐（或氧化物），然后将其浸在与该盐具有相同阴离子的溶液中而形成的，如 $Hg,Hg_2Cl_2|Cl^-(c)$，$Ag,AgCl|Cl^-(c)$ 等。这类电极常用作参比电极，因为难溶盐参与电极反应，使电极电势非常稳定。③氧化还原电极或惰性电极，是将惰性导电材料放在含有同一元素不同氧化数的两种离子的溶液中形成的，如 $Pt|Fe^{3+}(c_1)$，$Fe^{2+}(c_2)$ 等。这类电极是一个电子源或电子接收器，允许电子的传输而自身并不像第一类、第二类电极那样参与反应。氧化还原电极最初使用的材料是贵金属，如铂、金、汞等。目前使用的惰性电极材料有很多种，如玻璃碳，不同形式的石墨，还有半导体氧化物，只要在所应用的电势范围内电极材料表面本身不发生反应即可。

6.2.2.4 标准电极与参考电极

丹尼尔电池中，为什么电子从 Zn 转移给 Cu^{2+}，而不是从 Cu 原子转移给 Zn^{2+} 呢？如前所述，当我们把 Zn 与 $CuSO_4$ 的反应构成原电池时，发现有电流产生，这说明两个电极之间有电势差存在，就像有水位差存在，水就会自然流动一样。既然原电池两极间有电势差，那么构成原电池的两个电极一定具有不同的电势，而且正极的电势较负极的电势高。如果我们能知道各种电极的电势，不仅可以回答上面的问题，还可以借此判断各种氧化还原反应是否能够进行。然而电极电势的绝对值无法测量，为了比较不同电极的电势高低，只能像海拔高度选用海平面为比较标准一样，选定某种电极作为标准，其他电极与之比较，求得电极电势的相对值。电化学中通常选定的参考系是标准氢电极（standard hydrogen electrode）。

见图 6.2.3(a)，标准氢电极是这样规定的：将覆有一层海绵状铂黑的铂片（或镀有铂黑的铂片）置于氢离子浓度（严格来说应为活度 a）为 $1mol \cdot L^{-1}$ 的硫酸溶液中，然后不断地通入压力为 $1.013\times10^5 Pa$ 的纯氢气，使铂黑吸附氢气达到饱和，形成一个氢电极。在该电极的周围发生如下平衡：H_2（$p^{\ominus}$）$\longrightarrow 2H^+(1.0mol \cdot L^{-1})+2e^-$。这时产生在标准氢电极和硫酸溶液之间的电势，称为氢的标准电极电势。将它作为电极电势的相对标准，规定在任何温度下标准氢电极的电极电势均为零（因为电极电势同温度有关），即 $\varphi_{H^+/H_2}=0.00V$。

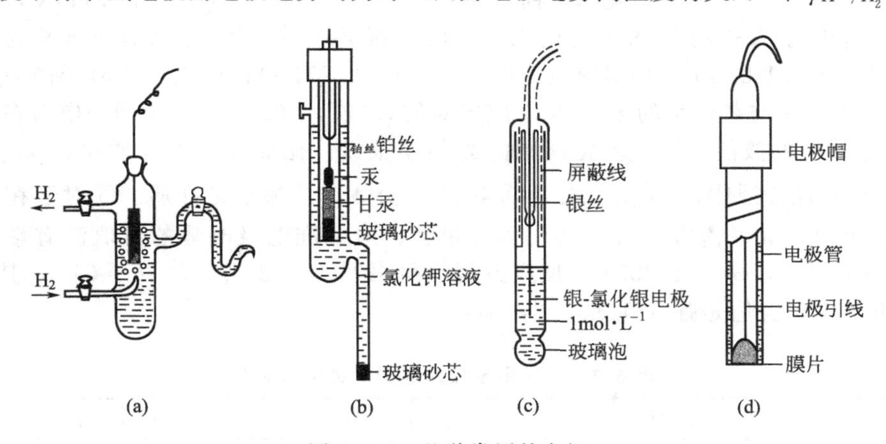

图 6.2.3　几种常用的电极

(a) 标准氢电极；(b) 甘汞电极；(c) 玻璃电极；(d) 离子选择性电极

事实上，由于标准氢电极操作条件难于控制，上述条件很难达到。在实际使用中，常以 Ag-AgCl 电极（在金属银上覆盖一层难溶于水的氯化银，然后浸没在含氯离子的溶液中）和饱和甘汞电极作参比电极（reference electrode）。甘汞电极（calomel electrode）由 Hg、糊状 Hg_2Cl_2 和 KCl 饱和溶液构成［图 6.2.3(b)］，稳定性好，使用方便，其电极符号为 Pt,Hg|Hg_2Cl_2|KCl(饱和)，电极反应为：$Hg_2Cl_2(s)+2e^- = 2Hg(l)+2Cl^-(aq)$，25℃时，其电极电势为 0.2415V。

除甘汞电极外，玻璃电极（glass electrode）和离子选择性电极（ionic selective electrode）也是电化学研究和测量中的常用电极，其结构见图 6.2.3。

6.2.2.5　标准电极电势的确定

为了便于比较，规定温度 T 时（通常为 25℃）组成电极的所有物质都在各自标准状态（离子活度 $a=1$，气体分压为 $1.013\times10^5 Pa$，液体或固体都是纯物质）下，所测得的电极电势称为该电极的标准电极电势，以 $\varphi^{\ominus}$ 表示。

为了确定任意电极的标准电极电势，用标准氢电极与处于标准状态下的给定电极组成原电池，测得该电池的电动势，就可以算出该电极的标准电极电势。比如为了测定 Zn^{2+}/Zn 电对的标准电极电势，可将 Zn | Zn^{2+} ($a=1$) 电极与标准氢电极组成一个原电池(−)Zn|Zn^{2+}($a=1$) ‖ H^+($a=1$)|H_2($p^{\ominus}$)|Pt(+)，用电位计测得该电池电动势 $E=0.7628V$，则 $E=\varphi_+-\varphi_-=\varphi^{\ominus}_{H^+/H_2}-\varphi^{\ominus}_{Zn^{2+}/Zn}=0.7628\ V$，所以 $\varphi^{\ominus}_{Zn^{2+}/Zn}=-0.7628V$。再如测定 Cu^{2+}/

Cu电对的标准电极电势，可将$Cu^{2+}(a=1)|Cu$电极与标准氢电极组成一个原电池$(-)Pt|H_2(p^{\ominus})|H^+(a=1)\|Cu^{2+}(a=1)|Cu(+)$，用电位计测得其电动势$E=0.339V$，则$E=\varphi_+-\varphi_-=\varphi^{\ominus}_{Cu^{2+}/Cu}-\varphi^{\ominus}_{H^+/H_2}=0.339V$，所以$\varphi^{\ominus}_{Cu^{2+}/Cu}=+0.339V$。同理可测得其他电对的标准电极电势。

对那些与水发生剧烈反应而不能直接测定的电极，如Na^+/Na、$F_2/2F^-$等，则可以通过热力学数据用间接方法来计算其标准电极电势。把所测得的一系列电对的标准电极电势整理成表就得到标准电极电势表（常用电对的标准电极电势见表6.2.1）。使用标准电极电势表时应注意以下几点。①本书采用国际上广泛使用的还原电势，规定所有半电池反应都写成还原反应形式，即氧化型$+ne^-$══还原型。②标准电极电势是表示在标准状态下某电极的电极电势，仅适合于水溶液介质中的电极反应，而对非水、高温、固相反应不适合。③同一种物质在某一电对中是氧化型，在另一电对中可以是还原型。例如，Fe^{2+}在$Fe^{2+}+2e^-$══$Fe(\varphi^{\ominus}=-0.44V)$中是氧化型，而在$Fe^{3+}+e^-$══$Fe^{2+}$ $(\varphi^{\ominus}=+0.771V)$中是还原型。所以在讨论与$Fe^{2+}$有关的氧化还原反应时，若$Fe^{2+}$是作为还原剂而被氧化为$Fe^{3+}$，则必须使用与还原型的$Fe^{2+}$相对应电对的$\varphi^{\ominus}$值（+0.771V）；反之，若离子作为氧化剂被还原为Fe，则须用与氧化型的Fe^{2+}相对应电对的$\varphi^{\ominus}$值(−0.44V)。④同一电对在不同介质（酸性和碱性）中的数值不同，氧化还原能力相差很大。比如在酸性介质中，$\varphi^{\ominus}_{O_2,H^+/H_2O}=1.23V$；而在碱性介质中，$\varphi^{\ominus}_{O_2,H^+/H_2O}=0.401V$。查表时应搞清楚介质。⑤对于在相同介质下的同一种电对，其平衡方程式中的化学计量数，对标准电极电势的数值没有影响。例如Cl_2+2e^-══$2Cl^-$，$\varphi^{\ominus}=1.358V$，反应方程也可书写为$1/2Cl_2+e^-$══Cl^-，其$\varphi^{\ominus}$值不变。⑥标准电极电势值是强度性质，不具加和性。

表6.2.1 常用电极的标准电极电势$\varphi^{\ominus}$ (V)

电对	电极反应	$\varphi^{\ominus}$	电对	电极反应	$\varphi^{\ominus}$
F_2/F^-	$F_2+2e^-\longrightarrow 2F^-$	2.87	Cu^{2+}/Cu^+	$Cu^{2+}+e^-\longrightarrow Cu^+$	0.15
$PbO_2/PbSO_4$	$PbO_2+SO_4^{2-}+4H^++2e^-\longrightarrow PbSO_4+2H_2O$	1.69	Sn^{4+}/Sn^{2+}	$Sn^{4+}+2e^-\longrightarrow Sn^{2+}$	0.14
Ce^{4+}/Ce^{3+}	$Ce^{4+}+e^-\longrightarrow Ce^{3+}$	1.62	H^+/H_2	$2H^++2e^-\longrightarrow H_2$	0.00
MnO_4^-/Mn^{2+}	$MnO_4^-+8H^++5e^-\longrightarrow Mn^{2+}+4H_2O$	1.51	Pb^{2+}/Pb	$Pb^{2+}+2e^-\longrightarrow Pb$	−0.13
Cl_2/Cl^-	$Cl_2+2e^-\longrightarrow 2Cl^-$	1.36	Sn^{2+}/Sn	$Sn^{2+}+2e^-\longrightarrow Sn$	−0.14
$Cr_2O_7^{2-}/Cr^{3+}$	$Cr_2O_7^{2-}+14H^++6e^-\longrightarrow 2Cr^{3+}+7H_2O$	1.33	Ni^{2+}/Ni	$Ni^{2+}+2e^-\longrightarrow Ni$	−0.25
O_2/H_2O	$O_2+4H^++4e^-\longrightarrow 2H_2O$	1.23	$Ag(CN)_2^-/Ag$	$Ag(CN)_2^-+e^-\longrightarrow Ag+2CN^-$	−0.31
Br_2/Br^-	$Br_2+2e^-\longrightarrow 2Br^-$	1.07	$PbSO_4/Pb$	$PbSO_4+2e^-\longrightarrow Pb+SO_4^{2-}$	−0.35
NO_3^-/NO	$NO_3^-+4H^++3e^-\longrightarrow NO+2H_2O$	0.96	Fe^{2+}/Fe	$Fe^{2+}+2e^-\longrightarrow Fe$	−0.44
Ag^+/Ag	$Ag^++e^-\longrightarrow Ag$	0.80	Zn^{2+}/Zn	$Zn^{2+}+2e^-\longrightarrow Zn$	−0.76
Fe^{3+}/Fe^{2+}	$Fe^{3+}+e^-\longrightarrow Fe^{2+}$	0.77	H_2O/H_2	$2H_2O^+2e^-\longrightarrow H_2+2OH^-$	−0.83
I_2/I^-	$I_2+2e^-\longrightarrow 2I^-$	0.54	$Zn(NH_3)_4^{2+}/Zn$	$Zn(NH_3)_4^{2+}+2e^-\longrightarrow Zn+4NH_3(aq)$	−1.03
O_2/OH^-	$O_2+2H_2O+4e^-\longrightarrow 4OH^-$	0.40	Al^{3+}/Al	$Al^{3+}+3e^-\longrightarrow Al$	−1.66
$Ag(NH_3)_2^+/Ag$	$Ag(NH_3)_2^++e^-\longrightarrow Ag+2NH_3(aq)$	0.37	Mg^{2+}/Mg	$Mg^{2+}+2e^-\longrightarrow Mg$	−2.37
Cu^{2+}/Cu	$Cu^{2+}+2e^-\longrightarrow Cu$	0.34	Na^+/Na	$Na^++e^-\longrightarrow Na$	−2.71
Hg_2Cl_2/Hg	$Hg_2Cl_2+2e^-\longrightarrow 2Hg+2Cl^-$ (1mol·L⁻¹ KCl)	0.27	Ca^{2+}/Ca	$Ca^{2+}+2e^-\longrightarrow Ca$	−2.87
Hg_2Cl_2/Hg	$Hg_2Cl_2+2e^-\longrightarrow 2Hg+2Cl^-$ (饱和KCl)	0.24	K^+/K	$K^++e^-\longrightarrow K$	−2.92
$AgCl/Ag$	$AgCl+e^-\longrightarrow Ag+Cl^-$	0.22	Li^+/Li	$Li^++e^-\longrightarrow Li$	−3.05

6.2.3 能斯特方程与电极电势的计算

6.2.3.1 原电池电动势的计算

由化学热力学理论可知，等温等压下体系吉布斯自由能的减少，等于体系所做的最大有用功。如果电池在恒温、恒压下可逆放电，且非膨胀功只有电功一种，那么反应过程中吉布斯自由能的降低就等于电功 W_{ele}。在电池反应中，设电池电动势为 E，电池反应的自由能变化为 $\Delta_r G_m$，电池中相应的有 $n$mol 电子发生了转移，那么通过全电路的电量就为 nF 库仑，F 为法拉第（Faraday）常数。由物理学理论可知，所做电功为 nFE，则有 $(\Delta_r G_m)_{T,p} = -W_{ele} = -N$(电功率)$\cdot t$(时间)$= -I \cdot E \cdot t = -Q \cdot E = -nFE$。即

$$\Delta_r G_m = -nFE \tag{6.2.1}$$

此式将热力学与电化学紧密联系起来，若能测出电池的电动势，就可以计算电池反应的自由能变化。

当处于标准状态时，$\Delta_r G_m^{\ominus} = -nFE^{\ominus}$

则

$$E^{\ominus} = -\Delta_r G_m^{\ominus}/(nF) \tag{6.2.2}$$

利用式(6.2.2) 可由氧化还原反应的标准自由能变 $\Delta_r G_m^{\ominus}$ 来计算所组成电池的标准电动势。

鉴于原电池电动势与电池反应的自由能变 $\Delta_r G_m$ 有直接的关系，所以一切影响 $\Delta_r G_m$ 的因素都会影响到电池电动势 E，这些因素包括温度、压力、反应物和生成物的性质以及它们的浓度。

6.2.3.2　能斯特方程

任意状态下，反应的自由能变 $\Delta_r G_m$ 与标准自由能变 $\Delta_r G_m^{\ominus}$ 的关系符合范特霍夫等温式 $\Delta_r G_m = \Delta_r G_m^{\ominus} + RT\ \ln Q$，式中 Q 为反应商。将式(6.2.1)、式(6.2.2) 代入得 $-nFE = -nFE^{\ominus} + RT\ln Q$，即 $E = E^{\ominus} - \left(\frac{RT}{nF}\right)\ln Q$ 或

$$E^{\ominus} = E - (0.05916/n)\lg Q \tag{6.2.3}$$

式(6.2.3) 即为描述电池电动势与反应物活度（或压力）关系的能斯特（Nernst）方程式。

对于无气体参与的氧化还原反应 $m\text{A} + n\text{B} \longrightarrow \theta\text{C} + \lambda\text{D}$，严格意义上，反应商应该表示为：

$$Q = (a_C^{\theta} a_D^{\lambda})/(a_A^m a_B^n) = \{(\gamma_C[\text{C}])^{\theta} \cdot (\gamma_D[\text{D}]^{\lambda})\}/\{(\gamma_A[\text{A}])^m \cdot (\gamma_B[\text{B}])^n\} \tag{6.2.4}$$

其中，a_X、γ_X、$[X]$ 分别表示电池反应中组分 X 的活度、活度系数和物质的量浓度。在标准状态下 $a_X = 1\text{mol} \cdot \text{L}^{-1}$。如果有气体参与反应，则以参数逸度 f 对应于溶液的活度 a，$f = \delta p$，p、δ 分别为气体分压、逸度系数，标准状态下 $f = p^{\ominus} = 101.325\text{kPa}$。

对理想溶液，活度系数 $\gamma = 1$；对理想气体，逸度系数 $\delta = 1$。如果溶液、气体偏离理想状态的程度不大，采用浓度近似替代活度、气体分压近似替代逸度带来的计算偏差有限，故而在以后的讨论中，除非特别说明，其余各处皆认为 $a_X = [X]$，$f = p$。那么，式 (6.2.4) 可简化为

$$Q = ([\text{C}]^{\theta} \cdot [\text{D}]^{\lambda})/([\text{A}]^m \cdot [\text{B}]^n) \tag{6.2.5}$$

6.2.3.3　电极电势的计算

标准电极电势是在标准状态下测定的，那非标准状态下的电极电势该如何确定呢？Nernst 方程不仅适用于电池反应，也适用于电极反应。对于任意一个电极，电极反应通式为

$$\text{氧化型 (Ox)} + ne^- \longrightarrow \text{还原型 (Red)}$$

则在 298.15 K 时，电极电势与浓度（或分压）的关系可由热力学导出

$$\varphi_{\text{Ox/Red}} = \varphi_{\text{Ox/Red}}^{\ominus} + (0.05916/n)\lg([\text{Ox}]/[\text{Red}]) \tag{6.2.6}$$

式中，$\varphi_{\text{Ox/Red}}^{\ominus}$ 为标准电极电势；n 为电极反应中的得失电子数；[Ox] 和 [Red] 分别表示氧化型物质和还原型物质的浓度（或分压）与标准浓度（或标准压力）的比值，并以其化学计量数为方次。式(6.2.6) 即为计算电极电势的 Nernst 方程，该公式给出了电极电势与电解质溶液浓度、气体压力和温度之间的定量关系。

使用 Nernst 方程时应注意以下几点。①[Ox]，[Red] 项以其化学计量数为方次。②如

果电极反应中的某一物质是固体或纯液体，则它们的浓度均取常数 1；若电极反应中某物质是气态，则需用气体分压（Pa）来表示；若电极反应有 H^+，OH^- 或其他离子参加，则这些离子应表示在方程式中。例如对电极反应 $O_2 + 4H^+ + 4e^- \longrightarrow 2H_2O(l)$，$O_2 + 2H_2O + 4e^- \longrightarrow 4OH^-$，有 $\varphi_{O_2/H_2O} = \varphi^{\ominus}_{O_2/H_2O} + (0.05916/4)\lg(p_{O_2} \cdot [H^+]^4)$，$\varphi_{O_2/OH^-} = \varphi^{\ominus}_{O_2/OH^-} + (0.05916/4)\lg(p_{O_2}/[OH^-]^4)$。③某些离子虽自身没有发生氧化还原，但参与了电极反应，则其浓度也应写入方程式中。比如在反应 $MnO_4^- + 8H^+ + 5e^- = Mn^{2+} + 4H_2O$ 中，H^+ 没有发生氧化还原反应但参与了电极反应，仍有 $\varphi_{MnO_4^-/Mn^{2+}} = \varphi^{\ominus}_{MnO_4^-/Mn^{2+}} + (0.05916/5)\lg\{[Mn^{2+}]/([MnO_4^-][H^+]^8)\}$。

【例 6.2.3】 已知 $\varphi^{\ominus}_{Cr_2O_7^{2-}/Cr^{3+}} = +1.33V$，$\varphi^{\ominus}_{I_2/I^-} = +0.54V$。请计算电池反应 $Cr_2O_7^{2-}(aq) + 14H^+(aq) + 6I^-(aq) = 2Cr^{3+}(aq) + 3I_2(s) + 7H_2O(l)$ 的电动势。其中，$[Cr_2O_7^{2-}] = 2.0mol \cdot dm^{-3}$，$[H^+] = 1.0mol \cdot dm^{-3}$，$[I^-] = 1.0mol \cdot dm^{-3}$，$[Cr^{3+}] = 1.0 \times 10^{-5} mol \cdot dm^{-3}$。

解： 方法 1： 由已知条件求出反应商 $Q = [Cr^{3+}]^2/([Cr_2O_7^{2-}][H^+]^4[I^-]^6) = 5.0 \times 10^{-11}$

代入 Nernst 方程，得电动势 $E = E^{\ominus} - (0.05916/6)\lg(5.0 \times 10^{-11}) = (+0.79) - (-0.10) = +0.89(V)$

方法 2：$\varphi_{Cr_2O_7^{2-}/Cr^{3+}} = \varphi^{\ominus}_{Cr_2O_7^{2-}/Cr^{3+}} + (0.05916/6)\lg\{([Cr_2O_7^{2-}][H^+]^4)/[Cr^{3+}]\} = 1.33 + 0.10 = +1.43(V)$

$$\varphi_{I_2/I^-} = \varphi^{\ominus}_{I_2/I^-} = +0.54V$$

故电动势 $E = \varphi_{Cr_2O_7^{2-}/Cr^{3+}} - \varphi_{I_2/I^-} = (+1.43) - 0.54 = +0.89(V)$

6.2.3.4 影响电极电势的因素

电极电势是电极和溶液间的电势差。从 Nernst 方程可知，电极的本质、溶液中的离子浓度、气体分压和温度等都是影响电极电势的重要因素。对于一定的电极来讲，对电极电势影响较大的是离子浓度，温度影响较小。另外，溶液的酸度、产生沉淀以及配合物的生成对电极电势也有一定影响。

在许多电极反应中，H^+ 和 OH^- 的氧化数虽然没有发生变化，却参与了电极反应，它们的浓度变化即介质的酸度也会影响电极反应，甚至在有些情况下成为控制电极电势的决定性因素。

【例 6.2.4】 试由标准氢电极电势 $\varphi^{\ominus}_{H^+/H_2} = 0.00V$，设计电池反应计算 $\varphi^{\ominus}_{OH^-/H_2}$。

解： $\varphi^{\ominus}_{OH^-/H_2}$ 相对应的电极反应为：$2H_2O + 2e^- \longrightarrow H_2 + 2OH^-$。$\varphi^{\ominus}_{OH^-/H_2}$ 是指 $p_{H_2} = 1atm$、$[OH^-] = 1mol \cdot dm^{-3}$ 时的还原电势。由于水溶液中 $K_w = [H^+][OH^-]$，$\varphi^{\ominus}_{OH^-/H_2}$ 也即反应 $2H^+ + 2e^- \longrightarrow H_2$ 在 $[H^+] = 10^{-14} mol \cdot dm^{-3}$ 时的非标准还原电势。故有 $\varphi^{\ominus}_{OH^-/H_2}([OH^-] = 1mol \cdot L^{-1}) = \varphi_{H^+/H_2}([H^+] = 10^{-14} mol \cdot L^{-1}) = \varphi^{\ominus}_{H^+/H_2} + (0.05916/2)\lg([H^+]^2/p_{H_2}) = \varphi^{\ominus}_{H^+/H_2} + (0.05916/2)\lg\{K_w^2/([OH^-]^2 p_{H_2})\} = 0 + (-0.829) = -0.829(V)$。

【例 6.2.5】 已知 $\varphi^{\ominus}_{Ag^+/Ag} = +0.799V$，$K_{sp,AgCl} = 1.6 \times 10^{-10}$。若在 $AgNO_3$ 溶液中加入 NaCl，则产生 AgCl 沉淀。当 AgCl 沉淀达平衡时，如果 Cl^- 浓度为 $1mol \cdot dm^{-3}$，试求此时的 $\varphi_{AgCl/Ag}$？

解： 沉淀反应方程为 $AgCl(s) = Ag^+ + Cl^-$，对应的半反应方程为 $Ag(s) \longrightarrow Ag^+ + e^-$，$AgCl + e^- \longrightarrow Ag^+ Cl^-$

当 AgCl 沉淀达平衡时，$E = \varphi_{AgCl/Ag} - \varphi_{Ag^+/Ag} = 0$，且 $K_{sp,AgCl} = [Ag^+] \cdot [Cl^-]$，所以

$[Ag^+]=K_{sp,AgCl}/[Cl^-]=1.6\times10^{-10}mol\cdot dm^{-3}$

则 $\varphi_{AgCl/Ag}=\varphi_{Ag^+/Ag}=\varphi^{\ominus}_{Ag^+/Ag}+0.05916\lg[Ag^+]=+0.799+0.05916\lg(1.6\times10^{-10})=+0.219$ (V)

上述计算表明，由于沉淀剂 Cl^- 的加入，$[Ag^+]$ 减小，电极电势显著降低，即 Ag^+ 的氧化能力变弱。同理，若加入其他沉淀剂如 Br^-、I^- 等也将发生类似现象。如果在电对 $Cu^{2+}+2e^-$ ══ Cu 中加入 $NH_3\cdot H_2O$，因发生配位反应 $Cu^{2+}+4NH_3$ ══ $Cu(NH_3)_4^{2+}$ 而形成稳定的 $Cu(NH_3)_4^{2+}$ 配离子，溶液中 $[Cu^{2+}]$ 下降，电极电势 $\varphi_{Cu^{2+}/Cu}=\varphi^{\ominus}_{Cu^{2+}/Cu}+(0.05916/2)\lg[Cu^{2+}]$ 也下降，下降幅度与 $Cu(NH_3)_4^{2+}$ 的稳定性有关，其稳定常数越大，溶液中 $[Cu^{2+}]$ 越小，电极电势下降幅度越大。

以上例子为氧化型上形成配离子的情况，配合物（配离子）越稳定，溶液中自由金属离子浓度越低，则还原电势降低。若在氧化型和还原型上同时生成配离子，则要看两种配离子的稳定性来决定电极电势的升高或降低，例如 $\varphi^{\ominus}_{Fe(CN)_6^{3-}/Fe(CN)_6^{4-}}=+0.358V$，而 $\varphi^{\ominus}_{Fe^{3+}/Fe^{2+}}=+0.771V$，这说明 $Fe(CN)_6^{3-}$ 比 $Fe(CN)_6^{4-}$ 更稳定。

6.2.3.5　电极电势的应用

(1) 判断氧化剂氧化性与还原剂还原性的相对强弱

在电极反应 $M^{n+}+ne^-$ ══ M 中，M^{n+} 和 M 分别为物质的氧化型和还原型。氧化型氧化能力强弱和还原型还原能力强弱可以从 $\varphi^{\ominus}$ 值的大小来判断，$\varphi^{\ominus}$ 越大，氧化型氧化能力越强，还原型还原能力越弱，如 I_2+2e^- ══ $2I^-$，$\varphi_1^{\ominus}=0.54V$；$Br_2+2e^-$ ══ $2Br^-$，$\varphi_2^{\ominus}=1.07V$；$Cl_2+2e^-$ ══ $2Cl^-$，$\varphi_3^{\ominus}=1.36V$，由于 $\varphi_3^{\ominus}>\varphi_2^{\ominus}>\varphi_1^{\ominus}$，所以标准状态下，氧化能力次序为 $Cl_2>Br_2>I_2$，还原能力次序为 $Cl^-<Br^-<I^-$。

(2) 选择氧化还原反应的氧化剂和还原剂

根据 $\varphi^{\ominus}$ 值的大小可选择适当的氧化剂或还原剂，使之选择性地氧化或还原某些物质。

【例 6.2.6】 已知反应 $MnO_4^-+8H^++5e^-$ ══ $Mn^{2+}+4H_2O$，$\varphi^{\ominus}=1.49V$；反应 $Fe^{3+}+e^-$ ══ Fe^{2+}，$\varphi^{\ominus}=0.77V$。现有一由 Cl^-、Br^-、I^- 组成的混合液，请从 MnO_4^- 和 Fe^{3+} 中选一种在标准状态下只氧化 I^- 而不氧化 Cl^- 和 Br^- 的氧化剂。

解： 因为 $\varphi^{\ominus}_{MnO_4^-,H^+/Mn}>\varphi^{\ominus}_{Cl_2/Cl^-}>\varphi^{\ominus}_{I_2/I^-}$，所以 MnO_4^- 可以氧化 Cl^-、Br^- 和 I^-。

而 $\varphi^{\ominus}_{I_2/I^-}<\varphi^{\ominus}_{Fe^{3+}/Fe^{2+}}<\varphi^{\ominus}_{Br_2/Br^-}$，所以 Fe^{3+} 只能氧化 I^- 而不能氧化 Cl^- 和 Br^-，所以应选择 Fe^{3+}。

(3) 判断氧化还原反应进行的方向

通常条件下，氧化还原反应总是由较强的氧化剂与还原剂向着生成较弱氧化剂和还原剂的方向进行。因此，从电极电势的数值来看，当氧化剂电对的电势大于还原剂电对的电势时，反应才可以自发进行，即反应以“高电势的氧化型氧化低电势的还原型”的方向进行。

任何一个氧化还原反应，原则上都可以设计成原电池。利用原电池的电动势可以判断氧化还原反应进行的方向，如果 $\varphi_+-\varphi_->0$，则该电池反应可自发进行；如果其 $\varphi_+-\varphi_-<0$，则反应不能自发进行。

(4) 判断氧化还原反应的先后顺序

当一种氧化剂同时氧化几种还原剂时，首先氧化最强的还原剂。举例来说，工业上常采用通 Cl_2 于盐卤中，将溴离子和碘离子置换出来，以制取 Br_2 和 I_2。当 Cl_2 通入 Br^- (aq) 和 I^- (aq) 混合液中，到底哪一种离子先被氧化呢？通过查表知：$\varphi^{\ominus}_{Cl_2/Cl^-}=+1.36V$，$\varphi^{\ominus}_{Br_2/Br^-}=+1.065V$，$\varphi^{\ominus}_{I_2/I^-}=+0.536V$，则 $E_1^{\ominus}=\varphi^{\ominus}_{Cl_2/Cl^-}-\varphi^{\ominus}_{Br_2/Br^-}=+0.295V$，$E_2^{\ominus}=\varphi^{\ominus}_{Cl_2/Cl^-}-\varphi^{\ominus}_{I_2/I^-}=+0.824V$。因为 $E_2^{\ominus}>E_1^{\ominus}$，所以在 I^- 离子与 Br^- 浓度相近时，Cl_2 首先氧

化 I^-。当然，在判断氧化还原反应的次序时，除应考虑标准电极电势之外，还要考虑反应速率、还原剂的浓度等因素，否则容易得出错误的结论。

6.2.4　元素电势图及其应用

6.2.4.1　元素电势图

大多数非金属元素和过渡元素可以存在多种氧化态，各种氧化态之间都有相应的标准电极电势。可将其各种氧化态按由高到低（或由低到高）的顺序排列，若两种氧化态之间构成一个电对，就用一条直线把它们连接起来，并在直线上标出这个电对所对应的标准电极电势值。以这样的图解方式来表示某一元素各种氧化态之间电极电势变化的关系图，称为元素电势图或拉蒂默（Latimer）图。根据溶液 pH 值的不同，又可以分为两大类：$\varphi_a^{\ominus}$（a 表示酸性溶液）表示溶液的 pH＝0；$\varphi_b^{\ominus}$（b 表示碱性溶液）表示溶液的 pH＝14。书写某一元素的电势图时，既可以将全部氧化态列出，也可以根据需要列出其中的一部分。例如碘的元素电势图为

$\varphi_a^{\ominus}/V$

$$H_5IO_6 \xrightarrow{+1.7} IO_3^- \xrightarrow{+1.13} HIO \xrightarrow{+1.45} I_2 \xrightarrow{+0.54} I^-$$

（IO_3^-—I_2：+1.19；HIO—I^-：+0.99）

$\varphi_b^{\ominus}/V$

$$H_3IO_6^{2-} \xrightarrow{+0.70} IO_3^- \xrightarrow{+0.56} IO^- \xrightarrow{+0.44} I_2 \xrightarrow{+0.54} I^-$$

（IO^-—I^-：+0.49）

在元素电势图的最右端是还原型物质，如 I^-；最左端是氧化型物质，如 H_5IO_6 和 $H_3IO_6^{2-}$；中间的物质，相对于右端的物质是氧化型，相对于左端的物质是还原型，例如 I_2 相对于 I^- 是氧化型，相对于 IO^- 是还原型。

6.2.4.2　元素电势图的应用

元素电势图对于了解元素的单质及化合物的性质是很有用的。主要体现在以下几方面。

（1）判断某物种的歧化反应能否进行

$$A \xleftarrow{\varphi^{\ominus}（左）} B \xrightarrow{\varphi^{\ominus}（右）} C$$

氧化态降低 →

所谓歧化反应，是指某元素中间氧化态的物种发生自身氧化还原反应而生成高氧化态物种和低氧化态物种的反应。反之，由同一元素的高氧化态物种和低氧化态物种生成中间氧化态物种的反应叫做反歧化反应。某元素不同氧化态的三种物质组成两个电对，按其氧化态由高到低排列如右。若 B 能发生歧化反应，则 $E^{\ominus}=\varphi^{\ominus}_{+}-\varphi^{\ominus}_{-}>0$，即 $E^{\ominus}=\varphi^{\ominus}$(右)$-\varphi^{\ominus}$(左)$>0$，于是 $\varphi^{\ominus}$(右)$>\varphi^{\ominus}$(左)；若 B 不能发生歧化反应，则 $\varphi^{\ominus}$(右)$<\varphi^{\ominus}$(左)。

【例 6.2.7】 根据铜、铁元素在酸性溶液中的有关标准电极电势，分别画出它们的电势图，并分别推测在酸性溶液中 Cu^+ 和 Fe^{2+} 能否发生歧化反应。

解：在酸性溶液中，铜、铁元素的电势图 φ_A/V 分别为：

$$Cu^{2+} \xrightarrow{+0.153} Cu^+ \xrightarrow{+0.521} Cu \qquad Fe^{3+} \xrightarrow{+0.77} Fe^{2+} \xrightarrow{-0.44} Fe$$

对于 Cu 元素，由于 $\varphi^{\ominus}_{右}>\varphi^{\ominus}_{左}$，故 Cu^+ 不稳定，发生歧化反应 $2Cu^+ = Cu + Cu^{2+}$；对于 Fe 元素，由于 $\varphi^{\ominus}_{右}<\varphi^{\ominus}_{左}$，所以 Fe^{2+} 不能发生歧化反应，但 Fe^{3+}/Fe^{2+} 电对中的 Fe^{3+} 离子可以氧化 Fe 生成 Fe^{2+}，即发生反歧化反应 $2Fe^{3+} + Fe = 3Fe^{2+}$。

（2）求算某电对的标准电极电势

$$A \xrightarrow{\Delta_r G^{\ominus}_{m1},\ \varphi^{\ominus}_1} B \xrightarrow{\Delta_r G^{\ominus}_{m2},\ \varphi^{\ominus}_2} C$$

（A—C：$\Delta_r G^{\ominus}_m,\ \varphi^{\ominus}$）

根据元素电势图，若已知某些相邻电对的标准电极电势，即可求算出另一电对的未知标准电极电势。假设某元素电势图如右，根据标准自由能变化和电对的标准电极电势的关系，有 $\Delta_r G^{\ominus}_{m_1} = -n_1 F\varphi^{\ominus}_1$，$\Delta_r G^{\ominus}_{m_2} = -n_2 F\varphi^{\ominus}_2$，$\Delta_r G^{\ominus}_m = -nF\varphi^{\ominus}$，其中 n_1、n_2 和 n 分别为相应电极反应的电子转移数，且满足 $n = n_1 + n_2$，则 $\Delta_r G^{\ominus}_m = -nF\varphi^{\ominus} = -(n_1+n_2)F\varphi^{\ominus}$。根据盖斯定律

$\Delta_r G_m^\ominus = \Delta_r G_{m_1}^\ominus + \Delta_r G_{m_2}^\ominus = -n_1 F\varphi_1^\ominus + (-n_2 F\varphi_2^\ominus)$，则有$-(n_1+n_2)F\varphi^\ominus = (-n_1 F\varphi_1^\ominus) + (-n_2 F\varphi_2^\ominus)$，整理得 $\varphi^\ominus = (n_1\varphi_1^\ominus + n_2\varphi_2^\ominus)/(n_1+n_2)$。若有多个相邻电对，则 $\varphi^\ominus = (\sum n_i\varphi_i^\ominus)/(\sum ni)$。

【例 6.2.8】 试从下列元素电势图中已知的标准电极电势，分别求 $\varphi^\ominus_{BrO_3^-/Br^-}$ 和 $\varphi^\ominus_{IO^-/I_2}$ 的值。

$BrO_3^- \xrightarrow{+1.50} BrO^- \xrightarrow{+1.59} Br_2 \xrightarrow{+1.07} Br^-$（$BrO_3^-$ 至 Br^-：$\varphi^\ominus$）　　$IO^- \xrightarrow{\varphi^\ominus} I_2 \xrightarrow{+0.54} I^-$（$IO^-$ 至 I^-：+0.49）

解：① 根据各电对氧化数变化可知 n_1，n_2，n_3 分别为 4，1，1，则

$$\varphi^\ominus_{BrO_3^-/Br^-} = (\sum n_i\varphi_i^\ominus)/(\sum n_i) = (4\times1.5+1\times1.59+1\times1.07)/(4+1+1) = +1.44(V)$$

② 根据各电对氧化数变化可知 n_1，n_2 分别为 1，1，则根据计算公式：$n\varphi^\ominus = \sum n_i\varphi_i^\ominus$，得

$$\varphi^\ominus_{IO^-/I_2} = (n\varphi^\ominus - n_2\varphi_2^\ominus)/n_1 = (2\times0.49-1\times0.54)/1 = +0.44(V)$$

6.3　电动势的测定、计算与应用

6.3.1　原电池电动势与 Gibbs 自由能的关系

根据前面的讨论，我们得到了式 $\Delta_r G_m = -nFE$，这说明，若能测出电池的电动势，就可以计算电池反应的 Gibbs 自由能变化。原电池电动势的求解通过 Nernst 方程来实现，前文已经进行了详细讨论，在此不再赘述，在此我们主要讨论电池电动势测定的一些应用。

6.3.2　根据原电池电动势计算电解质的活度系数

从可逆电池的 Nernst 方程可知，当温度一定时，电池的电动势是由它的标准电动势 $E^\ominus$ 和参加反应各物质的活度决定的。据此，如果测得电池的电动势值就可以求算对应物质的活度或活度系数。下面将以具体例子来阐述其测量与计算原理。

【例 6.3.1】 设有电池(－)$Pt, H_2(p^\ominus)|HCl(m)|Hg_2Cl_2(s), Hg$(＋)，求已知浓度为 m 的 HCl 溶液的活度系数 $\gamma_\pm$。

解：正极：$1/2Hg_2Cl_2(s) + e^- \longrightarrow Cl^-(m) + Hg$；负极：$1/2H_2(p^\ominus) = H^+(m) + e^-$

则整个电池反应为：$1/2Hg_2Cl_2(s) + 1/2H_2(p^\ominus) = H^+(m) + Cl^-(m) + Hg$

此电池电动势为：$E = E^\ominus - (RT/F)\lg\{[a_{H^+}\cdot a_{Cl^-}\cdot a_{Hg}]/[(p_{H_2}/p^\ominus)^{1/2}\cdot aHg_2Cl_2{}^{1/2}]\}$

对于纯固态物质 $a=1$，且 $p_{H_2}=p^\ominus$，又因为 $a_{H^+}\cdot a_{Cl^-}=a_\pm^2$，$a_\pm=\gamma_\pm m_\pm$，对于电解质 HCl 来说，有 $m_\pm=m$，将这些关系代入上式中，298 K 时则上式可简化为 $E=E^\ominus - 0.1183\lg(\gamma_\pm m)$。移项整理得

$$\lg\gamma_\pm = [E^\ominus - (E + 0.1183\lg m)]/0.1183 \qquad (6.3.1)$$

由上式可知，m 为已知，$E^\ominus$ 值可查表得到，只要从实验中测得电动势 E 的值即可求出 HCl 溶液的平均活度系数 $\gamma_\pm$。

6.3.3　根据原电池的电动势计算氧化还原反应的热力学平衡常数

对于某氧化还原反应，反应的 Gibbs 自由能变与其热力学平衡常数之间满足式 $\Delta_r G_m^\ominus = -RT\ln K^\ominus$，$K$ 为反应的热力学平衡常数。将上式与式(6.2.2)合并整理，并以 $T=298.15K$ 代入，得

$$E^{\ominus}=(0.05916/n)\lg K^{\ominus} \tag{6.3.2}$$

在 298K 温度下测得或通过查标准电极电势表算得原电池的 $E^{\ominus}$，即可求得电池反应的热力学平衡常数 $K^{\ominus}$。

6.3.4 根据原电池的电动势计算难溶盐的溶度积和反应平衡常数

溶度积 K_{sp} 有时也称为活度积（activity product），它实质上就是难溶盐溶解过程的平衡常数。如果将难溶盐溶解形成离子的变化设计成电池，则可利用两电极的标准电势值 $\varphi^{\ominus}$ 计算其 K_{sp}。

【例 6.3.2】 已知 $\varphi^{\ominus}_{Ag,AgBr/Br^-}=0.0711V$，$\varphi^{\ominus}_{Ag^+/Ag}=0.799$ V，据此求算 298K 时 AgBr 的溶度积 K_{sp}。

解： AgBr 溶解过程方程为 $AgBr = Ag^+ + Br^-$，相应的电极反应为（＋）$AgBr + e^- \longrightarrow Ag + Br^-$，（－）$Ag \longrightarrow Ag^+ + e^-$。电池的标准电动势为：$E^{\ominus}=\varphi^{\ominus}_{Ag,AgBr/Br^-}-\varphi^{\ominus}_{Ag^+/Ag}=0.0711-0.799=-0.73$ (V)

由式(6.3.2) 得 $\lg K^{\ominus}_{sp}=(n/0.05916)\ E^{\ominus}$，则 $K^{\ominus}_{sp}=4.49\times10^{-13}$

通过原电池的电动势，还可以计算多种反应平衡常数，如弱酸（弱碱）的电离平衡常数 $K_a(K_b)$、配位反应平衡常数等。

【例 6.3.3】 已知原电池(－)$Pt|H_2(p^{\ominus})|HA(0.5mol\cdot L^{-1})\|H^+(1mol\cdot L^{-1})|H_2(p^{\ominus})|Pt$(＋)的电动势 $E=0.35V$，试求弱酸 HA 的电离平衡常数 K_a 及 $\varphi^{\ominus}_{HA/H_2,A^-}$。

解： 电池电动势 $E=\varphi_{H^+/H_2}-\varphi_{HA/H_2,A^-}=\varphi^{\ominus}_{H^+/H_2}-\varphi_{HA/H_2,A^-}=-\varphi_{HA/H_2,A^-}=0.35V$

又因为负极反应的电极电势为 $\varphi_{HA/H_2,A^-}=\varphi^{\ominus}_{H^+/H}+0.05916\ \lg\{[H^+]/(p_{H_2}/p^{\ominus})^{1/2}\}=0.05916\lg[H^+]$

解得 $[H^+]=1.2\times10^{-6}mol\cdot L^{-1}$

代入弱酸理解平衡常数的定义式，有 $K_a=[H^+][A^-]/[HA]=[H^+]^2/[HA]=2.9\times10^{-12}$

当 $[HA]=[A^-]=1mol\cdot L^{-1}$ 时，$[H^+]=K_a[HA]/\{A^-\}=2.9\times10^{-12}mol\cdot L^{-1}$

根据标准电极电势的定义，$\varphi^{\ominus}_{HA/H_2,A^-}=\varphi^{\ominus}_{H^+/H}+0.05916\ \lg\{[H^+]/(p_{H_2}/p^{\ominus})^{1/2}\}=0.05916\ \lg[H^+]=-0.68V$

6.4 实用电化学技术

6.4.1 电解与电镀

6.4.1.1 电解池的组成及电解反应

原电池中的氧化还原反应是通过电子自发地从负极流向正极来实现的，这一过程是把化学能转变为电能。如镍、氯电极组成的原电池，其总反应为 $Ni+Cl_2 \longrightarrow Ni^{2+}+2Cl^-$。如果我们想使该反应逆向进行，即 $Ni^{2+}+2Cl^- \longrightarrow Ni+Cl_2$，则必须向电极外加直流电源，且提供的外加电压至少要能抵消电池自发反应的电动势才可以。在外加电压下，阳极发生氧化反应 $2Cl^- \longrightarrow Cl_2+2e^-$；阴极发生还原反应 $Ni^{2+}+2e^- \longrightarrow Ni$。这种依靠外加电压迫使一个自发的氧化还原反应逆向进行的反应，称为电解，相应的装置称为电解池（electrolytic cell）。从理论上求得使电解开始所必需的最小外加电压，称为理论分解电压。由此可见，电解反应和电池反应互为逆过程，各自电极反应不同，表 6.4.1 给出了两者的区别。

表 6.4.1 原电池与电解池的比较

原 电 池	电 解 池
电子流出的电极叫负极	获得电子的电极叫做阴极
负极被氧化	阴极被还原
获得电子的电极叫正极	电子流出的电极叫做阳极
正极被还原	阳极被氧化
原电池反应可以自发进行	电解反应必须外加电压
正离子向正极移动	正离子向阴极移动
负离子向负极移动	负离子向阳极移动

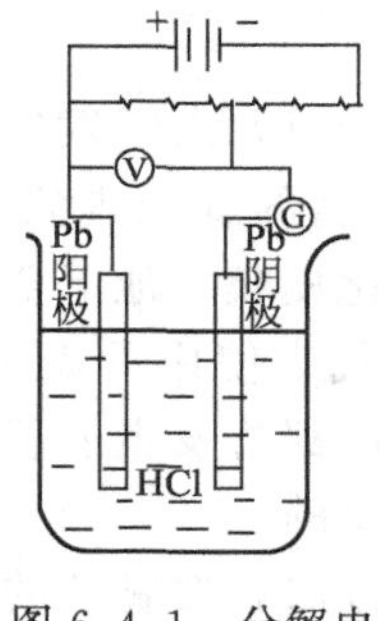

图 6.4.1 分解电压的测定

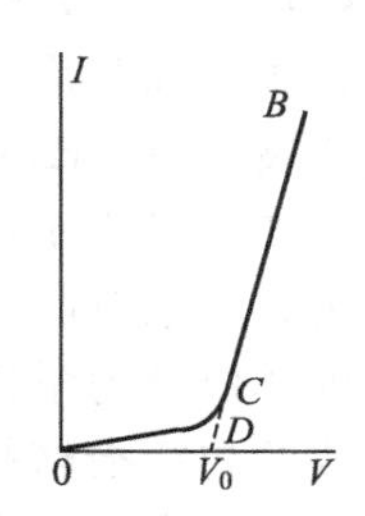

图 6.4.2 电解时电流-电压曲线

6.4.1.2 分解电压

据前面的讨论，从原电池的电动势可以求得理论分解电压（theoretical electrolytic voltage）。由此可知，理论分解电压主要是由该电极反应的电极电势来决定的。计算方法见 6.2.3.1。当然，分解电压也可以通过实验来求得，下面将以电解 HCl 溶液为例来加以说明。

在一个装有 HCl 溶液的烧杯中，插入两个 Pt 电极，如图 6.4.1 所示。图中 V 表示伏特表，G 是电流计。将电解池、电源与可变电阻相连接以使电压可调节。逐渐增大电压，同时记录相应的电流，然后绘制电流电压曲线，如图 6.4.2 所示。在开始时，外加电压很小，几乎没有电流通过电解池。此后随电压增大，电流略有增大，当电压增大到某一数值以后，曲线的斜率急剧增大，继续增大电压，电流就随电压直线上升。

将直线 BC 延长到电流强度为零处所得电压，称为该电解质溶液的分解电压 V_0。这个分解电压和从原电池计算得到的理论分解电压在数值上有所差别，它大于理论分解电压，两者之差称为超过压。这种现象由电极的“极化作用”导致，原因较复杂，这里不作探讨。需要注意的是，这里的“极化作用”与“分子极化”、“离子极化”在概念上完全是两回事。

V_0 比理论分解电压更有实用价值。在实际电解过程中，外加电压往往要比 V_0 更大才能使电解反应顺利进行，这是因为当有电流通过时，电解池内的溶液和外接导线、接触点等都会产生电阻而使电解所需的实际电压增大。例如，在电解饱和食盐水时是以涂钌的钛电极作为阳极，为了避免 H_2 和 Cl_2 接触。用涂有石棉浆的铁丝网作为阴极。在两个电极上加一定的外加电压，阳极上得到 Cl_2，阴极上得到 H_2 和 NaOH 溶液。那么外加电压需要多少呢？理论计算的分解电压为 2.16V，实际所需的最小外加电压为 3.5V，比理论值高 1.34V。

6.4.1.3 电镀

电镀（electroplating）是应用电解原理在某些金属表面镀上一薄层其他金属或合金的过程。在电镀时，将需要镀层的金属零件作为阴极，而用作镀层的金属（如 Cu、Zn、Ni 等）作为阳极，两极置于欲镀金属的盐溶液中，外接直流电源。

如用金属 Ni 作阳极，阴极为一需要镀镍的零件，对 $NiSO_4$ 溶液进行电解。在阳极上，由于 Ni 比 OH^-、SO_4^{2-} 容易氧化，因而 OH^-、SO_4^{2-} 不放电，而是 Ni 失去电子成为 Ni^{2+}。在阴极上，虽然 Ni^{2+}/Ni 电对的标准电极电势为 −0.23V，略低于标准氢电极的电势，但由于溶液中 Ni^{2+} 浓度远超过 H^+，并且氢的超电势较大，所以阴极上析出的是金属镍，而不是氢气。析出的金属镍即镀在零件上。电镀时电极反应方程为：阳极反应 $Ni(s) = Ni^{2+}(aq) + 2e^-$；阴极反应 $Ni^{2+}(aq) + 2e^- = Ni(s)$。

6.4.2　金属的腐蚀与防护

6.4.2.1　金属的腐蚀

金属表面与周围介质接触时，由于发生化学作用或电化学作用而引起的金属破坏统称为金属的腐蚀（corrosion）。金属的腐蚀现象十分普遍，例如钢铁制件在潮湿空气中的生锈，钢铁在加热过程中产生的氧化皮膜，地下金属管道遭受腐蚀而穿孔，化工机械在强腐蚀介质中的腐蚀，铝制品在潮湿空气中使用后表面所产生的白色粉末等。金属遭受腐蚀后，在外形、色泽以及力学性能等方面都将发生显著变化，甚至不能使用。因此，了解金属腐蚀并采取有效的防护措施是极其重要的。

对金属腐蚀有多种分类方法，按腐蚀的原理分类，可分为化学腐蚀和电化学腐蚀两种。所谓化学腐蚀，是指金属表面与环境介质如气体或非电解质溶液等发生化学作用而引起的腐蚀。其特点是在化学作用过程中没有腐蚀电流产生。金属在干燥的气体介质中和不导电的液体介质（如酒精、石油）中发生的腐蚀，都属于化学腐蚀。所谓电化学腐蚀，是指金属表面在诸如潮湿空气、电解质溶液等介质中，因形成微电池发生电化学作用而引起的腐蚀，其特点是在腐蚀进行过程中有腐蚀电流产生。大气腐蚀、海水腐蚀、土壤腐蚀等都属于电化学腐蚀。在金属和金属制品的腐蚀中，以电化学腐蚀情况最为严重。当两种金属或两种不同的金属制品相接触，同时又与其他介质（如潮湿空气、水或电解质溶液等）相接触时，就形成了一个原电池，进行原电池的电化学作用。例如在一个铜板上有一个铁的铆钉（图 6.4.3），长期暴露在潮湿的空气中，在铆钉的部位就特别容易生锈。这是因为，铜板暴露在潮湿空气中时表面上会凝结一层薄薄的水膜，CO_2、SO_2、NaCl 等都能溶解在这一薄层水膜中形成电解质溶液，从而形成原电池，其中铁是阳极，铜是阴极。在阳极上，Fe 自动溶解，发生氧化作用：$Fe(s) = Fe^{2+} + 2e^-$；而在阴极上，由于条件不同可能发生不同的反应，如氢离子还原成 $H_2(g)$ 而析出，称为析氢腐蚀。如大气中的 O_2 也会溶解在水中，在阴极上得到电子，发生还原反应，称为吸氧腐蚀。计算表明，吸氧腐蚀比析氢腐蚀更易发生，也就是说当有 O_2 存在时 Fe 的腐蚀更严重。

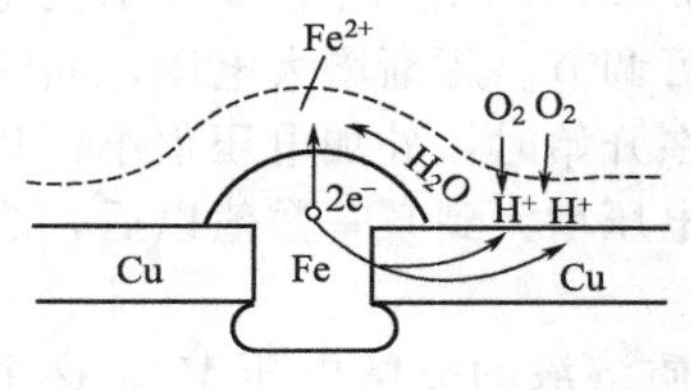

图 6.4.3　铆钉的电化学腐蚀示意图

由于电池反应不断进行，Fe 变成 Fe^{2+} 而进入溶液中，多余的电子移向铜极，在铜极上被 O_2 及 H^+ 消耗掉，生成 H_2O。Fe^{2+} 与溶液中的 OH^- 结合生成 $Fe(OH)_2$，然后又与潮湿空气中水分和氧发生作用，最后生成铁锈，其反应方程可表示为 $4Fe(OH)_2 + 2H_2O + O_2 = 4Fe(OH)_3$；$Fe(OH)_2 = FeO + H_2O$；$2Fe(OH)_3 = Fe_2O_3 + 3H_2O$。铁锈是铁的各种氧化物和氢氧化物的混合物。

实际上，工业上使用的金属不可能完全是纯净的，往往含有一些杂质。在表面上金属的电势和杂质的电势不尽相同，若与潮湿介质相接触，杂质与金属之间会形成微电池（或局部电池）而引起金属的腐蚀。

金属电化学腐蚀过程中所形成的微电池，本质上与原电池并没有区别。腐蚀电池的电动势大小影响腐蚀的倾向和速度。当两种金属一旦构成微电池之后，有电流通过电极，电极就要发生极化作用，而极化作用的结果是要改变腐蚀电池的电动势，从而改变腐蚀的速度。

按腐蚀的破坏形式分类，可分为均匀腐蚀和局部腐蚀。所谓均匀腐蚀是指当金属发生腐蚀时，腐蚀作用均匀地发生在整个金属表面上。这类腐蚀造成的损失，相对来说其危害性没有局部腐蚀严重。所谓局部腐蚀，是指当金属发生腐蚀时，腐蚀作用集中在某一区域内，而其余部分却几乎未发生腐蚀，造成的危害较均匀腐蚀严重。局部腐蚀又可分为电偶腐蚀、缝隙腐蚀、孔蚀、晶间腐蚀、选择性腐蚀、磨损腐蚀、应力腐蚀以及腐蚀疲劳等不同类型。

按照具体的腐蚀环境分类，可分为大气腐蚀（金属在大气以及任何潮湿气体中的腐蚀，这是最普遍的腐蚀种类），电解质溶液中的腐蚀（天然水及大部分水溶液对金属的腐蚀，如酸、碱、盐水溶液对金属的腐蚀），海水腐蚀（舰船和海洋设施在海水中发生的腐蚀），土壤腐蚀（埋设在地下的金属结构的腐蚀，如地下金属管道及地下电缆的腐蚀），熔盐腐蚀（金属与熔融盐类接触时发生的腐蚀，例如热处理的熔盐对金属的腐蚀），有机气氛腐蚀（金属在某些塑料、橡胶等非金属材料挥发出的有机气氛中的腐蚀），生物腐蚀（某些细菌、海洋生物以及人体对金属的腐蚀）和其他特殊环境的腐蚀（金属在高温纯水、宇宙空间等环境下的腐蚀）等多种类型。

6.4.2.2　金属的防腐蚀措施

金属的防腐处理通常有涂层保护法、投加缓蚀剂法和电化学保护法等多种方法。

涂层保护法是指在金属表面涂敷各种保护层。根据涂层性质的不同，可分为非金属保护层和金属保护层。前者是将耐腐蚀的物质如油漆、喷漆、搪瓷、陶瓷、玻璃、沥青、高分子材料（如塑料、橡胶、聚酯等）涂在要保护的金属表面上，使金属与腐蚀介质隔开以达到保护金属的目的；后者是用耐腐蚀性较强的金属或合金覆盖在被保护的金属表面上，覆盖的重要方法是电镀。按防腐蚀性质来说，保护层可分为阳极保护层和阴极保护层。前者是指镀上去的金属比被保护的金属有更负的电极电势，后者是指镀上去的金属有更正的电极电势，两种保护层都是要把被保护的金属与外界介质隔开。

能明显抑制金属腐蚀的物质称为缓蚀剂。例如，在盐酸中加入苯胺，铁片的腐蚀受到明显的抑制；碳钢贮水槽中加入磷酸钠，则红锈的生成大大减弱。由于缓蚀剂的用量少，方便而且经济，故是一种常用的方法。缓蚀剂主要分以下几类：无机盐类（如硅酸盐、磷酸盐、亚硝酸盐、铬酸盐、锌盐等）；有机缓蚀剂（一般是含有 N、S、O、P 的化合物，如胺类、吡啶类、硫脲类，尤其是有机膦酸类等）。在腐蚀性的介质中只要加入少量缓蚀剂，就能大大降低金属腐蚀的速度。其缓蚀机理有促进钝化，形成沉淀膜或吸附膜，减缓电极反应速率等。

电化学保护法包括以下几种类型。①牺牲阳极法。将电极电势较低的金属和被保护的金属连接在一起，构成原电池，电极电势较低的金属作为阳极而溶解，被保护的金属作为阴极而避免腐蚀。这种保护法是保护了阴极，牺牲了阳极，所以又称牺牲阳极保护法。②阴极保护法。利用外加直流电，把负极接到被保护的金属上，让它成为阴极。正极接到一些废铁上成为阳极，使它受到腐蚀，牺牲了阳极，而保护了阴极，它是在外加电流下的阴极保护。③阳极保护法。把被保护金属接到外加电源的正极上，使被保护的金属进入阳极极化，电极电势向正的方向移动，使金属“钝化”而得到保护。金属可在氧化剂的作用下钝化，也可在外电流的作用下钝化。

习题与思考题

6.1　配平下列反应方程式

(1) $SiO_2 + Al \longrightarrow Si + Al_2O_3$；　(2) $I_2 + H_2S \longrightarrow I^- + S + H_3O^+$；

(3) $H_2O_2 + I^- + H_3O^+ \longrightarrow I_2 + H_2O$；　(4) $H_2S + O_2 \longrightarrow SO_2 + H_2O$

(5) $NH_3 + O_2 \longrightarrow NO_2 + H_2O$；　(6) $SO_2 + H_2S \longrightarrow S_8 + H_2O$；

(7) $HNO_3 + Cu \longrightarrow Cu(NO_3)_2 + NO + H_2O$；　(8) $Ca_3(PO_4)_2 + C + SiO_2 \longrightarrow CaSiO_3 + P_4 + CO$；

(9) $KClO_3 \longrightarrow KClO_4 + KCl$；　(10) $I^- + H_3O^+ + NO_2^- \longrightarrow NO + H_2O + I_2$；

(11) $Al + H_3O^+ + SO_4^{2-} \longrightarrow Al^{3+} + H_2O + SO_2$；　(12) $I_2 + OH^- \longrightarrow I^- + IO_3^- + H_2O$；

(13) $H_2S+Cr_2O_7^{2-}+H_3O^+ \longrightarrow Cr^{3+}+H_2O+S_8$；

6.2 写出下列原电池的两极反应式和总反应式

(1) (−)Ni|$Ni^{2+}(c_1)$‖$Pb^{2+}(c_2)$|Pb(+)； (2) (−)Pt|Br_2|$Br^-(c_1)$‖$Cl^-(c_2)$|$Cl_2(p)$|Pt(+)；

(3) (−)Zn|$Zn^{2+}(c_1)$‖$Fe^{3+}(c_2)$,$Fe^{2+}(c_3)$|Pt(+)；

(4) (−)Pt|$Cl_2(p)$|$Cl^-(c_1)$‖$H^+(c_2)$,$Mn^{2+}(c_3)$,$MnO_4^-(c_3)$|Pt(+)

6.3 将下列反应设计成原电池，以电池符号表示，并写出正、负极反应（各物质均处于标准态）。

(1) $2Fe^{2+}+Cl_2 = 2Fe^{3+}+2Cl^-$； (2) $5Fe^{2+}+8H^++MnO_4^- = Mn^{2+}+5Fe^{3+}+4H_2O$；

6.4 试把下列氧化还原反应分别设计成原电池，写出电极反应、电池符号，并写出这些原电池电动势的Nernst方程式。

(1) $Fe+Cu^{2+}(c_1) = Fe^{2+}(c_2)+Cu$； (2) $Fe^{2+}(c_1)+Ag^+(c_3) = Fe^{3+}(c_2)+Ag$；

(3) $2Ag^+(c_1)+H_2(p) = 2Ag+2H^+(c_2)$

6.5 根据标准电极电势计算 298.15K 时下列原电池的标准电动势，并写出其自发电池反应：

$$(-)Pt|I_2|I^-(1mol\cdot L^{-1})\|Fe^{3+}(1mol\cdot L^{-1}),Fe^{2+}(1mol\cdot L^{-1})|Pt(+)$$

6.6 解释下列现象：

(1) 单质铁能从 $CuCl_2$ 溶液中置换出单质铜，单质铜能溶解在 $FeCl_3$ 溶液中；

(2) 单质银不能从盐酸溶液中置换出氢气，但可从氢碘酸中置换出氢气；

(3) 氯化亚铁溶液长时间与空气接触后颜色变黄

6.7 $KMnO_4$、$KClO_3$、$FeCl_3$、HNO_3、I_2、Cl_2 等物质在一定条件下可作为氧化剂，假设在酸性溶液中，试根据标准电极电势值，按其氧化能力的大小排序，并写出各自的还原产物。

6.8 Zn、HI、$SnCl_2$、H_2、$FeSO_4$ 等物质在一定条件下可作为还原剂，假设在酸性溶液中，试根据标准电极电势值，按其还原能力的大小排序，并写出它们的氧化产物。

6.9 一种含有 Cl^-、Br^-、I^- 三种离子的混合溶液，欲使 I^- 氧化为 I_2，而又不使 Br^-、Cl^- 氧化，在常用的氧化剂 $FeCl_3$ 和 $KMnO_4$ 中，选择哪一种才符合上述要求？为什么？

6.10 判断下列氧化还原反应进行的方向（标准状态下）：

(1) $Sn^{4+}+Fe^{2+} \longrightarrow Sn^{2+}+Fe^{3+}$； (2) $MnO_4^-+I^-+H_2O \longrightarrow MnO_2+I_2+OH^-$

6.11 计算非标准态条件下原电池(−)Zn|$Zn^{2+}(0.1mol\cdot L^{-1})$‖$Cu^{2+}(0.001mol\cdot L^{-1})$|Cu(+)的电动势。

6.12 由标准氢电极和镍电极组成原电池，若 $c(Ni^{2+})=0.010mol\cdot L^{-1}$ 时，电池的电动势为 0.316V，镍为负极，试计算镍电极的标准电极电势。

6.13 在 298.15K 和 pH=7 时，下列反应能否自发进行？计算说明之。

(1) $Cr_2O_7^{2-}+14H^++6Br^- = 2Cr^{3+}+3Br_2+7H_2O$，$c(Cr_2O_7^{2-})=c(Cr^{3+})=c(Br^-)=1mol\cdot L^{-1}$；

(2) $2MnO_4^-+16H^++10Cl^- = 2Mn^{2+}+5Cl_2+8H_2O$，$c(MnO_4^-)=c(Mn^{2+})=c(Cl^-)=1mol\cdot L^{-1}$，$p(Cl_2)=100kPa$

6.14 已知 $\varphi^{\ominus}_{IO_3^-/I_2}=+1.195V$，$\varphi^{\ominus}_{Cu^{2+}/Cu}=0.337V$。问对电池反应 $I_2+5Cu^{2+}+6H_2O = 2IO_3^-+5Cu+12H^+$，(a) n 为多少？(b) 计算反应的标准自由能变。

6.15 在 298.15K 时，有反应 $H_3AsO_4+2I^-+2H^+ = H_3AsO_3+I_2+H_2O$。问 (1) 计算该反应对应的原电池的标准电动势。(2) 计算该反应的标准摩尔吉布斯自由能变 Δ_rG_m，并指出该反应能否自发进行。(3) 若溶液的 pH=7，而 $c(H_3AsO_4)=c(H_3AsO_3)=c(I^-)=1mol\cdot L^{-1}$，此时反应的 Δ_rG_m 是多少？并判断反应进行的方向。

6.16 计算下列电池反应在 298.15K 时的 E 或 $E^{\ominus}$ 和 Δ_rG_m 或 $\Delta_rG_m^{\ominus}$ 值，并指出反应是否能自发进行。

(1) $1/2Cu+1/2\ Cl_2 = 1/2Cu^{2+}+Cl^-$，$p(Cl_2)=100kPa$，$c(Cl^-)=c(Cu^{2+})=1mol\cdot L^{-1}$；

(2) $Cu+2H^+ = Cu^{2+}+H_2$，$c(H^+)=0.010mol\cdot L^{-1}$，$c(Cu^{2+})=0.10mol\cdot L^{-1}$，$p(H_2)=90kPa$

6.17 根据标准电极电势数据，计算 298.15K 时下列反应的标准平衡常数和所组成原电池的标准电动势。

(1) $2Fe^{3+}+2Br^- = 2Fe^{2+}+Br_2$；(2) $O_2+4H^++4Fe^{2+} = 4Fe^{3+}+2H_2O$

6.18 已知反应 $Ag^++Fe^{2+} = Ag+Fe^{3+}$，试求解：(1) 标准平衡常数 K(298.15K)；(2) 若反应开始时，$c(Ag^+)=1.0mol\cdot L^{-1}$，则达到平衡时 $c(Fe^{3+})$ 为多少？

6.19 设计原电池(−)Ag,AgCl|$Cl^-(0.01mol\cdot L^{-1})$‖$Ag^+(0.01mol\cdot L^{-1})$|Ag(+)，测得其电动势为

$E=+0.34V$，试求 AgCl 的溶度积常数 $K_{sp,AgCl}$。

6.20　试计算浓差电池(−)Cu|Cu^{2+}(0.001mol·L^{-1})‖Cu^{2+}(0.1mol·L^{-1})|Cu(+)的电动势。

6.21　已知 $Ag^{+}+e^{-}\longrightarrow Ag$，$\varphi^{\ominus}_{Ag^{+}/Ag}=+0.799V$，$K_{sp,AgCl}=1.6\times10^{-10}$。试求电极反应 $AgCl+e^{-}\longrightarrow Ag+Cl^{-}$ 的标准电极电势 $\varphi^{\ominus}_{AgCl/Ag}$。

6.22　试从如右所示元素电势图（φ / V）中已知的标准电极电势，求 $\varphi^{\ominus}_{BrO_3^-/Br^-}$ 的值。

$BrO_3^- \xrightarrow{+0.52} Br_2 \xrightarrow{+1.07} Br^-$（$BrO_3^-$ 至 Br^-：$\varphi^{\ominus}$）

6.23　往含有 Cu^{2+}、Ag^{+}（浓度均为 1mol·L^{-1}）的混合溶液中加入铁粉，哪种金属先被置换出来？当第二种金属开始被置换时，溶液中第一种金属离子浓度是多少？

6.24　以铁为阴极，铜为阳极，电解 $CuSO_4$ 溶液，请写出电极反应和电解池反应。

6.25　钢铁的电化学腐蚀有几种？试分别写出腐蚀电池反应。

6.26　金属防腐通常有哪些方法，为什么钢铁在硬水中腐蚀较慢？

6.27　说明缓蚀剂的作用原理。

6.28　为什么要把镁块系在航海船的底部？家里的铝质水管为什么不能和镀锌钢水槽放在一起使用？

参 考 文 献

[1] 华彤文，陈景祖．普通化学原理．第 3 版．北京：北京大学出版社，2005.
[2] 傅献彩，沈文霞，姚天扬．物理化学．第 5 版．北京：高等教育出版社，2006.
[3] 程新群．化学电源．北京：化学工业出版社，2008.
[4] 张淑平，施利毅．化学基本原理．北京：化学工业出版社，2005.
[5] 林智信，刘义，安从俊．动力学-电化学-表面及胶体化学．武汉：武汉大学出版社，2003.
[6] 邓建成，易清风，易兵．大学化学基础．第 2 版．北京：化学工业出版社，2008.
[7] 邱治国，张文莉．大学化学．第 2 版．北京：科学出版社，2008.
[8] 卜平宇，夏泉．普通化学．北京：科学出版社，2006.
[9] 张英珊．化学概论．北京：化学工业出版社，2005.

第 7 章　表面现象与胶体化学

物质通常是以气、液、固三态存在，相应的有气、液、固三相。在各个物相之间存在界面（interface），共有气-液、气-固、液-液、液-固、固-固 5 种不同的相界面。若组成界面的两相中有一相为气相时，常被称为表面（surface）。所有发生在物质的相界面上的物理化学现象统称为表面现象或界面现象。

7.1　表面张力与表面自由能

7.1.1　表面张力、表面功与表面自由能

设有一个固定在刚性金属圈上的丝线圈，将它从肥皂水中缓慢拉出后，在金属圈上会形成肥皂水膜。由于液体内部分子受力的合力为零，此时在膜中的丝线圈的形状是随意的［图 7.1.1(a)］；将丝线圈内肥皂膜刺破后，丝线圈马上会变成绷紧的圆形丝线圈［图 7.1.1(b)］，犹如丝线圈受到一种使液面紧缩的拉力。将这种沿着液体表面、垂直作用于单位长度上的紧缩力称为表面张力（surface tension）或界面张力。

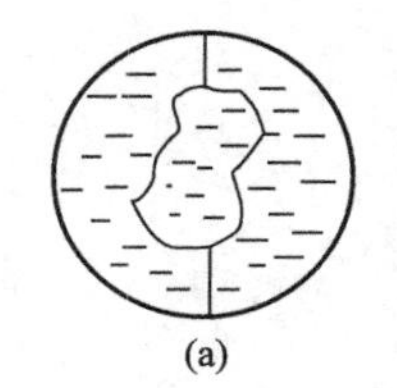

图 7.1.1　丝线圈上肥皂水的表面现象

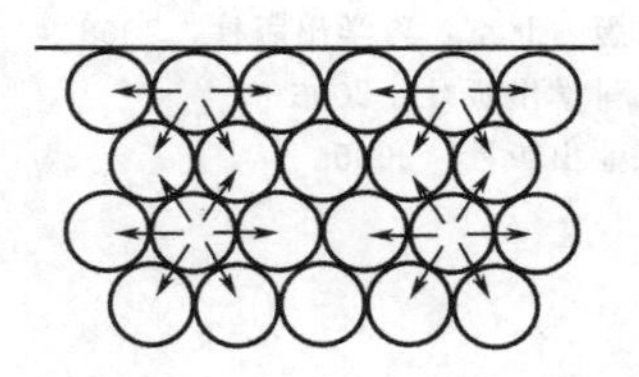

图 7.1.2　气-液两相界面分子结构示意图

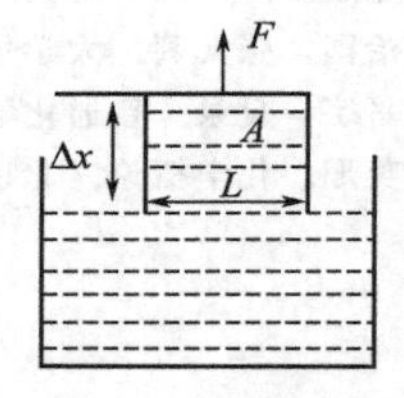

图 7.1.3　表面功示意图

事实上，表面张力是指作用在液体表面或固体表面上的收缩力。如图 7.1.2 所示，在液体内部的分子，其周围分子的相互作用力相互抵消，所受到的合力为零，故液体内部的分子，可以无规则的运动而不消耗功。对于处于表面的分子而言，液体内部分子对它的吸引力大于外部气体分子对它的吸引力，则处于界面的分子所受到的合力不等于零。界面分子受到内部分子的垂直向液体内部的拉力，力求使得界面分子进入液体内部，因而液体表面的分子总是趋于向液体内部移动以缩小表面积，故液体界面有自动缩小的趋势。在这种不均衡的力场中，若把液体内部的分子 A 移至表面以增大表面积，必须克服液体内部分子的拉力而做功。这种在形成新表面过程中所需环境对体系做的功，称为表面功，表面功是一种非体积功 $W_{非}$。

在等温等压条件下，形成新表面所需要的表面功，等于体系吉布斯函数的增加，即 $\Delta G=W_{非}$。由于体系吉布斯函数的增加是由体系表面积的增大引起的，因而又称为表面吉布斯函数，用 $G_{表}$ 表示，单位为 J。定义 σ 为指定温度和压力下，增加单位表面积时表面吉布斯函数的增量，其单位为 $J \cdot m^{-2}$。则当增加表面积 $A(m^2)$ 时，所需要的功为 $W_{非}=\sigma A=\Delta G$。即表面吉布斯函数 ΔG 等于比表面吉布斯函数 σ 与体系总表面积 A 的乘积。

见图 7.1.3，将金属框垂直浸入肥皂水中，施以力 F 并在 F 力的作用下移动距离 Δx。则该过程中环境对液体做功为 $W=F \cdot \Delta x$，过程结束后金属框中液膜的两面形成新的液面，

$A=2L\cdot\Delta x$。由 $W_{非}=\sigma A$ 得 $F\cdot\Delta x=\sigma(2L\cdot\Delta x)$，即 $F=2L\sigma$ 或 $\sigma=F/(2L)$。

显见，σ 又等于垂直作用于液体表面单位长度边界线上，与液面相切的收缩表面的力，称之为表面张力，其单位是牛顿·米$^{-1}$（$N\cdot m^{-1}$）。因此，表面张力在数字上等于比表面吉布斯函数。

7.1.2　表面张力的影响因素

表面张力是分子间相互作用的结果，不同的物质分子间作用力不同，故分子间的作用力愈大，表面张力愈大。通常极性液体（如水）的表面张力较大，非极性液体的表面张力较小。

一定条件下，某种物质（如水）与其不相溶的其他种类液体接触时，则因接触液体的性质不同，界面层分子所处的力场不同，故表面张力也不同。

由于温度升高，使得液体的体积膨胀，密度降低，液体分子间距增大，分子与分子之间的作用力减弱，故绝大多数物质的表面张力都随温度升高而降低。当温度趋近于临界温度时，气-液界面趋于消失，任何物质的表面张力皆趋近于零。在 273～373K 温度范围内，水的表面张力与温度的关系可表示为 $\sigma/10^{-3}N\cdot m^{-1}=122.24-0.1689T/K$。

压力、分散度及物质的运动状况对表面张力也有一定的影响。气相的压力的增加，使得气相分子的密度增加，有更多的气体分子与液面接触，从而使液体表面分子所受到的两相分子的吸引力不同程度地减小，导致液体表面张力降低，但液体表面张力随气相压力变化幅度并不太大，大约气相压力增加 10 个大气压，液体的表面张力才下降约 1×10^{-3} $N\cdot m^{-1}$。另外气相压力增加，气相分子有可能被液面吸收，溶解于液体中改变液相成分使液体表面张力发生变化，这些因素均会导致液体表面张力降低。

7.2　弯曲液面上的附加压力与蒸气压

7.2.1　弯曲液面下的附加压力

液体具有表面张力，当液面呈弯曲形状时，液体的表面张力促使在表面产生一附加压力。在大气压力为 p_0 的液面下，插入毛细管的一端，从另一端压入气体，使在管口形成一半径为 R 的气泡（图 7.2.1）。若要维持此气泡稳定存在，所施加的压力必须大于大气压。毛细管下的气泡内的压力 p'应为 p_0+p_s。p_s 是由于凹形液面的表面会自动缩小，压缩气体所产生的附加压力，方向指向气体。如使气泡内气体的量增加一个极微量，气泡的半径增加 dR，此时气泡的体积和表面积相应增加 dV 和 dA，所做的功等于反抗 p_s 与体积变化的乘积，即 $\delta W'=p_s dV$。

根据能量守恒原理，该气泡表面能的增加应等于反抗附加压力所消耗的功，即 $p_s dV=\sigma dA$。由于体积 $V=(4/3)\pi R^3$，表面积 $A=4\pi R^2$，于是 $dV=4\pi R^2 dR$，$dA=8\pi R dR$，代入得

$$p_s=2\sigma/R \tag{7.2.1a}$$

式(7.2.1a) 叫做杨-拉普拉斯（Yung-Laplace）方程式。式中，R 为液面的曲率半径；σ 为液体的表面张力。

由于空气中的肥皂泡是双层表面，即内外两个气液界面，其附加压力为

$$p_s=4\sigma/R \tag{7.2.1b}$$

由式(7.2.1b) 可以看出，曲率半径 R 越大，即曲率（$1/R$）越小时，所产生的指向液体内部的附加压力就越小；附加压力 p_s 与表面张力成正比；凹形的液体表面（例如气泡），曲率半径为负，p_s 为负值，附加压力的方向指向气体；若液体表面为凸形（例如液滴），曲

率半径为正值，附加压力方向指向液体内部；若液体表面为平面，即 R 无穷大，故 $p_s=0$，即平面液体不会产生附加压力。

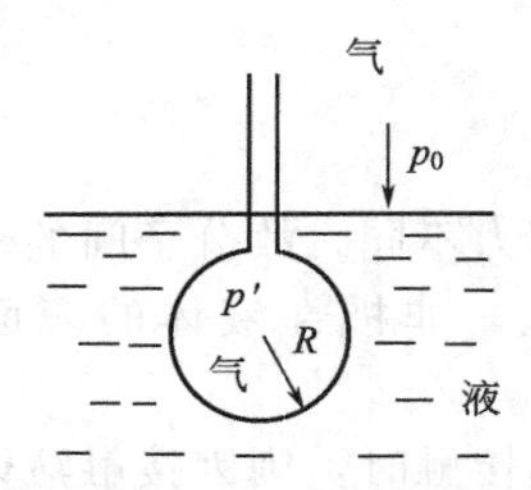

图 7.2.1 附加压力与曲率半径

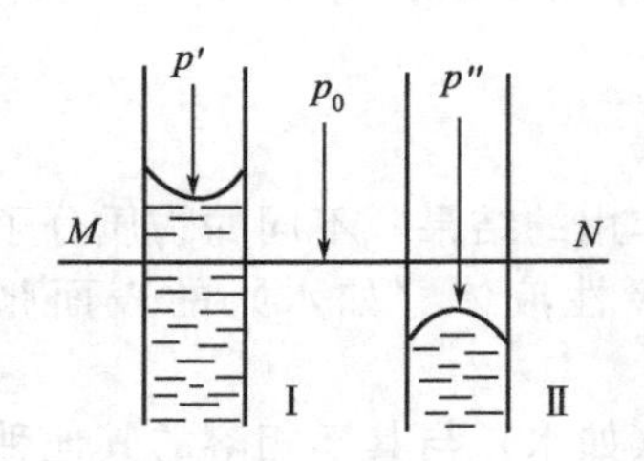

图 7.2.2 毛细现象

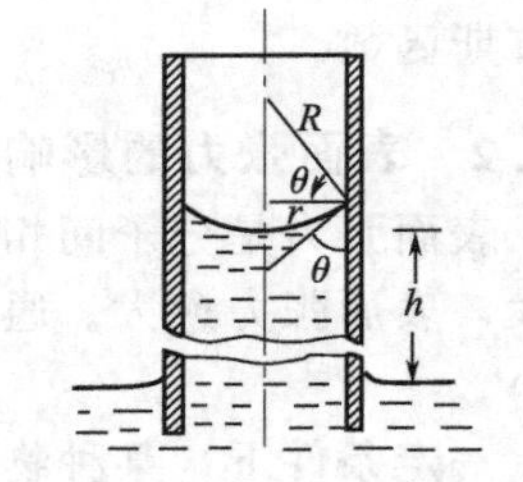

图 7.2.3 r 与 R 的关系

7.2.2 毛细现象

将毛细管插入某种液体，若液体润湿管壁，管内液面为凹液面，附加压力向上，毛细管内液柱上升；反之，若毛细管内液体不润湿管壁，则管内液面为凸液面，毛细管内液柱下降。如图 7.2.2 所示，此即毛细现象（capillary phenomenon）。

液体在毛细管内上升或下降是常见的毛细现象。例如把玻璃毛细管插入水中，可以看到毛细管上升现象；把它插入水银中，就可以看到毛细管下降现象。这种现象不仅发生在气-液界面上，而且还发生在液-液界面上。

毛细管上升或下降可由杨-拉普拉斯方程式

$$p_s=2\sigma/R=\rho gh \tag{7.2.2}$$

予以讨论。式中，g 为重力加速度（$g=9.80\text{m}\cdot\text{s}^{-2}$）；$\rho$ 为液体密度；h 为毛细管内液面上升或下降的高度。如果管中的液面呈凹形，即接触角 $\theta<90°$，附加压力方向朝上，毛细管中液柱上升 h，上升的液柱产生的静压力 ρgh 与附加压力 p_s 在数值上相等时，即达到力的平衡状态，此时有 $R=2\sigma/(\rho gh)$。而毛细管半径 r 与管内液柱曲率半径 R 的关系可由图 7.2.3 证明为 $\cos\theta=r/R$。将其代入式(7.2.2)，可得到液体在毛细管内上升（或下降）的高度为

$$h=2\sigma\cos\theta/(r\rho g) \tag{7.2.3}$$

由式(7.2.3) 可知，当液体润湿管壁时，接触角小于 90°，管内液面呈凹液面，其 $\cos\theta$ 值为正值，h 为正值，即毛细管上升；反之，当液体不润湿管壁时，接触角大于 90°，管内液面呈凸液面，其 $\cos\theta$ 值为负值，h 为负值，即毛细管下降。

7.2.3 弯曲液面上的蒸气压

若用 p_l 和 p_g 分别表示液体所受到的压力和饱和蒸气的压力，则在温度 T 下，该液体与其饱和蒸气达到平衡时，有 $G_m(\text{l})=G_m(\text{g})$。如果将液体分散为半径为 R 的小液滴，则小液滴将受到附加压力。由于小液滴所受到的压力与水平液面时的压力不同，因此其相应的饱和蒸气压将发生改变，并重新建立气-液平衡，且有 $[\partial G_m(\text{l})/\partial p_l]_T\text{d}p_l=[\partial G_m(\text{g})/\partial p_g]_T\text{d}p_g$。因为 $[\partial G_m(\text{l})/\partial p_l]_T=V_m(\text{l})$，$[\partial G_m(\text{g})/\partial p_g]_T=V_m(\text{g})=RT/p_g$，代入上式可得 $V_m(\text{l})\text{d}p_l=RT\text{dln}p_g$。

假定 $V_m(\text{l})$ 不随压力而变化，蒸气为理想气体，且当液体表面为平面时，所受到的压力为 p_l^0，蒸气压为 p_g^0；若将液体分散为小液滴后，上述压力分别为 p_l 和 p_g，积分上式得 $V_m(\text{l})(p_l-p_l^0)=RT\ln(p_g/p_g^0)$。

由于 $p_l-p_l^0=p_s$，联合杨-拉普拉斯方程 $p_s=2\sigma/R$ 得

$$RT\ln(p_g/p_g^0)=V_m(\text{l})(p_l-p_l^0)=2\sigma V_m(\text{l})/R=2\sigma M/(\rho R) \tag{7.2.4}$$

式(7.2.4) 称为开尔文（Kelvin）公式。式中，M 为纯液体的摩尔质量；ρ 为其密度。由开尔文公式可知，对于液滴（凸面，$R>0$），其半径越小，蒸气压反而越大；对于蒸气泡（凹面，$R<0$），其半径越小，液体在泡内的蒸气压越低。

7.3　气体在固体表面的吸附

7.3.1　基本概念

吸附（absorption）是指在一定条件下，固体物质的界面（或表面）上吸引了周围介质的质点（物质的分子原子或离子），并使其附着在固体表面、暂时停留的现象。把具有吸附能力、能够吸引周围介质在表面的物质称为吸附剂（adsorbent），被吸附剂吸附的物质称为吸附物或吸附质（adsorbate）。常用的固体吸附剂有活性炭、活性氧化铝、分子筛、硅胶等。

由于分子的热运动，吸附物会离开吸附剂表面，重新回到周围介质中，该过程是吸附的逆过程，称为解吸（desorption）。吸附和解吸最后达到平衡。

图 7.3.1 为活性炭表面吸附乙醚分子的示意图。活性炭表面吸附乙醚分子后，固体表面分子 A 和 B 除了受到内部分子引力外，又增加了吸附质与吸附剂表面分子之间的引力，且两种力方向相反。从而使得表面分子受内部分子的拉力减弱，固体吸附剂的表面张力下降，即表面吉布斯函数降低。根据热力学定律，该过程可以自发进行。

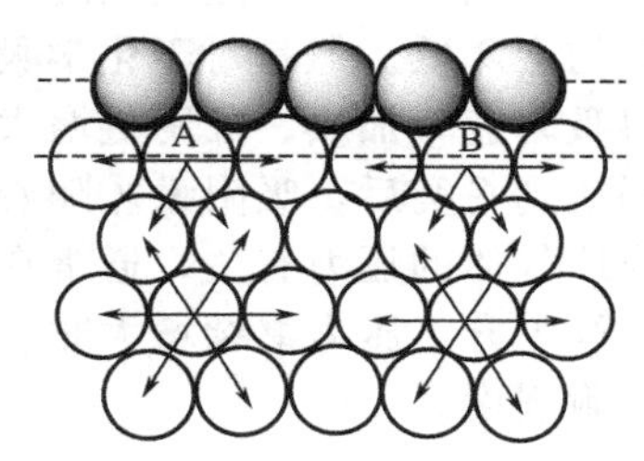

图 7.3.1　乙醚在活性炭表面的吸附

由于气体分子被吸附到固体表面后，其混乱度降低，则该过程熵值减小，$\Delta S<0$。因吸附过程可以自发进行，$\Delta G<0$，根据吉布斯方程：$\Delta G=\Delta H-T\Delta S<0$。由此可知，$\Delta H<0$，即等温吸附过程是放热过程，称为吸附热，该等温吸附-解析平衡方程为

$$\text{自由分子} \underset{\text{解吸}}{\overset{\text{吸附}}{\rightleftharpoons}} \text{被吸附分子} + \Delta H(\text{吸附热})$$

根据吸附作用力性质的不同，吸附可以分为物理吸附（physical adsorption）和化学吸附（chemical adsorption）两类。

物理吸附是由范德华力产生的，是一种较弱的作用力，且普遍存在于各个吸附剂和吸附质之间。无吸附活化能，吸附相对容易，没有选择性，即任何固体可以吸附任何气体，但是吸附量会因吸附剂及吸附质的种类而有差异。通常越易液化的气体越易吸附，吸附量越大，而难于液化的气体吸附量就小。物理吸附可以分为单分子吸附和多分子吸附。一般是多分子吸附。物理吸附的吸附速率和解吸速率较快，且一般不受温度的影响，由于不发生化学反应，不需要活化能，因此低温下就可以进行吸附。由于吸附是放热过程，因此升高温度不利于吸附，而对解吸有利。

发生化学吸附的作用力是化学键力，吸附质与吸附剂间形成的化学键多为共价键。在化学吸附的过程中，可以发生电子的转移、原子的重排、化学键的断裂与形成等微观过程。通常某一种吸附剂只对某些物质才能发生化学吸附作用，即化学吸附有明显的选择性，两者间具有某种化学作用的可能性才会发生化学吸附。由于化学吸附有吸附活化能，所以高温时较易进行。由于吸附剂与被吸附物之间通过化学键作用发生吸附，所以化学吸附形成的是单分子吸附。

表 7.3.1 为物理吸附和化学吸附的异同点。

表 7.3.1 物理吸附和化学吸附的异同点

特　性	物理吸附	化学吸附
吸附力	分子间力(范德华力或氢键力)	化学键
吸附热	较小,近似于液化热	较大,近似于反应热
选择性	无选择性	有选择性
吸附层	单分子层或多分子层	单分子层
吸附效率	较快	较慢
吸附活化能	无吸附活化能,不受温度影响	有吸附活化能,随温度升高速率增大
吸附稳定性	不稳定,易解吸	较稳定,不易解吸
可逆性	可逆	不可逆为主

影响吸附作用的因素包括以下几点。①吸附剂与吸附质的性质。极性吸附剂（如硅胶、活性氧化铝）吸附极性物质，而非极性吸附剂（如木炭）易吸附非极性物质。②吸附剂的粒度。一定温度、压力作用下，被吸附的物质将随着吸附面积的增加而增大。吸附剂的粒度越小，分散度越大，具有的孔腔越多，吸附剂的表面积越大，吸附能力越强。③温度。由于吸附过程放热，对于达到吸附-解吸平衡的吸附过程，温度升高，物理吸附和化学吸附的吸附量均会降低。但是对于化学吸附而言，由于其在低温时一般未达到平衡，因此温度升高，使得吸附速率加快、吸附量增大，所以化学吸附在低温时的吸附量随着温度的升高而增加。直到达到平衡后，吸附量才随着温度的升高而降低。④压力。当吸附质为气体时，吸附量与吸附质气体的压力有关。通常在恒温条件下，气体压力较低时，吸附量随着气体压力的增加而直线上升。压力继续增大时，吸附量增加的程度逐渐减小，直到吸附量为定值，即达到饱和吸附程度。

7.3.2 吸附等温式

吸附量 q 通常用单位质量的吸附剂所吸附的气体吸附质的体积 V（273.15K，101.325kPa 的标准状况下气体的体积），或者气体吸附质的物质的量 n 来表示，即 $q=V/m$ 或 $q=n/m$。实验表明，吸附剂和吸附质一定时，达到平衡时的吸附量与温度及气体的压力有关，一般可以表示为 $q=f(T,p)$。该式中共有三个变量，为了简便，常固定其中一个变量，然后求出其他两个变量之间的函数关系，这种关系可用二维平面上的曲线表示。按照固定变量的不同，可有吸附等温线、吸附等压线和吸附等量线。即若 T=常数，$q=f(p)$，称为吸附等温线；若 p=常数，$q=g(T)$，即吸附等压线；若 q=常数，$p=h(T)$，即吸附等量线。其中最常用的是吸附等温线，它反映等温条件下，吸附量与平衡压力之间的关系。图 7.3.2 为 NH_3 在活性炭上的三种吸附关系曲线。

许多学者提出了描述等温吸附条件下，吸附量与压力的关系式，即吸附等温式。最具有代表性的吸附等温式主要有弗罗因德利希方程、兰格缪尔吸附等温式和 BET 方程。

7.3.2.1 弗罗因德利希方程

弗罗因德利希（Freundlich）方程以 q 表示平衡吸附量，p 表示吸附质的分压，q 与 p 的关系可以表示为

$$q=k\cdot p^{1/n} \tag{7.3.1}$$

式中，k、n 为常数，$n\geqslant 1$。Freundlich 方程表明吸附量与吸附质分压的 $1/n$ 次方成正比。由于吸附等温线的斜率随吸附质分压的增加有较大变化，因此 Freundlich 方程不能描述整个分压范围的平衡关系，尤其是在低压和高压区域内不能得到较好的实验拟合效果。

7.3.2.2 兰格缪尔吸附等温式

1916 年，兰格缪尔（Langmuir）在研究低压气体在金属上的吸附时，根据实验数据发现了一些规律，Langmuir 的研究认为，固体表面的原子或分子存在向外的剩余价力，它可

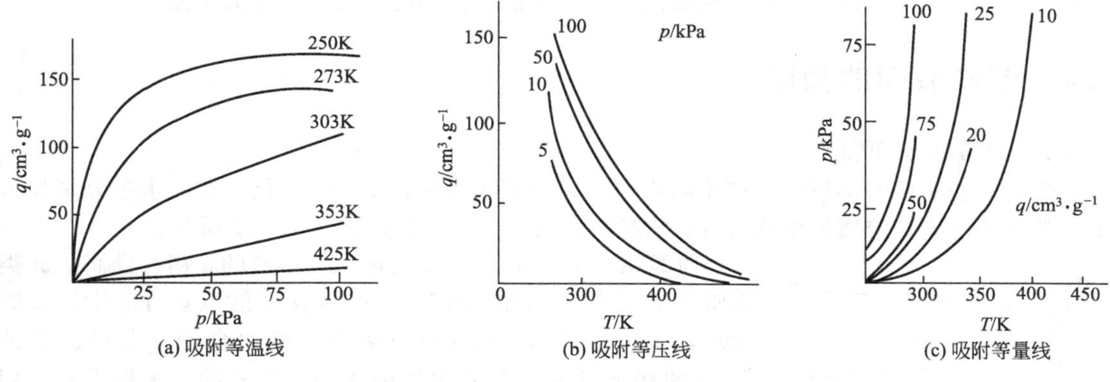

图 7.3.2　NH_3 在活性炭上的三种吸附关系曲线

以捕捉气体分子。这种剩余价力的作用范围与分子直径相当，因此吸附剂表面只能发生单分子层吸附。Langmuir 从动力学的观点出发，提出了一个吸附等温式，总结得出固体对气体的单分子层吸附理论。该理论的基本观点认为，气体在固体表面上的吸附是气体分子在吸附剂表面凝聚和逃逸（即吸附和解吸）两种相反过程达到动态平衡的结果。

兰格缪尔方程的基本假定如下。①吸附剂表面性质均一，每一个具有剩余价力的表面分子或原子吸附一个气体分子。②气体分子在固体表面为单分子层吸附。③吸附是动态的，气体分子碰撞到固体的空白表面上，可以被吸附；被吸附的气体分子受到热运动的影响，也可重新回到气相，即解吸或脱附。④吸附过程类似于气体的凝结过程，脱附类似于液体的蒸发过程。当吸附速率与解吸速率相等时，即达到吸附平衡。⑤气体分子在固体表面的凝结速率正比于该组分的气体分压。⑥吸附在固体表面的气体分子之间无作用力。

设吸附剂表面覆盖率为 θ，则 $\theta=q/q_m$。式中，q_m 为吸附剂表面所有吸附点均被吸附质覆盖时的吸附量，即饱和吸附量。

气体的脱附速率与 θ 成正比，可以表示为 $k_d\cdot\theta$，气体的吸附速率与剩余吸附面积 $(1-\theta)$ 和气体的分压成正比，可以表示为 $k_a\cdot(1-\theta)\cdot p$。吸附达到平衡时，吸附速率与脱附速率相等，即 $k_d\cdot\theta=k_a\cdot(1-\theta)\cdot p$，即 $\theta/(1-\theta)=(k_a/k_d)\cdot p$。式中 k_a 和 k_d 分别为吸附和脱附速率常数。整理后，可得单分子层吸附的 Langmuir 吸附等温式

$$q=k_1pq_m/(1+k_1p) \tag{7.3.2}$$

式中 $k_1=k_a/k_d$ 称为 Langmuir 平衡常数，与吸附剂和吸附质的性质以及温度有关，其数值越大，表示吸附剂的吸附能力越大。

该方程可以较好地描述低、中压范围的吸附等温线。当气相中吸附质的分压较高甚至接近饱和蒸气压时，该方程产生偏离。

7.3.2.3　BET 方程

BET 方程是由 Brunauer、Emmett 和 Teller 等人基于多分子层吸附模型推导出来的。BET 理论认为吸附过程取决于范德华力。由于范德华力的作用，可使吸附质在吸附剂表面吸附一层后，再一层一层吸附下去，但是吸附的能力逐渐减弱。

BET 方程的表示形式为

$$q=k_bpq_m/\{(p_0-p)[1-(k_b-1)(p/p_0)]\} \tag{7.3.3}$$

式中，q 为单位质量吸附剂上吸附质的质量；q_m 为吸附剂表面完全被吸附质的单分子层覆盖时的吸附量；q 和 q_m 的量纲均为 kg(吸附质)/kg（吸附剂）；p 和 p_0 分别为吸附质及其在纯组分的饱和蒸气压，单位为 Pa；k_b 为常数，其数值与温度、吸附热和冷凝热有关。

BET 方程中 q_m 和 k_b 是两个需要通过实验测定的参数，该方程的适应性较广，可以描

述多种类型的吸附等温线，但是在吸附质分压较低或很高时，会产生较大误差。

7.4　溶液表面的吸附

7.4.1　溶液的表面吸附

溶液的表面层对溶质也会产生吸附作用，使其表面张力 σ 发生变化。在纯水中分别加入不同类型的溶质，溶质的浓度 c 对 σ 的影响大致可分为三种，如图 7.4.1 所示。

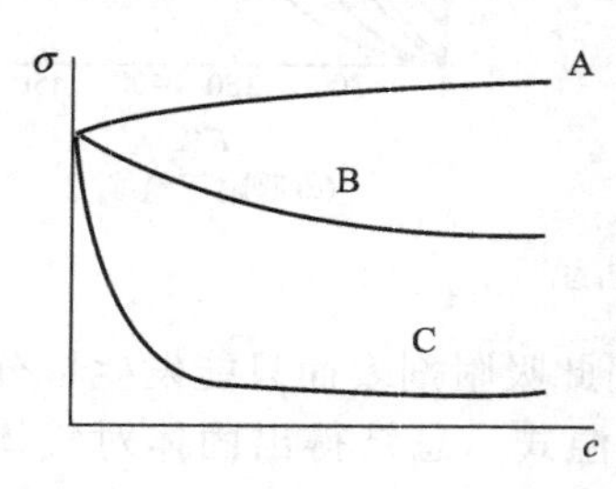

图 7.4.1　溶液表面张力与溶质浓度的关系

曲线 A 表明，随着浓度的增加，溶液的 σ 稍有升高。此类溶质有无机盐类（如 NaCl）、不挥发性酸（如 H_2SO_4）、碱（如 NaOH）以及含有多个羟基的有机化合物（蔗糖、甘油等）；曲线 B 表明，随着浓度的增加，溶液的 σ 缓慢下降，如大部分低脂肪酸、醇、醛等有机物质的水溶液；曲线 C 表明，在水中加入少量的某些溶质时，能引起溶液 σ 的急剧下降。至某一浓度之后，σ 几乎不随浓度的上升而变化。此类化合物可以表示为 R—X，其中 R 多为含有 10 个或 10 个以上碳原子的烷基，X 代表极性基团，一般为—OH，—COOH，—CN，—$CONH_2$ 和—COOR′ 等。

一定 T、p 下，当溶液的表面积 A(l) 一定时，降低系统吉布斯函数的唯一途径，是使溶液的表面张力 σ 降低，即 $dG_{T,p,A}=A(\mathrm{l})\ d\sigma\leqslant 0$。若溶剂中加入溶质后 σ 降低，即 $d\sigma<0$，则溶质将从溶液本体自动地富集于表面，从而增加了表面浓度，使溶液的 σ 降低得更多，即正吸附。但是表面层与本体之间浓度差的存在，又导致溶质向溶液本体扩散，力图使浓度趋于均匀。两种相反的趋势达到平衡时，在溶液表面层就形成正吸附的平衡浓度。

若溶剂中加入溶质后 σ 增加，则溶质会自动地离开表面层进入本体，与均匀分布相比，这样也会使表面吉布斯函数降低，即负吸附。但是由于扩散的影响，使得表面层中溶质的分子不可能都进入溶液本体，达到平衡时，在表面层则形成负吸附的平衡浓度。人们把能使溶液表面张力 σ 增加的物质称为表面惰性物质，能使溶液 σ 降低的物质称为表面活性物质。习惯上将那些溶入少量就能显著降低溶液表面张力的物质，称为表面活性剂（surface active agent，SAA）。表面活性的大小可以用 $(\partial\sigma/\partial c)_T$ 来表示，其值愈大，表示溶质的浓度对溶液 σ 的影响愈大。溶质吸附量的大小，可以用吉布斯吸附公式计算。

7.4.2　Gibbs 吸附等温式

吉布斯(Gibbs)用热力学方法推导出一定温度 T 下，溶液的浓度 c、表面张力 σ 和吸附量 Γ 之间的定量关系，通常称之为 Gibbs 吸附等温式

$$\Gamma=-[c/(RT)]\cdot(\partial\sigma/\partial c)_T \tag{7.4.1}$$

式中，Γ 为溶质在表面层中的吸附量。即在单位面积的表面层中所含溶质的物质的量与同量溶剂在溶液本体所含溶质的物质的量的差值，称为溶质的表面吸附量。

由吉布斯公式可以得到如下结论：① 一定温度下，当溶液的表面张力随浓度的变化率 $d\sigma/dc<0$ 时，Γ 为正值，表明凡增加浓度使溶液 σ 降低的溶质，在表面层必然发生正吸附；②当 $d\sigma/dc>0$ 时，Γ 为负值，表明凡增加浓度使溶液 σ 上升的溶质，必然发生负吸附；③当 $d\sigma/dc=0$ 时，$\Gamma=0$，此时无吸附作用。

用吉布斯吸附公式计算吸附量 Γ，必须知道 $d\sigma/dc$ 的大小。为此可代入已知的 σ 与 c 关系，或测出不同浓度 c 下的 σ，以 σ 对 c 作图，再求出 σ-c 曲线上各指定浓度 c 的斜率，即为该浓度 c 时的 $d\sigma/dc$ 的数值。

7.5　表面活性剂及其作用

7.5.1　表面活性剂的定义与分类

表面活性剂（surfactant）又称“工业味精”，具有润湿、乳化、分散、增溶、起泡、消泡、去污、洗涤、渗透、抗静电、润滑、杀菌、医疗等性能，在国民经济各个领域中都有广泛应用。

表面活性剂分子由亲水性的极性基团（如—COOH，—$CONH_2$，—OH 等）和憎水（亲油）性的非极性基团（如碳链或环）所构成。表面活性剂的一个显著特征是：表面活性剂分子可以定向排列于任意两相之间的界面层中，即使在很低浓度时，也会使水溶液的表面张力或油-水体系的表（界）面张力发生降低，并在达到一定浓度时使表（界）面张力降低到恒定值。表面张力降得愈多，表面活性就愈大。

表面活性剂可以从用途、物理性质或化学结构等方面进行分类。按化学结构，可以分为离子型和非离子型两大类。当表面活性剂溶于水时，凡能电离生成离子的，称为离子型表面活性剂；在水中不能电离的，就称为非离子型表面活性剂。而离子型的表面活性剂按其在水溶液中具有表面活性作用离子的电性，还可再分为阴离子型、阳离子型和两性型表面活性剂。几种常用表面活性剂的结构式见图 7.5.1。

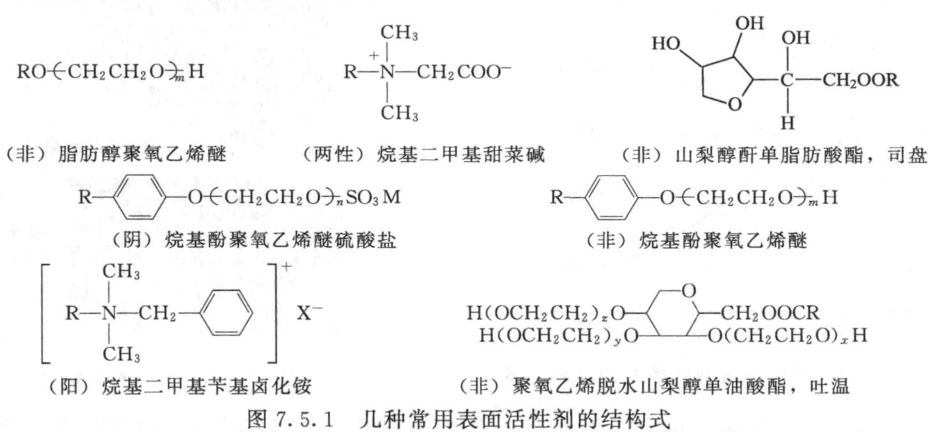

图 7.5.1　几种常用表面活性剂的结构式

7.5.2　关于表面活性剂的几个参数

7.5.2.1　临界胶束浓度

当表面活性剂的浓度较低时，表面活性剂一部分分子将自动地聚集于表面层，使水和空气的接触面减小，溶液的表面张力急剧降低；另一部分则分散在水中，有的以单分子的形式存在，有的则相互接触，把憎水性的基团靠拢在一起，形成简单的聚集体［图 7.5.2(a)］；增加表面活性剂的浓度使表面活性剂在界面的吸附达到饱和，溶液本体中的表面活性剂分子则形成憎水基团向里、亲水基团朝外的，具有一定形状和尺寸的多分子聚集体，此时表（界）面张力不再降低［图 7.5.2(b)］。这种表面活性剂的聚集体被称为胶束或胶团（micelle），将形成胶束所需要的最低表面活性剂的浓度定义为临界胶束浓度（critical micelleconcentration，CMC）。表面活性剂在水溶液中形成胶束后，能使不溶或微溶于水的有机物的溶解性显著增大，并使乳液呈透明状，这种作用称为增溶（solubilization）。能产生

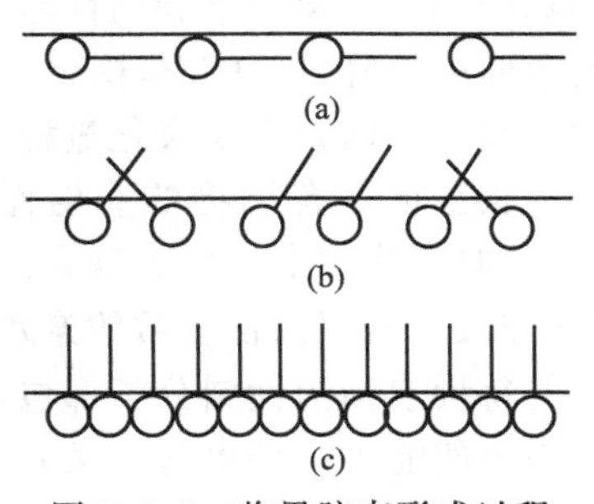

图 7.5.2　临界胶束形成过程

增溶作用的表面活性剂称为增溶剂，胶束中的有机物称为被增溶物。当表面活性剂浓度超过CMC时，若再增加其浓度，仅仅增加胶束的数目，并不会使得表面张力进一步降低[图7.5.2(c)]。

胶束的大小为0.5～100nm，小于可见光的波长，所以胶束溶液呈透明状态。胶束的大小可采用光散射法、渗透法、X射线衍射法、超离心法等测定。

表面活性剂溶液的性质和浓度的关系如图7.5.3所示。

由图7.5.3可知，当表面活性剂的浓度达CMC后，性质都发生突变。各种表面活性剂的CMC不同，且每种表面活性剂的胶束都由不同数目的单分子表面活性剂组成，这个组成数称为胶束聚集数。随着表面活性剂浓度进一步增大，胶束形状亦随之变化，一般从球状变为扁球状、棒状、六角棒状直至层状胶束（图7.5.4)。

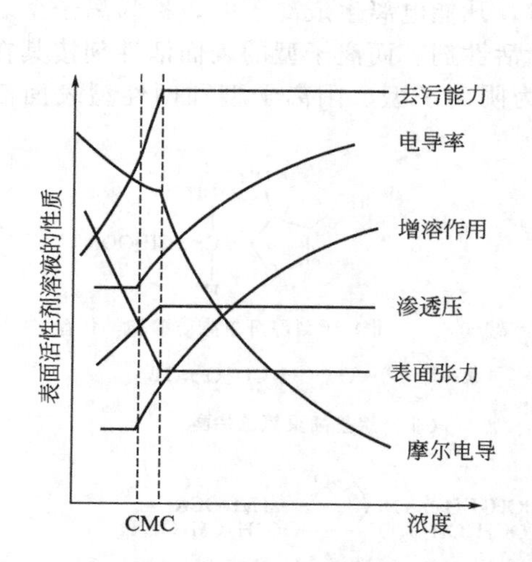

图7.5.3　表面活性剂溶液性质与浓度的关系

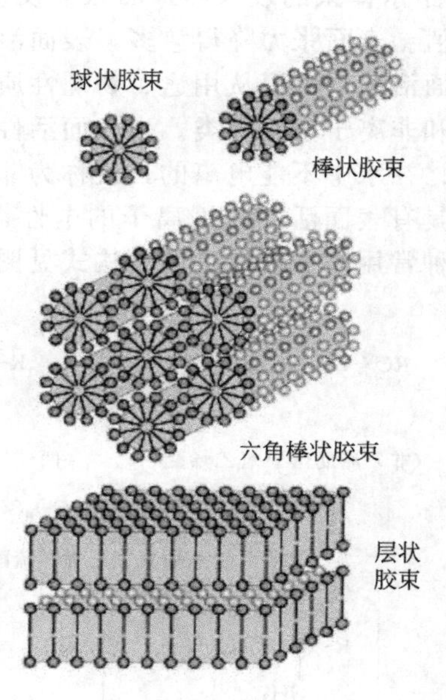

图7.5.4　胶束的形状

影响CMC的主要因素包括以下几点。① 结构因素。疏水基长度与CMC满足关系式 lg(CMC)$=A-B\cdot n$，式中，A，B均为常数；n为疏水基的碳数。亲水基的种类对离子型表面活性剂影响不大，而非离子型表面活性剂则随着碳链变长而CMC变大。②电解质及反离子。电解质加到表面活性剂溶液中，可与离子型表面活性剂产生同离子效应，中和一部分电荷，另外将减小水化率，使CMC下降，其关系式为lg(CMC)$=A-B\lg c_0$。式中，A，B均为常数；n为疏水基的碳数；c_0为电解质的浓度。电解质对非离子型表面活性剂CMC的影响较小，对离子型和两性型的影响较大，随着无机强电解质的加入，反离子浓度增加，促使表面电势降低，CMC降低。③长链有机物。添加如醇、酰胺等有机化合物能吸附于胶束的外层，从而减少胶束化过程所需的功，并减少离子头在胶束中的斥力，有利于CMC的降低。长链极性有机物的直链结构对CMC的影响较支链结构大。④温度与压力。温度对CMC的影响较小，离子型表面活性剂一般随着温度升高CMC变大。

7.5.2.2　表面活性物质的亲水-亲油平衡值

每种表面活性剂分子都包含有亲水基和憎水基两部分，亲水基的亲水性代表表面活性剂溶于水的能力；憎水基（又叫亲油基）代表亲油（或溶于油的）能力。表面活性物质的分子中同时存在着这两种基团，它们之间互相作用、互相联系又互相制约。亲水基的亲水性和亲油基的亲油性之比，称为亲水-亲油平衡 HLB（hydrophile-lipophile balance）值：

$$表面活性剂的亲水性\ HLB=\frac{亲水基的亲水性}{憎水基的憎水性} \tag{7.5.1}$$

HLB 值越大，表面活性剂的亲水性越强。不同类型的表面活性剂具有不同的 HLB 值计算方法。

对非离子型表面活性剂，葛里芬（W. C. Griffin）最早提出计算非离子型表面活性剂 HLB 值的经验公式

$$HLB=(亲水基的亲水性/憎水基的憎水性)\times(100/5)$$

对于只以环氧乙烷单元作亲水基的表面活性剂，或脂肪族环氧乙烷聚合产物，非离子型表面活性剂 HLB 值可从其分子结构特征计算出来，Griffin 的经验公式为 HLB 值$=E/5$，式中 E 为环氧乙烷的质量分数。对于多元醇脂肪酸酯，Griffin 经验式为 HLB 值$=(E+P)/5$，式中 P 为多元醇的质量分数。非离子型表面活性剂的 HLB 值在 0～20 之间。

对于离子型表面活性剂，Davies 提出其 HLB 值可用官能团（功能团）HLB 加和法计算。即 HLB 值可以视为分子中各个组成基团贡献的总和。各官能团的 HLB 值见表 7.5.1。

表 7.5.1 离子型表面活性剂中各官能团的 HLB 值

官能团	HLB 值	官能团	HLB 值	官能团	HLB 值
$-SO_3Na$	38.4	$-OH$	1.9	酯(山梨糖醇酐环)	6.8
$-COOK$	21.1	$-O-$	1.3	$-OH$(山梨糖醇酐环)	0.5
$-COONa$	19.1	$-CH=$	-0.475	$-COOH$	2.1
磺酸盐	11.0	$-CH_2-$	-0.475	$\text{+}CH_2-CH_2-CH_2-O\text{+}$	-0.15
$-N$(叔胺)	9.4	$-CH_3-$	-0.475		

亲水基的 HLB 值为正值，亲油基的 HLB 值为负值。若计算某一表面活性剂的 HLB 值，只需把该物质中的各官能团 HLB 值的代数和再加上 7 即可。

具有不同 HLB 值的表面活性剂具有不同的用途。当 HLB=3～6 时，适于用作 W/O 型表面活性剂；当 HLB=7～9 时，适于用作润湿剂；当 HLB=8～18 时，适于用作 O/W 型表面活性剂；当 HLB=13～15 时，适于用作洗涤剂；当 HLB=15～18 时，适于用作增溶剂。

不同 HLB 值的表面活性剂在水中呈现不同的状态。当 HLB=1～4 时不分散；HLB=3～6 时分散性较差；当 HLB=6～8 时剧烈振荡后呈乳白色分散体系；当 HLB=8～10 时为稳定的乳白色分散体系；当 HLB=10～13 时为半透明至透明分散体系；当 HLB>13 时为透明溶液。

7.5.3 表面活性剂的作用

表面活性剂种类繁多，应用极广泛。概括地说，它具有润湿、助磨、乳化、去乳、分散、增溶、发泡和消泡、选矿、石油开采、消除静电等作用。

7.5.3.1 润湿作用

润湿（wetting）是固体（或液体）表面上的气体被液体取代的过程。它是表面现象的重要内容之一，在自然界中随处可见，人类及动植物的生命过程与润湿过程息息相关，在生产实践过程中也离不开润湿。例如胶片的涂布、洗涤、润滑、原油的开采与集输、农药的喷洒、固液悬浮体的分离、印染以及颜料在介质中的分散与稳定等，均与润湿过程有关。

图 7.5.5 为在一个水平放置的光滑固体表面上，滴一滴液体后的过液滴中心且垂直于固体表面的剖面图，通常会呈现（a）或（b）所示的两种形态之一。

定义固-液界面的水平线与气-液界面在 A 点的切线之间的夹角 θ 为接触角（润湿角）。

有三种力作用于 A 点处的液体分子。σ_{s-g}趋向于将液体分子拉向左方，以覆盖更多的固-气界面；σ_{s-l}趋向于将液体分子拉向右方，以缩小固-液界面；而 σ_{l-g} 趋向于将 A 点处液体分子拉向液面的切线方向，以缩小气-液界面。当三种力达到平衡时，有

$$\sigma_{s-g}=\sigma_{s-l}+\sigma_{l-g}\cos\theta \text{ 或 } \cos\theta=(\sigma_{s-g}-\sigma_{s-l})/\sigma_{l-g} \quad (7.5.2)$$

该式称为杨氏方程。由杨氏方程可知，在 T、p 一定的条件下，有以下几点结论：①当 $\theta=0°$时，$\cos\theta=1$，$\sigma_{s-g}=\sigma_{s-l}+\sigma_{l-g}$，完全润湿；②当 $\theta=90°$时，$\cos\theta=0$，$\sigma_{s-g}=\sigma_{s-l}$，液体润湿固体表面的 $\Delta G=0$，系统处于润湿与否的分界线；③当 $\theta>90°$时，$\cos\theta<0$，$\sigma_{s-g}<\sigma_{s-l}$，液体趋向于缩小固-液界面，不润湿；④当 $\theta<90°$时，$\cos\theta>0$，$\sigma_{s-g}>\sigma_{s-l}$，液体趋向于扩大固-液界面，润湿；⑤当 $\theta=180°$时，完全不润湿。

通过加入表面活性剂，可以改善固体性能，即通过单层吸附使带相反电荷的高能表面拒水、抗黏，通过多层吸附使高能表面更加亲水；也可以改善液体性能，即当表面活性剂（润湿剂）与固体表面带同种电荷时，通过降低表面张力，使得接触角 θ 变小，从而增大润湿性。

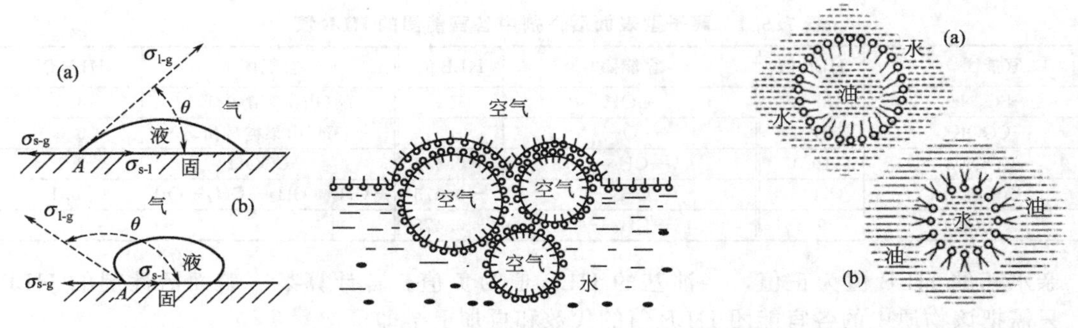

图 7.5.5 润湿作用示意图　　图 7.5.6 起泡作用　　图 7.5.7 O/W 和 W/O 型乳状液

7.5.3.2 起泡作用

泡沫是指气体分散在液体中的分散体系，气体是分散相、液体是分散介质。气体进入液体被液膜包围形成气泡，在有表面活性剂存在的情况下，表面活性剂富集于气-液界面，疏水基朝向气泡，亲水基指向溶液，形成单分子层膜。当气泡在溶液中上升到液面并逸出时，生成双分子层泡沫（图 7.5.6）。

起泡剂所发挥的作用主要有以下几个方面：①降低表面张力：因为形成泡沫使得体系增加了很大的界面，所以降低表面张力有助于降低体系的表面自由能，从而使得体系得以稳定。②要求所产生的泡沫膜牢固，有一定的机械强度，有弹性。③具有适当的表面黏度：泡沫膜内包含的水受到重力作用和曲面压力，会从膜间排走，使得泡沫膜变薄后导致破裂。所以如果液体具有适当黏度，膜内的液体不容易流失。

7.5.3.3 增溶与乳化作用

非极性的碳氢化合物如苯等不溶解于水，但是可以溶解于浓的肥皂溶液，或者溶解于浓度大于 CMC，且已经大量生成胶束的离子型表面活性剂溶液，这种现象即为增溶作用。增溶作用具有如下特点：①增溶作用可以降低被增溶物的化学势，使得整个体系更加稳定，是自发过程。②增溶过程是一个可逆的平衡过程。③增溶后溶液为透明状态，不存在两相，但是增溶作用与真正的溶解作用也不相同。

如果所形成的胶束较大，则形成乳状液（emulsion）。牛奶、含水石油、炼油厂的废水、乳化农药等皆属乳状液。乳状液中一相为水，可用“W”表示，另一相为极性较小的有机物质，如苯、苯胺、煤油等，习惯上把它们皆称为“油”，用“O”表示。通常乳状液分为两

大类：一类是油作为不连续相（分散相）分散在介质水中，称为水包油型乳状液，用符号 O/W 表示；另一类是水作为不连续相（分散相）分散在油中，称为油包水型乳状液，用符号 W/O 表示。水包油型乳状液和油包水型乳状液的结构见图 7.5.7。

乳状液的制备方法主要有以下两种：① 乳化剂法。向水中或油中加入表面活性剂，制备 O/W 型或 W/O 型乳状液。亦可将亲水性表面活性剂和亲油性表面活性剂分别加入水相和油相中，在搅拌下混合两相，得到乳状液。若将表面活性剂加入油相，先加少量水形成 W/O 型乳状液，再在搅拌下逐步加入其余水量，则转相形成 O/W 型乳状液。② 物理分散法。可借助于机械力或超声波振动法使分散相粉碎为微粒，得到的乳状液一般储存期较短，宜在制备后很快使用。

7.5.3.4　去污洗涤作用

许多油类对衣物润湿良好，在其上能自动附着，但却难溶于水中。因此仅用水难以洗净衣物上的油污，表面活性剂分子能渗透到油污和衣物之间，形成定向排列的分子膜，从而减弱了油污在衣物上的附着力，轻轻搓动，或在机械摩擦和水分子的吸引下，易使油污从衣物上脱落、乳化、分散在水中，达到洗涤的目的。

7.6　溶胶的制备与性质

溶胶（sol）是由一种或几种物质分散在另一种物质中所组成的系统。被分散的物质称为分散质（dispersate），与分散质共存的另一种物质介质称为分散剂（dispersant）。例如蔗糖分散在水中形成的糖水溶液，颜料分散在溶剂油中形成的油漆或涂料。其中蔗糖和颜料为分散质，水和溶剂油为分散剂。按照分散质被分散的程度或颗粒的大小，分散系统可以分为 3 类。①分子或离子分散系统。当分散相粒子半径小于 1nm，尺寸相当于离子或分子大小，分散相与分散介质形成均匀溶液。呈单相状态，并将这类溶液称为真溶液（true solution）。具有透明、均匀、稳定等特点。如蔗糖溶液、NaCl 溶液。通常分散剂为水时称为水溶液。②胶体分散系统。分散质粒子直径在 1～100nm 之间，分散质粒子为众多分子（或离子）的聚集体。胶体分散系统不易扩散、透明，是热力学不稳定的多相系统。胶体是物质的一种分散状态，聚集体粒子的大小在 1～100nm 之间。许多蛋白质、淀粉、糖原溶液、血液、淋巴液等均属于胶体分散体系。③粗分散系统。分散质粒子半径大于 100nm 的分散体系，是不均匀的多相系统，它包括悬浊液和乳浊液，故又称为悬浮系统。粗分散系统具有多相、不透明或半透明、极不稳定等性质。如牛奶、浑浊泥水、豆浆等。

胶体化学（colloidal chemistry）是研究胶体分散体系物理化学性质的一门科学。在制药、食品、油漆、化妆品、塑料等工业生产中有广泛的应用。

7.6.1　溶胶的制备

胶体系统的分散度介于粗分散系统与真溶液之间。胶体系统的制备主要包括两种方法：粗分散系统进一步分散至胶体状态；或是将溶液中的溶质凝聚至胶体状态。制备过程可简单地表示为

粗分散系统（>100nm） —分散法（大变小）→ 胶体系统（1~100nm） ←凝聚法（小变大）— 分子分散系统（<1nm）

7.6.1.1　分散法

分散法是指利用机械设备，将大块物质在稳定剂存在时分散成为胶体粒子的尺寸。目前主要的方法如下。①研磨法：胶体磨的主要部件是一高速转动的圆盘，圆盘转动时物料在空隙中受到强烈的冲击与研磨。具体操作时又有干法与湿法之分，湿法操作常加入少量的表面

活性剂作为稳定剂，粉碎程度和效率更高。②胶溶法：又称为解胶法，通过将暂时凝聚起来的分散相重新分散，这种作用称为胶溶作用。③超声波分散法：用超声波所产生的能量进行分散，从而达到溶胶化。目前多用于制备乳状液。④电弧法：该法将欲分散的金属作为电极浸入水中，通入直流电，调节两电极间的距离使其产生电弧。电弧的温度很高，可使电极表面的金属气化，金属蒸气遇水而冷凝成胶体系统。此法实际上包括了分散与凝聚两个过程。

7.6.1.2　凝聚法

与分散法相反，凝聚法是将分子（或原子、离子）的分散状态凝聚为胶体分散状态。通常分为物理凝聚法和化学凝聚法两种。物理凝聚法是将蒸气或溶解状态的物质凝聚为胶体状态，它又可分为蒸气凝聚法和过饱和法两种方法。化学凝聚法是利用生成不溶性物质的化学反应，控制析晶过程，使其停留在胶核尺寸的大小而得到溶胶。一般采用较大的过饱和浓度、较低的操作温度以利于晶核的大量形成，而减缓晶体长大的速率，防止难溶性物质的聚沉。

7.6.2　溶胶的性质

7.6.2.1　胶体系统的光学性质

胶体系统的光学性质是其高度分散性和多相不均匀性特点的反映。通过对胶体系统光学性质的研究，可以理解胶体粒子的大小、形状及其运动规律。

当光束投射到分散系统时，可能发生光的吸收、反射、散射或透射。当入射光的频率与分子中电子的某能级差相同时发生光的吸收；当入射光波长小于分散粒子的尺寸时发生光的反射；若入射光的波长大于分散相粒子的尺寸时，则发生光的散射；当光束与系统不发生任何相互作用时，则透射。

若在暗室或黑暗背景下，将一束光投射到胶体系统中，在与入射光垂直的方向上，可观察到一个发亮的光锥或光带，这就是丁达尔（Tyndall）效应，如图 7.6.1 所示。

7.6.2.2　胶体系统的动力性质

在超显微镜下观察到胶体粒子处于不停的、无规则的运动状态。因此，我们可以用分子运动论的观点，研究胶体粒子的无规则运动以及由此产生的扩散、渗透等现象。

在分散系统中，分散介质的分子皆处于无规则的热运动状态，它们从各个方向不断撞击分散相的粒子。粗分散系统的粒子很大，统计地看，各方向上所受撞击的概率相等，合力为零，难以发生位移，故无布朗运动。

接近或达到胶体尺寸的粒子，在各个方向上所遭受的撞击力，完全相互抵消的概率较小。在受到某一方向撞击的一瞬间，粒子从该方向得到冲量便可以发生位移，此即布朗运动的成因。即胶体粒子之所以能扩散、渗透以及较长时间相对稳定地悬浮在分散介质中而不下沉，一个重要的原因就是粒子的布朗运动。

当溶液有浓度差时，粒子从浓度大的区域移向浓度小的区域，最后使得浓度达到平衡，该自发过程称为扩散。浓度差越大，扩散越快。

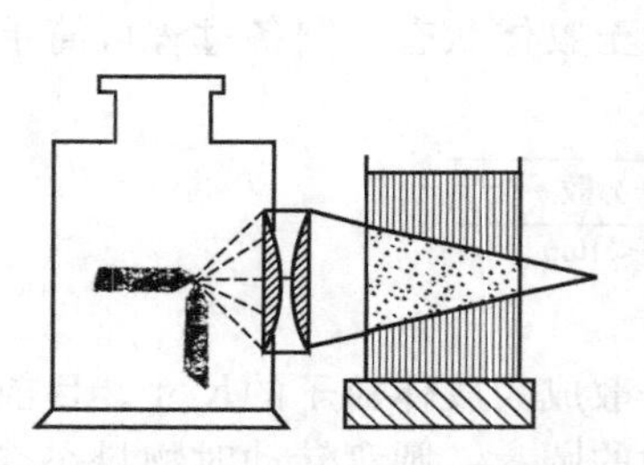
图 7.6.1　丁达尔效应示意图

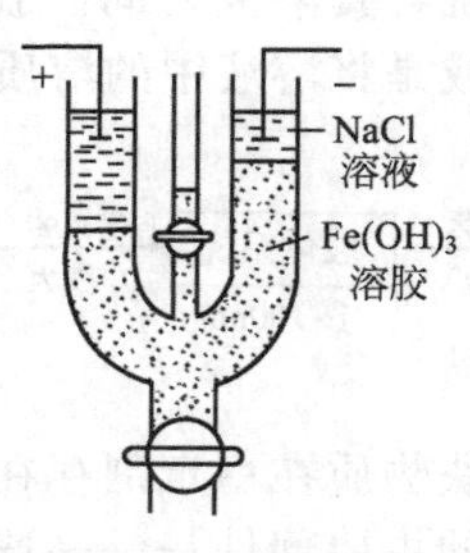

图 7.6.2　电泳装置

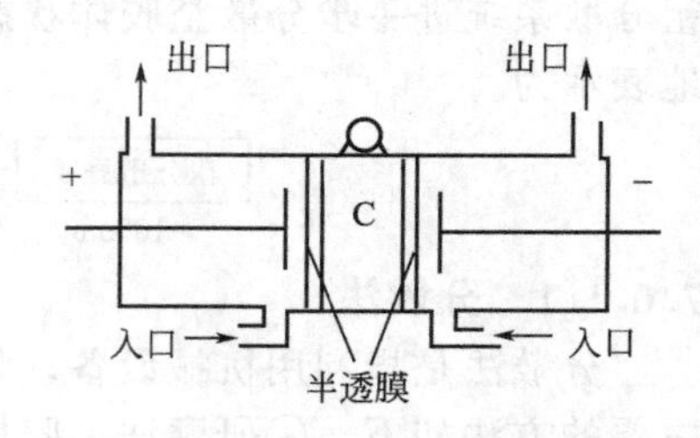

图 7.6.3　电渗原理示意图

7.6.2.3　胶体系统的电学性质

电泳是指在外电场的作用下，胶体粒子在分散介质中向正极或负极定向移动的现象；分散介质向负极或正极移动的现象叫做电渗（electroosmosis）。它们统称为电动现象。

图 7.6.2 中，U 形管下面接一带活塞的漏斗，放入 $Fe(OH)_3$ 溶胶，然后在溶胶液面上放入无色的稀 NaCl 溶液（其作用是避免电极直接与溶胶接触），使溶胶和溶液间有明显的界面。在 U 形管两端各插入铂电极，通电后可以观察到 $Fe(OH)_3$ 溶胶的红棕色界面向阴极上升，而阳极液面下降，表明 $Fe(OH)_3$ 溶胶带正电。

如图 7.6.3 所示，将溶胶浸渍在多孔性物质（如海绵）上，使得溶胶粒子被吸附而固定在位置 C 处，在多孔性物质两侧施加电压，通电后则可观察到介质的移动，即电渗，通常可以用于水的净化。

7.6.3　溶胶的胶团结构

现以 AgI 溶胶的形成为例，说明胶体粒子的结构。它是由 $AgNO_3$ 和 KI 的稀溶液反应制得。两种反应物的相对量不同，可以得到不同电荷的溶胶。$AgNO_3$ 过量时，胶粒带正电荷称为正溶胶；而 KI 过量时，胶粒带负电荷称为负溶胶。因为溶胶中，胶核由 m 个 AgI 构成，当 $AgNO_3$ 过量时，它优先吸附与其组成相同的 Ag^+；在 KI 过量时，则优先吸附 I^-。这两种 AgI 溶胶的结构都可用胶团形式表示。①$AgNO_3$ 过量时，$|(AgI)_m \cdot nAg^+ \cdot (n-x)NO_3^-|^{x+} \cdot xNO_3^-$，其中胶核为 $(AgI)_m$；吸附层为 $nAg^+ \cdot (n-x)NO_3^-$；胶粒为 $|(AgI)_m \cdot nAg^+ \cdot (n-x)NO_3^-|^{x+}$；胶团为 $|(AgI)_m \cdot nAg^+ \cdot (n-x)NO_3^-|^{x+} \cdot xNO_3^-$；扩散层为 xNO_3^-。此时胶粒带正电荷，为正溶胶。②KI 过量时，$|(AgI)_m \cdot nI^- \cdot (n-x)K^+|^{x-} \cdot xK^+$，胶粒带负电荷称为负溶胶，见图 7.6.4。

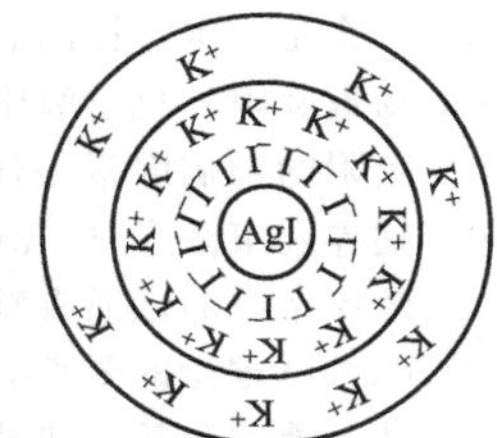

图 7.6.4　溶胶的胶团结构

上式中 m 表示胶核中物质的原子或分子数，n 为胶核吸附的离子数；异号离子中有一部分 $(n-x)$ 在吸附层中，其余 x 个在周围的扩散层内。

7.7　溶胶的稳定与聚沉

7.7.1　溶胶的稳定

1941 年，德查金（Darjaguin）和朗道（Landau），1948 年，维韦（Verwey）和奥弗比克（Overbeek）分别提出了带电胶体粒子稳定的理论，简称为 DLVO 理论，其基本要点有以下几条。①胶团之间有斥力势能，同时也存在引力势能。②胶体系统的相对稳定或聚沉取决于斥力势能和引力势能的相对大小。当粒子间的斥力势能大于引力势能时，由于粒子的布朗运动，胶体处于相对稳定的状态。反之，粒子将互相靠拢而聚沉。③ 引力势能以及总势能都随着粒子间距离的变化而变化，但两者与距离的关系不同。④ 加入电解质后，对引力势能影响不大，但对斥力势能的影响却较为明显，所以电解质的加入会导致系统的总势能发生变化。

7.7.2　溶胶的聚沉

聚沉（coagulation）是指胶体系统中的分散相微粒互相聚结、颗粒变大，进而发生沉降的现象。任何胶体系统本质上都是不稳定的，稳定只是暂时的，总要发生聚沉。加热、辐射或加入电解质等皆可导致溶胶的聚沉。许多胶体系统对电解质都特别敏感。

电解质对溶胶聚沉作用的影响包括以下几个方面。①反离子价态的影响。起聚沉作用的主要是与溶胶带相反电荷的离子，而且相反电荷离子的价态愈高，聚沉能力愈大。②价态相同的离子聚沉能力也有所不同。例如碱金属硝酸盐对负溶胶的聚沉能力的次序是：Cs^+＞Rb^+＞K^+＞Na^+＞Li^+；一价阴离子的钾盐对正溶胶 Fe_2O_3 的聚沉能力次序是：Cl^-＞Br^-＞NO_3^-＞I^-。③聚沉能力与离子的大小有关，与水合离子半径由小到大的次序相同。水合离子半径愈小、聚沉能力愈强。④有机化合物的离子有很强的聚沉能力，这与有机离子与胶粒之间有较强的吸附能力有关。

带相反电荷的溶胶相混合，会发生聚沉。当两种溶胶所带的总电荷量相同时，才能完全聚沉，否则可能聚沉不完全，甚至不聚沉。例如天然水中含有的悬浮粒子一般带负电荷，加入硫酸铝后，生成带正电的 $Al(OH)_3$ 溶胶，二者发生聚沉，再加上 $Al(OH)_3$ 溶胶的吸附作用连同杂质一起下沉，达到净化水的目的。

习题与思考题

7.1 表面与界面有何区别与联系？

7.2 影响表面张力的因素有哪些？

7.3 什么是润湿？提高润湿性能的方式有哪些方面？

7.4 物理吸附和化学吸附的区别和联系。

7.5 吸附的影响因素是什么？

7.6 临界胶束浓度（CMC）及影响 CMC 的因素有哪些？

7.7 胶体系统的性质有哪些？

7.8 DLVO 理论的要点有哪些？

7.9 乳状液的制备方法及鉴别乳状液的主要方法有哪些？

7.10 乳状液的稳定理论有哪些？

7.11 乳状液常规制备方法有哪些？

7.12 微乳液胶团增溶理论的要点有哪些？

参 考 文 献

[1] 傅献彩，沈文霞，姚天扬．物理化学．第5版．北京：高等教育出版社，2006.
[2] 李东方．基础化学 [M]．北京：科学出版社．2002：176.
[3] 江棂，邢宏龙，张勇，张群正．工科化学 [M]．北京：化学工业出版社，2000．332.
[4] 徐燕莉．表面活性剂的功能 [M]．北京：化学工业出版社，2000：3.
[5] 徐崇泉，强亮生．工科大学化学 [M]．北京：高等教育出版社，2003：219.
[6] 沈一丁．高分子表面活性剂 [M]．北京：化学工业出版社，2002：1.
[7] 肖进新，赵振国．表面活性剂应用原理 [M]．北京：化学工业出版社，2003：5.
[8] 张淑平，施利毅．化学基本原理．北京：化学工业出版社，2005.
[9] 林智信，刘义，安从俊．动力学-电化学-表面及胶体化学．武汉：武汉大学出版社，2003.
[10] 卜平宇，夏泉．普通化学．北京：科学出版社，2006.
[11] 华彤文，陈景祖．普通化学原理．第3版．北京：北京大学出版社，2005.

第8章　有机化学基础

8.1　一些基本概念

8.1.1　有机化合物的结构与性质

有机化合物（organic compounds）含C、H，其结构与性质与C原子的结构密切相关。有机化合物分子中各原子之间一般是以共价键连接起来的，常见的共价键可分为σ键和π键两种类型。σ键是两个原子轨道沿键轴“头碰头”重叠形成的，成键电子云密集在两个原子核之间，在键轴周围对称分布。π键是由两个成键原子的p轨道“肩并肩”重叠形成的，成键电子云分布在键轴的上方和下方，形成π键的原子轨道重叠相对较小，受原子核的引力也较小，因此π键一般不如σ键稳定。

有机化合物具有以下性质。①熔点、沸点较低，热稳定性差。有机化合物在常温下常为气体，液体或低熔点的固体，其熔点多在400℃以下，一般对热不稳定，在常温下就能分解或容易炭化变黑。②易于燃烧。绝大多数有机物都能燃烧。燃烧时放出大量的热，最后生成二氧化碳和水。③难溶于水，易溶于有机溶剂。有机化合物分子中的化学键多为共价键，极性小或没有极性。因此一般难溶于极性强的水中，而易溶于极性较小的有机溶剂中。但当有机化合物分子中含有能够和水形成氢键的羟基、羧基、氨基、磺酸基时，该有机化合物也可能溶于水。④反应速率一般较小，往往有副反应发生。有机化合物的反应速率较小，需要较长时间，通常采取加热、加压、搅拌或使用催化剂等方法来加快有机反应的速率。有机反应比较复杂，往往存在副反应，因此产率较低。⑤异构现象普遍存在。具有同一分子式而化学结构不同的化合物称为同分异构体，这种现象就称为同分异构现象，例如分子式为CH_3CH_2OH的物质就有乙醇和二甲醚两个性质不同的化合物，它们互为同分异构体。同分异构现象是有机化合物的重要特点，可分为结构异构和立体异构（又分为构型异构和构象异构），由于化合物的结构与其性质密切相关，因此同分异构现象特别是立体异构现象是有机化学研究的主要内容。

8.1.2　有机化合物的分类

有机化合物可以按碳结构分类，也可以按官能团分类。

按碳链结构分。①链状化合物。化合物中碳原子连成链状，称为链状化合物或开链化合物，最初这类化合物是从动物脂肪中获得的，又称为脂肪化合物。如丁烷$CH_3CH_2CH_2CH_3$，癸醇$CH_3(CH_2)_8CH_2OH$，癸酸$CH_3(CH_2)_8CH_2COOH$，2-甲基-1,3-丁二烯$CH_2{=}C(CH_3)CH{=}CH_2$。②环状化合物。环状化合物包括脂环族化合物和芳香族化合物，脂环族化合物如环己烷、环戊烷等，芳香族化合物分子中含有苯环，其结构和性质与脂环族不同，具有芳香性，如苯酚C_6H_5OH，苯甲酸C_6H_5COOH，联苯$C_6H_5—C_6H_5$，萘$C_{10}H_8$等。③杂环化合物。组成的环骨架的原子除C外，还有杂原子如N、O、S，这类化合物称为杂环化合物如苯并三氮唑$C_6H_5N_3$，呋喃C_4H_4O等。

官能团（functional groups）是指有机化合物分子中那些特别容易发生反应的原子或基团，这些原子或基团决定这类有机化合物的主要性质。一般来说，含有相同官能团的化合物，具有相似的性质，把它们归为一类，如含羧基—COOH的为羧酸，含氰基—CN的为腈，含氨基—NH_2的为胺，…。一些重要的官能团如表8.1.1所示。

表 8.1.1 一些重要的官能团

官能团	名称	官能团	名称	官能团	名称	官能团	名称
C═C	烯	$-NH_2$	氨基	—OH	羟基	—SH	巯基
—C≡C—	炔	—C—O—C—	醚基	—CN	氰基	$-NO_2$	硝基
$-\overset{\overset{O}{\Vert}}{C}-OH$	羧基	$-\overset{\overset{O}{\Vert}}{C}-H$	醛基	$C-\overset{\overset{O}{\Vert}}{C}-C$	酮基	$R-\overset{\overset{O}{\Vert}}{C}-X$	酰卤

8.1.3 有机化合物的命名

有机化合物的命名一般采用系统命名法。系统命名法的一般规则如下。①取代基的顺序规则：当主链上有多种取代基时，一般来说，取代基的第一个原子质量越大，顺序越高；如果第一个原子相同，那么比较它们第一个原子上连接的原子的顺序；如有双键或三键，则视为连接了两个或三个相同的原子。②主链或主环系的选取：以含有主要官能团的最长碳链作为主链，靠近该官能团的一端标为 1 号碳，命名时放在最后。其他官能团顺序越低名称越靠前。同一分子中若有两条以上等长的主链时，则应选取分支最多的碳链作主链。对于环状化合物，则将环系看作母体；除苯环以外，各个环系按照自己的规则确定 1 号碳，但同时要保证取代基的位置号最小。支链中与主链相连的一个碳原子标为 1 号碳。位置号用阿拉伯数字表示，官能团的数目用汉字数字表示。碳链上碳原子的数目，10 以内用天干表示（甲，乙，丙，…），10 以外用汉字数字表示。

8.1.3.1 烷烃

烷烃（alkanes）即饱和烃，通式为 C_nH_{2n+2}。分子中每个碳原子都是 sp^3 杂化。烷烃命名时先找出最长的碳链当主链，依碳数命名主链，碳数＜10 个时以天干代表碳数，碳数＞10 个时以中文数字命名，如十一烷 $C_{11}H_{24}$，十八烷 $C_{18}H_{38}$。如有取代基，则从最近的取代基位置开始编号，使取代基的位置数字越小越好，以数字 1，2，3，…代表取代基的位置。阿拉伯数字与中文数字之间以“-”隔开。若有多个取代基时，以取代基数字最小且最长的碳链当主链，并依甲基、乙基、丙基的顺序列出所有取代基。有两个以上的取代基相同时，在取代基前面加入中文数字一，二，三，…，如二甲基，表示位置的阿拉伯数字之间以“,”隔开，一起列于取代基前面。如 $CH_3-CH(C_2H_5)-CH_2-CH(C_3H_7)-CH_2CH_3$ 命名为 3-甲基-5-乙基辛烷，$CH_3CHMe-CHEt-CHEt-CHMeCH_3$ 命名为 2,5-二甲基-3,4-二乙基己烷。

8.1.3.2 烯烃与炔烃

烯烃（alkenes）是指含有 C═C 双键的碳氢化合物，分子通式为 C_nH_{2n}，属于不饱和烃。按含双键的多少分别称为单烯烃（monoenes）、二烯烃（dienes）等。炔烃（alkynes）是含 C≡C 三键的一类脂肪烃，通式为 C_nH_{2n-2}，为不饱和烃。烯烃与炔烃的命名方式与烷烃类似，但以含有双键或三键的最长键当做主链。以最靠近双键或三键的碳开始编号，分别标示取代基和双键或三键的位置。若分子中出现两次以上的双键，则以“二烯”或“三烯”命名。如 $CH_3-CH_2-CH=CH_2$ 称为 1-丁烯，$H_2C=CH-CH=CH_2$ 称为 1,3-丁二烯。另外，烯类的异构体中常出现顺反异构体，因此应注明“顺”或“反”。如顺 2-丁烯和反 2-丁烯的结构式如图 8.1.1 所示。

若分子中既有双键又有三键时，名字中先烯后炔，分别标注位置号，碳数写在“烯”前

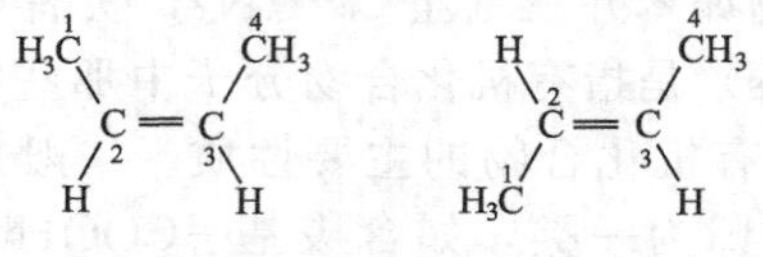

图 8.1.1 顺 2-丁烯和反 2-丁烯

面，碳链编号以两个数字之和取最小为原则。如 $CH_3—CH═CH—C≡CH$ 称为 3-戊烯-1-炔，而不是 2-戊烯-4-炔。

8.1.3.3　卤代烃

卤代烃（halohydrocarbons）命名以相应的烃作为母体，卤原子作为取代基如 1-氯丁烷 $CH_3CH_2CH_2CH_2Cl$。如有碳链取代基，根据烷烃的命名法编号，然后把卤素的位置和名称写在烃的名称前面，如 $CH_3CH_2—CHBr—CHMe—CH_2CH_2CH_3$ 命名为 3-溴-4-甲基庚烷；当有多种卤原子时，列出次序为氟、氯、溴、碘。如 $BrCH_2—CHF—CHMe—CH_2I$ 的命名为 3-氟-4-溴-1-碘-2-甲基丁烷。

卤代烯烃的命名规则一般是把它当做烯烃的卤素取代物称为卤代某烯。如 3-溴-1-丙烯 $CH_2═CH—CH_2Br$，4-氯-2-乙基-1-丁烯 $CH_2═CEt—CH_2—CH_2Cl$。

8.1.3.4　醇、酚、醚

饱和脂肪醇（saturated aliphatic alcohols）的命名以含有醇羟基的最长碳链为主链，由这条链上的碳数决定叫某醇，近羟基端编号，若羟基在中间则近支链一端编号；将取代基的位次、数目、名称及羟基的位次依次写在母体名称之前，编号时让醇羟基的位置号尽量小，其他基团按取代基处理。如 2,2-二甲基-1-丙醇 $CH_3—C(CH_3)_2—CH_2OH$；$CH_3—CMe_2—CHEt—CH_2—CH(OH)—CH_3$ 称为 5,5-二甲基-4-乙基-2-己醇。

对于不饱和脂肪醇（unsaturated aliphatic alcohols），命名时选既含羟基又含不饱和键的最长碳链为主链，近羟基一端编号，称为“某烯（炔）醇”；且将不饱和键与羟基的位次分别标于“烯或炔”字、“醇”字之前，主链的碳原子数应写在“烯”字前面，其余同饱和脂肪醇的命名。例如 3-丁烯-2-醇 $CH_2═CH—CH(OH)—CH_3$，3-乙基-3-丁烯-2-醇 $CH_2═CEt—CH(OH)—CH_3$。

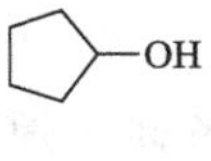

环戊醇 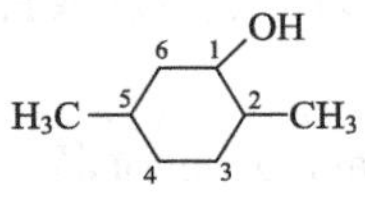　　2,5-二甲基环己醇 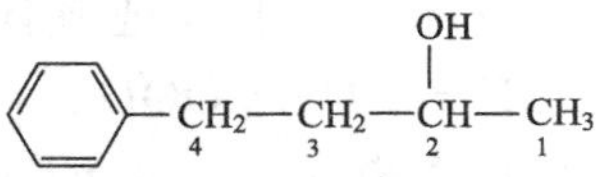　　4-苯基-2-丁醇

脂环醇和芳香醇的命名则以脂肪醇为母体，苯基为取代基。例如：

主链上有多个醇羟基时可以按羟基的数目分别称为二醇、三醇等。如 1,2-丙二醇（α-二醇）为 $CH_3—CH(OH)—CH_2(OH)$，$CH_2(OH)—CH_2—CH_2(OH)$ 称为 1,3-丙二醇（β-二醇），1,2,3-丙三醇（俗称甘油）为 $CH_2(OH)—CH(OH)—CH_2(OH)$。

酚（phenols）的命名在相应芳环的名称之后加“酚”字，且以此为母体，其他为取代基，编号从酚羟基所在的碳开始，亦可用邻、间、对（*o*、*m*、*p*）来表示取代基与酚羟基的位置关系。萘酚命名时，编号应从 α-位开始。多元酚命名时，要标明酚羟基的相对位置，某二酚、某三酚等。如：

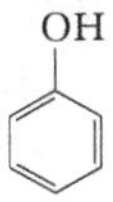

苯酚 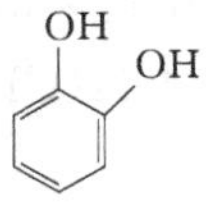　　邻苯二酚 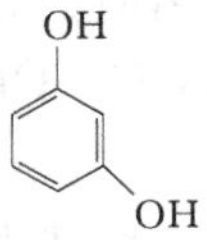　　间苯二酚 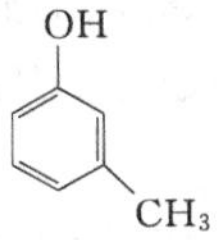　　3-甲基苯酚　　α-萘酚 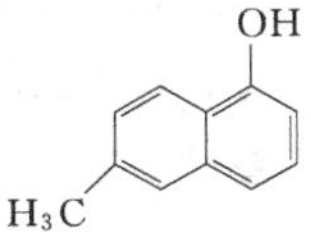　　6-甲基-1-萘酚

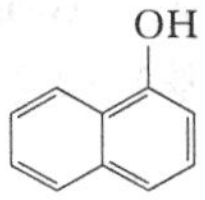

单醚（monoethers）的命名按烃基的数目名称称为“二某醚”，如醚键两边为不同的脂肪烃基，则按先小后大书写；若有芳烃基，则将芳烃基写在前面。例如：乙醚 $CH_3CH_2—O—CH_2CH_3$，二苯醚 $C_6H_5—O—C_6H_5$，甲乙醚 $CH_3—O—CH_2CH_3$，苯异丙醚 $(CH_3)_2CH—O—C_6H_5$。

复杂醚的命名采用系统命名法，以碳链较长的一端为母体，另一端和氧原子合起来作为取代基，称烃氧基（OR）。例如 $CH_3—CH(CH_3)—CH(OCH_3)—CH(CH_3)—CH_2CH_3$ 称为 2,4-二甲基-3-甲氧基己烷；$CH_3—CH=C(CH_3)—CH(CH_3)—OCH_3$ 称为 3-甲基-4-甲氧基-2-戊烯。

环醚的命名是在相应的烷烃名称前加“环氧”二字及成环碳原子的编号，命名为“环氧某烷”，也可按杂环化合物的名称命名。例如：

环氧丙烷 　　呋喃 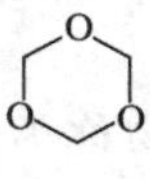　　均三噁烷 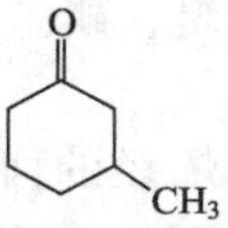　　3-甲基环己酮 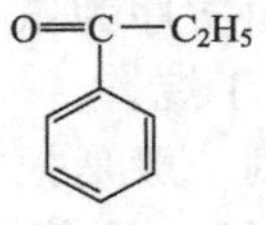　　1-苯基-1-丙酮 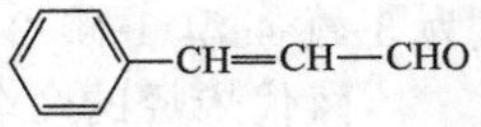　　3-苯基丙烯醛

8.1.3.5　醛、酮

命名时先选择包括羰基碳原子在内的最长碳链做主链，称为某醛（aldehyde）或某酮（ketone）。从醛基一端或从靠近酮基一端开始把主链中碳原子编号。由于醛基一定在碳链的链端，故不必用数字标明其位置，但酮基的位置必须标明，写在酮名的前面。主链上如有支链或取代基，应标明位次，把它的位次（按次序规则）、数目、名称写在某醛、某酮的前面。芳香族醛酮命名时常把脂链作主链，芳环作为取代基。

8.1.3.6　羧酸和羧酸衍生物

以含有羧基的最长碳链为主链，依照碳数称为某酸，如 $CH_3—CH=CH—COOH$ 称为 2-丁烯酸，$CH_3—CH(CH_3)—CH(CH_3)—COOH$ 称为 2,3-二甲基丁酸。主链上有两个羧基时，称为二酸，如乙二酸 COOH—COOH，丙二酸 $HOOC—CH_2—COOH$。芳羧酸可将苯甲酸作为母体，环上其他基团作取代基，如苯乙酸 $C_6H_5—CH_2—COOH$，3-苯基丙烯酸 $C_6H_5—CH=CH—COOH$。

羧酸衍生物（derivatives of carboxylic acid）的命名，可将相应的羧酸名称去掉“酸”字后加上酰卤、酸酐、酰胺等词来称呼。如苯甲酰氯 $C_6H_5—COCl$；乙酸酐 $CH_3CO—O—COCH_3$；乙酸丙酸酐 $CH_3CO—O—COC_2H_5$；乙酰胺 CH_3CONH_2，苯甲酰胺 $C_6H_5—CONH_2$。酰胺分子中氮原子上的氢被烃基取代后生成的取代酰胺称为 *N*-烃基“某”酰胺。如 *N*-甲基乙酰胺 $CH_3CONH(CH_3)$，*N*,*N*-二甲基甲酰胺 $HCON(CH_3)_2$。

酯（esters）以形成酯的酸和醇的名称命名，称为某酸某（醇）酯或某醇某酸酯。例如乙酸乙酯 $CH_3COOC_2H_5$、乙酸苯酯 $CH_3COOC_6H_5$、苯甲酸甲酯 $C_6H_5COOCH_3$ 等。

8.1.3.7　胺类

简单的伯、仲、叔胺以与氮原子相连的最长碳链为主链，按照该链上的碳原子数称为某胺（amine），如乙二胺 $H_2NCH_2CH_2NH_2$（伯胺），二乙胺 $(CH_3CH_2)_2NH$（仲胺），*N*,*N*-二甲基苯胺 $C_6H_5\text{-}N(CH_3)_2$（叔胺）。复杂的胺命名时把胺看作是烃的氨基衍生物，氨基作为取代基，如 4-（二乙氨基）-2-甲基戊烷 $(CH_3)_2CH—CH_2—CH(CH_3)—N(C_2H_5)_2$。

8.1.3.8　芳香烃

单环芳烃（aromatic hydrocarbons）以苯为母体，烷基为取代基；若支链上有官能团也可将支链作母体，苯环作取代基。如异丙苯 $(CH_3)_2CH—C_6H_5$；2-甲基-3-苯基戊烷 $CH_3CH_2—CH(C_6H_5)—CH(CH_3)_2$；2-苯基-2-丁烯 $CH_3C(C_6H_5)=CHCH_3$。

卤代芳烃可分为两类，一类是由卤素取代芳烃侧链上的氢而生成，另一类是由卤素取代芳环上的氢而生成。命名时前者以烷烃为母体，卤素和芳基都作为取代基；后者以芳烃为母体，卤素作为取代基。如

氯苯　对氯甲苯　2,4-二氯甲苯　苯氯甲烷　对氯苯氯甲烷　4-氯-2-苯基丁烷

8.1.3.9　杂环化合物

对常见杂环化合物（heterocyclic compounds），我国一般以英译音称呼。若环上有取代基，则以杂环为母体，将杂环上原子顺着环编号。当环上有两个及两个以上相同杂原子时，应按照数字最小为原则，若杂原子不同，则按 O、S、N 的次序编号。杂环化合物的中文名称是以口字旁标明其为杂环，另半部分表明杂原子的种类。例如，以呋、噻分别表示为含氧、硫的杂环；以咯、唑、嗪、啶、啉表示为含氮的杂环，其中咯、唑表示为五元含氮杂环，其余的指六元含氮杂环。杂原子超过一个者分别以二、三等字表示相同杂原子的数目。如：

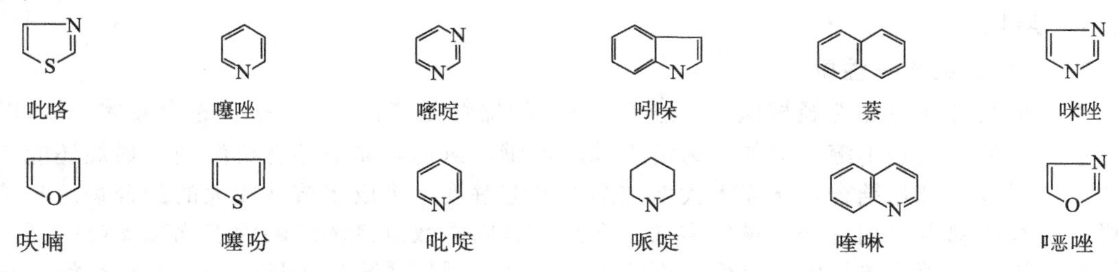

8.2　饱和与不饱和脂肪烃

8.2.1　烷烃

8.2.1.1　烷烃的物理性质

烷烃随着分子中碳原子数的增多，其物理性质发生着规律性的变化，主要包括以下几点。①常温下，一般 $C_1 \sim C_4$ 是气态，$C_5 \sim C_{16}$ 呈液态，C_{17} 以上呈固态，无论是气体还是液体，均无色。②随着碳原子数的增长，烷烃的密度由小到大，但都比水轻。③烷烃都不溶于水，易溶于有机溶剂，如四氯化碳、乙醇、乙醚等。④它们的熔沸点随碳原子增长而升高。直链烷烃的熔沸点比支链烷烃高。

8.2.1.2　烷烃的化学性质

烷烃的分子里，碳原子之间都以单键相连，相对稳定，难以断裂。但烷烃在高温、高压、光照或催化剂的影响下能进行以下化学反应。

① 氧化反应（oxidation reaction）$R + O_2 \longrightarrow CO_2 + H_2O$ 或 $C_nH_{2n+2} + (3n+1)/2\ O_2 \longrightarrow nCO_2 + (n+1)H_2O$。所有的烷烃都能燃烧，而且反应放热极多。烷烃完全燃烧生成 CO_2 和 H_2O。如果 O_2 的量不足，就会产生有毒气体一氧化碳，甚至炭黑。

② 取代反应（substitution reaction）$R + X_2 \longrightarrow RX + HX$。烷烃的卤代反应是一种自由基取代反应，反应的起始需要通过漫射光、热能或某些催化剂来产生自由基。烷烃与氟作用反应剧烈，不易控制，有大量热放出，可能会引起爆炸，与碘作用得不到碘代烷，与 Cl_2 的反应比 Br_2 快。烷烃中氢原子的反应活泼性次序是：叔氢＞仲氢＞伯氢。原因是碳-叔氢键的离解能最小，该键最易断裂，所以其活泼性最高。例如丙烷 $CH_3CH_2CH_2$—H、异丙烷 $(CH_3)_2CH$—H、异丁烷 $(CH_3)_3C$—H 中伯氢、仲氢、叔氢的 C—H 键离解能分别为 $98kcal \cdot mol^{-1}$、$94.5kcal \cdot mol^{-1}$ 和 $91kcal \cdot mol^{-1}$（$1cal = 4.1840J$）。

③ 裂化反应（cracking reaction）。裂化反应是长碳链的烃在高温、高压或有催化剂的条件下分裂成短链烃的过程。裂化反应属于消除反应，因此烷烃的裂化总是生成烯烃。烷烃分子中所含的碳原子数越多，裂化产物也越复杂。由于每个键的环境不同，断裂的概率也就不同，如丁烷（$CH_3CH_2CH_2CH_3$）的裂化产物可能为甲烷（CH_4）＋丙烯（$CH_3CH=CH_2$），也可能为乙烷（C_2H_6）＋乙烯（$CH_2=CH_2$），还可能是氢气（H_2）＋1-丁烯（$CH_3CH_2CH=CH_2$）。利用裂化反应，原油中含碳原子数较多的烷烃可断裂成更重要的汽油组分（C_6～C_9）。此外，烷烃经过裂解得到烯烃这一反应已成为近年来生产乙烯的重要方法。

④ 异构化反应（isomerization reaction）。由一个化合物转变为其异构体的反应称为异构化反应。如正丁烷在三溴化铝及溴化氢的存在下，在27℃时可发生异构化反应生成异丁烷：$CH_3CH_2CH_2CH_3 \rightleftharpoons CH_3CH(CH_3)CH_3$。炼油工业上经常利用烷烃的异构化反应，使石油馏分中的直链烷烃异构化为支链烷烃以提高汽油的质量。

8.2.2　烯烃

8.2.2.1　烯烃的物理性质

烯烃的物理性质和烷烃相似，一般C_2～C_4的烯烃是气体，C_5～C_{18}的为液体，C_{19}以上的为固体。烯烃也是不溶于水的，易溶于苯、乙醚、氯仿等非极性有机溶剂。烯烃还能与某些金属离子以π键相结合，从而大大增加烯烃的溶解度，生成水溶性较大的配合物。与烷烃一样，烯烃的沸点也随着分子量的增加而升高，且同碳数直链烯烃的沸点比带支链的高。反式烯烃的沸点比顺式烯烃的沸点低，而熔点高，这是因反式异构体极性小，对称性好。与相应的烷烃相比，双键在碳链终端的烯烃的沸点、折射率、水中溶解度、相对密度等都比烷烃的略大些，双键在碳链中间的烯烃比相应的烷烃略低一点。

8.2.2.2　烯烃的化学反应

烯烃分子中的双键基团具有反应活性，可发生氢化、卤化、水合、卤氢化、次卤酸化、硫酸酯化、环氧化、聚合等加成反应，还可氧化发生双键的断裂，生成醛、羧酸等。烯烃的特征反应都发生在官能团C=C和α-H（与C=C直接相连的C为α-碳，α-碳上的氢原子称为α-H）上。

① 催化加氢（catalytic hydrogenation）。在催化剂存在下烯烃与氢作用生成烷烃$CH_2=CH_2+H_2 \longrightarrow CH_3CH_3$。该反应的活化能很大，即使在加热条件下也难发生，而在催化剂（铂、钯或镍等金属）的作用下反应能顺利进行，故称催化加氢。这个反应的特点是：转化率接近100%，产物容易纯化；不同催化剂，反应条件不一样，所需的压力不一样，工业上常用多孔的骨架镍（又称Raney镍）为催化剂；加氢反应是放热反应，反应热称氢化焓，不同结构的烯烃氢化焓有差异。加氢反应在工业上有重要应用，石油加工得到的粗汽油常用加氢的方法除去烯烃，得到加氢汽油，从而提高油品的质量。

② 亲电加成反应（electrophilic addition reaction）。在烯烃分子平面双键的位置的上方和下方都有较大的π电子云，因此烯烃具有供电性能，容易受到带正电或带部分正电荷的亲电性分子或离子的攻击而发生反应。在反应中，具有亲电性能的试剂叫做亲电试剂（electrophilic agents），由亲电试剂的作用引起的加成反应叫做亲电加成反应。卤素、质子酸、次卤酸等都是亲电试剂，很容易与烯烃发生亲电加成反应。

a. 烯烃与卤素发生加成反应生成邻二卤代烷，如$CH_2=CH_2+X_2 \longrightarrow CH_2X-CH_2X$。该反应在室温下就能迅速发生，实验室用它鉴别烯烃的存在（溴的四氯化碳溶液原来是黄色的，溴消耗后变成无色）。不同的卤素反应活性规律是：氟反应激烈，不易控制；碘是可逆反应，平衡偏向烯烃边；常用的卤素是Cl_2和Br_2，且反应活性$Cl_2>Br_2$。烯烃与溴反应得到的是反式加成产物，产物是外消旋体。

b. 烯烃与质子酸进行的加成反应，如 $CH_2=CH_2+HX \longrightarrow CH_3CH_2X$。质子酸是极性分子，易离解而生成质子。进行该反应时，烯烃首先与带正电的质子作用，双键的一对 π 电子和 H^+ 结合，因而使双键另一碳原子带正电，成为中间体正碳离子。该正碳离子进一步与卤离子结合而生成卤烷。该反应的特点有三：其一是不对称烯烃加成规律，当烯烃是不对称烯烃时，酸的质子主要加到含氢较多的碳上，而负性离子加到含氢较少的碳原子上，称为马尔科夫尼科夫（Morkovnikov）经验规则，也称不对称烯烃加成规律，烯烃不对称性越大，不对称加成规律越明显；其二是烯烃加成反应的活性，$(CH_3)_2C=CH_2 > CH_3CH=CH_2 > CH_2=CH_2$；其三是酸性越强加成反应越快。卤化氢与烯烃加成反应的活性次序为：$HI > HBr > HCl$。

c. 烯烃还能与卤素的水溶液反应生成 β-卤代醇：$CH_2=CH_2+HOX \longrightarrow CH_3CH_2OX$。

③氧化反应：在银或氧化银催化剂存在下，乙烯可被空气氧化成环氧乙烷。烯烃与臭氧作用生成臭氧化物，在锌粉存在下水解就得到醛或酮。

④聚合反应（polymerization）：烯烃可在引发剂或催化剂的作用下，双键断裂而相互加成得到长链大分子或高分子化合物。如乙烯在高压条件下，以过氧化物为引发剂聚合成聚乙烯、由氯代乙烯聚合成的聚氯乙烯当前广泛用于各种塑料制品的制造。

8.2.3　炔烃

8.2.3.1　炔烃的物理性质

炔烃的物理性质和烷烃、烯烃类似。低级的炔烃在常温和常压下是气体，但沸点比同量碳原子的烯烃略高。随着碳原子数的增加，炔烃的沸点升高，三键在碳链终端的炔烃的沸点比三键位于链中间的异构体要低。炔烃不溶于水，但易溶于苯、乙醚、石油醚、四氯化碳等极性较小的有机溶剂。

8.2.3.2　炔烃的化学性质

炔烃分子的化学活性比烯烃弱，其主要反应是三键的加成反应和三键碳上氢原子的活泼性即酸性。

① 氢原子的活泼性。炔烃中 C≡C 的 C 是 sp 杂化，使得 C_{sp}—H 的 σ 键的电子云更靠近碳原子，增强了 C—H 键极性，使氢原子容易解离，显示“酸性”，电负性次序为 $sp > sp^2 > sp^3$，酸性强弱顺序为乙炔＞乙烯＞乙烷。乙炔上的氢原子相当活泼，易被金属取代，生成的炔烃金属衍生物叫做炔化物。如 $CH\equiv CH+Na \longrightarrow CH\equiv CNa+1/2H_2\uparrow$（有 NH_3 存在时）；$CH\equiv CH+2Na \longrightarrow CNa\equiv CNa+H_2\uparrow$（有 NH_3 存在，190～220℃）；$CH\equiv CH+NaNH_2 \longrightarrow CH\equiv CNa+NH_3\uparrow$ 等。

具有活泼氢原子的炔烃很容易与硝酸银的氨溶液或氯化亚铜的氨溶液反应，迅速生成炔化银的白色沉淀或炔化亚铜的红色沉淀。如 $CH\equiv CH+2[Ag(NH_3)_2]^+ \longrightarrow AgC\equiv CAg\downarrow+2NH_4^++2NH_3$；$CH\equiv CH+2[Cu(NH_3)_2]^+ \longrightarrow CuC\equiv CCu\downarrow+2NH_4^++2NH_3$。这些反应很容易进行，现象非常明显，因此常用于炔烃的定性检验。

② 亲电加成反应。炔烃与烯烃一样，能与卤素、卤化氢、H_2SO_4 等发生加成反应，反应历程也相似，都属于亲电加成反应。但是，炔烃与上述亲电试剂的加成反应要比乙烯困难一些，反应的速率也要慢一些。由于炔烃三键碳原子的电负性比较强，与 π 电子云的结合比较紧密，不易受外界亲电试剂的接近而变动。因此，当分子中兼有 C═C 和 C≡C 时，首先在 C═C 上发生加成，这种加成称为选择性加成。例如，在低温和缓慢地加入溴的条件下，1-戊烯-4-炔生成 1,2-二溴-4-戊炔，三键可以不参加反应，如 $CH_2=CH-CH_2-C\equiv CH+Br_2 \longrightarrow CH_2Br-CHBrCH_2C\equiv CH$。

③ 催化加氢反应。炔烃可以催化加氢生成烯烃，如进一步加氢则得到烷烃。当使用一

般的氢化催化剂如铂、钯、镍等，在氢气过量情况下，往往不能只停留在生成烯烃的阶段，如 $RC\equiv CR'+H_2\longrightarrow RCH=CHR'$，$RCH=CHR'+H_2\longrightarrow RCH_2CH_2R'$。如只希望得到烯烃，则需使用活性较低的催化剂如林德拉（Lindlar）催化剂。该催化剂是将金属钯沉淀于碳酸钙上，然后用乙酸铅处理。如 $C_2H_5C\equiv CC_2H_5+H_2\longrightarrow C_2H_5CH=CHC_2H_5$

④ 氧化反应。炔烃与烯烃一样，都能被高锰酸钾等氧化剂所氧化，氧化的最终产物是二氧化碳或羧酸。在水和高锰酸钾存在的条件下，pH＝7.5 时的温和条件下，有 $RC\equiv CR'\longrightarrow RCO-COR'$；在 100℃ 的剧烈条件下，$RC\equiv CR'\longrightarrow RCOOH+R'COOH$，$CH\equiv CR\longrightarrow CO_2+RCOOH$。炔烃与臭氧发生反应，生成臭氧化物，后者水解生成 α-二酮和过氧化物，随后过氧化物将 α-二酮氧化成羧酸。

8.2.4　二烯烃

含两个碳碳双键的烃类化合物称为二烯烃（diene）。分子中两个双键连在同一个碳原子上称为累积二烯烃，如丙二烯 $H_2C=C=CH_2$；分子中两个双键被一个以上的单键隔开的称为隔离二烯烃，如 1，4-戊二烯 $H_2C=CH-CH_2-CH=CH_2$；分子中两个双键被一个单键隔开的称为共轭二烯烃，如 1,3-丁二烯 $CH_2=CH-CH=CH_2$。累积二烯烃数目很少。隔离二烯烃与一般烯烃性质相似。共轭二烯烃最为重要，具有某些不同于普通烯烃的性质。例如分子较稳定；能发生 1,4-加成；比普通烯烃容易聚合。

8.2.4.1　共轭体系

在共轭二烯烃中，最简单、最重要的是 1,3-丁二烯。见图 8.2.1(a)，在 1,3-丁二烯分子中，两个 C＝C 的键长为 0.137nm，比一般的烯烃分子中的 C＝C 的键长（0.133nm）长，而 C_2-C_3 键长为 0.146nm，它比一般的烷烃分子中的 C—C 的键长（0.154nm）短，这种现象叫做键长的平均化。在 1,3-丁二烯分子中，四个碳原子都是以 sp^2 杂化轨道形成 C—C σ键。由于 sp^2 杂化轨道的共平面性，所有 σ 键都在同一平面内。此外，每个碳原子还留下一个未参与杂化的 p 轨道，它们的对称轴都垂直于 σ 键所在的平面，因而它们彼此互相平行［图 8.2.1(b)］。1,3-丁二烯的 C_2 与 C_3 的 p 轨道也是重叠的，这种重叠虽然不像 C_1 和 C_2 或 C_3 和 C_4 轨道之间重叠程度那样大，但它已具有部分双键性质。在这种情况下，这四个 p 轨道相互平行重叠，使四个 p 电子不是分别在原来的两个定域的 π 轨道中，而是分布在四个碳原子之间，即发生离域，形成了包括四个碳原子及四个 π 电子的体系。这种体系叫做共轭体系（conjugated system）。这种键称为共轭 π 键［图 8.2.1(c)］。像 1,3-丁二烯这样的共轭体系是由两个 π 键组成，故称 π-π 共轭。由于共轭 π 键的形成，体系的能量降低，故共轭体系比相应的非共轭体系稳定。共轭体系有以下几个特点：①形成共轭体系的原子必须在同一个平面上，必须有可以实现平行重叠的 p 轨道，还要有一定数量的供成键用的 p 电子；②键长的平均化；③共轭体系较稳定等。

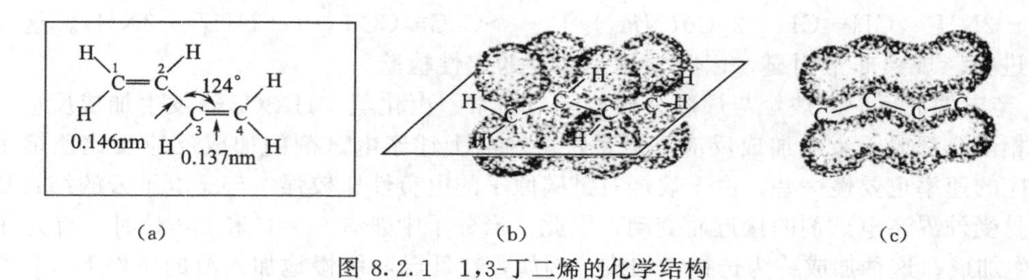

图 8.2.1　1,3-丁二烯的化学结构

通过对 1,3-丁二烯分子结构的分析，可知在共轭体系中，原子间的相互影响与诱导效应有本质上的不同。共轭体系中，由于 π 电子的运动范围遍及整个共轭体系。因此在受到极性试剂的进攻时，其影响可以通过 π 电子的运动迅速地传递到整个共轭体系。由于共轭体系

的存在而引起的这种分子内原子间的相互影响叫做共轭效应。

8.2.4.2　共轭二烯烃的化学性质

共轭二烯烃和烯烃相似，可以发生加成、氧化、聚合等反应。但由于两个双键共轭的影响，显示出一些特殊的性质。共轭二烯烃可以与 1mol 或 2mol 卤素或卤化氢加成。例如

$$CH_2{=}CH{-}CH{=}CH_2 \xrightarrow[\text{快}]{Br_2} \left[\begin{array}{l} \xrightarrow{1,2\text{加成}} CH_2Br{-}CH_2Br{-}CH{=}CH_2 \\ \xrightarrow[1,4\text{加成}]{} CH_2Br{-}CH{=}CH{-}CH_2Br \end{array}\right] \xrightarrow[\text{慢}]{Br_2} \begin{array}{c} Br\quad Br\quad Br\quad Br \\ |\qquad |\qquad |\qquad | \\ CH_2CHCHCH_2 \end{array}$$

加第一分子溴的速率要比加第二分子溴快得多，反应常常终止在二溴代物阶段。而且生成的二溴代物也不是一种而是两种：3,4-二溴-1-丁烯和 1,4-二溴-2-丁烯。3,4-二溴-1-丁烯是由溴和一个双键加成而生成的 1,2 加成产物。1,4-二溴-2-丁烯是溴加在共轭双键两端而生成的 1,4 加成产物。

共轭二烯烃的 1,2 与 1,4 加成产生的比例决定于反应条件。通常在较低温度及非极性溶剂中，有利于 1,2 加成，在较高温度及极性溶剂中，有利于 1,4 加成。例如，用己烷为溶剂时，在 −15℃进行反应，1,3-丁二烯与溴的 1,2 加成产物占 54%，1,4 加成产物占 46%；如在 60℃时反应，则 1,4 加成产物占 70%。

8.3　烃类的衍生物

8.3.1　卤代烃

烃分子中的氢原子被卤素（氟、氯、溴、碘）取代后生成的化合物称为卤代烃。

8.3.1.1　卤代烃的物理性质

卤代烃的物理性质基本上与烃相似，低级的是气体或液体，高级的是固体。它们的沸点随分子中碳原子和卤素原子数目的增加（氟代烃除外）及卤素原子序数的增大而升高。密度随碳原子数增加而降低。一氟代烃和一氯代烃一般比水轻，溴代烃、碘代烃及多卤代烃比水重。绝大多数卤代烃不溶于水或在水中溶解度很小，但能溶于很多有机溶剂，有些可以直接作为溶剂使用。卤代烃大都具有一种特殊气味，多卤代烃一般都难燃或不燃。

8.3.1.2　卤代烃的化学性质

卤代烃是一类重要的有机合成中间体，是许多有机合成的原料，它能发生许多化学反应，如取代反应、消除反应等。

① 取代反应。负离子或带有未共用电子对的分子（如 OH^-、CN^-、RO^-、H_2O、NH_3 或 H_2NR 等）具有较大的电子云密度，它们能供给一对电子，在反应中总是进攻反应物分子中电子云密度较低的部分，对卤烷来说，就是攻击与卤素原子相连的碳原子，与其生成共价键，使该碳原子带部分正电。这种具有亲正电性质的试剂称为亲核试剂（nucleophilic agents），亲核试剂常用 Nu^- 表示。由亲核试剂首先进攻引起的取代反应称为亲核取代反应（nucleophilic substitution reaction）。卤代烷中的卤素容易被许多亲核试剂取代，生成相应的醇、醚、腈、胺等化合物，一般反应式可写为：$R{-}X + :Nu^- \longrightarrow R{-}Nu + :X^-$。

碘代烷最容易发生取代反应，溴代烷次之，氯代烷又次之，芳基和乙烯基卤代物由于碳-卤键连接较为牢固，很难发生类似反应。卤代烃可以发生消除反应，在碱的作用下脱去卤化氢生成碳-碳双键或碳-碳三键，比如，溴乙烷与强碱氢氧化钾在乙醇共热的条件下，生成乙烯、溴化钾和水。卤代烃发生消去反应时遵循查依采夫规则。邻二卤化合物除可以进行脱卤化氢的反应外，在锌粉（或镍粉）的作用下还可发生脱卤反应生成烯烃。

② 消除反应（elimination reaction）。卤代烃可以发生消除反应，卤代烷与强碱的醇溶液共热，分子中的 C—X 键和 β-C—H 键发生断裂，脱去一分子卤化氢而生成烯烃。这种从

有机物分子中相邻的两个碳上脱去 HX（或 X_2、H_2、NH_3、H_2O）等小分子，形成不饱和化合物的反应，称为消除反应。如在 KOH 和 C_2H_5OH 存在的条件下加热，有 $CH_3CH_2CH_2CH_2X \longrightarrow CH_3CH_2CH{=}CH_2 + KX + H_2O$。该反应的反应活性顺序为：叔卤代烃＞仲卤代烃＞伯卤代烃。

消除取向：卤原子主要是与含氢较少的 β-碳原子上的氢脱去卤化氢。或者说，主要以生成双键碳原子上取代基较多的烯烃为主。这一经验规律称为查依采夫（Saytzeff）规律。但是，对于不饱和的卤代烃发生消除反应时，若能生成共轭烯烃则共轭烯烃是主要产物。如

$$CH_3CH_2CHBrCH_3 \xrightarrow[\triangle]{KOH/C_2H_5OH} \begin{cases} CH_3CH_2CH{=}CH_2 & \text{(1-丁烯，19\%)} \\ CH_3CH{=}CHCH_3 & \text{(2-丁烯，81\%)} \end{cases}$$

（环己烯基溴甲基化合物）$\xrightarrow[\triangle]{KOH/C_2H_5OH}$ 甲基环己二烯（—CH_3）　主产物（共轭二烯）

　　　　　　　　　　　　　　　　　　　　　甲基环己二烯（—CH_3）　查依采夫产物

同时，卤代烷也可以发生水解反应生成相应的醇。同时发生的水解反应和消除反应究竟哪一种占优势，则与卤代烷的分子结构及反应条件，如试剂的碱性、溶剂的极性、反应温度等有关。一般规律是：伯卤烷、稀碱、强极性溶剂及较低温度有利于水解取代反应；叔卤烷、浓的强碱、弱极性溶剂及高温有利于消除反应。所以卤代烷的水解反应，要在稀碱的水溶液中进行，而脱卤化氢的反应，在浓强碱的醇溶液中进行更为有利。

③ 与金属镁反应。卤代烷在绝对乙醚（无水、无醇的乙醚，又称干醚）中与金属镁作用，生成有机镁化合物——烷基卤化镁，称为格利雅（Grignard）试剂，简称格氏试剂，可用通式 RMgX 表示。

$$CH_3CH_2CH_2CH_2Br + Mg \longrightarrow CH_3CH_2CH_2CH_2MgBr \quad \text{正丁基溴化镁，产率 94\%}$$

$$CH_3CH_2CH(Br)CH_3 + Mg \longrightarrow CH_3CH_2CH(CH_3)MgBr \quad \text{仲丁基溴化镁，产率 78\%}$$

一般伯卤代烷产率高，仲卤代烷次之，叔卤代烷最差。当烷基相同时，各种卤代烷的活性顺序为：RI＞RBr＞RCl。RMgX 非常活泼，能发生多种化学反应。如在无水乙醚中，遇醇（ROH）作用生成 $RH + Mg(OR)X$；遇 H_2O 作用生成 $RH + Mg(OH)X$；遇（ROCOH）生成 $RH + Mg(OCOR)X$；遇氨作用生成 $RH + Mg(NH_2)X$；遇卤化氢（HX）作用生成 $RH + MgX_2$。

8.3.2　醇、酚、醚

8.3.2.1　醇的物理性质

$C_1 \sim C_4$ 醇是无色液体，比水轻；$C_5 \sim C_{11}$ 为油状液体，C_{12} 以上的高级一元醇是无色的蜡状固体。$C_1 \sim C_3$ 醇都带有酒味，$C_4 \sim C_{11}$ 有不愉快的气味，二元醇和多元醇都具有甜味。醇的沸点比含同数碳原子的烷烃、卤代烷高。如乙醇 CH_3CH_2OH 的沸点为 78.5℃，而同样含两个碳原子的氯代乙烷 CH_3CH_2Cl 的沸点只有 12℃，这是因为液态时醇分子和水分子一样，在分子间有缔合现象，由于氢键的存在，使它具有较高的沸点。在同系列中，醇的沸点也是随着碳原子数的增加而有规律地上升。对直链饱和一元醇，每增加一个碳原子，沸点大约升高 15～20℃，但随支链的增加而降低。在相同碳数的一元饱和醇中，伯醇的沸点最高，仲醇次之，叔醇最低。低级醇分子中含有和水分子相似的部分羟基，它们之间能形成氢键，因此低级醇较易溶于水，$C_1 \sim C_3$ 的低级醇可以和水混溶。随着碳链的增长，羟基在整个分子中的影响减弱，在水中的溶解度也就降低。正丁醇在水中的溶解度只有 8%，正戊醇只有 2%。相反的，当醇中的羟基增多时，分子中和水相似的部分增加，同时能和水分子形成氢键的部位也增加了，因此二元醇的水溶性要比一元醇大，沸点也升高。醇也能溶于强酸如 H_2SO_4 和 HCl，且在强酸水溶液中溶解度要比在水中大。如正丁醇，它在水中溶解度只

有 8%，但是它能和浓盐酸混溶。醇能溶于浓硫酸，这个性质在有机分析中很重要，经常用于区分醇和烷烃，因为后者不溶于强酸。

低级醇能和一些无机盐类（如 $MgCl_2$，$CaCl_2$，$CuSO_4$ 等）形成结晶状的分子化合物，称为结晶醇。如：$MgCl_2 \cdot 6CH_3OH$，$CaCl_2 \cdot 4C_2H_5OH$ 等。结晶醇不溶于有机溶剂而溶于水。利用这一性质可使醇与其他有机物分开或从反应物中除去醇类。若乙醚中混有少量乙醇，加入 $CaCl_2$ 就可除去乙醇。

8.3.2.2　醇的化学性质

醇的化学性质主要由它所含的官能团决定，主要包含以下几个方面。

① 醇与金属钠反应生成醇钠和氢气：$2R—OH + 2Na \longrightarrow 2R—ONa + H_2\uparrow$。醇钠遇水就分解成原来的醇和 NaOH，其水解反应是一个可逆反应，平衡偏向于生成醇的一边。醇与金属的反应随着分子量的加大而变慢。醇的反应活性顺序为：甲醇＞一般伯醇＞仲醇＞叔醇。醇钠是白色固体，是具有烷氧基的强亲核试剂，常作为催化剂使用。

② 醇与 HX 卤代生成卤代烃和水，这是制备卤代烃的重要方法之一，如 $R—OH + H—X \longrightarrow R—X + H_2O$。该反应可逆，若使反应物之一过量或及时移去生成物，都可使反应向右进行，以提高卤代烃的产率。酸的性质和醇的结构都影响着反应的速度。反应活性次序为：HI＞HBr＞HCl；叔醇＞仲醇＞伯醇。

无水氯化锌的浓盐酸溶液称为卢卡斯（Lucas）试剂，常温下与叔、仲、伯醇的反应为：

$$(CH_3)_3C—OH + HCl \longrightarrow (CH_3)_3C—Cl + H_2O \quad \text{（1min 内浑浊）}$$

$$CH_3CH_2(OH)CH_3 + HCl \longrightarrow CH_3CH_2(Cl)CH_3 + H_2O \quad \text{（10min 内开始浑浊）}$$

$$CH_3CH_2CH_2OH + HCl \longrightarrow CH_3CH_2CH_2Cl + H_2O \quad \text{（1h 不反应，只有加热才有反应）}$$

根据上述反应时的不同现象，可以鉴别伯、仲和叔醇。

③ 脱水反应（醇的消除反应）：在不同反应条件下，醇可以发生分子间脱水生成醚，也可以发生分子内脱水生成烯烃。醇的分子内脱水实际上是醇的消除反应，醇的消除反应取向依照查依采夫规则，从氢原子数较少的 β-碳上脱去氢原子，这样形成的烯较为稳定。如 $CH_3CH_2CH(OH)CH_3$ 与硫酸共热，生成的主要产物为 $CH_3CH=CHCH_3$，次要产物为 $CH_3CH_2CH=CH_2$。反应活性顺序为：叔醇＞仲醇＞伯醇。

④ 与无机酸的酯化反应。醇与硫酸在不太高的温度下作用得到硫酸氢酯：$RCH_2OH + H_2SO_4 \longrightarrow RCH_2OSO_2OH + H_2O$；醇与硝酸和亚硝酸反应：$CH_3CH_2CH_2OH + HO—NO \longrightarrow CH_3CH_2CH_2ONO + H_2O$。

⑤ 醇的氧化反应。在铜催化剂存在下，伯醇氧化先生成醛，醛继续氧化生成羧酸：$2CH_3CH_2OH + O_2 \longrightarrow 2CH_3CHO + 2H_2O$；$2CH_3CHO + O_2 \longrightarrow 2CH_3COOH$；仲醇氧化生成酮：$2CH_3CH(OH)CH_3 + O_2 \longrightarrow 2H_2O + 2CH_3COCH_3$；叔醇一般不发生氧化反应，但叔醇和重铬酸钾的浓硫酸溶液混合时，会先脱水生成烯烃再被氧化，反应十分复杂。据伯、仲、叔醇氧化后生成的产物不同，也可以用于鉴别这三种醇。

⑥ 醇的脱氢反应。在 270～300℃下以铜为催化剂时，有 $CH_3CH_2OH \rightleftharpoons CH_3CHO + H_2\uparrow$；在 300℃下以铜为催化剂时，有 $CH_3CH(OH)CH_3 \rightleftharpoons (CH_3)_2C=O + H_2\uparrow$。该过程为催化氢化反应的逆过程，产品纯度高。

8.3.2.3　酚的物理性质

酚羟基中的氧原子呈 sp^2 杂化，氧原子未参加杂化的 p 轨道与苯环的大 π 键形成 p-π 共轭体系。共轭结果为：①氧原子上的电子云降低，O—H 键极性增大，酚的酸性增强；②苯环上电子云密度升高，有利于苯环上的亲电取代反应。

常温下除极少数烷基酚（如间甲苯酚熔点 11.9℃）为液体外，大多数的酚为无色晶体，有特殊气味。因在空气中易被氧化，故酚常带有不同程度的黄色或红色。由于酚的极性比相应的饱和醇稍大，酚分子间以及酚与水分子间能形成氢键，形成的氢键比相应的醇强，所以熔点、沸点比相对分子质量相近的芳香烃、醇高得多，其水溶性随酚羟基数目增多而增大，如一元酚微溶于水，多元酚易溶于水。酚能溶于乙醇、乙醚等有机溶剂。

8.3.2.4　酚的化学性质

（1）酚的酸性　与普通的醇不同，由于受到芳香环的影响，酚上的羟基（酚羟基）有弱酸性，酸性比醇羟基强。由于 p-π 共轭体系的形成，酚给出 H^+ 能力增强，酚的酸性强于醇。酚除了能与活泼金属反应外，还能与强碱反应。如：

$$C_6H_5OH + Na \longrightarrow C_6H_5ONa + H_2\uparrow \qquad C_6H_5OH + NaOH \underset{}{\overset{H_2O}{\rightleftharpoons}} C_6H_5ONa + H_2O$$

酚的酸性弱于碳酸，不能使石蕊试纸变色，能溶于 Na_2CO_3，但不溶于 $NaHCO_3$ 溶液。通 CO_2 于酚钠的水溶液中，酚即游离出来。取代酚酸性的强弱与苯环上取代基的种类、数目有关，若取代基为吸电子基，酚的酸性增强；若为斥电子基，则酚的酸性减弱。

（2）与三氯化铁的显色反应　酚遇三氯化铁溶液会显色，苯酚、间苯二酚和1,3,5-苯三酚遇三氯化铁显蓝紫色，邻苯二酚和对苯二酚显绿色，1,2,3-苯三酚显红色等，此反应常用于酚的鉴别。凡具有烯醇式结构的化合物与三氯化铁的反应都显色。

（3）苯环上的取代反应（傅列德尔-克拉夫茨反应，Friedel-Crafts）　受酚羟基的影响，酚比芳烃容易进行傅-克反应。苯环在活性较高，尤其是酚羟基邻、对位上的氢原子容易被取代。如

$$C_6H_5OH + CH_3Cl \xrightarrow[\text{过量}]{AlCl_3} p\text{-}CH_3C_6H_4OH\ (\text{主}) + o\text{-}CH_3C_6H_4OH$$

$$p\text{-}CH_3C_6H_4OH + 2(CH_3)_2C{=}CH_2 \xrightarrow{H_2SO_4} 2,6\text{-}[(CH_3)_2C]_2\text{-}4\text{-}CH_3C_6H_2OH$$

① 卤代反应。室温下，即使只有 $10mg\cdot L^{-1}$ 的苯酚与溴水反应，也会立刻取代邻、对位的三个氢原子，生成2,4,6-三溴苯酚白色沉淀，因此可用于苯酚的鉴别和定量分析。邻、对位上有磺酸基团存在时也可同时被取代。

② 硝化反应（nitration）。苯酚与稀硝酸在室温下即可发生取代反应，生成邻硝基苯酚和对硝基苯酚。可以用水蒸气蒸馏的方法将其分离。

$$C_6H_5OH + 2Br \longrightarrow 2,4,6\text{-}Br_3C_6H_2OH + HBr$$

$$C_6H_5OH \xrightarrow{20\%HNO_3} o\text{-}NO_2C_6H_4OH + p\text{-}NO_2C_6H_4OH + H_2O$$

8.3.2.5　醚的物理性质

除甲醚和甲乙醚为气体外，其余的醚多是无色有气味易流动的液体，比水轻。低级醚的沸点比同碳原子数的醇类低得多，如乙醚 $C_2H_5OC_2H_5$ 沸点为 34.6℃，而丁醇 C_4H_9OH 的沸点为 117.7℃。醚一般微溶于水，易溶于有机溶剂，其本身就是很好的有机溶剂。

8.3.2.6　醚的化学性质

醚的氧原子与两个烷基相连，分子极性很小，化学性质不活泼，在常温下不与金属钠反应，对碱、氧化剂等都十分稳定。但在常温下能溶于强酸（H_2SO_4、HCl等）形成不稳定的盐，该盐遇水很快分解成原来的醚，利用这个性质可将醚从烷烃或卤烃中分离出来。

8.3.3　醛、酮

8.3.3.1　醛、酮的物理性质

在常温下，除甲醛是气体外，12个碳原子以下的脂肪醛、酮都是液体，高级脂肪醛、酮和芳香酮多为固体。由于醛或酮分子之间不能形成氢键，没有缔合现象，故它们的沸点比相对分子质量相近的醇低。但由于羰基的极性，增加了分子间的引力，因此沸点较相应的烷烃高。醛、酮羰基上的氧可以与水分子中的氢形成氢键，因而低级醛、酮易溶于水，但随着分子中碳原子数目的增加，溶解度则迅速减小。醛和酮易溶于有机溶剂。

8.3.3.2　醛、酮的化学性质

由于构造上的共同特点，使醛与酮具有许多相似的化学性质。但是这两类化合物的构造并不完全相同，使它们在反应性能上也表现出一些差异。一般来说，醛比酮活泼，某些反应往往为醛所特有。

（1）羰基的加成反应　同碳碳双键一样，羰基中的碳氧双键也是由一个σ键和一个π键所组成，所以醛、酮都易发生加成反应。但和烯烃的亲电加成不同，羰基的加成属于亲核加成。由于氧原子的电负性大于碳原子，使羰基发生极化，氧原子带部分负电荷，碳原子带部分正电荷。一般来说，带负电荷的氧比带正电荷的碳更稳定。所以，当羰基化合物发生加成反应时，首先是试剂中带负电荷的部分加到羰基的碳原子上，形成氧带负电荷的中间体，然后试剂中带正电荷部分加到带负电荷的氧上。醛和酮可以与氢氰酸、亚硫酸氢钠、醇、氨的衍生物（如羟胺、肼等）试剂起亲核加成反应。

① 与亚硫酸氢钠的加成。大多数醛和脂肪酮能与亚硫酸氢钠反应，生成α-羟基磺酸钠，如

$$R-\overset{\overset{\displaystyle O}{\|}}{C}-R' + NaHSO_3 \longrightarrow R-\underset{\underset{\displaystyle R'}{|}}{\overset{\overset{\displaystyle OH}{|}}{C}}-SO_3Na$$

α-羟基磺酸钠易溶于水，但不溶于饱和的亚硫酸氢钠溶液中。将醛、酮和过量的饱和亚硫酸氢钠溶液（40%）混合在一起，醛和甲基酮很快就有结晶析出。通过这个反应可以鉴别醛酮。

② 与醇的加成。将醛溶解在无水醇中，在酸（HCl气体或其他无水强酸）的催化下，醛与一分子醇加成生成半缩醛。半缩醛不稳定，一般很难分离出来，继续与一分子醇缩合生成缩醛。反应式为：$R'CHO+ROH \rightleftharpoons R'CH(OH)(OR)$（半缩醛），$R'CHO+2ROH \rightleftharpoons R'CH(OR)(OR)$（缩醛）。缩醛对碱及氧化剂都很稳定，但在酸催化剂条件下，生成缩醛的反应是可逆的，因此在酸的存在下，又可以水解成原来的醛和醇。在有机合成中常利用缩醛的生成与水解这一性质来保护醛基。

③ 与格利雅试剂的加成。醛、酮能与格利雅试剂加成，加成产物水解则生成醇。如

$$R'CH{=}O+RMgX \xrightarrow{\text{干醚}} RCH(R')OMgX \xrightarrow{H_3O^+} RCH(R')OH$$

$$R^1C(R^2){=}O+RMgX \xrightarrow{\text{干醚}} RC(R^1)(R^2)OMgX \xrightarrow{H_3O^+} RC(R^1)(R^2)OH$$

羰基发生加成反应的活性次序为：$HCHO > CH_3CHO > ArCHO > CH_3COCH_3 > CH_3COR > RCOR > ArCOAr$；$p\text{-}NO_2-Ar-CHO > ArCHO > p\text{-}CH_3-Ar-CHO$

（2）α碳原子上氢的反应　醛、酮分子中的α碳原子上的氢比较活泼，容易发生反应，故称为α活泼氢原子。若α碳原子上连接三个氢原子，则称其为活泼甲基。醛、酮α碳原子上的氢因受羰基的影响具有活泼性，这是由于羰基的极化使α碳原子上 C—H 键的极性增强，氢原子有成为质子离去的趋向，很容易发生反应。

醛或酮的α氢原子易被卤素取代，生成α-卤代醛或酮。例如：0℃时在乙醚溶液中，有 $ArCOCH_3+Br_2 \longrightarrow ArCOCH_2Br+HBr$。这类反应被酸催化时可以通过控制反应条件（如酸和卤素的用量，反应温度等）使得到的反应产物主要是一卤代物或二卤、三卤代物。但用碱催化时，反应速率很快，不能控制在生成一卤或二卤代物的阶段，反应总是很顺利地进行到生成三卤代物，该反应称为卤仿反应，反应通式为 $RCOCH_3+3NaOX \longrightarrow CHX_3+RCOONa+2NaOH$。

碘仿反应常用于结构鉴定。因为碘仿是不溶于水的亮黄色固体，且具有特殊气味，由此可以识别是否发生碘仿反应。乙醛或甲基酮与碘的碱溶液作用很快就有明显的黄色沉淀生成。次卤酸盐是氧化剂，凡含有 CH_3CHOH— 基团的化合物遇碘的碱溶液都能首先被氧化成含 CH_3CO—基团的化合物，然后发生碘代和裂解，最后生成碘仿。例如：$CH_3CH_2OH \longrightarrow CH_3CHO \longrightarrow HCOOH+CHI_3\downarrow$，用此反应可以鉴别乙醛、甲基酮以及含有 CH_3CHOH—基团的醇。

（3）还原反应（reduction）　醛与酮的还原反应分为以下几种类型。

① 加氢还原。醛、酮在 Pt 催化剂的存在下加氢还原可以得到醇。醛加氢还原生成伯醇，酮加氢得到仲醇。如 $CH_3CHO+H_2 \longrightarrow CH_3CH_2OH$；$CH_3COCH_3+H_2 \longrightarrow CH_3CHOHCH_3$。

② 克莱门森（Clemmensen）反应。醛和酮用锌汞齐加盐酸还原时可以转化为烃。如 $ArCOC_3H_7 \longrightarrow ArCH_2C_3H_7$。

③ 沃尔夫-凯惜纳（Wolff-Wishner）-黄明龙反应。醛或酮在高沸点溶剂中与碱一起加热先生成腙，腙再失去氮，最后羰基变成亚甲基。如

$$C_6H_5-\overset{O}{\overset{\|}{C}}-C_2H_5 \xrightarrow[(HOCH_2CH_2)_2O]{H_2N-NH_2/NaOH} C_6H_5-\underset{H}{\underset{|}{\overset{H}{\overset{|}{C}}}}-C_2H_5 \quad (82\%)$$

④ 坎尼扎罗（Cannizzaro）反应。不含α氢的醛在浓碱存在下可以发生歧化反应，即两分子醛相互作用，其中一分子还原成醇，另一分子氧化成酸。如

$$2R-CHO \xrightarrow[\triangle]{50\%NaOH} R-COONa + R-CH_2OH$$

（4）醛的特殊反应。醛的羰基碳原子上连有氢原子，因此容易被氧化生成同碳数的羧酸，使用弱氧化剂也可以使它氧化，但酮则不易被氧化，说明醛具有还原性，而酮一般没有还原性。因此，可以利用弱氧化剂来区别醛和酮。常用的弱氧化剂有土伦试剂、费林试剂和本尼迪特。

① 与土伦试剂的反应。土伦试剂是由硝酸银碱溶液与氨水制得的银氨配合物的无色溶液。它与醛共热时，醛被氧化成羧酸，试剂中的一价银离子被还原成金属银析出。由于析出的银附着在容器壁上形成银镜，因此这个反应叫做银镜反应。

$$RCHO+2Ag(NH_3)_2OH(\text{无色溶液}) \xrightarrow{\triangle} RCOONH_4+2Ag\downarrow(\text{银镜})+H_2O+3NH_3$$

② 与费林试剂的反应。费林试剂包括甲、乙两种溶液，甲液是硫酸铜溶液，乙液是酒石酸钾钠和氢氧化钠溶液。使用时，取等体积的甲、乙两液混合，开始有氢氧化铜沉淀产生，摇匀后氢氧化铜即与酒石酸钾钠形成深蓝色的可溶性配合物。反应方程为

$$RCHO+2Cu(OH)_2(\text{蓝绿色})NaOH \xrightarrow{\triangle} RCOONa+Cu_2O\downarrow(\text{红色})+3H_2O$$

费林试剂能氧化脂肪醛，但不能氧化芳香醛，可用来区别脂肪醛和芳香醛。费林试剂与脂肪醛共热时，醛被氧化成羧酸，而二价铜离子则被还原为砖红色的氧化亚铜沉淀。

③ 本尼迪特试剂也能把醛氧化成羧酸。它是由硫酸铜、碳酸钠和柠檬酸钠组成的溶液。它与醛的作用原理和费林试剂相似。临床上常用它来检查尿液中的葡萄糖。

8.3.4 羧酸

8.3.4.1 羧酸的物理性质

饱和一元羧酸中，甲酸、乙酸、丙酸具有强烈酸味和刺激性。含有 4～9 个 C 原子的羧酸具有腐败恶臭，是油状液体。含 10 个 C 以上的为石蜡状固体，挥发性很低，没有气味。饱和一元羧酸分子间存在氢键，因此其沸点比相对分子质量相似的醇要高。如相对分子质量相同的甲酸与乙醇的沸点分别为 100.7℃和 78.5℃。羧基是亲水基，与水可以形成氢键，所以低级羧酸能与水任意比互溶；随着相对分子质量的增加，憎水基（烃基）越来越大，在水中的溶解度越来越小。

8.3.4.2 羧酸的化学性质

羧酸最显著的性质是酸性，羧酸是一种弱酸，其酸性比碳酸强。羧酸能与金属氧化物或金属氢氧化物形成盐。最主要的反应有：

① 与碱反应生成盐和水。如 $CH_3COOH+NaOH \longrightarrow CH_3COONa+H_2O$。

② 与醇反应生成酯。如 $RCOOH+R'OH \rightleftharpoons RCOOR'+H_2O$；这一反应在室温下进行时速率很慢，在酸（如硫酸）的催化下可大大加速。酯化反应是一平衡反应，为了提高酯的产率，常用共沸蒸馏或加脱水剂把反应生成的水去掉，也可在反应时加过量的酸或醇，使反应向产物方向移动。酯还可用酰卤或酸酐与醇反应，或由羧酸盐与卤代烃反应制得。

③ 与 PCl_3 成酰卤（acyl halides）。如 $3RCOOH+PCl_3 \longrightarrow 3RCOCl+H_3PO_3$。

④ 脱水生成酸酐（anhydride）。如 $RCOOH+RCOOH \longrightarrow RCOOCOR+H_2O$

⑤ 与 NH_3 反应生成酰胺（amide）。如 $CH_3COOH+NH_3 \longrightarrow CH_3COONH_4 \longrightarrow CH_3CONH_2+H_2O$。

⑥ 脱羧反应。除甲酸外，乙酸的同系物直接加热都不容易脱去羧基（失去 CO_2），但在特殊条件下也可以发生脱羧反应，如无水乙酸钠与碱石灰混合并加强热则生成甲烷：$CH_3COONa+NaOH$（热熔）$\longrightarrow CH_4\uparrow+Na_2CO_3$。

⑦ α 氢原子上的氯代反应。饱和一元羧酸 α 碳上的氢原子与醛酮中的 α 氢原子相似，性质比较活泼，在少量红磷存在下，可顺利被卤素取代生成 α-卤代酸。如 $CH_3COOH+Cl_2 \longrightarrow CH_2ClCOOH \longrightarrow CHCl_2COOH \longrightarrow CCl_3COOH$；$CH_3CH_2COOH+Br_2 \longrightarrow CH_3CHBrCOOH \longrightarrow CH_3CBr_2COOH$。这种制备 α-卤代酸的方法叫做赫尔-乌尔哈-泽林斯基（Hell-Volhard-Zelinsky）反应。α-卤代酸的卤素可发生亲核取代反应，转变成 CN—，NH_2—，—OH 等，也可发生消除反应得到 α,β-不饱和酸，因此在合成上很重要。

由于诱导效应（inductive effect）的存在，卤代酸的酸性比相应的脂肪酸的酸性强，而且取代的卤原子越多，酸性越强。如乙酸的 pK_a 为 4.74，氯乙酸、二氯乙酸和三氯乙酸的 pK_a 分别为 2.86、1.26 和 0.64。

⑧ 羧基中羰基还原为醇的反应。如 $CH_3COOH+H_2 \longrightarrow CH_3CH_2OH$（以 $LiAlH_4$ 为催化剂）。

8.3.5 酯

酯是由羧酸与醇（酚）反应失水而生成的羧酸衍生物，官能团是—COO—，分子通式为 R—COO—R′（R 和 R′可以是烃基，也可以是氢原子），广泛存在于自然界，例如乙酸乙酯存在于酒、食醋和某些水果中；乙酸异戊酯存在于香蕉、梨等水果中；苯甲酸甲酯存在于丁香油中；水杨酸甲酯存在于冬青油中。高级和中级脂肪酸的甘油酯是动植物油脂的主要成分。

8.3.5.1　酯的物理性质

酯类都难溶于水，易溶于乙醇和乙醚等有机溶剂，密度一般比水小。低级酯是具有芳香气味的液体，是许多有机化合物的溶剂，也是清漆的溶剂。高级脂肪酸与高级脂肪醇形成的酯为蜡状固体。酯的熔点和沸点要比相应的羧酸低。

8.3.5.2　酯的化学性质

酯是中性物质，在有酸或碱存在的条件下，酯能发生水解反应生成相应的酸或醇，如 $RCOOR'+H_2O \rightleftharpoons RCOOH+R'OH$；酯的水解比酰氯、酸酐困难，须用酸或碱催化。

酸性条件下酯的水解不完全，碱性条件下酯的水解趋于完全。原因是碱能中和水解产生的羧酸，使反应完全进行到底。

8.3.6　胺和酰胺

8.3.6.1　胺的物理性质

低级胺是气体或容易挥发的液体，有氨的气味或鱼腥味，高级胺为固体，无气味。纯粹的芳香胺是无色液体或固体，但由于容易氧化，常常带有黄色或者棕色。低级的脂肪胺可溶于水，溶解度也随着分子量增加而降低，六个碳原子以上的胺就难溶解于水或不溶解于水，但它们都能溶解于醇、醚、苯等有机溶剂。伯、仲、叔胺与水能形成氢键，伯胺和仲胺本身分子间也可以形成氢键，但这些氢键不如醇的氢键强，因此，胺的沸点比同分子量的非极性化合物大，但比同碳数的醇和酸低，由于叔胺分子间不能形成氢键，因此同碳数的伯、仲、叔胺中伯胺的沸点最高，叔胺最低。

8.3.6.2　胺的化学性质

① 胺的碱性。胺的氮原子上有一对未成键的孤对电子，能接受质子，故具有碱性，是一个 Lewis 碱。脂肪胺中的烷基有给电子诱导效应，使铵正离子的电荷分散而稳定，但是烷基取代的增加使溶剂化效应降低。胺中的烷基越大，占据的空间也越大，质子不容易与氮原子靠近，也不利于溶剂化效应，使叔胺的碱性降低。碱性强弱次序为：$(CH_3)_2NH > CH_3NH_2 > (CH_3)_3N > NH_3$，氮原子上连接吸电子基团会使胺的碱性降低，连接推电子基团则会使胺的碱性升高。

对于苯胺而言，由于氮上的未共用电子对和苯环存在 p-π 共轭的关系，它或多或少有移向苯环的倾向，故氮原子上的电子云密度有所降低，因此它与质子结合的能力相应减弱，所以苯胺的碱性比氨还弱。

胺由于有碱性，故可以和盐酸、硫酸以及草酸、乙酸等成盐。成盐时，氨基氮上的孤对电子和质子结合成为铵盐正离子，如二甲胺与 HBr 成盐称为二甲基溴化铵$[(CH_3)_2NH_2]^+Br^-$。该铵盐易溶于水而不溶于醚、烃等有机溶剂。由于铵盐是弱碱生成的盐，故遇到强碱即会使胺游离出来，利用该反应可以精制和鉴别胺类。

② 烷基化反应。在碱性条件下，胺可与卤代烃或醇等试剂作用，氨基上的氢被烷基取代生成仲胺、叔胺和季铵盐，如 $RNH_2+R'X \longrightarrow RN(R')H \longrightarrow RN(R')_2 \longrightarrow RN^+(R')_3$。

③ 酰基化反应。伯胺或仲胺与酰卤、酸酐等发生的酰基化反应，氨基上的氢被酰基取代生成 *N*-烷基酰胺，如 $R^1R^2NH+CH_3COCl \longrightarrow R^1R^2NCOCH_3+HCl$；叔胺氮原子上没有氢，不能被酰基化。胺的酰基衍生物多为结晶固体且有一定的熔点，据此可以用来鉴别伯胺和仲胺。*N*-烷基化酰胺呈现中性，不能与酸生成盐。因此在醚溶液中，伯、仲、叔胺的混合物经乙酸酐酰化后再加稀盐酸，则只有叔胺还能与盐酸作用生成盐，利用该性质可分离叔胺。而伯、仲胺的酰化产物在酸性或碱性条件下经水解后又可得到原来的胺。如 $CH_3CONHR+H_2O \longrightarrow RNH_2+CH_3COOH$；$CH_3CONR_2+H_2O \longrightarrow R_2NH+CH_3COOH$。芳

香胺的酰基衍生物容易由芳胺酰化得到，同时又容易水解再变成原来的芳胺，因此常利用酰基化来保护氨基以避免芳胺在进行某些反应（如硝化反应）时被破坏。

④ 氧化反应。一般的胺很容易被氧化，而且产物较复杂，有羟胺、亚硝基化合物等和硝基化合物等。如苯胺遇漂白粉溶液即得明显的含醌紫色化合物，可用此检验苯胺的存在。

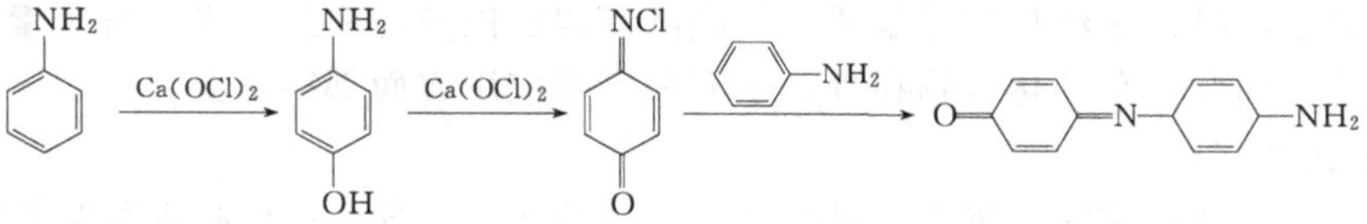

⑤ 曼尼希（Mannich）反应。

$$CH_3COCH_3 + HCHO + (C_2H_5)_2NH \xrightarrow{HCl} CH_3COCH_2CH_2N(C_2H_5)_2 + H_2O$$

8.3.6.3　酰胺的性质

酰胺是羧酸中的羟基被氨基取代而生成的化合物，也可看成是氨（或胺）的氢被酰基取代的衍生物。除甲酰胺外，大部分具有 $RCONH_2$ 结构的酰胺均为无色固体。脂肪族取代酰胺$RCONHR'$，$RCONR^1R^2$ 常为液体。分子量较小的酰胺能溶于水，随着分子量增大，溶解度逐渐减小。液体酰胺是有机物和无机物的优良溶剂。酰胺的沸点比相应的羧酸高。

酰胺是一种很弱的碱，它可与强酸形成加合物，如 $CH_3CONH_2 \cdot HCl$，加合物很不稳定，遇水即完全水解。酰胺也可形成金属盐，多数金属盐遇水即全部水解，但汞盐 $(CH_3CONH_2)Hg$ 则相当稳定。酰胺在强酸强碱存在下长时间加热，可水解成羧酸和氨（或胺）。酰胺在脱水剂五氧化二磷存在下小心加热，即转变成腈。酰胺经催化氢化或与氢化铝锂反应，可还原成胺。酰胺还可与次卤酸盐发生反应，生成少一个碳原子的一级胺。

8.4　芳香烃和杂环化合物

8.4.1　芳香烃

芳香烃主要包括单环芳烃和多环芳烃。多环芳烃主要有联苯类和稠环芳烃。如：

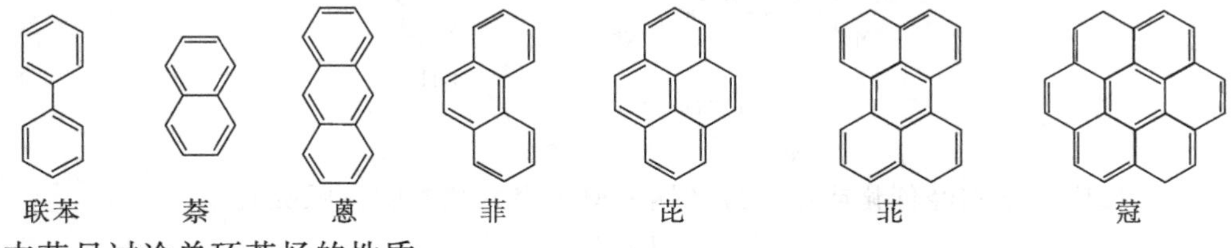

本节只讨论单环芳烃的性质。

8.4.1.1　芳香烃的物理性质

单环芳烃不溶于水而溶于汽油、乙醚和四氯化碳等有机溶剂，一般单环芳烃都比水轻，沸点随碳链的增长而升高，对位异构体的熔点一般比邻位和间位异构体的高。

8.4.1.2　芳香烃的化学性质

芳烃容易发生取代反应，反应时芳环体系不变。由于芳环的稳定性，只有在特殊的条件下才能起加成反应。侧链烃基则具有脂肪烃的基本性质。

单环芳烃重要的取代反应有卤化、硝化、磺化和烷基化。其中芳烃的烷基化反应称为傅列德尔-克拉夫茨反应。除卤烷外，烯烃或醇液可以作为烷基化剂。工业上就是利用乙烯和丙烯作为烷基化剂制备乙苯和异丙苯。

$C_6H_6 + X_2 \xrightarrow{FeX_3} C_6H_5{-}X + HX(X{=}Cl,Br)$；　$C_6H_6 + H_2SO_4 \longrightarrow C_6H_5{-}SO_3H + H_2O$

$C_6H_6 + HNO_3 \xrightarrow{H_2SO_4} C_6H_5{-}NO_2 + H_2O$；　$C_6H_6 + RX \xrightarrow{AlX_3} C_6H_5{-}R + HX$

$$C_6H_6 + CH_2{=}CH_2 \xrightarrow{AlCl_3} C_6H_5{-}C_2H_5;\qquad C_6H_6 + CH_3CH{=}CH_2 \xrightarrow{AlCl_3} C_6H_5{-}CH(CH_3)_2$$

8.4.2 杂环化合物

杂环化合物广泛存在于自然界，植物中的叶绿素和动物中的血红素都含有杂环结构，许多药物如止痛的吗啡、抗结核的异烟肼、抗癌的喜树碱以及许多维生素、抗生素、染料等都是杂环化合物。因此，杂环化合物在理论研究和实际应用方面都很重要。

8.4.2.1 五元杂环

五元杂环化合物如呋喃、噻吩、吡咯环上的杂原子 O、S、N 的未共用电子对参与了环的共轭体系，由此使环上电子云密度增大，因此它们都比苯活泼，常见的反应有取代反应和加成反应等。

① 取代反应。五元杂环较苯容易进行亲电取代反应，且通常发生在 α 位上。如

呋喃 $+ 2Br_2 \longrightarrow$ 2,5-二溴呋喃 $+ 2HBr$；噻吩 $+ Br \longrightarrow$ 2-溴噻吩 $+ HBr$

吡咯 $+ 4I_2 + 4NaOH \longrightarrow$ 2,3,4,5-四碘吡咯 $+ 4H_2O + 4NaI$

② 加成反应。如在催化剂作用下，呋喃加氢生成四氢呋喃。

呋喃 $+ 2H_2 \xrightarrow[50\ atm]{Ni}$ 四氢呋喃

8.4.2.2 六元杂环

六元杂环如吡啶、喹啉等由于氮原子电负性的影响，杂环碳原子上电子云有所降低，所以吡啶的亲电取代不如苯活泼，而与硝基苯类似。常见的反应有取代反应和还原反应等。

① 取代反应：吡啶的取代反应类似于硝基苯，发生在 β 位上。它较苯难于磺化，硝化和卤化更难。如

吡啶 $\xrightarrow{Br_2,\ 300℃}$ 3-溴吡啶 + 3,5-二溴吡啶

吡啶 $\xrightarrow{H_2SO_4,\ 350℃}$ 吡啶-3-磺酸（SO_3H）

② 还原反应。吡啶经催化或用乙醇和钠还原可得六氢吡啶（哌啶）。

吡啶 $\xrightarrow[CH_3COOH]{H_2,\ Pt}$ 哌啶

8.5 有机化合物的光谱特性

有机化合物的结构鉴定是一门重要的学科，传统的鉴定方法是以化学反应为主要手段并借助于物理常数而进行的。由于化学实验的信息量十分有限，对于诸多复杂结构的鉴定，不仅费时耗资，而且往往难以顺利得出明确的结论。采用波谱方法，可以大大地简化鉴定过程，甚至只需几毫克的样品就能快速、准确地得到鉴定结果。目前，测定结构最常用的所谓“四谱”是紫外吸收光谱（ultraviolet absorption spectrum，UV），红外吸收光谱（infrared spectrum，IR），核磁共振谱（nuclear magnetic resonance spectrometry，NMR）和质谱（mass spectrometry，MS）。以上四谱（质谱除外）大都是基于有机化合物吸收电磁波所形成的吸收光谱。本章将介绍红外光谱和核磁共振谱的基本常识，对紫外光谱及质谱不作介绍。

8.5.1 红外光谱

红外光谱是分子中振动能级的跃迁伴随转动能级跃迁而产生的吸收光谱，故又称为振动光谱。近年来，由于傅里叶变换（fourier transform）红外光谱仪的问世及其他新技术的出现，使红外光谱得到更加广泛的应用。至今，无论从仪器的普及程度还是从数据和谱图的积累来看，红外光谱在四谱分析中都占有重要的地位。红外光谱的主要优点是：①任何气态、液态、固态样品都可进行红外光谱测定，样品用量少；②每种化合物均有红外吸收，通过红外光谱可得到丰富的有关化合物结构的信息；③常规红外光谱仪比核磁和质谱仪价格低廉。

有机分子中的原子处于不断的运动状态，其运动形式可分为振动和转动两大类。振动包括键的伸缩振动与弯曲振动；转动即原子沿着键轴所作的相对转动。

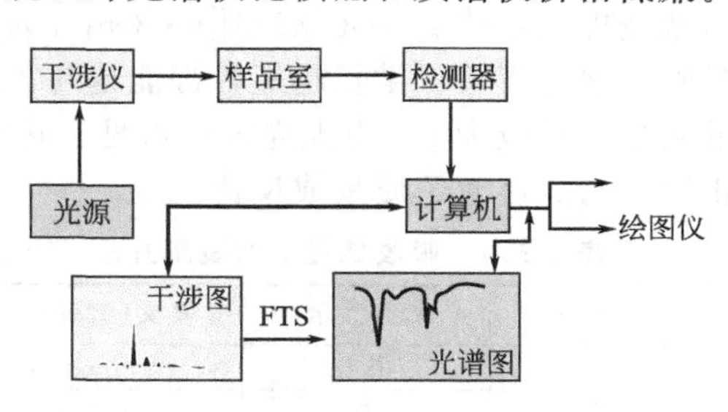

图 8.5.1　傅里叶变换光谱仪的结构

红外光谱是用连续改变波长的红外光照射样品，当某一波长的红外光能量恰好与化学键振动所需的能量相同时，就会产生吸收形成吸收峰。因此，根据所吸收的波长，即可获得样品分子中所含官能团的信息。图 8.5.1 是傅里叶变换光谱仪的结构原理图；图 8.5.2 是丙酸的红外光谱图。

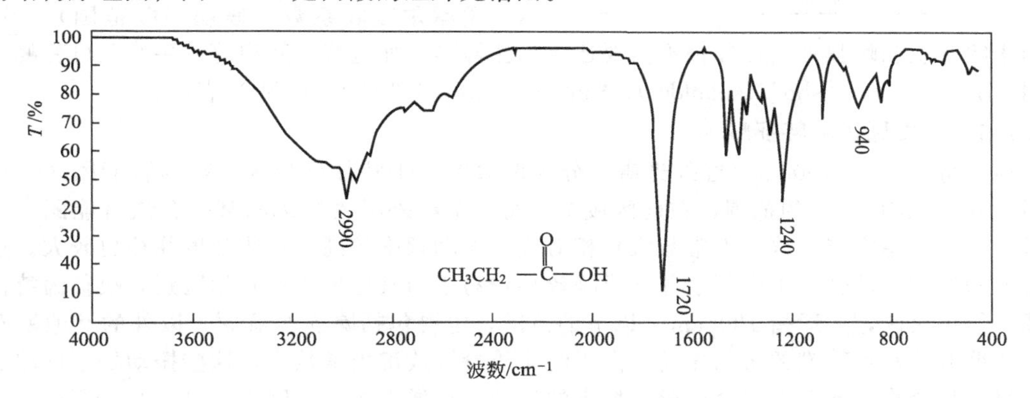

图 8.5.2　丙酸的红外光谱图

在红外谱图中，纵坐标为透光率（以 $T\%$ 表示）；横坐标为波长（μm）或波数（cm^{-1}）。由于吸收度越大，$T\%$就越小，故红外光谱中的吸收峰呈谷形（即为倒峰）。谷越深则表示吸收越强。因分子振动所需能量主要在中红外区，故常见红外光谱仪的波数范围一般为 4000～400cm^{-1}。又因为分子中高能级的变化同时伴随低能级的变化，振动能级和转动能级的叠加使得红外光谱的峰形呈带状而非线状结构。

有机化合物的红外光谱测定方法如下。①对固体样品最常用的是压片法，即将样品与 KBr 粉末均匀混合在真空下压成片后测定，也可将粉状样品与液体石蜡研成糊状测定，称为调糊法；此外还可将样品溶解于适当溶剂，置于专门的吸收池中测定。②对液体样品可采用液膜法，即一小滴样品置于两块碱金属卤化物（NaCl、KBr、CsBr 等）的薄片之间进行测定；也可采用溶液法测定。③对气体样品可用气体吸收池测定。对于高分子化合物，则可先使之溶解，再蒸发除去溶剂制成薄膜后测定。

同一样品因测定方法不同，测出的数据会有差异，故在记录时应注明所用的方法。

8.5.1.1 分子振动的形式

分子振动包括整个分子的振动和分子的局部振动。红外光谱主要是由分子的局部振动，即基团或化学键振动所产生的。吸收频率的高低与振动形式有关，通常振动分为两大类，即伸缩振动和弯曲振动。

伸缩振动用 ν 来表示，分为对称伸缩振动（ν_s）和不对称伸缩振动（ν_{as}）两种。弯曲振动分为面内弯曲振动（δ_{ip}）和面外弯曲振动（δ_{oop}）。

8.5.1.2 峰位、峰强和峰形

红外光谱的最大优点是可用以鉴定官能团。因为吸收峰在谱中的位置与某一特定的原子团相联系，所以根据峰位波数就可判断有无该原子团的存在。某一键的伸缩振动的峰位可近似地按虎克定律 $\nu_{振}=(1/2\pi)[k\cdot(m_1+m_2)/(m_1m_2)]^{1/2}$ 计算，其中 k 为力常数，其值与化学键的强度有关（键长越短，键能越高，k 越大）；m_1 和 m_2 分别为化学键所连的两个原子的质量，单位为 g。由虎克定律可见，化学键的振动频率（红外吸收峰的频率）与键强度成正比，与成键原子质量成反比。

红外吸收的强度由振动时偶极矩的大小决定，$\Delta\mu$ 值越大，吸收也越强。此外，红外吸收强度也与跃迁概率有关，而且还与仪器狭缝的宽度、样品测定时的温度及溶剂等多种难以固定的实验条件有关，故红外光谱中吸收峰的强度不便精确测定，通常均按表 8.5.1 中的符号粗略地表示（用摩尔吸收系数 k 表明吸收范围）。另外，除须指明峰位和峰强外，往往根据需要还要加注峰形，如宽峰、双肩峰、尖峰及可变峰，分别用“b”（broad），“sho”（shoulder），“sh”（sharp）和“v”（variable）表示。

表 8.5.1 吸收峰强度的表示方法

峰强度/k	峰强表示	英文（缩写）
>200	很强	very strong(vs)
75～200	强	strong(s)
25～75	中等强度	medium(m)
5～25	弱	weak(w)
<5	很弱	very weak(vw)

8.5.1.3 主要区段和特征峰

通常将 4000～ 400cm^{-1}红外光谱划分为两大区。①特征谱带区又称为官能团区，一般是指 4000～1300cm^{-1}的范围，在此区域中的每一个红外吸收峰都和某一含氢官能团（约化质量小）或重键官能团（键力常数大）相对应，振动频率较高，吸收强度往往也较大。这些官能团的伸缩振动受分子中其余部分影响较小，易于与其他振动形式相区别，故称为特征吸收峰。②指纹区，一般指 1300cm^{-1}以下的范围，主要包括除连有氢原子以外的其他所有单键的伸缩振动及各种键的弯曲振动。由于约化质量大或键力常数小，这些振动处于低波数范围。每一化合物在此区内都会形成其特有的谱图，正像人的指纹因人而异一样。所以要确定两个化合物是否为同一物质，除两者特征峰相同外，更应查对指纹区图形是否完全一致，通常是将样品和标准品进行红外叠谱（两张谱记录在同一纸上作对照）。目前有的红外光谱仪尚可作差谱，即将两谱相减，若所得近于一条直线，就表明是同一物质。在指纹区，有些峰也可用来对某些官能团作进一步的鉴别。

根据各官能团的特征吸收峰位，可将红外光谱的主要谱带分为九个区段，见表 8.5.2。

表 8.5.2 红外吸收的特征伸缩频率

区段	振动类型	相关有机化合物中基团的特征频率/cm^{-1}
N—H 和 O—H 伸缩振动	O—H 伸缩 N—H 伸缩	醇酚：单体 3650～3590(s)，缔合 3400～3200(s,b)；酸：单体 3560～3500(m)，缔合 3000～2500(s,b)；伯胺：3500(m)，3400(m)；仲胺：3500～ 3300(m)；叔胺：3400(m)～3300(m)；酰胺：3350(m)，3160(m)；取代酰胺：3320～3060(m)。无论是单体还是缔合，ν_{N-H}都比 ν_{O-H}吸收尖而弱
不饱和 C—H 伸缩振动	≡C—H 伸缩 =C—H 伸缩	炔：3300(s)；烯：3090～3010(m)；芳烃：约 3030。醛基 ν_{-C-H}在 2820 和 2720 处吸收
饱和 C—H 伸缩振动	C—H 伸缩	烷烃：CH_3，2960±10(s) 和 2872±10(s)；CH_2，2926±10(s) 和 2853±10(s)。3000 为区分饱和和不饱和 ν_{C-H}的分界线

续表

区段	振动类型	相关有机化合物中基团的特征频率/cm^{-1}
三键和累积双键伸缩振动	C≡C 伸缩 C≡N 伸缩 N═C═O 伸缩 C═C═O 伸缩	炔：RC≡CH 2140～2100(s)，RC≡CR′2260～2190(v，w) 腈：2260～2240(m) 异氰酸酯：2275～2240(s) 烯酮：约 2150
羰基伸缩振动	C═O 伸缩	酸酐：1850～1800(s)，1790～1740(s)；酰卤：1815～1770(s)；酯：1750～1735(s)；醛：1740～1720(s)；酮：1725～1705(s)；酸：1725～1700(s)；酰胺：1690～1630(s)；酸酐两峰相距 60
双键伸缩振动	C═C 伸缩 C═N 伸缩 N═N 伸缩	烯 1680～1620(v)；芳环 1600(v)，1580(m)，1500(v)，1450(v) 亚胺、肟 1690～1640(v) 偶氮 1630～1575(v)
饱和 C—H 面内弯曲振动	C—H 面内弯曲振动	烷烃：CH_3，1470～1430(m)，1380～1370(s)；CH_2，1485～1445(m)；CH，1340(s)；有—$C(CH_3)_2$ 或—$C(CH_3)_3$ 基团时，1380～1370cm^{-1}处的峰裂分为两峰
不饱和 C—H 面外弯曲振动	═C—H 面外 ≡C—H	单取代烯：995～985(s)，915～905(s)；顺式取代烯：约 690(s)；反式取代烯：970～960(s)；同碳二取代烯：895～885；三取代烯：840～790(s)；芳烃五个相邻 H 原子：770～730(vs)，710～640(s)；四个相邻 H 原子：770～735(vs)；三个相邻 H 原子：810～750(vs)；两个相邻 H 原子：860～800(vs)；一个相邻 H 原子：900～860(m)；炔：665～625(s)

8.5.1.4 影响吸收频率的因素

分子的局部振动（如官能团的振动）并不是孤立的，而是要受到分子内其他部分的影响，因此，同一官能团的特征吸收总是在一定范围内变动。若能搞清吸收峰波数上下移动的原因，即可借此推断分子内其他部分的结构。如由羰基吸收峰 $\nu_{C═O}$ 1735～1715cm^{-1} 和 1680cm^{-1}就可断定是酯或酰胺的特征吸收。因分子结构不同而引起的官能团吸收频率变化的几种主要因素如下。

① 电子效应。电子效应包括诱导效应，共轭效应和共振效应等。如由于羰基是极性基团，氧原子有吸电子倾向，故在酰卤分子中由于卤原子吸电子而使羰基的双键性增加，吸收波数增大；如 RCOR$\nu_{C═O}$ 1715cm^{-1}，RCOCl$\nu_{C═O}$ 1800cm^{-1}，RCOF$\nu_{C═O}$ 1869cm^{-1}，FCOF$\nu_{C═O}$1928cm^{-1}。共轭体系中由于 π 电子离域增大，使羰基双键性降低，振动频率下降，因此，α，β-不饱和酮、芳醛、芳酮的吸收波数均低于脂肪醛、酮。如：CH_2═CHCO$CH_3$$\nu_{C═O}1675cm^{-1}$，$C_6H_5$—C(O)H$\nu_{C═O}1690cm^{-1}$。在酰胺分子中，由于共振降低了酰胺羰基的双键性，吸收移向低波数 $\nu_{C═O}$1690cm^{-1}，低于一般羰基的 $\nu_{C═O}$1715cm^{-1}，这种现象称为共振效应。

② 空间效应。空间效应包括环张力和空间位阻。环的张力是说，脂环族化合物随着环张力的增大，环上官能团的吸收频率逐渐移向高波数；环烷烃环上 CH_2 的吸收频率也随环张力增大而上升。如 ═O，═O，═O 和 ═O 的 $\nu_{C═O}$ 分别为 1715cm^{-1}，1745cm^{-1}，1780cm^{-1}和 1850cm^{-1}。空间位阻是指，共轭体系具有共平面性，若因空间阻碍使其平面性遭破坏时，吸收频率移向高波数。如：—COCH_3 和 —COCH_3 —CH_3 的 $\nu_{C═O}$分别为 1663cm^{-1}和 1686cm^{-1}。

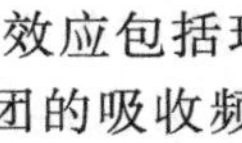

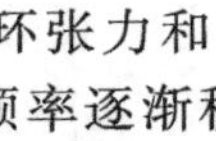

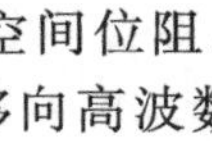

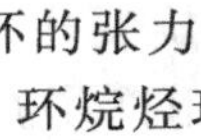

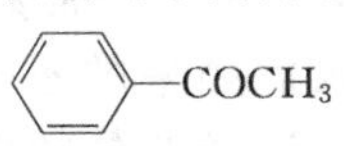

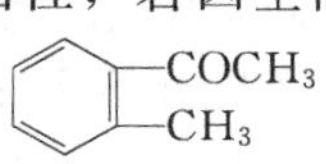

8.5.2 核磁共振光谱

在磁场中自旋的原子核，因磁感应而产生不同的能级，能级较低的核吸收具有相应能量的射频向高能级跃迁的现象，称为核磁共振。

8.5.2.1 核磁共振的主要参数

(1) 信号位置与化学位移 在不同的化合物中具有类似化学环境的氢核几乎是在相同的磁场下给出共振信号，表明 NMR 谱图中的不同信号能反映氢核所在的不同环境。但是，不同氢核共振时外磁场强度的差异极其微小，要准确测出其绝对值是很困难的。因此通常都用相对值来表示。就是以某一参考物为原点，作为核磁共振谱峰的坐标。测出各峰与原点的相对距离，借此表示各类氢核所处化学环境的不同，故称为化学位移（chemical shift），用 δ 表示，定义为：$\delta=[(\nu_{试样}-\nu_{TMS})/\nu_0]\times10^6$。式中，$\nu_{试样}$ 为试样共振频率；ν_{TMS} 为四甲基硅烷的共振频率；ν_0 为仪器选用频率。

最常用的参考物是四甲基硅烷（tetramethylsilane，TMS），其优点是分子中 12 个 H 形成一个信号且处于高场，位于谱图的最右端。规定 $\delta_{TMS}=0$，根据左正右负的原则，对大多数化合物而言，信号都出现在它的左边，为正值，这对波谱的解析甚为方便。通常核磁共振谱图的横坐标从左到右表示磁场增大的方向（当固定照射频率时），此方向也可看成是频率减小的方向（当固定磁场强度时）。表 8.5.3 是常见各类氢核的化学位移 δ。表中—COOH、—OH、—NH_2 等活泼氢的 δ 值随溶剂、温度和浓度不同而变化，其信号可通过加入 D_2O（活泼氢被交换）而消失。

表 8.5.3 常见 H 核的化学位移 δ

氢核类型	δ	氢核类型	δ	氢核类型	δ	氢核类型	δ
H—C—R	0.9～1.8	H—C—Ar	2.3～2.8	H—C—NR	2.2～2.9	H—N—R	1.0～3.0
H—C—C═C	1.9～2.6	H—C═C—	4.5～6.5	H—C—Cl	3.1～4.1	H—O—R	0.5～5.0
H—C—C═O	2.1～2.5	H—Ar	6.5～8.5	H—C—Br	2.7～4.1	H—O—Ar	6.0～8.0
H—C≡C	2.5	H—C═O	9.0～10	H—C—O	3.3～3.7	H—O—C═O	10～13

(2) 峰面积与信号强度 在 NMR 谱中，化学位移表明氢核的不同类型。同一类氢核的个数与信号强度即相应共振峰的面积成正比。峰的面积越大所代表的氢核数目就越多。一个分子式已知的化合物，若测得各峰相对面积之比，根据所含的氢核数就可算出各峰面积所代表的氢核数，这对鉴定结构来说极为有用。现代核磁共振仪上都配有积分仪。各峰的面积用阶梯式积分线的高度来表示，峰面积越大，积分线就越长。

(3) 自旋偶合和偶合常数与信号的分裂 化合物的共振信号并不总是单峰（singlet），分子中的氢核常因受到邻近不同化学位移氢核的影响，其共振信号常常裂分为二重峰（doublet），三重峰（triplet），四重峰（quartet）甚至多峰（multiplet），通常用 s、d、t、q 和 m 表示。氢核之间的磁性相互干扰，称为自旋-自旋偶合，简称自旋偶合。由于自旋偶合引起谱线增多的现象称为自旋-自旋裂分，简称自旋裂分。裂分峰中各小峰之间的距离称为偶合常数（coupling constant），用符号 J 表示，$J=\Delta S\times\nu_0$（ν_0 为仪器固有频率，ΔS 为两条谱线化学位移差值），单位为 Hz。两个自旋核相距越远，偶合常数越小，超过三个碳就可忽略不计。

对一定化合物而言，J 为一常数。因为它源于自旋核之间的相互干扰而与外磁场强度无关，所以并不因测定仪器频率的不同而改变。J 值的大小是核之间自旋偶合有效程度的反映。而且相互偶合引起谱峰裂分的两组信号具有相同的 J 值。因此，偶合常数对阐明各基团之间的关系甚为重要。

对于简单有机物，信号的裂分遵循下列一般规律。

① $n+1$ 规律。一个信号的裂分峰数决定于邻接碳上磁等同的质子数，如果此数为 n，则裂分峰数为 $n+1$。所谓磁等同是指化学位移相同且对组外任何一个氢核只有一种偶合常

数。如在 CH_3CHBr_2 中，—CH_3 因与—CH 相邻，即 $n=1$，故该甲基的信号裂分为 1+1=2 种，—CH 因与—CH_3 相邻，即 $n=3$，故该甲基的信号裂分为 3+1=4 种。

② 各裂分峰的相对强度比与二项式 $(a+b)^n$ 展开的各项系数相同，即二重峰、三重峰、四重峰、五重峰的相对强度比分别为：1∶1，1∶2∶1，1∶3∶3∶1 和 1∶4∶6∶4∶1。一组峰的中心位置即为 δ，峰间距即为 J。

③ 峰的裂分只有当相互偶合的氢核化学位移不等时才能表现出来，在磁等同核之间虽有偶合，但不产生裂分。如—CH_3 上的三个质子属磁等同，当与甲基邻接的原子上没有 H 时，—CH_3就只有一个单峰，如 $CH_3C(=O)$—，CH_3—O 等。

④ 活泼质子如 CH_3CH_2OH 中的—OH 虽与—CH_2 相连，但却只有很尖的一个单峰；—CH_2 也不因与—OH 相连而裂分为二重峰，只因与—CH_3 相连而裂分为四重峰。这是因为乙醇中的活泼质子之间能快速交换，使—CH_2 与—OH 质子之间的偶合作用平均化的缘故。

⑤ 峰裂分产生左右对称的小峰只是一种理想情况，实际上常见的两组相互偶合的峰内侧小峰往往偏高，外侧小峰则偏低，这一现象称为屋脊效应。这在谱图解析中可作为判断互相偶合的两组信号的佐证。

8.5.2.2　核磁谱图的解析与应用

核磁谱图的解析一般按以下顺序进行：①首先确定样品的分子式，从中获知所含氢核数，并尽可能地利用其他方面所提供的有关结构的信息；②根据积分线高度和总氢核数，求出各组信号所代表的氢核数；③从 δ 值识别各信号可能属于哪种类型的氢，并通过加 D_2O 后信号消失来确定其中的活泼氢，注意能形成氢键的质子其 δ 值会向低场位移；④从峰的裂分度和 J 值找出相互偶合的信号，从而确定邻接碳原子上的氢核数和相互关联的结构片段。

综合以上各参数来推断样品的结构，必要时再结合其他光谱或化学反应提供的信息予以确证。

习题与思考题

8.1　给下列化合物命名：

(a) $CH_3CH_2CH_2C(CH_3)_2(CH_2)_3CH_3$；
(b) $(CH_3)_3C—C≡C—CH_2CH_3$；
(c) $CH_3—CH(Cl)—C≡CCH_3$；
(d) $Ar—C(CH_3)_3$；
(e) $HOCH_2CH_2CH_2Cl$；
(f) $CH_3—C≡C—C(CH=CH_2)=CHCH_2CH_3$；
(g) $(CH_3)_2CHCHO$；
(h) $CH_3CH_2CH(NO_2)CH(CH_3)_2$；
(i) $CH_3CH(CH_3)—C(CH_3)_2COOH$；
(j) $CH_3C(=O)CH_2C(=O)CH_3$；
(k) $CH_2(OH)—CH_2—CH_2(OH)$

8.2　写出下列化合物的结构式：

(a) 4-异丙基庚烷；
(b) 3-甲基-3-戊烯-1-炔；
(c) 间二硝基苯；
(d) 5-氯-4-甲基-2-戊炔；
(e) 邻羟基苯乙酮；
(f) 2,4-二氯苯氧基乙酸；
(g) 2,2-（4,4′-二羟基二苯基）丙烷；
(h) $C_5H_{13}N$（仲胺）；
(i) C_6H_{15}（叔胺）
(j) 1,4-二甲基苯酚

8.3　比较下列化合物在水中的溶解度，并说明理由：

(a) $CH_3CH_2CH_2OH$；
(b) $CH_2OH—CH_2—CH_2OH$；
(c) $CH_3OCH_2CH_3$；
(d) $CH_2OH—CHOH—CH_2OH$；
(e) $CH_3CH_2CH_3$

8.4　某醇 $C_5H_{12}O$ 氧化后生成酮，脱水则生成一种不饱和烃，将此烃氧化后生成酮和羧酸，推测该醇的结构。

8.5　写出下列化合物的酸性强弱顺序，并解释原因：

(a) CH_3COOH；　(b) $CH_2ClCOOH$；　(c) $CHCl_2COOH$；　(d) $CH_3CH_2CHClCOOH$

8.6　用化学方法区别：(a) 乙醇，乙酸，乙醛；(b) 甲胺，二甲胺和三甲胺；(c) 伯醇，仲醇和叔醇

8.7　写出邻甲苯酚与下列各种试剂作用的反应方程式：

(1) $FeCl_3$；(2) Br_2；(3) $NaOH$；(4) Cl_2（过量）；(5) HNO_3

8.8　从某醇一次和 HBr、KOH（醇溶液）、H_2SO_4、H_2O 和 $K_2CrO_7+H_2SO_4$ 作用，可得到 2-丁酮。试推测该醇的结构。

8.9　新戊醇在硫酸存在下加热可生成不饱和烯烃。将该不饱和烯烃臭氧化后，在锌粉存在下水解就得到一个醛和酮。试写出各步反应产物的结构式。

8.10　写出下列醚的同分异构体，并按系统命名法命名：(a) $C_4H_{10}O$；(b) $C_5H_{12}O$

8.11　写出苯酚与乙醇的加成反应方程式。

8.12　比较下列化合物的酸性强弱，并解释之：

C_6H_5—OH　　O_2N—C_6H_4—OH　　O_2N—$C_6H_3(NO_2)$—OH　　HO—C_6H_4—NO_2

8.13　写出丙醛与下列试剂反应时生成产物的结构：

(a) $LiAlH_4$，然后加 H_2O；(b) OH^-，然后加热；(c) C_6H_5MgBr，然后加 H_2O

8.14　提纯下列各组化合物：

(a) 乙醇中含有少量乙醚；(b) 苯甲醛中含有少量苯甲酸

8.15　对甲苯甲醛在下列反应中得到什么产物？

(a)　H_3C—C_6H_4—CHO $+CH_3CHO \xrightarrow{OH^-}$；

(b)　H_3C—C_6H_4—CHO $\xrightarrow{浓\ NaOH}$

(c)　H_3C—C_6H_4—CHO $+HCHO \xrightarrow{浓\ NaOH}$；

(d)　H_3C—C_6H_4—CHO $+KMnO_4 \longrightarrow$

8.16　下列化合物中哪些能发生碘仿反应？哪些能与 $NaHSO_3$ 加成？

(a) $CH_3COCH_2CH_3$；　(b) $CH_3CH_2CH_2CHO$；

(c) CH_3CH_2OH；　(d) $CH_3CH_2COCH_2CH_3$

8.17　一个化合物 A（$C_9H_{10}O$）不起碘仿反应，其红外光谱在 $1690cm^{-1}$ 处有强吸收峰。核磁共振谱图表明：δ 1.2 (3H) 三重峰；δ 3.0 (2H) 四重峰；δ 7.1 (5H) 多重峰，求 A 的结构。

8.18　已知化合物 A 为 Ar—C(═O)CH_2CH_3 的同分异构体，能起碘仿反应，其红外光谱在 $1705cm^{-1}$ 处有强峰，核磁共振谱图为 $\delta=2.0$ (3H) 单峰；$\delta=3.5$ (2H) 单峰；$\delta=7.1$ (5H) 多重峰，求 A 的结构。

8.19　有一芳香族化合物 (A)，分子式为 C_7H_8O，不与钠发生反应，但能与浓 HI 作用生成 (B) 和 (C) 两个化合物，(B) 能溶于 NaOH，并与 $FeCl_3$ 作用呈现紫色。(C) 能与 $AgNO_3$ 溶液作用，生成黄色碘化银，写出 (A)、(B)、(C) 结构式。

8.20　某化合物 A（$C_{12}H_{14}O_2$）可在碱存在下由芳醛和酮作用得到，红外显示 A 在 $1675cm^{-1}$ 有一强吸收峰，A 催化加氢得到 B，B 在 $1715cm^{-1}$ 有强吸收峰。A 和碘的碱溶液作用得到碘仿和化合物 C（$C_{11}H_{12}O_3$），使 B 与 C 进一步氧化均得到酸 D（$C_9H_{10}O_3$），将 D 和氢碘酸作用得到另一个酸 E（$C_7H_6O_3$），E 能用水汽蒸馏蒸出。试推测各化合物的结构。

参 考 文 献

[1] 徐寿昌．有机化学．北京：高等教育出版社，1982.
[2] 张普庆．医学有机化学．北京：科学出版社，2006.
[3] 荣国斌．大学有机化学基础．上海：华东理工大学出版社，2007.

[4] 魏荣宝．高等有机化学．北京：高等教育出版社，2007.
[5] 汪秋安．高等有机化学．北京：化学工业出版社，2007.
[6] 张英群，刘汉兰．有机化学学习指导．北京：高等教育出版社，2002.
[7] 邹新琢．高等有机化学选论．上海：华东师范大学出版社，2008.
[8] 姚应钦．有机化学学习指导．武汉：武汉理工大学出版社，2004.

下篇 现代化学部分

第9章 材料化学基础

材料是人类文明的基础，材料的发展是人类社会和文明发展的标志。经典材料的合理应用和新材料的研发一直是人类关心的课题，材料的功能化、复合化、智能化、可再生化是当前材料科学研究的重点。

材料科学除具有自身的特点外，还与其他学科尤其是化学学科有着十分密切的联系。本章将对金属材料、无机非金属材料、有机高分子材料等的性能、特点进行介绍，重点讨论其中的化学问题。

9.1 金属材料

金属是人类最早认识和利用的材料之一，早在公元前3000多年，人类就已经开始使用青铜器。金属在自然界的分布也非常广泛，在人类已发现的元素中金属有81种，占相当大的比例。

金属通常可分为黑色金属与有色金属两大类，黑色金属包括铁、锰、铬及其合金，主要是铁碳合金（钢铁）；有色金属通常是指钢铁之外的所有金属。黑色金属常作为结构材料使用，而有色金属多作为功能材料来使用。

金属有多种分类方法。按颜色来分可分为黑色金属（如铁、锰、铬及其合金等）和有色金属（如金、银、铜、铝等）；按密度来分可分为轻金属（$d<5g\cdot cm^{-3}$，如铝、钠、钾等）和重金属（$d>5g\cdot cm^{-3}$，铜、铁、锌、铅等）；按丰度来分可分为基本金属（如铝、铁、钙、钠等）和稀有金属（含量少，分布散，发现晚，提取难）；按稳定性来分可分为活泼金属（如铁、铝、钠、钙等），贵金属（性质稳定，含量少，如金、银、铂等）和放射性金属（能自发衰变的金属，如镭等）。

9.1.1 金属单质的物理性质

金属原子很容易失去其外层价电子而形成稳定的阳离子。当许多金属原子结合时，这些阳离子常在空间整齐地排列，而远离核的电子则在各阳离子之间自由游荡，形成电子“海洋”，金属正是依靠阳离子与自由电子之间的相互吸引而结合在一起的。金属键由数目众多的s轨道所组成，因s轨道无方向性，可与任何方向相邻原子的s轨道重叠，同时相邻原子的数目在空间因素允许的条件下并无严格限制，所以金属键无方向性和饱和性；但金属离子应按最紧密的方式堆积起来，这样才能使各s轨道得到最大程度的重叠，从而形成最稳定的金属结构。金属阳离子之间相对位置的改变并不会破坏电子与金属阳离子间的结合力，因而金属具有良好的塑性。同样的，金属阳离子被另一种金属阳离子取代时也不会破坏结合键，这种金属之间的溶解（或固溶）能力也是金属的重要特性。

自由电子的存在和密堆积结构使金属具有许多共同的性质，如良好的导电性、导热性、延展性以及金属光泽等。

金属光泽。当光线投射到金属表面上时，内部的自由电子吸收所有频率的光，并很快发出各种频率的光，这使得绝大多数金属呈现钢灰色至银白色光泽。另外，由于某些金属较易吸收某一些频率的光而呈现出较特别的颜色，比如金呈黄色，铜呈赤红色，铋为淡红色，铯为淡黄色，铅呈灰蓝色等。金属光泽只有在整块时才能体现出来，而在粉末状态时，金属一般都呈暗灰色或黑色。这是因为在金属粉末中晶格排列不规则，可见光被吸收后辐射不出去的缘故。

导电性和导热性。根据金属键的概念，在没有外加电场时，自由电子不发生定向运动，因而无电流产生。而当金属通过导线接到电源正、负两极时，电势差的存在使得自由电子沿着导线由负极移向正极，形成电流，因此金属具有导电性。当温度升高时，金属原子振动幅度增大，自由电子运动所受阻力增大，导致导电性能降低。导电性能以电导率参数来衡量，与电阻率互为倒数。金属的导热性能也与自由电子运动密切相关。当金属中存在温度差时，运动着的自由电子与晶格结点上的金属阳离子之间不断发生碰撞而交换能量，导热因此发生。大多数金属具有良好的导电、导热性能。一般的，导电性能好的金属其导热性能也好。按照金属的导电及导热性能由强到弱的顺序为：Ag＞Cu＞Au＞Al＞Zn＞Pt＞Sn＞Fe＞Pb＞Hg，其中铜、铝因价格相对便宜而常用作导体材料，银、金由于价格昂贵常作触点材料。

密度（density）。除锂、钠、钾密度很小外，其他金属密度较大。数据详见相关手册。

硬度（rigidity）。金属的硬度一般都较大，但相互之间差别很大。有的坚硬如钢，如铬、钨等；有的很软，如钠、钾等，可用小刀切割。以金刚石的硬度作为 10，一些金属相对硬度如表 9.1.1 所示。

表 9.1.1　一些金属的相对硬度

金属	铬	钨	镍	铂	铁	铜	铝	银	锌	金	镁	锡	钙	铅	钾	钠
硬度	9	7	5	4.3	4～5	3	2.9	2.7	2.5	2.5	2.1	1.8	1.5	1.5	0.5	0.4

熔点（melting point）。金属的熔点差别很大，最难熔的是钨，最易熔的是汞、铯和镓，汞在常温下是液体，铯和镓在手上就能熔化，熔点数据参见相关手册。

延展性（tractility）。由于具有特殊的结构，当受到外力作用时，金属内部原子层之间易发生相对位移，但金属离子和自由电子之间仍保持着金属键的结合力，即发生形变而不断裂，因此金属具有良好的变形性（延展性）。例如，白金丝的直径最细可达 0.0002mm；最薄的金箔可达 0.0001mm。与此相反，离子、原子晶体受外力作用时，离子键、共价键易被破坏从而导致晶格的破裂。良好延展性使得金属材料可经受切削、锻压、弯曲、铸造等加工。当然，也有少数金属（如锑、锰等）无延展性。

由于具有上述物理性质，使得多数金属类元素在材料工业中都具有非常重要的地位。除了过渡金属外，铍、镁、铝等轻金属也广泛地用作结构材料，尤其在航空领域具有非常重要的特殊地位；金、银、铜、铝、铂等有色金属广泛用作导体材料；由于 d 轨道上具有未成对电子，因而过渡金属及其氧化物常作为磁性材料使用；其他如钨、铌、镓、铟、铊、锗等金属及其合金常作为功能材料使用，在电子工业领域具有非常重要的地位。

9.1.2　金属单质的化学性质

分析金属元素的核外电子排布可知，金属的价电子构型主要有以下几种：①ⅠA、ⅡA 族：$ns^{1\sim2}$；②ⅢA、ⅣA 族：$ns^2np^{1\sim4}$；③过渡金属：$(n-1)d^{1\sim9}ns^{1\sim2}$；④ⅠB、ⅡB 族：$(n\text{-}1)\ d^{10}ns^{1\sim2}$；⑤镧系金属：$4f^{0\sim14}5d^16s^2$。可以看出，多数金属元素原子的最外层只有 3

个以下的电子，某些金属原子（如 Sn、Pb、Sb、Bi 等）的最外层虽然有 4～5 个电子，但由于电子层数较多，原子半径较大，因而发生化学反应时它们的价电子较易失去或向非金属原子偏移。过渡金属甚至还能失去部分次外层的 d 电子。

金属原子易失去其最外层电子变成金属阳离子，因而表现出强的还原性。各种金属原子失电子的难易程度很不相同，因此金属还原性的强弱也大不相同，水溶液中金属失电子的能力可用标准电极电势来衡量。

9.1.2.1　金属与空气中氧的作用

金属与氧气反应的通式为：$2m\mathrm{M}+n\mathrm{O_2}=\!=\!=2\mathrm{M}_m\mathrm{O}_n$，元素的金属性越强，与氧气的反应越激烈。s 区金属很容易与氧化合，反应的激烈程度符合元素金属性递变规律，比如：锂在空气中氧化缓慢；钾、钠氧化速度很快；铷、铯会自燃；钾的氧化速度比同周期的钙快一些。p 区金属较 s 区金属活泼性差一些。其中的 Al 元素较活泼，易与氧反应，但表面迅速生成一层致密的氧化物薄膜，从而阻止了氧化的进一步深入。在 d、ds 区的金属中，第四周期的金属钪在空气中迅速被氧化为 Sc_2O_3 薄膜。该周期其他金属均能与氧反应，但常温下不显著，尤其是 Cu 元素。高温下与氧化合生成氧化数不同的氧化物，如铁的氧化层在 150℃以下以 Fe_2O_3 为主；在 150～170℃范围内则以 FeO 为主；而经过化学方法烤蓝所得到的蓝黑色保护层则以 Fe_3O_4 为主。第五、六周期的 d、ds 区金属与氧的反应能力有所减弱。常温下，这些金属在空气中都相当稳定，尤其是铂系元素。

从活泼性上看，金属铝、镍、铬等元素都是易与氧化合的，然而实际上它们在空气中甚至在一定的较高温度范围内都是相当稳定的。这是因为这些金属表面上生成了一层致密的氧化物薄膜，具有明显的保护作用，阻止了内部金属的进一步氧化，这种作用称为钝化（passivation）。

s 区金属（除 Be 外）的氧化膜不连续，所以对金属在空气中的氧化没有保护作用。金属钼的氧化物热稳定性差，钨的氧化物体积大且脆，易破裂，皆起不到钝化保护作用。通常条件下铁表面的氧化物结构疏松，组成随温度而变化，保护性能差，在电化学腐蚀中甚至起加速腐蚀的作用。而铝、镍、铬之所以能用作耐氧化合金元素，与其氧化膜结构连续、热稳定性好等特点密切相关。

9.1.2.2　金属与水的反应

活泼金属与水作用生成氢氧化物和氢气，反应方程式为 $2\mathrm{M}+2n\mathrm{H_2O}=\!=\!=2\mathrm{M(OH)}_n+n\mathrm{H_2}\uparrow$。该反应的激烈程度符合周期系中同族金属活泼性自上而下增强的规律：Li 反应较慢，Na 反应较快，K 会燃烧，Rb、Cs 遇水则会发生爆炸。同一周期中的元素自左至右金属性减弱，因而其与水反应的激烈程度也减弱：Na 反应较快，Mg 较慢，而 Al 与水几乎不反应。

金属与水反应的难易程度取决于以下两个因素：金属的电极电势，反应产物的性质。常温下纯水中 H^+ 浓度为 $10^{-7}\mathrm{mol\cdot L^{-1}}$，则 $\varphi_{\mathrm{H^+/H_2}}=-0.413\mathrm{V}$。因此，凡是电极电势值小于 $-0.413\mathrm{V}$ 的金属都可与水发生置换反应。通过查阅相应的电极电势表可以发现，Mg 和 Al 的电极电势都是比较大的负值，但它们在水中都比较稳定，造成这种情况的原因主要有两点：①表面覆盖着氧化膜；②与水反应生成的氢氧化物不溶于水，阻碍了反应的进一步进行。由此可见，钝化作用对于金属防腐具有积极意义。有时采用人工钝化的方法来提高金属的抗腐蚀能力，比如铝的阳极氧化等。但是金属中的某些杂质或者介质中的某些成分能损毁钝化膜，比如 Al 表面的氧化膜能被 Cl^- 破坏，因此 Al 在海水中极易被腐蚀。

由于活泼性较差，d 区（除ⅢB 族外）、ds 区、p 区的金属在常温下不与水反应。高温条件下，电动序中位于 Mg、Fe 之间的金属都与水蒸气反应生成相对应的氧化物和 H_2。

9.1.2.3　金属与酸的反应

活泼金属可以从稀酸中置换出 H_2，反应式为 $2M + 2n\,H^+ \longrightarrow 2M^{n+} + nH_2\uparrow$。同金属与水的反应类似，通常运用金属活泼性顺序或电动序来判断金属与酸是否发生反应。随着活泼性的减弱，金属与稀酸的作用也减弱。电动序中处于氢元素后面的金属不能从稀酸中置换出氢气。

某些 p 区元素（如 Pb 等），虽然电极电势比较负，但很难溶于稀酸中，同金属与水反应类似，原因在于其表面容易生成致密的钝化膜。类似 Cu、Ag 这样的不活泼金属，由于其电极电势比氢电势正，所以不能从稀酸中置换出氢气。但因其电极电势比硝酸的负（$\varphi_{NO_3^-/NO} = 0.96\ V$），因而能与 HNO_3 反应。但是此时的氧化剂是 NO_3^-，而不是 H^+，产物是氮氧化物而不是 H_2，如 Cu 与 HNO_3 的反应方程式为 $3Cu + 8HNO_3 \longrightarrow 3Cu(NO_3)_2 + 2NO + 4H_2O$。

由于钝化膜的存在，活泼金属 Al、Cr、Fe 等即使在浓 HNO_3、浓 H_2SO_4 中也很稳定，如 Fe 在 70%以上的浓 H_2SO_4 中几乎不反应，因而生产中常用铸铁容器运输浓 H_2SO_4。当然，钝化膜会被 Cl^- 破坏，也会因加热而破坏。

第五、六周期的 d、ds 区金属大多不活泼，如钨、铂等与浓 HNO_3 不反应，溶解钨需要用 HNO_3-HF 混酸，溶解铂、金需要用王水，而铌、钽、铑、锇、铱等金属在王水中也不溶解。

9.1.2.4　金属与碱的反应

金属一般不与碱起反应，除了少数显两性的以外，如铝与强碱反应生成 H_2 和铝酸盐，反应式为 $2Al + 2NaOH + 6H_2O \longrightarrow 2Na[Al(OH)_4] + 3H_2\uparrow$。该式可以拆成两个过程：①金属与碱中的水反应，$2Al + 6H_2O \longrightarrow 2Al(OH)_3 + 3H_2\uparrow$；②金属氢氧化物与碱反应，$Al(OH)_3 + NaOH \longrightarrow Na[Al(OH)_4]$。由此可见，金属能否与强碱发生反应，主要取决于以下因素：①金属是否能与强碱介质中的水反应，可根据电动序来判断；②生成的金属氢氧化物能否溶解于强碱，即是否具有两性。如果不溶解，则金属将被其氢氧化物覆盖，反应被阻断；若具有两性，则金属能溶于强碱中。例如，虽然 Mg 在碱性介质中的标准电极电势为 −2.69V，但由于 $Mg(OH)_2$ 不具有两性，故 Mg 不溶于强碱；Zn 在碱性介质中的标准电极电势为 −1.25V，尽管比 Mg 的电极电势正，但由于 $Zn(OH)_2$ 具有两性，故 Zn 仍可溶于强碱，其反应方程式与金属 Al 的类似。同理，铍、镓、铟、锡等也能与强碱反应。

9.1.2.5　金属间的置换反应

根据有关化学热力学、动力学知识，金属在水溶液中能否发生置换反应不仅取决于元素的活泼性，还与诸多动力学因素如温度、金属的离子浓度等密切相关。对于类似于 $Fe + Cu^{2+} \longrightarrow Fe^{2+} + Cu$ 这样的置换反应，既可以用热力学函数 $\Delta_r G_m$ 的正负来判断，也可以用电极电势数据进行说明。

9.1.3　常用的金属与合金

9.1.3.1　材料科学中的常用金属

在日常生活中，常用作材料的金属包括铁、铝、铬、钛、锰等。铁（iron）是一种有磁性和延展性的银白色金属，在地壳中的含量约为 5%，居第 4 位；在室温下可与水反应；在潮湿空气中容易生锈，氧化物性脆、不致密；掺入杂质可改变其性能。铝（aluminium）为银白色轻金属，在地壳中的含量仅次于氧和硅，是金属中含量最高的。在常温下，铝与氧化合在表面上形成一层致密的 Al_2O_3 薄膜，该膜不溶于水，可吸附染料而着色，且可保护内层金属不再被氧化，因而具有良好的耐腐蚀性。纯铝有着良好的导电性、导热性（仅次于 Au、Ag、Cu）、延展性，广泛地用于电气工业。但缺点是力学性能差，不适宜作承受较大载荷的结构件。铬（chromium）为钢灰色金属，在地壳中的含量为0.01%，居第17位，该金属有很强的还原性，在一定的条件下所形成的氧化膜具极高惰性，不溶于酸、碱、王水，因而是不锈钢的基本组分；铬化合物是常用的无机颜料。钛（titanium）是一种密度小、强度高、韧性强于铁、耐热性优于铝、有延展性和高熔点（1672℃）的金属，在地壳中的含量为0.6%，居第9位；钛易被氧化而在表面形成极致密氧化膜，该氧化膜具有优异的耐腐蚀性能，不受湿空气、湿氯气、海水、稀酸碱、硝酸、王水等的侵蚀；钛是高强度、低密度、耐腐蚀合金的基本成分；二氧化钛（钛白粉）是传统的白色无机颜料。锰（manganese）是钢灰色硬脆性金属，在地壳中的含量为0.085%；锰在空气中易被氧化；与铁形成的锰铁合金（锰钢）具有很高的硬度，可用作设备的耐磨部件。

9.1.3.2 合金及其类型

虽然纯金属都具有良好的塑性、较好的导电性和导热性，但其力学性能如强度、硬度等往往不能满足生产实际对材料的要求，而且价格也较高，因此实际应用最多的是各种合金。所谓合金（alloy）是由一种金属与另一种或几种其他金属或非金属熔合在一起形成的具有金属特性的物质，从成分上看它是宏观均匀的，从性能上看它具有金属的特征。按其结构，合金可分为固溶体合金、机械混合物合金和金属化合物合金三种基本类型。

固溶体合金（solid solution alloy）是以一种金属为溶剂，另一种金属或非金属为溶质，共熔后形成的固态金属，称为固溶体。固溶体保持了溶剂金属的晶格类型，溶质原子以不同方式分布于溶剂金属的晶格中，根据溶质原子在溶剂晶格中位置的不同，可分为置换固溶体、间隙固溶体和缺位固溶体三种。在置换固溶体中，溶剂金属保持其原有晶格，溶质金属原子取代晶格内若干位置。一般来说，若两种金属的原子半径、价电子结构和电负性相近时，它们可以按任意的比例形成置换固溶体，如Cu和Au、W和Mo等合金即属于这种类型。当金属元素的性质相差较大时，则只能形成部分互溶的置换固溶体，或不能形成置换固溶体。在间隙固溶体中，溶质原子分布在溶剂原子晶格的间隙中。很显然，只有当溶质原子半径很小时（如C、B、N、H等）才能形成这类固溶体，例如碳溶入γ-Fe中所形成的间隙固溶体称为奥氏体。间隙固溶体一般具有与金属相似的导电性和金属光泽，但熔点和硬度比纯金属高，这是因为除了原来的金属键外，加入的非金属元素与金属元素形成了部分共价键，增大了原子间的结合力；此外，空间利用率的提高也起到了一定的作用。在缺位固溶体中，有一部分原子按照定组成定律来说是过量的，它们占据着正常的晶格位置，而另一部分原子在晶格中应当占据的位置却有一些空着而形成了空位。例如，氧化亚铁晶体中，氧原子在晶格中占据正常位置，晶格中存在铁原子空位。由于这种缺位，使氧化亚铁的实际组成在$Fe_{0.84}O$～$Fe_{0.95}O$之间。

机械混合物合金（alloy mixture）是两种或多种金属的机械混合物，各组分金属在熔融状态时可完全或部分互熔，但在凝固时各组分又分别结晶出来，导致整个金属的相态不均匀。例如在钢中，渗碳体和铁素体相间存在。机械混合物合金的主要性质与各组分金属的性质差别很大，如纯锡、铅的熔点分别是232℃、327.5℃，而通常用的焊锡（含锡63%的锡铅合金）熔点仅为181℃。

当两种金属元素的原子半径、电负性以及价电子结构相差较大时，可形成金属化合物合金（intermetallic alloy）。金属化合物的晶格不同于原来金属的晶格，但往往比纯金属有更高的熔点和硬度。比如铁碳合金中形成的Fe_3C，称为渗碳体。金属化合物合金通常分为正常价化合物、电子化合物两类，其中大多数属于后者。正常价化合物是通过金属原子间形成化学键而生成的，成分固定，符合原子价规则，如Na_3Sb等，这种化学键介于离子键、金属键之间，其导热性、导电性不如纯金属。电子化合物以金属键相结合，组成在一定范围内变化，不符合原子价规则，其特征是化合物中价电子数与原子数之比有一定值。每一比值都对应着一定的晶格类型。如当铜-锌合金的 $k_{Cu\text{-}Zn}$ =（价电子数/原子数）=21/14 时为体心立方晶格（如 CuZn）；当 $k_{Cu\text{-}Zn}$ =21/13 时为复杂立方晶格（如 Cu_5Zn_8）；当 $k_{Cu\text{-}Zn}$ =21/12 时为六方晶格（如 $CuZn_3$）。其他的金属化合物只要价电子数与原子数之比与铜锌化合物相同，晶体结构也就相同。

9.1.3.3 常用的合金材料

随着科技的进步，工程材料已由最初的铜、铁合金阶段大踏步进入到了多品种、新特性合金材料得到广泛应用的时代。下面介绍几种目前广泛应用或作为研究热点的合金材料。

（1）钢铁

钢铁是铁碳合金的总称。根据含碳量的不同，分为钢、铸铁两大类，前者是含碳量低于1.8%的铁碳合金。

碳钢是最常用的普通钢，冶炼方便、加工容易，多数情况下可满足工程使用要求。按照含碳量的不同，碳钢又分为低碳钢、中碳钢和高碳钢。随着含碳量的增加，碳钢的硬度增大、韧性减小。在碳钢中添加一些合金元素，如 Si、W、Mn、Cr、Ni、Mo、V、Ti 等，可使得钢的结构、性能发生变化，从而具有一些特殊性能。例如，加入一定量的 Cr、Ni 等即可得到不锈钢，加入 Mn 可炼成硬度特别大的锰钢。

所谓炼钢，实际上就是调整铁中碳含量，去除部分诸如硫、磷等有害杂质的过程。碳原子存在于铁晶格的空隙中形成间隙合金。碳以 4 种方式存在于铁晶格中，形成 4 种物相，分别是奥氏体、马氏体、渗碳体和铁素体。奥氏体是指 C 原子填充在 γ-Fe 晶格间隙位置上的固溶体；马氏体是指 C 原子在 α-Fe 中形成的过饱和间隙固溶体；渗碳体是 Fe 和 C 形成的间隙化合物（Fe_3C）；铁素体是指 C 在 α-Fe 中形成的间隙固溶体。

（2）铝合金

为了改善铝的力学性能，可以在纯铝中加入少量其他合金元素，如 Cu、Mg、Zn、Si、Mn、稀土元素等，制成铝合金。铝合金的突出特点是密度小、强度高，属于轻型结构材料。比如，铝中加入 Mn、Mg 形成的 Al-Mn、Al-Mg 合金具有很好的耐腐蚀性、塑性，且强度较高，称为防锈铝合金，可用于制造油箱、容器、管道和铆钉等。

经过热处理使强度大为提高的铝合金称为硬铝合金（duraluminium）。根据合金元素含量的不同，硬铝合金也有多种类型。比如，铝中加入 Cu、Mg、Zn 等形成的 Al-Cu-Mg 和 Al-Cu-Mg-Zn 系合金的强度较防锈铝合金高，但 Cu 含量的增加降低了合金的防蚀性能。加入少量 Mn 可以提高合金的耐热性，降低在焊接时形成裂纹的倾向。新近开发的硬铝合金，强度进一步提高，而密度却比普通硬铝合金减小 15%，且能挤压成型，可用作摩托车骨架和轮圈等构件。

目前，高强度铝合金已经广泛用于飞机、舰艇和载重汽车制造等领域，可增加载重量、提高运行速度，并具有抗海水腐蚀、避磁等优点。

（3）钛合金

钛几乎能与所有的金属形成固溶体或金属化合物等多种合金，且具有优秀的机械加工性能，在冶金、电力、化工、石油、航空航天及军事工业中有着广泛应用。例如，经热处理的钛合金，强度可与高强度钢相媲美，但密度仅为钢的 57%。钛合金的工作温度范围很宽，可达－200～＋500℃，而钢在 310℃便失去特性。比如，Ti-6Al-4V（含 6%Al，4%V 的钛合金）具有很好的力学性能和高温变形能力，稳定性高，可在较宽的温度范围内使用，用于制造波音 747 飞机主起落架的承力结构件。再如，首辆超音速赛车的后部车身由钛板加工而成，时速可达 1206km。Ti-5A1-2.5Sn（低氧）是重要的低温材料，使用温度可达－253℃，可用来制造宇宙飞船中的液氢容器和低温高压容器。另外，钛及其合金的耐腐蚀性也很好。高级合金钢在 $HCl\text{-}HNO_3$ 中的腐蚀速率为 10 mm/a 左右，而钛仅为 0.5mm/a。由于钛及其合金具有许多优异的性能，因而享有“第三金属”、“未来的金属”等美称，是非常有发展前途的新型轻金属材料。

(4) 储氢合金

某些过渡金属及合金，因其特殊的晶格结构等原因，氢原子比较容易进入金属晶格的间隙位中，形成金属氢化物。由于氢与金属的结合力较弱，加热时氢就能从金属中放出。这个过程称为可逆储氢。这类材料一般可储存比自身体积大1000～1300倍的氢，储氢密度比液氢还高。稀土金属是储氢合金组分的典型代表。例如，金属化合物$LaNi_5$具有较好的储氢性能，其吸收、释放氢的过程可以表示为$LaNi_5 + 3H_2 \rightleftharpoons LaNi_5H_6 + Q$。目前，正在研究和接近实用的储氢材料还有TiFe、TiMn，以及含稀土金属元素La、Ce等的多元合金。

储氢材料具有的吸、放氢功能，以及伴随该过程所产生的热效应，使其在许多领域有着良好的应用前景。①氢气的储运和提纯。储氢材料不但能储氢，而且由于只与氢形成不稳定的氢化物，因此对氢气有很好的提纯效果，如上文提到的$LaNi_5$仅需一次吸、放氢循环，就可以把氢气提纯到99.99999%。②高性能充电电池。作为新型的二次电池，镍-金属氢化物（Ni-MH）电池已得到大力发展，其电池反应为$NiOOH + 1/2\ H_2 \rightleftharpoons Ni(OH)_2$，其工作原理是，在该密闭电池中放置储氢材料$LaNi_5$，电池充电时，电池反应放出氢气，压力迅速增大，当超过$LaNi_5$的平衡压力时，氢气被吸收；电池放电时，$LaNi_5$将氢气解析出来，同NiOOH反应，生成$Ni(OH)_2$并放出电子。镍-金属氢化物电池性能优异，在宇航、电动汽车、移动电话等方面有着广泛应用。

(5) 硬质合金

这是一种发端于20世纪60年代初，以硬质化合物为硬质相、金属或合金作为黏结相的新型复合材料，兼有硬质化合物的硬度、耐磨性以及钢的强度、韧性，是模具制造、采矿钻井以及金属加工等行业的重要材料。

9.2　无机非金属材料

无机非金属材料，简称无机材料，是除金属材料、高分子材料以外的所有材料的总称。它是指由硅酸盐、铝酸盐、硼酸盐、磷酸盐、锗酸盐等原料和/或氧化物、氮化物、碳化物、硼化物、硫化物、硅化物、卤化物等原料经一定的工艺制备而成的材料，与广义的陶瓷材料有等同的含义。无机非金属材料种类繁多，用途各异，目前还没有统一完善的分类方法，一般将其分为传统和新型无机材料两大类。

传统的无机材料主要是指以硅酸盐化合物为主要成分制成的材料，包括日用陶瓷、普通工业用陶瓷、普通玻璃、水泥、耐火材料等。其特点是耐压强度高、硬度大、耐高温、抗腐蚀，为金属材料和高分子材料所不及；但与金属材料相比，它抗断强度低、缺少延展性，属于脆性材料；与高分子材料相比，密度较大，制造工艺较复杂。

新型无机材料包括先进陶瓷、特种玻璃、人工晶体、无机涂层、无机纤维和薄膜材料等。其特点如下。①各有特色。如：高温氧化物等具有高温抗氧化特性；氧化铝、氧化铍陶瓷具有高频绝缘特性；铁氧体的磁学性质；光导纤维的光传输性质；金刚石、立方氮化硼的超硬性质；导体材料的导电性质等。②具有多种物理效应及功能转换特性。如：光敏材料的光-电转换、热敏材料的热-电转换、压电材料的力-电转换、气敏材料的气体-电转换、湿敏材料的湿度-电转换等。③不同性质的材料经复合而构成性能优异的复合材料。如：金属陶瓷、高温无机涂层，以及用无机纤维、晶须等增强的材料。

9.2.1　水泥

水泥（cement）是水硬性胶凝材料，加水搅拌后成浆体，能在空气中或水中硬化，并能把砂、石等材料牢固地胶结在一起，具有很高的机械强度。水泥是不可缺少的建筑材料，用水泥制成的砂浆或混凝土，坚固耐久，广泛应用于土木建筑、水利、国防等工程中。

水泥的品种很多，大多是硅酸盐水泥，其主要化学成分是钙、铝、硅、铁的氧化物，其中 CaO 约占 60%以上，SiO_2 约占 20%以上，其余为 Al_2O_3、Fe_2O_3 等。

水泥的生产过程是：将黏土、石灰石（有时加入少量氧化铁粉）等按一定比例混合磨细，制成水泥生料，送入回转窑（内衬耐火砖、倾斜的金属圆筒）里进行煅烧。生产时，由上端放入生料，下端喷入燃料，温度自上而下逐渐升高。随着回转窑的转动，生料从上端逐渐下移。回转窑中各段的温度不同，发生的反应也不同。在低温（750～1000℃）段：$CaCO_3 \xlongequal{} CaO+CO_2\uparrow$；在中温（1000～1300℃）段：$2CaO+SiO_2 \xlongequal{} 2CaO \cdot SiO_2$（硅酸二钙），$3CaO+Al_2O_3 \xlongequal{} 3CaO \cdot Al_2O_3$（铝酸三钙），$4CaO+Al_2O_3+Fe_2O_3 \xlongequal{} 4CaO \cdot Al_2O_3 \cdot Fe_2O_3$（铁铝酸四钙），在高温（1300～1400℃）段：$CaO \cdot SiO_2+2CaO \xlongequal{} 3CaO \cdot SiO_2$（硅酸三钙）。经过上述化学反应，生料烧结成块，从窑中出来即为熟料。将熟料磨成细粉，并加入少量石膏（其作用是调节水泥在建筑施工过程中的硬化时间），便制成硅酸盐水泥。

水泥加水调和后具有可塑性，并逐渐硬化，在硬化过程中对砖瓦、碎石和钢筋等有很强的黏着力，从而结合成坚硬、完整的构件。水泥的凝结和硬化是很复杂的物理化学过程，水泥与水作用时，颗粒表面的成分很快发生水化或水解，生成一系列新的化合物，反应方程式主要有：① $2CaO \cdot SiO_2+mH_2O \xlongequal{} 2CaO \cdot SiO_2 \cdot mH_2O$；② $3CaO \cdot SiO_2+nH_2O \xlongequal{} 2CaO \cdot SiO_2 \cdot (n-1)\ H_2O+Ca(OH)_2$；③ $3CaO \cdot Al_2O_3+6H_2O \xlongequal{} 3CaO \cdot Al_2O_3 \cdot 6H_2O$；④ $4CaO \cdot Al_2O_3 \cdot Fe_2O_3+7H_2O \xlongequal{} 3CaO \cdot Al_2O_3 \cdot 6H_2O+CaO \cdot Fe_2O_3 \cdot H_2O$。可以看出，硅酸盐水泥遇水反应后，形成了四种主要的水合物：氢氧化钙、含水硅酸钙、含水铝酸钙和含水铁酸钙，这些物质决定了水泥硬化过程中的一些特性。很显然，水泥凝结硬化的快慢应与水泥的组成、细度、加水量及温度、湿度等因素有关。有关水泥硬化过程的详细介绍，读者可参阅有关专著，这里不再赘述。

根据我国标准，将水泥按规定方法制成试样，在一定温度、湿度下，经 28 天后所达到的抗压强度（Pa）数值，表示为水泥的标号或强度等级。

除硅酸盐水泥外，还有耐热性好的矾土水泥（以铝矾土 $Al_2O_3 \cdot nH_2O$ 和石灰石为原料），快凝快硬的“双快水泥”，防裂防渗的低温水泥，能耐 1250℃高温的耐火水泥及用于化工生产的耐酸水泥等。

9.2.2　陶瓷

陶瓷（ceramic）是人类最早使用的合成材料，是我国劳动人民的重要发明之一。传统陶瓷的主要成分是硅酸盐，主要原料是黏土（层状结构硅酸盐）。黏土与适量水充分调制后，掺入适量 SiO_2 粉（目的是减少坯体在干燥、烧结时的收缩），然后加入一定量的长石等作助熔剂，制成一定形状的坯体，再经低温干燥、高温烧结、保温处理、冷却等阶段，最终生成以 $3Al_2O_3 \cdot 2SiO_2$ 为主要成分的坚硬固体，即为陶瓷材料。因此，陶瓷是指经高温烧结而成的一种各向同性的多晶态无机材料的总称。

与传统陶瓷相比，现代陶瓷（又称为精细陶瓷、特种陶瓷等）还含有 N、C、B、As 等元素的氧化物，在制作工艺、化学组成、显微结构及其特性等方面已经突破了传统陶瓷的概念和范畴。人们习惯上将现代陶瓷分为结构陶瓷和功能陶瓷两大类。前者具有高硬度、高强度、耐磨耐蚀、耐高温、润滑性能好等优点，常用于机械结构零部件的制造；后者具有优异的声、光、电、磁、热、化学及生物特性，且具有相互转换功能。现代陶瓷往往不仅具备单一的功能，有些材料既可以作为结构材料，又可以作为功能材料，故很难确切地加以分类。

结构陶瓷又叫工程陶瓷，广泛应用于能源、空间技术、石油化工等领域。结构陶瓷材料主要包括氧化物、非氧化物及氧化物与非金属氧化物的复合体。下面介绍几种广泛使用的结构陶瓷材料。

9.2.2.1　氧化铝陶瓷

这是最早使用的结构陶瓷材料，也是氧化物陶瓷中用途最广、产量最大的材料。以氧化铝为主要成分，其最稳定晶相为六方晶系的 $\alpha\text{-}Al_2O_3$。致密的氧化铝陶瓷具有硬度大、耐高温（使用温度可高达1980℃）、耐氧化、耐骤冷急热、化学稳定性好、绝缘性能好且机械强度高等优点，因而广泛用于机械零部件、刀具、火箭用导流罩及化工泵用密封环等各种工具的制造。另外，在 Al_2O_3 中加入少量 Cr_2O_3 形成的固溶体为红宝石，含少量 Fe 和 Ni 的氧化物为蓝宝石。人造宝石除用作装饰外，常在钟表和一些精密仪器中用作轴承材料，其单晶可用作固体激光材料；因化学稳定性良好，还可用作化工和生物陶瓷，如人工关节、固定化酶载体及航空、磁流体发电材料等。这类陶瓷的缺点是脆性大。

9.2.2.2　碳化硅陶瓷

碳化硅（SiC），俗名金刚砂，熔点高（达2450℃）、硬度大（9.2），是碳化硅陶瓷的主要成分。碳化硅陶瓷不仅在常温下具有优良的性能，如出色的抗弯强度、抗氧化性、抗磨损性、耐腐蚀性及较低的摩擦系数，而且其高温性能如强度、抗蠕变、化学稳定性等也是已知陶瓷材料中最好的，因而在航空航天、原子能、激光、微电子、汽车、石油化工及造纸等工业领域有着广泛的应用。比如，可用于制造火箭喷嘴、泵的密封圈、热电偶保护管、燃气轮机的叶片、轴承等高温、耐磨及耐蚀环境中的零部件。碳化硅陶瓷的缺点是断裂韧性较低或脆性较大。

9.2.2.3　氮化硅陶瓷

氮化硅（Si_3N_4）是共价化合物，具有很高的弹性模量和分解温度，硬度为9，是最坚硬的材料之一。工业上使用的氮化硅粉末大多采用硅粉直接氮化获得 $3Si+2N_2 \Longrightarrow Si_3N_4$。氮化硅陶瓷的导热性好且膨胀系数小，经骤冷骤热多次反复不开裂，因此可用来制作高温轴承、炼钢用铁水流量计、输送铝液的电磁泵管道。另外，用 Si_3N_4 陶瓷制造的燃气轮机效率可提高30%，并可减轻自重，已用于发电站、无人驾驶飞机等。由于 Si_3N_4 绝缘性能好，所以在电子工业中可用作绝缘部件。另外，Si_3N_4 还有透过微波的性能，可用作高速飞行器中的雷达天线罩。

9.2.2.4　氧化锆陶瓷

氧化锆（ZrO_2）陶瓷是新近发展起来的仅次于 Al_2O_3 陶瓷的一种重要结构陶瓷。制造过程中，为了预防其在晶型转变中因发生体积变化而开裂，须在配方中加入适当的 CaO、MgO、Y_2O_3、CeO_2 等氧化物作为稳定剂，以维持 ZrO_2 的高温立方相。ZrO_2 陶瓷不仅具有耐高温、耐蚀、耐磨、强度高、化学稳定性好等优点，而且其抗弯强度和断裂韧性等性能在所有陶瓷中更是首屈一指，与高强度合金钢相当，故被誉为“陶瓷钢”，研究进展十分迅速。

9.2.2.5　功能陶瓷

功能陶瓷材料是目前材料研究的热点之一，是指具有电、光、磁及部分化学功能的多晶无机固体材料。其功能的实现主要取决于它所具有的各种性能，如电绝缘性、半导体性、导电性、压电性、铁电性、磁性、生物适应性、化学吸附性等。

以应用电磁反应为目的的陶瓷称为电子陶瓷，主要分为介电体、压电体、热释电体、半导体、导体、绝缘体陶瓷等。

具有光学性能的陶瓷称为光学陶瓷。目前研究最多的是以透明氧化铝为代表的氧化物陶瓷（如氧化镁、氧化锆等）及一些多种氧化物混合组成的陶瓷，如尖晶石、锆钛酸铅镧、透明铁电陶瓷等，常以 PLTZ 表示。这些陶瓷不仅能透光，而且硬度大、机械强度高、耐高温、耐化学腐蚀，甚至能经受强辐射，某些还有铁电性、顺磁性，故应用极其广泛。

磁性陶瓷主要是指铁氧体陶瓷，是以氧化铁和其他铁族或稀土氧化物为主要成分的复合氧化物。按铁氧体的晶体结构可分为尖晶石型、石榴石型、磁铅石型、钙钛矿型等；按铁氧体的性质、用途可分为软磁、硬磁、矩磁、压磁、磁泡、磁光及热敏等类型；按其结晶状态可分为单晶、多晶型；按外观形态可分为粉末、薄膜和体材料等类型。

生物陶瓷是用于人体器官替换、修补以及外科矫形的新型功能陶瓷材料。这类陶瓷除要求硬度、强度、耐磨、耐疲劳、耐蚀外，还要求对人体有良好的适应性和稳定性。例如，以 ZrO_2 为主要成分的结晶体可用于制作人工心脏瓣膜和人造关节；以 SiO_2 或 Si_3N_4 为主要成分的结晶状微粉体可作龋齿处理后填充料；以 Si_3N_4 或磷灰石为主要成分的烧结体，可用于制作人造骨等。

敏感陶瓷材料又称为传感材料，是传感器的关键材料，是通过各种物理因素（如声、光、电、磁、热）而显示出独特功能的材料，亦即每当外界条件变化时都会引起其本身某些性质的改变，通过测量这些性质的变化就可以“感知”外界条件的变化，故而得名。敏感材料主要分为以下几类：光敏材料，温度敏感材料（如 $BaTiO_3$ 类陶瓷），湿度敏感材料（如 ZrO_2、TiO_2、CoO、MnO_2、ZnO、Al_2O_3 等氧化物，以及 $MgCr_2O_4$-TiO_2 系、ZnO-LiO-V_2O_5 系、TiO_2-V_2O_5 系陶瓷），气体敏感材料（如 ZnO、Fe_2O_3、TiO_2、V_2O_5 系 n 型半导体，NiO、Cr_2O_3、ZrO_2、CuO 系 p 型半导体，吸附还原性气体时导电率增大，吸附氧化性气体时导电率减小），压力敏感材料（如 $BaTiO_3$ 和 $PbTiO_3$- $PbZrO_4$ 复合陶瓷），磁敏材料，声敏材料（锆钛酸铅类陶瓷）等，具体参见有关专著。

9.2.3 玻璃

玻璃是由熔融物急冷硬化制得的非晶态固体。其结构为短程有序、长程无序，具有各向同性及亚稳性，向晶态转变时放出能量。广义来讲，玻璃包括单质玻璃、无机玻璃和有机玻璃。通常所说的玻璃是指无机玻璃。

玻璃材料具有良好的光学性能和较好的化学稳定性，广泛用于建筑、化工、医药、交通运输、核能、光通信技术、激光技术、光集成电路等领域。

就主要成分来说，玻璃通常可分为氧化物玻璃和非氧化物玻璃。氧化物玻璃又分为硅酸盐玻璃、硼酸盐玻璃、磷酸盐玻璃等。工业上大规模生产的就是以硅氧四面体为网络骨架的硅酸盐玻璃。生产过程为：将沙子（SiO_2）与碳酸钠、石灰石混合加热反应，分解并放出 CO_2 而形成黏稠的液体，冷却固化即得到玻璃。非氧化物玻璃的品种很少，主要有硫系玻璃和卤化物玻璃。硫系玻璃的阴离子多为硫、硒、碲等，可截留短波长光线，其电阻低，具有开关与记忆特性。卤化物玻璃的折射率低，多用作光学玻璃。

新型玻璃是指采用高纯或新型原料，或采用新工艺制成的、具有特殊性能的玻璃或无机非晶态材料，如光学玻璃、红外玻璃、激光玻璃、光导纤维、电子玻璃等。

随着人民生活水平的不断提高，建筑玻璃的功能已不仅是满足采光要求，在玻璃的成型加工工艺等方面也有了新的发展，使之成为继水泥、钢材之后的第三大建筑材料。这些新开发出来的品种称为新型建筑玻璃，它们具有调制光线、保温隔热、节能、安全（防盗、防弹、防火、防辐射、防静电和电磁波干扰）及艺术装饰等特性。主要有吸热玻璃、防静电和抗电磁波干扰玻璃、中空玻璃等。

9.3 纳米材料

纳米科学是研究在 10^{-8}～10^{-9}m 以内，原子、分子和其他类型物质的运动和变化的科学；在这一尺度范围内对原子、分子进行操纵和加工的方法被称为纳米技术。纳米科技是21世纪科技产业革命的最重要内容之一，它是高度交叉的综合性学科，包括物理、化学、生物学、材料科学和电子学。而其中纳米材料的制取则是纳米科技领域中最基础，最富有活力的学科分支。

9.3.1　纳米材料的定义与特点

纳米材料（nano-materials）是指组成相或晶粒在任一维上小于100nm的材料。按宏观结构分为由纳米粒子组成的纳米块、纳米膜及纳米纤维等；按材料结构分为纳米晶体、纳米非晶体和纳米准晶体；按空间形态分为零维纳米颗粒、一维纳米线、二维纳米膜、三维纳米块。

纳米材料处于原子簇和宏观物体交界的过渡区域，这样的系统既非典型的微观系统亦非典型的宏观系统，而是介观系统。当人们将宏观物体细分成纳米材料后，它将显示出许多奇异的特性，如光学、热学、电学、磁学、力学以及化学方面的性质与大块固体时相比将会有显著的不同。

纳米材料具有四大特点：尺寸小，比表面积大，表面能高，表面原子比例大。与之相对应，纳米材料也主要有如下四大效应。①小尺寸效应。当材料的尺寸与光波波长、德布罗意波长或透射深度等物理尺寸相当或更小时，晶体周期性的边界条件被破坏，导致力、电、磁、热、光等特性呈现新的效应。如：纳米铜晶体的自扩散是传统晶体的10^{16}～10^{19}倍；$PbTiO_3$、$BaTiO_3$等典型铁电体材料，经纳米化后变成了顺电体材料；金属由块状变为纳米颗粒后，金属光泽消失，对光显示出极强的吸收能力；通常块状金属银的电阻随温度升高而增大，即其电阻温度系数为正，而当银颗粒粒径处于11～18nm范围时，电阻温度系数变为负值；纳米金属微粒的熔点远低于块状金属，例如2nm的金颗粒熔点为600K，而块状金为1337K，此特性为粉末冶金提供了新工艺。②表面效应。粒子直径减小到纳米级，表面原子数和比表面积、表面能都会迅速增加；表面原子周围缺少相邻的原子，具有价键不饱和性质，易与其他原子相结合，故化学活性高。利用这一性质，人们可以在提高催化剂效率、吸波材料的吸波率、涂料的覆盖率、杀菌剂的效率等方面大力开展研究工作。③量子尺寸效应。微粒尺寸下降到一定值时，费米能级附近的电子能级由准连续能级变为分立能级，吸收光谱阈值向短波方向移动，这种现象称为量子尺寸效应。比如，普通银为良导体，而纳米银在粒径小于20nm时却是绝缘体。④宏观量子隧道效应。隧道效应是基本的量子现象之一，即当微观粒子的总能量小于势垒高度时，该粒子仍能穿越这一势垒。

此外，纳米材料还具有介电限域效应、表面缺陷及量子隧穿效应等，所有这些特性使纳米材料呈现出许多奇异的物理化学性质。

9.3.2　纳米材料的应用

由于纳米材料具有许多物理、化学特异效应，使得它们在磁、光、电、敏感等方面呈现出常规材料所不具备的特性，因而在磁性材料、电子材料、光学材料、高致密度材料的烧结、催化、传感、陶瓷增韧等方面有着广阔的应用前景。

纳米颗粒催化剂的高比表面积与活性可显著地提高催化效率和化学反应的选择性，被称为第四代催化剂。纳米颗粒的尺寸一般比生物体内的细胞小得多，这就为疑难疾病治疗提供了一个新的研究途径，可以利用纳米颗粒制成特殊药物或新型抗体进行局部定向治疗。多种纳米超微粒子（如纳米Al_2O_3、Fe_2O_3、SiO_2和TiO_2的复合粉体）对不同波段的电磁波有强烈的吸收能力，因而在隐身材料制备中具有重要的实用价值。

纳米纤维是直径为纳米尺度而长度较大的线状材料，可用做微导线、微光纤（未来量子计算机与光子计算机的重要元件）材料、新型激光材料、新型发光二极管材料等。

纳米块体材料是指由尺寸小于 15nm 的超细粉体经高压压制或烧结而成的致密固体材料，其主要特征是具有巨大的颗粒间界面，原子的扩散系数比常规大块材料高 $10^{14}\sim10^{16}$ 倍，从而具有高韧性，可应用于对材料韧性要求高的场合。

所谓颗粒膜材料是将纳米颗粒嵌于薄膜中所制成的复合薄膜，具有许多特性，应用前景广阔。例如 SnO_2 颗粒膜可制成气体-湿度多功能传感器，通过改变工作温度，可以用同一种膜选择性地检测多种气体。

9.3.3　纳米科学展望

近年来，各种形式的纳米材料已通过各种途径进入了人们的生活，从人们经常使用的防晒霜、化妆品到机动车的燃料等。可以预测在不久的将来，纳米金属氧化物半导体场效应管、平面显示用发光纳米粒子与纳米复合物、纳米光子晶体将应运而生；用于集成电路的单电子晶体管、记忆及逻辑元件、分子化学组装计算机将投入应用；分子、原子簇的控制和自组装、量子逻辑器件、分子电子器件、纳米机器人、集成生物化学传感器等将被研究制造出来，纳米材料将具有广阔的应用前景。当然，虽然纳米材料具有许多其他材料无可比拟的优点，但它对有机体、环境及人类健康的潜在影响如何却没有明确的结论，这一点应当受到人们同样的重视。

9.4　有机高分子材料

有机高分子材料是指以高分子化合物为基础的材料。包括橡胶、塑料、纤维、涂料、胶黏剂和高分子基复合材料等。橡胶是一类线型柔性高分子聚合物。其分子链间作用力小，分子链柔性好，在外力作用下可产生较大形变，除去外力后能迅速恢复原状。有天然橡胶和合成橡胶两种。高分子纤维分为天然纤维和化学纤维，前者指蚕丝、棉、麻、毛等；后者是以天然高分子或合成高分子为原料，经过纺丝和后处理制得。纤维的次价力大、形变能力小、模量高，一般为结晶聚合物。塑料是以合成树脂或化学改性的天然高分子为主要成分，再加入填料、增塑剂和其他添加剂制得。其分子间次价力、模量和形变量等介于橡胶和纤维之间。通常按合成树脂的特性分为热固性塑料和热塑性塑料；按用途又分为通用塑料和工程塑料。高分子胶黏剂是以合成天然高分子化合物为主体制成的胶黏材料，分为天然和合成胶黏剂两种，应用较多的是合成胶黏剂。高分子涂料是以聚合物为主要成膜物质，添加溶剂和各种添加剂制得。根据成膜物质不同，分为油脂涂料、天然树脂涂料和合成树脂涂料等。高分子基复合材料是以高分子化合物为基体，添加各种增强材料制得的一种复合材料。它综合了原有材料的性能特点，并可根据需要进行材料设计。

9.4.1　有机高分子化合物的定义

由一个或若干个简单的结构单元重复连接而成的化合物称为聚合物（polymer）。相对分子质量大于 10^4 的化合物称为高分子化合物（macromolecules）。如聚乙烯 $—CH_2CH_2—CH_2CH_2—\cdots—CH_2CH_2—CH_2CH_2—$ 可简写为 $\left[CH_2—CH_2\right]_n$。其中 $—CH_2CH_2—$ 称为链节（chain），聚合物中所含的链节数 n 称为聚合度（degree of polymerization），聚乙烯的原料乙烯（$CH_2═CH_2$）称为单体（monomer）。

9.4.2　有机高分子化合物的合成方法

由低分子化合物合成高聚物的反应称为聚合反应（polymerization reaction）。根据单体的种类和聚合方式的不同，聚合反应可分为均聚反应、共聚反应和缩聚反应几种类型。

由一种具有不饱和键（重键）的单体经加成反应生成产物的反应称为均聚反应。产物称为均聚物。如由乙烯生成聚乙烯，丙烯生成聚丙烯，苯乙烯生成聚苯乙烯等。

由两种或两种以上的单体（其中至少一种具有不饱和键）经加成反应生成产物的反应称为共聚反应，产物称为共聚物。如由1,3-丁二烯与丙烯腈反应生成丁腈橡胶的反应

$$nCH_2{=}CH{-}CH{=}CH_2 + nCH_2{=}CHCN \longrightarrow {[}CH_2{-}CH{=}CH{-}CH_2{-}CHCN{-}CH_2{]}_n$$

缩聚反应是指单体在聚合过程中，同时缩减掉一部分低分子化合物的聚合反应。如己二胺与己二酸脱水缩聚成尼龙-66的反应

$$n[\,H{-}\overset{H}{\overset{|}{N}}{-}(CH_2)_4{-}\overset{H}{\overset{|}{N}}{-}H + HO{-}\overset{O}{\overset{\|}{C}}{-}(CH_2)_4{-}\overset{O}{\overset{\|}{C}}{-}OH\,] \longrightarrow {[}\overset{H}{\overset{|}{N}}{-}(CH_2)_4{-}\overset{H}{\overset{|}{N}}{-}\overset{O}{\overset{\|}{C}}{-}(CH_2)_4{-}\overset{O}{\overset{\|}{C}}{]} + (n-1)H_2O$$

9.4.3 有机高分子化合物的结构与性能

9.4.3.1 高分子化合物的分子结构

高聚物分子一般呈链状结构，故又称为高分子链。高分子材料的物理状态是由高分子链聚集而成的。高分子链有线型结构（包括支化结构）和体型结构或交联结构两类，见图9.4.1。

由于链型分子间相互作用力较弱，故常具有柔顺性和弹性，可溶于适当溶剂中。加热时变软，冷却后又变硬，可反复加工、成型，这种性质被称为热塑性。未硫化的天然橡胶、聚乙烯等均属于这类聚合物。

体型分子聚合物是由线型或支链型分子通过化学链交联而成，呈立体网状结构。体型高聚物交联程度小时，受热可以软化但不能熔融，加溶剂可使其溶胀但不能溶解。交联程度大时既难软化也难溶胀。体型高聚物一次加工成型后不能再熔化，这种性质被称为热固性。环氧树脂、酚醛树脂、硫化橡胶等属于体型分子聚合物。

向某些液态链型聚合物中，加入某种特定的物质后发生交联作用生成体型聚合物，这种液态链型聚合物称为胶黏剂，所加入的物质称为固化剂。

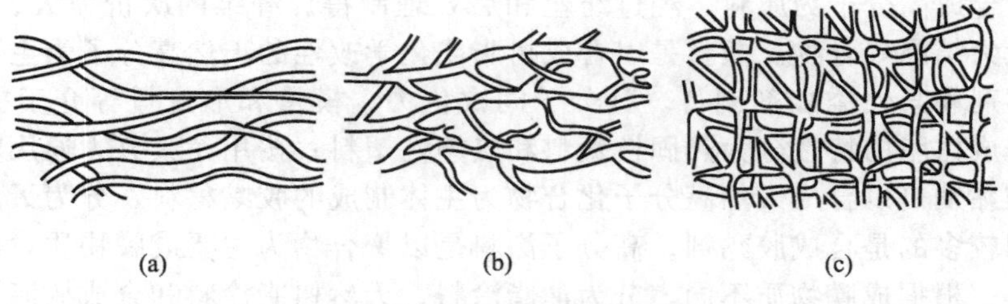

图 9.4.1 高分子化合物的结构

（a）线型结构；（b）支化结构；（c）交联结构

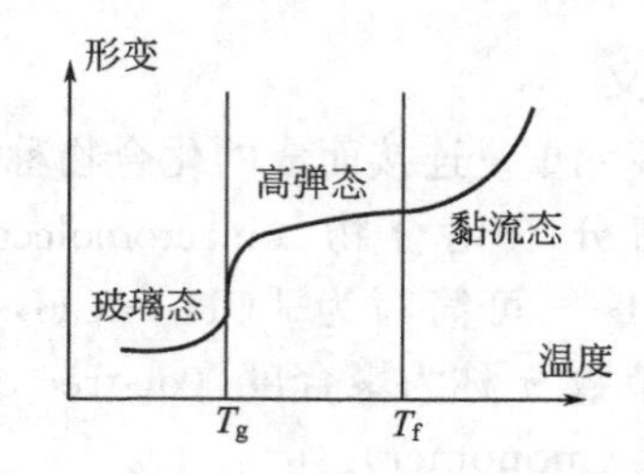

图 9.4.2 链型高分子聚合物的温度特性

9.4.3.2 链型高分子聚合物的温度特性

如图9.4.2所示，链型高分子聚合物随温度的变化呈现三种不同的状态。它们分别是玻璃态、高弹态和黏流态。所对应的两个转变温度分别是玻璃化温度 T_g 和黏流化温度 T_f。玻

璃化温度 T_g 高于室温的链型高聚物室温下为玻璃态，常称为塑料；玻璃化温度 T_g 低于室温而黏流态温度 T_f 高于室温的链型高聚物室温下为高弹态，常称为橡胶；黏流态温度低于室温的某些链型高聚物可用作胶黏剂。

9.4.3.3　高分子化合物的基本性能

与其他种类的材料相比，高分子化合物具有以下几方面的特点。①质量轻。一般高分子化合物都比金属密度低，在满足使用强度的条件下，用高分子材料代替金属，对需减轻自重的场合具有重要意义。②强度高。有些高分子化合物的强度甚至已经超过了钢铁及其他金属材料，如芳纶-1414 纤维，弹性模量是钢丝的 5 倍，并具有耐磨、耐冲击、抗疲劳等特性，被称为“人造钢丝”。③可塑性好，加工成型方便。④绝大多数高分子化合物具有良好的电绝缘性，这归因于高聚物分子中的化学键主要是共价键，不产生离子、也无自由电子。⑤化学稳定性好，具有优异的耐酸、耐腐蚀性能。如聚四氟乙烯在王水中煮沸也不变质。⑥溶解性满足相似相溶（like dissolves like）原理，即极性高聚物易溶于极性溶剂中，而非极性或弱极性高聚物易溶于非极性或弱极性溶剂中。但由于高聚物分子结构及其聚集态的复杂性、相对分子质量的分散性，使得其溶解过程比低分子化合物复杂得多，详情请查阅有关专著。

9.4.3.4　有机高分子聚合物的老化与防老化

聚合物的老化是由分子链的交联反应和裂解反应引起的。交联反应使链型分子变为体型分子，失去柔性、弹性，变硬、变脆；裂解反应使分子链断裂，大分子变为小分子，聚合物变软、发黏，机械强度降低。导致聚合物老化的因素主要有热、氧、光等。制备过程中加入一定量的热稳定剂、光稳定剂和抗氧化剂可降低聚合物的老化。

9.4.4　一些重要的合成高分子化合物

在日常生活中得到广泛应用的聚合物材料有上千种，根据其组成、结构、性能和应用领域，可将这些高聚物分为工程塑料、合成橡胶和合成纤维等三种类型。

9.4.4.1　工程塑料

工程塑料（engineering plastics）是指一类可以作为结构材料，在较宽的温度范围内承受机械应力，在较为苛刻的化学物理环境中使用的高性能的高分子材料。

常用的工程塑料包括聚乙烯（polyethylene，PE），聚丙烯（polypropylene，PP，硬度较低，耐寒性较差），聚氯乙烯（polyvinyl chloride，PVC），聚苯乙烯（polystyrene，PS），聚四氟乙烯（teflon，机械强度较低，但耐热耐腐蚀性能优秀），聚碳酸酯（PC），聚酰胺（尼龙），聚缩醛（polyoxymethylene，POM），变性聚苯醚（变性 PPE），聚酯（PETP，PBTP），聚苯硫醚（PPS），丙烯腈-丁二烯-苯乙烯共聚物（ABS），聚芳基酯等。热固性塑料则有不饱和聚酯、酚醛树脂，环氧树脂等。工程塑料的基本特性为拉伸强度大于 50MPa，抗拉强度大于 $500kg \cdot cm^{-1}$，耐冲击性大于 $50J \cdot m^{-1}$，弯曲弹性率在 $24000kg \cdot cm^{-1}$ 以上，负载绕曲温度超过 100℃，抗老化性能优良。

9.4.4.2　合成纤维

合成纤维是用合成高分子化合物作原料而制得的化学纤维的统称。按主链结构可分为：①碳链合成纤维，如聚丙烯纤维（丙纶），聚丙烯腈纤维（腈纶或开司米），聚乙烯醇缩甲醛纤维（维尼纶）；②杂链合成纤维，如聚酰胺纤维（锦纶）、聚对苯二甲酸乙二酯（涤纶）等。按性能功用可分为：①耐高温纤维，如聚苯咪唑纤维；②耐高温腐蚀纤维，如聚四氟乙烯；③高强度纤维，如聚对苯二甲酰对苯二胺；④耐辐射纤维，如聚酰亚胺纤维；⑤其他如阻燃纤维，高分子光导纤维等。

近年来，许多新型和功能性合成纤维不断问世，主要包括：超细纤维（直径小于 $10\mu m$，做成服装具有极佳柔软手感、透气、防水、防风等效果）；复合纤维（可做仿鹿皮绒外衣、家纺和工业用布）；吸湿排汗纤维（采用纤维截面异形化、中空或多孔、表面化学改性、亲水剂整理和采用多层织物结构等方法，加强吸湿透气性能）；易染性涤纶纤维；聚乳酸纤维（生产原料乳酸是从玉米淀粉制得，故也称为玉米纤维，原料来自于天然植物，容易生物降解，是新一代环保型可降解聚酯纤维）；其他功能性涤纶（如有抗紫外线纤维、中空蓄热纤维、抗菌防臭纤维、阻燃纤维、远红外纤维、负离子纤维等）。

9.4.4.3 合成橡胶

合成橡胶是由人工合成的高弹性聚合物。按在实际应用中的使用特性，合成橡胶可分为通用橡胶和特种橡胶两大类。通用型橡胶指可以部分或全部代替天然橡胶使用的橡胶，主要用于制造各种轮胎及一般工业橡胶制品。通用橡胶的需求量大，是合成橡胶的主要品种。特种橡胶是指具有耐高温、耐油、耐臭氧、耐老化和高气密性等特点的橡胶，主要用于要求某种特性的特殊场合。

通用橡胶主要包括丁苯橡胶，异戊橡胶，顺丁橡胶等。丁苯橡胶是由丁二烯和苯乙烯共聚制得的，是产量最大的通用合成橡胶。顺丁橡胶除具有特别优异的耐寒性、耐磨性和弹性外，还具有较好的耐老化性能。顺丁橡胶绝大部分用于生产轮胎，少部分用于制造耐寒制品、缓冲材料以及胶带、胶鞋等。顺丁橡胶的缺点是抗撕裂性能较差，抗湿滑性能不好。异戊橡胶是聚异戊二烯橡胶的简称，它与天然橡胶一样，具有良好的弹性和耐磨性，优良的耐热性和较好的化学稳定性。异戊橡胶可以代替天然橡胶制造载重轮胎、越野轮胎和各种橡胶制品。乙丙橡胶以乙烯和丙烯为主要原料合成，耐老化、电绝缘性能和耐臭氧性能突出。乙丙橡胶可大量充油和填充炭黑，制品价格较低，用途十分广泛。可以作为轮胎胎侧、胶条和内胎以及汽车的零部件，可以用作电线、电缆包皮及高压、超高压绝缘材料，还可制造胶鞋、卫生用品等浅色制品。氯丁橡胶以氯丁二烯为主要原料，通过均聚或与少量其他单体共聚而成，耐水性良好，抗张强度和化学稳定性较高，耐热、耐光、耐老化和耐油性能均优于天然橡胶、丁苯橡胶和顺丁橡胶。具有较强的耐燃性和优异的抗延燃性。其缺点是电绝缘性能，耐寒性能较差，生胶在储存时不稳定。氯丁橡胶用途广泛，可用来制作运输皮带和传动带，电线、电缆的包皮材料，制造耐油胶管、垫圈以及耐化学腐蚀的设备衬里。丁基橡胶是由异丁烯和少量异戊二烯共聚而成的，气密性优异，耐热、耐臭氧、耐老化性能和化学稳定性、电绝缘性好。缺点是硫化速度慢，弹性、强度、黏着性较差。丁基橡胶的主要用途是制造各种车辆内胎，用于制造电线和电缆包皮、耐热传送带、蒸汽胶管等。丁腈橡胶是由丁二烯和丙烯腈经乳液聚合法制得的，耐油性极好，耐磨性较高，耐热性较好，粘接力强。其缺点是耐低温性差、耐臭氧性差，电性能低劣，弹性稍低。丁腈橡胶主要用于制造耐油橡胶制品。

特种橡胶包括氟橡胶、硅橡胶、聚氨酯橡胶、聚硫橡胶、氯醇橡胶、丁腈橡胶、聚丙烯酸酯橡胶和丁基橡胶等。氟橡胶是含有氟原子的合成橡胶，具有优异的耐热性、耐氧化性、耐油性和耐药品性，它主要用作密封材料、耐介质材料以及绝缘材料。硅橡胶由硅、氧原子形成主链，侧链为含碳基团，用量最大的是侧链为乙烯基的硅橡胶，既耐热，又耐寒，使用温度在－100～300℃之间，它具有优异的耐气候性和耐臭氧性以及良好的绝缘性。缺点是强度低，抗撕裂性和耐磨性能差。聚氨酯橡胶是由聚酯（或聚醚）与二异腈酸酯类化合物聚合而成的，硬度高，耐油、耐溶剂、耐磨性和弹性都很好，缺点是耐热老化性能差。聚氨酯橡胶在汽车、制鞋、机械工业中的应用最多。

9.5 功能材料

具特定的性能，在一定的条件下显示出独特功能的材料称为功能材料（functional materials)。当前研究和应用较多的功能材料包括形状记忆合金、超导材料、光导纤维、压电陶瓷、导电高分子等。

9.5.1 形状记忆合金

一般金属材料受到外力作用后，首先发生弹性变形，达到屈服点后产生塑性变形，应力消除后留下永久变形。但有些材料，在发生了塑性变形后，经过合适的热过程，它又能够完全恢复到变形前的几何形态，具有“记忆”自身形状的本领，这种现象称为形状记忆效应。具有形状记忆效应的大都是两种以上金属元素组成的合金，称为形状记忆合金（shape memory alloy)。

形状记忆合金可以分为三种：①在较低的温度下变形，加热后可恢复变形前的形状，这种只在加热过程中存在的形状记忆现象称为单程记忆效应；②某些合金加热时恢复高温相形状，冷却时又能恢复低温相形状，这种现象称为双程记忆效应；③加热时恢复高温相形状，冷却时变为形状相同而取向相反的低温相形状，称为全程记忆效应。

形状记忆合金之所以具有在某一温度下能发生形状变化的特性，是因为其存在着一对可逆转变的晶体结构的缘故。例如含 Ti、Ni 各 50%的合金，有菱形和立方体两种晶体结构，两者之间有一个转化温度。高于这一温度时，会由菱形结构转变为立方体结构，低于这一温度时，则向相反方向转变，晶体结构类型的改变导致了材料形状的改变。

迄今为止，已经研究开发出十几种记忆合金体系，包括 Cu-Al-Ni、Cu-Au-Zn、Cu-Sn、Cu-Zn-X（X = Si、Sn、Al、Ga)、Ni-Al、Ti-Ni、Ti-Ni-X（X = Hf、Pd、Pt、Au、Zr）等。形状记忆合金作为一种新型的热致变形材料，由于其变形原理独特，故与其他材料相比不仅具有更大的热致变形量，而且可以实现感温、驱动及多维空间的热致变形等功能。因此，形状记忆合金被认为是一种应用前景很广的、新型的热致变形材料。

9.5.2 超导材料

1911 年，荷兰物理学家卡麦林·昂尼斯（H. K. Onnes）首次意外地发现了超导现象：将水银冷却到接近绝对零度时，其电阻突然消失。后来又相继发现十多种金属（如 Nb，Pb，V，Ta）都具有这种现象。这种在超低温度下失去电阻的性质，称为超导电性，具有超导电性的物质，称为超导体（superconducting materials)。电阻突然变为零的温度，称为临界温度用 T_c 表示，其值高低是超导材料能否实际应用的关键。

超导材料的发展经历了一个由一元系到二元系、三元系以至多元系的过程，临界转变温度逐步提高，特别是 1986 年以后发现的多元系高温氧化物超导体使临界温度值在 10 年的时间里提高到了 160K。

1986 年高温氧化物超导体的出现，把超导应用的温度从液氦的沸点提高到了 160K，即为液氮温区。同液氦相比，液氮是一种较为经济的冷媒，并且具有较高的热容量，给工程应用带来了极大的方便。目前的高温超导材料主要包括钇系、铋系、铊系和汞系以及 2001 年 1 月发现的新型超导体二硼化镁（MgB_2)，临界温度分别为 92 K、110K、125K、135K、139K。其中最有实用前途的是铋系、钇系和二硼化镁。

当前，人们正努力开展高温超导电力应用研究，在超导电机、超导变压器、超导输电电缆和超导储能装置等领域取得了许多实质性的进展。

9.5.3 光导纤维

光导纤维（optical fiber）简称光纤，是一种能够导光、传像，具有特殊光学性能的玻璃纤维或高分子纤维。

光导纤维是由两层折射率不同的玻璃组成。内层为光内芯，直径在几微米至几十微米，外层的直径为0.1～0.2mm。一般内芯玻璃的折射率比外层玻璃大1%。根据光的折射和全反射原理，当光线射到内芯和外层界面的角度大于产生全反射的临界角时，光线透不过界面，全部反射。这时光线在界面经过无数次的全反射，以锯齿状路线在内芯向前传播，最后传至纤维的另一端。为了使实际应用中所传的光有足够的强度，必须把许多纤维集合起来，制成包皮型纤维，加上光学绝缘层，以避免纤维间互相接触而漏光。其原理如图9.5.1所示。

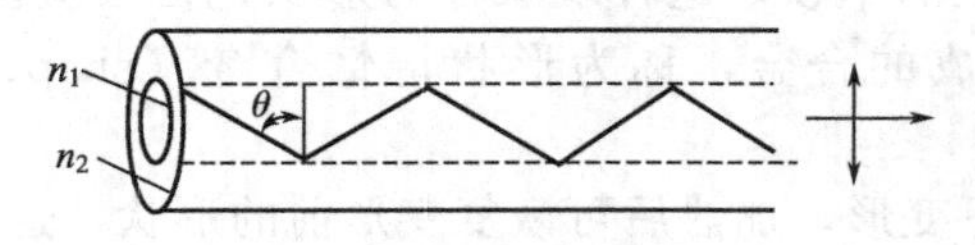

图9.5.1 包皮型光纤导光原理

根据材质的不同，可将光导纤维分为无机光导纤维和高分子光导纤维，目前在工业上得到广泛应用的主要是前者。无机光导纤维材料又分为单组分和多组分两类。单组分即石英纤维，其优点是光能损耗低；多组分的原料较多，主要有SiO_2、B_2O_3、$NaNO_3$等。高分子光导纤维是以透明聚合物制得的光导纤维，由纤维芯材和包皮鞘材组成。芯材为高纯度高透光性的聚甲基丙烯酸甲酯或聚苯乙烯抽丝制得的纤维，外层为含氟聚合物或有机硅聚合物等。其优点是能制大孔径的光导纤维，光源耦合效率高，挠曲性好，微弯曲不影响导光能力，配列、粘接容易，便于使用，成本低廉；缺点是光损耗大，只能供短距离使用。

光导纤维做成的光缆可用于通信，具有传导性能良好、信息传递量大的特点，一条通路可同时容纳十亿人通话，可同时传送千套电视节目。光导纤维内窥镜可导入心脏和脑室，测量心脏中的血压、血液中氧的饱和度、体温等。用光导纤维连接的激光手术刀已在临床应用，并可用于光敏法治癌。

9.5.4 压电陶瓷

压电陶瓷（piezoelectric ceramic）是一种能够将机械能和电能互相转换的功能陶瓷材料，具有压电效应。所谓压电效应是指：某些介质在受到机械压力时，产生形变，引起介质表面带电，这是正压电效应。反之，施加激励电场，介质将产生机械变形，称为逆压电效应。"压电效应"于1880年被法国人居里兄弟发现。1942年，第一种压电陶瓷材料钛酸钡被研制成功。5年后，第一个压电陶瓷器件钛酸钡拾音器诞生。20世纪50年代初，性能大大优于钛酸钡的压电陶瓷材料锆钛酸铅研制成功。从此，压电陶瓷的发展进入全新时代，多种元素改进的锆钛酸铅二元系，以锆钛酸铅为基础的三元系，四元系压电陶瓷都应运而生。这些材料性能优异，制造简单，成本低廉，应用广泛。

压电陶瓷已经被广泛应用于许多领域，以实现能量转换、传感、驱动、频率控制等功能。利用压电陶瓷将机械能转换成电能的特性，可以制造出压电点火器、炮弹引爆装置；反之，若用压电陶瓷把电能转换成超声振动，可以用来探寻水下鱼群的位置和形状，对金属进行无损探伤，器皿的超声清洗，气象探测，遥测环境保护，家用电器等。压电陶瓷对外力的敏感使它甚至可以感应到十几米外飞虫拍打翅膀对空气的扰动，用它来制作压电地震仪，能精确地测出地震强度，指示出地震的方位和距离。在医学上，医生将压电陶瓷探头放在人体的检查部位，通电后发出超声波，传到人体碰到人体的组织后产生回波，然后把这回波接收下来，显示在荧光屏上，医生便能了解人体内部状况。在航空航天领域，压电陶瓷制作的压电陀螺，在保证航天器方位和航线方面，灵敏度高，可靠性好。

9.5.5 功能高分子材料

所谓功能高分子（functional polymer）是指这类高分子材料除了机械特性以外，另有其他的诸如导电性、光敏性、催化性、生物活性、选择分离性等功能。当然这些特性都与它们具有特殊的分子结构有关：高分子主链或侧链上带有反应性功能基团，具有可逆或不可逆的物理功能或化学活性。

具有类似金属导电特性的高分子化合物称为导电高分子（conductive polymer）。导电高分子分为本征型（或结构型）和掺杂型两大类。所谓本征型导电聚合物，是指聚合物本身具备“固有”的导电性，包括共轭聚合物、聚电解质等，如聚乙炔、聚对苯硫醚、聚吡咯、聚噻吩等。掺杂型导电聚合物是指聚合物本身并无导电性，其导电性能通过掺入导电微粒来实现，某些导电塑料、导电涂料、导电胶黏剂属于此类。由于导电高分子材料具有质轻、易成型、电导率可调节、组成结构变化多样等特点，引起了人们的极大兴趣。随着电子信息技术的迅猛发展，对导电高分子材料的需求越来越大，促使对其研究不断深入。

凡在光的照射下，由于分子结构改变而引起物理、化学变化的高分子统称为光敏性高分子（photo-sensitive polymer）。光敏性高分子的分类方法有多种，一般根据光化学反应的种类分为光交联型、光分解型、光致变色型等。肉桂酸酯就是一种典型的光交联型感光树脂，在光照下，不饱和键打开而发生二聚作用，使原来可溶的线型高分子链转化为不溶的网状高分子链，即光照射使其发生了交联反应。因此，光照射后用溶剂处理，光未照到的部分可被溶剂洗去，而光照到的部分则不能洗去，形成与底片相对应的凹凸面。根据这种原理，照相印刷版和印刷线路等的制作都可使用光敏性聚合物。

9.6　复合材料

复合材料（composite materials）是由两种或两种以上物理、化学性质不同的物质组合而成的一种多相固体材料。通常有一相为连续相，称为基体（matrix）；另一相为分散相，称为增强体（reinforcement）。分散相以独立的形态分布于整个连续相中，两相之间存在着相界面。分散相可以是增强纤维，也可以是颗粒状或弥散的填料。各种材料虽保持其相对独立性，但在性能上互相取长补短，具有协同效应，使得复合材料的综合性能优于原组成材料而满足各种不同的要求。

基体材料分为金属和非金属两大类。常用的金属基体有铝、镁、铜、钛及其合金。非金属基体主要有合成树脂、橡胶、陶瓷、石墨、炭等。增强材料主要有玻璃纤维、碳纤维、硼纤维、芳纶纤维、碳化硅纤维、石棉纤维、晶须、金属丝和硬质细粒等。

9.6.1　复合材料的特点

复合材料中以纤维增强材料应用最广、用量最大。其特点是密度小、比强度和比模量大。例如石墨纤维与树脂复合可得到膨胀系数几乎等于零的材料；碳纤维与环氧树脂复合的材料，其比强度和比模量均比钢和铝合金大数倍，还具有优良的化学稳定性、减摩耐磨、自润滑、耐热、耐疲劳、耐蠕变、消声、电绝缘等性能。纤维增强材料的另一个特点是各向异性，因此可按制件不同部位的强度要求设计纤维的排列。

9.6.2　几类先进的复合材料

9.6.2.1　纤维增强复合材料

纤维增强复合材料是以合成高分子为基体，以各种纤维为增强材料的复合材料。常用的有玻璃纤维增强复合材料和碳纤维增强复合材料等。

玻璃纤维增强复合材料是以树脂作为基体材料，以玻璃纤维作为增强材料的复合材料，是出现最早、应用最广的现代复合材料之一，又称为玻璃钢。其主要优点是质轻、比强度高、耐老化、耐蚀性好，优良的电绝缘性，成型工艺简单。缺点是长时间受力后易发生蠕变，耐高温性能较差。作为结构材料，玻璃钢得到了广泛应用：在机械工业上用于制造各种零部件，制造汽车、机车等的车身和配件；石油化工方面，用玻璃钢替代不锈钢、铜等金属材料制造储罐、塔设备、管道等。

碳纤维增强复合材料是以树脂（如环氧树脂、酚醛树脂、聚四氟乙烯树脂等）为基体、碳纤维为增强材料的一类复合材料。碳纤维树脂复合材料具有优良的抗疲劳性能、抗冲击性能、自润滑性能、减摩耐磨性、耐蚀性和耐热性，许多性能都超过了玻璃钢，而密度比玻璃钢小，因此成为目前比强度、比模量最高的复合材料之一，弥补了玻璃钢弹性模量低的缺点。缺点是纤维与基体结合比较困难，层间剪切强度低。碳纤维复合材料可用于制作航天器外表的防热涂层、壳体以及飞机发动机的风扇叶片、层翼、螺旋桨等；也可用于制作化工容器、化工管道、各类耐磨零件，如齿轮、轴承、活塞等。

9.6.2.2　金属基复合材料

金属基复合材料的基体是金属，与前述树脂基复合材料相比，除具有高强度、高模量、高韧性、横向力学性能好和层间抗切强度高等特点外，还具有耐磨、耐热、导热、导电、抗蠕变、耐老化、不吸湿等优点。但因成本高、工艺复杂，目前仍处于研制、试用阶段。主要包括纤维增强和颗粒增强两大类。

纤维增强金属基复合材料是由高强度、高模量的脆性纤维和具有较好韧性的低屈服强度的金属组成。常用纤维为硼纤维、碳纤维，常用基体金属有铝合金、钛合金、铜等。颗粒增强金属基复合材料是由一种或多种颗粒高度分散在金属基体中所形成的复合材料，直径为0.01～0.1μm的粒子增强效果最好。目前陶瓷粒子增强金属基复合材料已广泛用于切削刀具的制造。

9.6.2.3　陶瓷基复合材料

在陶瓷中加入纤维等增强体可以降低陶瓷的脆性，提高抗热震性能，主要用作高温结构材料、耐高温隔热材料以及耐高温防腐蚀材料等。纤维增强陶瓷材料具有耐高温、抗蠕变性好、韧性高等优点，可用作超音速飞机头部、前缘等处的耐高温材料，制造1000℃以上高温驱动的热机；尤其是具有与生物体组织亲和性好且可在生物体内长期稳定存在的特性，因而是很好的医用材料。纳米复合陶瓷是在陶瓷基体中引入纳米分散相进行复合，不仅可大幅度提高其断裂强度和断裂韧性、改善其耐高温性能，而且也能提高材料的硬度、弹性模量和抗热震、抗蠕变等性能。

9.6.2.4　碳/碳复合材料

碳/碳复合材料（carbon fiber reinforced carbon composites）是由碳纤维或各种碳织物增强碳，是具有特殊性能的新型工程材料。XRD图谱分析表明，该材料由树脂碳、碳纤维和热解碳三种不同组分构成，由于它几乎完全由碳元素组成，故能承受极高的温度和极大的加热速率。

碳/碳复合材料具有优良的力学性能，高温时这些性能保持不变甚至某些性能指标还有所提高；在机械加载时，其变形与延伸都呈现出假塑性质，最后以非脆性方式断裂；抗热冲击、抗热诱导能力极强，具有一定的化学惰性。

鉴于具有以上优异性能，碳/碳复合材料在航天器、导弹、原子能、航空及一般工业部门中得到了日益广泛的应用。今后，随着生产技术的革新及复合工艺的改进，它必将会有更广阔的应用空间。

习题与思考题

9.1　名词解释：灰口铁，白口铁与球墨铸铁；金属陶瓷；超导电性；光导纤维；单体，链节，聚合度；热塑性与热固性。

9.2　钛及钛合金具有哪些重要性质及用途？

9.3　氮化硅可作高温结构陶瓷，请回答氮化硅如何制备，写出反应方程式。

9.4　采用化学气相沉积法在钢铁表面涂覆碳化钛的反应可简单表示为 $TiCl_4(g)+2H_2(g)+C(s)=TiC(s)+4HCl(g)$。已知该反应的 $\Delta_r H_m^{\ominus}(298.15K)<0$，试问单从热力学角度考虑，欲沉积 TiC，温度采用高温还是低温有利？为什么？

9.5　什么是纳米材料，纳米材料有哪些特殊效应？简述纳米材料的应用。

9.6　高聚物的合成方法有哪些？试举例说明之。

9.7　从化学结构分析，影响高分子链柔顺性的因素有哪些？

9.8　写出 ABS、PVC、Teflon、开司米、丁腈橡胶的化学名与结构式，并简述它们的特点和用途。

9.9　$\text{+NH—(CH}_2)_5\text{—CO+}_n$ 的平均相对分子质量为 10^5，试计算该高聚物的平均聚合度 n。

9.10　举出几种常用的塑料、橡胶及纤维，写出结构式，并简述它们的主要性能和用途。

9.11　什么是复合材料？复合材料中的基本材料和增强材料分别在其中起什么作用？试以玻璃钢为例说明复合材料的组成及特点。

9.12　下列有机聚合物中，哪些适合作塑料？哪些适合作橡胶？为什么？① 聚氯乙烯（$T_g=75℃$，$T_f=260℃$）；② 尼龙-66（$T_g=48℃$，$T_f=265℃$）；③ 天然橡胶（$T_g=-73℃$；$T_f=122℃$）；④ 顺丁橡胶（$T_g=-108℃$，T_f＝未确定）。

9.13　一种钙钠玻璃的分子式可以用 $2CaO \cdot 3Na_2O \cdot 14SiO_2$ 表示，问它的制备原料是哪些？生产 1t 这种钙钠玻璃需这些原料各多少千克？

参 考 文 献

[1] Klabunde K J. Nanoscale materials in chemistry. John Wiley & Sons Inc.，2001.

[2] Takanori Okoshi. Optical Fibres. New York：Academic Press，1982.

[3] 王佛松，王夔等．展望 21 世纪的化学．北京：化学工业出版社，2000.

[4] 唐有祺，王夔．化学与社会．北京：高等教育出版社，1997.

[5] 张留成主编．高分子材料导论．北京：化学工业出版社，1993.

[6] 于福熹．信息材料．天津：天津大学出版社，2000.

[7] 赵文元，王亦军编著．功能高分子材料化学．北京：化学工业出版社，2000.

[8] 张立德，牟季美著．纳米材料和纳米结构．北京：科学出版社，2001.

[9] 曲保中，朱炳林，周伟红主编．新大学化学．北京：科学出版社，2007.

[10] 林建华，荆西平等编著．无机材料化学．北京：北京大学出版社，2006.

[11] 戴全辉，葛兆明主编．无机非金属材料概论．哈尔滨：哈尔滨工业大学出版社，1997.

[12] 王荣国，武卫莉，谷万里．复合材料概论．哈尔滨：哈尔滨工业大学出版社，1 999.

[13] 吴人洁．复合材料．天津：天津大学出版社，2000.

[14] 郑明新．工程塑料．北京：清华大学出版社，1991.

[15] 杜宗寿．无机非金属材料工学．武汉：武汉工业大学出版社，1999.

[16] 陈国良，林均品．有序金属间化合物结构材料物理金属学基础．北京：冶金工业出版社，1999.

[17] 周玉．陶瓷材料学．哈尔滨：哈尔滨工业大学出版社，1995.

[18] 杨兴钰编著．材料化学导论．武汉：湖北科学技术出版社，2003.

[19] 朱光明，秦华宇编．材料化学．北京：机械工业出版社，2003.

第10章　能源化学基础

能源是指可以为人类提供能量的自然资源，能源、材料、信息被称为现代社会发展的三大支柱。国际上往往以能源的人均占有量、能源构成、能源使用效率和对环境的影响等因素来衡量一个国家现代化的程度。人类利用的能源主要是煤，还有石油、天然气、核能、水力、太阳能和生物原料等。

根据不同历史阶段所使用的主要能源，可将人类历史分为柴草时期、煤炭时期和石油时期。从火的发现到18世纪的产业革命，柴草一直是人类利用的主要能源，获得的温度也由低到高，从陶器到瓷器、从炼铜（熔点1083℃）到炼铁（熔点1537℃）；从18世纪中叶到20世纪40年代末，人类社会进入了煤炭时期。煤炭的使用使人类获得了更高的温度，推动了金属冶炼技术的发展；从20世纪60年代初期开始，在世界能源消费统计表中，石油和天然气的消耗比例开始超过煤炭而居首位，标志着人类社会进入了石油时期。

10.1　能源的分类与能量的转化

10.1.1　能源的分类

能源可以根据其形成条件、使用性质和利用技术状况进行分类。如从自然界直接取得而不改变其基本形态的能源称为一次能源；而需依靠其他能源经加工、转换得到的能源称为二次能源。常规能源是指已广泛应用的能源，现阶段是指煤、石油、天然气和水能等。新能源是目前尚未大规模利用而有待进一步研究、开发和利用的能源，包括核能（一些发达国家已将核裂变能列为常规能源）、太阳能、地热能、风能、海洋能、氢能等。在一次能源中，像风、水力、潮汐、地热、日光、生物能等不会随着人们的使用而减少，又称为再生能源。而矿物燃料和核燃料（如铀、钍、钚、氘等）会随着使用而减少，又称为非再生能源。此外，根据能源消费后是否造成环境污染，又可分为污染型能源和清洁型能源。如煤和石油类能源是污染型能源，水力、电能、太阳能、沼气、氢能和燃料电池等是清洁型能源。

10.1.2　能量的形态与转换

世界是由物质组成的，物质是不断运动的。物质的运动，其形式是多种多样的。能量是物质运动的体现。因此，能量的形态也是多种多样的。

物质的运动总的来说分成两类，一类是物质在空间的运动，体现出来的能量的形态是机械能；另一类是物质内部微观粒子的运动，体现出来的能量的形态是内能。

机械能又分为动能和势能。而内能比较复杂，因为物质内部微观粒子的运动大致可分为三个层次，即分子的运动、电子的运动和原子核的运动。分子的运动所体现出来的能态是热能。电子运动又分为外层价电子运动和内层的非价电子运动两种，价电子运动的变化涉及化学能的变化，内层电子的跃迁所体现的能态是光能。电子运动还有一种情形，就是金属中自由电子作定向运动，所体现出来的能态是电能。原子核的运动所体现的能态是核能，又分为裂变能和核聚能两种。因此，我们所认识的能量的形态大致有机械能、热能、化学能、电能、光能和核能等。

这六种能态又可分为有序能和无序能两种。有序能是物质的微观离子作定向运动所体现出来的能，如机械能、电能、光能等。无序能是粒子的无规则运动所体现的能量如热能、化学能。有序能可全部用来做功，而无序能中只有其中的有效能可以用来做功。即有序能在能态变换的时候没有什么理论限制，而无序能却只有其中的有效能可以转换成其他形态的能，无效能不能转换。

10.1.3　世界能源状况与能源危机

20 世纪 50 年代以后，由于石油危机的爆发，对世界经济造成巨大影响，国际舆论开始关注起世界“能源危机”问题。许多人甚至预言：世界石油资源将要枯竭，能源危机将是不可避免的。如果不做出重大努力去利用和开发各种能源资源，那么人类在不久的未来将会面临能源短缺的严重问题。

世界能源危机是人为造成的能源短缺。石油资源将会在一代人的时间内枯竭。它的蕴藏量不是无限的，容易开采和利用的储量已经不多，剩余储量的开发难度越来越大，到一定限度就会失去继续开采的价值。在世界能源消费以石油为主导的条件下，如果能源消费结构不改变，就会发生能源危机。煤炭资源虽比石油多，但也不是取之不尽的。代替石油的其他能源资源，除了煤炭之外，能够大规模利用的还很少。太阳能虽然用之不竭，但代价太高，并且在一代人的时间里很难迅速发展和广泛使用。因此，人类必须估计到，非再生矿物能源资源枯竭可能带来的危机，从而将注意力转移到新的能源结构上，尽早探索、研究开发利用新能源资源。

由于石油、煤炭等目前大量使用的传统化石能源枯竭，同时新的能源生产供应体系又未能建立，而在交通运输、金融业、工商业等方面造成的一系列问题统称能源危机。据估计，到 2050 年左右，石油资源将会开采殆尽，其价格升到很高，不适于大众化普及应用，届时如果新的能源体系尚未建立，能源危机将席卷全球，尤以严重依赖于石油资源的发达国家受害最重。最严重的状态，莫过于工业大幅度萎缩，或甚至因为抢占剩余的石油资源而引发战争。

为了避免上述窘境，目前美国、加拿大、日本、欧盟等都在积极开发如太阳能、风能、海洋能（包括潮汐能和波浪能）等可再生新能源，或者将注意力转向海底可燃冰（水合天然气）等新的化石能源。同时，氢气、甲醇等燃料作为汽油、柴油的替代品，也受到了广泛关注。目前国内外研究的氢燃料电池电动汽车，就是此类能源应用的典型代表。

10.1.4　常见燃料的热值

不同的燃料其热值是不同的，常见的几种燃料的热值见表 10.1.1。

表 10.1.1　几种常见燃料的燃烧热值　　$kJ \cdot g^{-1}$

名称	燃烧热	名称	燃烧热	名称	燃烧热
原煤	−20.9	煤油	−43.1	木材	−18～−21
洗精煤	−26.3	柴油	−42.6	正/异丁烷	−49.6
焦炭	−28.4	天然气	−38.9	苯	−41.9
标准煤	−30	水煤气	−10.5	萘	−40.3
原油	−41.9	液化石油气	−50.2	乙醇	−31.1
汽油	−46.0	煤焦油	−33.5	氢气	−142.9

10.2　煤炭

10.2.1　煤炭的形成

煤在国民经济中占有很重要的地位，被人们称为“黑色的金子”、“现代工业的粮食”。

煤炭是由古代植物的枝叶和根茎，在地面上堆积而成的一层极厚的黑色的腐殖质，由于地壳的变动不断地埋入地下，长期与空气隔绝，并在高温高压下，经过一系列复杂的物理化学变化等，形成的黑色可燃化石，是由有机物和无机物所形成的复杂混合物。

10.2.2 煤炭的分类

煤可以分为无烟煤、烟煤、褐煤和泥煤等，它们的含煤量分别是：无烟煤 95%左右，烟煤 70%～80%，褐煤 50%～70%，泥煤 50%～60%等。煤中含大量的碳，还含有少量的氢、氮、硫、氧等元素以及无机矿物质。

10.2.3 煤炭的深加工

以煤为原料，在一定的条件下生产、加工而获得其他化工原料、产品的工业称为煤化工（coalindustry）。主要包括煤的焦化、煤的液化和煤的气化等。

10.2.3.1 煤的焦化

煤的焦化（coal coking）也叫煤的干馏，即把煤置于隔绝空气的密闭炼焦炉内加热，煤分解生成固态的焦炭（coke）、液态的煤焦油（coaltar）和气态的焦炉气。随加热温度不同，产品的数量和质量都不同，有低温（500～600℃）、中温（750～800℃）和高温（1000～1100℃）干馏之分。

低温干馏所得焦炭的数量和质量都较差，但焦油产率较高，其中所含轻油部分，经过加氢可以制成汽油，所以在汽油不足的地方可采用低温干馏；中温法的主要产品是城市煤气；高温法的主要产品则是焦炭。

焦炭的主要用途是炼铁，少量用作化工原料制造电石、电极等。煤焦油是黑色黏稠性的油状液体，其中含有苯、酚、萘、蒽、菲等重要化工原料，它们是医药、农药、炸药、染料等行业的原料，经适当处理可以一一加以分离。

总之，煤经过焦化加工，使其中各成分都能得到有效利用，而且用煤气作燃料要比直接烧煤干净得多。

10.2.3.2 煤的液化

煤炭液化油也叫人造石油，煤和石油都是由 C、H、O 等元素组成的有机物，但煤的平均表观分子量大约是石油的 10 倍，煤的含氢量比石油低得多。所以将煤加以裂解，使大分子变小，然后在催化剂和 450～480℃、12～30MPa 的条件下加氢，可以得到多种燃料油。这种原理似乎简单，但实际工艺还是相当复杂的，涉及裂解、缩合、加氢、脱氧、脱氮、脱硫、异构化等多种化学反应。不同的煤又有不同的要求。

先裂解再氢化的方法称为直接液化法。还有一种方法称为间接液化法，是将煤气化得到 CO 和 H_2 等气体小分子，然后在一定的温度、压力和催化剂的作用下合成各种烷烃、烯烃和乙醇、乙醛等。第一个采用间接液化法的工厂建成于 1935 年，至今已经有 70 多年的历史。

10.2.3.3 煤的气化

让煤在氧气不足的情况下进行部分氧化，使煤中的有机物转化为可燃气体，以气体燃料的方式经管道输送到车间、实验室、厨房等，也可以作为原料气送进反应塔；煤的气化过程主要包括 $C+O_2 \longrightarrow CO_2$，$C+1/2O_2 \longrightarrow CO$，$C+CO_2 \longrightarrow CO$，$C+H_2O \longrightarrow CO+H_2$，$C+2H_2O \longrightarrow CO_2+2H_2$，$CO+H_2O \longrightarrow CO_2+H_2$，$C+2H_2 \longrightarrow CH_4$，$CO+3H_2 \longrightarrow CH_4+H_2O$，$2CO+2H_2 \longrightarrow CH_4+CO_2$ 和 $CO_2+4H_2 \longrightarrow CH_4+2H_2O$ 等一系列基本化学反应。其中 H_2、CO、CH_4 都是可燃气体，也是重要的化工原料。作为供居民用燃料时最好的是 CH_4，水煤气虽然热值也很高，但 CO 毒性大，H_2 又易爆炸，所以不如 CH_4 安全；作为燃料用的煤气实际是 H_2、CO、CH_4、CO_2、N_2 的混合气体。

所以，煤既是能源也是重要的化工原料。我国既是煤资源大国更是耗煤大国，积极开展煤的综合利用是十分重要的。

10.3 石油与天然气

石油有“工业的血液”、“黑色的黄金”等美誉。自20世纪50年代开始，在世界能源消费结构中，石油跃居首位。石油产品的种类已超过几千种。石油是现代化建设的战略物资，许多国际争端往往与石油资源有关。现代生活中的衣、食、住、行直接地或间接地与石油产品有关。

10.3.1 石油与天然气的形成

石油是由远古海洋或湖泊中的动植物遗体在地下经过漫长的复杂变化而形成的棕黑色黏稠液体混合物。未经处理的石油称原油。它分布很广，世界各地都有石油的开采和炼制。就目前已查明的储量来看，世界上两个最大的产油带，一个叫长科迪勒地带，北起阿拉斯加和加拿大经美国西海岸到南美委内瑞拉、阿根廷；另一个叫特提斯地带，从地中海经中东到印度尼西亚。这两个地带在地质变化过程中都曾是海槽，因此曾有“海相成油”学说。

10.3.2 石油与天然气的组成

石油的组成元素主要是C和H，此外还有O、N和S等。和煤相比，石油的含氢量较高而含氧量较低，石油中的碳氢化合物以直链烃为主，在煤中则以芳烃为主。石油中N和S的含量则因产地不同而异，所以不同的原油在炼制、精制的条件和催化剂的选择等方面都是不同的，各有自己的特色。原油必须经过处理后才能使用，处理的方法主要有分馏、裂化、重整、精制等。

天然气是一种优质能源，最“清洁”的燃料。天然气的主要成分是甲烷，也有少量的乙烷和丙烷。燃烧产物CO_2和H_2O都是无毒物质，其热值也很高，管道输送很方便，天然气将成为未来发电的首选燃料，天然气的需求量将会不断增加。

据报道，我国南海跟世界上许多海域一样，海底也已探明有极其丰富的甲烷资源，其总量超过已知蕴藏在我国陆地下的天然气总量的一半，这些蕴藏在海底的甲烷是高压下形成的固体，是外观像冰的甲烷水合物，也就是通常所说的“可燃冰”。“可燃冰”是甲烷分子藏在冰晶体的空隙中形成的，甲烷分子和水分子之间以范德华力相互作用，高压是形成甲烷水合物的必要条件，因此，自然界中的甲烷水合物主要存在于深度达300m以上的深海海底。

天然气除了直接作为燃料以外，还可以通过化学转化而成为重要的化工原料和其他形式的能源。如何对甲烷进行有效的化学转化，并且要和石油化工产品相竞争，一直是化学家们急于攻克的难题。

10.3.3 石油的炼制与加工

石油是由多种碳氢化合物组成的，直接利用的途径很少，只能用作燃料来烧锅炉。这样使用石油，是很大的浪费。将石油加工成不同的产品，则能物尽其用，可以充分发挥其效能。必须经过多步炼制，才能使用。主要过程有分馏、裂化、催化重整、加氢精制等。

10.3.3.1 分馏

烃（碳氢化合物）的沸点随碳原子数增加而升高，在加热时，沸点低的烃类先气化，经过冷凝先分离出来；温度升高后，沸点较高的烃再气化、冷凝，借此可以把沸点不同的化合物进行分离，这种方法叫分馏（fractionation），所得产品叫馏分。分馏过程在一个称为分馏塔（fractionating tower）的高塔里进行。在通常情况下，石油被加热到350℃送入常压分馏塔，塔里有精心设计的层层塔板，塔板间有一定的温差，沸点较低的烃，即被气化上升，经过一层一层的塔板直达塔顶。由于塔体的温度由下而上是逐渐降低的，所以，当石油蒸气自下而上经过塔板时，不同的烃就按各自沸点的高低分别在不同温度的塔板里凝结成液体，获得了不同的产品。留在塔底的是没有被气化、沸点在300℃以上的重油。对于常压塔底的重油，通过设法降低加热炉和分馏塔里的压力，使重油的沸点降低，在减压状况下获得高沸点的馏分，进而获得了润滑油。由于这部分产物蜡含量较高，所以又叫蜡油。

在30～180℃沸点范围内可以收集C_5～C_6馏分，这是工业常用溶剂，这个馏分的产品也叫溶剂油。在40～180℃沸点范围内可以收集C_6～C_{10}馏分，这是需要量很大的汽油馏分。按各种烃的组成不同又可以分为航空汽油、车用汽油、溶剂汽油等。

提高蒸馏温度，依次可以获得煤油（C_{10}～C_{16}）和柴油（C_{17}～C_{20}）。它们又分为许多品级，分别用于喷气飞机、重型卡车、拖拉机、轮船、坦克等。蒸馏温度在350℃以下所得各馏分都属于轻油部分，在350℃以上各馏分则属重油部分，碳原子数在18～40之间，其中有润滑油、凡士林、石蜡、沥青等，各有其用途。

10.3.3.2 裂化

用加热蒸馏的办法所得轻油约占原油的1/4～1/3。但社会需要大量的分子量小的各种烃类，采用催化裂化法，可以使碳原子数多的碳氢化合物裂解成各种小分子的烃类。

裂化（cracking）是在热和催化剂的作用下使重质油发生裂化反应，转变为裂化气、汽油和柴油等的过程。原料采用原油蒸馏（或其他石油炼制过程）所得的重质馏分油；或重质馏分油中混入少量渣油，经溶剂脱沥青后的脱沥青渣油；或全部用常压渣油或减压渣油。在反应过程中由于不挥发的类炭物质沉积在催化剂上，缩合为焦炭，使催化剂活性下降，需要用空气烧去，以恢复催化活性，并提供裂化反应所需热量。催化裂化是石油炼厂从重质油生产汽油的主要过程之一。

裂解产物成分很复杂，从C_1至C_{10}都有，既有饱和烃又有不饱和烃，经分馏后分别使用。裂解产物的种类和数量随催化剂和温度、压力等条件不同而异。不同质量的原油对催化剂的选择和温度、压力的控制也不相同。我国原油成分中重油比例较大，所以催化裂化就显得特别重要，经过多年的研究和实践，我国已开发出适用于我国各种原油的一系列铝硅酸盐分子筛型催化剂。经催化裂化，从重油中能获得更多乙烯、丙烯、丁烯等化工原料，也能获得较多较好的汽油。

10.3.3.3 催化重整

在一定的温度、压力和有催化剂作用的条件下，对汽油馏分中的烃类分子结构进行重新排列成新的分子结构的过程叫催化重整，这是石油工业中另外一个重要过程。在加热、加压和催化剂存在的条件下，使原油蒸馏所得的轻汽油馏分转化为带支链的烷烃异构体，这就能有效地提高汽油的辛烷值，同时还可得到一部分芳香烃，这是原油中含量很少而只靠从煤焦油中提取不能满足生产需要的化工原料，可以说是一举两得。副产物氢气是炼油厂加氢装置（如加氢精制、加氢裂化）用氢的重要来源。

近代催化重整催化剂的金属组分主要是铂，酸性组分为卤素（氟或氯），载体为氧化铝。还加入铼、铱或锡等金属组分作助催化剂，以改进催化剂的性能。化学家们巧妙地选用便宜的多孔性氧化铝或氧化硅为载体，在表面上浸渍0.1%的贵金属，汽油在催化剂表面只要20～30s就能完成重整反应。

10.3.3.4 加氢精制

加氢精制也称加氢处理，是提高油品质量的最重要精制方法之一。蒸馏和裂解所得的汽油、煤油、柴油中都混有少量含N或含S的杂环有机物，在燃烧过程中会生成NO_x及SO_2等酸性氧化物污染空气。当环保问题日益受关注时，对油品中N、S含量的限制也就更加严格。现行的办法是在氢和催化剂存在下，使油品中的硫、氧、氮等有害杂质转变为相应的硫化氢、水、氨而除去，并使烯烃和二烯烃加氢饱和、芳烃部分加氢饱和，以改善油品的质量。

加氢精制可用于各种来源的汽油、煤油、柴油的精制，催化重整原料的精制，润滑油、石油蜡的精制，喷气燃料中芳烃的部分加氢饱和，燃料油的加氢脱硫，渣油脱重金属及脱沥青预处理等。氢分压一般为1～10MPa，温度300～450℃。催化剂中的活性金属组分常为钼、钨、钴、镍中的两种（称为二元金属组分），催化剂载体主要为氧化铝，有时还加入磷作为助催化剂。喷气燃料中的芳烃部分加氢则选用镍、铂等金属。双烯烃选择加氢多选用钯。

综上所述，石油经过分馏、裂化、重整、精制等步骤，获得了各种燃料和化工产品。有的可直接使用，有的还可以进行深加工。所以炼油厂总是和几个化工厂组成石油化工联合企业。

在石油工业中，把常压蒸馏和减压蒸馏叫做一次加工，这是物理变化过程，而裂化、重整和加氢控制等则叫二次加工，它们都属化学变化过程。这些过程都涉及催化剂，催化剂的研制是石油化工不可缺少的组成部分，催化作用机理和新催化剂的研发是化学工作者十分感兴趣的研究领域。

10.3.4　汽车燃油与润滑油

10.3.4.1　汽车燃油

汽车所用的发动机有汽油发动机和柴油发动机。根据发动机的不同，汽车使用不同的燃油。因此汽车使用的燃料，大多是汽油和轻柴油。

汽油是应用于点燃式发动机（即汽油发动机）的专用燃料。汽油的外观一般为近无色透明液体，密度一般在0.71～0.75$g \cdot cm^{-3}$之间，有特殊的汽油芳香味。汽油在汽缸中正常燃烧时火焰传播速度为10～20$m \cdot s^{-1}$，在爆震燃烧时可达1500～2000$m \cdot s^{-1}$，后者条件下使汽缸温度剧升，汽油燃烧不完全，机器强烈震动，从而使输出功率下降、机件受损、污染环境。不同化学结构的烃类，具有不同的抗爆震能力。异辛烷（2,2,4-三甲基戊烷）的抗爆性能较好，辛烷值设定为100；正庚烷的抗爆性差，辛烷值设定为0，几种燃料的辛烷值见表10.3.1。如某一汽油在引擎中所产生之爆震，正好与97%异辛烷及3%正庚烷之混合物的爆震程度相同，即称此汽油之辛烷值为97。在使用中应选择合适的汽油牌号，使汽油的标号与发动机的压缩比相匹配。若高压缩比的发动机选择低标号的汽油，汽油发动机容易产生爆震，发动机长时间爆震，容易造成活塞烧结、活塞环断裂等故障，加速发动机部件的损坏；若低压缩比的发动机选用高标号汽油，虽能避免发动机爆震，但高标号汽油配低压缩比的发动机会改变点火时间，造成汽缸内积炭增加，长期使用会缩短发动机的使用寿命。

人们发现，1L汽油中若加入1mL四乙基铅$Pb(C_2H_5)_4$，它的辛烷值可以提高10～12个标号。四乙基铅是有香味有毒的无色液体，汽油燃烧后放出的尾气中所含微量的铅化合物已成为公害。目前市售的是无铅汽油，通过改进汽油组成的办法来改善汽油的爆震性，以减少对环境的污染。

表10.3.1　一些燃料的辛烷值

物质	辛烷值	物质	辛烷值
正庚烷	0	异辛烷	100
正辛烷	−17	甲苯	103.5
正壬烷	−45	苯	115

表10.3.2　不同标号轻柴油的冷滤点

标号	冷滤点/℃	标号	冷滤点/℃
5#	8	−20#	−14
0#	4	−35#	−29
−10#	−5	−50#	−44

柴油是应用于压燃式发动机（即柴油发动机）的专用燃料。柴油的外观为水白色、浅黄

色或棕褐色的液体。柴油又分为轻柴油与重柴油两种。轻柴油是用于 $1000r \cdot min^{-1}$ 以上的高速柴油机的燃料，重柴油是用于 $1000r \cdot min^{-1}$ 以下的中低速柴油机的燃料，一般加油站所销售的柴油均为轻柴油。我国《轻柴油》标准（GB 252—2000）中规定，柴油的标号分为10#、5#、0#、−10#、−20#、−35#和−50#，柴油的标号划分依据是柴油的凝固点。由于10#柴油的冷滤点较高，在我国很少使用，故在表10.3.2中没有列出10#柴油的性质。

冷滤点是衡量轻柴油低温性能的重要指标，能够反映柴油低温实际使用性能，最接近柴油的实际最低使用温度。用户在选用柴油牌号时，应同时兼顾当地气温和柴油牌号对应的冷滤点。各标号柴油的冷滤点见表10.3.2。选用轻柴油标号应遵照的原则是：对应标号柴油的冷滤点应不低于使用地的最低气温。

10.3.4.2 汽车润滑油

汽车的润滑油主要包括发动机润滑油和汽车齿轮油等。汽车发动机润滑油是性能要求较高、品种规格要求繁多、工作条件异常苛刻的一种油品。主要起润滑作用、冷却作用、洗涤作用、密封作用、防锈作用和消除冲击负荷等作用，因此发动机润滑油必须有很高的综合性能，主要包括以下几点。①具有适宜的黏度和良好的黏温性能。发动机润滑油黏度关系到发动机的启动性和机件的磨损度、燃油和润滑油的消耗量及功率损失的大小。机油黏度过大，流动性差，进入摩擦面所需时间长，燃料消耗增大，机件磨损加大，清洗和冷却性差，但密封性能好。黏度过小不能形成可靠油膜，既不能保证润滑，密封性又差，磨损大、功率下降。所以黏度过大过小都不好，应当适宜。黏温性能对发动机润滑油是一个极为重要的指标，良好的黏温性能可以适应使用温度急剧变化的需要。②具有良好的清净分散性能。由燃烧室漏出的气体（窜气）中的未燃燃料、有机酸、烟、水分、硫的氧化物、氮的氧化物都进入曲轴箱，混入润滑油中。发动机在高温使用时，油本身也产生各种氧化产物，这些产物与零件磨损产生的金属粉末等混在一起，在油中便生成油泥沉积物。为了去除发动机润滑油中的油泥，就要往油中添加油溶性的清净分散剂。③具有良好的润滑性能。发动机内部的各个部件都是金属的，工作时大都在旋转或运动，运动就会有摩擦，有热量，有损耗。润滑油的作用就是减少摩擦，减少热量，减少损耗。因此发动机润滑油必须有良好润滑性。④必须具有酸中和性、氧化安定性、抗泡沫性等性能。此外，润滑油在使用一段时间后也会变质，而且还含有被各个部件磨损下来的细金属屑，这反而会加重磨损，所以润滑油要定期更换。

10.4 化学电源

随着社会的进步，越来越小型化的各类高容量化学电源的制造技术正改变着人类的生活方式和生产方式，如卫星通信、笔记本电脑、手机、心脏起搏器等高科技产品都离不开对高比能量的化学电源的需求。化学电源是一种直接把化学能转变为电能的装置，俗称电池。干电池、蓄电池和燃料电池是常用的三种电池，它们各有自己的特点和用途。

电池按能否重复使用分为一次电池即原电池和二次电池如蓄电池。平时用的干电池属于前者，而汽车用的铅酸电池以及各类手机电池属于后者。

10.4.1 几种常用的化学电源

原电池是一种只能使用一次的化学电源，又称一次电源。电池内的活性物质有限，且直接装配在电池内部，不论是连续放电还是间隙放电，只要两个电极中任何一个电极的活性物质已消耗完毕，电池也就不能再用了。原电池的放电容量大小主要与电极活性物质有关。

10.4.1.1 中性锌-二氧化锰电池

中性锌-二氧化锰电池简称为锌锰干电池。它负极为锌（一般制成筒式结构兼作电池容器)，正极的导电材料为石墨棒，活性材料为二氧化锰，电解质为氯化锌和淀粉的氯化铵水溶液。二氧化锰和电解质溶液常制成糊状，填充在两极间。结构见图 10.4.1。

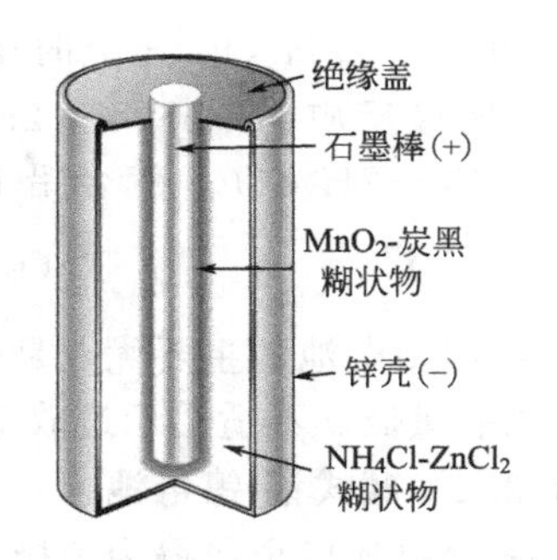

图 10.4.1　锌锰干电池示意图

锌锰干电池可表示为（－）Zn | $ZnCl_2$，NH_4Cl | MnO_2，石墨（＋）。当接通外电路时，负极上进行氧化反应 $Zn \longrightarrow Zn^{2+} + 2e^-$，正极上发生还原反应 $Zn(s) + 2NH_4^+ + 2MnO_2 \longrightarrow 2NH_3 + 2MnO(OH) + Zn^{2+}$，电池的总反应为 $Zn + 2NH_4^+ + 2MnO_2 \longrightarrow 2NH_3 + 2MnO(OH)_2 + Zn^{2+}$。锌锰干电池的电动势为 1.5V，与电池的大小无关。

10.4.1.2　碱性锌-二氧化锰电池

这种电池与中性锌-二氧化锰电池的主要区别是电解质和正极材料不同。它用高导电的糊状氢氧化钾电解质代替中性干电池中的氯化铵电解质。正极的导电材料为钢筒，二氧化锰紧靠钢筒。加上在钢筒里面，锌以锌屑的形态代替中性干电池中整个锌筒，因而放电容量要比中性干电池大 3～5 倍，而且可用较大电流放电，耐低温，寿命长，但价格高。电池符号 Zn|KOH(7～9mol・L^{-1})|MnO_2，C（石墨），负极反应为 $Zn(s) + 2OH^-(aq) \longrightarrow ZnO(s) + H_2O(l) + 2e^-$，正极反应为 $MnO_2(s) + 2H_2O(l) + 2e^- \longrightarrow Mn(OH)_2(s) + 2OH^-(aq)$，电池反应为 $Zn(s) + MnO_2(s) + H_2O(l) \longrightarrow ZnO(s) + Mn(OH)_2(s)$。

10.4.1.3　锌-氧化汞电池

这种电池的电解质也呈碱性，是含有饱和氧化锌的氢氧化钾糊状物，正极材料为混有石墨的氧化汞。电池的结构式简单表示如下(－)Zn(Hg)|KOH（糊状，含饱和 ZnO)|HgO(Hg)(＋)，负极反应为 $Zn(汞齐) + 2OH^- \longrightarrow ZnO + H_2O + 2e^-$，正极反应为 $HgO + H_2O + 2e^- \longrightarrow Hg + 2OH^-$，电池反应为 $Zn(汞齐) + HgO \longrightarrow ZnO + Hg$。电池自放电小，储存寿命长；放电电压平稳，能保持在 1.3V 左右；反应更彻底，电量更大。但由于汞对环境有污染，已于 1999 年禁止生产。

10.4.1.4　银-锌纽扣电池

银-锌纽扣电池的电池符号是 Zn-ZnO|KOH(40%)|Ag_2O-Ag，负极反应为 $Zn(s) + 2OH^-(aq) \longrightarrow Zn(OH)_2(s) + 2e^-$，正极反应为 $Ag_2O(s) + H_2O(l) + 2e^- \longrightarrow 2Ag(s) + 2OH^-(aq)$，电池反应是 $Zn(s) + Ag_2O(s) + H_2O(l) \longrightarrow Zn(OH)_2(s) + 2Ag(s)$。该电池的特点是体积小，比容量大，放电效率高，但价格较高。

10.4.2　几种常用的可充电电池

放电后可充电再用的化学电源，称为二次电源即蓄电池。在使用前应先充电，即通入与放电电流方向相反的直流电，利用外界直流电源使蓄电池内部进行化学反应，把电能转变成化学能储藏起来。充电后的蓄电池就可作为电源使用，此时化学能转变成电能，这叫放电。要实现这一过程，构成蓄电池的电池反应必须是可逆反应。多数蓄电池充、放电循环次数为几百次，多的可达几千次。下面简要地介绍几种常用的蓄电池。

10.4.2.1　铅-酸蓄电池

铅-酸蓄电池的正极是活性物质二氧化铅，负极以海绵状铅为活性物质，电解液为硫酸水溶液，所以此电池又称为铅-酸蓄电池，其构造见图 10.4.2。电池符号是 Pb-$PbSO_4$ | H_2SO_4 | $PbSO_4$-PbO_2，放电时负极反应为 $Pb + SO_4^{2-} \longrightarrow PbSO_4 + 2e^-$，放电时正极反应为 $PbO_2 + 4H^+ + SO_4^{2-} + 2e^- \longrightarrow PbSO_4 + 2H_2O$，放电时电池反应为 $PbO_2 + Pb + 2H_2SO_4$

$\longrightarrow 2PbSO_4 + 2H_2O$。充电时阳极反应为 $PbSO_4 + 2H_2O \longrightarrow PbO_2 + 4H^+ + SO_4^{2-} + 2e^-$，充电时阴极反应为 $PbSO_4 + 2e^- \longrightarrow Pb + SO_4^{2-}$，充电时电池反应为 $2PbSO_4 + 2H_2O \longrightarrow PbO_2 + Pb + 2H_2SO_4$。综合铅-酸蓄电池的充、放电过程，其电池反应可统一表示为

$$PbO_2 + Pb + 2H_2SO_4 \underset{\text{充电}}{\overset{\text{放电}}{\rightleftharpoons}} PbSO_4 + 2H_2O$$

铅-酸蓄电池的主要优点是价廉，充、放电循环次数可达300～500次以上。缺点是质量大，比能量低，不适用于过放电和放电状态下储存。目前在汽车上大量使用。

10.4.2.2 碱式镉-镍电池

镉-镍电池以金属镉为负极，氧化镍为正极，氢氧化钾或氢氧化钠的水溶液为电解液。其化学表达式为(－)Cd|KOH(或 NaOH)|NiOOH(＋)，放电时负极反应为 $Cd + 2OH^- \longrightarrow Cd(OH)_2 + 2e^-$，放电时正极反应为 $2NiOOH + 2H_2O + 2e^- \longrightarrow 2Ni(OH)_2 + 2OH^-$，电池总反应方程为

$$Cd + 2NiOOH + 2H_2O \underset{\text{充电}}{\overset{\text{放电}}{\rightleftharpoons}} 2Ni(OH)_2 + Cd(OH)_2$$

镉-镍电池具有使用寿命长（充、放电循环周期高达数千次）、机械性能好、自放电小、低温性能好等优点，它的额定电压为1.2V。

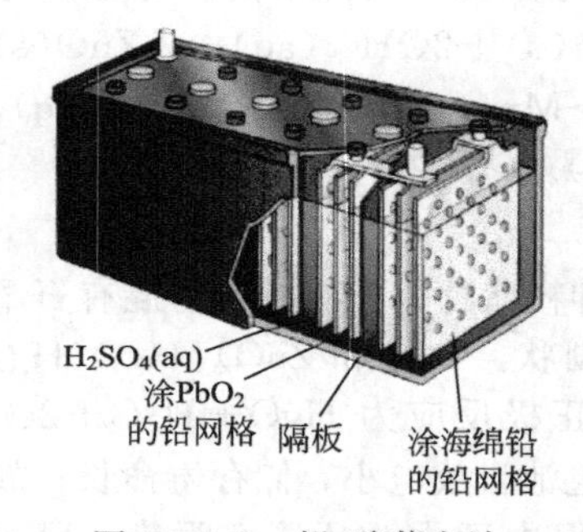

图 10.4.2 铅-酸蓄电池

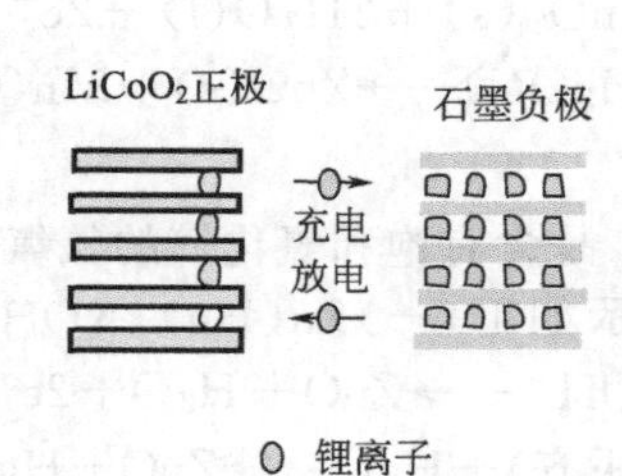

图 10.4.3 锂电池工作原理

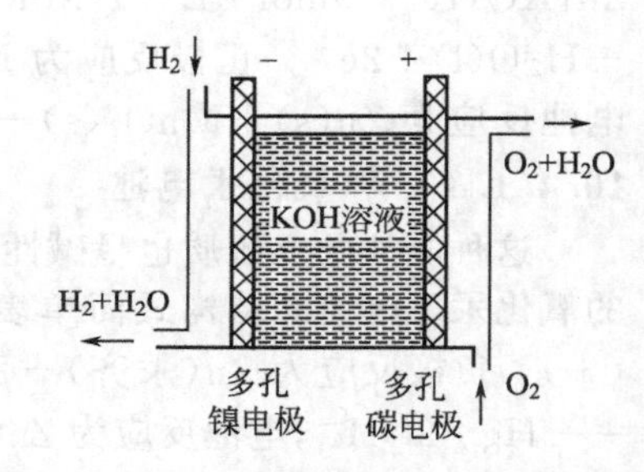

图 10.4.4 燃料电池的构造示意图

10.4.2.3 锂电池

锂是自然界里最轻的金属元素，密度仅为水的一半，同时它又具有很低的电负性和极负的标准电极电势（－3.045V）。所以选择适当的正极与其相匹配，可以获得较高的电动势，这种电池应该具有最高的比能量。由于金属锂遇水会发生剧烈的反应，所以电解质溶液都选用非水电解液。锂电池的工作原理见图10.4.3。充电时，锂离子在外电场的作用下进入层状石墨，处于高能态；放电时锂离子从高能态脱离出来进入低能态（正极），同时通过外回路放出多余的电能。锂电池作为一种新颖的电池，其比能量高，有宽广的温度使用范围，放电电压平坦。以固体电解质制成的锂电池，其体积小，无电解液渗漏，电压随放电时间缓慢下降，特别适用于心脏起搏器的电源。

10.4.3 燃料电池

原电池和蓄电池将有限量的化学物质储存在电池内部，故均不能连续、长时间工作，给许多实际使用带来不便。燃料电池将化学物质储存在电池外部，故可随原料的不断输入而连续发电。与一般电池一样，燃料电池是由阴极、阳极和电解质构成的。图10.4.4为典型的氢-氧燃料电池的构造。在负极上连续吹充气态燃料氢气，而正极上则连续吹充氧气，这样就可以在电极上连续发生电化学反应，并产生电流。由于电极上发生的反应大多为多相界面反应，为提高反应速率，电极一般采用多孔材料。各种燃料电池的材料都有各自的特点。氢氧燃料电池以氢气为燃料，氧气为氧化剂，氢氧化钾溶液为电解质，负极可用多孔镍电极，

其中掺有细粉状的铂或钯，正极用掺有钴、金或银的氧化物的多孔炭制成，氢氧燃料电池的反应式可简单表示为(－)(Ni)H_2|KOH(aq)|O_2(C)(＋)，负极反应为 $2H_2+4OH^- \longrightarrow 4H_2O+4e^-$，正极反应为 $O_2+2H_2O+4e^- \longrightarrow 4OH^-$，电池反应为 $2H_2+O_2 \longrightarrow 2H_2O$。

原电池中，化学能被储存在电池物质中。当电池发电时，电池物质发生化学反应，直到反应物质全部反应消耗完毕时，电池就再也发不出电了；而燃料电池，从理论上讲，只要不断向其供给燃料（阳极反应物质，如 H_2）及氧化剂（阴极反应物质，如 O_2）就可以连续不断发电。但实际上，由于元件老化和故障等原因，燃料电池有一定的寿命。燃料电池有许多优点，如能量转换效率高，电池能长时间连续运行，且污染小、噪声低，缺点是市场价格昂贵，高温时寿命及稳定性不理想，燃料电池技术不够普及。因此目前只能运用于航天和军事领域。

10.5 核反应与核能

研究表明，目前最有希望的新能源是核能，俗称原子能（atomic energy），它是指原子核里的核子（中子或质子）重新分配和组合时释放出来的能量。核能技术的开发，对现代社会将产生深远的影响。那么核能是怎样产生的呢，这就要从原子核的结构谈起。

10.5.1 原子核的组成

物质是由分子组成的，分子是由原子构成的。原子是由原子核和核外绕其运动的电子组成的，而原子核是带正电的质子（proton）和中子（neutron）紧密的结合体，它只占原子总体积很小的一部分，直径不及原子直径的万分之一，但却占有原子质量的绝大部分，因此原子核的密度极高。实验证明，所有元素的原子核几乎具有同样的密度，约 2.44×10^{14} g·cm^{-3}。原子核中的质子数和原子序数相等。相同原子序数的原子具有相同的化学性质，在元素周期表中处于同一位置，因此我们将其称为同位素（isotope）。

10.5.2 核的稳定性与衰变

以质子数 Z 为横坐标，以中子数 N 或质量数 A 为纵坐标，将所有稳定同位素画在这张图上，可以发现它们之间具有良好的相关性，人们称这个相关曲线所对应的区域为核的稳定区。不稳定同位素一般不在这个区域内，它们可以通过衰变来改变其 N/Z 比或 A/Z 比，最后回到稳定区成为稳定同位素。

质量数较大的不稳定同位素可通过释放 α 粒子（^4_2He）来达到它的稳定核结构，这种过程称为 α 衰变，如 ^{238}U 的衰变反应 ^{238}U（铀）$\longrightarrow$ ^{234}Th（钍）＋^4He（α 粒子）；中子数较多的不稳定同位素可通过释放负电子以达到其稳定核构型，这种过程称为 β 衰变，如 $^9Li \longrightarrow {}^9Be+e^-$（β 粒子）；中子数较多的不稳定同位素也可通过中子发射的方法回到稳定区，如 $^9Li \longrightarrow {}^8Li+{}^1n$（中子）；质子数较多或中子数较少的不稳定同位素，可以通过正电子发射或 K 层轨道电子俘获而获得稳定构型，如 $^{22}Na \longrightarrow {}^{22}Ne+e^+$（89%概率），$^{22}Na+e^- \longrightarrow {}^{22}Ne$（11%概率）。发生 α 衰变、β 衰变或中子发射后，原子核的能量往往仍然很高，这些富能核进一步通过辐射高能电磁波的方法释放多余的能量，以求其核更加稳定，这个过程称为 γ 衰变，所释放的电磁波称为 γ 射线。

10.5.3 原子核的结合能

原子核是由质子和中子组成的，这两种粒子统称为核子（nucleon）。质子都带有正电荷，彼此之间的静电排斥力很大，为什么又会紧密地结合在体积很小的原子核里呢？这说明在原子核中，除了质子之间的库仑斥力外，还应存在另一种力，它把核子紧密地联系在一起。这种能够把核中的各种核子联系在一起的更为强大的力叫做核力。目前人们对核力本质的了解尚少，许多问题有待进一步的研究。但总的来说，核力具有以下的一些特点。①短程性。它只在10^{-15}m的范围内作用，在$2\times10^{-15}\sim3\times10^{-15}$m区域内表现为一种很弱的吸引力；在$0.3\times10^{-15}\sim2\times10^{-15}$m区域内表现为很强的吸引力，其强度比库仑力大两个数量级。正是这种强大的吸引力，使原子核中的质量不致因相互排斥而散开。当两个核子之间的距离小于0.3×10^{-15}m时，将受很强的斥力，它保证了原子核不致坍缩。②饱和性。核子的半径约为0.8×10^{-15}m，由核力的短程性可以看出，每个核子只与它相邻的核子有作用力，而不是与核中的所有核子都有作用力。③电荷的无关性。即核中的核子，不论是质子还是中子，它们之间的核力是一样的。

由于原子核中的核子之间存在着强大的核力，使原子核组成一个十分坚固的集合体。如果把原子核拆成自由核子，需要克服强大的核力做十分巨大的功，或说需要巨大的能量。氘核是一个结构较为简单的原子核，实验表明，可用γ光子使氘核分解为1个质子和1个中子，入射的光子的能量至少是2.22MeV。对于相反的过程，当1个质子和1个中子结合成1个氘核时，要放出2.22MeV的能量。这一能量以γ光子的形式辐射出去。

可见，当核子结合成原子核时要放出一定能量；原子核分解成核子时，要吸收同样的能量。这个能量叫做原子核的结合能（binding energy）。当然，2.22MeV的能量的绝对数量并不算大，但这只是组成1个氘核所放出的能量。如果组成的是6.02×10^{23}个氘核时，放出的能量就十分可观了。

研究表明，原子核的质量总是小于组成原子核的各个核子质量的总和。例如，氦核是由2个质子和2个中子组成的。1个质子的质量$m_p=1.007277$u，1个中子的质量$m_n=1.008665$u。这四个核子的质量为4.031884u，但氦核的质量为4.001509u。这里u表示原子质量单位，$1u=1.660566\times10^{-27}$kg。如果称组成原子核的核子的质量与原子核的质量之差叫做核的质量亏损（mass defect），则由上述数值可以求出氦核的质量亏损$\Delta m=0.030375$u。由爱因斯坦质能关系式$\Delta E=\Delta m\cdot c^2$可以求出1u=931.5MeV，所以氦核的结合能为$\Delta E_b=28.3$MeV。

10.5.4　核的裂变与聚变

组成核的核子越多，质量亏损就越大，结合时所释放出的能量也越大，但这并不表明这样的核越稳定。为了比较核的稳定性，用核子平均结合能（核的结合能除以组成该核的核子数）$\Delta E_{b,平均}$为纵坐标，以质量数$A=$质子数$Z+$中子数N为横坐标，所得到的关系曲线见图10.5.1。

从图10.5.1可以看出，质量数$A=56$的Fe原子具有最高的结合能，即铁原子核的稳定性最高。如果将$A=56$左右的原子称为中核原子，则重核原子可以通过裂变（fission）的方式变为稳定性更高的中核原子，同时放出裂变能；轻核原子可以通过聚变（fusion）的方式变为稳定性更高的中核原子，同时放出聚变能。总而言之，平均结合能较少的原子核变成平均结合能较大的原子核时，不管是通过聚变还是裂变，都会释放出巨大的能量。

核能有巨大的威力，1kg铀原子核全部裂变释放出的能量，约等于2700t标准煤燃烧时所放出的化学能。地球上可开发的核裂变资源，可使用上千年；地球上的核聚变资源，它们的聚变能可满足人类百亿年的能源需求。

裂变核能技术已有很大的发展，核电已成为世界上能源的主要来源之一。由于裂变核电站不尽完善，科学家普遍看好核聚变。核聚变电站是采用可控制的方法，利用聚变反应所释放的巨大能量来产生电能的核电站。与裂变核电站相比，聚变核电站的燃料几乎不花钱；同时，不污染环境，运行安全可靠，其放射性微乎其微。当然，引发聚变需要在5×10^7℃的高温下进行，对聚变过程的平稳控制技术尚需进一步的研究和探索。

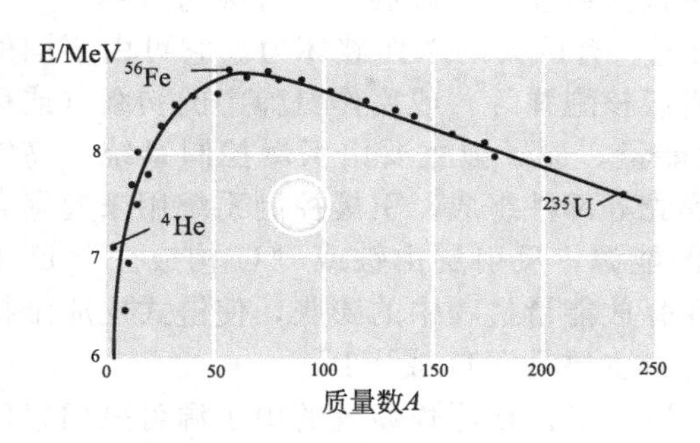

图 10.5.1　核质量数与平均结合能曲线

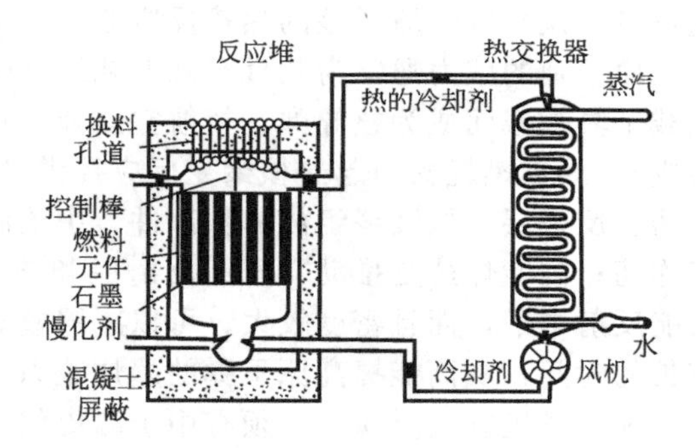

图 10.5.2　反应堆的结构示意图

10.5.5　氢弹、原子弹与反应堆

10.5.5.1　原子核反应堆的结构

原子核反应堆（nuclear reactor）是利用核能的一种最重要的大型设备。在反应堆中，由于发生的是可控链式裂变反应，巨大的能量能够按照人们的需要释放出来。设计反应堆时要考虑四个重要的问题。第一，必须让链式反应有一个能继续进行反应的地方；第二，必须用一定的形式，把链式反应产生的热量取出来加以利用；第三，必须实现可控链式核裂变反应；第四，由于链式反应会产生一些对人体有害的射线和放射性物质，所以不能让它们有丝毫泄漏。根据这些要求，反应堆主要由堆芯、冷却系统、控制保护系统、反射层和屏蔽系统四个部分组成，见图 10.5.2。

堆芯是链式反应进行的地方，其主要部件是核燃料元件，另外还有中子慢化剂、冷却剂、控制棒和支撑结构等部件。把核燃料做成圆柱形或片形等各种形状的芯部，再用金属外壳包上，叫做燃料元件，在堆芯中还有一种物质，叫控制棒。控制棒用吸收中子能力很强的碳化硼、锆、银铟镉合金等制作，插在堆芯里，可以上下移动。把控制棒放在一个适当的位置，链式反应就能以正常的速度进行。插得深一点，就能吸收更多的中子，链式反应的规模就相应减小，反应堆的功率就降低；插得浅一点，吸收的中子数目减少，链式反应的规模和反应堆的功率就增加。如果反应堆运行不正常，控制棒会自动快速插入堆芯，使链式反应立即停止。

反应堆工作时，核燃料裂变放出的能量转化为大量的热，要利用这些热量，就应把它们从堆内运载出来。另一方面，为了避免堆内温度过高而烧坏各种元件，也必须把堆内产生的热量疏散出来。这些工作均由堆内的冷却系统来完成。冷却系统由载热剂、管道、循环泵和热交换器等组成。

控制保护系统由操纵台、中子和射线探测器、冷却剂工作情况探测器和控制棒传动机构等组成，它能完成反应堆启动、调节功率、稳定功率、紧急停止等操作，以确保反应堆的安全运行。为了有效地利用堆芯反应产生的中子，防止中子逃逸出活性区外，一般在活性区周围加上由慢化剂或其他物质制成的反射层。为了保证安全，通常再把装有活性区和反射层的反应堆壳用水箱、混凝土等制成的设备围起来，吸收由堆内飞出的中射线，以保护工作人员的安全，这些设备叫做屏蔽层。

10.5.5.2　原子弹、氢弹

1945 年 7 月 16 日，人类第一颗原子弹在美国的新墨西哥州的沙漠中爆炸成功。这标志着人类掌握核裂变与核聚变的巨大能量的时代到来了。核武器是利用核裂变或聚变反应释放的能量，产生爆炸作用并具有大规模杀伤破坏效应的武器的总称。其中主要利用^{235}U 或^{239}Pu

等重原子核的裂变链式反应原理制成的裂变武器，通常称为原子弹；主要利用重氢（氘）或超重氢（氚）等轻原子核的热核反应原理制成的热核武器或聚变武器，通常称为氢弹。

原子弹的威力通常为几百至几万吨级 TNT 当量，有巨大的杀伤破坏力。它可由不同的运载工具携载而成为核导弹、核航空炸弹、核地雷或核炮弹等，或用作氢弹中的初级（或称扳机），为点燃轻核引起热核聚变反应提供必需的能量。原子弹主要由引爆控制系统、高能炸药、反射层、核装料组成的核部件、中子源和弹壳等部件组成。引爆控制系统用来起爆高能炸药；高能炸药是推动、压缩反射层和核部件的能源；反射层由铍或^{238}U构成。^{238}U不仅能反射中子，而且密度较大，可以减缓核装料在释放能量过程中的膨胀，使链式反应维持较长的时间，从而能提高原子弹的爆炸威力。核装料主要是^{235}U或^{239}Pu。

为了触发链式反应，必须有中子源提供“点火”中子。核爆炸装置的中子源可采用氘氚反应中子源、^{210}Po-铍源、^{238}Pu原子弹爆炸铍源和^{252}Cf自发裂变源等。原子弹爆炸产生的高温高压以及各种核反应产生的中子、γ射线和裂变碎片，最终形成冲击波、光辐射、早期核辐射、放射性污染和电磁脉冲等杀伤破坏因素。原子弹是科学技术的最新成果迅速应用到军事上的一个突出例子。从 1939 年发现核裂变现象到 1945 年美国制成原子弹，只花了 6 年时间。1939 年 10 月，美国政府决定研制原子弹，1945 年造出了三颗。一颗用于试验，两颗投在日本。1945 年 8 月 6 日投到广岛的原子弹，代号为“小男孩”，重约 4.1t，威力不到 20000t TNT 当量。同年 8 月 9 日投到长崎的原子弹，代号为“胖子”，重达 4.5t，威力约 20000t TNT 当量。自 1945 年以来，原子弹技术不断发展，体积、重量显著减小，技术性能日益提高。

利用原子弹爆炸的能量点燃氢的同位素氘、氚等轻原子核的聚变反应瞬时释放出巨大能量的核武器称为氢弹，又称聚变弹、热核弹。原子弹是利用^{235}U或^{239}Pu裂变放出的巨大能量，而氢弹是以原子弹为点火器，使氘和氚聚变放出能量。同样质量的核燃料，聚变反应比裂变反应放出更高的能量，且不受临界体积的限制，所以氢弹威力比原子弹大得多。原子弹的威力通常为几百至几万吨级 TNT 当量，氢弹的威力则可大至几千万吨级 TNT 当量。在氢弹中，核聚变一旦出现，就不可控制，直至爆炸。科学家们正在研究可控的核聚变反应技术，尤其是室温可控核聚变技术。

10.6　绿色能源

10.6.1　风能

风能是一种绿色能源，是因太阳照射而产生的一种能量。太阳能辐射到地球周围的大气层中造成大气的温度差，导致大气层的密度差异最终形成风。风能是一种无污染的自然能源，早已为人们所利用，如人们将风能用于航船、抽水、发电等。

风能作为一种清洁的可再生能源，越来越受到世界各国的重视。其蕴藏量巨大，全球的风能约为 2.74×10^{9}MW，其中可利用的风能约为 2×10^{7}MW，比地球上可开发利用的水能总量还要大 10 倍。目前全世界每年燃烧煤所获得的能量，只有风力在一年内所提供能量的 1/3。因此，国内外都很重视利用风力来发电，开发新能源。

一般来说，3 级风就有利用的价值。但从经济合理的角度出发，风速大于 $4m\cdot s^{-1}$才适宜于发电。据测定，一台 55kW 的风力发电机组，当风速为 $9.5m\cdot s^{-1}$时，机组的输出功率为 55kW；当风速为 $8m\cdot s^{-1}$时，功率为 38kW；风速为 $6m\cdot s^{-1}$时，只有 16kW；而风速为 $5m\cdot s^{-1}$时，仅为 9.5kW。可见风力愈大，经济效益也愈大。

风是没有公害的能源之一。而且它取之不尽，用之不竭。对于缺水、缺燃料和交通不便的沿海岛屿、草原牧区、山区和高原地带，因地制宜地利用风力发电，非常适合，大有可为。

10.6.2　太阳能

光芒四射的太阳是地球上万物生长取之不尽用之不竭的能量源泉。太阳的内部不断地进行着由氢核聚变成氦核的热核反应，并释放出巨大的能量。太阳辐射能中只有二十亿分之一经跋涉 1.5 亿公里来到地球，其中大约有 30%又以短波辐射的形式直接反射或散射到宇宙空间。所以到达地球表面的太阳能约为 80 万亿千瓦左右，相当于目前全世界能源消费水平的一万倍以上。有人估计，只要将撒哈拉大沙漠上的全部辐射能的 1%利用起来，就比现在全世界消耗的能量要多很多。太阳能无疑是潜力最大的能源。

长期以来由于有大量廉价的矿物燃料可利用，太阳能利用的研究和开发进展相当缓慢。但是，随着人类社会的发展，人们认识到石油、天然气和煤等矿物燃料将逐步枯竭，应该尽快地去开发利用可以代替常规矿物燃料的新能源，太阳能则是其中一个十分重要的方面。太阳能无穷无尽，无污染，属于清洁型能源。世界上任何地区都可机会均等地得到，无先进与落后地区之分。目前太阳能的利用和开发还存在着不少困难，主要是它照射在地球上的能量密度太小，过于分散，而且易受多云、阴雨等气象变化的影响而时断时续。若大规模利用太阳能，投资、设备费用也很高。尽管这样，为了人类的未来，世界各国还是相继投入了大量人力和物力争相研究各种太阳能的利用技术，并取得了重大的进展。人类现已发明了许多利用太阳能的技术和方法，太阳能已开始为现代社会的生活和生产服务。除了太阳能热水器、太阳能灶等早期产品外，太阳能电池、太阳能发电站已经问世，太阳能动力人造卫星、太阳能汽车、太阳能游艇、太阳能飞机、太阳能电话、太阳能彩电、太阳能收音机、太阳能计算器等五花八门的新产品也相继问世。

在众多的太阳能利用技术中，太阳能热水器是目前使用最普遍和最有成效的设备，它主要用来提供生活用热水。这种装置构造简单、成本不高，城乡都可以使用。

太阳能的光电转换就是利用光电效应，将太阳辐射能直接转换成电能，光-电转换的基本装置就是太阳能电池。太阳能电池是一种由于光生伏特效应而将太阳光能直接转化为电能的器件，是一个半导体光电二极管，当太阳光照到光电二极管上时，光电二极管就会把太阳的光能变成电能，产生电流。当许多个电池串联或并联起来就可以成为有比较大的输出功率的太阳能电池方阵了。太阳能电池是一种大有前途的新型电源，具有永久性、清洁性和灵活性三大优点。太阳能电池寿命长，只要太阳存在，太阳能电池就可以一次投资而长期使用。与火力发电、核能发电相比，太阳能电池不会引起环境污染；太阳能电池可以大中小并举，大到百万千瓦的中型电站，小到只供一户使用的太阳能电池组，这是其他电源无法比拟的。

10.6.3　其他可再生能源

10.6.3.1　潮汐能

因月球引力的变化引起潮汐现象，潮汐导致海水平面周期性地升降，因海水涨落及潮水流动所产生的能量称为潮汐能。在海洋中，月球的引力使地球的向月面的水位升高。由于地球的旋转，这种水位的上升以周期为 12 小时 25 分和振幅小于 1m 的深海波浪形式由东向西传播。太阳引力的作用与此相似，但是作用力小些，其周期为 12 小时。当太阳、月球和地球在一条直线上时，就产生大潮；当它们成直角时，就产生小潮。除了半日周期潮和月周期潮的变化外，地球和月球的旋转运动还产生许多其他的周期性循环，其周期可以从几天到数年。同时地表的海水又受到地球运动离心力的作用，月球引力和离心力的合力正是引起海水涨落的引潮力。除月球、太阳外，其他天体对地球同样会产生引潮力。

海洋的潮汐中蕴藏着巨大的能量。在涨潮的过程中，汹涌而来的海水具有很大的动能，而随着海水水位的升高，就把海水的巨大动能转化为势能；在落潮的过程中，海水奔腾而去，水位逐渐降低，势能又转化为动能。潮汐能的能量与潮量和潮差成正比。或者说，与潮差的平方和水库的面积成正比。和水利发电相比，潮汐能的能量密度低，相当于微水头发电的水平。世界上潮差的较大值约为13～15m，但一般来说，平均潮差在3m以上就有实际应用价值。

潮汐能的利用方式主要是发电。潮汐发电是利用海湾、河口等有利地形，建筑水堤形成水库，以便于大量蓄积海水，并在坝中或坝旁建造水力发电厂房，通过水轮发电机组进行发电。只有出现大潮，能量集中时，并且在地理条件适于建造潮汐电站的地方，从潮汐中提取能量才有可能。虽然这样的场所并不是到处都有，但世界各国都已选定了相当数量的适宜开发潮汐电站的站址。

据海洋学家计算，世界上潮汐能发电的资源量在10亿千瓦以上，也是一个天文数字。中国潮汐能资源估计约为1.1亿千瓦，20世纪80年代中期，中国已经建成并正常运行的潮汐电站有15个，其中最早的是浙江省的沙山潮汐电站。

10.6.3.2 生物质能

生物质是指通过光合作用而形成的各种有机体，包括所有的动植物和微生物。而所谓生物质能，就是太阳能以化学能形式储存在生物质中的能量形式，即以生物质为载体的能量。它直接或间接地来源于绿色植物的光合作用，可转化为常规的固态、液态和气态燃料，取之不尽、用之不竭，是一种可再生能源，同时也是唯一一种可再生的碳源。生物质能的原始能量来源于太阳，所以从广义上讲，生物质能是太阳能的一种表现形式。目前，很多国家都在积极研究和开发利用生物质能。

依据来源的不同，可以将适合于能源利用的生物质分为林业资源、农业资源、生活污水和工业有机废水、城市固体废物和畜禽粪便等五大类。

根据生物学家估算，地球陆地每年生产1000～1250亿吨生物质；海洋年生产500亿吨生物质。生物质能源的年生产量远远超过全世界总能源需求量，相当于目前世界总能耗的10倍。生物质的硫含量、氮含量低，燃烧过程中生成的SO_x、NO_x较少；生物质作为燃料时，由于它在生长时需要的二氧化碳相当于它排放的二氧化碳的量，因而对大气的二氧化碳净排放量近似于零，可有效地减轻温室效应；缺乏煤炭的地域，可充分利用生物质能。生物质能是世界第四大能源，仅次于煤炭、石油和天然气。

目前人类对生物质能的利用，包括直接用作燃料的有农作物的秸秆、薪柴等；间接作为燃料的有农林废弃物、动物粪便、垃圾及藻类等。这种利用方法效率低，影响生态环境，较理想的利用是通过生物质的厌氧发酵制取甲烷，用热解法生成燃料气、生物油和生物炭，用生物质制造乙醇和甲醇燃料，以及利用生物工程技术培育能源植物，发展能源农场。

习题与思考题

10.1 名词解释

① 衰变，裂变，聚变；

② 原电池，蓄电池，电解池；

③ α衰变，β衰变，γ衰变；

④ 可再生能源，二次能源

10.2 简答题

① 石油炼制分为蒸馏、裂解和精炼三种，每种炼制的目的是什么？

② 煤焦化过程所需的条件是什么？可得到哪些化工产品？

③ 碱性锌-锰电池是第三代锌-锰电池，与前两代电池相比有何特点？

④ 燃料热值测定中的完全燃烧指的是什么？H_2 (g) 燃烧产物是H_2O (g) 和H_2O (l) 有何差别？

10.3 写出下列几种电池的电池符号、电极反应与电池反应方程式：

传统锌-锰干电池；碱性锌-锰干电池；银-锌纽扣电池；铅-酸蓄电池；碱性氢-氧燃料电池

10.4　完成并配平下列核反应的方程式，并指出其中哪些属 α 衰变，哪些属 β 衰变？

①$^{105}_{48}Cd \longrightarrow ^{0}_{+1}e^- + ?$；　②$^{250}_{98}Cf + ^{11}_{5}B \longrightarrow ^{257}_{103}Lr + ?$；

③ $^{236}_{94}Pu \longrightarrow ^{4}_{2}He + ?$；　④$^{225}_{88}Ra \longrightarrow ^{0}_{-1}e^- + ?$；

⑤ $^{240}_{94}Pu + ^{1}_{0}n \longrightarrow ?$；　⑥ $15^{1}_{0}n + ? \longrightarrow ^{253}_{99}Es + 7 + ^{0}_{1}e^-$；

⑦ $^{212}_{85}At \longrightarrow ^{1}_{0}n + ?$；　⑧ $^{235}_{92}U + ^{1}_{0}n \longrightarrow ^{144}_{56}Ba + 2\,^{1}_{0}n + ?$；

⑨ $^{31}_{15}P + ^{1}_{1}H \longrightarrow ? + ^{1}_{0}n$

10.5　1.0kg 标准煤燃烧可放出 29980kJ 的能量，1.0kg ^{235}U 的裂变可释放 8.216×10^{10} kJ 能量。试计算：①燃烧多少吨标准煤才相当于 1g ^{235}U 裂变（裂变产物为^{142}Ba 和^{91}Kr）所释放出来的能量？②一座发电量为 300MW 的火电机组，煤消耗率为 $340g \cdot (kW \cdot h)^{-1}$，问其一年需消耗标准煤多少吨？

参 考 文 献

[1] 杨玉国．现代化学基础．北京：中国铁道出版社，2001.
[2] 廖晓垣．能源化学导论．武汉：华中理工大学出版社，1989.
[3] 陈国新．中国能源资源．北京：科学普及出版社，1991.
[4] 周志华．生活，社会，化学．南京：南京师范大学出版社，2000.
[5] 崔心存．内燃机的代用燃料．北京：机械工业出版社，1990.
[6] 王毓民．汽车燃料、润滑油及其应用．北京：人民交通出版社，1996.
[7] 戴立益．我们周围的化学．上海：华东师范大学出版社，2002.
[8] 杨福家．原子核物理．上海：复旦大学出版社，1993.

第11章 环境化学基础

11.1 环境与污染

环境（environment）是以人类社会为主体的外部世界的总体。它既包括未经人类改造过的众多自然要素，如阳光、空气、陆地、天然水体、天然森林和草原、野生生物等，也包括经过人类改造过和创造出的事物，如水库、农田、园林、村落、城市、工厂、港口、公路、铁路等。人类与环境之间是一个相互作用、相互影响、相互依存的对立统一体。

环境污染（environmental pollution）是指人类直接或间接地向环境排放超过其自净能力的物质或能量，从而使环境的质量降低，对人类的生存与发展、生态系统和财产造成不利影响的现象。环境污染的研究具体包括水污染、大气污染、噪声污染、放射性污染等。

大气污染是指空气中污染物的浓度达到有害程度，以致破坏生态系统和人类正常生存和发展的条件，对人和生物造成危害的现象。水污染是指水体因某种物质的介入，而导致其化学、物理、生物或者放射性污染等方面特性的改变，从而影响水的有效利用，危害人体健康或者破坏生态环境，造成水质恶化的现象。固体废弃物污染是指因对固体废物的处置不当而使其进入环境，从而导致危害人体健康或财产安全，以及破坏自然生态系统、造成环境质量恶化的现象。

11.2 大气污染与防治

11.2.1 大气的组成和结构

11.2.1.1 大气的组成

自然状态下的大气由气体混合物、水汽、悬浮微粒、大气气溶胶和活性自由基等组成。除去水汽和微粒的空气称为干洁空气。干洁空气的主要成分是氮、氧和氩。它们分别占空气总体积的78.08%、20.95%和0.93%，三者共占干洁空气总体积的99.96%以上。大气中的水汽含量随着时间、地点、气象等条件的不同，会有较大的变化，在极地区域和沙漠地区，其含量可达4%。大气中的水汽含量虽然不高，但是对天气的变化却起着重要作用。

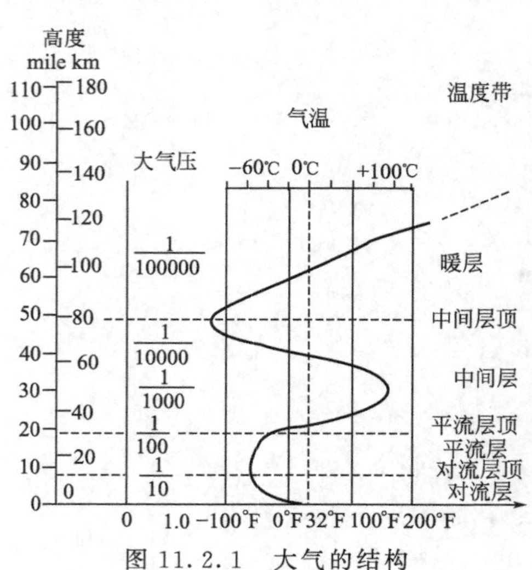

图 11.2.1 大气的结构

11.2.1.2 大气的结构

通常把受地心引力而随着地球旋转的大气层称为大气圈，其厚度约为1000～1400km。大气圈的总质量约为5.1×10^{18}～6.0×10^{18}kg，约为地球质量的百万分之一。根据大气的物理性质、化学组成及其与地面的垂直分布特性，可以将大气圈分为五个层次，自下而上依次为对流层（troposphere）、平流层（stratosphere）、中间层（mesosphere）、暖层（thermosphere）和逸散层或外大气层（exosphere）。大气的结构如图 11.2.1 所示。大气中各层的特点汇总见表 11.2.1。

表 11.2.1　大气层及其特征

层　次	特　点	主要化学物质
对流层	平均厚度约为 12km，温度随高度的增加而降低，大约每升高 100m，温度降低 0.6℃，温度、湿度等各要素分布不均匀	N_2，O_2，CO_2，H_2O
平流层	距地面高度 50～60km，其中距离地面约 15～40km 的平流层臭氧浓度较大，故又称之为臭氧层	O_3
中间层	距地面高度 80～85km	O_2·，NO·
暖层	该层气体密度低，气体在宇宙线作用下，呈电离状态，故又称之为电离层	O_2·，O·，NO·
逸散层	位于 800km 以上的高空，该层气体粒子的运动速度可达 $12km \cdot s^{-1}$，气体粒子可以克服地球引力而逸向星际空间	

11.2.2　大气中的常见污染物与污染现象

大气污染（air pollution）通常是指由于人类活动和自然过程引起某种物质进入大气中，呈现出足够的浓度达到足够的时间，并由此危害了人群的舒适、健康和福利，或危害了环境的现象。大气污染物种类较多，其中对人类影响较大、对环境危害严重的有颗粒物、SO_x、CO_x、NO_x 等，大气的主要污染物如表 11.2.2 所示。

表 11.2.2　大气的主要污染物

污染物种类	主要成分	来源
颗粒物	炭粒、硅粉、尘埃、烟雾、烟气、PbO_2 和 ZnO、各种金属微粒等	汽车尾气、燃煤设施
含硫化合物 SO_x	SO_2、SO_3、H_2SO_4、H_2S、RSH 等	燃煤、化工、汽车尾气等
含氮化合物 NO_x	NO、NO_2、NH_3 等	燃煤设施、汽车尾气等
含氧化合物	O_3、CO、CO_2 和过氧化物	燃煤设施、汽车尾气等
卤化物	Cl_2、HCl、HF 等	化工废气
有机物	烃类、甲醛、有机酸、酮类、多环致癌物等	汽车尾气、石油化工废气

根据这些物质存在的状态，可以将它们分为两大类：悬浮颗粒污染物和气态污染物。

11.2.2.1　悬浮颗粒污染物

悬浮颗粒物的类型与物理性质见表 11.2.3。

表 11.2.3　悬浮颗粒物的类型与物理性质

分　类	特　性	粒径/μm
粉尘(dust)	悬浮于气体介质中的细小固体颗粒。一般在固体物质的破碎、分级、研磨等机械过程或土壤、岩石风化等自然过程中形成	1～200
烟(fume)	由于冶金过程形成的固体粒子的气溶胶	0.01～1
飞灰(fly ash)	燃料燃烧后产生的烟气带走的灰分中分散的较细的粒子	0.1～10
黑烟(smoke)	由于燃烧产生的能见的气溶胶	0.05～1
雾(fog)	由于液体蒸气的凝结、液体的雾化以及化学反应过程形成的小液体粒子的悬浮体	<200
总悬浮颗粒物(TSP)	指大气中粒径小于 100μm 的所有固体粒子	<100

大气中含有大量的固体或液体的悬浮粒子，与承载的空气介质一起组成了大气的气溶胶体系，在该体系中包含了数百种有害环境和生物健康的污染物。对环境产生的影响包括：①对光产生吸收和散射，降低空气的可见度，减少太阳光射达地面的辐射量，因而对气温有制冷作用；②粒径较小的悬浮颗粒物会影响人体的健康，人呼吸后会黏附在体内，引起尘肺、呼吸道疾病和心脏病等；③悬浮颗粒物具有较大的比表面积，有较强的吸附能力，可以携带和传染病菌，有的浮尘本身是很好的催化剂，可以引起其他污染物发生反应，从而引起“二次污染”。

防治悬浮颗粒污染物的方法可以分为两类。一类是对能源结构进行改进：采用地热、风能等清洁能源，从根本上除去粉尘的来源；通过对原煤进行加工利用，将块煤加工为型煤，或将煤转变为水煤气，也可以降低粉尘的来源。另一类是对所排放的粉尘进行治理：根据粉尘的粒径、浓度、流量、腐蚀性、毒性等，可以采取不同的处理方法和除尘设备。通常颗粒污染物的控制方法和设备见表 11.2.4。

表 11.2.4　颗粒污染物的控制原理和设备

分　类	原　理	控制设备
机械力除尘器	利用含尘气流在旋转过程中的重力沉降、离心沉降作用，将颗粒物分离	重力沉降室、惯性除尘器、旋风除尘器
过滤式除尘器	利用棉、毛、纤维等滤层的物理截留作用，将颗粒物分离	袋式过滤器、颗粒层过滤器
静电除尘器	利用静电力将气流中的悬浮粒子分离、沉降出来	干式静电除尘器、湿式静电除尘器
湿式除尘器	利用洗涤液与含尘气体充分接触，在惯性碰撞、洗涤作用下，将悬浮颗粒物洗涤下来	泡沫除尘器、喷雾塔、填料塔、冲击式除尘器等

重力沉降（gravity sedimentation）是指含尘废气中悬浮颗粒污染物受重力作用而自然沉降，使得颗粒物与气体分离。含尘废气由管道进入比管道直径大得多的沉降室时，由于流速突然减慢，使得悬浮颗粒污染物在重力作用下，自然沉降到沉降室底部。图 11.2.2 为重力沉降室示意图。若通过沉降端面的水平废气流速分布均匀，且呈层流状态，其平均速度为 $v(\mathrm{m \cdot s^{-1}})$，通过长度为 L(m) 的沉降室所需要的时间为 t_1(s)，则 $t_1=L/v$。沉降速度为 v_t 的悬浮颗粒污染物，通过高度为 H(m) 的沉降室所需要的时间为 $t_2(\mathrm{s})=H/v_t$。为使悬浮颗粒污染物在沉降室沉降完全，必须保证 $t_1 \geqslant t_2$。

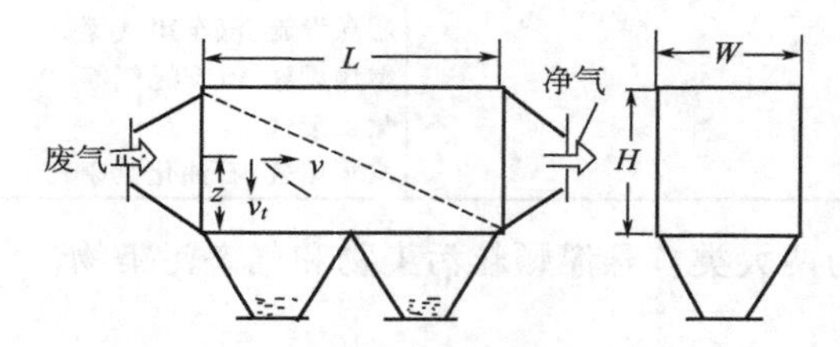

图 11.2.2　重力沉降室示意图

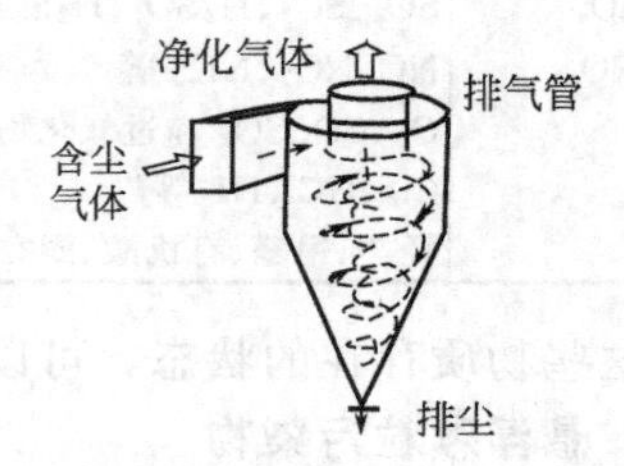

图 11.2.3　旋风除尘器工作原理

旋风除尘（cyclone dedusting）是指利用旋转含尘气流产生的离心力，将悬浮颗粒污染物从废气中分离出来。通常旋风除尘器由进气管、筒体、锥体、排气管等组成。当含尘气流通过进气管进入旋风除尘器时，气流由直线运动转变为圆周运动，并在旋转过程中产生离心力，将密度大于气体的悬浮颗粒物甩向旋风除尘器壁。悬浮颗粒污染物一旦与器壁接触，则失去惯性力，在入口速度的动量和自身重力的作用下，沿器壁而下沉，进入排灰管，从而实现了气体的净化与处理。其工作原理示意图如图 11.2.3 所示。

11.2.2.2　气态污染物

气态污染物主要有五类：以 SO_2 为主的含硫化合物 SO_x、以 NO 和 NO_2 为主的含氮化合物 NO_x、含碳氧化合物、碳氢化合物和卤化物。

若大气污染物是直接从污染源排出的原始物质，则称为一次污染物；若大气污染物是由一次污染物与大气中原有成分，或几种一次污染物之间，经过一系列化学反应而生成的，与一次污染物性质不同的新的污染物，称为二次污染物。如含硫化合物 SO_x 的一次污染物为 SO_2、H_2S，二次污染物为 SO_3、H_2SO_4、MSO_4；含氮化合物 NO_x 的一次污染物为 NO、NH_3，二次污染物为 NO_2、HNO_3、MNO_3；含碳氧化合物和卤化物的一次污染物分别为 CO、CO_2 和 HCl、HF，无二次污染物；有机物的一次污染物为烃类化合物，二次污染物为醛、酮、过氧乙酰基硝酸酯。

在大气污染物中，污染较严重的二次污染物主要有硫酸雾和光化学烟雾等。

11.2.2.3　硫酸雾与酸雨

大气中的SO_2、H_2S等硫化物在有水雾、含有重金属的漂尘或氮氧化物存在时，通过发生一系列化学或光化学反应而生成硫酸雾或硫酸盐气溶胶。

在自然条件下，大气中的CO_2浓度在$1.50\times10^{-4}\sim4.0\times10^{-4}$之间，当大气中的$CO_2$溶入纯净的雨水中后，由于大气中的$CO_2$溶于水存在化学平衡，得出雨水的pH值在5.5～5.7之间，故未污染的天然雨水的理论pH值为5.6，一般将pH值小于5.6的降雨称为酸雨。SO_3极易与水生成硫酸雾或酸雨，不仅危害生物、危害环境，而且对建筑物、金属设施造成腐蚀和损害，给地球生态环境、人类社会经济和人民生活都带来严重的影响和破坏。

硫氧化物和氮氧化物及它们的盐类，是形成酸雨的主要酸性物质。大气中硫氧化物的人为来源主要是煤炭、石油等矿物燃料的燃烧，以及金属冶炼、化工生产、水泥生产、木材造纸以及其他含硫原料的生产，其中煤炭和石油的燃烧过程排出的二氧化硫数量最大，约占人为排放量的90%。

空气中的氮氧化物（NO_x）主要是一氧化氮（NO）和二氧化氮（NO_2）。氮氧化物（NO_x）的人为源大部分是大气中的氮（N_2）在高温燃烧时产生的，石油和煤炭中的含氮物质在高温燃烧时也会产生氮氧化物。燃烧中产生的氮氧化物（NO_x）中，约有90%（体积分数）是NO，只有少量的NO_2生成，当NO在空气中停留一定时间后，NO会逐渐氧化成NO_2。此外，硝酸、氮肥、硝化有机物、苯胺染料与合成纤维的生产过程中，也会排放出氮氧化物（NO_x）。

目前，控制SO_2的方法主要有三类：①燃烧前脱硫，如洗煤、微生物脱硫；②燃烧中脱硫，如工业型煤固硫，炉内喷钙等；③燃烧后脱硫，即烟气脱硫。通过CaO、MgO等碱性吸收剂或吸附剂，捕集烟气中的SO_2，令其转化为稳定、易于机械分离的硫化物或单质硫，从而达到脱硫的目的。根据吸收剂和脱硫产物含水量的不同，可以将烟气脱硫方法分为湿法和干法两大类。湿法是采用液体吸收剂，洗涤烟气以脱除SO_2，如石灰石/石膏湿法脱硫工艺、海水脱硫工艺等；干法是采用粉状或粒状固体吸收剂、吸附剂或催化剂，除去SO_2，如旋转喷雾干燥脱硫、电子束脱硫等。

11.2.2.4　光化学烟雾

在阳光的照射下，大气中的氮氧化物、碳氢化合物和氧化剂之间发生一系列光化学反应，生成蓝色、紫色或黄褐色烟雾，称为光化学烟雾（photochemical smog），其主要成分为臭氧、醛类、酮类、过氧乙酰基硝酸酯等。光化学烟雾的形成机理包括如下两个化学过程：①氮氧化物在光化学作用下，生成活泼原子氧、自由基、臭氧等，反应方程有；$NO_2 \xrightarrow{h\nu} NO+O$，$O+O_2 \longrightarrow O_3$，$HONO \xrightarrow{h\nu} HO\cdot + NO$，$O_3+NO \longrightarrow NO_2+O_2$等；②大气中的碳氢化合物被羟基自由基、原子氧和臭氧所氧化，产生醛、酮、醇、酸等有机物，以及中间产物$RO_2\cdot$、$HO_2\cdot$、$RCO\cdot$等自由基，其中某些自由基可以催化NO转变为NO_2，或使O_2变成过氧基，如$RCO_2\cdot+NO \longrightarrow NO_2+RCO\cdot$，$RCO\cdot+O_2 \longrightarrow RCO_3\cdot$等。

光化学烟雾生成的醛、酮等产物容易凝聚为烟雾，影响大气的能见度，并具有特殊的刺激性气味，刺激眼睛和呼吸道，从而诱发其他疾病。此外，光化学烟雾还具有强氧化性，能引起橡胶开裂、植物叶片变黄、金属腐蚀等现象。

11.2.2.5　温室气体与温室效应

能够阻挡地球红外辐射向大气层外逃逸，从而对地球起着保温作用的气体就被称为温室效应气体或简称为温室气体（greehouse gases）。大气中水汽、二氧化碳、一氧化碳、甲烷（CH_4）、一氧化二氮（N_2O）、臭氧（O_3）、二氧化硫（SO_2）、各种氟氯溴化合物，以及其他滞留在大气中的痕量气体，由于在大气中能够吸收太阳光的红外辐射，加热大气，被称为能起类似于“温室效应”的“温室气体”。

温室气体浓度的增加主要是由于人类的生产活动和生活活动引起的。大气中的“温室气体”的增加，会进一步引起全球气候变暖，加速极地冰的融化，使得全世界海平面升高，有些海岛和陆面将淹没在海水下。同时，气候变暖还会引起降水分布的变化，对农业和生态环境将产生严重的影响。

11.2.2.6　臭氧及臭氧层的破坏

臭氧（ozone，O_3）为地球大气中的一种微量气体组分。气体状态的臭氧呈淡蓝色，一般情况下，大气中的臭氧是无味气体，但当其浓度达到 $10^{-4}mg \cdot L^{-1}$时，人们会嗅到臭氧的特殊气味。大气中的臭氧具有明显的不稳定性，在温度较高时分解得很快。在常温下，臭氧能氧化大多数的金属并能使许多饱和、非饱和及链状碳氢化合物的有机质氧化，因此臭氧已在污水处理、空气消毒和漂白等工作中得到广泛应用。

臭氧分子在离地球表面10～50km高度之间聚集起来，形成独特的层次，被称为大气臭氧层（ozone layer）。由于其可以吸收对环境有危害的紫外辐射，因此大气臭氧层在维护人类正常生存环境方面起着重要作用。20世纪80年代，科学家们发现大气中的臭氧层在逐渐变薄，并在有些地区出现了臭氧洞（ozone hole），对人类自身的生存构成了威胁，引起了世界各国政府和人民的普遍关注，并构成了当今人类面临的重大全球环境问题之一。

臭氧层的破坏会在以下几个方面带来危害或损失：①损害人体的免疫系统，增加皮肤癌的患病概率，眼疾发病率增加等；②当大气中臭氧含量减少时，会有更多的太阳紫外辐射到达地面，增加近地面大气臭氧形成的速率，进而会增加光化学烟雾的发生概率，使大气环境恶化；③通过影响浮游生物的定向性和游动性，最终导致其生存能力的降低和总体数量的减少，危害海洋生物；④臭氧层破坏使得农作物产品质量下降、产量减少，抵御病虫害的能力大大降低，进而使农作物和森林生态系统受到破坏；⑤臭氧层破坏增加了材料的光解速率，破坏其性能，减少了使用寿命，对材料的广泛应用构成威胁，造成严重的经济损失，并对人们的社会经济生活带来冲击。

大气污染物防治的重点是控制污染源。将原来污染工艺更换为无污染或少污染的工艺，此外，则是各种大气污染物的去除和控制。

气态污染物的控制技术可以分为分离法和转化法两大类。分离法是利用污染物与废气中其他组分之间的物理性质的差异，使得污染物从废气或空气中分离出来。转化法则是利用化学反应或生物化学反应，使得废气中的污染物转化为无害的物质或易于分离的物质，从而使得废气或空气得到净化和处理。

11.3　水污染与污水治理

11.3.1　我国的水资源状况

水是宝贵的自然资源，是人类生活、动植物生长、工农业生产所必需的资源，是生命不可或缺的重要物质，是人类环境的重要组成部分。没有水，就没有生命。

水资源是地球分布最广的物质之一，自然界的水资源极其丰富。地球表面约有70%为海洋所覆盖，地球上天然水的总量约有 $1.39\times10^{18}m^3$，主要来自于海洋、地表水（河流、湖泊、水库等）、地下水、降雨、植物蒸发等，其中海水占地球总水量的97.3%，淡水资源只占2.7%，逐年在陆地上可以得到恢复和更新的淡水资源估计约有 $1.20\times10^{14}m^3$。我国水资源较为丰富，约有 $2.8\times10^{12}m^3$，居世界第六位，但是人均水量却很少，不足 $2400m^3$，仅占世界人均水量的1/4，世界人均占有水量排名约在110位。此外我国水资源分布极不平衡，占全国土地面积63.7%的北方，其水资源仅占全国水资源的20%，而占全国土地面积36.3%的南方，水资源却占全国水资源的80%。据不完全统计，全世界已有100多个国家缺水，我国有200多个城市缺水，有40多个城市被列为水荒城市。

随着社会的发展，生产对水资源的需求逐年增加，另一方面，工农业生产所排放的工业废水、生活污水等又使得许多水源受到污染，造成可以利用的水资源和水量减少，地区性缺水现象较为严重。因此，控制水污染，保护水资源已经成为刻不容缓的任务，有效的开展水污染和废水处理具有重大的意义。

11.3.2　水的特性与环境效应

水作为一种宝贵的资源，其主要用途有：①生活和饮用水；②工业用水，包括冷却水、锅炉用水、生产工艺用水等；③农业用水，包括灌溉用水等；④渔业用水；⑤娱乐、游泳和水上运动；⑥水能利用；⑦航运；⑧景观；⑨水生生物和海生生物的生存、繁殖及生态用水等。

水体一般是指冰川、海洋、河流、湖泊、沼泽、水库、地下水等地表储水体的总称，是指地表被水覆盖的自然综合体。水体不仅包括水，还包括水中的悬浮物、底泥、水生物等。

自然环境是一个动态平衡体系。水体对其中所含有的各种物质的变化具有一定的自动调节能力，并且经过体系内部一系列的物理、化学、生物的连锁反应和相互作用，体系又会建立新的平衡。水体这种在一定程度上能够自身调节和降低污染的能力，通常称为水的自净能力。

所谓水污染（water pollution）是指污染物排入水体后，使得该物质在水体中的含量超过了水体的本底含量和水体的自净能力，破坏了水体的原有用途。依照《中华人民共和国水污染防治法》第60条的解释，水污染是指水体因某种物质的介入，而导致其化学、物理、生物或者放射性等方面特性的改变，从而影响水的有效利用，危害人体健康或者破坏生态环境，造成水质恶化的现象。

11.3.3　水体污染物

引起水体污染的物质称为水体污染物。水体污染物可以分为无毒无机物（如无机盐、氮、磷等植物营养物质）、有毒无机物（铅、铬、汞、镉及氰化物、氟化物等）、无毒有机物（糖类、脂肪、蛋白质等）、有毒有机物（苯、酚、多环芳香烃、有机农药等）四大类。

11.3.3.1　无机污染物质

无机污染指标主要包括酸碱度和硬度等。

酸度是指水中能和碱性物质发生中和反应的全部物质。通常水中的酸度有以下三类：①强酸，如盐酸、硫酸、硝酸等；②弱酸，如 H_2CO_3、CO_2、H_2S、各种有机弱酸；③强酸弱碱盐，如 $FeCl_3$、$Al_2(SO_4)_3$ 等。碱度是指水中能与酸性物质发生中和反应的全部物质。通常水中的碱度有以下三类：①强碱，如 NaOH、$Ca(OH)_2$ 等在水中全部电离生成 OH^-；②弱碱，如 NH_3、$C_6H_5NH_2$ 等在水中部分电离产生 OH^-；③强碱弱酸盐，如碳酸盐、磷酸盐、硫化物等。冶金、金属加工酸洗、人造纤维等工业废水是水体酸污染的重要来源，而造纸、制碱、皮革、炼油、化纤等工业废水是碱污染的重要来源。天然水体的pH值一般在6～9之间，当水体受到酸碱污染（$pH<6.5$ 或 $pH>8.5$）时，会影响水体的自净能力、水体中生物的生长，腐蚀水中的设备设施。

水中所含的钙镁离子总量称为水的总硬度（total hardness）。按照阴离子的不同，可以将硬度分为：①碳酸盐硬度，包括钙镁的碳酸盐和重碳酸盐，由于其经过煮沸可以除去，故又称其为“暂时硬度”；②非碳酸盐硬度：由钙镁的硫酸盐、氯化物等形成，不受加热的影响，故又称其为“永久硬度”。

11.3.3.2　无机有毒物质

无机有毒物质主要是指重金属离子的污染，如Hg、Cd、Pb、Cr、V、Co、Cu等，以

Hg的毒性最大，Cd次之。水中重金属污染物来源较为广泛，最主要的是工矿企业所排放的废水和废物。由于水体中的重金属离子会通过食物链在生物体内富集，给人类的健康造成极大的伤害。

11.3.3.3 有机有毒物质

水中的有机有毒物质包括优先控制有机污染物和持久性有机污染物两类。

在众多污染物中筛选出的、潜在危险性大的、优先研究和控制的污染物称为优先控制有机污染物。我国提出的水中优先控制污染物共有14类68种。其中，水中优先控制有机污染物12类，58种，包括10种卤代烃类，6种苯系物，4种卤代苯类（其中包括1种多氯联苯），7种酚类，6种硝基苯，4种苯胺，7种多环芳烃，3种酞酸酯，8种农药，1种丙烯腈，2种亚硝胺。其他有毒污染物2类：氰化物1种，重金属及其化合物9种。

持久性有机污染物是指具有长期残留性、生物蓄积性、半挥发性和高毒性，能够在大气环境中长距离迁移、并沉积到地球，对人类健康和环境具有严重危害的、天然或人工合成的有机污染物，如DDT、六氯苯、多氯联苯等，其性质较为稳定，难以降解。大多数持久性有机污染物具有致癌、致畸变、致突变的“三致”效应和遗传毒性，或干扰人体内分泌系统，引起“雌性化”的特性，并在全球范围内各种环境介质以及动植物组织器官和人体中存在。这已经成为一个新的全球性的环境问题。

11.3.3.4 需氧污染物质

天然水体的溶解氧（dissolved oxygen，DO）浓度一般在5～10mg·L^{-1}，耗氧有机物进入水体后，使得水中DO浓度急剧下降。当DO＜5mg·L^{-1}时，该水体已经不能作为饮用水源；当DO＜1mg·L^{-1}时，水中的鱼类则发生窒息而死亡；当水体中没有溶解氧时，有机物会被厌氧微生物分解，发生腐败现象，产生硫化氢、氨、硫醇等恶臭气体，造成环境的进一步恶化。

水中的需氧污染物质的含量可通过化学耗氧量（chemical oxygen demand，COD）和生化需氧量（biochemical oxygen demand，BOD）来表示。

水中的有机物在分解时，需要消耗水体中的溶解氧，耗氧量的高低，反映出了水中有机物污染的程度和含量。COD是指在一定条件下，水中有机污染物和还原性物质与强氧化剂（$K_2Cr_2O_7$或$KMnO_4$）氧化时所需要消耗的氧化剂量，称为化学耗氧量，单位为mg·L^{-1}。

生化需氧量表示在有氧的条件下，水中可分解的有机物被好氧微生物分解一定的时间后，所消耗氧的量，单位为mg·L^{-1}。水体中BOD值越大，水质污染程度越严重，溶解氧的消耗越多。

化学需氧量COD几乎可以表示出水中全部有机物质的含量，而生化需氧量BOD仅仅反映出能够被好氧微生物氧化分解的那一部分有机物质的含量，因此对于同一废水而言，COD＞BOD。如果同一废水的BOD/COD＞0.3，则该种废水适用于生物化学方法处理。比值越大，废水的可生物处理性越强。

11.3.3.5 植物营养物质

在人类活动集中的内湾和沿岸海域，特别是湖泊、水库、港湾、内海等水流缓慢的水域，因水体中氮、磷含量较高，而使得藻类等浮游生物及水草的大量繁殖，这种现象称为水体的“富营养化”（eutrophication）。在水流相对静止的湖泊等发生此类现象称为水华（water blooms）；在水流相对平缓的海湾发生此类现象则称之为赤潮（red tide）。藻类死亡腐败后，又分解出大量营养物质，进而促进藻类的进一步发展，最终造成溶解氧含量降低、水质恶化、鱼类死亡等。

11.3.3.6 物理性污染

物理性污染包括固体悬浮物、热污染、放射性污染等。

固体悬浮物（suspended solid，SS）是指水中的难溶性、难沉降性细微颗粒物质，由于SS会影响水的清澈程度，因而是水污染的外观指标之一。

来自火电厂、核电站、钢铁厂、化工厂等的冷却水，若不采取任何冷却措施而直接排入水体，会引起水温升高，水体中溶解氧降低，使得某些生物死亡或者影响水生生物生长。

核电站的建立、放射性矿藏的开采，以及同位素在医学、工业生产、科学研究中的应用，使得放射性废水、废物逐渐增加，从而形成一定的放射性污染，对人类的生存环境构成潜在的威胁。

11.3.3.7　生物性污染

某些工业废水和医院污水中含有一些病原微生物，如伤寒、霍乱、细菌性痢疾等均可以通过人畜粪便进入水体，并随着水的流动而传播。因此如何有效防治病原微生物对水体的污染，是保障人体健康、保护环境的难题。

11.3.4　水污染的防治与水处理技术

工业废水种类较多，且成分复杂、排放量大。在水污染的防治过程中，必须考虑或坚持如下原则：①改革原有生产工艺，减少废物的排放量，避免末端治理带来的缺陷；②重复利用水资源，尽量采用中水回用和循环用水系统，使得废水的排放量减至最小；③回收有用物质，在防治污染的同时，又创造了财富，这是实现循环经济的重要途径之一；④选择经济合理的工艺方法，对废水进行妥善处理，使其无害化。

污水处理的方法较多，通常可以分为物理法、化学法、生物法等。各种方法都有其特点和适用条件，在工业实践中，需要综合考虑，配合使用。

11.3.4.1　物理法

物理法是指利用物理作用分离出废水中的悬浮物质，其特点是在处理过程中不改变污染物的化学性质。通常物理法包括沉淀法（precipitation）、气浮法（air-floating）、过滤法（filtration）、离心法（centrifugation）、蒸发浓缩结晶法（evaporation-concentration-crystalization）、浮选法（flotation）等。此外，吸附法（adsorption）、萃取法（extraction）、电渗析法（electrodialysis）、微滤法（microfiltration）、超滤法（ultrafiltration）、纳滤法（nanofiltration）、反渗透法（reverse osmosis）等也是废水处理中有效的物理方法。物理法是最基本、最常用的一类处理生活污水或工业废水的单元技术，一般用作废（污）水的一级治理或预处理，常用作化学处理法、生物处理法的预处理方法，有时也可单独应用。一般情况下，物理处理法所需的投资和运行费用较低，故一般优先考虑或采用。

一些物理法的处理对象和适用范围见表 11.3.1。

表 11.3.1　一些废水处理的物理方法的处理对象和适用范围

处理方法		处理对象	适用范围
调节		水质水量均匀、均衡	预处理
重力分离法	沉淀	相对密度>1 悬浮物质	预处理
	气浮	相对密度≤1 悬浮物质	预处理或中间处理
离心分离法	离心机	水中含有的纤维、纸浆、晶体、泥沙等	预处理
	水力旋流器	相对密度比水大或小的悬浮物质	预处理或中间处理
过滤	隔栅	粗大的悬浮物质	预处理
	筛网	较小悬浮物质	预处理
	砂滤	细小悬浮物质	中间或最终处理
	布滤	浮渣、沉渣、污泥脱水	中间或最终处理
热处理	蒸发	高浓度酸碱、有机溶剂等	中间处理
	结晶	硫酸亚铁、氯化亚铁等无机盐	中间处理
磁分离		钢铁、选矿、机械工业废水中磁性悬浮物	中间或最终处理

11.3.4.2　化学法

化学法是指利用废水中所含有的溶解物质或胶体物质与其他物质发生化学反应，从而将其从废水中去除的方法。最常用的化学法包括中和法、氧化还原法、混凝（coagulation，flocculation）法、电解法、汽提法（stripping）、吹脱法（blow off）、萃取法、吸附法、离子交换法（ion exchange）、电渗析法等。

一些废水处理化学法的处理对象和适用范围见表 11.3.2。

表 11.3.2　一些废水处理化学法的处理对象和适用范围

处理方法		处理对象	适用范围
中和法		酸、碱废水	预处理、中间或最终处理
氧化还原法		溶解性有害污染物，CN^-、S_2^- 等	中间处理
混凝法		胶体、乳状液、悬浮物	中间处理
沉淀法		溶解性重金属离子，如 Cr、Hg、Cu 等	中间或最终处理
电解法		重金属离子	中间或最终处理
传质法	蒸馏	溶解性挥发物质，如 NH_3	中间处理
	汽提	溶解性挥发物质，如甲醛、NH_3	中间处理
	吹脱	溶解性气体，如 H_2S、CO_2 等	中间处理
	萃取	溶解性污染物，如酚	中间处理
	吸附	溶解性物质，如酚、汞、重金属等	中间或最终处理
	离子交换	废水中的金属离子	中间或最终处理
膜分离	电渗析	酸碱、重金属等	中间或最终处理
	超滤	相对分子质量较大的有机物等	中间或最终处理
	纳滤	可离解盐类、有机物等	中间或最终处理
	反渗透	可离解盐类、有机物等	中间或最终处理

通过向污水中投加高分子聚电解质，使得污水中难以沉淀的胶体物质迅速脱稳而相互凝集、增大，发生沉淀的方法称为絮凝（flocculation），所投加的高分子聚电解质称为絮凝剂（flocculant）。絮凝是水处理最重要的方法之一。常用的絮凝剂有无机絮凝剂和有机絮凝剂。无机絮凝剂有铝盐（如硫酸铝、硫酸铝铵、氯化铝、聚合氯化铝等）、铁盐（如硫酸亚铁、氯化铁、聚合硫酸铁、聚合氯化铁等）、复合无机盐（如聚合氯化铝铁、改性聚合氯化铝等）。有机絮凝剂包括天然高分子、人工合成高分子（如聚丙烯酰胺、丙烯酸-丙烯酰胺共聚物等）。

11.3.4.3　生物法

生物法是指利用废水中微生物的代谢作用，使得废水中溶解性和胶体状态的有机污染物转化为无害的物质。其基本原理为：在废水构筑物中，通过微生物酶的作用，将废水中的污染物分解。根据微生物的类别不同，可以将常用的生物法分为好氧生物处理（aerobic treatment）和厌氧生物处理（anaerobic treatment）。常用的好氧生物处理方法有活性污泥法（activated sludge process），序批式活性污泥法（sequencing batch reactor activated，SBR），生物接触氧化法（biological contact oxidation），生物转盘（rotating biological contactor），生物滤池（biofilter），氧化塘（oxidation pond），氧化沟（oxidation ditch）等。

好氧生物处理是在不断向构筑物中鼓入足够量空气（氧）的条件下，利用好氧微生物来分解废水中的污染物质。在好氧条件下，污染物被分解为 CO_2、H_2O 和各种无机酸盐等，使得废水得到净化处理。好氧生物处理主要适用于 COD 在 $1500mg \cdot L^{-1}$ 以下的废水处理。厌氧生物处理是在无氧条件下，在厌氧微生物的联合作用下，废水中的有机物通过酸性发酵阶段和产甲烷阶段，污染物最终形成 CH_4、CO_2、H_2S、N_2、H_2O 以及有机酸和醇类等，同时使得废水得到净化处理。厌氧生物处理可以直接接纳 COD 在 $2000mg \cdot L^{-1}$ 以上的高浓度有机废水处理。

按照废水处理的程度不同，废水处理又可以分为一级处理、二级处理和三级处理。一级处理，或机械处理，仅去除废水中漂浮物和较大颗粒的悬浮物质。采用的方法有隔栅、沉淀、气浮、预曝气等。废水经过一级处理后，一般达不到排放标准要求，还需要后续二级处理。二级处理又称为生物处理或生物化学处理，可以去除废水中的溶解和胶体状的有机物质。废水通过二级处理，一般均能达到排放标准要求。三级处理也称为高级处理或深度处理。在二级处理之后，进一步去除废水中的氮磷、生物难以降解的有机物质和溶解盐类等，使得废水达到直接回用于工业、绿化、冲厕等水质要求。

11.4　固体废物处置与利用

11.4.1　固体废弃物的来源与分类

固体废弃物（solid wastes）是指人类一切活动（生产和生活）过程中产生的、不再具有使用价值而被废弃的固态或半固态物质。人类各种生产活动过程中产生的固体废弃物俗称为废渣（residue），生活过程中产生的固体废弃物俗称为垃圾（refuse），我国《固体废弃物管理法》分别将其定义为“工业固体废物（废渣）”和“城市垃圾”。我国《固体废物污染环境防治法》第 88 条指出，所谓“固体废物”，是指在生产、生活和其他活动中产生的丧失原有利用价值或者虽未丧失利用价值，但被抛弃或者放弃的固态、半固态和置于容器中的气态的物品、物质以及法律、行政法规规定纳入固体废物管理的物品、物质。

固体废弃物仅仅针对原过程而言。由于其中仍然含有某些有效成分，经过一定的技术环节，可以将其转换为其他生产或生活过程有用的成分，或转换为其他行业的生产原料，或可以直接再利用。基于固体废弃物的以上特性，控制固体废弃物污染的技术政策应遵循减量化、资源化和无害化的原则。

常见固体废物的来源与主要成分见表 11.4.1。

表 11.4.1　固体废物的来源与主要成分

类别	废物来源	主要成分
工业固体废物	金属矿山、选冶	废矿石、尾矿、金属、砖石、废木料等
	能源、煤炭	废矿石、煤炭、煤矸石、金属、废木料、粉煤灰、炉渣等
	黑色冶金	金属、矿渣、模具、边角料、陶瓷、橡胶、塑料、烟灰等
	化学工业	金属填料、陶瓷、化学药剂、石棉、烟灰、涂料等
	石油化工	催化剂、还原剂、橡胶、塑料、炼渣等
	有色冶金	化学药剂、废渣、赤泥、炉渣、烟灰、金属等
	机械、交通	涂料、木料、金属、橡胶、塑料、陶瓷、轮胎边角料等
	轻工业	木料、金属填料、化学药剂、橡胶、塑料、纸类等
	建筑材料	金属、砖瓦、灰石、陶瓷、橡胶、石膏、石棉等
	纺织工业	棉、毛、纤维、棉纱、橡胶、塑料、金属等
	仪器仪表	绝缘材料、金属、陶瓷、玻璃、木料、塑料、化学药剂等
	食品加工	油脂、果蔬、蛋类、金属、玻璃纸类、烟草等
	军工、核工业	化学药剂、一般非危险废物
城市垃圾	居民生活	食品废物、废纸、纺织品、塑料、玻璃、金属、陶瓷、家用杂物等
	事业单位	废纸、塑料、玻璃、橡胶、废金属、办公废品、园林垃圾等
	机关、商业	废汽车、电器、建筑垃圾、废金属、废轮胎、办公废品等
危险废物	核工业	放射性废渣、核电站废物、含放射性劳保用品、实验废物等
	科研单位	各类具有危险性药剂、被危险品污染的各种固体废物

根据固体废弃物产生的途径和性质的不同，固体废弃物具有多种分类方法。按照固体废弃物的化学性质，可将其分为有机和无机废弃物；按照形状，可将其分为固态废弃物和半固

态废弃物；按照危害程度，可将其分为危险废弃物和一般废弃物；按照来源，可将其分为矿业废弃物、工业废弃物、城市垃圾、农业废弃物和放射性废弃物等。

我国《固体废物污染环境防治法》中所指的固体废物主要包括上述分类中的工业固体废物、城市垃圾和危险废物。

11.4.2　固体废物处置与综合利用

固体废物污染是指因对固体废弃物的处置不当而使其进入环境，从而导致危害人体健康或财产安全，以及破坏自然生态系统、造成环境质量恶化的现象。

固体废弃物进入环境，可以直接或间接危害人类或环境。其危害方式主要有：①通过雨水的淋溶和地表径流的渗沥，污染土壤、地下水和地表水，危害人体健康，并导致土地的盐碱化；②通过气象作用产生的飞尘、微生物作用产生的恶臭，以及化学反应产生的有害气体等污染大气环境；③固体废弃物的存放和最终填埋处理占据大面积的土地等。

表 11.4.2 为常用的固体废弃物处理技术和原理。

表 11.4.2　常用的固体废弃物处理

处理技术	主要原理
压实	通过压力挤压作用，减小固体废物的表观体积，提高运输和管理效率
破碎	通过冲击、剪切、挤压、破碎，减小粒度，使之质地均匀
分选	利用重力作用、磁力作用的差异，将有用资源分离出来
脱水干燥	利用过滤作用、干燥设备，降低固体废物的含水率
中和法	通过中和反应处理工业产生的酸性或碱性废渣
氧化还原	通过氧化还原反应，将危险废物中可以发生价态变化的有毒有害成分，转化为无毒、低毒且具有化学稳定性的成分
固化法	通过物理或化学方法，将危险废物固化、隔离或包容于惰性固体基质内，从而达到化学稳定性、密封性
堆肥	在一定的人工控制条件下，通过生物化学作用，将有机垃圾分解转化为比较稳定的腐殖肥料，实现废物处理的稳定化、无害化、资源化
焚烧	通过燃烧反应，回收热资源，减小废弃物体积，将其转化为化学稳定性的灰渣
填埋	通过隔离作用，将废弃物与环境生态系统隔绝，达到无害化处置

尽管固体废物对环境构成了相当大的危害，但是，如果能够对其进行正确、合理的利用，就可以实现化害为利、变废为宝。固体废物从废物这个角度看具有相对性，一种工业过程产生的废物往往可以成为另一工业过程的原料。所以固体废物也被称为“放错地点的原料”，因此，固体废物实际上又是一种资源，其综合用途十分广泛，目前主要有以下途径或方法。①用作生产建筑材料。许多工业废渣的成分、性质类似于天然建筑材料或人工制成的建筑材料，如含有钙、硅、铝等氧化物并具有水硬胶凝性的废渣，可作水泥、砖瓦等墙体材料；具有一定强度、体积稳定的废钢渣和废矿石，可作混凝土骨料。目前，利用热电厂的粉煤灰筑路，或利用燃煤的灰渣作钢厂铸锭保护渣、岩棉制品、水泥原料等，不仅可以获得良好的环境效益、社会效益，也可以获得可观的经济效益。②回收资源和能源。许多废石、尾矿、废渣等都含有一定量的金属元素或含有提炼金属元素所需的辅助成分。若是用于冶金、化工生产，可收到良好的经济和环境效益。回收垃圾中的废纸可节约大量的造纸木材，还可以减少木材造纸工艺中的一系列污染。处理 100 万吨废纸，相当于替代 600 平方公里森林用于造纸；120～130t 废罐头盒，可回收 1t 锡，相当于开采冶炼 400t 锡矿石。粉煤灰的含碳量通常在 10%以上，用这些废渣烧制砖瓦、水泥等，既利用了原料，又利用了废渣中的能量，节约了能源。近些年，我国利用煤矸石发展坑口电站，节省了大量煤炭和运输，其所排放的粉煤灰又用于矿坑回填。此外，城市垃圾或污泥中的大量有机物可利用高效微生物降解制取沼气，还有一些有机物如废塑料，经过加工处理可制取燃料油等。③用于改良土壤，增加肥力。对含有机物成分比较多的城市垃圾进行堆肥处理，使其无害化，并可转化为有机肥料。

许多废矿渣、磷渣含有植物生长所必需的养分，还具有改良土壤结构的作用，如用废渣制作的硅钙钾化肥，既可以解决土地板结问题，又可以使植物抗干旱、抗倒伏，增强抗病虫害的能力，同时还能促进粮食早熟和增产。

11.4.3　土壤污染与治理

11.4.3.1　土壤污染

土壤是构成生态系统的基本环境要素，是人类赖以生存和发展的物质基础。人类行为造成了土壤重金属、农药、石油污染，土壤酸化，营养元素流失，进而破坏土壤生态系统，降低作物产量。针对土壤污染的治理一直以来是国际性的难题。

加强土壤污染防治是深入贯彻落实科学发展观的重要举措，是构建国家生态安全体系的重要部分，是实现农产品质量安全的重要保障，是新时期环保工作的重要内容。目前，我国土壤污染的总体形势不容乐观，部分地区土壤污染严重，在重污染企业或工业密集区、工矿开采区及周边地区、城市和城郊地区出现了土壤重污染区和高风险区；土壤污染类型多样，呈现出新老污染物并存、无机有机复合污染的局面；土壤污染途径多，原因复杂，控制难度大；土壤环境监督管理体系不健全，土壤污染防治投入不足，全社会土壤污染防治的意识不强；由土壤污染引发的农产品质量安全问题和群体性事件逐年增多，成为影响群众身体健康和社会稳定的重要因素。

土壤污染具有以下几个特点。①土壤污染物在土壤环境中并不像在水和大气中易于识别，具有较强的隐蔽性；即从开始污染到导致后果有一个长时间、间接、逐步积累的过程，污染物往往通过农作物吸收、再通过食物链进入人体引发人们的健康变化，才能被认识和发现。而且进入土壤的污染物移动速度缓慢，土壤污染和破坏后很难恢复，又往往不易采取大规模的治理措施。所以对于土壤污染，其防止污染比治理污染更具现实意义。②土壤环境使污染难于扩散和稀释，在土壤中容易积累并达到很高浓度，因此具有很强的地域性。③土壤污染一旦发生，仅靠切断污染源的方法很难实现自我恢复，必须依靠科研单位的大量人力、财力、物力的投入。例如重金属在土壤中的自然净化过程十分漫长，一般需要上千年时间，因此其污染具有隐蔽性、不可逆性和长期性等特点。

11.4.3.2　土壤污染的治理

土壤污染的防治与治理一般采用以下措施。①控制和消除土壤污染源是防止污染的根本措施。②植物防治与治理。植物修复是一种主要利用植物去除和消减污染物的环境治理技术。譬如：在污染土壤中种植对重金属具有特殊耐性和富集能力的“超富集植物”，则可以迅速将大量的污染物吸收和富集到植物体中并运输到植物上部，通过收获植物，焚烧后回收重金属，从而降低土壤或水体中重金属的含量，实现治理目标。与传统的化学修复、物理和工程修复等技术手段相比，它具有投资和维护成本低、操作简便、不造成二次污染、具有潜在或显在经济效益等优点。由于植物修复更适应环境保护的要求，因此越来越受到世界各国政府、科技界和企业界的高度重视和青睐。自从 20 世纪 80 年代问世以来，植物修复已经成为国际学术界研究的热点问题。利用特殊的植物也能够降解、吸收部分有机污染物，同时也可以通过植物增加根际有益微生物的数量和活性，起到促进微生物对有机污染物的降解作用。③施加抑制剂。轻度污染的土壤施加某些抑制剂，可以改变污染物在土壤中的迁移转化方向，促进某些有毒物质的迁移，淋洗或转化为难溶物质，进而减少作物吸收。常用的控制剂有石灰、碱性磷酸盐等。施用石灰可提高土壤 pH 值，使镉、铜、锌和汞等形成氢氧化物沉淀。碱性磷酸盐可与土壤中的镉作用生成磷酸镉沉淀，在不能引起硫化镉沉淀的弱还原条件下，磷酸镉的形成对清除镉污染具有重要意义。④控制氧化还原条件。水稻田的氧化还原状况，可控制水稻田中重金属的迁移转化，水稻田在还原条件下产生 S^{2-} 与 Cd^{2+} 形成难溶解的 CdS 沉淀，故灌水可抑制对镉吸收。而干后土壤是氧化状态，S^{2-} 被氧化成 SO_4^{2-}，土壤 pH 值降低，镉可溶入土壤转化为植物易吸收的形态，而促进了对镉的吸收。铜、锌、铅等重金属元素均能与土壤中的 H_2S 作用产生硫化物沉淀。因此，加强稻田的灌水管理，可有效地减少重金属的危害。⑤增施有机肥，改良砂性土壤。有机胶体和黏土矿物对土壤中重金属和农药有一定的吸附力。因此，增施有机肥，改良砂性土壤，能促进土壤对有毒物质的吸附作用，是增加土壤环境容量，提高土壤自净能力的有效措施。

习题与思考题

11.1　水中悬浮物的去除有哪些方法？其技术原理是什么？

11.2　区分下列概念：水与水体、水体污染物与水污染的分类、大气与空气、COD 与 BOD、好氧生物处理与厌氧生物处理、温室气体与温室效应、固体废物与固体废物污染。

11.3　水污染的防治须坚持哪些原则？

11.4　重力分离法的基本原理是什么？

11.5　混凝法的基本原理是什么？

11.6　生物法处理废水基本原理是什么？

11.7　空气中的悬浮颗粒污染物对环境具有哪些影响？

11.8　如何控制 SO_2 排放？

11.9　什么是光化学烟雾？

11.10　控制固体废弃物应遵循什么技术政策？

参 考 文 献

[1] 蒋展鹏．环境工程学［M］．北京：高等教育出版社，2005.

[2] 金瑞林，汪劲．环境与资源保护法学［M］．北京：高等教育出版社，2006.

[3] 王明星，郑循华．大气化学概论［M］．北京：气象出版社，2005.

[4] 黄美元，徐华英，王庚辰．大气环境学［M］．北京：气象出版社，2005.

[5] 郑正．环境工程学［M］．北京：科学出版社，2004.

[6] 李旭东，杨芸．废水处理技术及工程应用［M］．北京：机械工业出版社，2003.

[7] 李国鼎．环境工程手册固体废物污染防治卷．北京：高等教育出版社，2003.

第12章 日用化学基础

随着社会的发展和科学技术的进步，化学已渗透到人类生活的每一个角落。从天然材料的改性到合成材料，从医药、兽药到农药，从食品的制备、加工到食品添加剂，从洗护用品到美容保健品等，无不与化学密切相关。由于篇幅和课时的限制，本章仅讨论与个人洗护用品和食品添加剂有关的一些问题，其他日常用品所涉及的化学问题或在本书的其他章节中另作讨论，或请读者参考其他资料。

12.1 洗涤剂

所谓洗涤剂（detergent），是指能够促进和提高洗涤作用的一类物质，是人们日常生活和工业生产中不可缺少的日用化学品。洗涤剂是由多种原料配伍而成的混合物。原料可分为两大类：一类是主要原料，它们是起洗涤作用的各种表面活性剂（surfactant）；另一类是辅助原料，它们在洗涤过程中发挥助洗作用或赋予洗涤剂以某些特殊功能，如柔软、增白等。辅助原料一般用量较少。

表面活性剂是洗涤剂的主要原料，很多品种都具有良好的去污、润湿、起泡、分散、乳化和增溶能力。关于表面活性剂的定义、结构、性能和分类等，在本书第7章已进行了讨论，在此不再赘述。洗涤助剂（detergent builder）主要包括磷酸盐、硅酸钠、硫酸钠、碳酸钠、抗污垢再沉积剂、漂白剂和荧光增白剂、酶制剂、抗静电剂和柔软剂、稳泡剂和抑泡剂、溶剂和助溶剂等。

12.1.1 洗涤剂的配方设计

洗涤剂有家用和工业用之分，由于使用目的的不同，其配方亦有很大差异。家用洗涤剂配方中约有10余种成分，主要成分为表面活性剂，占5%～30%。用量最多的表面活性剂为烷基苯磺酸钠、十二烷基硫酸钠、脂肪醇聚氧乙烯醚及其硫酸盐或其他芳基化合物的磺酸盐。它们是去除污垢的主要成分，起润湿、增溶、乳化、分散和降低表面张力的作用。

在含磷洗涤剂中，三聚磷酸钠和多磷酸钠的用量因洗涤对象而不同，含量在10%～50%之间，其他助剂如硫酸钠、氯化钠等在配方中含量约为20%，羧甲基纤维素约为10%，过硼酸钠约为10%，硅酸钠在5%以下，此外还应有一定量的荧光增白剂、香精和酶等。

12.1.2 肥皂

肥皂（soap）通常指高级脂肪酸的盐类，它的化学通式为RCOOM，R代表长碳链烷基，M代表某种金属离子。具有洗涤、去污、清洁等作用的皂类主要是脂肪酸钠盐、钾盐和铵盐，其中最常用的是脂肪酸钠盐；此外，还有脂肪酸的碱土金属盐（钙、镁）及重金属盐（铁、锰）等金属皂。这些金属皂均不溶于水，不具备洗涤能力，主要作为农药乳化剂、金属润滑剂等。

肥皂是脂肪酸甘油酯在碱溶液中水解反应得到的脂肪酸钠，这就是著名的皂化反应（saponification reaction），反应式为$(C_{17}H_{35}COO)_3C_3H_5$（三硬脂酸甘油酯）$+3NaOH \longrightarrow 3C_{17}H_{35}COONa$（钠肥皂）$+C_3H_5(OH)_3$（甘油）。由于生成的产物是一个互溶的混合物，因此加入食盐后，相对密度较轻的、在盐溶液中溶解度较小的肥皂就会浮出水面而析出，这个过程就称为盐析（salting out）。再将肥皂中掺入一定量的香料和着色剂进行调和，冷却后成型，即可切块包装。皂化反应的副产物是甘油，又名丙三醇。丙三醇具有助溶性、润滑性和很强的吸湿性，是化妆品工业中的重要化工原料。如果制皂过程中所用的碱是氢氧化钾，则所产生的肥皂叫做钾皂，钾皂的硬度低于钠皂，所以又称为软皂或液体皂。随着制皂工业的发展，人们制成了满足各种不同需要的肥皂，如在钠皂中加入香精、抗氧剂、着色剂、杀菌剂、多脂剂、钛白粉等，就制成了我们常用的香皂。如在钠皂中加入酚类化合物，如苯酚、甲三溴水杨酸苯胺、百里酚、香芹酚和5-三溴水杨酸苯胺等杀菌剂后就制成了我们熟知的药皂。由于儿童皮肤细嫩，特别怕刺激和碱性的腐蚀，在肥皂中除了提高油脂含量外，还加入少量硼酸和羊毛脂，就制成了适用于儿童的儿童皂。

12.1.3 洗衣粉

在洗涤剂中用量最大的是衣物洗涤剂，有液状、块状和粉状三类，其中最常见的是洗衣粉（powdered detergent）。洗衣粉的有效成分是阴离子表面活性剂。三聚磷酸钠（sodium tripolyphosphate，STPP）是重要的洗涤助剂，能抗硬水、缓冲酸碱、保持洗衣粉不结块，并能增强活性剂的表面活性。但由于含磷洗衣粉的使用可加剧水体的富营养化，所以用4A沸石代替STPP后可制得“无磷洗衣粉”，但无磷洗衣粉的成本相对较贵，洗衣效果也不理想。现在市场上洗衣粉中仍是以STPP为助剂者居多。洗衣粉中还含有一种叫羧甲基纤维素（carboxymethylcellulose，CMC）的物质，它可防止污垢再沉积到织物上。某些“增白”洗衣粉中加入了荧光增白剂，通过减少织物的泛黄改善织物外观。洗衣粉中使用硅酸钠作为碱性缓冲剂，来防止酸的腐蚀。某些低档洗衣粉中还加入纯碱，增大pH值以增强洗涤油污的作用，但同时对人手的腐蚀也增强了。

市场上的洗衣粉中大都以芒硝（Na_2SO_4）作为填充剂，其实填充剂对洗涤并无明显作用，只是为增加固体质量，所以，不论对厂家还是对消费者都是巨大的浪费。如今，“浓缩粉”已日益受到人们的青睐，其中含多种表面活性剂成分，以增强洗涤功能，而硅酸钠和纯碱的含量很少甚至没有。更重要的是，只有不含芒硝的洗衣粉才能叫做浓缩粉。所以浓缩粉是未来洗涤工业发展的必然趋势。

配方设计是洗衣粉生产中很重要的一个环节，配方的好坏关系到整个生产过程和产品质量；目前，还没有完整的理论依据来指导配方制定，只能依靠试验和实际经验来决定，通常应考虑以下几个因素。①选用合适的表面活性剂。喷雾干燥成型时，由于温度较高，这类洗衣粉宜选择热稳定性好的活性物质，如烷基苯磺酸盐（linear alkylbenzene sulfonate，LAS或软性ABS），α-烯烃磺酸盐（alpha olefine sulfonate，AOS）和烷基磺酸钠（alkyl sodium sulfonate，AS）等。非离子表面活性剂不耐热，宜在后配料时加入。目前复配型洗衣粉一般以烷基苯磺酸钠为主要活性剂，再配以脂肪醇硫酸钠（烷基硫酸钠，sodium alkyl sulfate），脂肪醇聚氧乙烯醚硫酸钠（aliphatic alcohol polyoxyethylene ether sulfate，AES）等。②适量的泡沫。手洗用的洗衣粉习惯泡沫多些，故在配方中应考虑加入增泡剂和稳泡剂。而机洗用的洗衣粉希望泡沫少些，可配入泡沫少的十八醇硫酸钠（octadecyl alcohol sodium sulfate）、非离子表面活性剂、肥皂或其他抑泡剂。③稳定合适的pH。重垢型洗衣液pH值一般在9.5～10.5之间，碱性较强，不宜洗涤丝、毛等蛋白质纤维纺织品。如要洗涤丝、毛纺织品，最好用轻垢型的中性洗衣粉，配制中性洗衣粉的关键是不加入三聚磷酸钠和其他碱剂且仍可达到较好的洗涤效果。④根据需要加入适量的抗再沉积剂CMC、抗结块剂（如对甲苯磺酸钠）和荧光增白剂等。

12.1.4 香波

在化妆品中护发用主要产品有发油、发蜡、发乳、护发素、洗发水等。其中发用洗涤剂又称洗发香波（shampoo），是个人卫生清洁剂中用量较大的一个品种。

人的毛发是由角质组成的。由人的皮脂腺分泌脂肪质来保护它，防止焦断和脱落。如果分泌的脂肪物质过少，头发就容易枯燥。采用发用洗涤剂可弥补脂肪物质的分泌不足，增加毛发的营养成分，使头发光亮健美，并增加其柔软性。

洗发香波是以表面活性剂为主要原料，用于清洁头发、头皮并保持头发美观的一类洗涤用品。对香波的质量要求是：有适度的去污能力但不能过多去掉自然的皮脂；洗后的头发有光泽和柔软性；对头发、眼睛的安全性高。早期在洗发香波尚不普及的时候，人们用肥皂洗发，虽去污力强但皮脂去掉太多，使头发干枯；采用硬水洗发，还会形成不溶性的“钙镁皂”，使头发失去自然光泽，蓬松而不易梳理。由于洗发香波中采用了表面活性剂作为主要的洗涤剂，从而克服了肥皂洗头的缺点，使香波得到了迅猛的发展。洗发香波种类很多，按发质可分为通用型、油性型和干性型；配合油分的制品有油状洗发香波和膏状洗发香波；为防止洗发中头发损伤的有调理性洗发香波；有防头屑效果的防头屑洗发香波；赋予护发素功能（使头发表面摩擦力低、防静电、保护头发等）的洗发、护发二合一香波；有多功能的洗发香波等。现代香波主要由三种基本材料组成：洗涤剂（detergent）、助洗剂（detergent builder）和添加剂（additive agent）。

12.1.4.1　洗涤剂

洗涤剂即各类表面活性剂，为香波提供了良好的去污力和丰富的泡沫，使香波具有极好的清洗作用，常见的用于香波的洗涤剂有以下几种。①脂肪酸硫酸盐 $ROSO_3M$，这是香波配方中最主要的成分之一，包括钠盐、钾盐、一乙醇铵盐、二乙醇铵盐和三乙醇铵盐。其中以月桂醇硫酸钠的发泡力最强，去污性能也很好。②脂肪醇醚硫酸盐 $RO(CH_2CH_2O)_nSO_3M$，它是配制透明液体香波的主要成分之一，有优良的去污能力。这类洗涤剂应用最多的是 $n=2\sim3$ 的脂肪酸醚硫酸盐，它的色泽和溶解性比脂肪酸硫酸盐好，在低温下仍能保持透明，目前有取代脂肪酸硫酸盐之势。如以月桂醇加成和环氧乙烷加，成且 n 更大时，则可制成较稠厚的液体。n 越大则水溶性越好，其在香波中的用量为 10%～25%。③烷基苯磺酸盐 $RC_6H_4SO_3M$，这是一种廉价的洗涤剂，有极好的发泡力。但单独使用时，泡沫密度小，脱脂力强，使头发过于干燥，不易梳理。一般多与脂肪酸硫酸盐等同时使用，可使产品保持透明，并能降低成本。由于烷基苯磺酸钠有较强的脱脂能力并对皮肤有刺激作用，目前仅在经济型香波中使用，较多用作家用清洁剂和织物的洗涤剂，很少用作高级香波的原料。

12.1.4.2　助洗剂

助洗剂也是一类表面活性剂，它增加了香波的去污力和泡沫稳定性，改善了香波的洗涤性能和调理作用。常用的助洗剂有以下几种。①脂肪酸单甘油酯硫酸盐 $RCO_2C_3H_5OHSO_4M$，它作为香波的原料已有较长的历史，一般采用月桂酸单甘油酯硫酸铵。其洗涤性能和洗发后的感觉类似月桂酸硫酸盐，但此脂肪酸硫酸盐更易溶解，在硬水中性能稳定，有良好的泡沫性能，使头发洗后柔软而富有光泽；其缺点是能被水解成脂肪酸皂，故必须保持 pH 在弱酸性或中性。②环氧乙烷缩合物 $RO(CH_2CH_2O)_nH$，这是非离子表面活性剂用于香波的最大的一类。其中包括脂肪酸乙氧基化合物、聚氧乙烯山梨醇月桂酸单酯等。这类化合物对眼睛的刺激非常小，另外加入这类化合物能减少体系中其他洗涤剂的刺激性，故常用于低刺激香波和儿童香波之中。③阳离子表面活性剂。阳离子表面活性剂的去污力和发泡力较差，通常只用作头发调理剂。阳离子表面活性剂易被头发吸收而具有良好的柔软性。香波中常用的阳离子表面活性剂多为长链基的季铵化合物，如鲸蜡基三甲基氯化铵等。季铵化合物不仅有抗静电效应和润滑作用，而且是一种良好的杀菌剂。但季铵化合物与肥皂或阴离子表面活性剂不相容。

12.1.4.3 添加剂

添加剂的种类很多，如增稠剂、稀释剂、澄清剂、螯合剂、防腐剂、抗头屑剂、调理剂、滋润剂以及香料及色素等，它们赋予香波以各种不同的功能。

使液体香波增稠的增稠剂有脂肪酸醇胺、氯化钠、硫酸钠等，使膏霜状香波增稠的有硬脂酸钠、十六醇、十八醇、聚乙烯醇、羧甲基纤维素等。增溶剂可增加难溶物如香精、防腐剂、羊毛脂等的溶解性，常用的有异丙醇、丙二醇、甘油等。整理剂的作用是适当补充油脂，使头发洗后有光泽和柔顺滑润感、易于梳理，用作整理剂的有脂肪醇、多元醇、羊毛脂等。防腐剂的作用是防止微生物生长，主要有尼泊金乙酯（对羟基苯甲酸乙酯，$C_9H_{10}O_3$），尼泊金丙酯（对羟基苯甲酸丙酯，$C_{10}H_{12}O_3$），0.05%～0.1%对氯间苯二酚（防腐剂），0.2%甲醛等。抗头屑剂有锌基吡啶、硫化硒、硫化镉、水杨酸、六氯代苯羟基喹啉、十一碳烯酸的衍生物以及某些季铵化合物等。它们还具有抗微生物或杀菌作用和良好的头发调理性。

另外，有的香波还有护发素或发乳等，意在洗涤之后对头发进行调理，使之柔软易于梳理。婴儿因为皮肤娇嫩，所以有专门的香波，其中含温和的两性表面活性剂，如咪唑啉两性表面活性剂成分。

12.2 毛发洗护用品

12.2.1 毛发的结构

人体的毛发是由毛干（hair shaft）、毛根（hair root）和毛乳头（hair papilla）组成的。毛发露出表皮的部分叫毛干，它完全没有生命，是由坚韧的角蛋白纤维组成的。生长在皮肤以内的部分是毛根，毛根深埋在皮内的毛囊之中，毛根的尖端叫毛球，其下部分叫毛乳头，毛乳头与神经血管相连，为生长中的毛发输送营养。每根毛发可分成三层，外层是护膜层，中间层是皮质层，核心则为髓质层。护膜层是由无核透明的细胞组成。它可以保护毛发不受外界的影响，保持毛发乌黑、光泽、柔韧的性能。皮质层是毛发的主要成分，是由扁平的角蛋白纤维组成，使毛发坚韧而富有弹性。头发的黑色素颗粒主要在皮质层中，如果黑色素颗粒消失，毛发则变为白色。髓质层位于皮质的中心，是由细胞分裂后的残余细胞组成，它的作用是提高毛发的结构强度和刚性。

12.2.2 毛发的性质

毛发主要由角蛋白组成，水解后可得到胱氨酸、谷氨酸、亮氨酸、赖氨酸、甘氨酸、酪氨酸等多种氨基酸。由这些氨基酸组成的角蛋白中的多肽链通过范德华力、氢键、离子键、二硫键连接成交联的结构（图12.2.1）。而其中的二硫键是毛发多肽链之间的重要连接形式。胱氨酸分子在α位上，既有$-NH_2$基，又存在着$-COOH$，所以可以形成两个多肽键。在人发的角蛋白中，胱氨酸约占14%，这样对于每一个胱氨酸分子来说，它的一部分在一条多肽链中，而另一部分则在另外一条多肽链中，这两条链通过胱氨酸分子内的两个硫原子连接在一起。这两个硫原子之间的交联叫做二硫键。由于二硫键可将两条多肽链连接在一起，因此，毛发中的多肽链都是两两相

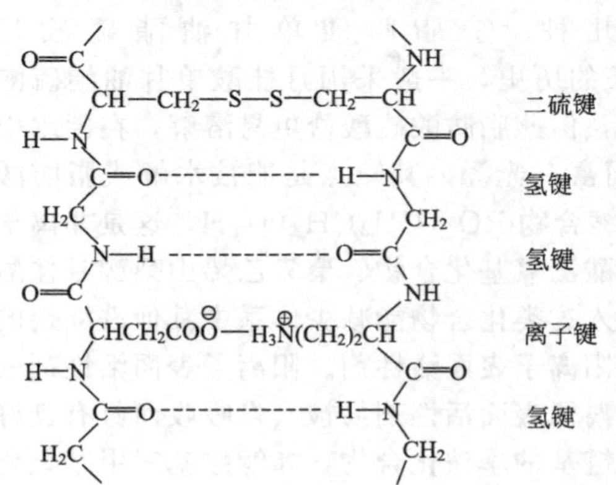

图 12.2.1 角蛋白的化学结构

连于一个网状结构内。二硫键非常坚固，只有通过化学变化才能被打开。它对头发的变形起着重要的作用。

尽管毛发的角蛋白属于长线状的、不溶于水的纤维蛋白，它们的化学性质不活泼，但毛发对沸水、酸、碱、氧化剂和还原剂还是比较敏感的。在一定条件下与这些物质接触后能发生氧化反应、水解反应和还原反应，使头发损伤和改变头发的化学性质，头发的这些化学性质是人们配制护发和美发用品的化学理论基础。

毛发的相关化学变化如下。①氢键的断裂与生成。在水溶液中会使毛发分子中一些氢键断裂，而且溶液温度越高，氢键断裂得越多。因此头发在水中能够膨胀软化，同时头发的弹性也将改变，但头发干燥后氢键仍会形成，因此头发就又会恢复为原来的状态。②氧化反应。头发中的黑色素可被某些氧化剂氧化而使黑色被破坏，生成一种无色的新物质。依靠这个反应，可将头发漂白，常用的氧化剂为过氧化氢。为迅速而有效的漂白头发，可在过氧化氢中加入氨水作为催化剂，使用热风或热蒸汽也可加速黑色素的氧化过程。使用过氧化氢作为氧化剂的最大好处就是它的反应产物是水，因而没有毒害副作用。③还原反应。毛发中的二硫键很容易被还原剂破坏，常用的还原剂有巯基乙酸（$HSCH_2COOH$）及其盐，它是化学冷烫剂的主要成分。它们能向角蛋白分子提供氢原子，从而使胱氨酸中二硫键的两个硫原子各与一个氢原子结合，形成两个巯基（—SH），一个胱氨酸分子被还原为两个半胱氨酸分子，头发从刚韧状态变成软化状态，并随卷发器弯曲变形。相互错开的半胱氨酸分子上巯基团再经过氧化剂（在冷烫药水中称为中和剂）的氧化作用，部分又重新组合成新的二硫键。于是头发又恢复为原来的刚韧性，同时也保留持久的波纹状态，这也是化学卷发或被称为冷烫的反应原理。④水解反应。若将头发在水中加热到一定温度，则发生水解反应 $R—S—S—R+H_2O \longrightarrow R—S—H+HO—S—R$，此反应速率较慢，且不能反应彻底。但在有碱存在的条件下，则将进一步发生反应 $R—S—H+HO—S—R \longrightarrow R—S—R+H_2O+S$，且温度和 pH 值越高或处理时间越长，损失的硫就越多。

所谓热烫或电烫的方法就是根据头发的水解反应来实施的：这种方法首先须将头发浸上碱性的药水，利用卷发器将头发卷曲，以改变头发中角蛋白分子的形状。然后对头发进行加热，使头发中的水分变成蒸汽。受热后的烫发药水发生水解作用，二硫键被破坏，通过化学变化形成新的硫化键将头发形成的波纹固定下来。在热烫中二硫键的破裂和硫化键的形成是一个连续的过程。

12.2.3　毛发的定型、染色与洗护

12.2.3.1　烫发剂

烫发的目的是使头发卷曲后定型，烫发的方法分为电热烫和化学烫。烫发剂是改变头发结构形态时所使用的化学制剂。烫发就是通过化学制剂使头发角蛋白中的双硫键先断开，使头发变形，然后再使头发角蛋白在新的发型下形成新的双硫键，将头发的形状固定下来。

热烫（电烫）剂主要由无水巯酸钠、棉子油、氨水和硼砂组成。其中的亚硫酸盐在室温条件下，需要很长的时间才能切断相当数量的胱氨酸的二硫键。而在大于 65℃时，亚硫酸盐能加速使双硫键断开。断开的二硫键在碱和空气的作用下重新结合而使头发卷曲定型。

冷烫精的主要成分是巯基乙酸铵（$HSCH_2COONH_4$）。头发涂上冷烫精后，头发中的角蛋白的二硫键断开，这就可以轻易地把头发做成需要的形状，然后用冷烫精中的过硼酸钠氧化，即破坏溶剂，这样二硫键又重新结合，这一次是按已定的形状结合，于是头发就成了需要的式样了。

12.2.3.2　染发剂

染发剂主要由染料组成，再辅以颜色稳定剂、偶联剂、阻滞剂、抗氧化剂、表面活性剂

和头发调理剂等。染发剂有以下几种类型。①氧化染发剂。氧化染发剂又称永久染发剂，由于该染发剂中染料分子较小，染发时先让染料渗透到毛发皮质层中，然后再使用氧化剂，染料在头发内发生氧化反应，氧化后的染料分子较大，在头发皮质层内固定下来，不会被洗发剂洗去，可保留颜色很长时间。常用的染料为：对苯二胺、苯二胺、二氨基茴香醚或硝基化合物，氧化剂则多用过氧化氢。②矿物性染发剂。这类染发剂掺入铅、铁、铜、铋、镍、钴等金属的氧化物把头发染成黑色。因为上述金属离子有一定的毒性，这种染发剂基本停用了。③暂时性染发剂。与永久性染发剂相比，暂时性染发剂染色的保持时间较短，通常与香波一起使用。对于黑色头发，由于底色太深，效果太差，而不直接使用。但在浅色头发的欧美人中，因其用法简单，随时可用，万一染得不满意可立即改染等优点而颇受欢迎。

12.3 皮肤护理用品

皮肤护理用品种类很多，根据用途和功效进行分类，可分为洁肤产品、保湿产品、隔离产

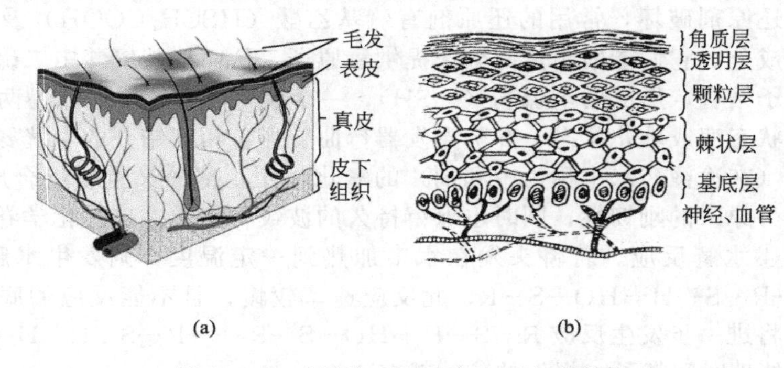

图 12.3.1 皮肤和（a）和表皮（b）的结构

品、养护产品、抗氧化产品等。在使用中应针对不同皮肤的不同特点，选用不同种类的护理用品。

12.3.1 皮肤的结构与功能

人的全身表面覆盖着皮肤，从外观上看皮肤只是薄薄的一层，但如果在显微镜下就会发现皮肤是由表皮、真皮和皮下组织三层组成的[图 12.3.1(a)]。表皮位于皮肤的表层，是上皮组织，它与外界接触最多，是与美容护肤品关系最密切的部位。尽管表皮层很薄，但从外向里它又可分成角质层、透明层、颗粒层、棘状层和基底层[图 12.3.1(b)]。基底层由基底细胞和黑色素细胞组成。基底细胞不断进行分裂产生新的细胞，逐渐向外推移，形成细胞外围棘突明显的棘细胞层。有人使用化妆品发生“过敏反应”，表现为皮肤发痒，局部红肿，就主要与这层细胞有关。棘细胞向上逐渐变成为多角形细胞核，趋向退化，逐渐变小，成为不规则的扁形颗粒，称为颗粒层。颗粒层细胞间储有水分，由于这些细胞可以从外部吸收物质，所以这一层对于化妆品的使用效果起着重要作用。颗粒层细胞失去细胞核后变成发亮的透明层，最后完全角质化变成扁平的角质层。角质层细胞无生物活性，细胞中有一种非水溶性的角蛋白纤维，对酸、碱、有机溶剂等有一定的抵抗能力以保护皮肤。在表皮下面的是真皮，它与表皮有明显的分界，真皮内部细胞很少，主要由纤维结缔组织构成。它们与皮肤的弹性、光泽和张力有关，皮肤的松弛起皱等老化现象都发生在真皮中。真皮中有血管、神经、汗腺、皮脂腺、淋巴管、毛囊立毛肌等。皮肤的第三层是真皮下的皮下组织，两者无明显的分界。皮下组织是由大量的脂肪组织散布于疏松的结缔组织中而构成的。它疏松柔软，可缓冲外来的冲击和压力，还能减少体温的发散。

皮肤上分布着许多汗腺和皮脂腺，汗腺通过汗的分泌来调节体温，另外可以辅助肾脏起着排出水分、废物和毒物的作用。皮脂腺位于真皮的上部，皮脂的分泌因人而异，差别很大。根据皮脂分泌量的多少，肌肤大约可分为油性、中性和干性三类。皮脂在表皮上扩散形成一层薄膜，使皮肤平滑、柔润有光泽，并能防止体内的水分蒸发。皮脂中的脂肪酸和汗腺分泌的汗液成分中的氨基酸和乳酸使皮肤的 pH 值保持为 4.5～5.5，呈微酸性，起到杀菌的效果。在使用洁肤用品时，应选用与皮肤较接近的弱酸性的、对 pH 具有缓冲作用的肥皂和化妆品来达到洁肤护肤的目的。皮肤中的水分是保护皮肤的关键，为了防止皮肤角质层水分蒸发，除了皮脂膜外，皮肤角质层中还含有一些统称为天然润湿因子的亲水性吸湿物质，是由表皮细胞在角质化过程中形成的，含有氨基酸、吡咯烷酮及盐类、乳酸盐、尿素等化合物，它和皮脂膜一起在皮肤的保湿上起着重要的作用。有感于此，人们在配制护肤用品时，常加入与天然湿润因子功能类似的、称为保湿剂的成分，如甘油、丙二醇、山梨醇等醇类；而较优良的化妆品中均采用了较高级的吡咯烷酮羧酸（pyrrolidone carboxylic acid）及其钠盐、乳酸及其钠盐等。

皮肤并不是绝对严密而无通透性的组织，某些物质可以选择性地通过表皮而被真皮吸收。皮肤吸收一般有三个途径：①使角质层软化，渗透过角质层细胞膜，并进入角质层细胞，然后通过表皮其他各层；②大分子及不易渗透的水溶性物质只有少量可以通过毛囊、皮脂腺和汗腺导管而被吸收；③少量通过角质层细胞间隙而渗透进入。化妆品基质一般难以被吸收，动植物油的吸收要比矿物油大：凡士林、液体石蜡、硅油等完全或几乎不能被皮肤吸收；而猪油、羊毛脂、橄榄油则能进入皮肤各层、毛囊和皮脂腺。各种激素、维生素（如维生素 A、维生素 D、维生素 E）等很容易被吸收，因此在化妆品中被广泛采用。角质层可以吸收较多的水分，如皮肤被水浸软后，则可增加渗透效果。在化妆品中使用油性载体，涂抹后覆盖在皮肤表面，使体内的水分无法透出，这些水分使角质层细胞含水量增加，从而促进了皮肤对营养物的吸收。

一般来讲，要促使皮肤吸收，用肥皂等去垢剂洗掉皮脂，然后擦用护肤物质，再经按摩以促进皮下血液的循环，从而可加速皮肤的新陈代谢，对营养物的吸收和滋润肌肤更为有利。

12.3.2 皮肤的分类

根据皮脂的分泌多少和皮肤表面角质层含水量的多少，可将皮肤分为油性皮肤、干性皮肤、中性皮肤和混合性皮肤几种。

干性皮肤皮脂分泌少，皮肤无光泽，毛孔较细小，皮肤干燥，较细微白嫩，导电性低，皮肤较脆弱，易老化生皱纹、松弛、脱屑等，对阳光、化妆品等耐受性差，易发生接触过敏皮炎反应。油性皮肤皮脂分泌多、毛孔扩张大、皮肤油光锃亮，皮肤肥厚，导电性高，紫外线灯下呈橙黄色，此类皮肤一般对物理及化学因素，如阳光、化妆品等刺激耐受性好，不易引起接触过敏皮炎，但易发生粉刺、痤疮、酒糟鼻、脂溢性皮炎等。中性皮肤又称理想型皮肤，这类皮肤皮脂分泌适中，皮肤光而不亮，毛孔大小适中，皮肤比较细腻，有中度导电性，紫外线灯下呈蓝白色，此类皮肤外观色泽鲜亮，不易患皮肤病，十数岁的少年大多属于这种类型的皮肤。大多成年人为混合性皮肤，这种皮肤往往在眉鼻部 T 形区皮脂分泌多，面额部、两颊则皮肤干燥、皮脂少，毛孔多扩张、增大、皮肤粗厚，不同部位导电性有差异。混合性皮肤多是从油性皮肤演变而来，多由于护理不当及滥用化妆品或治疗不当造成。

12.3.3 皮肤的老化与保健

皮肤是人体的一个器官，也不可避免地随着机体的衰老而衰老。机体内部的衰老，只表现出功能的降低，而皮肤的衰老则是显见的。面部皮肤最容易出现皱纹和老年斑等，其他部位则可出现血管瘤、白斑、黑点、皮疹、表皮角化（皮肤粗糙增厚）、皮肤松弛、弹性降低、干燥萎缩等衰老征象。

人体皮肤的衰老是一个复杂的过程。除了机体的整体衰老因素外，还有独立于年龄的两个过程，即自然老化与光老化。自然老化表现为皮肤皱纹细而浅，真皮萎缩，皮下脂肪减少；光老化即阳光（紫外线损伤）和强烈的灯光促使皮肤老化，表现为皱纹粗而深，皮肤松弛、变厚（如皮革样）。自然老化和光老化，两者同时存在，不可分割。

尽管有关皮肤的衰老有许多学说，但现代科学则认为自由基衰老学说是主要的。自由基又称游离基，是机体生命活动中多种生化反应的中间产物，此物质为人体不可缺少，但过多的自由基则是使皮肤加速衰老的重要因素。适当多吃含维生素 E、维生素 C 的食物，有助于对过量自由基的抑制；使用含维生素 E 的护肤品对保护皮肤也是有益的。

皮肤是身体的一个重要部分，身体的健美主要表现在皮肤，所以要认真地加以保护。保护皮肤的方法分为全身保护法和皮肤保护法两大类。

12.3.3.1　全身保护法

全身的健康是保持皮肤健康的根本方法。要保持全身健康应做到以下几点。①保持良好的情绪，精神愉快。因为皮肤是一个与精神、情绪密切相关的器官，在愉快和兴奋时面色就会比较红润，容光焕发；在愤怒或受到惊吓时会面色苍白、表情难看；拥有爱情和性和谐的人，皮肤可保持柔软细腻，显得年轻；如果情绪恶劣，整日愁眉苦脸，皮肤就会变得粗糙、皱纹增多，促使皮肤衰老。②生活要有规律，睡眠要充足。生活有规律有利于健康长寿，同样也有利于皮肤健康。睡眠充足是指每日要保证 8 小时的睡眠时间，而且做到早睡早起，中午能睡上一会儿。如果迟睡迟起也不午休，则可损害皮肤的健康，如过早地出现皱纹、皮肤失去光泽等。事实上，有规律的睡眠，其效果胜于一切化妆品；睡眠不足，用什么化妆品都不能防止皮肤衰老。③注意饮食营养。使皮肤健美的方法，不是单纯追求护肤化妆品，也不是靠吃补药，最根本的措施是注意饮食营养。皮肤对营养的供应充足与否很敏感：营养好，皮肤就显得细腻、光洁丰满且富有弹性，面色红润；营养不良，就会面黄肌瘦，皮肤粗糙、易生皱纹。因此，要想皮肤好，应吃富含蛋白质、各种维生素和各种微量元素的食物。此外，在日常生活中还应多饮茶或多喝水，因为皮肤离不开水，皮肤缺水后就会加速老化。④加强身体锻炼与按摩。运动锻炼可促进皮肤的血液循环和新陈代谢，并能提高皮肤适应外界环境的能力，增强体质和抵抗力。按摩也是护肤的重要方法，通过按摩，可以增强皮肤血液循环，使皮肤得到充足营养，保持弹性，消除皮肤松弛现象。

12.3.3.2　皮肤保护法

皮肤包围着人体整个表面，保护着人体内部组织免受伤害，皮肤的好坏与容貌美观、身体健康有着直接的关系。皮肤保护包括以下几方面的内容。①保持皮肤清洁。每日早、晚要洗脸，早上洗脸宜用冷水，有利于增强皮肤的弹性和抗寒能力；晚上洗脸宜用温水，以便洗去一天中附着在面部的灰尘和油污；中午有午休习惯的，起床后宜用冷水洗脸，以使头脑清醒。如果面部油污不太重，一般不宜使用香皂。洗澡是保护全身皮肤清洁的重要方法，通过洗澡可以除去皮肤脱落的细胞、灰尘、汗液和细菌。夏天出汗多，新陈代谢旺盛，细菌繁殖快，宜每天或隔日洗 1 次；冬天宜每周 1～2 次，以淋浴为最好，洗澡时不可使用碱性大的肥皂，只可选用浴液或优质香皂，而且也不可用力搓揉，以免伤害皮肤。②注意皮肤保养。皮肤的健美依赖于日常保养，特别是面部和手，因为全身的皮肤都有衣服包裹着，只有面部和手一直露在外面，与外界直接接触，极易受环境、气候等因素的影响。因此，应适当使用护肤品加以保养。护肤品不但可滋润皮肤，而且可以防止皮肤因失水而干燥角化，等于给皮肤涂上了一层保护膜。属干性皮肤的人，要多喝水、防曝晒、减少洗脸次数，注意保持皮肤中的水分；忌用肥皂、香皂洗脸，洗脸后宜用润肤乳剂涂面，并用双手按摩片刻，以保持皮肤的弹性和光滑。属油性皮肤的人则相反，油性皮肤的保养重点在于抑制皮脂过度分泌和清洁皮肤，防止痤疮、囊肿等皮肤病的发生。主要办法是用洗面奶彻底洗去脸上的污垢和油脂，特别是要注意睡前用温水洗脸，并进行面部按摩；忌用含油脂类的护肤品。③四季护肤方法。一年四季的气候、环境有所不同，因此，护肤也要根据季节不同而采取相应的护肤方法。④注意勤换洗衣服和床上用品。衣服穿在身上直接与皮肤接触，特别是内衣、内裤、袜子，另外还有被罩、床单等，都是贴身的，要注意勤换洗。这样可以保持皮肤清洁，从而减少皮肤病的发生。

12.3.4　护肤用品的组成与功能

随着人们生活水平的提高，护肤用品的种类也越来越多。常用的护肤用品类型如下。①防皱型护肤品。该类护肤品可以保护皮肤抵御风寒，柔软光滑，防止皮肤开裂，内含甘油和多种富脂剂。②防晒型护肤品。本类护肤品多在夏天使用，以防日光中紫外线辐射灼伤皮肤，内含氧化锌和二氧化钛等粉状防晒剂，可以遮蔽紫外线；或含水杨酸薄荷酯、对氨基苯甲酸乙酯等物质，可吸收紫外线、滤除有害光线，从而保护皮肤不受伤害。黄瓜汁则可治疗皮肤灼伤。③美白型护肤品。根据现代皮肤学研究，作为化妆品的皮肤增白剂主要根据以下三种作用机理：直接抑制酪氨酸酶的活性；压制酪氨酸酶的合成；黑色素细胞的选择性清除。常用皮肤增白剂为：胎盘提取物、熊果苷、曲酸和 L-抗坏血酸及其衍生物等。需要长期使用，方能使皮肤获得全面的改善。④抗粉刺型护肤品。目前常用抗粉刺药物是过氧化苯甲酰、维生素 A 和水杨酸等，再加以抗粉刺活性物，如丙二醇、乙氧基二乙二醇、芦荟或马尾草等植物提取液和水等，可以缓和皮肤干裂，减少皮肤分泌，抑制皮肤油性以增强药物的抗粉刺效果。⑤抗皮肤衰老护肤品。有报道说，皮肤天然保湿因子成分 L-乳酸，能保湿、增白，且对皮肤的刺激小。保湿剂是透过皮肤表面对水的吸留作用，通过吸收能在角质层中保持水分的物质，防止皮肤的水分散失。还有报道称，AHAs（主要是羟基乙酸和乳酸及其盐和简单酯类）和多糖与蛋白质的复合物，可降低刺激作用，且保湿作用持久。

活性氧自由基（ROS）对皮肤脂质和蛋白质有伤害作用，也是皮肤老化的主要原因之一。市场上常用的氧自由基清除剂有：超氧化歧化酶（SOD）、抗坏血酸等。有报道说，由欧洲的一种称为七叶树的提取物前花色素 A_2 是很强的氧自由基清除剂，其结构见图 12.3.2，它是一种新多酚。大多数清除自由基的植物提取物中都含有多酚的衍生物。茶叶中也含这类物质，尤其是绿茶。故喝茶可以美容。

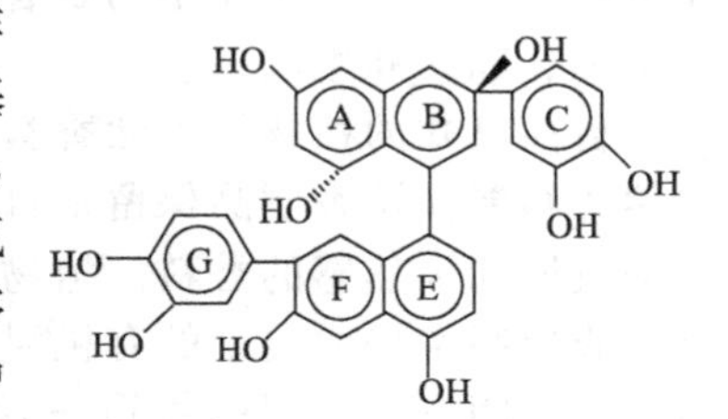

图 12.3.2　前花色素 A_2 的分子结构

12.4　香料与香精

化妆品、护肤品、洗涤剂、糕点食品等日常用品常具有令人愉快的香味，可见香精和香料的应用十分普遍。而香味的产生、香精的配制、香料的制备等涉及许多化学问题。

12.4.1　香料、香精与香味

香料（perfume）是能被嗅觉嗅出香气或味觉尝出香味的物质，是配制香精的原料。香精（perfume compound）是指选用几种至几十种天然、合成的单体香料，按香型、用途、价格等要求，调配而成的混合体，可直接用于化妆品等日用品中，使其具有优雅合适的香气。通常把能够散发出令人愉快舒适香气的物质统称为香料。

12.4.2　香味与分子结构的关系

只能由嗅觉器官感觉得到的称为香气（flavour），同时能被嗅觉和味觉器官感觉得到的称为香味（aroma）。香味与化学结构之间有着密切的关系，有香物质的分子必须含有某些发香原子（处在元素周期表的ⅣA～ⅦA族）和发香基团（如—OH、—CO—、$—NH_2$、—SH、—CHO、—COO—等官能团），化合物分子中的不饱和键（烯键、炔键、共轭键等）对香味也有强烈的影响。发香原子和发香基团对嗅觉产生不同的刺激，赋予人们不同的香味感觉。发香基团在分子中位置的变化和它们之间的距离，以及环化和异构化等，都会使香味产生明显的差别。如果能找出某些化合物的香气与分子结构之间的关系，就有可能通过分子结构设计制成欲得的新香韵型化合物。

香料物质的气味特征与物质的种类有关。即使是同系物，气味随分子量与结构的不同也有所不同。比如，对醇类香料，C_1～C_3 醇为酒香；C_6～C_9 醇为果香；C_9～C_{14}醇为花香；>C_{14}醇则无气味。对醛类香料，C_1～C_3 醛为刺鼻气味；C_4～C_5 醛为黄油型香；C_8 醛为柑橘香型；>C_{16}醛无味。对酮类物质，C_5～C_8 酮为薄荷香；C_9～C_{12} 酮为樟脑香；C_{13}酮为木香；C_{14}～C_{18}大环酮为麝香香。

香气浓郁的程度和物质分子量的大小密切相关。分子量太小则挥发过快，表现为香味过分浓郁甚至刺鼻；分子量太大则难以挥发，表现为香味过分清淡甚至无味。香味最浓郁的各有机物分别为 C_8 脂肪酸，C_8 醇，C_{10}醛，C_{11}脂肪酮等。

12.4.3　香料的分类

根据来源不同可以将香料分为天然香料和合成香料两大类。

12.4.3.1　天然香料

天然香料（natural perfume）分为动物性天然香料和植物性天然香料。

动物性天然香料主要有4种：麝香（包括麝鹿和麝鼠）、灵猫香、海狸香和龙涎香，品种少但较名贵，在香料中占有重要地位。它们挥发性低、留香持久，能增香、提调，因此多作为高档香水和化妆品中的定香剂，不但能使香精或加香制品的香气持久，而且能使整体香气柔和、圆熟和生动。

目前已知的植物性天然香料约有1500种以上，用于生产和调香的有200余种。植物性天然香料能使调香制品保留来自天然原料优美浓郁的香气和口味，所以在调香中，主要作为修饰或增加天然感的香料。植物性天然香料是从芳香植物的花、叶、枝、干、根、茎、皮、果实或树脂中提取出来的有机混合物。根据提取方法的不同，大多数呈油状或膏状，少数呈树脂或半固态。常用的提取方法有四种：蒸馏法（distillation）、压榨法（press）、萃取法（extraction）和吸收法（absorption）。由蒸馏法和压榨法得到的产品称为精油（essential oil）；以乙醇作萃取剂萃取所得的产物称为酊剂（tincture）；用其他萃取剂萃取所得的产物称为浸膏（extract）；吸收法处理所得的产品称为香脂（balsam）。酊剂、浸膏和香脂中杂质含量较高，将其溶于乙醇，滤去植物蜡等杂质，再蒸去乙醇所得到的产品称为净油（absolute oil）。

12.4.3.2　合成香料

利用单离香料（perfumery isolate）或化工原料通过有机合成的方法制备的香料称为合成香料（synthetic perfume）。合成香料具有化学结构清楚、质量稳定、产量大、品种多和价格低等特点，可以弥补天然香料的不足，增大了有香物质的来源，因而得以长足发展。

目前，文献记载的合成香料有4000～5000种，常用的有700种左右。国内能生产的合成香料约有400余种。在香精配方中，合成香料占85%左右，有时甚至超过95%。

香料合成采用了许多有机化学反应，如氧化、还原、水解、缩合、酯化、卤化、硝化、加成、异构和环化等。根据原料来源的不同，常用的生产方法如下。①用天然植物精油生产合成香料。在合成香料中，可利用的天然精油非常多，如松节油、山苍子油、香茅油、八角茴香油等。该方法是首先通过物理或化学的方法从这些精油中分离出单体，即单离香料，然后用有机合成的方法，将它们改性为价值更高的香料化合物。如从八角茴香中经水蒸气蒸馏出的八角茴香油中含有 80%左右的大茴香脑。将大茴香脑单离后，用高锰酸钾氧化，制出有山楂花香的大茴香醛，用于配制金合欢、山楂等日用香精。②用煤炭化工产品生产合成香料。煤炭在炼焦炉炭化室中受高温作用发生热分解反应，除生成炼钢用的焦炭外，还可得到煤焦油和煤气等副产品。这些焦化副产品经进一步分馏和纯化，可得到酚、萘、苯和甲苯等基本有机化工原料。利用这些基本有机化工原料，可以合成大量芳香族和酮麝香等有价值的合成香料化合物。如苯与氯乙酰在催化剂作用下可合成具有水果香气的苯乙酮，用于紫丁香、百合等日用香精中。③用石油化工产品生产合成香料。从炼油和天然气化工中可以直接或间接地得到大量有机化工原料，如苯、甲苯、乙炔、乙烯、异丁烯、异戊二烯、异丙醇、环氧乙烷和丙酮等，以这些石油化工产品为原料，既可合成脂肪族醇、醛、酮、酯等一般香料，还可合成芳香族香料、萜类香料、合成麝香以及其他一些宝贵的合成香料。

12.4.4　香精的组成和调配

将数种乃至数十种香料（包括天然香料、合成香料和单离香料），按照一定的配比调和成具有某种香气或香韵及一定用途的调和香料，通常称为香精。这个调配过程称为调香（perfumery）。

对香精的描述，常包括以下 5 方面内容。①香型（flavour type）。香型是用来描述香精或加香制品的整体香气类型的术语，如苹果香型、玫瑰香型等。②香势（flavour force）。香势指香气本身的强弱程度，又称香气强度。③头香（top note）。人对香精或加香产品的嗅辨过程中首先能感觉到的香气特征。头香主要是由香气扩散能力较强的香料产生，在香精中起头香作用的香料称为头香剂。④体香（body note）。在头香之后立即被嗅感到的、且能在相当长时间里保持稳定的香气。体香是香精最主要的香气特征，在香精中起体香作用的香料称为主香剂（base）。⑤基香（basic note）。基香是当香精的头香和体香挥发完后留下的最后香气，又称尾香或底香。在香精中起基香作用的香料称为定香剂（fixative）。

香精的调配是一门艺术，调香师需根据调香产品的性质和用途，往往需加入数种甚至数十种成分。根据其性质可分为主香剂、头香剂、定香剂和辅香剂四部分。辅香剂的作用是弥补主香剂的不足，使香气更加完美。辅香剂包括协调剂（blender）和变调剂（modifier）两类。协调剂的作用是协调各种主香剂的香气，使之更加明显突出。变调剂又称修饰剂，是一种与主香剂不同类型、添加少量即可奏效的成分，其作用是使香精变化格调，使之别具风格。

将根据设计选定的主、头、定和辅香剂按比例混合均匀，陈化数周至数月，过滤、灌装、出售。

12.4.5　香精的应用

香料、香精的用途非常广泛，可用于化妆品、洗涤用品、食品、烟草、酒类、塑料等日用品和工业用品中。在此主要讨论香料、香精在化妆品中的应用。

化妆品的加香是为了掩盖产品中某些成分的不良气味，使产品增添美感。化妆品中的香精除了必须与加香制品中的香型、档次相一致以外，还要考虑到所用香精对制品质量及使用效果的影响、对使用者身体的影响，以及香精中许多不稳定的成分在周围环境中的变化和产生的后果等，因此应注意化妆品加香的要求。

不同类别的化妆品，其组成的基质差别很大，对加香的要求也有很大的不同。

12.4.5.1　乳化体类化妆品的加香

乳化体类（乳液、霜类）化妆品主要是由油脂、蜡和水经乳化剂乳化而成，多数产品呈浅色或乳白色。主要对皮肤起保护、滋润等作用。因此，在加香时要注意。①选择的香型必须与化妆品的香型调和，并能掩盖油脂原料的臭气。②尽量选用不变色的、浅色香料调配香精。③在选定香料的成分和用量时应注意它们对化妆品酸碱性的影响；吲哚、丁香酚、异丁香酚、香兰素、橙花素、洋茉莉醛、大茴香醛等在碱性条件下易变色的香料应尽量不用或少用。④选择刺激性低、稳定性高的香料，如丁香酚长期使用会使皮肤发红；安息香酯类对皮肤有灼热感；苯乙醇对皮肤有硬化及起皱作用；大多数醛类、萜类化合物对皮肤刺激性较大，这些香料应尽量不用或少用。可大量选用醇类、酯类等香原料。⑤此类化妆品的加香温度在50℃左右，因此在香精试样配好后，宜于50℃存放一定时间，观察其色泽和香气有无大的改变。

12.4.5.2　油蜡类化妆品的加香

油蜡类化妆品包括唇膏、发蜡等，大多用矿物油、植物油和动物油脂配制而成。这类产品一般色彩艳丽，香气浓郁，主要起滋润、美容等作用，所以在加香中应注意：①选择在油脂中溶解性较好的香料，避免日久变浑浊，缩短使用寿命；②由于所用油脂、蜡类本身具有一定的定香作用，因此对香精的定香要求不高；③宜选用香气浓郁的、能掩盖油脂不良气息的香精；④唇膏、口红中的香精应是无刺激性、无毒性的食品级香精；⑤易析出结晶的固体香精不宜使用。

12.4.5.3　粉类化妆品的加香

粉类化妆品主要有香粉、爽身粉、胭脂等，一般由填料、色粉、油脂、蜡配制而成。这类产品粉质细腻，香气较为持久，因此要注意粉质细度、颗粒结构、吸附性等因素对香料或香精的香气挥发、扩散和稳定性的影响：①粉粒之间的空隙多的产品，不宜采用遇光易变色和易氧化变质的香料；②由于与空气接触面积大，香料极易挥发，因此香料中对定香剂要求极高，用量较多；③常用沸点高、持久性好、不易受空气氧化、对人体皮肤无光敏刺激作用（尤其是儿童用的制品）的香原料。如天然芳香浸膏、动物性香料、硝基麝香、香豆素、洋茉莉醇、肉桂醇、丁香酚、紫罗兰酮等。

12.4.5.4　香水类化妆品的加香

香水类化妆品主要是由香精、乙醇和蒸馏水配制的，有时也会加入抗氧剂、杀菌剂等其他添加剂。此类产品有香水、花露水、古龙水、化妆水等，要求香气幽雅、细腻，透明度高。因为组成简单、极易暴露香精本身的缺陷，所以此类香精的调和要求较高。选择的香原料既要有好的挥发性，又要有一定的留香能力；要求溶解度较高、不宜采用含蜡量高的香原料。

12.4.5.5　清洗类化妆品的加香

清洗类化妆品主要包括香皂、香波、浴液等，主要起洗涤、去污和去臭的作用。因其主要原料为碱性较强的表面活性剂，所以不宜采用对碱不稳定的香原料；香精应能掩盖油脂等原料的气味，并与加香制品的物理、化学性质相适应，如浅色制品对香精色泽的要求，透明制品对香精溶解性的要求等；当然，香原料对皮肤、毛发和眼睛的无刺激性也是十分重要的。

12.5　食品添加剂

12.5.1　食品添加剂的定义与分类

食品添加剂（food additive）是指食品在生产、加工、储存过程中，为了改良食品品质及其色香味，改变食品结构，防止食品氧化、腐败、变质和为了加工工艺需要而加入食品中的化学合成物质或天然物质。这些物质在食品中应当对人体无害，也不影响食品的营养价值，同时还应该具有增进食品的感官性状或提高食品质量的作用。

众多的食品添加剂功能各异，根据其功能不同，可将其分为防腐剂（preservative）、抗氧化剂（antioxidant）、发色剂（colorant）、漂白剂（bleaching agent）、酸味剂（acidity agent）、凝固剂（coagulant）、疏松剂（leavening agent）、增稠剂（thickening agent）、消泡剂（defoamer agent）、甜味剂（sweetener）、着色剂（colorant）、乳化剂（emulsifier）、品质改良剂（quality improver）、抗结剂（anti-caking agent）、香料和其他等类。

食品添加剂不是食物固有成分，大部分是人工合成的化学物质，少数为天然物质，一般没有营养价值。食品添加剂是现代食品工业必不可少的物质，现代人要想完全摆脱食品添加剂是不可能的。

目前，我国许可使用的食品添加剂，是依其主要用途来进行分类的，共有 22 类，包括香料在内总计约 1500 种。它们是：①酸度调节剂（acidity regulator）；②抗结剂；③消泡剂；④抗氧化剂；⑤漂白剂；⑥膨松剂；⑦胶姆糖基础剂（chewing gum softener）；⑧着色剂；⑨护色剂（color fixative）；⑩乳化剂；⑪酶制剂（enzyme preparation）；⑫增味剂（flavor enhancer）；⑬面粉处理剂（flour treatment agent）；⑭被膜剂；⑮水分保持剂（water retention agent）；⑯营养强化剂（nutrition Enhancer）；⑰防腐剂；⑱稳定凝固剂；⑲甜味剂（sweetener）；⑳增稠剂；㉑香料（spice）；㉒其他。这些被允许用于食品的食品添加剂都经过了国家相关卫生监督部门以及检测部门的毒理学认证，每一种食品添加剂都有相应范围的食品加工、安全使用量的质量标准和鉴别方法等。因此，经过批准使用的食品添加剂，只要按标准规定使用，安全性是有保证的。

在现实生活中，人们常常遇到的食品安全问题，很多是由于添加剂的非法使用造成的。滥用添加剂已经成为目前食品安全的一大威胁。

12.5.2　常用的食品添加剂

在被批准使用的食品添加剂品种中，一类是维生素、氨基酸、矿物质，具有营养强化作用。另一类具有防病功能，如红曲米、辛葵酸甘油酯等有调脂、降脂功能；甘草甜能护肝；茶多酚、木糖醇能防龋齿；紫草红、乳链菌肽能抗炎抑菌；胡罗巴胶、木糖醇是糖尿病患者食品；低分子海藻酸盐能降血压。这里介绍一些食品常用添加剂的用途。

12.5.2.1　食品防腐剂

家中烧煮的饭菜在较高的室温下，往往放置一两天就会发“馊”变质，而买来的袋装食品往往放置半年一年也不会霉变。这是因为在罐头或袋装、瓶装食品中，加入了一种称之为“防腐剂”的化学物质。它们具有杀死微生物或抑制其生长繁殖的作用。防腐剂的种类主要有酸型防腐剂、脂型防腐剂、生物防腐剂等类型。

在食品加工中常用的防腐剂如下。①苯甲酸及其钠盐。苯甲酸又名安息香酸，防腐效果较好，对人体也较安全、无害。由于苯甲酸在水中的溶解度较低，故多使用其钠盐，即苯甲酸钠。苯甲酸钠为白色晶体，易溶于水和酒精中，苯甲酸和苯甲酸钠能抑制微生物细胞呼吸酶系统的活性，特别对乙酰辅酶 A 缩合反应具有很强的抑制作用。苯甲酸进入人体后，与甘氨酸结合形成马尿醛，然后与葡萄糖醛酸结合形成葡萄糖苷酸，并全部从尿中排出体外，不在人体蓄积。根据各国进行的大量毒理学试验，即使苯甲酸的含量超过防腐有效量的许多倍，亦未见对人体有明显的毒害作用。可以认为：苯甲酸及其钠盐是已知防腐剂中较安全的一种。我国允许其用作酱油、醋、果汁、酱菜、甜面酱、蜜饯等的防腐添加剂。②山梨酸及其钾盐。山梨酸又名花楸酸，是近来普遍使用的一种较安全的防腐剂，结构式为 CH_3—CH—CH—CH ═CH—COOH，山梨酸为无色、无臭针状结晶，山梨酸难溶于水，而易溶于酒精，它虽非强力的抑菌剂，但有较广的抗菌谱，对霉菌、酵母、好氧菌都有作用，但对厌氧芽孢杆菌与嗜酸乳杆菌几乎无效。山梨酸分子能与微生物酶系统中的巯基结合，从而破坏其活性，达到抑菌的目的。山梨酸是一种不饱和脂肪酸，在人体内可直接参与代谢，最后被氧化为二氧化碳和水，因而几乎没有毒性。它主要用于酱油、醋、果酱、酱菜、面酱类、蜜饯类、鲜果汁、葡萄酒和一些饮料的加工。③对羟基苯甲酸酯类。对羟基苯甲酸酯为无色结晶或白色结晶粉末，几乎无臭、无味，微溶于水，可溶于氢氧化钠和乙醇。对羟基苯甲酸酯类对细菌、霉菌及酵母有广泛的抑菌作用，但对革兰阴性杆菌及乳酸菌作用稍弱，其烃链越长，抑菌作用越强。对羟基苯甲酸酯类的作用在于抑制微生物细胞的呼吸酶系与电子传递酶系的活性，以及破坏微生物的细胞膜结构，此类化合物被摄入体内后，代谢途径与苯甲酸相同，因而毒性很低。

12.5.2.2 食品的抗氧化剂

当点心、饼干或者是自己熬制的猪油放置一段时间后，就会“哈变”。这是因为在这些食品中含有丰富的不饱和脂肪酸的油脂，它们很容易与空气中的氧发生反应，生成过氧化物和非常活泼的自由基，并进一步断裂分解，产生具有臭味的醛或碳链较短的羧酸；也可在微生物和脂酶的作用下，使油脂发生水解，产生甘油和脂肪酸，并继续氧化分解，最后生成有臭味的低级的醛、酮和羧酸。这就是油脂的酸败，即大家熟知的“哈变”。为保持食品的品质，在食品加工中通过加入抗氧化剂的方法，尽可能将氧化作用降低到最低限度。抗氧化剂按来源可分为天然抗氧化剂和人工合成抗氧化剂。人类很早以前就知道生姜（有效成分为姜酚等）或丁香（有效成分为丁香酚等）具有抗氧化能力，可惜这类天然物质因含量太低、成本过高，以致在油脂工业中得不到实际应用。因此，人们合成了具有类似结构的丁基羟基茴香醚（BHA）、二丁基羟基甲苯（BHT）、没食子酸丙酯（PG）等供氢型羟酚类物质以代替天然抗氧化剂用于食品中。

一般认为抗氧化剂能防止油脂氧化酸败的机理有两种：第一，通过抗氧化剂的还原反应，降低食品内部及周围的氧气含量；第二，有些抗氧化剂把本身所含有的—OH 基中的氢离子给予自由基从而使链反应终止，形成大的、比较稳定且反应活性很低的芳自由基，破坏、分解了油脂在自动氧化过程中所产生的过氧化物，使其不能形成挥发性醛、酮和酸的复杂混合物。也有一类抗氧化剂，其作用特点在于阻止或减弱氧化酶类的活动。

常用的油溶性抗氧化剂如下。①丁基羟基茴香醚。丁基羟基茴香醚又称特丁基-4-羟基茴香醚，简称 BHA。BHA 为白色或微黄色蜡样粉末，稍有异味，它通常是 2-BHA[图 12.5.1(a)]和 3-BHA[图 12.5.1(b)]两种异构体的混合物，熔点为 57～65℃，随混合比不同而异。其中的 3-BHA 的抗氧化效果比 2-BHA 强 1.5～2 倍。两者混合后有一定的协同作用。它与食品中的脂肪有显著的相溶性，具有明显的抗氧化效果。最初是为了防止汽油的氧化而合成的，现在已用于食用油脂、奶油、维生素 A 油、香料等制品中。由于 BHA 在较高温度下仍有较好的抗氧化效果，所以是高温季节油脂含量高的饼干的常用抗氧化剂之一。另外，鱼干、猪肉脯、乳制品等，也都添加了适量的 BHA 的混合物。每日允许摄入量(ADI) 暂定为 0～0.5$mg \cdot kg^{-1}$。②二丁基羟基甲苯。二丁基羟基甲苯又称 2,6-二特丁基对甲酚，简称 BHT，其结构式见图 12.5.1(c)。BHT 为白色结晶或粉状结晶，无味无臭，熔点为 69.5～70.5℃，沸点为 265℃。不溶于水及甘油，能溶于有机溶剂和油脂。对热稳定，具有升华性，加热时能与水蒸气一起蒸发。其抗氧化作用较强。适用于长期保存的食品与焙烤食品。每日允许摄入量（ADI）为 0～0.125$g \cdot kg^{-1}$。在使用中一般多与 BHA 合用，并用柠檬酸或其他有机酸作为增效剂。③没食子酸丙酯。没食子酸丙酯简称 PG，其结构式见图 12.5.1(d)。PG 为白色至淡褐色粉末状结晶，无臭，稍有苦味，其水溶液无味。易溶于乙醇、丙酮、乙醚，难溶于氯仿、脂肪与水。对热比较稳定。PG 对猪油的抗氧化作用比 BHA 和 BHT 强，加入增效剂柠檬酸后，可使其抗氧化作用更强，但又不如 PG 与 BHA 和 BHT 混合使用时抗氧化作用强。由于没食子酸丙酯在人体内被水解，大部分变成 4-*O*-甲基没食子酸，内聚成葡萄糖醛酸，随尿排出体外，所以使用较安全。但是 PG 与铜、铁等金属离子反应呈紫色或暗绿色。因此在使用时应避免使用铁、铜等容器，它不适合于烘焙及油煎食品。目前经过特殊工艺也可添加于罐头，油炸食品，干鱼制品，速煮米、面、罐头食品。PG 的使用范围和 BHA 大致相同，每日允许摄入量（ADI）为 0～0.2mg・kg^{-1}。④生育酚。生育酚又称维生素 E，是一类同系物的总称。它广泛存在于高等动物、植物体中，它有防止动、植物组织内的脂溶性成分被氧化的功能。生育酚为黄褐色、无臭的透明黏稠液体，溶于乙醇，不溶于水。可与油脂任意混合。许多植物油的抗氧能力强，主要是含有生育酚。如大豆油中生育酚含量最高，大约为 0.09%～0.28%，其次是玉米油和棉籽油，含量分别为 0.09%～0.25%和 0.08%～0.11%。生育酚混合浓缩物目前价格还较高，主要供药用，也作为油溶性维生素的稳定剂。⑤抗坏血酸及其钠盐。抗坏血酸又名维生素 C，熔点在 166～218℃之间，为白色略带黄粉末状结晶，无臭，易溶于水、乙醇，但不溶于苯、乙醚等溶剂。抗坏血酸的还原性较强，在空气中长时间放置会因氧化而失效。因此，使用其作抗氧化剂时，应在添加后尽快与空气隔绝。抗坏血酸呈酸性，对不适合添加酸性物质的食品，可改用抗坏血酸钠盐。1g 抗坏血酸钠盐相当于 0.9g 抗坏血酸。在我们食用的果汁、蔬菜罐头、腌肉、奶粉、葡萄酒、啤酒等食品中均添加有抗坏血酸和抗坏血酸钠盐。⑥植酸。植酸大量存在于米糠、麸皮及很多植物种子的皮层中，在植物中与镁、钙或钾形成盐。植酸分子式为 $C_6H_{18}O_{24}P_6$，结构式见图 12.5.1(e)。植酸为淡黄色或淡褐色的黏稠液体，易溶于水、乙醇和丙酮，几乎不溶于无水乙醚、苯、氯仿。对热比较稳定。植酸有较强的金属螯合作用，除具有抗氧化作用外，还有调节 pH 及 pH 缓冲作用和除去金属的能力。

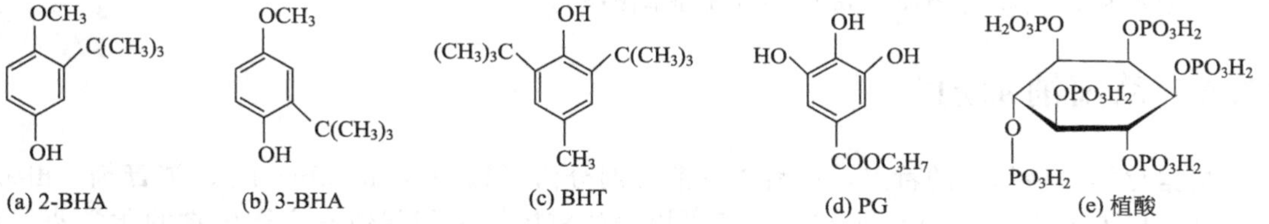

(a) 2-BHA　(b) 3-BHA　(c) BHT　(d) PG　(e) 植酸

图 12.5.1　几种油溶性抗氧化剂的分子结构

12.5.3　食品加工中的滥用化学品

目前，食品行业存在的食品安全问题以及备受消费者及社会各界关注的食品质量问题，主要来自于以下几个方面。①在食品生产中超标（超量）使用食品添加剂，如超标使用过氧化苯甲酰；在粉丝等食品中超标使用明矾；在方便面等食品中超标使用山梨酸钾、苯甲酸钠、双乙酸钠等防腐剂；在泡菜等食品中超标使用食用级色素等。②超范围使用食品添加剂，如在牛肉干等食品中添加色素等。由于对食品添加剂的安全性不了解，误用食品添加剂的情况很多。③滥用非食品添加剂于食品生产，如甲醛，硼砂，吊白块（二水合次硫酸氢钠甲醛），苏丹红（几种具有偶氮结构萘酚的总称，如苏丹红 1 号为 1-苯基偶氮-2-萘酚），沥青等。④在生产食品时采用工业级（非食用级）原料，如把工业级过氧化氢、电池级二氧化硅、工业级氢氧化钠、染料用色素等应用于食品的生产。

在食品加工中常见的滥用化学品包括漂白剂、着色剂、防腐剂、发色剂、甜味剂和香精香料等。

漂白剂除可改善食品色泽外，还具有抑菌等多种作用，在食品加工中应用甚广，有氧化漂白及还原漂白两类。前者如过氧化氢、二氧化硫等，后者包括亚硫酸盐类等。国家标准规定硫磺熏蒸仅限于蜜饯、干果、干菜、粉丝、食糖等的加工，而滥用者将其用于银耳、芦蒿、豆芽等的氧化漂白，甚至用吊白块对食品进行还原性漂白。虽然漂白后食品的外观异常光亮和洁白，但过分漂白使食品的营养成分遭到了破坏，漂白剂的残留常使食品遭受污染。

着色剂是使食品着色和改善食品色泽的物质，在饮料、果酱和糖果当中应用广泛。通常包括食用合成色素和食用天然色素两大类。消费者遇到的颜色过分浓艳的食品，可能存在滥用着色剂的现象。通常滥用的品种有食品合成色素苋菜红、胭脂红、赤藓红、新红、诱惑红、柠檬黄、日落黄等。

防腐剂是为防止各种加工食品、水果和蔬菜等腐败变质，常使用化学物质来抑制微生物的生长或杀灭这些微生物。狭义的防腐剂主要指山梨酸、苯甲酸等直接加入食品中的化学物质。广义的防腐剂还包括那些通常认为是调料而具有防腐作用的物质，如食盐、醋等。滥用者为了节省成本、弥补加工过程中灭菌消毒的不足或为了延长食品的保质期，选择并超量使用苯甲酸，甚至使用甲醛和福尔马林等非食品级的工业原料。

香精香料是能使食品增香的物质，对增加食品的花色品种和提高食品质量具有很重要的作用。食品用香精按性质分为：水溶性香精、油溶性香精、调味液体香精、微胶囊粉末香精和拌和型粉末香精；按香型分为：奶类香精、甜橙香精、香芋香精等。滥用者或私自生产、使用未经国家批准的食品香料，或使用非食品级香料。

甜味剂是指赋予食品以甜味的食品添加剂，有蔗糖、葡萄糖、果糖、果葡糖浆、糖精钠等。成本较低的糖精钠，使用有一定上限。过量使用糖精钠的现象不少，特别是在某些劣质饮料、蜜饯和果脯中。

发色剂是能与肉及肉制品中呈色物质作用，使之在食品加工、储藏等过程中不致分解、破坏，呈现良好色泽的物质。常见品种是亚硝酸钠。

12.6 杀菌消毒剂

根据化学药物作用的特点，可将杀菌消毒剂分为灭菌剂（microbicide)、消毒剂（disinfectant）和防腐剂（preservative)。凡是可以杀死致病细菌和其他有害微生物的化学药品均称为消毒剂；只能抑制微生物活动的药剂称为防腐剂；而灭菌剂是指能杀死一切微生物的药剂。三者之间的界限有时很难分清，例如一种药物在低浓度时，为防腐剂或消毒剂，而在高浓度下可起到灭菌的作用。由于微生物对不同化学药物的敏感性不同，所以环境条件及药物处理时间等对消毒或灭菌效果都有影响。但从原理上看，灭菌剂、消毒剂和防腐剂在本质上是一致的。

化学消毒剂的种类繁多，其化学性质各不相同，消毒机理和作用效果也有区别。化学药物的灭菌原理一般有以下几种：①与细胞膜作用，损伤细胞膜或改变细胞膜的通透性，影响细胞的正常代谢；②与DNA作用，阻止、干扰DNA的复制和蛋白质的合成，抑制细菌的分裂；③与蛋白质作用，使蛋白质改性；④与酶发生作用使酶失活，影响生物体内的酶催化反应的正常进行；⑤改变原生质的胶体性状，使胶体发生沉淀或凝固等。

常用的氧化性消毒剂有臭氧（O_3)、二氧化氯（ClO_2)、过氧化氢（H_2O_2)、液氯、次氯酸盐（ClO^-)、含氯异氰尿酸、过氧乙酸等；常用的非氧化性消毒剂有甲醛、戊二醛、异噻唑啉酮、苯酚、季铵盐（如1227等)、碘、75%乙醇溶液等。常用的食品防腐剂有亚硝酸盐，苯甲酸（钠)，2,3-已二烯酸，丙酸（盐)，没食子酸（丙酯）等；常用的化妆品防腐剂有对羟基苯甲酸（甲、乙、丙、丁）酯，咪唑烷基脲，水杨酸等。

习题与思考题

12.1　名词解释

香料，香精，精油，酊剂，浸膏

12.2　简答题

① 洗衣粉主要由哪几种成分组成？每种成分的作用是什么？

② 烫发有哪几种方法？它们的原理是什么？分别需用到哪些化学制剂？

③ 吊白块的化学名是什么？它有哪些化学性质？用工业吊白块对食品进行漂白存在哪些问题？

④ 简述毛发的结构和烫发、染发的几种方法和原理，护发的主要任务是什么？

⑤ 什么叫消毒剂、防腐剂？杀菌消毒剂的作用机理有哪些？

12.3　现有一瓶膏霜，如何才能鉴别它是油包水型乳剂还是水包油型乳剂？

12.4　甘油三酯的化学结构如何？动物油、植物油和化石油的化学成分有何异同点？

12.5　一种物质气味的浓郁与否、怡人与否分别与该物质的哪些性质有关？

参 考 文 献

[1] 刘程．表面活性剂应用大全．北京：北京工业大学出版社，1992.

[2] 杜连祥，路福平，王昌禄等．工业微生物学实验技术．天津：天津科学技术出版社，1992.

[3] 唐育民．合成洗涤剂及其应用．北京：中国纺织出版社，2006.

[4] 龚盛昭，李忠军．化妆品与洗涤用品生产技术．广州：华南理工大学出版社，2002.

[5] 李秀美．健康必读．北京：学苑出版社，1992.

[6] 周志华．生活社会化学：素质教育读物．南京：南京师范大学出版社，2000.

[7] 卢明俊，张萍，张宏伟．生活方式与健康 365. 内蒙古：内蒙古科学技术出版社，2001.

[8] 戴立益．我们周围的化学．上海：华东师范大学出版社，2002.

[9] 张龙涛．自然健美．济南：山东人民出版社，2001.

第13章 生命化学基础

13.1 氨基酸、蛋白质与酶

蛋白质（protein）是复杂的含氮高分子化合物，是生物体内一切细胞的重要组成成分，不同结构的蛋白质在生命的生长、发育、繁殖、新陈代谢等过程中，起着各自不同的生理作用。氨基酸（amino acid）是组成蛋白质的基本成分，组成各种蛋白质的氨基酸种类不同，则蛋白质的结构和性质有着极大的差别。

13.1.1 氨基酸

13.1.1.1 氨基酸的结构

自然界中存在的氨基酸有几百种，但是存在于生物体内合成蛋白的氨基酸只有20种。20种氨基酸中除脯氨酸为α-亚氨基酸外，其余均为α-氨基酸，通式见图13.1.1(a)。由于氨基酸分子中既含有酸性的羧基，又含有碱性的氨基，因此，在生理pH情况下，羧基几乎完全以—COO^-的形式存在，大多数氨基主要以—NH_3^+的形式存在。所以，氨基酸是偶极离子，它们在固态和溶液中均以内盐的形式存在，通式见图13.1.1(b)。

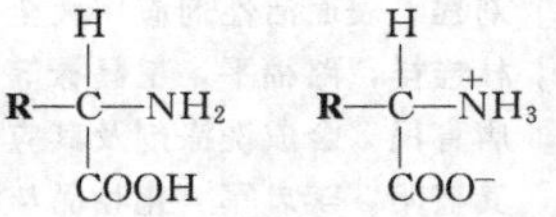

H
R—C—NH_2
COOH
(a)

H
R—C—$\overset{+}{N}H_3$
COO^-
(b)

图13.1.1 α-氨基酸通式

当R＝H时为甘氨酸，无旋光性，其余19种氨基酸的α-碳原子均为手性碳原子，因此均具有旋光性，且都为L构型。

13.1.1.2 氨基酸的分类

氨基酸有多种分类方法，根据分子中“**R**”的不同可分为脂肪族氨基酸、芳香族氨基酸和杂环氨基酸；也可以根据分子中羧基和氨基的相对数目分为酸性氨基酸、中性氨基酸和碱性氨基酸。中性氨基酸分子中均含一个羧基和一个氨基；酸性氨基酸是分子中含羧基数多于氨基数的氨基酸；而碱性氨基酸分子中则多含一个碱基。

氨基酸虽可采用系统命名法，但习惯上往往根据其来源或某些特性而使用俗名。例如氨基乙酸因其具有甜味而命名为甘氨酸，天冬氨酸最初是从天冬的幼苗中发现的，丝氨酸是从蚕丝中得来的。各种氨基酸常用其英文名称的前三个字母或单个字母的缩写来表示。表13.1.1列出了存在于生物体内合成蛋白的20种氨基酸的结构和名称。其中标有“*”的氨基酸为人体内不能合成或合成的速率远不能满足生命体需要的氨基酸，必须通过从食物中摄取而得到，又称为必需氨基酸。

表13.1.1 组成蛋白质的20种主要氨基酸

中文名称	天冬氨酸	谷氨酸	甘氨酸	丙氨酸
英文名称	**Asp**artic acid	**Glu**tamic acid	**Gly**cine	**Ala**nine
结构式	**R**＝—CH_2COOH	**R**＝—CH_2CH_2COOH	**R**＝—H	**R**＝—CH_3
等电点	2.97	3.22	5.97	6.02
中文名称	缬氨酸*	亮氨酸*	赖氨酸*	蛋氨酸*
英文名称	**Val**ine	**Leu**cine	**Lys**ine	**Met**hionine
结构式	**R**＝—$CH(CH_3)_2$	**R**＝—$CH_2CH(CH_3)_2$	**R**＝—$(CH_2)_4NH_2$	**R**＝—CH_2CH_2—S—CH_3
等电点	5.97	5.98	9.74	5.75

续表

中文名称	丝氨酸	谷酰胺	半胱氨酸	天冬酰胺
英文名称	Serine	Glutamine	Cysteine	Asparagine
结构式	R=—CH_2OH	R=—$CH_2CH_2CONH_2$	R=—CH_2—SH	R=—CH_2CONH_2
等电点	5.68	5.65	5.07	5.41
中文名称	苏氨酸＊	异亮氨酸＊	酪氨酸	苯丙氨酸＊
英文名称	Threonine	Iso leucine	Tyrosine	Phenylalanine
结构式	R=—C(O)(OH)—CH_3	R=—C(H)(CH_3)(C_2H_5)	R=—CH_2—C_6H_4—OH	R=—CH_2—C_6H_5
等电点	5.60	6.02	5.66	5.48
中文名称	色氨酸＊	脯氨酸	组氨酸	精氨酸
英文名称	Tryptophan	Proline	Histidine	Arginine
结构式	R=—CH_2—(环)	R=(吡咯烷环 N)—C(=O)OH	R=—CH_2—(咪唑环)	R=—$(CH_2)_3$—N(H)—C(=NH)—NH_2
等电点	5.89	6.48	7.59	10.76

13.1.1.3　氨基酸的理化性质

氨基酸分子中同时含有氨基和羧基，一般条件下是无色或白色结晶，具有较高的熔点（通常在200～300℃之间），都能溶于强酸或强碱溶液，且较难溶于非极性有机溶剂。

氨基酸的化学性质取决于其分子中的羧基、氨基、侧链基团以及这些基团的相互影响。氨基酸的羧基能电离出 H^+，与碱作用生成盐，与醇作用生成酯；同时其氨基能接受 H^+ 而成—NH_3^+，与酸作用生成盐，与亚硝酸作用放出氮气（生成α-羟基酸、氮气和水，根据该反应放出定量 N_2 的原理，可对氨基酸进行定量分析），与酰卤或酸酐反应生成酰胺；侧链基团的性质因基团的不同而异。如半胱氨酸具有巯基反应，酪氨酸具有酚羟基反应，含苯环的氨基酸可发生硝化等亲电取代反应等。

氨基酸除具有—NH_2 和—COOH 的一般通性外，还表现出一些特殊的性质。

① 两性电离和等电点。氨基酸与强酸和强碱都能成盐，当溶液 pH 值较小时，偶极离子中的—COO^- 接受质子形成—COOH，使氨基酸由内盐变成阳离子；在 pH 值较大的溶液中，偶极离子中的 NH_3^+ 释放出质子形成—NH_2，使氨基酸由内盐变成阴离子。这就是氨基酸的两性电解质特征。若适当调节溶液的 pH，使氨基酸保持内盐的偶极离子形式，净电荷为零，此时溶液的 pH 就称为氨基酸的等电点（isoelectric point），常用 PI 表示。若溶液的 pH 偏离 PI，就会使氨基酸带电荷。

酸性氨基酸的 PI 一般在 2.5～3.5 之间。中性氨基酸的 PI 一般在 5～6.5 之间。而碱性氨基酸的 PI 一般在 9～11 之间。生命所需的 20 种氨基酸的等电点亦见表 13.1.1。利用氨基酸 PI 的不同，可以分离、提纯和鉴定不同的氨基酸。

② 脱羧反应。α-氨基酸与 $Ba(OH)_2$ 共热，可脱羧生成少一个碳原子的伯胺。该反应可在酶的作用下进行，动物死后其尸体失去抗菌能力，散发出腐胺和尸胺等难闻的气味，是蛋白质腐败时，精氨酸、鸟氨酸和赖氨酸脱羧的结果。某些鲜活食物中含有丰富的氨基酸，如螃蟹中含有的组氨酸对人体具有很高的营养成分，但一旦螃蟹死后，组氨酸在脱羧酶作用下可转变成组胺。人体摄入过量的组胺会引起生化反应失去平衡而导致疾病或中毒。

③ 与金属离子的螯合作用。氨基酸中的羧基可以与金属的氢氧化物成盐，同时氨基氮

原子上孤对电子与金属离子的空轨道形成配位键。因此，氨基酸可与多种金属形成配合物。如氨基酸与 Cu^{2+} 能形成具有完好的晶形的稳定配合物，该配合物在水溶液中也不能被碱液分解，但加入 S^{2-} 离子可使其分解，并生成硫化铜沉淀。利用这一性质可以提取和精制氨基酸。对于人体重金属盐的中毒，常服用大量的乳制品和蛋清来解毒，也是利用了氨基酸的这一性质。

④ 与茚三酮的反应。茚三酮与氨基酸在溶液中共热，经过一系列反应，最终生成蓝紫色的化合物。该显色反应非常灵敏，根据生成罗曼紫颜色的深浅和产生的 CO_2 的量可以对氨基酸进行定量分析，还可以确定在电泳、薄板色谱中各种氨基酸所处的位置及大概浓度。

13.1.1.4 几种重要的氨基酸

① 赖氨酸。赖氨酸为碱性必需氨基酸。由于谷物食品中赖氨酸的含量较低，且在加工过程中易被破坏而缺乏，故称为第一限制性氨基酸。在食物中添加少量氨基酸可刺激胃蛋白酶与胃酸的分泌，提高胃液分泌功效，起到增进食欲、促进幼儿生长与发育的作用。赖氨酸还能提高钙的吸收及其在体内的积累，加速骨骼生长，从而起到增高身高的作用。

② 色氨酸。色氨酸可转化生成人体大脑中的一种重要神经传递物质5-羟色胺，而5-羟色胺有中和肾上腺素与去甲肾上腺素的作用，并可提高睡眠的持续时间。当动物大脑中的5-羟色胺含量降低时，就会表现出异常的行为，出现神经错乱的幻觉以及失眠等。此外，5-羟色胺有很强的血管收缩作用，可存在于许多组织（如血小板和肠黏膜细胞）中，受伤后的机体会通过释放5-羟色胺来止血。

③ 其他氨基酸。谷氨酸、天冬氨酸具有兴奋性递质作用，它们是哺乳动物中枢神经系统中含量最高的氨基酸，对维持和改进脑功能必不可少。胱氨酸是形成皮肤不可缺少的物质，能加速烧伤伤口的康复及放射性损伤的化学保护，刺激红、白细胞的增加等。

13.1.2 肽键和多肽

13.1.2.1 定义和命名

肽键是由氨基酸分子中的 α-羧基与相邻氨基酸的 α-氨基脱水缩合而成的。由两个以上氨基酸以肽键相连接成的化合物称肽。肽链中的每个氨基酸单元称为氨基酸残基，根据每个分子中氨基酸残基的数目，分别称为二肽、三肽等。十肽以下的常归类为寡肽，十肽以上的则称为多肽，相对分子质量在一万以上的习惯上称为蛋白质。

未形成肽键的 α-氨基链端称为氨基末端或N-端，常写在结构式的左边；未形成肽键的 α-羧基链端称为羧基末端或C-端，常写在结构式的右边。肽的命名从N-端开始，将分子中各氨基酸残基依次称为某氨酰，置于母体名称之前，最后以C-端的氨基酸为母体称为某氨酸。如 $H_3N^+—CHCH_3—CO—NH—CH_2—CO—NH—CH(CH_2OH)—COO^-$ 命名为：丙氨酰甘氨酰丝氨酸。

肽（peptide）的名称也常用中文或英文的缩写符号来表示，用缩写符号表达结构时，常加H-表示N-端，加OH-表示C-端。如上述三肽可缩写为：H-丙-甘-丝-OH 或 Ala-Gly-Ser。

13.1.2.2 肽结构的测定方法

肽是极为重要的化合物，研究肽也为了解更复杂的蛋白质积累经验。确定一个肽的结构，必须知道分子是由哪些氨基酸组成的，以及它们在肽链中的排列顺序。测定肽的结构可用末端残基分析法和部分水解法。

末端残基分析就是鉴定肽链中N-端和C-端的氨基酸。N-端的分析有2,4-二硝基氟苯法（DNFB法）以及在此基础上形成的丹酰氯（DNS-Cl）法等改良方法。C-端的分析则有羧肽酶催化水解法。

在实际工作中，用逐步切除末端残基的方法来测定一个长肽链中全部残基的顺序是难以实现的，因为水解液中物质愈多，对鉴定的干扰愈大，达到一定程度后，鉴定将无法进行下去。而部分水解法可在一定程度上弥补其缺憾。方法是用酸或特种酶，如胰蛋白酶或糜蛋白酶将肽链进行部分水解切断，使之生成较小的碎片。当有足够的小碎片被鉴定以后，再经过组合、排列对比，找出关键性的重叠，推断各小片段在肽链中的位置，就有可能得出整个肽链中各氨基酸残基的排列顺序。

13.1.2.3　几种天然活性肽

现已发现很多天然存在的寡肽和较小的多肽有重要的生理作用。下面简单介绍几种人体内的天然活性肽。

① 谷胱甘肽。谷胱甘肽（GSH）是γ-谷氨酰半胱氨酰甘氨酸，是人类细胞质中自然合成的一种肽，熔点为189～193℃，晶体呈无色透明细长粒状，等电点5.93。广泛存在于动、植物中，在面包酵母、小麦胚芽和动物肝脏中的含量极高，在人体血液、鸡血、猪血、西红柿、菠萝、黄瓜中含量也较高。它是甘油醛磷酸脱氢酶的辅基，又是乙二醛酶及丙糖脱氢酶的辅酶，参与体内三羧酸循环及糖代谢。该物质能激活多种酶，从而促进糖、脂肪及蛋白质代谢，并能影响细胞的代谢过程。同时，谷胱甘肽分子中含有活泼的巯基（—SH），易被氧化脱氧，这一特异结构使其成为体内主要的自由基清除剂。它可通过巯基与体内的自由基结合，转化成容易代谢的酸类物质从而加速自由基的排泄，有助于减轻化疗、放疗的毒副作用；对于贫血、中毒或组织炎症造成的全身或局部低氧血症患者应用，可减轻组织损伤，促进修复。通过转甲基及转丙氨基反应，GSH还能保护肝脏的合成、解毒、灭活激素等功能，并促进胆酸代谢，有利于消化道吸收脂肪及脂溶性维生素A、D、E、K。此外，谷胱甘肽还能在氨基酸运输中起载体的作用。

② β-丙氨酰肽。β-丙氨酰肽也称为肌肽。肌肽在生物组织中广泛分布，尤其在细胞不分裂的组织中，如肌肉和大脑嗅叶中含量甚高。早期的研究认为肌肽是一种神经递质，可激活ATP酶，具有抗氧化剂活性，可保护噬菌体免受电离辐射的致死作用，也可抑制体内由铁、血红蛋白、脂肪氧化酶和单线态氧催化的氧化反应，还能阻碍蛋白质羰基化及糖化反应。由于很多慢性病的发生都和氧自由基有着密切的关系，因此肌肽的抗氧化功能对防治慢性病将有良好的作用。进一步研究发现，肌肽还具有延缓衰老的作用，且具有逆转老年细胞衰老形态的强大效果。肌肽延缓衰老的作用是因为肌肽能与蛋白质羰基结合形成肌肽化蛋白质，保护了蛋白质不被羰基化或糖基化，使蛋白质不受损伤，细胞不易老化。

③ 神经肽。神经肽是神经系统内具有活性的一类短链肽。它们有时在神经细胞之间传递信号，有时也作为激素在体内起作用。有神经叶激素、各腺性脑下垂体激素的释放激素或抑制激素、内啡肽、脑啡肽、P物质、血管紧张素、神经细胞紧张肽、肠促胰酶肽以及胃泌素等。中枢神经系统中有一组肽，它们具有非常特殊的生物化学功能，对人的情绪、痛觉、记忆等生理现象产生较大的作用。脑啡肽是这一组中最简单的代表物质，它主要存在于脑组织中，是由五个氨基酸残基组成的寡肽，包含两种结构，分别称为蛋氨酸脑啡肽和亮氨酸脑啡肽。其结构可分别表示为：酪-甘-甘-苯丙-蛋氨酸（Tyr-Gly-Gly-Phe-Met）；酪-甘-甘-苯丙-亮氨酸（Tyr-Gly-Gly-Phe-Leu）。研究表明：脑啡肽等可占据吗啡及其类似物的受体。医药上有望制备出相应的物质，它既能像吗啡一样具有良好的镇痛效果，又没有成瘾的副作用。此外还发现了一些神经肽如睡眠因子（九肽）、神经降压肽（八肽）等。

④ 心房肽。心房肽是心脏分泌的耐热多肽类蛋白质激素，首先由加拿大病理学家于1979年发现。1984年用高效液相色谱纯化了两种心房活性肽，发现它们分别由21个和23

个氨基酸组成。研究表明，心房肽具有强烈的利尿、利钠以及较强的舒张血管作用，有望成为治疗高血压等疾病的药物。

13.1.3 蛋白质

13.1.3.1 蛋白质的组成和分类

蛋白质是生命的物质基础，没有蛋白质就没有生命。它是由氨基酸组成的大分子化合物，主要含有C、N、O、H、S等元素，对各种蛋白质经过元素分析，发现其组成为：C 50%～55%，N 13%～19%，O 19%～24%，H 6.0%～7.3%，S 0～4%。此外还含有P、I、Fe、Mn、Zn等元素，大多数蛋白质中N的含量占总质量分数的16%左右。

蛋白质的种类很多，性质、功能各异。对于种类繁多的蛋白质，可以按分子形状将其分为球状蛋白和纤维状蛋白，也可以按功能分为活性蛋白和非活性蛋白。另外，还可以按化学组成将其分为简单蛋白和结合蛋白。简单蛋白由α-氨基酸形成的肽链组成，结合蛋白由简单蛋白和非蛋白（辅基）组成，具体分类如表13.1.2所示。

表13.1.2 简单蛋白和结合蛋白

种类		性质与存在场合
简单蛋白	白蛋白	溶于水、稀酸、稀碱及中性盐溶液，不溶于饱和硫酸铵溶液，加热易凝固。存在于各种生物体中，如血清蛋白、卵清蛋白
	球蛋白	溶于稀酸、稀碱及中性盐溶液，不溶于水和半饱和硫酸铵溶液，加热易凝固。存在于各种生物体中，如免疫球蛋白，纤维蛋白原，肌球蛋白等
	谷蛋白	溶于稀酸、稀碱，不溶于水、中性盐和乙醇。存在于五谷中，如米谷蛋白，麦谷蛋白
	硬蛋白	不溶于水、稀酸、稀碱、中性盐溶液和一般有机溶剂。存在于指甲、角、毛发中，如角蛋白、腱中的胶原蛋白
	精蛋白	易溶于水、稀氨水和稀酸中，呈强碱性。存在于鱼类的精子中，如鱼精蛋白
	组蛋白	溶于水和稀酸中，不溶于稀氨水，加热不凝固。存在于胸腺和细胞核中，如胸腺组蛋白
	醇溶谷蛋白	不溶于水和中性盐溶液，溶于70%～80%的乙醇中。存在于植物种子中，如玉米醇溶谷蛋白，麦醇溶蛋白
结合蛋白	核蛋白	辅基为核酸。存在于所有动植物细胞核和细胞浆内，如病毒、核蛋白、动植物细胞中的染色体蛋白
	糖蛋白	辅基为糖类。存在于生物界、体内组织和体液中，如唾液中的糖蛋白、免疫球蛋白、蛋白多糖
	脂蛋白	辅基为各种脂类。存在于血浆和生物膜中，如乳糜微粒、低密度或高密度脂蛋白
	磷蛋白	辅基为磷酸。存在于乳剂中的酪蛋白，卵黄中卵黄蛋白，染色质中的磷蛋白
	色蛋白	辅基为色素。存在于动物血中的血红蛋白，植物中的叶绿蛋白和细胞色素等
	金属蛋白	辅基为金属离子。存在于激素、胰岛素、铁蛋白

13.1.3.2 蛋白质的结构

蛋白质的结构很复杂，若以不同的“视野”来观察蛋白质分子的结构，可将其分为一级结构、二级结构、三级结构和四级结构。一级结构称为初级结构或基本结构，二级以上的结构属于构象范畴，称为高级结构或空间结构。

蛋白质的一级结构主要由肽键将氨基酸牢固地连接起来，肽键称为蛋白质分子的主键。除肽键外，还有各种副键维持着蛋白质分子的高级结构。这些副键有氢键、二硫键、离子键、疏水键和酯键等。此外，还有配位键及范德华力在蛋白质的空间结构中起稳定作用。

蛋白质的二级结构是由一级结构决定的，它是肽链的主链原子的局部空间排列，不涉及侧链R基团的构象。这种空间排列可用α-螺旋、β-折叠、β-转角和无规卷曲几种模型表示，不同的氨基酸由结构差异有形成不同二级结构的倾向。谷氨酸、丙氨酸和亮氨酸易形成α-螺旋，而甘氨酸和脯氨酸是α-螺旋的破坏者；酪氨酸、缬氨酸和异亮氨酸易形成β-折叠，而谷氨酸、脯氨酸和天冬氨酸是β-折叠的破坏者。由于蛋白质中氨基酸的种类和顺序是由遗传决定的，所以蛋白质的空间结构也是由遗传决定的。大多数蛋白质并不是以一种二级结构形式存在，α-螺旋、β-折叠、β-转角往往各占一定比例。

蛋白质分子的三级结构是整条肽链中全部氨基酸残基的相对空间位置，包括侧链 R 基团之间的相互关系。三级结构是在二级结构的基础上按特定的方式形成，主要靠氨基酸侧链之间的疏水相互作用、氢键、范德华力和盐键维持。具备三级结构的蛋白质一般都是球蛋白，都有近似球状或椭球状的外形，而且整个分子排列紧密，内部有时只能容纳几个水分子。同时，大多数疏水性氨基酸侧链都埋藏在分子内部，它们相互作用形成一个致密的疏水核，这些疏水区域常常是蛋白质分子的功能部位或活性中心。而大多数亲水性氨基酸侧链都分布在分子的表面，它们与水接触并强烈水化，形成亲水的分子外壳，从而使球蛋白分子可溶于水。

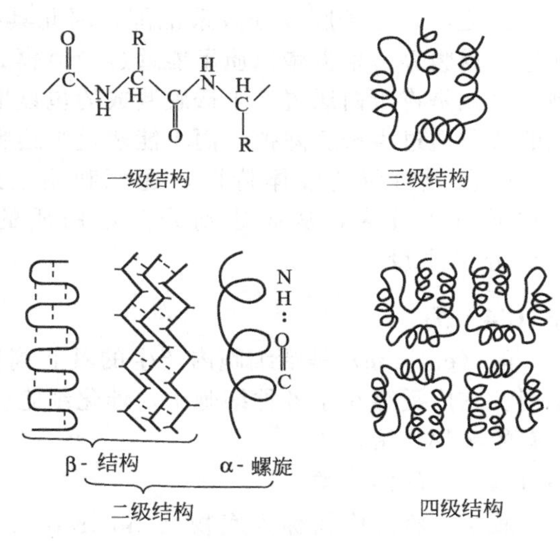

图 13.1.2　蛋白质的结构示意图

盘绕成三级结构的肽链，以两条或更多条肽链组合到一起，形成一定的空间形状就是蛋白质的四级结构。四级结构中的每条肽链称为一个亚基，不同的蛋白质中亚基数不一定相同，从一个到上千个不等，每一个单独的亚基一般没有生物学功能，只有完整的四级结构才具有生物学功能，维系四级结构中各亚基的作用力主要是非共价键。蛋白质的结构示意图见图 13.1.2。

含有四级结构的蛋白质的亚基数一般为偶数，如β-乳球蛋白有 2 个亚基，血红蛋白有 4 个亚基，脱铁铁蛋白的亚基数为 20 个，而肌红蛋白中有 3 个亚基，是比较少见的。

13.1.3.3　蛋白质的化学性质

蛋白质由氨基酸组成，其性质与氨基酸相似，如具有两性电离和等电点，与茚三酮反应显色等。由于各种蛋白质的溶解度和等电点互不相同，适当的盐浓度和 pH 就能决定它们是否沉淀。因此，可以利用本性质采用分段盐析法分离混合蛋白质，也就是根据不同蛋白质盐析时所需盐浓度的不同而使不同的蛋白质分段发生沉淀，从而进行分离。如在分离血清中的清蛋白和球蛋白时，先在血清中加硫酸铵至半饱和状态使球蛋白析出，过滤得到球蛋白；再在滤液中继续加入硫酸铵至饱和状态，则清蛋白析出。

根据蛋白质的等电点特性，还可以通过调节蛋白质溶液的 pH 使其发生沉淀和变性。如调节溶液的 pH 接近等电点，可以加入甲醇、乙醇、丙酮等大极性溶剂使蛋白质发生沉淀或变性。调节溶液的 pH>PI，加入重金属盐如氯化汞、硝酸银、乙酸铅、硫酸铜等可生成不溶性盐沉淀使蛋白质凝固而变性。根据此原理，临床上给铅、汞中毒者口服生鸡蛋和生牛奶并在催吐作用下让其呕吐而达到解毒的目的。旧法生产松花皮蛋是利用 PbO 与蛋白质生成沉淀以达到蛋白质凝固的目的。调节溶液的 pH<PI，加入苦味酸、鞣酸、钨酸、三氯乙酸和磺基水杨酸等也会与蛋白质形成沉淀而变性。据此，临床检验中，常用此类试剂沉淀血中有干扰的蛋白质以制备血滤液。

除了以上一些化学因素能使蛋白质变性外，一些物理因素如加热、高压、超声波、光照、辐射、振荡、剧烈搅拌、干燥等也能导致蛋白质变性。蛋白质的变性有重要的实用意义。在日常生活中常采用高温、高压、煮沸、酒精、紫外线照射等进行消毒，就是利用这些因素使细菌体内的蛋白质变性失活，达到灭菌的目的。牛奶经发酵后成为酸奶，蛋白质变性，比鲜牛奶更容易消化吸收，营养价值也更高。临床用的生物制剂、疫苗、免疫血清等需在低温干燥条件下运输和储存也是为了防止蛋白质变性。

除了具有氨基酸的某些特性外，蛋白质还是一类大分子化合物，分子直径一般在1～100nm之间，处于胶体分散系范围，因此具有胶体的性质如丁达尔效应，布朗运动和不能透过半透膜等。根据蛋白质不能透过半透膜的性质，可以采用渗析法对蛋白质进行提纯和精制，也就是将蛋白质置于半透膜制成的包裹里，放在流动的水或适当的缓冲溶液中，让小颗粒的杂质透过半透膜除掉，而不能透过半透膜的蛋白质在包裹里不断得到纯化。

根据蛋白质的胶体特性，还可利用超速离心机产生的强大重力场，使大小不同的蛋白质分步沉降，从而达到分离蛋白质的目的。超速离心法还可用来测定蛋白质的相对分子质量。

13.1.4 酶

酶（enzyme）是活细胞内产生的具有高度专一性和催化效率的蛋白质，又称为生物催化剂。它广泛存在于各种细胞中，催化细胞生长、代谢等生命过程中几乎所有的化学反应。所有的酶都是蛋白质。

13.1.4.1 酶的分类

酶学中将反应物称为底物（substrate）。国际生化联合会酶委员会（I. E. C）根据酶的催化作用类型，将已知酶分为六大类。①氧化还原酶类（oxidoreductases）指催化底物进行氧化还原反应的酶类，如乳酸脱氢酶、琥珀酸脱氢酶、细胞色素氧化酶、过氧化氢酶等。②转移酶类（tranferases）指催化底物之间进行某些基团的转移或交换的酶类，如转甲基酶、转氨酸、已糖激酶、磷酸化酶等。③ 水解酶类（hydrolases）指催化底物发生水解反应的酶类，如淀粉酶、蛋白酶、脂肪酶、磷酸酶等。④裂解酶类（lyases）指催化一个底物分解为两个化合物或两个化合物合成一个化合物的酶类，如柠檬酸合成酶、醛缩酶等。⑤异构酶类（isomerases）指催化各种同分异构体之间相互转化的酶类，例如磷酸丙糖异构酶、消旋酶等。⑥合成酶类（synthetases）或连接酶类（ligases）指催化两分子底物合成一分子化合物，同时还必须偶联有ATP的磷酸键断裂的酶类，例如谷氨酰胺合成酶、氨基酸、tRNA连接酶等。

13.1.4.2 酶的性质

酶是一种生物催化剂，与常规催化剂相比，酶具有以下特性：

① 高效性。酶能在温和条件（例如常温、常压和近中性的pH）下大大加速反应；在可比较的情况下，酶的催化效率相对其他类型的催化剂而言，可达10^7～10^{12}倍。以H_2O_2的分解为例，若以铁离子催化，反应速率为$5.6\times10^{-4}mol\cdot s^{-1}$；若以血红素催化，接近$6.0\times10^{-1}mol\cdot s^{-1}$；而以过氧化氢酶催化时，反应速率可达$3.5\times10^6mol\cdot s^{-1}$。

② 高度专一性。酶的高度专一性，是指一种酶通常只能催化一种或一类反应，同时也表现在某些酶能及时地修正其催化过程中产生的错误。例如谷氨酸可能进行以下四种反应：L-谷氨酸＋NAD（P）$^+\longrightarrow$α-酮戊二酸＋NH_3＋NAD（P）H；L-谷氨酸＋草酰乙酸$\longrightarrow$α-酮戊二酸＋L-天冬氨酸；L-谷氨酸$\longrightarrow$γ-氨基丁酸＋CO_2；L-谷氨酸$\longrightarrow$D-谷氨酸。这些反应如果用吡哆醛和铜催化，则后面三种反应都能被加速；但用酶催化时，则不同的反应需要不同的酶。四个反应分别需用谷氨酸脱氢酶、谷草转氨酶、谷氨酸脱羧酶以及谷氨酸异构酶。酶的这种性质称为酶的专一性。类似的，如果将谷氨酸换成其他氨基酸，采用的酶也须作相应的更改，这种性质称为酶的底物专一性。

酶具有高度的作用专一性也表现在某些酶能及时地修正其催化过程中产生的错误。例如，DNA聚合酶能识别并除去错配的核苷酸，从而保证了DNA复制时的误差率在10^{-8}～10^{-10}以下；类似的，氨基酰-tRNA合成酶也能自动地消除其作用过程中误活化的氨基酸，从而使蛋白质合成时的氨基酸错误率低于 10^{-4}。

③ 酶的化学本质是蛋白质。酶是高分子胶体物质，而且是两性电解质，在电场中酶能像其他蛋白质一样泳动，酶的活性-pH 曲线和两性离子的解离曲线相似；酸、碱、热、紫外线、表面活性剂、重金属盐以及其他蛋白质变性剂，也往往能使酶失效；酶通常都能被蛋白水解酶水解而丧失活性。

13.2　糖与脂

13.2.1　糖类

糖类（carbohydrates）也称为碳水化合物，由 C、H、O 组成。常见的糖有葡萄糖、果糖、蔗糖、麦芽糖、淀粉、糖原、纤维素、肝素等，是自然界中存在最多的一类有机化合物。糖可以供给储存生命活动所需要的能量，同时具有特殊的生物活性。根据能否水解和水解产物的不同，糖类一般被分为单糖、二糖和多糖。

13.2.1.1　单糖

单糖是不能再水解成更小分子的糖，如葡萄糖（glucose）、果糖（fructose）等，在固态时它们是稳定的环氧式结构，但在水溶液中，环氧式结构与开链式结构互相转化，达到动态平衡。结构式分别如图 13.2.1 和图 13.2.2 所示。

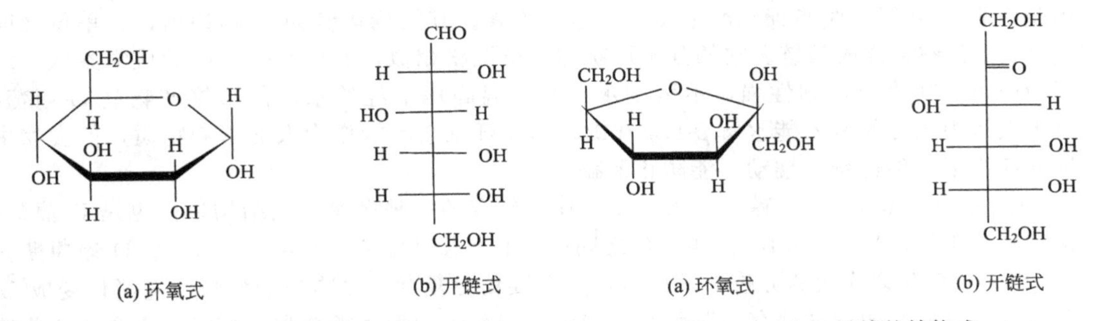

图 13.2.1　D-葡萄糖的结构式　　图 13.2.2　D-果糖的结构式

根据分子中所含羟基的不同，可将单糖分为醛糖和酮糖。根据分子中的碳原子数，可分为丙糖、丁糖、戊糖和己糖。甘油醛是最简单的醛糖，1,3-二羟基丙酮是最简单的酮糖。

单糖是多羟基醛或多羟基酮，它既具有醇羟基和羰基的性质，也有环状半缩醛羟基的特性，易发生脱水反应、在稀碱溶液中的互变异构反应、与弱氧化剂发生氧化反应、成酯反应、与过量苯肼反应生成糖脎的成脎反应，与其他含羟基或活泼氢的化合物作用脱去一分子的水的成苷反应等化学反应。

13.2.1.2　二糖

二糖（disaccharide）是能水解生成两分子单糖的糖。两分子单糖可以相同也可以不同。从分子结构看，二糖是一分子单糖的苷羟基与另一分子单糖的羟基（醇羟基或苷羟基）脱水形成的糖苷，苷元不是醇或酚而是另一分子单糖。根据形成分子中是否保留有苷羟基分为还原性二糖和非还原性二糖。

常见的二糖一般为己糖的脱水产物，如蔗糖（非还原性二糖）、麦芽糖和乳糖（均为还原性二糖）等，分子式均为 $C_{12}H_{22}O_{11}$。

麦芽糖为白色晶体，通常含一分子结晶水，易溶于水，甜度约为蔗糖的 70%，比旋光度为 +136°，常存在于麦芽中，是淀粉水解过程中的中间产物，在酸的作用下也可发生水解生成两分子(+)-α-D-葡萄糖；乳糖为白色晶体，通常含一分子结晶水，易溶于水，微甜，比旋光度为+53.5°，存在于哺乳动物的乳液中，人奶中含6%～8%，牛奶中含4%～6%，它水解后生成一分子D-半乳糖和一分子D-葡萄糖；蔗糖为白色晶体，熔点186℃，易溶于水，水溶液的比旋光度为+66.7°，广泛分布在各种植物中，在甘蔗和甜菜中含量较高。蔗糖水解后生成一分子的α-D-葡萄糖和一分子的β-D-果糖。

13.2.1.3 多糖

多糖（amylose）是能水解成很多单糖分子的糖，水解后只生成一种单糖的称为均多糖，如淀粉、糖原、纤维素等，水解的最终产物是D-葡萄糖，可用通式（$C_6H_{10}O_5$）$_n$表示。而另一类多糖水解的最终产物是两种或两种以上单糖或单糖衍生物，这类多糖称为杂多糖，如透明质酸、肝素等。

多糖可看作是有几千个甚至上万个单糖分子以苷键相连接的高分子化合物，相对分子质量从几万到几百万。单糖之间可以连接成支链，也可以是直链。下面介绍几种重要的多糖。

① 淀粉（starch）。淀粉广泛存在于植物的果实、种子及块根中，如大米含75%～80%，小麦含60%～65%，玉米含65%，马铃薯约含20%，红薯、芋头含量也较丰富。一般淀粉中含支链淀粉约80%，直链淀粉约20%。两者在分子大小、苷键类型和分子形状上有所不同。两类淀粉均可在酸的催化作用下加热水解，生成糊精、麦芽糖等一系列中间产物，最终水解产物为D-葡萄糖。

② 纤维素（cellulose）。纤维素广泛存在于所有植物中，如木材中纤维素含量约60%，棉花中高达98%，脱脂棉和滤纸几乎全是纤维素。其结构单位为D-葡萄糖，各单位之间通过β-1,4苷键结合成长链。它的分子形状与直链淀粉相似，但链与链之间绞成绳索状。纤维素为白色丝状物质，韧性强，不溶于水，在高温高压下经酸水解的最终产物是D-葡萄糖。由于人体内的淀粉酶不能水解β-1,4苷键，因此纤维素不能作为人的营养物质，但食物中少量的纤维素可促进肠的蠕动，能防止便秘。

③ 糖原（hepatin）。糖原是人和动物体内储存的一种多糖。其结构单位也是D-葡萄糖，相对分子质量可高达1×10^8。各单位之间以α-1,4-苷键结合，每隔12～18个D-葡萄糖就有1个以α-1,6-苷键连接的分枝，其结构比支链淀粉更复杂。食物中的淀粉经过消化变成D-葡萄糖后，以糖原的形式储存于肝脏和肌肉中。当血液中葡萄糖含量增高时，多余的葡萄糖就聚合成糖原储存；当血糖浓度降低时，肝糖原立即分解为葡萄糖以保持血糖水平，为各组织提供能量。肌糖原是肌肉收缩所需的主要能源。

④ 肝素（heparin）。肝素分布在肝、肺、血管壁、肠黏膜等组织中，是人和动物体内的一种天然抗凝血物质，是凝血酶的对抗物。由于肝素具有该特殊性质，因此临床上广泛将肝素用作血液的抗凝剂，也可以防止某些手术后可能发生的血栓形成及脏器的黏连。肝素的结构比较复杂，一般认为它由L-艾杜糖醛酸-2-硫酸酯或D-葡萄糖醛酸分别与6-硫酸-N-磺酰-D-氨基葡萄糖以β-1,4-苷键结合成两种二糖单位，它们交替地以α-1,4-苷键连接成肝素。

⑤ 透明质酸（hyaluronic acid）。透明质酸存在于眼球的玻璃体、角膜和关节液中，与水形成黏稠的凝胶，黏性较大，有黏合、润滑和保护细胞的作用。它由β-D-葡萄糖醛酸和N-乙酰基-β-D-氨基葡萄糖通过β-1,3-苷键连接成的二糖单位，并以此为重复通过β-1,4-苷键连接、聚合而成的高分子化合物。

13.2.2 脂

脂类（lipids）是存在于生物体内不溶于水而溶于有机非极性溶剂、并能被机体利用的有机化合物。其共同特征是：①具有脂溶性；②难溶于水，易溶于乙醚、氯仿和苯等极性小的有机溶剂，可以用这些溶剂把它们从细胞和组织中提取出来；③是生物维持正常活动必不可少的物质，在生物体内具有重要的生理功能。脂类化合物种类繁多，本节重点介绍油脂和磷脂。

13.2.2.1　油脂

从化学结构上看，油脂是一分子甘油与三分子高级脂肪酸酯化生成的。若三酰甘油中三个脂肪酸相同，称单三酰甘油，否则称混三酰甘油。其结构见图 13.2.3。

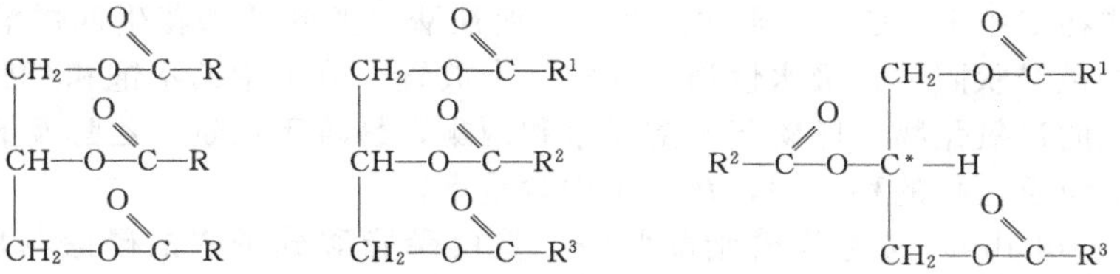

图 13.2.3　三酰甘油的结构式

习惯上将在常温下呈固态或半固态的三酰甘油称为脂肪，呈液态的称为油。脂肪中含饱和脂肪酸较多，而油中含不饱和脂肪酸较多，此外还含有少量游离脂肪酸、高级醇、高级烃、维生素和色素等。天然油脂是混三酰甘油的复杂混合物。

油脂熔点的高低取决于所含不饱和脂肪酸的数目，其数量越多熔点就越低。如植物油含大量不饱和脂肪酸，因此常温下呈液态，牛、羊等动物脂肪中含饱和脂肪酸多，所以常温下呈固态。油脂具有以下性质：

① 水解和皂化作用。三酰甘油在酸、碱或酶的作用下，可水解生成 1 分子甘油和 3 分子脂肪酸。油脂在碱性条件下水解则得到高级脂肪酸的钠盐，这种盐俗称肥皂，故油脂在碱性溶解中的水解又称皂化。

② 加成作用。含有不饱和脂肪酸的油脂还可以和氢、卤素等发生加成作用。加氢后液态的油可变成半固态或固态的脂肪，更便于储存和运输。

③ 氧化作用。油脂中的不饱和脂肪酸在空气中的氧、水分和微生物的作用下会被氧化生成过氧化物，进一步分解生成有臭味的小分子醛、酮和羧酸等化合物，这个过程称为酸败。光照、热和潮气等因素会加速酸败过程，酸败程度严重的油脂不能食用。

13.2.2.2　磷脂

磷脂（phospholipid）是一类含磷的复合脂类化合物，广泛存在于动物的肝、脑、脊髓、神经组织和植物的种子中，是细胞原生质的必要部分。在细胞内磷脂与蛋白质结合形成脂蛋白，构成细胞的各种膜，如细胞膜、核膜、线粒体膜等。磷脂的结构和性质与生物膜的功能关系密切。由甘油构成的磷脂称为甘油磷脂，由鞘氨醇构成的磷脂称为鞘磷脂（又称神经磷脂）。

磷脂是分子中含有磷酸基团的高级脂肪酸酯。按照分子中醇的不同，磷脂有多种。磷脂广泛存在于动植物组织中，具有特殊的功能。

甘油磷脂（phosphoglyceride）又称为磷酸甘油酯，其母体结构是磷脂酸（phosphatidic acid），即一分子甘油与两分子脂肪酸和一分子磷酸通过酯键结合而成的化合物，结构见图 13.2.4(a)。通常，R′为饱和脂肪酰基，R″为不饱和脂肪酰基，所以 C-2 是手性碳原子。磷脂酸中的磷酸与其他物质结合，可得到不同的甘油磷脂，最常见的是卵磷脂和脑磷脂。

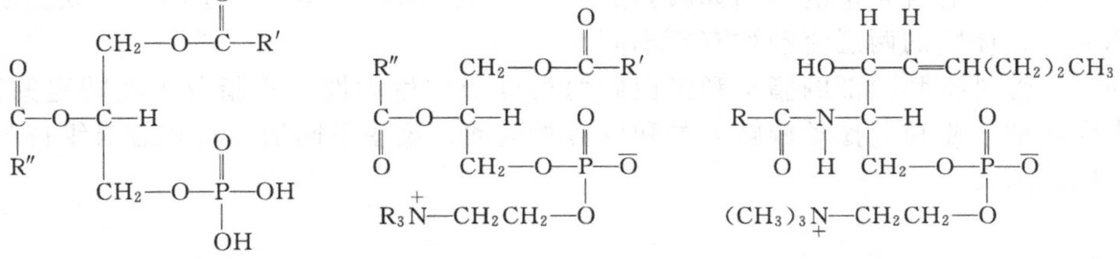

(a) 磷脂酯　(b) α-卵磷脂与 α-脑磷脂　(c) 鞘磷脂

图 13.2.4　几种磷脂的结构式

α-卵磷脂（lecithin）又称为磷脂酰胆碱（phosphaticlyl cholines），是由磷脂酸分子中的磷酸与胆碱中的羟基酯化而成的化合物。结构式见图 13.2.4(b)，其中 R＝CH_3。胆碱磷酸酰基可连在甘油基的 α 或 β 位上，故有 α 和 β 两种异构体，天然卵磷脂为 α 型（3-Sn-磷脂酰胆碱）。卵磷脂完全水解可得到甘油、脂肪酸、磷酸和胆碱。其中的饱和脂肪酸通常是软脂酸和硬脂酸，连在 C-1 上，C-2 上通常是油酸、亚油酸、亚麻酸和花生四烯酸等不饱和脂肪酸。卵磷脂为白色蜡状固体，吸水性强。在空气中放置，分子中的不饱和脂肪酸被氧化，将生成黄色或棕色的过氧化物。卵磷脂不溶于水和丙酮，易溶于乙醚、乙醇及氯仿。卵磷脂存在于脑和神经组织及植物的种子中，在卵黄中含量丰富。

α-脑磷脂（cephalin）又称为磷脂酰胆胺，是由磷脂酸分子中的磷酸与胆胺（乙醇胺）中的羟基酯化而成的化合物。结构式见图 13.2.4(b)，其中 R＝H。天然脑磷脂为 α 型（3-Sn-磷脂酰胆胺），完全水解时，可得到甘油、脂肪酸、磷酸和胆胺。脑磷脂的结构和理化性质与卵磷脂相似，在空气中放置易变棕黄色，脑磷脂易溶于乙醚，难溶于丙酮，与卵磷脂不同的是难溶于冷乙醚中，由此可分离卵磷脂和脑磷脂。脑磷脂通常与卵磷脂共存于脑、神经组织和许多组织器官中，在蛋黄和大豆中含量也较丰富。

鞘磷脂（sphingomyelin）又称为神经磷脂，其组成和结构与卵磷脂、脑磷脂不同，鞘磷脂的主链是鞘氨醇（神经氨基醇）而不是甘油，鞘氨醇的氨基与脂肪酸以酰胺键相连，形成 *N*-脂酰鞘氨醇即神经酰胺（ceramide），神经酰胺的羟基与磷酸胆碱结合而形成鞘磷脂，结构式见图 13.2.4(c)。鞘磷脂是白色晶体，化学性质比较稳定，因为分子中碳碳双键少，不像卵磷脂和脑磷脂那样在空气中易被氧化。不溶于丙酮和乙醚，而溶于热乙醇中。鞘磷脂大量存在于脑和神经组织，是围绕着神经纤维鞘样结构的一种成分，也是细胞膜的重要成分之一。

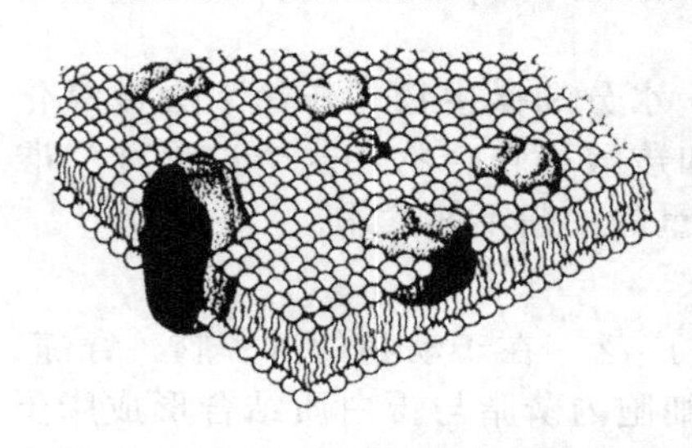
图 13.2.5　细胞膜的液态镶嵌模型

生物膜（biomembrane）是细胞膜（也称质膜或外周膜）和细胞内膜（细胞内各种细胞器的膜）的统称。各种生物膜的功能不同，但化学组成和分子结构都有共同之处，其化学组成为脂类、蛋白质、糖类、水、无机盐和金属离子等，其中脂类和蛋白质是主要成分，构成膜的主体。脂类和蛋白质以非共价键结合，形成膜脂蛋白，糖以共价键与脂类或蛋白质结合分别形成糖脂或糖蛋白。构成膜的脂类有磷脂、胆固醇（cholesteral）和糖脂（glycolipid），以磷脂含量最多也最为重要。主要的磷脂是甘油磷脂和鞘磷脂。在水溶液中磷脂亲水头部因对水的亲和力指向水面，疏水尾部因对水的排斥而相互聚集，尾尾相连，这样形成了稳定的双分子层。

根据液态镶嵌模型（fluid mosaic model）（图 13.2.5），膜的结构是以液态的脂质双分子层为基架，其中镶嵌着可以移动的具有各种生理机能的蛋白质。

生物膜有两个明显的特征，膜的不对称性和膜的流动性。膜的不对称性分别与膜脂和膜蛋白分布的不对称性有关。膜脂中，含胆碱的磷脂如磷脂酰胆碱（卵磷脂）、鞘磷脂大多分布在生物膜外层，而含氨基的磷脂如磷脂酰乙醇胺（脑磷脂）多分布于内层。膜脂双分子层的不对称分布，使膜的两层流动性有所不同。

膜的流动性是指膜内部的脂类和蛋白质两类分子的运动性。膜脂分子在特定的温度下，可进行横向扩散、旋转、摆动旋转异构和反转等运动，这些不同的运动状态对维持膜脂分子的不对称性很重要。

13.3　核酸

1869 年人类首次从脓细胞中分离出核酸。核酸（nucleic acid）是生物体内一种携带遗传信息和指导蛋白质生物合成的大分子化合物，与生物的生长、繁衍、遗传、变异等过程都有非常密切的关系。

13.3.1　核酸的分类和组成

核酸是核蛋白的辅基，可由核蛋白水解得到。组成核酸的主要元素有 C、H、O、N、P 等，其含氮量约为 15%～16%，含磷量为 9%～10%。核酸包括脱氧核糖核酸（deoxyribonucleic acid，DNA）和核糖核酸（ribonucleic acid，RNA）两大类。DNA 主要存在于细胞核和线粒体内，其结构决定生物合成蛋白质的特定结构，并保证将这种特性遗传给下一代。RNA 主要存在于细胞质中，分为信使 RNA（mRNA），核糖体 RNA（rRNA）和转运 RNA（tRNA），均由 DNA 转录而成，它们直接参与蛋白质的生物合成过程，是蛋白质的模板。

核酸的组成单位为核苷酸（nucleotides）。每一个核苷酸分子由三部分组成：一个含氮碱基，一个五碳糖和一个磷酸基。由含氮碱基和五碳糖组成的结构叫做核苷（nucleosides）。核酸在酸、碱或酶的催化作用下进行水解，可逐步得到核苷酸如三磷酸腺苷（adenosine triphosphate，ATP），磷酸和核苷如腺嘌呤核苷。核苷再进一步水解可得到含氮的有机碱。DNA 和 RNA 中的含氮碱包括腺嘌呤（adenine，A），鸟嘌呤（guanine，G），胞嘧啶（cytosine，C），尿嘧啶（uriacil，U）和胸腺嘧啶（thymine，T）五种。DNA 和 RNA 所含的嘌呤碱是相同的，但所含的嘧啶碱不完全相同，RNA 含有胞嘧啶和尿嘧啶，而 DNA 含有胞嘧啶和胸腺嘧啶。含氮碱基的结构式见图 13.3.1；腺嘌呤核苷的结构见图 13.3.2。

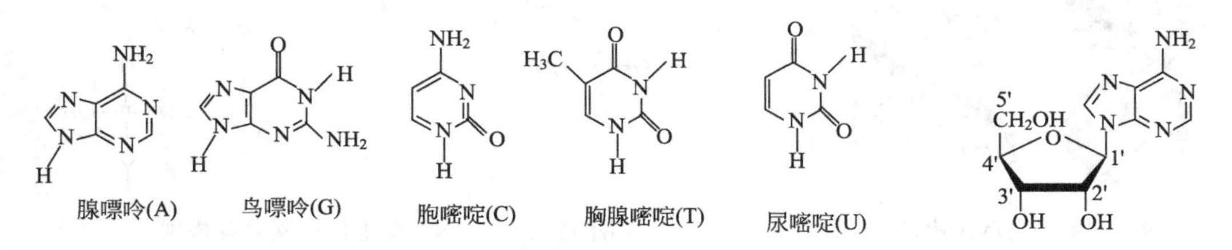

图 13.3.1　含氮碱基的结构式　　图 13.2.2　腺嘌呤核苷

13.3.2　DNA 和 RNA 的结构

核酸的结构非常复杂，分为一级结构和空间结构。一级结构指组成核酸的各核苷酸残基之间的排列顺序，空间结构指多核苷酸链内或链与链之间通过氢键折叠卷曲而成的构象。

13.3.2.1　DNA 的双螺旋结构

DNA 双螺旋可以以几种不同类型的构象存在，即可能存在着 A、B 和 Z 型的 DNA。B-DNA 和 A-DNA 都是右手双螺旋结构，而 Z-DNA 是左手双螺旋结构。大多数 DNA 是以一种非常类似于标准 B 构象的形式存在的，但在螺旋的一定区域内会出现短序列的 A-DNA。A-DNA 中的碱基相对于螺旋轴大约倾斜 20°，每一转含有 11 个碱基对，螺旋比 B-DNA 宽。Z-DNA 是左手双螺旋结构，每一转含有 12 个碱基对。此外 Z-DNA 没有明显的沟，因为碱基对只稍偏离螺旋轴。尽管可以合成 Z-DNA，但在生物体的基因组中很少出现这类 DNA。1953 年美国生物学家 Watson 和 Crick 根据 X 射线数据提出了 DNA 的双螺旋结构（图 13.3.3）。

DNA 的结构特点如下。①DNA 分子由两条反向平行的、以氢键相连的多聚脱氧核糖核苷酸链围绕同一中心轴构成。一条链的走向是 5′→3′，另一条链的走向是 3′→5′。螺旋表面形成两条凹沟，较深的为大沟，较浅的为小沟。②两条链中亲水的磷酸与脱氧核糖通过 3′，5′-磷酸二酯键相连，形成 DNA 分子的骨架，位于双螺旋结构的外侧，疏水的碱基位于内侧，碱基平面与脱氧核糖-磷酸平面垂直。一条多核苷酸链上的碱基与另一条多核苷酸链上相应位置的碱基通过氢键连接在一起，腺嘌呤总是和胸腺嘧啶配对，它们之间形成两个氢键，鸟嘌呤总是和尿嘧啶配对，它们之间形成三个氢键，这种 A-T、G-C 配对的规律称为“碱基互补规则”（图 13.3.4）。③两条链都是右手螺旋，直径为 2nm，碱基平面与螺旋的纵轴垂直。相邻碱基平面的距离为 0.34nm，旋转的角度是 36°，螺旋每旋转一周包含 10 对碱基，故螺旋的螺距为 3.4nm。④维持 DNA 分子双螺旋结构稳定的因素主要包括：DNA 分子两条链上的对应碱基之间形成的氢键维持双螺旋结构的横向稳定，碱基平面之间的疏水性碱基堆积力维持双螺旋结构的纵向稳定。后者是维持 DNA 双螺旋结构稳定的主要因素。⑤在细胞内，大的 DNA 分子被压缩和包装。真核生物的组蛋白结合 DNA 形成核小体，核小体被串在一起，经一级一级地压缩，形成超螺旋附着在核内的 RNA-蛋白质支架上。

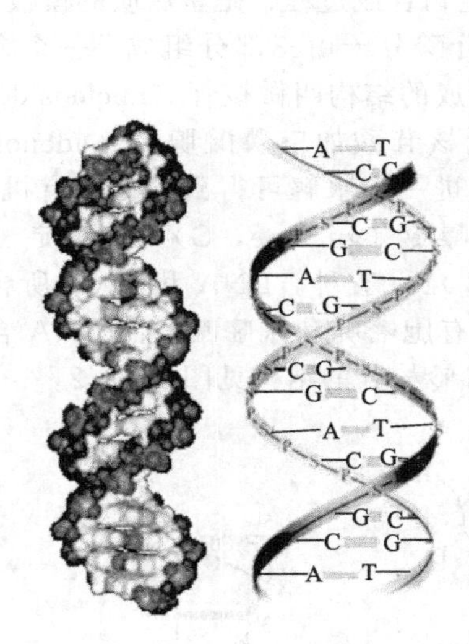

图 13.3.3 DNA 模型

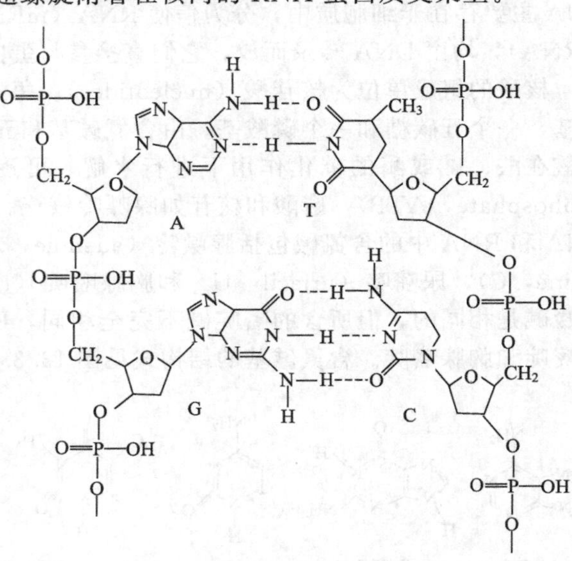

图 13.3.4 DNA 链上的碱基互补规则

13.3.2.2 RNA 的高级结构

RNA 是许多核糖核苷酸分子通过 3′,5′-磷酸二酯键相互连接形成的多核苷酸链，其碱基组成不像 DNA 那样有严格的规律。研究表明，大多数天然 RNA 分子是一条单链，许多区域自身发生回折，使可以配对的碱基相遇，通过氢键把 A 与 U，G 与 C 连接起来，构成与 DNA 一样的双螺旋。不能配对的碱基则形成环状突起，这种短的双螺旋区域有单链突环的结构称发夹结构，约有 40%～70%的核苷酸参与了螺旋的形成，所以 RNA 分子是含有短的不完全的螺旋区的多核苷酸链。tRNA、mRNA 和 rRNA 功能不同，其二级结构也不同。

mRNA 的作用是将储存在 DNA 分子上的遗传信息按照碱基互补规则转录并从细胞核转移到细胞质中，作为指导蛋白生物合成的模板，决定蛋白质分子中氨基酸残基的排列顺序。mRNA 分子中每三个核苷酸为一组，决定肽链分子上某一个氨基酸，这些 3 个一组的核苷酸都有 2～6 种相应的 tRNA。tRNA 的结构特点如下。①tRNA 含有 10%～20%的稀有碱基包括双氢尿嘧啶、假尿嘧啶和甲基化的嘌呤等。②所有 tRNA 都是线型多核苷酸链，在一级结构中存在一些能局部互补配对的核苷酸序列，使 tRNA 的二级结构呈三叶草形。其中能互补配对的核苷酸构成三叶草的“柄”；中间不能形成互补配对的核苷酸链则形成环状构成三叶草的“叶”。③tRNA 的三级结构呈倒“L”形。

13.4 染色体

染色体（chromosome）是由线型双链 DNA 分子同蛋白质形成的复合物，在显微镜下呈丝状或棒状（图 13.4.1），因在细胞发生有丝分裂时期容易被碱性染料着色而得名。整组染色体统称为基因组。对真核生物如动物、植物及真菌而言，染色体被存放于细胞核内；对于原核生物（如细菌）而言，则是存放在细胞质中的类核里。一条染色体有一个 DNA 分子。在无性繁殖物种中，生物体内所有细胞的染色体数目都一样。而在有性繁殖物种中，生物体的体细胞染色体成对分布，称为二倍体。性细胞如精子、卵子等是单倍体，染色体数目只是体细胞的一半。

13.4.1　染色体的组成与结构

染色体的主要化学成分是脱氧核糖核酸（DNA）和 5 种称为组蛋白的蛋白质（H1、H2A、H2B、H3 和 H4）。核小体（nucleosomes）是染色体结构的最基本单位，呈串珠状结构，每个核小体包括 2 个 H2A、2 个 H2B、2 个 H3、1 个 H4 和大约 200 个 DNA 碱基对。组蛋白形成一个有组织的八聚体蛋白复合体，而 DNA 缠绕在蛋白复合体的外面，大约缠绕 1.75 圈，有 146 个 DNA 的碱基对处于与组蛋白复合体紧密结合的状态，形成一个核小体核心颗粒。核心颗粒之间的线称为连接 DNA，大约有 54 个碱基对长。第 5 个组蛋白 H1 既与连接 DNA 结合，又和核小体核心颗粒结合。密集成串的核小体形成了核质中的 10nm 左右的纤维，这就是染色体的“一级结构”。DNA 分子大约压缩为原来的 1/7。

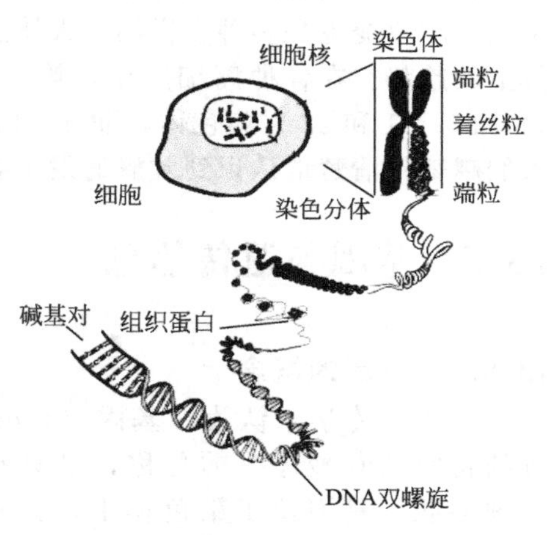

图 13.4.1　染色体的结构

13.4.2　染色体异常与疾病

13.4.2.1　染色体异常与相关疾病

人体细胞内有 23 对染色体，包括 22 对常染色体（控制着除性遗传特征以外的全部遗传特征）和一对性染色体（控制性遗传特征）。男性由一个 X 性染色体和一个 Y 性染色体组成，而女性则有两个 X 性染色体。染色体在形态结构或数量上的异常被称为染色体异常，由染色体异常引起的疾病为染色体病。现已发现的染色体病有 100 余种，如与 X 染色体相关的疾病有 X 染色体易碎症、血友病、孤独症、肥胖肌肉萎缩病和白血病等。Y 染色体上有一个“睾丸”决定基因则对性别决定至关重要。目前已经知道的与 Y 染色体有关的疾病也有十几种。第 22 对染色体是常染色体中最后一对，形体较小，但它与免疫系统、先天性心脏病、精神分裂、智力迟钝和白血病以及多种癌症相关。又如，乳腺癌是女性主要恶性肿瘤之一，其发病率在我国和一些发达的西方国家有上升的趋势，结合近几年的研究成果显示，乳腺癌常涉及到第 1，3，5，7，11，13 和 17 号染色体结构及数目的异常。染色体断裂点 1p11(1q11)，1p13，3p21，3q11，5q11，6q13，6q23，7q22，11p13 和 11p15 等在乳腺癌中出现的频率较高，它们可能引起肿瘤相关基因 DNA 序列重排，也可能导致某些染色体 DNA 丢失，从而在乳腺癌的发生中起一定的作用。在临床上，已观察到某些染色体的异常与肿瘤之间存在着一定的联系。例如，染色体（G 组染色体）的异常与慢性粒细胞白血病、脑膜瘤与 22 号染色体的缺失、14 号染色体的异常与某些淋巴瘤有关等。

13.4.2.2　染色体异常的原因

引起染色体异常的原因主要有以下几点。①母亲受孕时年龄过大。孕母年龄愈大，子代发生染色体病的可能性愈大，可能与母体卵子老化有关。②放射线。人类染色体对辐射甚为敏感，孕妇接触放射线后，其子代发生染色体畸变的危险性增加。③病毒感染。传染性单核细胞增多症、流行性腮腺炎、风疹和肝炎等病毒都可以引起染色体断裂，造成胎儿染色体畸变。④化学因素。许多化学药物、抗代谢药物和毒物都能导致染色体畸变。⑤遗传因素。染色体异常的父母可能遗传给下一代。

近几年来肿瘤发病中的遗传日益受到重视。人体肿瘤除少数几种外，几乎都出现染色体异常，不同的癌细胞有不同的染色体异常，同一种癌细胞的染色体异常也往往各异。从染色体数目上看，癌细胞一般都是非整倍体，数目变动幅度很大，是高度不平衡的核型。染色体结构上的改变也是多种多样的，人体癌细胞中染色体畸变的出现，有集中分布在若干条染色体上的趋势。在各种癌细胞中，第 8 号染色体最常出现畸变，其次是第 1，3，5，7，9，14，17，21 和 22 号染色体，而 4，10，15，16，18 和 19 号染色体很少出现畸变，这就使人们越来越清楚地认识到肿瘤的发生有一定的遗传特征。

13.5 基因与遗传信息

13.5.1 基因的概念

现代遗传学家认为，基因（gene）是遗传的基本单位，是 DNA 分子上具有遗传效应的特定核苷酸序列的总称，是具有遗传效应的 DNA 分子片段，能编码一种 RNA 或一种多肽。基因位于染色体上，并在染色体上呈线型排列。基因不仅可以通过复制把遗传信息传递给下一代，还可以使遗传信息得到表达。不同人种之间头发、肤色、眼睛、鼻子等不同，是基因差异所致。

基因的结构一般包括由 DNA 编码区域（exon，外显子），非编码调节区域和内含子（intron）组成的 DNA 区域。cDNA（complementory DNA）也被习惯称为基因。一个基因决定一个特定的形状，且能发生突变，并随同源染色体区段之间的互换而发生交换。因此，基因不仅是一个决定形状的功能单位，而且还是一个突变单位和交换单位。

13.5.2 DNA 的复制

任何细胞的分裂增殖，首先是其染色体 DNA 进行复制合成，然后出现细胞的分裂，这时复制的 DNA 会平均分配到两个子代细胞中去。这种以 DNA 为模板指导 DNA 全面合成的过程称为复制。复制的同时将亲代的全部遗传信息传递给子代。

DNA 复制是一个复杂的酶促反应过程。其复制具有以下特点。①半保留复制。DNA 在复制时，首先两条双螺旋的多核苷酸之间的氢键断裂，然后以每条单链各自作为模板合成新的互补链，从而子代细胞的 DNA 双链与亲代 DNA 分子的碱基顺序完全一样。在该过程中，每个子代 DNA 分子的一条链来自亲代，而另一条链则是新合成的，见图 13.5.1。这种复制称为半保留复制。②半不连续复制。双链 DNA 由复制起始点处打开，沿两条张开的单链模板合成 DNA 新链，称为复制叉；其中以亲代 $3'\rightarrow5'$ 走向的单链为模板复制的新链称为领头链，可沿 $5'\rightarrow3'$ 方向连续合成；而另一条与复制叉移动方向相反的新链称为随从链，不能连续合成。该复制称为半不连续复制。③双向复制。DNA 的复制是在特定的起始部位开始的。复制时 DNA 双链从起始点开始向两个方向解旋，形成两个移动方向相反的复制叉，称为双向复制。④复制的高保真性。DNA 复制过程中具有高度的精确性，即遗传信息传递的保真性（保守性），这种保真性体现在亲代与子代 DNA 之间碱基序列的一致性上，这是保证遗传信息准确传递的基础。另外，复制过程中自发突变率约为 10^{-9}，即每复制 10^9 个核苷酸会有一个碱基发生与原模板不配对的错误，这种自发突变也可能产生变异现象。

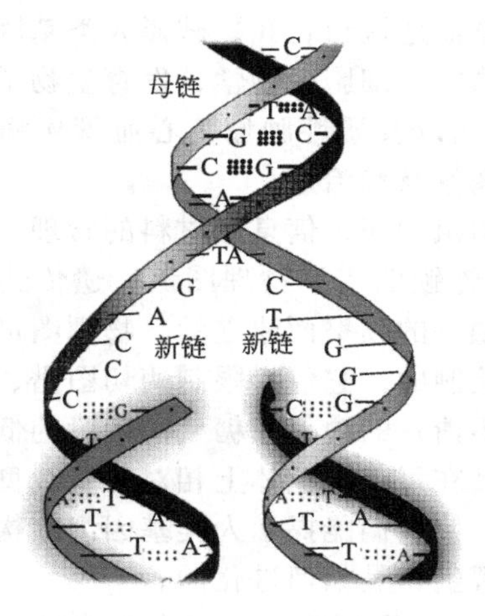

图 13.5.1　DNA 的半保留复制

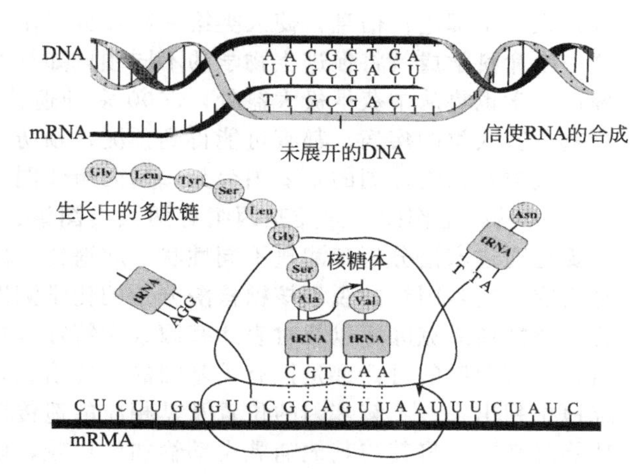

图 13.5.2　蛋白质的合成过程示意图

13.5.3　蛋白质的合成

蛋白质生物合成需要 200 多种生物大分子参加。除需要氨基酸外（作为原料），还需要 mRNA、tRNA、核糖体、有关的酶（氨基酰-tRNA 合成酶与某些蛋白质因子）、ATP、GTP 等供应能量的物质以及必要的无机离子等的参与。

蛋白质在生物体中的合成是在核酸的指导和控制下进行的。复杂的蛋白质生物合成过程可以概括为以下四个步骤。①氨基酸活化与转运。这个过程是在氨基酸活化酶和镁离子作用下把氨基酸激活成为活化氨基酸。当然，这一过程还有许多其他因子的参与，其发生部位在细胞质。②肽链（蛋白质）合成的启动。以原核细胞中肽链合成的启动为例：首先是原核细胞中的起始因子结合在核蛋白体的小亚基上，使大小亚基分开，再与信使核糖核酸 mRNA 的一端形成复合物。核蛋白体大亚基与此小亚基复合物结合，形成核蛋白复合体，释放出起始因子，为以后肽链延长做准备。这一过程发生在核蛋白体上。③肽链（蛋白质）的延长。核蛋白体的大亚基上有两个位置可与运输核糖核酸 tRNA 结合，分别称为“给位”和“受位”，此时蛋氨酰-tRNA 占据在给位上，而受位空着，准备接受下一个新的氨基酰-tRNA。④肽链（蛋白质）合成的终止。对信使核糖核酸 mRNA 上的终止密码进行识别，最后的肽酰-tRNA 酯键水解，使新合成的肽链释放出来。这个过程与③一样，也是发生在核蛋白体上。蛋白质的合成过程见图 13.5.2。

研究蛋白质的生物合成机理，可以指导现实生活中的许多问题，如医学中肿瘤的发病机理、病毒、免疫及遗传等方面问题。

13.5.4　基因工程技术

基因工程技术（genetic engineering technique）是指利用载体系统的重组 DNA 技术（也就是基因克隆技术）以及利用物理化学和生物等方法把重组 DNA 导入有机体的技术。即在体外条件下，利用基因工程工具酶将目的基因片段和载体 DNA 分子进行“剪切”后，重新“拼接”，形成一个基因重组体。然后将其导入受体（宿主）生物的细胞内，使基因重组体得到无性繁殖（复制）。并可使目的基因在细胞内表达（转录、翻译），产生人类所需要的基因产物或改造、创新新的生物类型，如转基因食品的生产和加工。

人类基因组计划是基因工程的重要任务之一。人类只有一个基因组，大约有 5～10 万个基因。人类基因组计划（human genome project）是美国科学家于 1985 年率先提出的，旨在阐明人类基因组 30 亿个碱基对的序列，发现所有人类基因并搞清其在染色体上的位置，破译人类全部遗传信息，使人类第一次在分子水平上全面地认识自我。破译人类基因组序列这一生命科学成就将促进生物学的不同领域如神经生物学、细胞生物学、发育生物学等的发展；医学也将从中获得极大益处，5000多种遗传性疾病以及恶性肿瘤、心血管疾病和其他严重危害人类的疾病，都有可能得到预测、预防、早期诊断和治疗。

人类基因组计划的主要内容是：基因组作图、基因组测序、信息和材料的管理。

① 基因组作图。人类基因组有两大类图谱：遗传连锁图谱和物理图谱。遗传连锁图谱主要是通过家谱分析和测量不同性状一起遗传（即连锁）的频率而建立的。物理图谱是通过对构成人类基因组的脱氧核糖核酸分子的化学测度而绘制的。它包括限制酶切图谱、排序的脱氧核糖核酸克隆库以及对表达基因或无特征（功能不清）的脱氧核糖核酸片段的低分辨图谱。所有图谱的目标都是把有关基因的遗传信息，按其在每条染色体上相对位置线型地、系统地排列出来。了解基因的位置及其相应的遗传性状，使我们能揭示人类基因组结构模式的功能意义，并将其与其他哺乳类动物加以比较，以了解生物是如何进化的。

② 基因组测序。基因组的核苷酸顺序是分辨率最高的物理图谱，它含有构成一个个体遗传装置的整套信息。就人而言，意味着要排出30亿个核苷酸的顺序。同时，为了更好地利用人类基因组的顺序，还应对其他生物的基因组顺序进行测序，以便与人类基因组进行比较研究。

③ 信息和材料管理。作图和测序计划进行中会产生大量数据。为此，需设立两类中心：收集及分发作图和测序数据的信息中心，收集和分发像DNA克隆及人细胞系这类材料的中心。

13.5.5 遗传密码

1954年，理论物理学家Gmmov在《Nature》杂志中明确提出遗传“密码”的概念，指信使RNA（mRNA）分子上从5′端到3′端方向，由起始密码子AUG开始，每三个核苷酸组成的三联体。它决定肽链上某一个氨基酸或蛋白质合成的起始、终止信号。4种核苷酸如允许重复，则3个核苷酸一组，可有4^3即64种排列组合的方式；而如果2个核苷酸组成一个密码，则只能排列组合成16个密码（4^2），不足以体现20种氨基酸。表13.5.1为遗传密码（genetic code）表。

表13.5.1　遗传密码表

碱基1	碱基2				碱基3
	U	C	A	G	
U	UUU/苯丙氨酸	UCU/丝氨酸	UAU/酪氨酸	UGU/半胱氨酸	U
	UUC/苯丙氨酸	UCC/丝氨酸	UAC/酪氨酸	UGC/半胱氨酸	C
	UUA/亮氨酸	UCA/丝氨酸	UAA/(终止子)	UGA/(终止子)	A
	UUG/亮氨酸	UCG/丝氨酸	UAG/(终止子)	UGG/色氨酸	G
C	CUU/亮氨酸	CCU/脯氨酸	CAU/组氨酸	CGU/精氨酸	U
	CUC/亮氨酸	CCC/脯氨酸	CAC/组氨酸	CGC/精氨酸	C
	CUA/亮氨酸	CCA/脯氨酸	CAA/谷氨酰胺	CGA/精氨酸	A
	CUG/亮氨酸	CCG/脯氨酸	CAG/谷氨酰胺	CGG/精氨酸	G
A	AUU/异亮氨酸	ACU/苏氨酸	AAU/天冬酰胺	AGU/丝氨酸	U
	AUC/异亮氨酸	ACC/苏氨酸	AAC/天冬酰胺	AGC/丝氨酸	C
	AUA/异亮氨酸	ACA/苏氨酸	AAA/赖氨酸	AGA/精氨酸	A
	AUG/蛋氨酸(起始)	ACG/苏氨酸	AAG/赖氨酸	AGG/精氨酸	G
G	GUU/缬氨酸	GCU/丙氨酸	GAU/天冬氨酸	GGU/甘氨酸	U
	GUC/缬氨酸	GCC/丙氨酸	GAC/天冬氨酸	GGC/甘氨酸	C
	GUA/缬氨酸	GCA/丙氨酸	GAA/谷氨酸	GGA/甘氨酸	A
	GUG/缬氨酸(起始)	GCG/丙氨酸	GAG/谷氨酸	GGG/甘氨酸	G

遗传密码具有以下特点。①通用性。大量事实证明，生命世界从低等到高等都使用同一套遗传密码。②方向性。在mRNA分子上密码子的排列具有方向性，也就是说起始密码子总是位于开放阅读框架的5′末端，终止密码子位于3′末端，且每个密码子的三个核苷酸也是按5′→3′方向阅读的。这种方向性决定了翻译过程从5′→3′方向译读密码。③简并性。除甲硫氨酸（蛋氨酸）和色氨酸外，其余18种氨基酸的密码均在两种或两种以上，最多的可达6种，1个氨基酸具有两种以上的密码子，称为密码的简并性。④连续性。mRNA分子中含有密码子的区域称为阅读框，其5′端是一个起始密码，阅读方向从5′端开始，沿5′→3′方向，每3个核苷酸为一组，连续不断地向3′端阅读，直至终止密码出现。⑤摆动性。在翻译过程中，氨基酸的正确切入，需靠mRNA密码子和tRNA分子上的反密码子间通过碱基配对正确识别，这是遗传信息准确传递的保证，密码子和反密码子的碱基配对有时会不遵守碱基配对的规律的情况称为遗传密码的摆动现象。

13.5.6 遗传与基因突变

13.5.6.1 遗传与变异

基因是DNA分子上具有遗传效应的特定核苷酸序列的总称，是具有遗传效应的DNA分子片段。基因位于染色体上，并在染色体上呈线型排列。基因不仅可以通过复制把遗传信息传递给下一代，还可以使遗传信息得到表达，也就是使遗传信息以一定的方式反映到蛋白质的分子结构上，从而使后代表现出与亲代相似的性状。一个基因要有正常的生理机能，它的几个正常组成部分一定要位于相继邻接的位置上，也就是说核苷酸要排成一定的次序，才能决定一种蛋白质的分子结构。假使几个正常组成部分分处于两个染色体上，理论上就是核苷酸的种类和排列改变了，这样就失去正常的生理机能。所以，基因不仅是一个遗传物质在上下代之间传递的基本单位，也是一个功能上的独立单位。

遗传从现象来看是亲子代之间相似的现象，它的实质是生物按照亲代的发育途径和方式从环境中获得物质，产生和亲代相似的复本。遗传是相对稳定的，生物不轻易改变从亲代继承的发病途径和方式。因此亲代的外貌、行为、习性以及优良性可在子代重现，甚至酷似亲代。而亲代的缺陷和遗传病同样可以传递给子代。变异是指亲子代之间，同胞兄弟姊妹之间以及同种个体之间的差异现象。包括孪生同胞在内，世界上没有两个绝对相同的个体，这也说明了遗传的稳定性是相对的，而变异是绝对的。

13.5.6.2 基因突变

基因突变是染色体遗传物质在分子水平上的变化，它是发生在一定位置上的基因内部结构的化学变化，因此又称为点突变。基因突变的结果是使一个基因变成它的等位基因，基因的作用发生了改变必然导致个体发生相应的变化。人类的许多遗传疾病就是在长期进化的过程中因基因发生突变而引起的。如果决定产生酪氨酸酶的基因发生了突变，不再产生酪氨酸酶，黑色素的形成就会受阻，从而引起白化病。

基因突变包括显性和隐性两类：显性突变的特点是在一对等位基因中，只要有一个基因发生突变即可表现出突变的特性。如人的多趾症或并趾症是由显性基因决定的；隐性突变基因的一对等位基因中，必须是隐性致病基因的纯合体才表现发病，如苯丙酮尿症，杂合体的表现是正常的，隐性纯合体就表现为苯丙酮尿症、白痴。

习题与思考题

13.1 简述几种多糖的作用。

13.2 油脂有哪些性质？

13.3 葡萄糖 $C_6H_{12}O_6$ 燃烧时释放2870kJ・mol^{-1}能量，棕榈酸 $C_{16}H_{32}O_2$ 完全燃烧释放9790kJ・mol^{-1}

能量。将它们分别看作糖类与脂类释放能量的代表，问每克糖类和脂类分别可释放多少能量？

13.4　味精是谷氨酸的单钠盐，写出它的结构式。

13.5　氨基酸有哪些化学性质？对于人体重金属盐的中毒，常服用大量的乳制品和蛋清来解毒，是利用了氨基酸的什么性质？

13.6　试写出氨基酸与茚三酮反应的反应通式。

13.7　谷胱甘肽有何生理作用？

13.8　某三肽化合物由甘、丙和赖氨酸组成，写出其所有可能的结构式。

13.9　蛋白质有几大类？简单蛋白质与结合蛋白质有何差异？蛋白质的等电点有哪些实际应用？

13.10　酶有哪些特性？

13.11　有一磷脂，完全水解可得到鞘氨醇，脂肪酸，磷酸和含氮的醇类，它属于哪种磷脂？写出其结构通式。

13.12　简述 DNA 双螺旋结构的特点。

13.13　简述蛋白质的合成步骤。

13.14　简述 DNA 双螺旋结构的碱基组成的 Chargaff 规则。

13.15　已知 DNA 在水中的溶解度较小，在浓度为 $0.14mol \cdot L^{-1}$ 的 NaCl 水溶液中的溶解度为极小值，而在乙醇中的溶解度很大。根据上述信息和你所掌握的知识，设计一套从猪血细胞中提取 DNA 的操作步骤。

13.16　已知某 DNA 片段为：A-G-C-T-A-G-G-A-A-T-C-G-T-T-G，问转录在 mRNA 链的碱基排列顺序是什么？最终合成出的是怎样的多肽？

13.17　简述转基因食品的优劣。

13.18　简述人类基因组计划的主要内容。

13.19　简述遗传密码的特点。

参 考 文 献

[1] 张普庆．医学有机化学．北京：科学出版社，2006．
[2] 江家发．现代生活化学．合肥：安徽人民出版社，2006．
[3] 金丽琴，赵涵芳，叶辉等．生物化学．杭州：浙江大学出版社，2007．
[4] 孙树汉，胡振林，颜宏利．染色体、基因与疾病．北京：科学出版社，2008．
[5] 王译，陈君石，闻芝梅．转基因食品．北京：人民卫生出版社，2003．
[6] 殷丽君，孔瑾，李再贵等．转基因食品．北京：化学工业出版社，2002．

第14章　食品化学基础

食品与营养（food and nutrition）是人类生存的基本条件，也是反映一个国家经济水平和人民生活质量的重要指标。在食品分析、食品加工、食品保存及营养物的摄取、代谢和营养均衡等过程中涉及许多化学问题。了解这些化学知识对于合理膳食、保证健康、提高国民素质具有深远而现实的意义。

14.1　人体的化学组成与代谢

14.1.1　人体的化学组成

组成人体的化学物质很多，如果将性质相近的物质归在一起，大致有糖类、脂类、蛋白质、水、无机盐等，它们在人体所占的比例大约为：蛋白质15%～18%，脂肪10%～15%，糖类1%～2%，无机盐3%～4%，水55%～67%，其他1%。它们构成了人体的各种细胞和细胞间质，并供给细胞活动的能量。任何一种物质的缺乏，都会导致人体的障碍和损伤。

从人体的元素组成看，人体内大约含有60种化学元素，其中含量较高的是H，O，C，N，Ca，P，K，S，Cl，Na，Mg11种，这11种元素约占人体总重的99.95%，称之为宏量元素。其余的元素约占0.05%，称为微量元素。微量元素占人体的比例尽管很小，但对人体的作用也很大，不能缺乏。

14.1.2　糖、脂、蛋白质的代谢

在日常生活中，人体除了需要足够的能量维持人正常的生活和劳动外，还需要不断补充糖、脂肪、蛋白质、无机盐、水和维生素等。人们为了生存，为了健康，就必须通过食物补充营养，不停地与外界进行物质交换，即新陈代谢（metabolism）或物质代谢。

14.1.2.1　糖、脂和蛋白质代谢三者之间的关系

在相互转变中，乙酰辅酶A和三种α-酮酸（丙酮酸、α-酮戊二酸、草酰乙酸）是糖、脂和蛋白质互变的枢纽。在相互制约中，当糖代谢供应能量充足时，脂代谢是减弱的，同样，当糖和脂代谢都能正常供能时，蛋白质的分解代谢只是维持组织更新和保持氮平衡的需要，反之亦然。糖、脂和蛋白质，不管从何种途径进行分解代谢，最终都是通过三羧酸循环和氧化磷酸化彻底氧化为CO_2和H_2O并释放出能量，以合成三磷酸腺苷或称腺嘌呤核苷三磷酸。

糖在生物体内可以通过两种途径变成脂肪，如糖→在乙酰辅酶A和烟酰胺腺嘌呤二核苷磷酸（NADPH）的作用下→脂肪酸→脂肪，或糖→磷酸二羟丙酮→α-磷酸甘油→脂肪；脂肪也可以通过以下途径变为糖，脂肪→甘油→磷酸二羟丙酮→糖，或脂肪→脂肪酸→在乙酰辅酶A的作用下→（在植物体内通过乙醛酸循环）琥珀酸→糖（奇数碳原子脂肪酸→琥珀酸→糖）。但脂肪转变为糖有一定的限制。

糖可以转变为非必需氨基酸，蛋白质可以转变为糖，如糖→α-酮酸→非必需氨基酸→蛋白质；蛋白质→生糖氨基酸→α-酮酸→糖。

由脂肪合成蛋白质的可能性是有限的，蛋白质可间接地转变为脂肪。相应的过程分别是：脂肪→甘油→磷酸二羟丙酮→氨基酸碳架→氨基酸→蛋白质；蛋白质→（生酮氨基酸）

氨基酸→酮酸或乙酰辅酶A→脂肪酸→脂肪。

14.2 营养物质分论

迄今为止，人们可将维持正常生命所需的营养物质分为六大类，它们分别是水，蛋白质，糖，脂肪，维生素和矿物质。以下将分别对这些营养物质进行简要讨论。

14.2.1 水

水是食品中一种重要的营养成分，各种新鲜食品都含有大量的水分。人体的各种组织都含有水，并且水在机体的各种代谢过程中都发挥着十分重要的作用。

水虽无直接的营养价值，但由于比热容高、黏度低、介电常数大、溶解能力强等，故在人体内具有许多特殊的生理功能。①水直接参与人体各种生理活动，包括酶的催化反应、营养成分的代谢和渗透压的调节等。②营养成分的消化要依靠水参加，消化后也要水的帮助才能被人体吸收，被吸收的营养物质也需要依靠水把它们运送到各组织，并要以水为载体把体内的废弃物排出体外。③水是所有物质中比热容最大的，因此当人体内热量增加或减少时，不致造成体温有较大的波动。水的蒸发潜热也很大，因此皮肤表面少量汗水的蒸发就可以散发人体大量的热量，通过血液流动就能起到平衡全身体温的作用。④人体内关节、韧带、肌肉、膜等处的滑润液都是水溶液。由于水的黏度小，可使摩擦面滑润，减少损伤，即使是食物的吞咽，也需要水的帮助。

由于水在人体内发挥着重要的生理功能，故人体一刻也不能离开水。一个人即使他的糖原储备和脂肪全部被消耗掉，蛋白质消耗掉一半，生命仍能勉强维持，但占人体重量70%的水分，如果损失10%，人就会感到不舒服，损失量达20%时，就可能导致死亡。

14.2.2 蛋白质与氨基酸

蛋白质（protein）存在于所有的生物体内，是一切生命现象的物质基础，包括感应、运动、生长、繁殖和遗传等，都离不开蛋白质，所以说，没有蛋白质也就没有生命。除了少数矿物性食品外，所有食品都或多或少地含有蛋白质。

蛋白质是构成人体的物质基础。人体的任何一个细胞、组织和器官都含有蛋白质。人体中除了水分，几乎一半以上是由蛋白质组成的。人体各组织的更新和修补也都必须有蛋白质参与，没有蛋白质生命就不复存在。

蛋白质具有其他营养素无法替代的许多特殊的生理功能，最重要的有：①酶的催化功能；②血红蛋白的运载功能；③肌纤凝蛋白的收缩功能；④抗体的免疫功能；⑤核蛋白的遗传功能等。

蛋白质可提供人体的必需氨基酸。人体中各种蛋白质都是由20种氨基酸按不同的组合构成的，其中有八种氨基酸是人体不能合成的，这些氨基酸称为必需氨基酸。它们是：异亮氨酸，亮氨酸，赖氨酸（缺乏症为氮平衡被破坏，食欲减退，精神不振，容易疲倦），蛋氨酸（缺乏症为影响氮平衡，尿氮增加，易产生脂肪肝），苯丙氨酸（缺乏症为食欲减退，精神不振，容易疲倦），苏氨酸（缺乏症为食欲减退，神经兴奋，有时引起血尿、破坏体内氮平衡），色氨酸（缺乏症为血浆蛋白和血红蛋白降低，引发秃发、腹泻、贫血、脂肪肝）和缬氨酸（缺乏症为体重失衡、行动失调、脊髓老化）。此外，组氨酸也是婴儿的必需氨基酸，缺乏时易患贫血。

必需氨基酸必须全部由食物中的蛋白质来提供，食品中必需氨基酸的种类、含量、比例与食品蛋白质的营养价值具有十分密切的关系。人量不足，或人体急需热能又不能及时得到满足时，蛋白质也能氧化产生热能供机体需要。每克蛋白质在体内氧化可提供4kcal（1cal=

4.1840J）热量。如果在膳食中摄入的蛋白质超过人体的需要量时，多余的部分则在体内分解供热，或转变为糖原和脂肪储存在体内，作为机体所需热能的储备物质。

14.2.3　脂

脂类也称脂质（lipid），是食品中最重要的营养素之一，也是人体重要的组成部分。脂类的作用包括：

① 提供热能。食品中的脂类主要是脂肪，它是产生热能最高的营养成分，每克脂肪在体内氧化能产生约 35kJ 的热量。由于脂肪属高热能物质，食用含脂肪高的膳食，可缩小进食食物的体积，减轻胃肠的负担。但若人体对脂肪的摄入量长期超过需要，或膳食中糖类和蛋白质的供给量超过人体需要，其中多余的部分也会转化为脂肪储存在人体内，导致人体发胖；而长期热能供给不足，储存的脂肪被不断消耗，人体就变得消瘦。所以必须控制饮食中脂肪的摄入量。

② 保护功能和保温功能。储存在人体内脏器官表面的脂肪，具有保护内脏器官免受剧烈震动和摩擦的作用；储存在皮下的脂肪组织，由于脂肪的导热性差，具有保持体温的作用。

③ 为人体提供必需脂肪酸。必需脂肪酸（essential fatty acid，EFA）是机体生命活动所必需的，又不能为机体合成，必须从食物中摄取的脂肪酸。目前公认的 EFA 是亚油酸，虽然亚麻酸和花生四烯酸也具有 EFA 的活性，但可以由亚油酸合成。

EFA 参与磷脂的合成，而磷脂是生物细胞膜的组成部分，当缺乏 EFA 时，磷脂的合成就会发生障碍。EFA 与胆固醇的运转有密切的关系。胆固醇与 EFA 结合后才能在体内正常运转，如果缺乏 EFA，胆固醇将与饱和脂肪酸结合，导致正常运转终止，而沉积在体内的组织器官与血管壁，因此膳食中要使用含 EFA 较多的植物油。EFA 还是体内前列腺素的前体物质，如果饮食中缺乏 EFA，前列腺素合成受阻，将对机体产生不良的影响。动物精细胞的形成也与 EFA 有关，缺乏者可能会导致不育症。

④ 促进其他营养素的吸收。在烹调中脂肪能增进食物的风味，除去原料中的腥臭味，增进食欲，延长食物在胃内停留时间，起到增加饱腹感的作用。食物中的脂溶性维生素能溶解在脂肪里，因此能促进其吸收利用，磷脂还能在胃肠中促进食物中各种营养成分的乳化作用，扩大它们与消化酶的接触面积，有利于人体对各种营养素的消化与吸收。

当然，随着年龄的增长人体细胞不断减少，而脂肪却逐渐增多。体内脂肪的堆集与摄入过多的脂肪和糖类有关，也与活动量减少有关。脂肪摄入过量，加速了机体的衰老速度。因此，要注意限制脂肪用量。但是，为了预防疾病和延缓衰老也需要补充一定的脂类食物。研究表明，为了预防动脉硬化和抗衰老，应选择较多的植物油和鱼油，以增加多不饱和脂肪酸摄入量。

胆固醇摄入过多可引起高脂血症和动脉粥样硬化，进而可引起机体的衰老。据 WHO 规定，成人每天胆固醇摄入量不宜超过 300mg。在日常食谱中应控制动物内脏和蛋类的摄入，以防血清总胆固醇升高。

14.2.4　糖

糖是由 C、H、O 三种元素组成的多羟基醛或多羟基酮（图 14.2.1），是食品中最为重要的生热营养素。其主要功能包括：

① 提供热能。糖是人体内最主要的提供热能的营养素，它在体内消化后主要转化为葡萄糖而被吸收，经氧化后每克可产生约 16kJ 的热能。在人类的饮食中，特别是以植物性食品为主的食物结构中，糖所提供的热能占总热能的 60%～70%，有的地区还远高于这个比例。

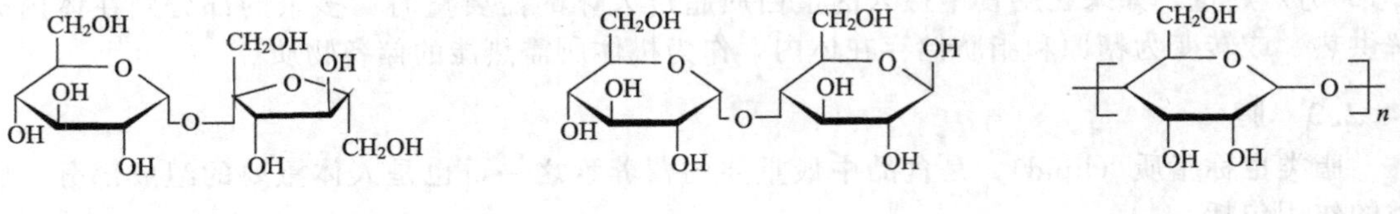

蔗糖　　麦芽糖　　纤维素

图 14.2.1 一些糖的结构式

② 对蛋白质的节约作用。膳食中糖的含量充足，人体所需的热能就由碳水化合物提供，食品中的蛋白质就不必用于氧化供热，而是用来合成较多的体蛋白，这种作用就称为对蛋白质的节约作用。

③ 抗生酮作用。如果膳食中碳水化合物含量长期不足，人体主要靠脂肪氧化供给热能，脂肪在氧化过程中产生的酮类物质会造成“酮症”，引起人体疲乏、恶心、呕吐及呼吸深而快，严重者还会导致昏迷。如果碳水化合物供给充足，机体就不会过分动用脂肪氧化，上述“酮症”也就不会发生，这一生理作用称为抗生酮作用。

④ 参与构成人体某些组织。人体血液中的血糖、肝脏和肌肉中的糖原、细胞核中的核糖、细胞膜中的糖蛋白、脑神经细胞的糖脂、结缔组织中的黏蛋白等，都有糖类物质参加其组成。有些糖类物质还是抗体、某些酶和激素的组成部分。

糖类是人体热量的主要来源，也是组织细胞的重要组成成分之一，是人类的重要营养素。但是糖类摄入过多，则增加了热量的摄入，使机体的衰老速度加快。1985 年 Maillard 提出了衰老的非酶糖基化学说，研究发现，非酶糖基化的高级糖基化终末产物，如糖基化白蛋白、糖基化血红蛋白等能导致基因突变，使 DNA 链的序列出现转位现象；在非酶糖基化的过程中产生大量自由基，使 DNA 和细胞受到损伤，直接导致组织细胞的衰老。摄入糖的种类与衰老也有密切关系。为了预防衰老，应严格控制单糖和双糖的摄入。

14.2.5 维生素

维生素（vitamin）是人体为维持正常生理功能必须从食品中摄入的需要量很少的低分子有机物质（图 14.2.2）。能在体内转化为维生素的物质称为维生素原。维生素是机体代谢必不可少的营养素，能够调节生物体的生理活动，有的还是酶的组成部分。不同维生素在人体内具有不同的作用方式和发挥不同的生理功能。人体如果缺乏某种维生素，就会引起该种维生素的缺乏症。

在食品中已经发现的维生素约有 30 余种，其命名方法有三种：一是以英文大写字母 A、B、C…命名；二是以其化学组成命名；三是以其主要的生理功能命名。根据各种维生素的溶解性，可分为脂溶性维生素和水溶性维生素。

脂溶性维生素。①维生素 A，包括 A_1 和 A_2 两种，A_2 的作用较弱，维生素 A 一般指 A_1。维生素 A 又名视黄醇，主要来源有鱼肝油、胡萝卜、绿色蔬菜等。生理功能是提高视力，防止夜盲；保持黏膜上皮组织的健全；维持骨骼和牙齿的正常发育；清除自由基等。缺乏症包括眼干涩、怕光、视力下降；皮肤干粗、无故发痒；骨骼发育不正常；易感冒等。②维生素 D 包括 D_2 和 D_3，D_2 又名骨化醇，植物油或酵母中的麦角固醇经日光或紫外线照射后转变成 D_2；D_3 又名胆骨化醇，主要来源于鱼肝油、奶油、用紫外照射的牛乳等。生理功能包括帮助维生素 A、钙的吸收；强化骨骼牙齿，防止佝偻病等。缺乏症有佝偻病、罗圈腿、软骨病、鸡胸、牙齿松动等。③维生素 E，又名生育酚，主要来源有谷类的胚芽及胚芽油。其生理功能是清除自由基，延缓衰老；促进性激素分泌，美化肌肤；减少低密度脂蛋白，防动脉硬化。缺乏症有不生育；水肿；性能力低下；躁动不安；色斑等。④维生素 K，

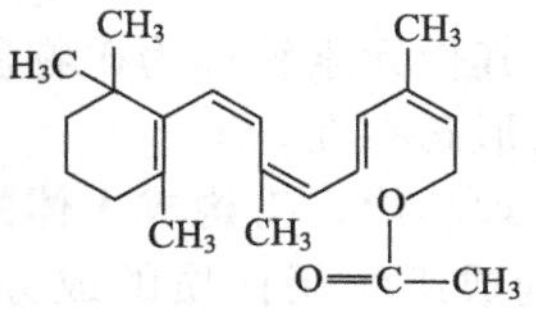

维生素A_1 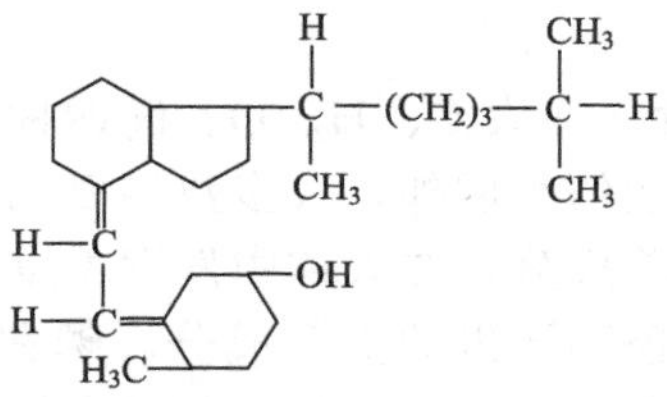　维生素D_3 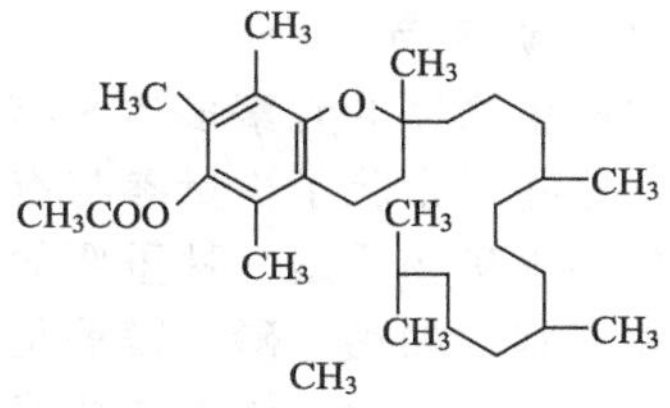　维生素E

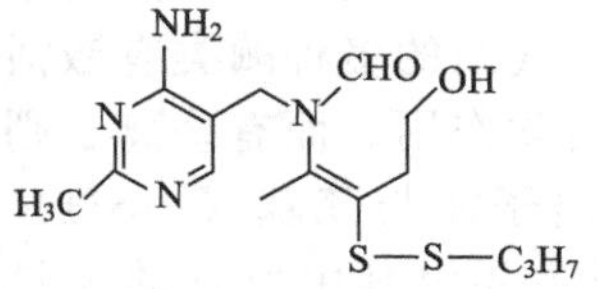

维生素B_1 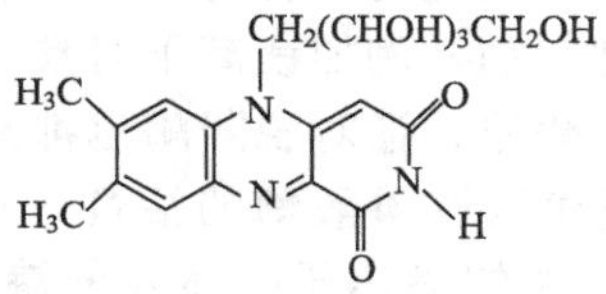　维生素B_2 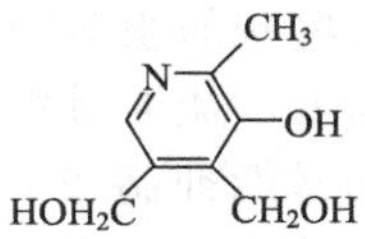　维生素B_6 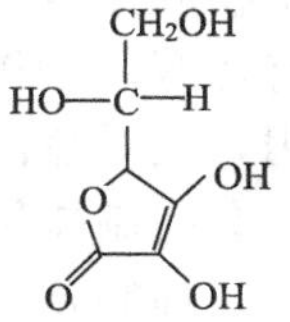　维生素C

图 14.2.2　一些维生素的结构式

又名止血维生素，主要来源包括菠菜及动物肝脏等，其生理功能是促进血液凝固。

水溶性维生素。①维生素 B_1 又名硫胺素，主要来源于酵母、谷类胚芽和动物肝脏等。主要生理功能有保持神经、肌肉、心脏正常功能；促进正常生长和发育；防治脚气病，促进碳水化合物的代谢，构成辅酶成分等。缺乏症有食欲不振，精神萎靡，目光呆滞，记忆力差；疲劳，肌肉无力；心脏肥大等。②维生素 B_2，又名核黄素，主要来源有酵母和动物肝脏，是多种氧化还原酶的成分。主要生理功能是预防唇炎、舌炎等，促进氧化还原作用，促进生长。缺乏症有精力不济；眼睛怕光、发红、流泪；皮肤发痒；口腔易发炎。③维生素 B_3，又称泛酸、遍多酸，主要来源有酵母和动物肝脏。生理功能包括参与糖与脂肪的代谢，是辅酶 A 的组成成分。④维生素 P，又称烟酸或尼克酸，主要来源于酵母、谷类胚芽、肝、花生等，是形成辅酶Ⅰ、Ⅱ的成分，可预防癞皮病，调节神经系统、肠胃道、表皮的活动。⑤维生素 B_6，又称吡哆素，主要来源有酵母、米糠、谷类胚芽、肝，是多种酶的辅酶成分，帮助蛋白质和脂肪转化分解；提高神经递质水平；改善精神状态；防止贫血。缺乏症有虚弱、贫血、神经质；口臭、脱发、皮肤损伤，眼睛、嘴巴周围易发炎；走路协调性差等。⑥维生素 B_9，又名叶酸，主要来源于动物肝脏和植物的叶，可预防恶性贫血，为动物生长及生血作用所必需；具有增进皮肤健康和美白肌肤的功效。⑦维生素 B_{12}，又称钴胺素，是化学结构最复杂、唯一含金属的维生素。作为辅酶参与体内一碳的代谢，影响核酸与蛋白质的合成；促进红细胞的发育和成熟；主要来源于动物肝脏，可预防恶性贫血；由于脱氧核糖核酸的合成受阻引起恶性巨红细胞性贫血；由于神经鞘脂肪缺陷引起大细胞性癫疯。⑧维生素 C 又称抗坏血酸，广泛来源于各种蔬菜，可防止坏血病，增加免疫力；预防心血管疾病；帮助铁的吸收。缺乏症包括流鼻血、牙龈出血、易皮下出血、伤口愈合慢；贫血、脸色苍白；易感冒；关节痛等。

人体所需的各种维生素的量虽然很少，但如果缺乏就会发生维生素缺乏症。

维生素不仅对维护人体健康有着重要作用，而且某些维生素还有良好的抗衰老作用。已知 β-胡萝卜素、维生素 A 具有抗氧化、维持上皮细胞正常功能、增强抵抗力、预防上呼吸道感染和防癌等功能；维生素 C 是良好的抗氧化剂，且能调节血脂代谢，增加血管壁弹性，在一定程度上延缓人体衰老；维生素 E 能阻断自由基连锁反应，防止脂质自由基的产生，改善微循环，防止血小板聚集和血栓形成，是良好的抗衰老营养素。

14.2.6 矿物质

构成生物体的元素多达80余种，除去C、H、O、N四种元素，其他元素统称为矿物质元素，这些元素除了少量参与有机物的组成外，大多数均以无机盐的形态存在。

食物中矿物质是一种重要的营养成分，在人体中发挥着重要的生理功能。①构成人体的组织和细胞。如钙、磷、镁等是骨骼和牙齿的重要成分；磷和硫是构成组织蛋白质的成分；细胞内普遍含有钾；体液中普遍含有钠等。②参与某些具有特殊功能物质的组成。如铁是血红蛋白和细胞色素的重要成分；锌是构成胰岛素的重要组成；碘是甲状腺素中的成分；有些矿物质元素还是酶的组成部分，如过氧化氢酶中含有铁，酚氧化酶中含有铜，碳酸酐酶中含有锌等。③作为某些酶的激活剂或抑制剂。例如镁离子对参与能量代谢的多种酶类有激活作用，氯对唾液淀粉酶、盐酸对胃蛋白酶原、锰对脱羧酶也都具有活化作用。而有些离子则对酶有抑制作用，如锰能抑制ATP酶和酸性磷酸酶的活性，有些离子能与巯基（—SH）结合，抑制含巯基酶的活性。④维持体液的渗透压。体液的渗透压主要由其中所含的无机盐（主要是NaCl）和蛋白质来维持，从而使细胞蓄留一定的水分，保持细胞的紧张状态，并对细胞内外物质的进出起着重要的调节作用。⑤保持机体的酸碱平衡。人体的体液必须维持在一定的酸度范围之内，例如血液的pH值应在7.3～7.4之间，如果超出这个范围就会发生不同程度的酸中毒或碱中毒。在人体中依靠矿物质与蛋白质一起组成一个强有力的缓冲体系，对保持机体的酸碱平衡起着非常重要的作用。例如，当酸过多时，体液中的$NaHCO_3$与之结合，生成碳酸和盐，使酸度下降。反应生成的碳酸在细胞内碳酸酐酶的作用下，迅速分解为水和二氧化碳，后者通过呼吸排出体外，盐则通过肾脏排出体外。⑥维持神经和肌肉的应激性。存在于组织液中的各种无机离子，当它们的浓度保持一定比例时，对维持神经和肌肉的兴奋性、细胞膜的通透性以及所有细胞的正常功能，具有十分重要的意义。例如钾、钠、氢氧根离子可提高神经、肌肉细胞的应激性，而钙、镁、氢离子则会降低其应激性。

无机盐和微量元素与人体健康和老化进程有密切关系。钙是维护心血管功能、防止骨质疏松症和抗衰老的重要元素，目前我国人群的食物中普遍缺钙，钙摄入只达需要量的43%左右，而钠（食盐）的摄入又普遍偏高，一般超过需要量的60%～70%，高钠摄入可导致动脉粥样硬化和高血压，其后果是加速心血管和整体的衰老。

迄今所知，人体必需的微量元素有14种，它们是体内700多种酶的活性成分，参与机体许多重要生理功能。锌、铜、锰、硒、铁等元素及其组成的酶，在DNA、RNA修复、转录、聚合以及抗氧化、清除自由基等方面发挥重要作用。因此，微量元素也是抗衰老的重要物质。

14.2.7 营养素之间的协同关系

各种营养素在人体内既相互配合又相互制约，共同维持人体的正常生理活动。因此，寻求各种营养素的适量配合，使各营养素之间的关系协调平衡，是营养的一项重要课题。

营养素相互作用的方式主要有以下几种：①各种营养素之间的直接作用，如钙、镁、锌、铜、钾、钠等离子之间相互配合；②某些营养素是另一些营养素的前提，如色氨酸可以转变为尼克酸；③一些营养素参与或影响另一些营养素代谢的酶系统，如硫胺素、核黄素、尼克酸对生热营养素和能量代谢的影响，维生素和无机盐都常作酶的辅酶或辅因子影响其他营养素的代谢，无机离子还可激活或抑制某些酶类；④相互对吸收和排泄的影响，例如，脂肪可促进脂溶性维生素的吸收，维生素C促进铁的吸收，维生素D促进钙、磷的吸收和调节钙、磷代谢，蛋白质缺乏可增加核黄素的排泄；⑤通过激素的影响而间接影响其他营养素的代谢，如碘通过甲状腺素而影响物质代谢。

不同年龄、不同性别的人每日所需的营养素的量是不同的，不同地区、不同饮食习惯的人的营养状况也不相同。据统计，我国人的营养状况见表 14.2.1。

表 14.2.1　中国人的营养状况

项目	维生素 A	维生素 B_1	维生素 B_2	维生素 B_6	维生素 B_{12}	维生素 C	维生素 D	维生素 E	维生素 K
现状	⊖⊖	⊖	⊖⊖	⊖	○	⊖	⊖[男]；○[女]	⊖[成]；○[童]	○
项目	钙	铁	锌	硒	磷	铜	镁	钠/钾	氯
现状	⊖⊖	⊖[男]；⊖⊖[女]	⊖[成]；⊖⊖[童]	⊖	⊕⊕	⊕⊕	⊕⊕	○	○

注：⊕⊕—严重过量；⊕—过量；○—不缺；⊖—缺乏；⊖⊖—严重缺乏；成—成人；童—儿童。

14.3　风味

食品的风味（flavor）是一种感觉现象，包括食物入口以后给予口腔的触感、温感、味感及嗅感等感觉的综合。风味的爱好带有强烈的个人的、地区的、民族的特殊倾向。

风味物质成分繁多而含量甚微，多数为易破坏的热不稳定性物质，除了少数成分以外，大多数是非营养性物质。但风味物质对人的食欲具有推动作用，因而间接地对营养（摄食、消化）有良好的影响。

14.3.1　食品的滋味和呈味物质

味感是指物质在口腔内给予味觉器官舌头的刺激。这种刺激有时是单一性的，但多数情况下是复合性的，包括心理味觉（形状、色泽和光泽等）、物理味觉（软硬度、黏度、温度、咀嚼感、口感等）和化学味觉（酸味、甜味、苦味、咸味等）。

化学味觉有甜、酸、苦、咸、辣、鲜、涩、碱、凉、金属味十种重要味感，其中甜、酸、苦、咸四种是基本味感。

味觉感受器官是由 40～60 个椭圆形的味细胞组成的味蕾，大部分分布于舌表面的味乳头中，小部分分布于软颚、咽喉与会咽。味蕾的味孔与口腔相通，并紧连着味神经纤维。味蕾接触到食物以后，受到刺激的神经冲动传导到大脑的味觉中枢就产生了味感反应。舌头各部对不同味感的感受能力不同，咸味感觉最快，苦味感觉最慢。食物咸、苦味的受体是味蕾细胞的脂质部分，但苦味受体也可能与蛋白质相联，而甜味受体是膜蛋白。

衡量味的敏感性的标准是呈味阈值，即感受到某种物质的最低浓度（$mol \cdot L^{-1}$）。如蔗糖（甜）、氯化钠（咸）、盐酸（酸）和硫酸奎宁（苦）的呈味阈值分别依次为 0.03、0.01、0.009、0.00008（$mol \cdot L^{-1}$）。

14.3.2　甜味与甜味物质

前人的研究认为，甜味受体对甜味剂有某种引力，二者的结合产生的能量促使甜味受体的构象发生改变，通过量子交换引起低频声子激发，将甜味信息传导至神经系统。定味基决定甜味分子可达到的最高甜味深度，助味基决定其分子的甜味倍数，二者能否与受体中氨基酸顺序密切契合均将影响甜味强度。

甜味是大多数人喜爱的一种给人快感的味感。甜味的强弱以甜度表示，各种糖的甜度见表 14.3.1。

表 14.3.1　常见甜味剂的相对甜度（蔗糖的甜度为 100）

甜味剂	乳　糖	棉籽糖	麦芽糖	山梨醇	葡萄糖	蔗　糖
相对甜度	10～27	23	32～60	50～70	74	100
甜味剂	果　糖	糖　精	D-色氨酸	甘草酸苷	甜叶菊苷	转化糖
相对甜度	114～175	50000～70000	3500	2000～25000	30000	80～130

甜味剂可分为天然甜味剂和合成甜味剂两大类，而天然甜味剂又由糖及其衍生物糖醇和非糖天然甜味剂组成。

食品加工中使用的糖类有蔗糖、葡萄糖、麦芽糖、果糖和乳糖等。大部分糖类在代谢过程中需要胰岛素调节，它们为人类提供能量，主要存在于甘蔗、甜菜和瓜果中。淀粉的水解产物中也含有大量有甜味的糖。糖类是食品中的主要甜味剂。果糖和木糖不需要胰岛素调控，可作特殊食品。用于食品加工的糖醇有木糖醇、山梨醇、麦芽糖醇。木糖醇以玉米芯、甘蔗为原料经水解催化氢化而制得，甜味清凉，甜度与蔗糖相当，在人体内代谢与胰岛素无关。山梨醇是一种六元醇，味凉甜，可提供热量，但不影响血糖浓度，常用作糖尿病人的疗效甜味剂。麦芽糖醇是麦芽糖经还原后形成的双糖醇。在人体内不产生热量，甜味与蔗糖相当，可在食品工业中代替蔗糖。

非糖天然甜味剂有甘草酸苷、甜叶菊苷等。甘草酸苷是多年生豆科植物甘草根的一种成分，甜度为蔗糖的100～500倍，纯品约为250倍。其甜味产生缓慢而存留时间较长，很少单独使用，与蔗糖混用时有助于甜味发挥。可缓和盐的咸味，并有增香效能。有解毒保肝的疗效。甜叶菊苷是菊科植物甜叶菊的茎、叶中所含的一种二萜烯类糖苷，对热、酸、碱都较稳定，溶解性好，甜度为蔗糖的300倍，甜味纯正，残留时间长，后味可口，有一种轻快的甜感。食用后不被人体吸收，并具有降低血压、促进代谢、防止胃酸过多等疗效作用。可作为甜味改良剂和增强剂。

天然物的衍生物甜味剂是由一些本来不甜的非糖天然物经过改性加工，成为高甜度的安全甜味剂。主要有天冬氨酰二肽衍生物及二氢查耳酮衍生物两类。

合成甜味剂是一类用量大、用途广的食品甜味添加剂。不少合成甜味剂对哺乳动物有致癌、致畸作用，我国目前仅准许使用邻甲苯酰磺酰亚胺，俗称糖精［图 14.3.1 (a)］。其甜度为蔗糖的500～700倍，无臭、微有芳香，后味稍苦。在常温下其水溶液经长时间放置甜味降低。对热不稳定，中性或碱性溶液中加热无变化。一般认为不经代谢即排出体外。我国规定，冷饮、配制酒、糕点、酱菜、蜜饯、果脯等糖精用量不超过 $150mg \cdot kg^{-1}$，主食(如馒头)、婴儿食品不允许使用。WHO的日许量为 $0 \sim 5mg \cdot kg^{-1}$。

14.3.3 酸味与酸味物质

酸味是氢离子刺激舌黏膜而引起的味感。酸的定味基是质子 H^+，助味基是其酸根负离子。因而不同酸有不同的酸味感。酸感与酸根种类、pH值、可滴定酸、缓冲效应以及其他物质特别是糖的存在有关。在同样的pH值下，有机酸比无机酸的酸感强，且味爽快。多数无机酸有苦、涩味。酸感在水溶液中与实际食物中也不相同。乙醇和糖可减弱酸味。

常用的酸味剂如下。①食醋。普通食醋除含有3%～5%左右的乙酸外，还含有其他的有机酸、氨基酸、糖、醇类、酯类等。在烹调中除用于调味外，还有去腥臭的作用。②乳酸。乳酸可用做清凉饮料，酸乳饮料，合成酒，配制醋、辣酱油、酱菜的酸味料。可防止杂菌繁殖。③柠檬酸。柠檬酸的酸味圆润、滋美，入口即可达到最高酸感，但后味延续较短。在食品中还可用作抗氧化剂的增强剂，通常用量为0.1%～1.0%。④苹果酸。苹果酸的吸湿性强，酸味较柠檬酸强，酸味爽口，微有涩苦感，在口中呈味时间显著地长于柠檬酸。与柠檬酸合用，有强化酸味的效果。苹果酸可用作饮料、糕点等的酸味料，尤其适用于果冻等食品。一般用量为0.05%～0.5%。⑤酒石酸。酒石酸有 *d*-，*l*-和 *dl*-酒石酸三种立体构型。天然存在的是 *d*-及 *dl*-酒石酸。其酸味比苹果酸还强，稍有涩感，多与其他酸并用。一般用量为0.1%～0.2%。⑥琥珀酸（丁二酸）及富马酸（反丁烯二酸）。在未成熟水果中存在较多。因难溶于水，很少单独使用，多与柠檬酸、酒石酸并用而生成水果似的酸味。利用其难溶性，可用作膨胀剂的迟效性物质，还可用作粉状果汁的持续性发泡剂。

14.3.4 苦味与苦味物质

因为苦味与甜味的感觉都由类似的分子所激发，所以某些分子既可产生甜味也可产生苦味。甜味分子一定含有两个极性基团，还含有一个辅助性的非极性基团，苦味分子似乎仅需一个极性基团和一个疏水基因。在特定受体部位中，特定单元的取向决定分子的甜味与苦味，而这些特定的受体部位则位于受体腔的平坦底部，当呈味分子与苦味受体部位相契合时则产生苦味感；如能与甜味部位相匹配则产生甜味感。若呈味分子的空间结构能适用上述两种受体，就能产生苦-甜感。

苦味本身并不是令人愉快的味感，但当与甜、酸或其他味感恰当组合时，却形成了一些食物的特殊风味。食物的天然苦味物质中，植物来源的有两大类，即生物碱及一些糖苷；动物来源主要是胆汁。另外一些氨基酸和多肽亦有苦味。苦味的基准物质是奎宁［图 14.3.1(b)］。

食物中的重要苦味物质如下。①生物碱类。咖啡碱、可可碱、茶碱都是嘌呤衍生物，是食品中主要的生物碱类苦味物质，都有兴奋中枢神经的作用，具有升华特性。②苷类。柚皮苷及新橙皮苷是柑橘类果实中的主要苦味物质。柚皮苷纯品的苦味比奎宁还要苦，检出阈值可低达 0.002%。黄酮苷类分子中糖苷基的种类与糖苷是否有苦味有决定性关系。利用酶制剂水解新橙皮糖苷基是橙汁脱去苦味的有效方法。苦杏仁苷是苦杏仁素（氰苯甲醇）与龙胆二糖所成的苷，存在于许多蔷薇科植物如桃、李、杏、樱桃、苦扁桃、苹果等的种仁及叶子中，种仁中同时含有分解酶。苦杏仁苷本身无毒，具有镇咳作用。生食杏仁、桃仁过多引起中毒的原因是在同时摄入体内的苦杏仁酶的作用下，分解为葡萄糖、苯甲醛及氢氰酸之故。③胆汁。胆汁是动物肝脏分泌并储存于胆囊中的一种液体，主要成分是胆酸、鹅胆酸及脱氧胆酸，味极苦。在禽、畜、鱼类加工中稍不注意，破坏胆囊，即可导致无法洗净的极苦味。

苦味物质种类繁多，其中很多对人的生理功能具有调节作用。

14.3.5 咸味与咸味物质

咸味是中性盐所显示的味，并由离解后的盐离子所决定。阳离子是定味基，易被味感受器的蛋白质的羧基或磷酸吸附而呈咸味；阴离子是助味基，影响咸味的强弱和副味。盐类中，只有氯化钠才产生纯粹的咸味，其他盐类多带有苦味、涩味或其他味道。一般盐的阳离子和阴离子的相对原子质量越大，越有增大苦味的倾向。

只有氯化钠用作咸味剂，在体内主要是调节渗透压和维持电解质平衡。人对食盐的摄取过少会引起乏力乃至虚脱，但饮食中盐分长期过量常可引起高血压。在味感性质上，食盐的主要作用是起风味增强或调味作用。食盐的阈值一般为 0.2%，汤类中含 0.8%～1.2%的食盐量为适宜。

14.3.6 鲜味与鲜味物质

鲜味是食品的一种能引起强烈食欲、可口的滋味。呈味成分有核苷酸、氨基酸、肽、有机酸等类物质。

在天然氨基酸中，L-谷氨酸和 L-天冬氨酸的钠盐及其酰胺都具有鲜味。L-谷氨酸钠俗称味精，具有强烈的肉类鲜味。味精的鲜味是由 α-NH_2^+ 和 γ-COO^- 两个基团静电吸引产生的，因此，在 pH=3.2（等电点）时，鲜味最低；在 pH=6 时，几乎全部解离，鲜味最高；在 pH>7 时，由于形成二钠盐，鲜味消失。味精有缓和咸、酸、苦的作用，并可减少糖精的苦味，使食品具有自然的风味。食盐是味精的助鲜剂。L-天冬氨酸的钠盐和酰胺亦具有鲜味，是竹笋等植物性鲜味食物中的主要鲜味物质。L-谷氨酸的二肽都有类似味精的鲜味。

在核苷酸中能够呈鲜味的有 5′-肌苷酸［结构式见图 14.3.1(c)］、5′-鸟苷酸和 5′-黄苷酸，前两者鲜味最强。此外，5′-脱氧肌苷酸及5′-脱氧鸟苷酸也有鲜味。这些5′-核苷酸单独在纯水中并无鲜味，但与味精共存时，则味精鲜味增强，并对酸、苦味有抑制作用，即有味感缓冲作用。5′-肌苷酸、L-谷氨酸一钠的混合比例一般为1∶(5～20)。

琥珀酸钠也有鲜味，是各种贝类鲜味的主要成分。用微生物发酵的食品如酿造酱油、酱、黄酒等的鲜味都与琥珀酸存在有关。琥珀酸用于酒精清凉饮料、糖果等的调味，其钠盐可用于酿造品及肉类食品的加工。如与其他鲜味料合用，有助鲜的效果。

14.3.7 辣味与辣味物质

辣味是刺激舌部、口腔及皮肤的触觉神经所引起的一种痛觉。适当的辣味有增进食欲、促进消化液分泌、并具有杀菌的功效。辣味物质多具有酰胺基、酮基、异氰基等官能团，多为疏水性强的化合物。

辣味按其刺激性的不同可分为热辣味（或火辣味）及辛辣味两类。热辣味在口腔中引起一种烧灼感的辣味，如红辣椒和胡椒的辣味。红辣椒中的辣味成分主要是辣椒碱［结构式见图14.3.1（d）］及二氢辣椒素。胡椒中的辣味成分是胡椒碱。辛辣味是有冲鼻刺激感的辣味，具有味感及嗅感的双重刺激作用。姜中的辛辣成分是姜酮及姜脑。蒜的辛辣味成分是硫醚类化合物，加热后失去辛辣味而被还原生成甜味很强的硫醇类化合物。许多十字花科植物中多含有辛辣味的芥子苦。

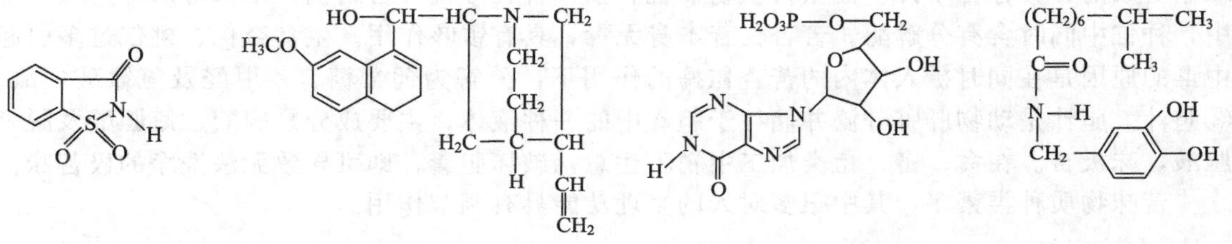

(a) 糖精　(b) 奎宁　(c) 5′-肌苷酸　(d) 辣椒碱

图14.3.1 一些呈味物质的结构式

14.3.8 其他味感与呈味物质

除上述已讨论的味感外，常见的味感还有涩味、清凉味、碱味和金属味等。涩味是舌黏膜蛋白质被躁质等物质凝固，产生收敛作用而发生的感觉。食品中的涩味主要是由单宁、草酸、香豆素类、奎宁酸等物质引起的，醛类、酚类、铁盐、明矾亦呈涩味。适当的涩味可使食品产生独特的风味，如茶、果酒等。清凉味的典型是薄荷醇，常用于制润喉糖等。碱味是羟基离子的呈味属性，溶液中只要有0.01%即可感知。碱味可能是碱刺激口腔神经末梢而引起的感觉，并无确定的感知区域。

14.4 常见食品的营养成分

食品营养价值是食品质量最重要的组成部分之一，取决于食品中营养成分的种类、含量和性质。食品的化学组成十分复杂，其中能够供应人体正常生理功能所必需的物质就称为营养成分，也就是维持人体健康所必需的营养素。食品营养成分包括蛋白质、脂肪、碳水化合物、无机盐、维生素和水分六大类。

人类食物包括粮谷类、豆类、蔬菜水果类、畜禽肉类、鱼类、蛋类、奶类和食用油脂类等。按其来源和性质可分为动物类、植物类和以上述两类食物为原料所制作的加工食品三大类。

每种食物都由特定的营养素构成；但即使是同一种食物，由于品种、产地、种植条件、肥料、收获时间、储存条件、烹调加工方法等的不同，其构成也会有一定差异。各营养成分含量相对最高的食品见表 14.4.1。

表 14.4.1　几种营养物质含量相对最高的食品

物质	含量相对最高的食品	物质	含量相对最高的食品
亚油酸	豆油，芝麻油，花生油	维生素 B_6	广泛但均微量
蛋白质	蛋类，豆制品类	维生素 C	绿叶蔬菜，柑橘，草莓，西红柿
维生素 A	动物肝脏，鳗鱼，奶油，芒果，杏仁	维生素 D	动物脑，香菇（其他物质广泛但均微量）
维生素 B_1	糙米，米糠，豌豆，腰果	维生素 E	植物油，花生，葵花籽，小麦皮，杏仁
维生素 B_2	动物内脏，乳酪，啤酒酵素，杏仁	钙	牛奶，乳制品，豆制品，花生，小虾皮

14.4.1　粮谷类食品

粮谷类食品包括小麦、稻谷以及杂粮如玉米、高粱、大麦、燕麦、小米、青稞和荞麦等。在一些地区玉米和高粱也作为主要食粮。粮谷是蛋白质和热能的主要来源，也是一些矿物质和 B 族维生素的重要来源。我国人民摄取的 50%～70%的蛋白质，60%～70%的热能来源于粮谷类食品。

粮谷类食品中的蛋白质主要由谷蛋白、醇溶蛋白、白蛋白和球蛋白组成，谷蛋白和醇溶蛋白占很大比重，小麦、稻米和玉米上述两种蛋白质分别占蛋白质总量的 80%、85%和 85%～95%。脂类在粮谷中含量很少，只占总重量的 1%～2%，主要分布在糊粉层和胚芽。粮谷中的脂类主要是甘油三酯和少量的植物固醇和卵磷脂。玉米和小麦胚芽所提取的胚芽油中，80%为不饱和脂肪酸，其中 60%是人体必需的亚油酸。近年来国内外利用胚芽油在防治脂肪肝、动脉粥样硬化、降低血清胆固醇等方面取得了一定效果。粮谷中糖类有 70%为淀粉，此外为糊精、戊聚糖、葡萄糖和果糖等。淀粉又分直链淀粉和支链淀粉两种，直链淀粉是由葡萄糖残基结合成链状，溶于热水呈胶状液，支链淀粉在链状结构上有 1、6 链相连接的分枝，加水加热时先膨胀后糊化。不同品种的粮谷两种淀粉含量比例不同，小麦和糯米中支链淀粉含量较多，约占 2/3 以上。粮谷含有丰富的磷，此外还有钙、铁、锌、锰、镁、铜、钼等矿物质。所有矿物质均与纤维素呈平行分布，主要存在于谷皮和糊粉层，在加工过程中大部分丢失。粮谷含有一定量的植酸，可与一些矿物质形成几乎难以吸收的植酸盐，因此粮谷的矿物质营养价值较差。粮谷主要含有 B 族维生素，如硫胺素、核黄素、尼克酸、泛酸和吡多醇等，集中分布于糊粉层、吸收层和胚芽。黄色玉米和小米中含有少量胡萝卜素。尽管在加工过程中维生素丢失较多，但粮谷仍是我国人民硫胺素和尼克酸的主要食物来源。

14.4.2　豆类及其制品

豆类包括大豆类和其他豆类，是人类重要食物之一。大豆单位重量所提供的热能虽然与粮谷相近似，但其提供的蛋白质和脂肪量要比粮谷高出数倍。20 世纪 60 年代以来，经济发达国家为避免营养过剩，发展中国家为缓解蛋白质资源紧张，均致力于开发豆类食物资源。充分开发利用豆类食品，对改善人民膳食和营养状况，补充蛋白质来源，增强人民体质，均具有重要意义。

大豆是指黄豆、青豆和黑豆。大豆含有丰富的蛋白质和脂肪，并有较多的矿物质，B 族维生素含量多于粮谷类。大豆平均含蛋白质 30%～50%，是粮谷的 3～5 倍，多于牛肉的含量。氨基酸的组成和配比较适合人体需要，是粮谷蛋白质互补的理想食物来源，8 种人体必需氨基酸中除了蛋氨酸略低外，其余几乎与动物性蛋白质相似，且含有较多的赖氨酸。大豆蛋白质消化率因烹调加工方式不同而有明显差别，煮整粒大豆为65.3%，豆浆为84.9%，豆腐为92%～96%，大豆蛋白质生物价为65。大豆平均含脂肪18%，其中84.7%为不饱和脂肪酸，饱和脂肪酸仅占15.3%。脂肪酸中55%为亚油酸，此外含21%的油酸，9%的棕榈酸，6%的硬脂酸以及少量的其他脂肪酸。磷脂约占1.5%，其中主要是大豆磷脂，含量高于鸡蛋。大豆中糖类约占25%，其中一半左右为淀粉、阿拉伯糖、半乳聚糖和蔗糖等。另一半是一类能形成黏质半纤维素的物质，如棉籽糖、水苏糖等，这些物质存在于大豆细胞壁，不能被消化吸收，属于无效糖，在肠道中经细菌作用可发酵产生二氧化碳和氨，引起腹部胀气。大豆含有丰富的磷、铁、钙，每百克中分别含有571mg、11mg和367mg，均明显多于粮谷类。硫胺素、核黄素和尼克酸等B族维生素含量也比粮谷多数倍，并含有一定数量的胡萝卜素和维生素E。

其他豆类包括豌豆、蚕豆、绿豆、小豆、芸豆和刀豆等。其化学组成与大豆类有较大差别，糖含量约为50%～60%，蛋白质为25%，脂肪仅占1%左右，我国上述豆类种植较广，品种很多，是一类重要食物。豌豆含蛋白质24.6%，以球蛋白质为主，并有少量白蛋白，氨基酸组成中色氨酸含量较多，蛋氨酸相对缺乏，脂肪占1%，但卵磷脂含量很高，碳水化合物占4%～7.2%，并含有较多的磷、铁和B族维生素，以及少量的胡萝卜素。未成熟的豌豆含有7.3%的蔗糖，有一定甜味，并含有15mg/100g的抗坏血酸。小豆蛋白质占21.5%，以球蛋白为主，胱氨酸和蛋氨酸为其限制氨基酸。脂肪仅为0～8%。碳水化合物占60.7%，其中淀粉占一半以上，此外为戊糖、半乳糖、蔗糖和糊精等。磷、铁和B族维生素含量与豌豆相似。绿豆和蚕豆的化学组成均近似小豆。绿豆淀粉中由于含较多的戊聚糖、半乳聚糖、糊精和半纤维素，用它制成的粉丝韧性特别强。久煮不易溶化。

豆类制品包括豆浆、豆腐、豆芽及发酵豆制品等。豆浆含蛋白质4.4%，其量高于牛奶，且易于消化吸收，脂肪、碳水化合物含量分别为1.8%和1.5%，热能含量低于牛奶，含铁量与牛奶相仿，并含有一定量B族维生素和矿物质。豆腐的原料为大豆，含90%的水分，质地细嫩，含蛋白质4.7%，脂肪1.3%，碳水化合物2.8%。蛋白质极易消化吸收，并含有丰富的钙和其他矿物质及维生素。发酵豆制品有豆豉、豆瓣酱、臭豆腐、腐乳等。大豆经加工加热、发酵等工艺处理，蛋白质经分解，较易消化吸收，某些营养素含量有所增加。大豆与绿豆均可制作豆芽，豆芽除含有豆类的营养素之外，其显著特点是发芽后可产生抗坏血酸，一般含量为17～25mg/100g，绿豆芽可高达30mg/100g。尽管豆芽在烹调时会损失60%～70%的抗坏血酸，但北方地区冬季新鲜蔬菜缺乏，豆芽是一种较好的抗坏血酸食物来源。

14.4.3　肉类食品

畜肉、禽肉和鱼类食品中含有丰富的各种营养素，是人类重要的动物性食品，也是人类蛋白质、矿物质和维生素的重要来源之一。

畜肉指猪、牛、羊等大牲畜的肌肉、内脏及其制品。畜肉的化学组成与人体肌肉极为接近，可供给人类各种氨基酸、脂肪、矿物质和维生素。畜肉消化吸收率高，饱腹作用强，可加工烹调制成各种美味佳肴。畜肉含蛋白质10%～20%，主要有肌球蛋白、肌红蛋白和球蛋白等。这些蛋白质均属于完全蛋白质，大部分存在于肌肉组织中。存在于结缔组织中的间质蛋白如胶原蛋白和弹性蛋白，由于色氨酸、酪氨酸、蛋氨酸等含量很少，故属于不充分蛋白质。畜肉蛋白质生物学价值在80左右，氨基酸评分在90分以上。畜肉脂肪含量因动物品种、年龄、肥瘦程度、取样部位等不同而有较大差异，平均含量在10%～30%左右。畜肉脂肪以饱和脂肪酸为主，由硬脂酸、软脂酸和油酸等组成，熔点较高。瘦肉胆固醇含量约为

70mg/100g，肥肉则比瘦肉高 2～3 倍，内脏约为瘦肉的 4～5 倍，动物的脑每百克含胆固醇高达 2000～3000mg。羊肉中含辛酸、壬酸等饱和脂肪酸，是羊肉具有特殊羊膻味的原因。畜肉中糖以糖原的形式存在于肌肉和肝脏之中，含量很少，且各种动物间差异较大。畜肉含矿物质约为 0.6%～1.1%，其中含磷 127～170mg/100g，铁 6.2～25mg/100g，肝脏和肾脏含铁很高，吸收率也很高，畜肉含钙不多。畜肉含丰富的 B 族维生素，猪肉所含的硫胺素明显高于牛、羊肉，并含有一定量的泛酸、吡多醇、胆碱等。肝脏富含维生素 A 和维生素 D。畜肉中的含氮浸出物主要有肌肽、肌酸、肌酐、氨基酸、嘌呤化合物和尿素等，成年动物含量高于幼年动物。含氮浸出物是肉汤具有浓厚鲜美味道的物质。

禽肉包括家禽（鸡、鸭、鹅）和野禽（野鸡、野鸭、鹌鹑等）的肌肉及其制品。禽肉营养价值与畜肉基本相似，质地细嫩，易于消化吸收，其化学组成与畜肉略有不同。蛋白质约占 20%属于优质蛋白，氨基酸评分为 95，生物学价值在 90 以上，脂肪含量很少，鸡肉为 2%，水禽鸭、鹅分别为 7%与 11%，脂肪熔点低（33～40℃），易于消化吸收，并含有 20%的亚油酸。钙、磷、铁等矿物质含量较丰富，肝脏中含铁多且吸收率高，维生素（尤其视黄醇和核黄素）含量较多，鸡肝中所含视黄醇比牛、羊、猪肝高 1～6 倍。禽肉还含有一定量的具有抗脂肪氧化作用的维生素 E，故禽肉在－18℃冷藏条件下储藏一年也不会酸败。禽肉的含氮浸出物较多，故禽肉煨汤其味鲜美，老禽肉汤鲜味更浓。野禽由于含氮浸出物过多，具有强烈刺激味，其肉汤反而失去鲜美滋味。

鱼肉的化学组成因鱼种、鱼的年龄、大小和肥瘦程度、性别、取样部位、捕捞季节以及生产地区等的不同而有差异。一般讲，鱼肉的化学组成与畜肉比较接近。蛋白质约占15%～20%，分布于肌浆和肌基质中。鱼肉蛋白质利用率高达 85%～90%，氨基酸组成较平衡，唯色氨酸含量偏低。鱼肉含水分多，肌肉纤维短细，比畜肉细嫩，更易消化吸收。鱼肉的脂肪含量约为 1%～10%，平均 1%～3%，呈不均匀分布，主要存在于皮下和脏器周围，肉组织中含量甚少。不同鱼种含脂肪量差异很大，如银鱼、鳕鱼含脂肪在 1%以下，而河鳗脂肪含量高达 28.4%。鱼类脂肪多呈液态，熔点较低，其中不饱和脂肪酸占 80%，消化率为 95%，鱼油因含有 1～6 个不饱和双键，故易氧化酸败。每 100g 鱼肉含胆固醇约 100mg。近年利用海产鱼脂肪中的二十二碳 6 个双键的多不饱和脂肪酸来防治动脉粥样硬化，取得了一定的效果。鱼肉中矿物质含量为 1%～2%，磷的含量最高，约占总灰分的 40%，此外，钙、钠、氯、钾、镁等含量也较多，其中钙的含量多于禽肉，虾皮含钙高达 2%，但钙的吸收率较低。海产鱼类富含碘，有的海产鱼每千克含碘 500～1000μg，而淡水鱼每千克含碘仅为 50～400μg。鱼类是核黄素和尼克酸的良好来源。有些生鱼体内含有硫胺素酶。新鲜鱼如不及时加工烹调处理，硫胺素则易被破坏。鱼的肝脏含有丰富的维生素 A 和维生素 D，由于维生素 A 性活泼，其分子结构中有 6 个不饱和双键，易被氧化失活，故新鲜鱼必须及时加工处理。鱼类含氮浸出物较多，约占鱼体重量的 2%～3%，主要包括三甲胺、次黄嘌呤核苷酸、游离氨基酸和尿素等。有机酸常与磷酸结合成磷酸肌酸。此物略带苦味，三甲胺是鱼腥味主要物质，而氧化三甲胺则是鱼鲜味重要物质。

14.4.4 奶制品

奶类食品是指动物的乳汁，不包括人乳。奶类是一种营养丰富，食用价值很高的食品。各种动物的乳汁所含营养成分不完全相同，动物生长发育愈快，奶中蛋白质含量愈高。牛奶是人类最普遍食用的奶类，与人乳相比，牛奶含蛋白质较多，而含乳糖不及人乳，故以牛奶替代母乳时应适当调配，使其化学组成接近人乳。此外，羊奶也是人类较常食用的奶类。

挤出的奶汁，经过滤和巴氏消毒（巴氏消毒分为低温巴氏消毒即 62～65℃ 30min，高温巴氏消毒即 80～85℃ 10～30s，超高温瞬时巴氏消毒即 130～150℃ 2～8s 三种）再经均质化即可成为供食用的鲜奶。鲜奶再经加工可制成各种奶制品，如浓缩奶、奶粉、调制奶、酸奶、奶酪和奶油等。不同的奶制品营养价值不同。常见的奶制品如下。①淡炼乳。淡炼乳又名蒸发乳，属于浓缩奶。鲜奶经低温真空法挥去 2/3 的水分，再经灭菌而成，食用时要加水稀释到原来浓度。②甜炼乳。用鲜奶加 15%的蔗糖，再经前述方法浓缩而成。其蔗糖含量高达 45%以上。稀释后食用营养价值仅为鲜奶的 1/3，不适宜作婴儿食品。③奶粉。根据食用要求奶粉又分为全脂奶粉、脱脂奶粉、加糖奶粉、乳汁奶粉和调制奶粉等多种。全脂奶粉为鲜奶挥去 70%～80%水分后再经喷雾干燥或经热滚筒法脱水而成。喷雾干燥法所制奶粉营养成分变化较小，而经热滚筒干燥所制奶粉丢失营养成分较多。目前后一种方法已很少使用。脱脂奶粉是将鲜奶脱去脂肪，再经上述方法制成的奶粉，此种奶粉含脂肪仅为 1.3%，其他营养素变化不大。④人乳化奶粉。人乳化奶粉又名调制奶粉，是参照人乳的化学构成，将奶粉进行人工的成分调配而成，主要是减少奶粉中酪蛋白的含量，增加乳清蛋白和亚油酸（后者人乳为 12.8%，动物乳汁为 2.2%），减少甘油三酯含量（从脂肪结构上看，人乳为 9%，牛奶为 95%～96%），增加乳糖含量（人乳为 7%），去掉一部分钙、磷、钠（牛奶比人乳多两倍），使 K/Na＝2.28、Ca/P＝1，另外可强化维生素 A、D、B_1、B_2、C、叶酸和微量元素铁、铜、锌、锰等。⑤酸奶。鲜奶经接种嗜酸乳酸杆菌而成。酸奶营养价值较高，由于酸度增加可以保护抗坏血酸免受破坏，并能抑制肠道腐败菌，调节肠道菌相，防止腐败菌及胺类物质的不利影响。⑥复合奶。为调节市场鲜奶供应，在鲜奶生产旺季，将部分鲜奶先加工制成脱脂奶粉和无水奶油储存备用。当鲜奶生产淡季或市场需求量增加时，将储备的脱脂奶粉和无水奶油分别溶解。按正常比例混合，再加入 50%的鲜奶即成复合奶。复合奶的营养成分与鲜奶基本相似。

14.4.5　禽蛋

蛋类主要指家禽的蛋，包括鸡蛋、鸭蛋和鹅蛋，此外某些禽类的蛋如鹌鹑蛋、鸽蛋等也可供食用，但主要食用蛋类为鸡蛋。

蛋类属于高营养食品，蛋中除缺乏抗坏血酸之外几乎含有人体必需的所有营养素。蛋类含蛋白质 14.8%，以卵白蛋白和卵黄磷蛋白为主，氨基酸组成和配比适宜，其中赖氨酸和蛋氨酸含量较丰富、属于完全蛋白质。脂肪主要存在于蛋黄之中，蛋黄中 30%为脂肪，蛋类脂肪呈乳化状态，易于消化吸收。其中大部分为中性脂肪，并含有一定量的卵磷脂和胆固醇，每 100g 鸡蛋含胆固醇 600mg。禽蛋中矿物质含量丰富，蛋黄中含钙、磷、铁较多，蛋清中含钠、钾为主。蛋黄中含有较多的视黄醇、维生素 D、核黄素和硫胺素等。

14.4.6　蔬菜与水果

蔬菜和水果是人们日常重要食品，是抗坏血酸、核黄素、胡萝卜素和矿物质钙、铁等的主要来源。蔬菜和水果在化学组成和营养特点上有一些相似之处，它们都含有较多的水分，维生素、矿物质、非营养素类物质如食物纤维、色素、有机酸和芳香物质等含量丰富，热能、蛋白质和脂肪含量很少。蔬菜和水果中的非营养物质赋予其色、香、味良好的感官性状，较多的食物体积，增进食欲，促进消化，并使食品多样化。

蔬菜品种繁多，按其食用部位可分为鲜豆类、根茎类、茎叶花类、茄果类和菌藻类。各品种间的化学组成和营养价值有较大差异。蔬菜一般含蛋白质很少，约为 1%～3%，氨基酸组成不平衡，不含或仅含微量脂肪。蔬菜中所含碳水化合物包括淀粉、糖、纤维素和果胶。根茎类蔬菜（如土豆、山药、莲藕等）的淀粉含量为 15%～20%，而一般蔬菜含淀粉为 2%～3%，含糖较多的蔬菜有胡萝卜、西红柿和甜薯等。蔬菜是人类膳食纤维的重要来源之一，而膳食纤维具有一定的生理意义。蔬菜中矿物质含量十分丰富，是人类钙和铁的重要食物来源。绿叶菜一般每 100g 含钙在 100mg 以上，其中雪里蕻、油菜、芥兰菜、苋菜等含钙较多，而且吸收率也较高。但有些蔬菜如菠菜、牛皮菜等含钙量虽然也较多，但这些蔬菜同时含草酸也较多，钙的吸收率很低。油菜、雪里蕻、苋菜、芹菜等每 100g 含铁 1～2mg。由于蔬菜含有丰富的成碱性元素的特点，故其在维持体内酸碱平衡中起着重要作用。蔬菜中含有多种维生素，其中最重要的有抗坏血酸、核黄素和胡萝卜素。抗坏血酸一般分布在蔬菜代谢旺盛的叶、花、茎等组织器官中，含量较多的蔬菜有青椒、菜花、雪里蕻等，瓜类一般含量较少（苦瓜除外）。黄瓜和西红柿含量虽然不多，但由于可以生吃，没有烹调损失。胡萝卜素与蔬菜其他色素共存，凡绿、红、橙、紫色的蔬菜都含有胡萝卜素，深色叶菜含量尤其高，如韭菜、油菜、菠菜、苋菜和莴笋叶等，每 100g 都在 2mg 以上。核黄素含量一般不多，雪里蕻、塌棵菜（黑白菜）、油菜、萝卜缨、苋菜、青蒜、四季豆、毛豆等每 100g 含量在 0.11～0.16mg。蔬菜含有黄酮类化合物，其中的生物类黄酮属于类维生素物质（维生素 P），与抗坏血酸有相类似的作用，能强化毛细血管壁，并具有抗氧化作用，保护抗坏血酸、维生素 E、视黄醇和硒等不被氧化破坏。甘蓝、大蒜、青椒、洋葱和西红柿中含量都较多。此外蔬菜还含有一些酶类、杀菌物质和具有特殊功能的物质。如萝卜中含有淀粉酶，生食萝卜有助消化。大蒜中含有植物杀菌素和含硫的香精油，生吃大蒜可以预防肠道传染病，并有刺激食欲的作用。大蒜和葱头能降低血清胆固醇。研究表明苦瓜有明显降血糖作用，其机理尚不清楚，有人认为苦瓜中可能含有一种多肽或特殊蛋白质与之有关。

水果的营养特点与蔬菜相似。碳水化合物主要是糖、淀粉、纤维素和果胶。苹果、梨等仁果类含果糖为主，葡萄糖、蔗糖次之；桃子、杏等核果类含蔗糖为主，葡萄糖、果糖次之；葡萄、草莓、猕猴桃等浆果类主要含葡萄糖和果糖；而柑橘类则以含蔗糖为主。未成熟的果实含有较多的淀粉，随水果成熟淀粉逐渐转变成糖，如香蕉未成熟时淀粉含量为 26%，而成熟的香蕉淀粉仅为 1%，而糖则从未成熟时的 1%上升为 20%。水果中含有较多的维生素，其中突出的是抗坏血酸，含量较多的有鲜枣（300～600mg/100g）、山楂（90mg/100g）、柑橘（40mg/100g），而仁果、核果中含量较低，如苹果、梨、桃、李、杏等每 100g 均含 5mg 以下。某些水果含有少量胡萝卜素，如芒果（3.8mg/100g）、杏（1.8mg/100g）、枇杷（1.5mg/100g）。水果中含有丰富的钙、钾、钠、镁、铜等元素，故属于理想的成碱性食品。富含色素是水果的又一特点，它赋予水果各种不同的颜色，使水果呈红紫色的花青素是主要色素，此色素能溶于水，存在于果皮和果肉中，对光、热敏感，加热可被破坏，对酸稳定，遇碱呈紫蓝色，遇铁、铝则呈灰紫色。水果富含有机酸，主要的有机酸有苹果酸、柠檬酸和酒石酸；而琥珀酸、苯甲酸、乙酸等含量甚微。柑橘类、浆果类含柠檬酸最多，多与苹果酸共存；红果类含苹果酸较多；葡萄中含酒石酸较多。而琥珀酸、延胡索酸多存在于未成熟的水果中。由于有丰富的有机酸存在，水果多具有酸味，pH 值很低，有利于保护抗坏血酸。

14.4.7　食用油

食用油也称为“食油”，是指在制作食品过程中使用的动物或者植物油脂，根据脂肪在室温下的形态，油脂可分为固态脂肪、半固态脂肪和液态脂肪三种。一般习惯于将固态脂肪称为“脂”，液态脂肪称为“油”。

脂肪是一种由甘油与脂肪酸生成的酯类。在脂肪的结构中，甘油残基是相同的部分，所不同的只是脂肪酸残基部分。所以，脂肪的物理化学性质与构成它的脂肪酸直接相关。脂肪酸可以分为饱和脂肪酸和不饱和脂肪酸两大类。

饱和脂肪酸的分子中没有双键。一个有趣的现象是，碳原子数为 4～26 的天然脂肪中的脂肪酸残基碳原子数都是偶数。对饱和脂肪酸，当 2＜碳原子数＜10 时呈液态；当碳原子数=10时为黏稠液态；当10＜碳原子数＜20时为固态。通常，丁酸又称为酪酸，十碳酸（癸酸）又称为羊蜡酸，十二碳酸称为月桂酸，十四碳酸称为肉豆蔻酸，十六碳酸称为软脂酸或棕榈酸，十八碳酸称为硬脂酸，二十碳酸称为花生酸。

不饱和脂肪酸的分子结构中含有双键，并且大多数双键的几何构型都是顺式结构。不饱和脂肪酸的性质几乎完全源于双键的存在。所有的不饱和脂肪酸在室温下皆呈液态，并且活性较高，容易发生氧化和加成反应。因此在储存时也容易出现脂肪酸败现象。不饱和脂肪酸经过加氢反应可以使双键消失。在实际加工业中可以通过这个原理使脂肪硬化，所得到的油脂称为“氢化油”。

在不饱和脂肪酸中，重要的有棕榈油酸、油酸、亚油酸、亚麻酸和花生四烯酸等。棕榈油酸又称为9-十六碳烯酸，含一个双键，为无色液体，熔点－0.5～0.5℃，主要存在于种子油和鱼油中。油酸又称为9-十八碳烯酸，含一个双键，为无色液体。商品则多为黄色或红色液体，故又常称为红油，熔点13.2℃。几乎存在于所有的脂肪食物中，是最普遍存在的不饱和脂肪酸成分。亚油酸又称为9,12-十八碳二烯酸，含有两个双键，为无色或褐黄色液体，熔点为－5℃。存在于许多动植物性脂肪中，以葵花子油、黄豆油和芝麻油中含量最丰富。亚麻酸又称为9,12,15-十八碳三烯酸，含三个双键，为无色液体，熔点为－11℃。主要存在于亚麻子油、紫苏子油等中。花生四烯酸又称为5,8,11,14-二十碳四烯酸，含四个双键，熔点－49.5℃。主要存在于脑磷脂、血油、苔藓等中。5,8,11,14,17-二十碳五烯酸（eicosapentaenoic acid，EPA），4,7,10,13,16,19-二十二碳六烯酸（docosahexaenoic acid，DHA）等主要存在于鱼油、海豹油等海洋动物中。

衡量油脂的营养价值有两个指数：一是不饱和脂肪酸的含量；二是必需脂肪酸的含量。1g油脂完全皂化时所需氢氧化钾的毫克数称为皂化值，皂化值越小，油脂中三酰甘油的平均相对分子质量越小；油脂中不饱和脂肪酸的含量用碘量法测量，碘值越大，不饱和程度越高。常见油脂的成分、皂化值、碘值见表14.4.2。从该表可见，植物油所含的这两类脂肪酸量一般要比动物油高（鱼油除外）。对于中老年人以及心血管病患者来说，应以植物油为主而少吃动物油；对于正在生长发育的青少年来说则不必过分限制动物油。对常人来说，食用动、植物油以3∶7的用量标准较为适宜。

表14.4.2 常见油脂的组成 $w/\%$

油脂	饱和脂肪酸				一烯酸		亚油酸（二烯酸）	亚麻酸（三烯酸）	花生四烯酸	碘值
	C_{14}	C_{16}	C_{18}	其他	油酸	其他				
牛油	2～7	26～30	17～24		43～45	约6(C_{16})	1～4			约39
猪油	1～3	24～28	12～18	1(C_{20})	42～48	约3(C_{16})	6～9			约58
羊油	2～5	24～25	29～31		36～39		2～4			—
鱼油		约8	约12		约25	约17(C_{16})	约20		30～50	
花生油		6～7	约5	6～16	56～61		22～23		约2.9	约94
菜籽油		约4	约2		约19	53(C_{20}～C_{22})	约14	约10		—
大豆油		6～11	约4		25～32		49～51	约7	—	约133
芝麻油		约7	约4	约4(C_{20})	约46		约35	约0.4	约0.1	—
橄榄油		约9	约2		约83		约4			—
椰子油	17～22	4～9	1～5	50(C_{12})	2～20		1～2.5			—

14.5 保健食品

保健食品是指具有特定功能的食品，即适宜于特定人群使用，具有调节机体功能，不以治疗疾病为目的的食品。即它是不同于一般食品又有别于药品的一类特殊食品。

14.5.1　保健食品的特征

作为保健食品，应具备以下特征。①保健食品首先必须是食品，应当无毒无害，符合应有的营养要求。保健食品不允许有毒副作用，可以长期食用；药品则允许有不同层次、不同层面的毒副作用，不能长期食用。②保健食品除具有食品的一般特征外，还必须具有特定的保健功能，与普通食品有区别。③保健食品是针对特定人群而设计的，食用范围不同于一般食品。④保健食品是以调节机体功能为主要目的，而不是以治疗为目的的。它不能代替药物的治疗作用。⑤保健食品的产品属性，可以是传统的食品，如饮料、酒等，也可以是胶囊、片剂、冲剂、口服液等新食品属性。

保健食品是对已经失去健康但还没有患疾病，或者疾病已经治愈但仍不是健康状态的人群，起一个预防或辅助调节作用的功能食品。因此，保健食品的食用人群应当是亚健康状态人群，而健康人群最好不要食用保健食品。

14.5.2　保健食品的功能

卫生部于《保健食品检验与评价技术规范》中说明了保健食品的 27 种功能，它们是：①辅助增强免疫力；②辅助降血脂；③辅助降血糖；④抗氧化；⑤辅助改善记忆；⑥缓解体力疲劳；⑦缓解肌肉疲劳；⑧促进排铅；⑨清咽；⑩辅助降血压；⑪改善睡眠；⑫促进泌乳；⑬提高耐缺氧；⑭对放射危害有辅助防护功能；⑮减肥；⑯改善生长发育；⑰增加骨密度；⑱改善营养型贫血；⑲对化学性肝损伤有辅助防护功能；⑳祛痤疮；㉑祛黄褐斑；㉒改善皮肤水分；㉓改善皮肤油分；㉔调节肠道菌群；㉕促进消化；㉖通便；㉗对胃黏膜有辅助保护功能。

14.5.3　保健食品的功能因子

保健食品的功能因子又称为活性成分，是指能通过激活酶的活性或其他途径，调节人体机能的物质。它是保健食品具有特定保健功能的物质基础和起关键作用的成分。

保健食品中应含有一种或多种功能因子。但我国的保健食品中有一大类是利用中国传统的药食两用，或以药膳中所采用的动植物为原料进行配方的，虽具有特定的保健功能，但目前尚不能确定其具体的功能因子，因此只能列出可能具有保健功能的功能因子或产品配方中较为独特的原料。

目前，已明确的功能因子有十余类、一百余种。其中主要有以下 9 种：①活性多糖，包括膳食纤维、抗肿瘤多糖、降血糖多糖等；②功能性甜味剂，包括功能性单糖、功能性低聚糖、多元糖醇和强力甜味剂；③功能性油脂，包括多不饱和脂肪酸、油脂替代品、磷脂、胆碱等；④自由基清除剂，包括非酶类清除剂（维生素 E、维生素 C、β-胡萝卜素等），酶类清除剂（如超氧化物歧化酶 SOD）；⑤维生素，包括维生素 A、维生素 E、维生素 C、维生素 B 族等；⑥微量活性元素，包括硒、锗、铬、铁、铜、锌等；⑦氨基酸、肽与蛋白质，包括牛磺酸、谷胱甘肽、降血压肽、促进钙吸收肽、易消化吸收肽、免疫球蛋白等；⑧有益微生物，包括乳酸菌；⑨其他活性物质，包括二十八烷醇、植物甾醇、黄酮类化合物、多酚类化合物和皂苷等。

14.6　垃圾食品

所谓垃圾食品是指经过炸、烤、烧等加工工艺使营养成分部分或完全丧失，或在加工过程中添加、生成对人体有害物质，以及低营养价值高热量的食品。世界卫生组织公布的十大垃圾食品包括：油炸类食品、腌制类食品、加工肉类食品（肉干、肉松、香肠、火腿等）、饼干类食品（不包括低温烘烤和全麦饼干）、汽水可乐类饮料、方便类食品（主要指方便面和膨化食品）、罐头类食品（包括鱼肉类和水果类）、话梅蜜饯果脯类食品、冷冻甜品类食品（冰淇淋、冰棒、雪糕等）、烧烤类食品。

油炸类食品的加工过程破坏维生素，使蛋白质变性；食品油脂含量高易导致心血管疾病；如果油温过高或在高温下的时间过长，油脂就会被氧化生成过氧化脂，因而含可疑致癌物。腌制类食品由于维生素损失严重因而营养价值低；由于含盐量高及由此产生的亚硝酸盐含量高，一方面导致高血压、肾负担过重，还大大增加致癌的危险。加工类肉食品（如肉干、肉松、香肠等）除含有大量防腐剂，会增加食用者的肝脏负担外，加工中常投加防腐和显色剂亚硝酸盐，这是公认的强致癌物质。饼干类食品加工中严重破坏维生素，热量过多、营养成分低，食用香精和色素含量高，对肝脏造成负担。汽水可乐类食品含糖量过高，喝后有饱胀感，影响正餐；含磷酸、碳酸，会带走体内大量的钙使身体缺钙。方便面和膨化食品中只有热量没有营养，盐分过高、含防腐剂和香精，增加肝脏负担。罐头类食品中维生素被破坏，使蛋白质变性，热量过多，营养成分低。话梅蜜饯类食品中含亚硝酸盐、防腐剂和香精，盐分过高。冷冻甜品类食品（如冰淇淋、冰棒和各种雪糕等）含糖量过高影响正餐，含奶油极易引起肥胖。烧烤类食品苯并芘含量高，烘烤不慎易导致蛋白质炭化变性，从而加重肝、肾负担。

除此以外，有些不法商家和地下黑作坊在卫生条件不佳的情况下超范围超量投加调味剂、作色剂、防腐剂等，使得这些食品中的有毒物质的种类和含量更加无法预料。因此，我们应当不吃或尽量少吃。

习题与思考题

14.1　在消化过程中，肝脏和胰脏分别分泌哪些物质？有什么作用？

14.2　ATP 是什么物质？在人体代谢中起什么作用？

14.3　请写出 5 种常见的单糖。

14.4　请写出 5 种常见的多糖。

14.5　蔗糖、果糖、葡萄糖、乳糖按甜度由高到低的顺序如何排列？

14.6　哪些糖的代谢不需要胰岛素的参与？

14.7　什么叫膳食纤维？它对人体健康有何意义？

14.8　便秘是由哪些原因引起的？患者在饮食方面应注意哪些问题？

14.9　脂类有哪些重要的生理功能？过多摄食精糖和油脂对人体健康有何影响？

14.10　既然蛋白质的营养价值远高于糖类，我们是否可以将糖类从我们的食谱中删去？为什么？

14.11　蛋白质的生理功能有哪些？何为必需氨基酸？成人的必需氨基酸有哪些？

14.12　简述维生素 D 的生理功能及缺乏症。

14.13　简述维生素 B_1 和维生素 B_2 主要生理功能及缺乏症，富含维生素 B_1、维生素 B_2 的食物有哪些？

14.14　什么是维生素和矿物质的协同效应？举例说明。

14.15　如何判断食品的营养价值？

14.16　大豆及其制品有哪些营养特点？

14.17　食用油脂的营养价值由它的哪些因素决定？

14.18　植物油和动物油有哪些不同点？为什么中老年人应以植物油为主而少吃动物油？

14.19　什么是保健品？它有哪些特征？有哪些功能？

14.20　油炸食品为什么属于垃圾食品？油炸食品中的有害成分有哪些？是如何产生的？

参 考 文 献

[1] 崔结，吴建一，杨金田．日用化学知识与技术．北京：兵器工业出版社，1994.

[2] 周才琼，周玉林．营养食品学．北京：中国计量出版社，2006.
[3] 张丹．家庭科学饮食．北京：中国城市出版社，2000.
[4] 宁正祥，赵谋明．食品生物化学．广州：华南理工大学出版社，1995.
[5] 徐幼卿．食品化学．北京：中国商业出版社，1996.
[6] 江伟珣，刘毅．营养与食品卫生学．北京：北京医科大学出版社，中国协和医科大学联合出版社，1992.
[7] 贾利蓉．保健食品营养．成都：四川大学出版社，2006.
[8] 张建中．临床营养学．郑州：河南医科大学出版社，2004.
[9] 刘汴生．营养与衰老．中国自然医学杂志，2000，2 (4)：248-250.

第15章　药物化学基础

药物既包括那些对机体的某些生理功能或化学反应过程进行有益调节作用的化学物质，也包括那些用于疾病的预防、诊断和治疗的化学物质。

药物的分类方法很多，包括：①根据来源可分为天然药物和人工化学合成药物；②根据化学成分可分为无机化学药物和有机化学药物；③根据国家药品管理分类可分为化学药、生物药和中药；④根据药物的用途可分为预防药、治疗药和诊断药；⑤根据药物的使用对象可分为人药、兽药和农药等。

药物化学（medicinal chemistry）是一门研究药物的结构、性质、构效关系、体内代谢过程、作用机理以及新药设计方法的学科，涉及有机化学、生物化学、生理学、细胞学、免疫学、遗传学、药理学甚至量子化学、数理统计、计算机科学等一系列的学科知识。在本章，我们只对一些常用药的性质、作用机理进行初步介绍，有关药物的制备（提取）方法、药物的作用机理和代谢途径等详细知识，感兴趣者可以参阅本章后所列的参考文献或其他资料。

15.1　抗生素

抗生素（antibiotics）是某些细菌、放线菌、真菌等微生物在其生命过程中产生的一类次级代谢产物，或用化学方法合成的相同结构物或结构修饰物，在微量浓度下就能选择性地杀灭、抑制病原性微生物或肿瘤细胞的药物。

抗生素的杀菌机理包括以下几种。①抑制细菌细胞壁的合成，导致细菌细胞破裂而死亡。哺乳动物的细胞没有细胞壁，故不受这些药物的影响。属于这类抗生素的有青霉素类和头孢菌素类等。②与细胞膜作用而影响膜的通透性，导致细胞内外能量、物质交换受阻而死亡。如多黏菌素和短杆菌素等。③抑制或干扰蛋白质（酶）的合成。细菌为原核细胞，哺乳动物为真核细胞，它们的生理、生化功能不同，故哺乳动物不受这些药物的影响，如氯霉素、四环素类、氨基糖苷类、利福霉素类等。④抑制核酸的转录和复制，阻止细胞的分裂。如喹诺酮类、二氯基吖啶等。⑤影响叶酸的代谢。叶酸是微生物生长过程中的必要物质，也是构成体内叶酸辅酶的基本原料。磺胺类、甲氧苄啶类药物分别抑制二氢叶酸合成酶和二氢叶酸还原酶，干扰叶酸代谢，影响核酸前体物质嘌呤、嘧啶的合成，从而发挥抗菌作用。

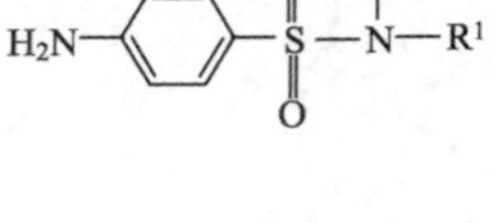

对氨基苯磺酰胺 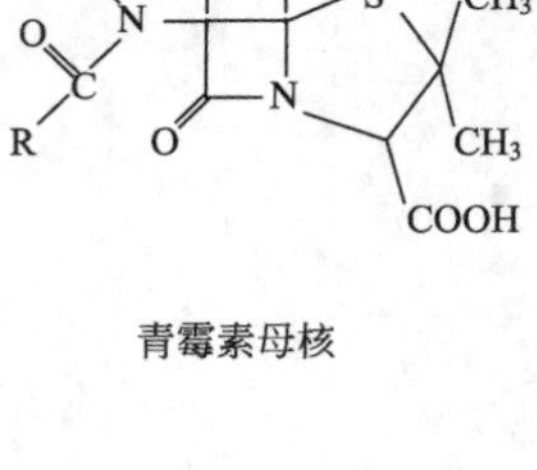　　青霉素母核 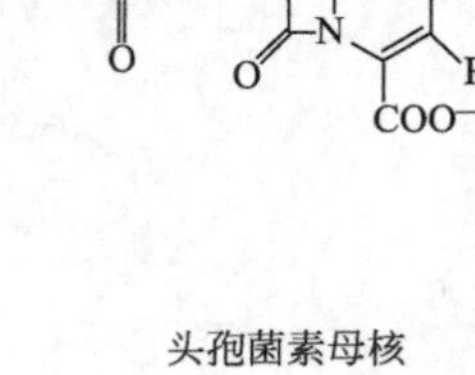　　头孢菌素母核

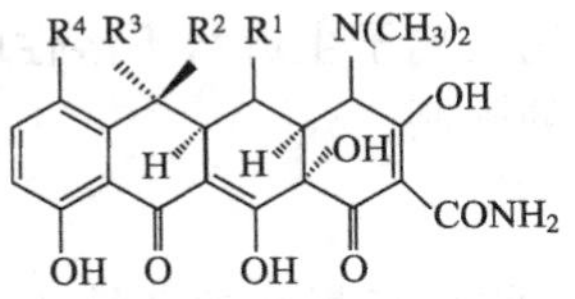

四环素母核 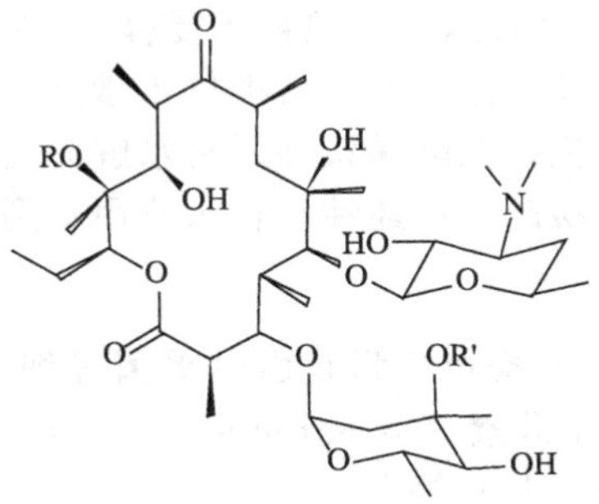　　红霉素 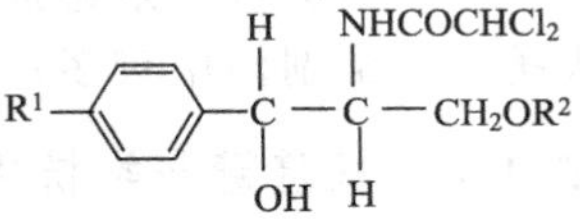　　氯霉素母核

15.1.1　磺胺类药物

磺胺类药物（sulfonamides）是人类使用最早的抗生素。磺胺类抗生素的发现和应用使死亡率很高的细菌性传染病（肺炎、脑膜炎、败血症、鼠疫等）得到了控制，挽救了成千上万人的生命。

磺胺类药物为合成药物。具有抗菌谱广、疗效显著、使用方便、性能稳定、价格低廉等一系列特点。它的发现和应用开创了化学治疗的新纪元。根据对磺胺类药物作用机制的研究建立起来的有关作用机制的学说，开辟了一条从代谢拮抗寻找新药的途径。

随着细菌对磺胺类药物耐受性的提高和其他抗生素和合成抗菌药的问世，磺胺类药物目前已很少使用。但根据其副作用而发现的具有磺胺结构的利尿药和降血糖药仍在广泛使用中。

磺胺类药物的基本化学结构为对氨基苯磺酰胺（简称磺胺）。分子中的对位氨基为抗菌活性必需基团；当 R^1 为杂环基团时抗菌作用增强。重要的磺胺类药物包括磺胺吡啶、磺胺嘧啶、磺胺噻唑、磺胺甲氧嗪及磺胺甲噁唑等。

15.1.2　β-内酰胺类抗生素

β-内酰胺类抗生素是指分子中含有四个原子组成的 β-内酰胺环的抗生素。根据 β-内酰胺环是否连接有其他杂环以及所连接杂环的化学结构差异，β-内酰胺类抗生素又可被分为青霉素（penicillin）类、头孢菌素（cephalosporin）类和非典型类三类。

天然青霉素是从青霉菌的分泌物中提炼出来的一种化学物质，其杀菌能力比当时的王牌抗感染药磺胺嘧啶等强 20 倍。挽救了成千上万人的生命，人类的平均寿命因此延长了 10 岁。

当前，青霉素类包括天然青霉素（盘尼西林）和半合成青霉素两种。天然青霉素通过发酵制得（共 7 种，其中 G 含量最高、疗效最好），半合成青霉素是将 R 基用其他侧链取代，得到了一系列耐酸、广谱、高效的青霉素衍生物。常用的半合成青霉素有（耐酸）青霉素 V、（耐酸）青霉素阿莫西林、（耐酸）青霉素氟氯西林、广谱青霉素氨苄西林等。

头孢菌素类抗生素的基本结构与青霉素类似，包括天然头孢菌素和半合成头孢菌素两类。当前临床使用的均为半合成头孢菌素。

半合成头孢菌素是对天然头孢菌素的结构进行修饰改性而得到的产物，其稳定性、杀菌广谱性均优于青霉素。临床常用的半合成头孢菌素药物有头孢氨苄、头孢拉定、头孢噻吩、头孢曲松等共四代数十种产品。

非典型 β-内酰胺类抗生素包括碳青霉烯类、氧头孢烯类、青霉烷砜类等。

15.1.3　四环素类抗生素

四环素（tetracycline）类抗生素是由放射菌产生的一类广谱抗生素。包括金霉素、土霉素、四环素及其半合成衍生物。

四环素类抗生素可与 30S 细菌核糖体亚单位结合，破坏 tRNA 与 RNA 之间密码子-反密码子反应，因而阻止酰胺化的 tRNA 与核糖体受体 A 位点的结合，通过抑制细菌核糖体蛋白质的合成来抑制细菌的生长，因此四环素类抗生素是一种广谱抗生素。

四环素类抗生素遇强光变色；在酸碱条件下易水解失活；遇钙镁离子生成水不溶性的钙盐镁盐；毒副作用较多；细菌易产生抗药性。临床应用受到一定的限制。

15.1.4 氨基糖苷类抗生素

氨基糖苷（aminoglycoside）类抗生素是由链霉菌等细菌产生的具有氨基糖苷结构的抗生素。属于该类抗生素的有链霉素（streptomycin）、卡那霉素（kanamycin）、庆大霉素（gentamicin）和新霉素（neomycin）等。

氨基糖苷类抗生素极性高、水溶性好而脂溶性差，故需采用注射给药。

氨基糖苷类抗生素主要作用于细菌的核糖体，当该类抗生素进入细菌细胞后，可与 30S 亚基的蛋白结合，造成 tRNA 在翻译 mRNA 上的密码时出错，合成无功能的蛋白质，这些异常蛋白质可能插入或结合进细胞膜，使细胞膜发生破裂，导致通透性改变，进一步加速细胞膜的渗漏，加速抗生素的输运与摄入量，最终使细胞内的钾离子、腺嘌呤、核苷酸等重要物质外漏，导致细菌的死亡。

该类抗生素除易产生抗药性外，由于其在体内代谢性差，最后以原药形式经肾小球滤过排出，故对肾有毒性；同时由于该抗生素可损坏第八对颅脑神经，引起不可逆性致聋，对儿童影响更大。此外，该药具有对神经肌肉传导的阻滞作用，严重者可发生肌肉麻痹甚至呼吸暂停。

15.1.5 大环内酯类抗生素

大环内酯类抗生素是由链霉菌产生的一类弱碱性抗生素，其结构特征为分子中含有一个十四元或十六元的大环。该类抗生素是抑制细菌蛋白质合成的快速抑制剂，不仅对典型的致病菌需氧革兰阳性菌、部分阴性菌具有抗菌作用，同时对非典型性致病菌如衣原体、支原体、军团菌、弯曲菌以及幽门螺杆菌等均具有广谱抗菌作用。属于大环内酯类抗生素的有红霉素、螺旋霉素和麦迪霉素等。

该类抗生素对酸碱不稳定，在体内大环易被酶水解而失活。为克服这些缺点，对这类抗生素的结构进行了改造。改造后的药（如乙酰螺旋霉素等），稳定性、亲脂性、杀菌性均有提高。

15.1.6 氯霉素类抗生素

氯霉素（chloramphenicol）类抗生素原是由委内瑞拉链丝菌产生的一种抗生素，由于其结构简单，目前所用的均为化学合成产品，其左旋体具有生物活性。

氯霉素容易透入细菌细胞，主要通过与核糖体 50S 亚基可逆性结合，抑制肽酰基转移酶，从而抑制肽链的延伸及蛋白质的合成。氯霉素对哺乳动物真核细胞的蛋白质合成也有较弱抑制作用，并以直线粒体蛋白合成，造血细胞对氯霉素似乎特别敏感，故长期或大剂量使用可能会引起再生障碍性贫血和白细胞、血小板减少。目前氯霉素一般已不用作第一线药物，仅用于治疗威胁生命的感染（如细菌性脑膜炎和立可次体感染等）。

15.1.7 喹诺酮类药物

喹诺酮类（quinolones）合成药物是继磺胺类药物之后又一类合成药物，由于用化学合成方法所获得的药物比用发酵法获得的药物要廉价得多，因此它的问世具有划时代的意义。

喹诺酮类药物具有抗菌活性强、抗菌谱较广的特点，不仅对常见敏感菌株感染有效，而且对许多难治的耐药菌株感染也有效，已经成为仅次于头孢菌素的新型合成类药物。

喹诺酮类抗菌药物在细胞内能够有选择地抑制在 DNA 合成中起作用的酶，从而干扰细胞 DNA 的复制、转录和修复重组，使细菌无法传代。

喹诺酮类药物的第 1 代（62～69）为萘啶酸，第 2 代（70～77）代表是吡哌酸，第 3 代代表有环丙沙星、诺氟沙星和氧氟沙星等，第 4 代有曲伐沙星和阿拉沙星等。

15.2　循环系统药物

循环系统由心脏和血管组成，其主要功能是推动和运送血液使其环流全身。心脏是血液循环的动力器官，血管是血液流动的管道，血液是输运氧、营养物质和代谢产物的介质。一旦循环系统出现问题，人体的新陈代谢就不能正常运行，体内重要器官将受到严重损坏，甚至危及生命。

循环系统受到中枢神经、传出神经末梢释放的神经递质以及一些内源性激素、酶等因素的影响，使得心血管疾病复杂多样。因此作用于循环系统的药物种类也很多。循环系统药物主要作用于心脏或血管系统，用于改进心脏的功能、调节心脏血液的总输出量或改变循环系统各部分的血液分配。根据治疗疾病的类型可分为强心药、抗心律失常药、抗心绞痛药、抗高血压药、降血脂药、降血糖药、利尿药等。

15.2.1　强心药

强心药（cardiotonic agents）是一类主要用于治疗心功能不全的药物。心功能不全是由于心脏收缩性下降，心脏泵血功能不足，心排血量减少，导致机体外周部位供血不足。强心药的主要作用是增强心肌收缩力，临床常用药主要有强心苷类和非强心苷类药物。

强心苷类药物是一类存在于一些植物（如洋地黄、黄花夹竹桃等）和动物（如蟾蜍毒液）中的药物，在小剂量时，这类药物能选择性作用于心脏增强心肌收缩力，大剂量时可导致心脏中毒使其停止跳动。因此，强心苷类药物既是强心药物又是心脏毒物。

天然强心苷药物具有强度低、安全范围窄等缺陷。目前人工合成的强心苷类药物有数千种，临床使用的有数十种。临床常用的有洋地黄毒苷、地高辛、毛花苷 C 等。

15.2.2　抗心绞痛药

心绞痛（angina）是冠状动脉粥样硬化性心脏病（冠心病）的常见症状，是由心肌的急剧暂时性缺血和缺氧引起的。由于缺氧，代谢产物乳酸、组胺、钾离子等在心肌内聚集，刺激神经末梢经交感神经传入中枢后，引起胸骨后或左前胸阵发性绞痛或闷痛，疼痛持续数分钟，休息或用药后缓解。

一切增加心肌需氧量的因素（如劳累、情绪激动等）均可引发心绞痛。目前常用的抗心绞痛药既可以通过解除冠脉痉挛或促进侧支循环而增加冠脉供血，也可以通过减弱心肌壁肌张力，降低心肌收缩强度及减慢心率而减少心肌需氧量，恢复血、氧的供需平衡而发挥治疗作用。根据化学结构和作用机理，抗心绞痛药物可以分为三类：硝酸酯及亚硝酸酯类、钙离子拮抗剂和 β 受体阻断剂。

硝酸酯及亚硝酸酯类在体内可转化成 NO，而 NO 具有促使血管平滑肌松弛、舒张血管等作用，最后导致外周血管血流量增加，回心血量增加，心脏血容量减少，耗氧量减少。钙离子拮抗剂可以抑制细胞外的钙离子内流，使心肌细胞和血管平滑肌细胞内缺钙离子，导致血管松弛、外周阻力下降、血压下降，进一步减少心肌做功和耗氧量。心肌缺血时自动释放儿茶酚胺，儿茶酚胺兴奋 β 受体，加快心率、增加心肌收缩力，进一步加重心肌缺氧。β 受体阻断剂可阻断儿茶酚胺对心脏的兴奋作用，减慢心率、减弱心肌收缩力，从而减少耗氧量、缓解心绞痛。

常用的硝酸酯及亚硝酸酯类药物包括三酰甘油（硝酸甘油）、硝酸戊四醇酯、硝酸异山梨酯（消心痛）等；常用的钙离子拮抗剂有硝苯吡啶（硝苯地平，心痛定），双苯丙胺（心可定）等；常用的 β 受体阻断剂包括普萘洛尔（心得安）、醋丁洛尔等。

15.2.3　抗动脉粥样硬化药

主动脉、冠状动脉和脑动脉内膜有脂质沉积，并伴有平滑肌细胞和结缔组织增生，因而在动脉内膜上形成纤维斑块而呈黄色粥样，故称为动脉粥样硬化。动脉粥样硬化使动脉血管增厚变硬、管腔缩小、弹性减弱，导致所支配器官发生缺血性病变。

一般认为动脉粥样硬化与脂质代谢紊乱和高血脂症有密切的关系。血脂包括胆固醇、甘油三酯和磷脂等非水溶性物质，这些物质与载脂蛋白结合成脂蛋白复合物，脂蛋白溶于血浆并随血液循环转运至全身。根据密度的不同，可将人体血浆中的脂蛋白分为乳糜微粒（CM)、极低密度脂蛋白（VLDL)、低密度脂蛋白（LDL）和高密度脂蛋白（HDL）四种类型。VLDL 和 LDL 容易浸入动脉壁引起动脉粥样硬化，而 HDL 则有助于把组织中过多的胆固醇以酯的形式转运出来，不利于动脉粥样硬化的发生。

对动脉粥样硬化的防治，首先应注意控制饮食结构，限制热量和高饱和脂肪酸的摄入，少吸烟喝酒，积极治疗高血压、糖尿病等相关疾病，并采用合理的药物疗法。当前临床上使用的抗动脉粥样硬化药以降血脂为主要方法，包括影响胆固醇吸收药（如考来烯胺等)、影响胆固醇和甘油三酯代谢药（如氯贝丁酯、烟酸等）和 3-羟-3 甲戊二酰辅酶 A 还原酶抑制剂（如洛伐他汀等）。

15.2.4 抗高血压药

世界卫生组织建议，正常成人安静时血压低于 18.6kPa/12.6kPa（或 140mmHg/90mmHg）为正常，成人血压经常高于 21.3kPa/12.7kPa（或 160mmHg/95mmHg）为高血压，处于两者之间的为临界高血压。高血压又分原发性和继发性两类，原发性高血压病因不明，约占高血压患者总数的 90%，继发性高血压又称症状高血压，是肾动脉狭窄、内分泌紊乱等疾病的表现。

高血压是常见的心血管疾病，其显著的病理生理改变是外周血管阻力增加，小动脉管腔变窄，血压升高，最终可引起冠状动脉粥样硬化和脑血管硬化而危及生命。

原发性高血压的治疗包括非药物治疗和药物治疗两种方法，非药物治疗包括限制钠的摄入、控制体重、适当运动和调理生物行为等；药物治疗不仅以降压为目的，而且也以保护靶器官（心、脑、肾）不受损伤为目的。

根据作用的部位和作用机理，可将抗高血压药分为以下几类：①作用于中枢系统的药物，包括可乐定（可乐宁，氯压定)，莫索尼定等；②血管扩张药，如肼屈嗪、长春胺、米诺地尔（长压定）等；③钙拮抗剂，如硝苯吡啶、氨氯地平（络活喜)、非洛地平（二氯苯吡啶、波压定）等；④干扰肾素-血管紧张素系统的药物，有卡托普利（巯甲丙脯酸)、苯那普利（洛汀新）等；⑤利尿药，如呋塞米（呋喃苯胺酸、速尿)、布美他尼、氢氯噻嗪（双氢克尿塞）等。

作用于中枢神经系统的药物主要是通过选择性激动系统中的特定受体，使外周交感神经活性降低，心率减慢，血液输出量减少，从而导致血压下降；血管扩张药的作用是直接松弛血管平滑肌，使血管弹性增加，血压降低；钙拮抗剂的作用是抑制细胞外钙离子内流，以达到松弛平滑肌细胞，舒张血管降低压力的目的；肾素与血管紧张素等联合作用可引起血管平滑肌收缩导致血压升高，干扰药物的作用是干扰、抑制上述紧张素的生成，达到舒张血管降低血压的目的；利尿药的作用是排钠利尿，使细胞外液和血容量减少，导致血压下降。

15.2.5 降血糖药

糖尿病（diabetes）是以糖代谢紊乱为主要症状的内分泌疾病，是一种常见病和多发病，其并发症较多，对人类的健康危害很大。它是由遗传和环境等多种因素相互作用引起的胰岛素分泌不足或胰岛素受体功能异常或胰高血糖素分泌过多，导致糖、脂肪、蛋白质等代谢紊乱，以慢性高血糖为主要表现的一种疾病。糖尿病的主要临床症状为高血糖、糖尿、多食、多饮、多尿、疲乏与消瘦，其并发症有动脉粥样硬化，肾脏、视网膜、血管及神经等病变，严重时可发生酮症酸中毒和非酮症高渗性、高血糖性昏迷，甚至发生循环衰竭而危及生命。

根据患者对胰岛素（insulin）的依赖程度，将胰岛素绝对分泌不足的糖尿病称为Ⅰ型糖尿病，又称为胰岛素依赖型糖尿病；将胰岛素相对分泌不足或胰岛素受体异常的糖尿病称为Ⅱ型糖尿病，又称为非胰岛素依赖型糖尿病。

治疗胰岛素依赖型糖尿病的唯一方法是注射胰岛素。对非胰岛素依赖型糖尿病，可在严格控制饮食的条件下采用口服降糖药治疗。根据其化学结构，可将口服降糖药分为磺酰脲类、双胍类、糖类似物和噻唑烷二酮类等几种类型。

磺酰脲类降糖药可刺激胰腺释放胰岛素，并具有一定的增加组织对胰岛素敏感性的作用，典型的代表有格列本脲、格列美脲等。双胍类药物可以促进组织对葡萄糖的摄取、减少葡萄糖被肠道吸收、增加肌肉组织中糖的无氧酵解、减少肝葡萄糖的生成量、抑制胰高血糖素的释放、增加胰岛素与受体的结合能力等，常用的双胍类药物是盐酸二甲双胍。所谓糖类似物是指 α-葡萄糖苷酶抑制剂，对于控制Ⅱ型糖尿病患者的血糖和血脂有明显的效果，尤其适用于餐后血糖明显升高的患者，常用的代表有米格列醇等。噻唑烷二酮类化合物的作用主要是通过提高外周组织对胰岛素的敏感性，显著改善糖尿病患者的胰岛素抵抗性，这类药物又称为胰岛素增敏剂，典型的胰岛素增敏剂有吡格列酮、罗格列酮等。

15.3　血液与造血系统药物

造血系统由血液与造血器官构成，造血器官包括骨髓、胸腺、淋巴结和脾等。血液是流动于心血管系统的液体组织。在心脏的有规律舒缩作用下，血液在心血管系统内单向循环流动，具有运输、调节、防御等功能。任何器官血流量不足，都可能造成严重的代谢紊乱和组织损伤。

血液（blood）由血浆（plasma）和血细胞（blood cells）组成，其中血浆约占血液总量的 55%，由水、电解质、葡萄糖、维生素、白蛋白、球蛋白、纤维蛋白原等组成；血细胞约占血液总量的 45%，包括红细胞、白细胞（如中性粒细胞、嗜酸性粒细胞、嗜碱性粒细胞、淋巴细胞和单核细胞）和血小板等（图 15.3.1）。红细胞的主要功能是运进 O_2 和运出 CO_2；白细胞的主要功能是杀灭细菌抵御炎症；血小板的主要作用是止血；血浆的主要功能是输运营养物质，提供物理和化学缓冲作用，形成渗透压，参与免疫、凝血和抗凝血等行动。

图 15.3.1　血液的组成

血液系统疾病包括原发性（如白血病）和主要累及血液（如缺铁性贫血）和造血器官的疾病。

15.3.1　抗贫血药

贫血（anemia）是指循环血液中的红细胞数或血红蛋白长期低于正常值的病理现象。常见的贫血有缺铁性贫血（由血液损失过多或铁盐吸收不足等引起）、巨幼红细胞性贫血（因叶酸或维生素 B_{12} 缺乏等导致 DNA 合成障碍等引起）和再生障碍性贫血（因感染、药物、放疗等因素引起的骨髓造血功能障碍，导致红细胞、粒细胞和血小板减少）等。

对前两种贫血，常用的抗贫血药有铁剂（如硫酸亚铁、柠檬酸铁铵、右旋糖酐铁等）、叶酸、维生素 B_{12} 等。对于再生障碍性贫血，应用最多的有雄激素（如丙酸睾丸酮）、免疫抑制剂（如加地塞米松等）。

15.3.2　促凝血和抗凝血药

血液中存在凝血和抗凝血、纤溶和抗纤溶两个对立统一的动态平衡。凝血亢进可导致血管内凝血形成血栓栓塞性疾病，抗凝亢进可导致出血性疾病。

促凝血药可通过激活凝血过程的某些凝血因子而防止因某些凝血功能低下所导致的出血性疾病；抗凝血药通过抑制凝血过程的某些凝血因子而防止血栓的形成和扩大。

常用的促凝血药（又称止血药）包括促进肝脏合成凝血酶原和凝血因子的维生素K系列（如维生素K_1、K_2、K_3、K_4）、阻断纤溶酶作用并抑制纤维蛋白凝块裂解的抗纤维蛋白溶解药（如氨甲苯酸、氨甲环酸等）、增加血小板数量并提高其聚集黏附性的药物（如酚磺乙胺等）。常用的抗凝血药包括阻止纤维蛋白形成的药物（如肝素、香豆素、枸橼酸钠等）、纤维蛋白溶解药（溶栓药，主要有链激酶、尿激酶、蛇毒溶栓酶、水蛭素等）和抗血小板药（如前列环素、双嘧达莫、噻氯匹啶等）。

肝素（heparin）是猪肠黏膜的提取物，是一类黏多糖的硫酸酯；链激酶是由β-溶血性链球菌产生的一种蛋白质；尿激酶是正常人生长分泌并从尿中排出的一种蛋白质，经特定的方法提取纯化的产品；蛇毒抗栓酶和水蛭素是生物活性酶，可分别从蝮蛇蛇毒和医用水蛭的唾液中提取获得。值得注意的是，促凝药用量过大可导致血栓的形成，抗凝血药用量过大可导致出血性疾病。

15.3.3　升高白细胞药物和造血生长因子

疾病、药物、放疗、化疗等均可引起患者白细胞及其分数下降，产生白细胞减少症。临床常用的升高白细胞的药物有维生素B_4（磷酸腺嘌呤）、肌苷（次黄嘌呤核苷）和地菲林葡萄糖苷（升白新）等。从药理上来说，维生素B_4是核酸和某些辅酶的组成部分，参与体内RNA和DNA的合成，促进白细胞的合成；肌苷在直接透过细胞膜后转变为肌苷酸和磷酸腺苷，参与体内蛋白质的合成，促进肌细胞能量代谢，提高多种酶的活性；地菲林葡萄糖苷吸收速度快，可促进骨髓细胞增生，使外周白细胞升高。

临床使用表明，上述药剂的效果均不太理想，目前国内外用于治疗白细胞减少症的多为造血生长因子类药剂。造血生长因子主要由骨髓细胞或外周细胞产生，为小分子糖蛋白，在极低浓度即可产生极强的生物活性，同时具有多能性，可促进造血细胞增殖、分化、成熟，提高成熟细胞功能。已发现的造血因子较多，有些已进入临床试验，其中包括重组人红细胞生成素、重组人粒细胞集落刺激因子、重组人粒细胞/巨噬细胞集落刺激因子（生白能）、重组人血小板生成素等。

15.4　中枢神经系统药物

神经系统（nervous system）由脑、脊髓（两者之和称为中枢神经系统）及遍布于全身各部的神经（称为外周神经系统）所组成。脑是神经系统的处理与指挥中心，脊髓具有信息传导和反馈功能。神经元是神经系统的主要成分，起信息传导作用；神经胶质是神经系统的辅助部分，对神经的代谢及正常活动起支持、营养和保护作用。神经细胞见图15.4.1。

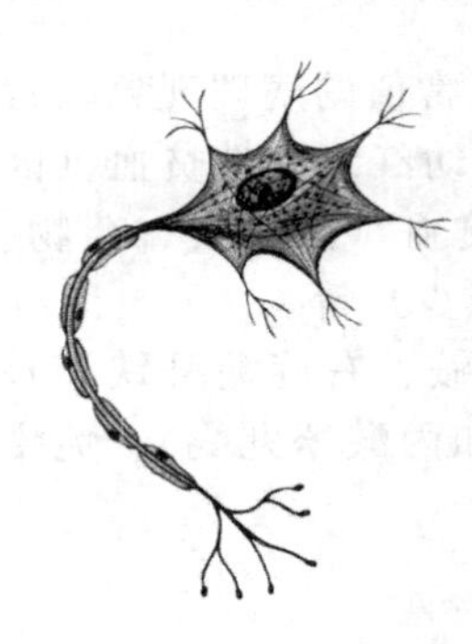

图15.4.1　神经细胞

中枢神经系统的神经元轴突末端分出很多小枝，小枝末端膨大为小球，小球和另一神经元的树突或神经元细胞体的表膜相连接处称为突触。突触是由突触前膜和突触后膜构成的，两膜间隔约为20nm，由于突触后膜缺乏电兴奋性，所以突触前膜的电变化不能直接传导至后膜，即信息不能以生物电的形式通过突触间隙，此时需要在化学物质的参与下才能完成信息的传递，这种在膜间起传递信息作用的物质称为神经递质。神经递质主要在神经元中合成，储存于突触前膜，在信息传递过程中释放到突触间隙，扩散到突触后神经元并特异性地作用于突触后神经元上的受体而完成信息在神经细胞间的传递。神经系统中还有一类由神经元产生的化学物质，其作用并不是直接参与信息的传递，而是作用于特定的受体，增强或减弱递质的效应，调节信息传递的效率，这种物质称为神经调质。

中枢神经系统中的神经递质种类较多，主要包括乙酰胆碱，去甲肾上腺素，多巴胺，5-羟色胺，γ-氨基丁酸，谷氨酸及内阿片肽等。研究表明，乙酰胆碱主要与运动、饮食、学习、记忆、睡眠、觉醒及内脏活动等有关；去甲肾上腺素主要参与心血管活动、体温与情感的调节等；多巴胺与精神、情绪、情感等行为活动有关；5-羟色胺主要与心血管系统、觉醒-睡眠调节、痛觉等活动有关等。

中枢神经系统功能虽然复杂，但其功能可分为兴奋和抑制两类。中枢神经兴奋的程度由弱变强可表现为欣快、失眠、不安、幻觉、狂躁、惊厥等，中枢神经抑制的程度由弱变强可表现为镇静、抑郁、睡眠、昏迷等。通过药物对中枢神经的某些功能进行调节，可达到恢复中枢神经功能的目的。因此作用于中枢神经系统的药物也可分为两类：一类为中枢神经抑制药，其作用是抑制神经元的兴奋性，主要包括麻醉药，镇静催眠药，抗癫痫药，抗震颤麻痹药，抗精神失常药，镇痛药和拮抗剂（即阻断神经递质与受体结合，其作用与神经递质相反）等；另一类为中枢神经兴奋药，其作用是增加神经元的兴奋性，主要包括拟似药（即具有类似神经递质作用的药物）等。

15.4.1 解热镇痛药

病理条件下的发热可以由各种病原体（如流感、肺炎、伤寒、疟疾等）的感染引起，也可以由非感染性疾病（像中暑、恶性肿瘤、白血病等）引起。调节产热、散热的中枢称体温调节中枢，位于下丘脑。体温调节中枢类似于恒温控制器，正常时体温值稳定在 37℃ 水平上（调定点），当实际体温高于或低于此值时，中枢会加强散热或产热活动来保持体温正常。发热的根本原因在于致热原以某种方式使调定点上移。

一定限度内的发热是人体抵抗疾病的生理性防御反应。当体温上升几度时，白细胞生成增多并能够更有效地对抗感染，肝脏的解毒功能增强，物质代谢速度加快，个体往往会有疼痛感，并觉得昏昏欲睡。这些反应让身体能够保存能量来更好地对付感染，有利于人体战胜疾病。但发热过高或过久会使人体各个系统和器官的功能以及代谢发生严重障碍：小儿体温超过 41℃时，脑细胞就可能遭受损伤，甚至出现抽搐，并逐步丧失调节体温的能力；发热时人体营养物质的消耗增加，加上食物的消化吸收困难，蛋白质及维生素缺乏，长期下去可引起人体瘦弱及一系列的继发性病变。所以过高过久的发热是对人体不利的。因此遇到高热时应立即采用退热措施。

炎症反应中，局部细胞释放出花生四烯酸，在环氧合酶和脂氧酶的作用下代谢为炎症介质，作用于中枢系统后引起疼痛和发热。常用的解热镇痛药是通过抑制环氧合酶和脂氧酶的活性，进而抑制花生四烯酸的代谢和炎症介质的产生而显示出解热、镇痛、抗炎作用的。常用的解热镇痛药物有阿司匹林（Aspirin）、菲那西汀（Phenacetin）和咖啡因（Caffeine）等。

阿司匹林的化学名为乙酰水杨酸，由水杨酸（邻羟基苯甲酸）与冰醋酸（醋酐）反应而得。阿司匹林具有较强的解热镇痛作用和消炎抗风湿作用，临床上用于感冒发烧、头痛、牙痛、神经痛、肌肉痛和痛经等的治疗，也是治疗风湿及活动性关节炎的首选药物。

菲那西汀的化学名为乙酰氨基苯乙醚，另一个与其结构、性能相似的具解热、镇痛功能的药物是乙酰氨基酚（扑热息痛）。其作用功能和解热镇痛效果与阿司匹林相近。

咖啡因是从茶叶、咖啡果中提炼出来的一种生物碱，适度的使用有祛除疲劳、兴奋神经的作用，能够增加警觉度，使人警醒，有快速而清晰的思维，增加注意力和保持较好的身体状态，临床上用于治疗神经衰弱和昏迷复苏。但是，大剂量或长期使用也会对人体造成损害，特别是它也有较弱的成瘾性，一旦停用会出现精神委顿、浑身困乏疲软等各种戒断症状。

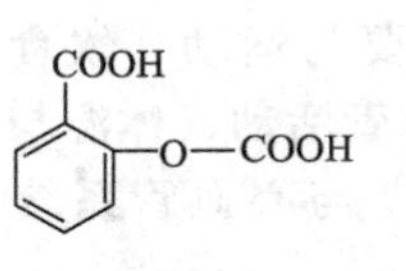

阿司匹林 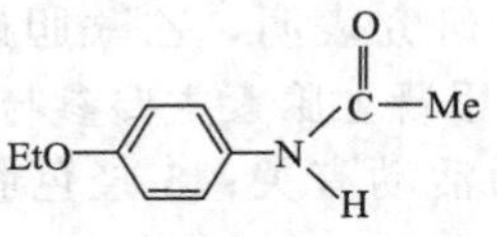　　菲那西汀 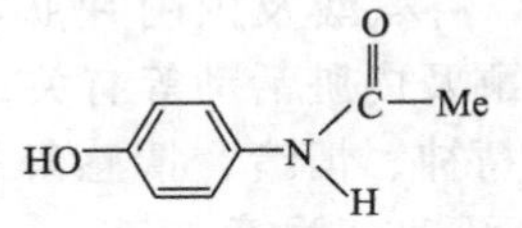　　扑热息痛 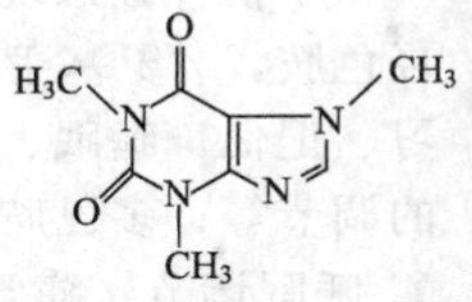　　咖啡因

15.4.2　镇静催眠药

镇静药可使服用者处于安静或思睡状态，催眠药可引起类似正常的睡眠。这两类药并无本质上的区别。通常较小剂量时为镇静，较大剂量时为催眠，大剂量时则产生麻醉、抗惊厥作用。临床上常用的镇静催眠药主要是巴比妥类和苯二氮䓬类。

在巴比妥分子中，当 R^1、R^2 均为 H 原子时称为巴比妥酸。巴比妥酸本身没有治疗作用，只有当 R^1、R^2 均为烃基时才呈现活性，不同取代基时其起效快慢作用时间不同。苯巴比妥为巴比妥类药物的典型代表。

苯二氮䓬类药物是 20 世纪中期发展起来的一类镇静、催眠、抗焦虑药，由于其作用性强、毒副性小，已基本取代了巴比妥类药物，成为镇静、催眠、抗焦虑的首选药，被称为第二代镇静催眠药。常用的苯二氮䓬类药物包括地西泮（安定）、氯氮䓬、氟西泮、硝西泮、奥沙西泮、劳拉西泮、三唑仑、艾司唑仑、阿普唑仑和咪达唑仑等。

连续 6 周大剂量使用则产生耐受性和依赖性。因此是属于严加控制的精神药品。

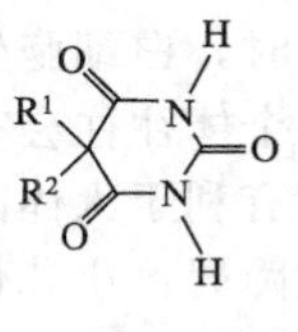

巴比妥 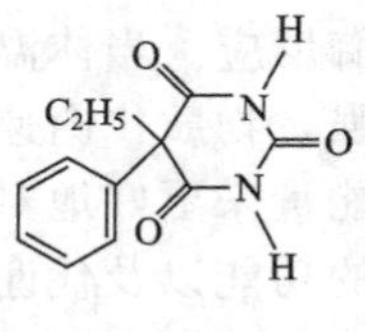　　苯巴比妥 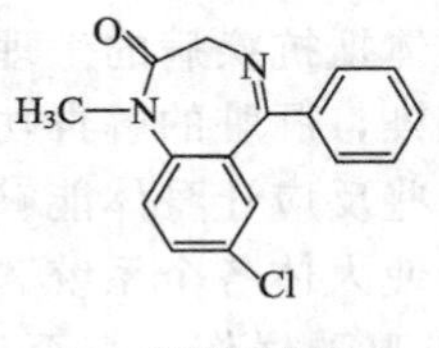　　地西泮(安定) 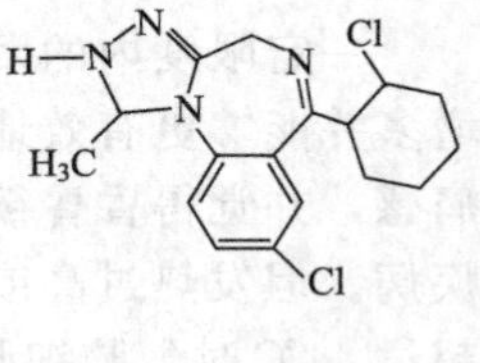　　三唑仑

中枢抑制剂主要作用于大脑兴奋系统的突触传递过程，阻断脑干的网状结构上行激活系统，使大脑皮层细胞兴奋性下降，产生镇静催眠抗惊厥和麻醉作用。

15.4.3　抗癫痫药

癫痫（epilepsy）是一组由于多种原因而导致大脑局部病灶神经元兴奋性过高，反复发生阵发性放电而引起的大脑功能失调。该病具有突发性、暂时性和反复性，临床表现为不同的感觉、行为、意识、运动和自主神经障碍等症状。

抗癫痫药物是用来预防和控制癫痫的发作，防止、减轻中枢病灶神经元的过度放电或提高正常脑组织的兴奋阈以减弱病灶的兴奋扩散。其作用机理可分为以下四类：降低或防止病灶神经元的过度放电；提高正常脑组织的兴奋阈从而减弱病灶的兴奋扩散；作为 GABA 转氨酶的抑制剂，延长 GABA 的失活时间，使中枢突触兴奋受抑制；采用 GABA 的类似物，与 $GABA_B$ 受体结合，通过对钙离子第二信使的调节，从而控制癫痫发作的频率。

目前临床使用的抗癫痫药物包括巴比妥类及其同型物、乙内酰脲类及其同型物、苯二氮䓬类及脂肪羧酸类等。其典型代表有苯妥英钠、卡马西平、苯巴比妥、扑米酮、乙琥胺及丙戊酸钠等。

15.4.4　抗精神病药物

精神失常（psyche abnormal）是人类的常见疾病。主要表现为各种精神分裂症、焦虑、抑郁、狂躁等。一般认为，精神分裂症是由于脑内多巴胺神经系统的功能亢进使脑部多巴胺过量，或由于多巴胺受体超敏所致。

抗精神分裂症药可在不影响意识清醒的条件下，阻断多巴胺受体，降低多巴胺功能，以达到控制兴奋、躁动、幻觉、妄想等症状的目的。

从化学结构来看，抗精神病药可按母核分为酚噻嗪类、硫杂蒽类、丁酰苯类、苯甲酰胺类、二苯并氮杂䓬类和萝芙木生物碱类六大类。其中典型的代表有氯丙嗪、氟哌啶醇、舒必利和奋乃静等。

15.4.5　抗抑郁药

抑郁（depression）状态是日常生活中的常见现象，是苦闷、失望时的正常反应。抑郁症是情感活动发生障碍的精神失常，临床表现为情感过分低落，寡言少语，对生活失去信心，有很强的自杀倾向。抑郁症的病因十分复杂，目前认为与脑内单胺类神经递质平衡失调有关。研究表明：当脑内 5-羟色胺和去甲肾上腺素含量降低时就会引起情感的病态变化。这些物质的功能亢进就表现为躁狂症，而这些物质的功能减弱则表现为抑郁症。因此通过提高或维持脑内 5-羟色胺和去甲肾上腺素的含量的方法可达到抗抑郁的目的。

5-羟色胺和去甲肾上腺素在神经末梢的突触前膜中合成，分泌后部分被酶破坏代谢，部分作用于突触后膜中的受体而完成信息传递任务，剩余大部分被重摄回到原来位置。医学上主要是通过阻止或减缓 5-羟色胺和去甲肾上腺素重摄取的方法来实现的，按作用机理的不同可将抗抑郁药分为 5-羟色胺重摄取抑制剂、去甲肾上腺素重摄取抑制剂、单胺氧化酶抑制剂等类型。

典型的 5-羟色胺重摄取抑制剂有氟西汀和帕罗西汀，典型的去甲肾上腺素重摄取抑制剂是盐酸阿米替林，典型的单胺氧化酶抑制剂是苯乙肼。

15.4.6　麻醉性镇痛药

疼痛是一种不愉快的知觉情绪，是许多疾病的症状，是机体受到伤害性刺激时的一种保护性反应，它与实质的和潜在的组织损伤相联系，兼有生理和心理的因素，是疾病诊断的重要依据。但剧烈的疼痛不仅使病人痛苦，还可以引起生理功能严重紊乱甚至休克、死亡。因此应当合理使用镇痛药，缓解疼痛、减轻痛苦。

伤害性刺激使脊髓初级感觉神经的传入纤维释放兴奋性递质，激动突触后膜的相应受体，产生疼痛知觉。另一方面，作为脑内抗痛系统的脑啡肽神经元，其末梢释放脑啡肽，作用于初级感觉神经元末梢阿片受体产生突触前抑制，从而减少递质释放，或作用于突触后膜阿片受体，阻止痛觉冲动传入大脑。

镇痛药是一类作用于中枢神经系统，选择性地减轻疼痛而又不影响其他感觉的药物。目前临床使用的镇痛药大多能与上述阿片受体结合，产生中枢性镇痛作用。这类镇痛药由于可导致呼吸抑制、有成瘾性，故又称为麻醉性镇痛药，各国对该类镇痛药均有不同程度的监管政策。

属于这类药物的主要是吗啡衍生物及其他合成产品。主要包括吗啡、可待因（甲基吗啡)、丁丙诺啡、哌替啶（度冷丁)、芬太尼、美沙酮、曲马朵等。

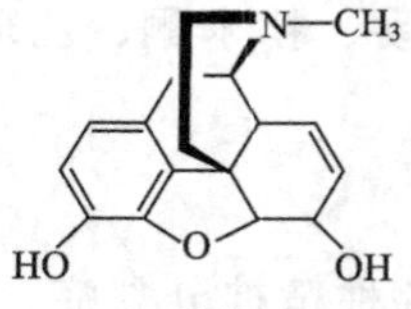

吗啡 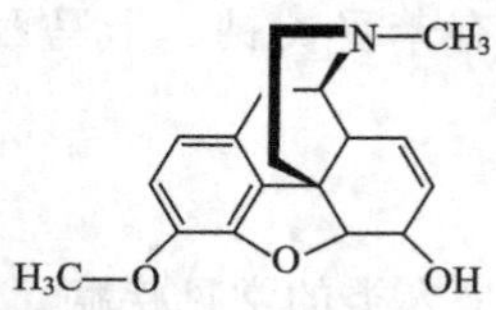　可待因 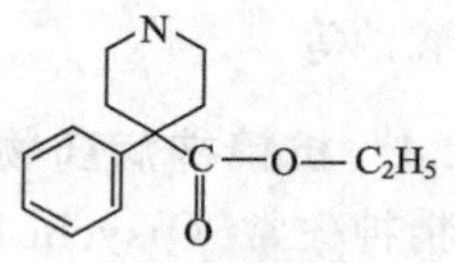　度冷丁(哌替啶)

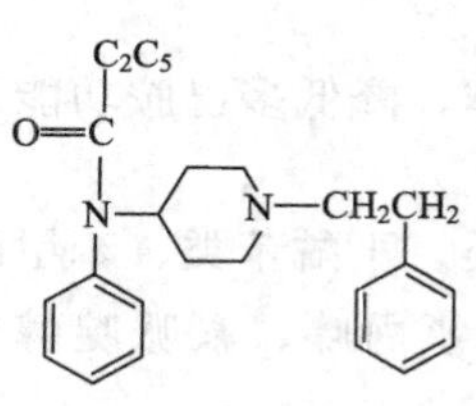

芬太尼 　美沙酮 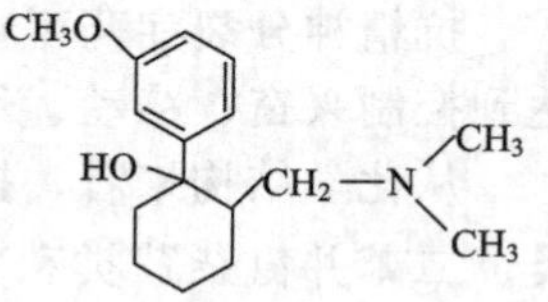　曲马朵

15.4.7 麻醉药

麻醉药（anesthetics）是通过作用于神经系统使其受到抑制，使感觉、痛觉消失，从而起到麻醉作用的药物。麻醉药可分为全身麻醉药和局部麻醉药两类。全身麻醉药作用于中枢神经系统，使其受到可逆性抑制，从而使意识、感觉特别是痛觉消失和骨骼肌松弛；局部麻醉药则作用于神经末梢或神经干周围，可逆地阻断感觉神经冲动的产生和传导，在意识清醒的条件下使局部感觉暂时消失，便于进行外科手术。

全身麻醉药又可分为吸入性麻醉药和静脉麻醉药两种。吸入性麻醉药是一类挥发性液体（如异氟烷、恩氟烷、七氟烷及地氟烷等）或气体（如氧化亚氮即笑气等）。这类麻醉剂中除氧化亚氮外脂溶性均很高，一般认为其作用机理一方面是由于药物溶于脑神经细胞膜脂质层，使脂质分子排列紊乱，膜蛋白质（受体）及钠、钾离子通道发生结构和功能改变，从而阻断神经冲动的传递；另一方面进入细胞内与胞内类脂质结合，干扰细胞功能，引起全身麻醉。吸入性麻醉药的作用效果与效率可用最小肺泡浓度 MAC（%）、脑/血分布系数 α_1 和血/气分布系数 α_2 来表征。在一个大气压下，能使 50%病人感觉消失的肺泡气体中的药物浓度称为最小肺泡浓度，MAC 越低则药物的麻醉作用越强；麻醉剂的脑/血分布系数是指达平衡时脑组织中的药物浓度与血液浓度之比，α_1 值越大则麻醉性越强、诱导期越短；血/气分布系数是指达平衡时血液中药物浓度与吸入气中药物浓度的比值，α_2 越大则诱导期越长，恢复和苏醒越慢。常用吸入性麻醉药的性能如表 15.4.1 所示。

表 15.4.1 常用吸入性麻醉药的性能比较

药物	α_1	α_2	MAC/%
异氟烷	2.6	1.4	1.2
恩氟烷	1.4	1.8	1.6
七氟烷	1.7	0.65	2.0
地氟烷	1.3	0.42	6.0
氧化亚氮	1.06	0.47	105

与吸入性麻醉药相比，静脉麻醉药具有简便易行、麻醉速度快、诱导期短的特点。但由于其麻醉较浅，故常常只用于诱导麻醉或小手术与一般的外科处理。

在实际使用中，常同时或先后应用两种以上的麻醉药物或其他辅助药物，以达到减轻病人的紧张情绪、克服全麻药的诱导期长和骨骼肌松弛不完全的缺点，这种方法称为复合麻醉技术。

15.5　抗肿瘤药

生物机体内由于遗传性发生改变，并具有相对自主性生长能力的细胞所构成的新生组织称为肿瘤。肿瘤分恶性肿瘤和良性肿瘤两类。良性肿瘤有完整的包膜和边界；而恶性肿瘤会向周围正常组织浸润和向远处器官转移。

抗肿瘤药一般是指抗恶性肿瘤的药物，又称抗癌药。抗癌药按其作用机理可分为三大类，即直接作用于 DNA 的药物、通过干扰核酸的合成而抗代谢的药物和干扰蛋白质合成的药物。

15.5.1　直接作用于 DNA 的药物

该类药物直接作用于 DNA，插入 DNA 的双螺旋链，使后者解开，改变 DNA 的模板性质，抑制 DNA 聚合酶从而既抑制 DNA，也抑制 RNA 的合成。包括破坏 DNA 的抗生素类药物、嵌入 DNA 的抗生素类药物及破坏 DNA 的金属铂类药物。这类药物也常被统称为生物烷化剂。

生物烷化剂类抗肿瘤药物能形成碳正离子或其他具有活性亲电性基团的化合物。进入生物体后，该化合物以共价键的形式与 DNA 结合，或与 DNA 双螺旋链交联后，干扰 DNA 的复制或转录。因此烷化剂能够控制肿瘤，有时甚至能消除肿瘤。

当然，直接作用于 DNA 的药物属于对细胞有毒类药物，它在抑制和毒害肿瘤细胞的同时，对其他增生较快的正常细胞也同样会产生抑制作用，因而会产生严重的副作用。

按化学结构的不同，生物烷化剂类药物可分为氮芥类药物（包括 *N*-甲酰溶肉瘤素、环磷酰胺等）、亚乙基亚胺类药物（如噻替哌等）、甲磺酸类及多元醇类药物（如白消安、二溴卫矛醇等）、亚硝基脲类药物（如卡莫司汀等）、甲基化剂类药物（如达卡巴嗪等）及金属铂配位化合物（如顺铂等）。

15.5.2　抗代谢药物

嘧啶、嘌呤是形成细胞 DNA、RNA 的基础，叶酸是 DNA 生物合成中的重要载体。采用特定的嘧啶、嘌呤和叶酸等化合物的结构类似物，代替真正的相应物质进入 DNA 和 RNA 的生物合成过程，使 DNA、RNA 的合成失效，以达到抗肿瘤的目的。抗代谢药物就是根据这种构思设计出来的一类抗肿瘤药。常用的抗代谢药物有嘧啶拮抗剂、嘌呤拮抗剂和叶酸拮抗剂等。

迄今为止，人们发现肿瘤细胞的代谢途径与正常细胞没有差别，但它们的生长分数不同，所以抗代谢药物仍以杀灭肿瘤细胞为主。但对于那些增殖较快的正常细胞（如骨髓、消化道黏膜等）也具有明显的毒害作用。

嘧啶拮抗剂类典型药物有氟尿嘧啶、胞嘧啶阿糖苷等；嘌呤拮抗剂类药物有磺巯嘌呤钠等；叶酸拮抗剂类药物有甲氨蝶呤、三甲曲沙等。

15.5.3　肿瘤抗生素

从抗生素中寻找具有免疫或抗肿瘤细胞生长能力的药物是当今抗肿瘤药研究的重要方向。当前比较受重视的这类药物包括肽类抗生素、醌类抗生素、生物碱类抗生素等。

肽类抗生素主要有放线菌素 D 和博来霉素等。放线菌素 D 又称更生霉素，是属于放线菌素族的一种抗生素，由一酚噁嗪酮母核和两条对称环状多肽侧链组成。更生霉素是通过插入的方式与 DNA 结合，像三明治一样插在碱基对之间并垂直于碱基对的螺旋主轴，从而达到干扰 RNA 进而蛋白质的合成。博来霉素又称争光霉素，是一类水溶性碱性糖肽抗生素，其结构中左边部分含有多个不常见的氨基酸、糖、嘧啶环和咪唑，右边部分含有平面二噻唑环。左边部分易与二价铁离子形成配合物，从而激活博来霉素，其右边部分的平面二噻唑环与DNA中特定的部分结合，导致DNA裂解，从而达到治疗肿瘤的目的。

醌类抗生素主要包括丝裂霉素、柔红霉素、表柔霉素、阿克拉霉素等。丝裂霉素C是从放线菌培养液中分离出的一种抗生素，结构中含醌、氨基甲酸酯、亚乙基亚胺等基团，进入生命体后经酶作用生成双功能烷化剂，导致DNA交联，对乳腺癌、胃癌、慢性粒细胞白血病有较好疗效。柔红霉素又称正定霉素，是20世纪80年代发展起来的一种治疗急性淋巴细胞白血病和粒细胞白血病的重要药物，与其他抗癌药物联合使用可提高疗效。但可能是由于该药剂中的醌环易被还原成半醌自由基，诱发了脂质的过氧化反应，该药物的副作用是具有骨髓抑制和心脏毒性。阿克拉霉素又称阿柔比星，是某放线菌产生的一种新的蒽环抗生素。发生作用时，其结构中的蒽醌嵌合到DNA的C-G碱基对之间，引起DNA的断裂。该药物主要用于急性白血病、胃癌、肺癌、乳腺癌、卵巢癌和恶性淋巴瘤等的治疗，其心脏毒性低于其他醌类抗生素。

生物碱类抗生素是从植物中提取出来的一类具有抗癌作用的天然、结构修饰和半合成衍生物，其种类和应用呈逐年增加的趋势，是当前研制新型抗癌药的重要研究方向。属于该类药物的典型代表包括天然及半合成喜树碱类、鬼臼毒素类、长春碱类和紫杉烷类等。喜树碱及羟基喜树碱是从珙桐科植物喜树的种子、树皮中分离得到的生物碱，具有较强的细胞毒性，可作用于DNA拓扑异构酶Ⅰ而影响DNA的复制、转录等，最终导致DNA的断裂。鬼臼毒是从喜马拉雅鬼臼和美鬼臼的根茎中分离得到的一种生物碱，由于其细胞毒性严重而不能直接用于临床。通过结构改造和修饰，得到鬼臼酰乙基肼、依托泊苷和鬼臼噻吩苷等衍生物，分别应用于白血病、肺癌、睾丸癌、卵巢癌、脑瘤等的治疗。长春碱类抗肿瘤药是从夹竹桃科植物长春花中分离得到的具有抗癌活性的生物碱，主要包括长春碱和长春新碱，长春新碱在化学结构上有一个醛基取代了长春碱中的氢原子。长春碱类抗肿瘤药物的作用靶点为微管蛋白（一种在真核细胞中普遍存在的物质，对细胞有丝分裂时染色体的运动有重要的作用），从而对细胞有丝分裂过程产生障碍，产生抗癌作用。长春碱主要用于治疗各种实体瘤，而长春新碱主要用于治疗儿童急性白血病、急性淋巴细胞白血病等。长春地辛和长春瑞滨是近年来开发上市的半合成长春碱类衍生物，由于其抗癌谱较广而得到了更为广泛的应用。紫杉醇最先是从美国西海岸的短叶红豆杉树皮中提取得到的一个有紫杉烯环的二萜类化合物，对晚期、转移性卵巢癌、乳腺癌、肺癌等有显著的疗效。

15.6　毒品

毒品（drugs）通常是指能使人成瘾的物质。这些物质既包括医疗药物（如巴比妥、安定、吗啡、度冷丁等），又包括无医疗用途的化合物（如甲基苯丙胺等）、天然植物（阿片、古柯碱、大麻等）与有机溶剂等。

- 毒品
  - 麻醉药
    - 阿片类
      - 生物碱类：吗啡，可待因，那可汀，罂粟碱等
      - 合成类：度冷丁，海洛因，美沙酮，芬太尼等
    - 大麻类：大麻植物，大麻树脂，大麻油等
    - 古柯类：古柯叶，古柯碱（可卡因）等
  - 兴奋剂
    - 苯丙胺类：苯丙胺，甲基苯丙胺（冰毒），摇头丸等
    - 其他：哌醋甲酯，苯甲吗啉等
  - 抑制剂：巴比妥类，苯并二氮䓬类等
  - 致幻剂：苯环己哌啶，三甲氧基苯乙胺等

毒品的作用特点是具有耐受性和依赖性。所谓耐受性是指当反复使用某种毒品时，机体对该毒品的反应性减弱，药效降低，为了达到与原来相等的反应和药效，就要逐步增加剂量，这就叫毒品的耐受性。依赖性又称成瘾性，它是指长期反复使用毒品后，毒品和机体的相互作用引起的一种特殊的心理和生理状态，分别称之为心理依赖性和生理依赖性。

15.6.1　毒品的作用机制

中枢神经系统由脑和脊髓两部分构成。脑的功能单元是神经细胞，神经细胞内部通过电信号传递，神经细胞之间通过化学信号（称神经递质）传递。大脑中有不同的区域，每个区域功能不同（如感觉区域、痛觉区域、运动区域、视觉区域、听觉区域、平衡区域和应答区域等)。不同系统协同工作才能对某事产生正确的应对。

大脑中有一个应答系统（又称为奖赏系统），该系统对动物所做的一切有助于该生物的生存（如进食、喝水、战斗的胜利、事业的成功等）和繁衍有利的事情给予奖赏，奖赏的措施是给予一种愉快、欣悦的感觉，使其留下深刻美好的印象。为了获得这种美好的感觉，动物具有经常从事该类工作的欲望。由动物本身从事特定的工作所获得的奖赏称为自然应答（奖赏），通过其他方法给应答区域传递信息以获得奖赏的应答称为人为应答。

大脑中传递信息的化学物质是多巴胺（dopamine）。感觉区域根据某种工作所获得的成功的多少给予恰如其分的电脉冲强度和多巴胺数量（由安多芬控制），应答区域细胞获得这些信息后给出恰如其分的奖赏。多巴胺完成传递使命后，由神经细胞中产生的 cAMP（环腺苷-3,5-单磷酸酯）酶来分解多巴胺，至此信息传递完成、奖赏结束。显见，任何可增强电信号脉冲、刺激多巴胺分泌、减缓多巴胺分解的措施均可获得额外的奖赏。随着局部多巴胺含量的增加，神经分泌 cAMP 的能力被激发、增强，因此对多巴胺的分解能力逐步增强。由于当前常见毒品在减缓多巴胺分解方面均无特效，故欲获得相同量的奖赏效果必须逐步增加毒品的使用量。此即药品的耐受性。

15.6.2　阿片类毒品

阿片（又称鸦片，opium）是由罂粟未成熟的果实汁液经加工而成，又称为生鸦片或大烟。生鸦片中除了 15%～30%的矿物质、树脂和水分外，还含有 10%～20%的特殊生物碱。这些生物碱可分为吗啡类生物碱、罂粟碱类生物碱、盐酸那可汀类生物碱三大类。

阿片类毒品在临床上具有麻醉、镇痛、治疗腹泻和镇咳等作用。服用者除可消除一切病痛之苦以外，还可获得难以形容的、无忧无虑的、不计后果的、飘飘欲仙的特殊精神感受。

服用阿片类毒品除会导致耐受性和依赖性外，在欣快感之后还会出现头昏、乏力、心慌、眼花、呼吸困难、肢体湿冷等症状。

属于阿片类毒品的有：阿片、吗啡、可待因（甲基吗啡)、狄奥宁（盐酸乙基吗啡)、蒂巴因（二甲基吗啡)、那可汀、那碎因、海洛因（二乙酰吗啡)、度冷丁、美沙酮、丁丙诺啡、芬太尼等。

15.6.3　大麻类毒品

大麻（hemp）是一种广泛分布在温带和热带地区的植物。大麻制品包括大麻植物、大麻树脂和大麻油。

在临床上，大麻类毒品除具有一定的麻醉、镇痛和抗癫痫作用外，还会导致吸食者情绪激动（高昂)、尽情放纵、好勇斗狠。有人会出现幻觉，有腾云驾雾、变幻离奇的感觉。

吸食大麻者注意力、思维力、记忆力等均有下降，情绪急躁、易怒，更具有反叛心理，更易接受违法行为。

大麻类毒品中的活性成分及其衍生物包括：大麻酚、四氢大麻酚、大麻二酚等。

15.6.4 古柯类毒品

古柯生物碱原是古柯类植物（生长于南美）的叶子提取物。是当地印第安人的“烟叶”和“茶叶”。

古柯类毒品除具有麻醉作用外，还使人情绪高涨、思维活跃、健谈好动、好斗偏直、不知疲倦，常能够胜任通常情况下不能够承担的工作，各种潜能可得到超水平的发挥。兴奋之后，常出现躁动不安、精神恍惚、口干恶心等感觉。

古柯叶中的活性成分统称为古柯生物碱。主要包括可卡因、爱康宁、普鲁卡因、利多卡因、卡波卡因等。

15.6.5 苯丙胺类毒品

苯丙胺类化合物是一类非法人工合成的兴奋剂，它对中枢神经和交感神经具有很强的兴奋作用。

苯丙胺类毒品兴奋效率高，是作用最强的中枢神经兴奋剂之一。一次注射 20～40mg 即产生无法描述的欣快感觉，体力和心理活动达到最佳状态，情绪饱满、信心十足、不知疲倦、注意力集中、理解力增强、语言表达清楚、思维和动作空前敏捷、技能空前娴熟，……。

一次注射苯丙胺类毒品达 400mg 以上可导致死亡；长期使用除产生耐受性和依赖性外，还会出现幻觉妄想直至精神分裂。

常见的苯丙胺类毒品包括：苯丙胺、甲基苯丙胺（冰毒、去氧麻黄碱）、摇头丸（MDMA）、替苯丙胺等。

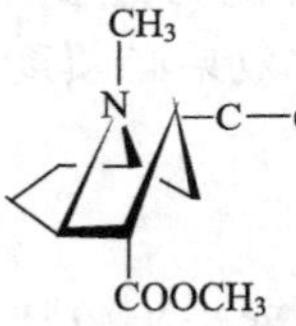

可卡因 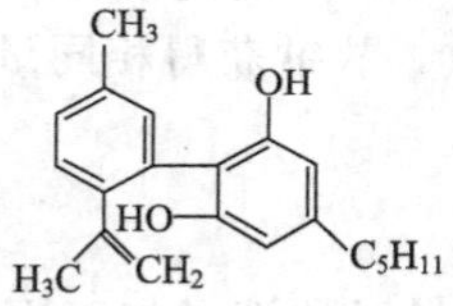　大麻酚 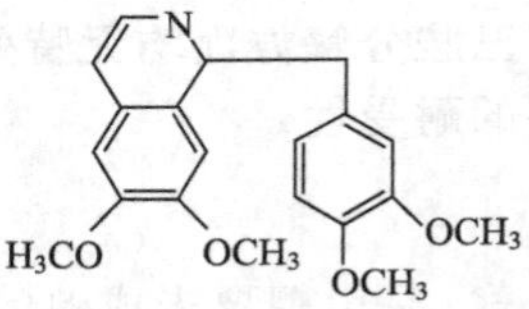　罂粟碱 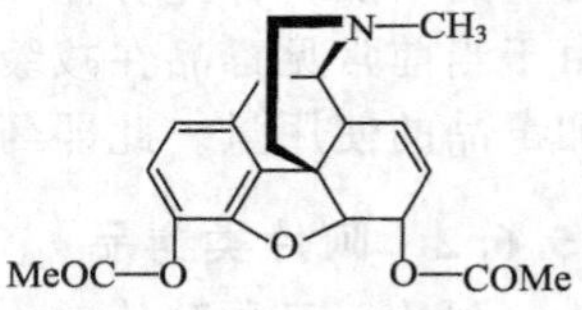　海洛因

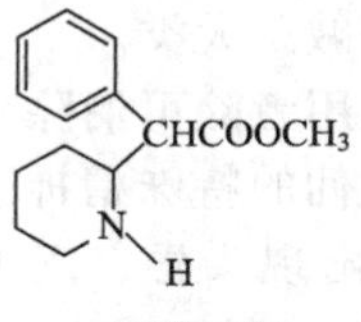

哌醋甲酯 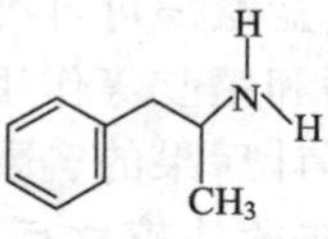　苯丙胺 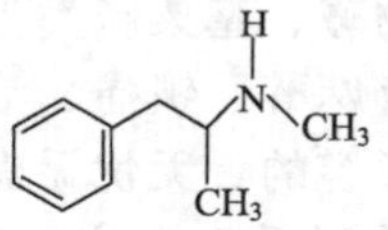　甲基苯丙胺 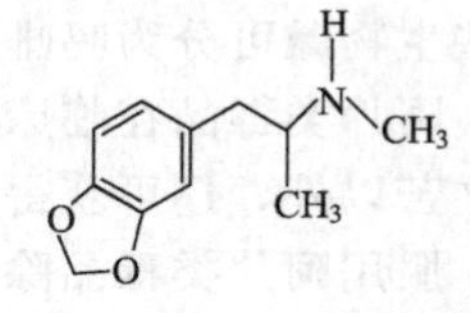　摇头丸

15.6.6 致幻剂

正常的感觉和知觉是在外界存在的某种事物以一定的强度作用于感官时产生的，它们的反应与外界事物相符合。没有相应的客观刺激时出现的知觉体验称为幻觉。幻觉与错觉同属于感知障碍，但错觉是对实际存在的客观刺激产生的歪曲的知觉。

病人对幻觉的感受常常是生动逼真的，因此可引起病人情感和行为的反应，如喜、怒、惊、忧、逃避、自卫（即攻击别人）。在绝大多数情况下幻觉被认为是精神病的症状。

致幻剂是一类化学物质，它或者刺激知觉神经分泌相应的化学物质，或者与这些物质的分解酶作用，使幻觉产生、加强、持久。

致幻剂中毒后，除产生幻听、幻视外，还会有听见颜色、看到声音、行动极快或极慢、如入仙境的感觉。有人吸食致幻剂后有“快乐之旅”的体验，而另一些人所体验的可能是“倒霉之旅”。吸食致幻剂后，在生理上常伴有眩晕、头痛及恶心呕吐等症状。长期或大量服用除了使记忆力受到损害，并出现抽象思维障碍外，还有相当严重的毒副作用，会大量杀伤细胞中的染色体，携带着遗传基因的染色体被大量破坏将导致孕妇的流产或婴儿的先天性畸形；也会出现药物耐受性以致服用量不断加大甚至产生顽固的心理依赖性。

常见的致幻剂包括麦角酰二乙胺、仙人球毒碱（麦司卡林）、苯环己哌啶、二甲基色胺及5-羟二甲基色胺等。大麻、冰毒、阿托品、东莨菪碱、致幻毒蘑菇等亦有一定的致幻作用。

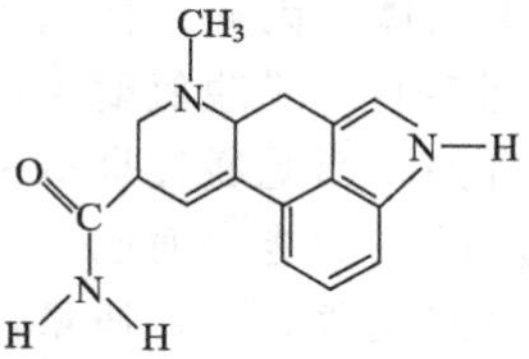

麦角酰二乙胺 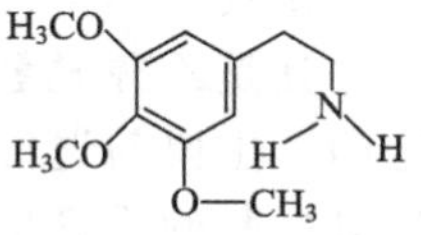　麦司卡林 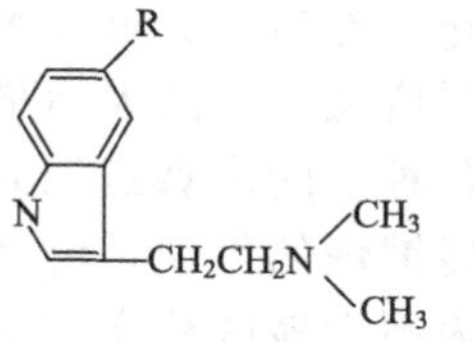　二甲基色胺(R= —H)　5-羟二甲基色胺(R= —OH)　尼古丁

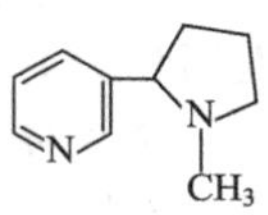

15.6.7 挥发性有机溶剂

挥发性有机溶剂常具有较好的脂溶性，其作用与机理与吸入性麻醉药相近，作用于中枢神经系统，具有抑制和致幻两种作用，从而可减轻痛苦、引起欣快感，给人以一种安宁、平静的感觉。滥用后可出现说话含糊、头痛、恶心、昏晕、昏迷、心率加快、缺氧、平滑肌松弛、血压降低、血管扩张等症状，损伤判断力，使感知歪曲。过量使用时，可导致麻醉和甚至突然死亡。

常见滥用的挥发性有机溶剂包括油漆稀释剂、香蕉水、松节油、胶水、汽油、煤油、四氯化碳、氯仿、乙醚和其他石油制品、打火机和清洁用液体以及各种气溶胶剂。

15.6.8 烟与酒

烟草燃烧后冒出的烟雾中含有二十多种毒素，其中危害最大的三种化学物质是焦油、尼古丁和一氧化碳，焦油是由好几种物质混合成的物质，在肺中会浓缩成一种黏性物质。尼古丁是一种会使人成瘾的药物，由肺部吸收，主要是对神经系统发生作用。一氧化碳能减低红细胞对氧的输运能力。统计表明，一个每天吸 15 到 20 支香烟的人，其患肺癌、口腔癌或喉癌致死的概率要比不吸烟的人大 14 倍；其患食道癌致死的概率比不吸烟的人大 4 倍；死于膀胱癌和心脏病的概率要大 2 倍。吸香烟是导致慢性支气管炎和肺气肿的主要原因，而慢性肺部疾病本身，也增加了得肺炎及心脏病的危险，并且吸烟也增加了高血压的危险。吸烟对身体的危害主要有三种方式：其一是直接通过尼古丁毒杀生命；其二是吸烟可以阻止人体对维生素 C 的吸收，破坏人体的营养成分；其三是由于吸入体内的烟对呼吸道、消化道等器官有恶性刺激作用，因而它是胃及十二指肠溃疡、呼吸道感染甚至为口、唇、舌、食道、呼吸道等癌症的诱发因素。由此看来，吸烟对人体健康来说有百害而无一利。所以要尽量戒除或少吸，不吸烟的人最好不要染上这个嗜好。

与吸烟不同的是，酒文化作为一种特殊的文化形式，在传统的中国文化中有其独特的地位。在几千年的文明史中，酒几乎渗透到社会生活中的各个领域。研究表明，适量饮酒对身体有诸多益处：白酒能安神助眠；黄酒能美容；啤酒可健胃消食；葡萄酒保护心血管。但饮酒过量可使心肌纤维变性，失去弹性，心脏扩大，胆固醇增高，从而动脉硬化，发生冠心病、高血压、脑血管等疾病；可导致发生口腔溃疡、食道炎、急慢性胃炎、胃溃疡、慢性胰腺炎、急慢性肝炎、肝硬化等疾病；可降低呼吸系统的防御机能，肺结核发病率比不饮酒人高 9 倍；可使大脑皮层萎缩，大脑功能障碍，出现精神神经症状，意识障碍等症状；可使女性性欲减退，阴冷，月经不调，容易引发卵子的基因突变，产生“胎儿酒精综合征”，胎儿具有先天性缺陷，生长缓慢；可导致多个系统器官的癌症发病率增高，还会引起“酒精性贫血”等。

酒的核心成分是乙醇。饮酒后乙醇直接进入消化道，主要在胃中被吸收而进入血液，其中约 20%的乙醇在肺循环中经呼吸排出体外，而其余约 80%乙醇的代谢过程主要在肝脏中进行。肝脏内有一种酶叫乙醇脱氢酶，可以将乙醇转化为乙醛，乙醛的生化作用和毒性比乙醇强几百倍，乙醛在体内积累会引起心跳、头晕等醉酒症状。肝脏内还有另一种酶叫乙醛脱氢酶，它可将乙醛酸化，然后再分解为水和二氧化碳，不再伤害人体。因此，体内乙醛脱氢酶多的人酒量大，乙醛脱氢酶少的人酒量小，尤其是乙醇脱氢酶多而乙醛脱氢酶少的人，酒量更小。一个人体内各种酶的多寡是先天决定的，主要与遗传有关，因此通过训练来增加酒量的效果是有限的，能锻炼的仅仅是对饮酒过量引起的不良反应的抗受能力而已。

当今，饮酒已成为不少地区社交的手段之一，在中国的传统文化背景下，适量饮酒对于身体健康、情感交流、事业的成功均有一定的帮助。但勿猛饮、不混饮、不空腹、勿过量是文明饮酒的基本准则。

15.6.9 吸毒的危害

吸毒的危害包括以下几个方面。①败坏社会风气，腐蚀人的灵魂，摧毁民族精神。吸毒者在吸毒期间往往贪图个人享受，生活上失去人生的目标和方向，甚至丧失人格、国格，为筹毒资从事偷盗、抢劫、贩毒、卖淫等一系列违法犯罪活动，危害社会稳定。②损害健康，加速死亡。吸毒会损害人的中枢神经系统，对人的大脑、心脏、免疫功能造成直接和全面的损害；静脉注射、肌肉或皮下注射的吸毒方式容易传染各种皮肤病、性病和艾滋病；吸毒者后期由于胃肠道平滑肌和括约肌张力提高，蠕动减弱，出现消化和吸收功能障碍，食欲不振，营养摄入严重不足，表现为瘦弱不堪（图 15.6.1）；由于难以忍受毒瘾发作的巨大的痛苦，往往采取自伤、自残甚至自杀的方式摆脱毒瘾的发作。③破坏家庭，贻害后代。吸毒的费用是个“无底洞”，普通的工资收入根本不能满足吸毒的需要。即使有一定的经济基础也只能维持一时。因为毒瘾永远不可能得到满足，结果只能是吸得一贫如洗、倾家荡产。很多吸毒者为满足毒瘾不惜遗弃老人、出卖子女，甚至胁迫妻女卖淫以获取毒资，直至妻离子散、家破人亡。

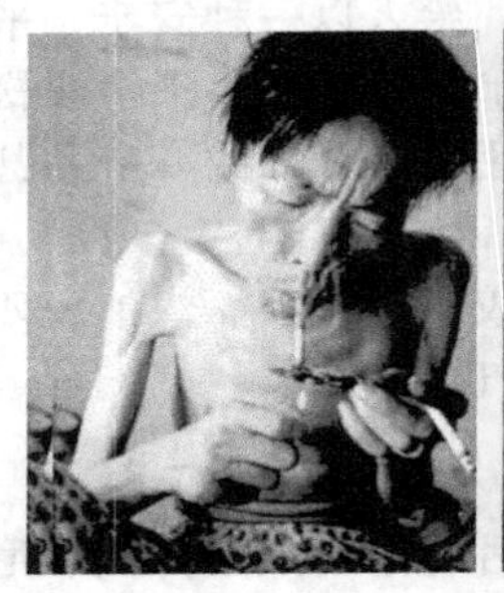
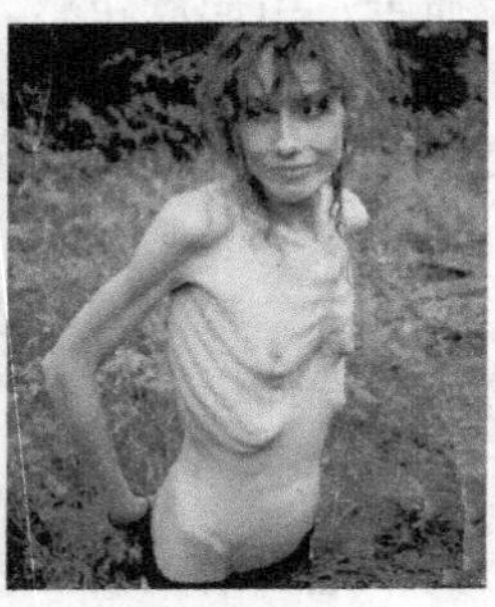

图 15.6.1 骨瘦如柴的吸毒者

因此，为了人类的文明，社会的稳定，民族的振兴，家庭的和睦，事业的兴旺，身体的健康，我们应当克服好奇心，远离毒品。

15.7 毒物

毒物（poison）与非毒物之间并无明显的界限，从广义上讲，世界上没有绝对有毒和绝对无毒的物质。即使是人们赖以生存的氧和水，如果超过正常需要进入体内（如纯氧输入过多或输液过量过快时），也会发生氧中毒或水中毒。食盐是人类不可缺少的物质，但如果一次摄入 60g 左右会导致体内电解质紊乱而发病，一次摄入 200g 以上即可因电解质严重紊乱而死亡。反之，一般认为毒性很强的毒物，如砒霜、汞化物、蛇毒、乌头、雷公藤等也是临床上常用的药物。所以可以说“世界上没有无毒的物质，只有无毒的使用方法”。因此给毒物下一个绝对准确的定义是困难的。

在一定条件下，较小剂量就能够对生物体产生损害作用或使生物体出现异常反应的外源化学物称为毒物。毒物可以是固体、液体和气体。毒物与机体接触或进入机体后，能与机体相互作用，发生物理化学或生物化学反应，引起机体功能或器质性的损害，严重的甚至危及生命。

毒物具有以下基本特征：①对机体具有不同水平的有害性，但具备有害性特征的物质并不一定是毒物（如单纯性粉尘）；②经过毒理学研究之后确定的有毒物质；③必须能够进入机体，与机体发生有害的相互作用。具备上述三点才能称之为毒物。

15.7.1　毒物的分类

根据分析问题的角度和考虑问题的方式不同，对毒物具有多种不同的分类方法。

按毒物的毒性作用分类，有：①腐蚀毒（指对机体局部有强烈腐蚀作用的毒物，如强酸、强碱及酚类等）；②实质毒（吸收后引起脏器组织病理损害的毒物，如砷、汞等重元素毒）；③酶系毒（抑制特异性酶的毒物，如有机磷农药、氰化物等）；④血液毒（引起血液及其输运特性变化的毒物，如一氧化碳、亚硝酸盐及某些蛇毒等）；⑤神经毒（引起中枢神经障碍的毒物，如醇类、麻醉药、安定催眠药以及士的宁、烟酸、古柯碱、苯丙胺等）。

按毒物的来源、用途和毒性作用综合分类，有：①腐蚀性毒物；②毁坏性毒物（能引起生物体组织损害的毒物，如砷、汞、钡、铅、铬、镁、铊及其他重金属盐类）；③障碍功能的毒物（障碍脑脊髓功能的毒物如酒精、甲醇、催眠镇静安定药、番木鳖碱、阿托品、异烟肼、阿片、可卡因、苯丙胺、致幻剂等，障碍呼吸功能的毒物如氰化物、亚硝酸盐和一氧化碳等）；④农药（如有机磷、氨基甲酸酯类、拟除虫菊酯类、有机汞、有机氯、有机氟、无机氟、矮壮素、灭幼脲、百菌清、百草枯、薯瘟锡、溴甲烷、化森锌等）；⑤杀鼠剂（如磷化锌、敌鼠强、安妥、敌鼠钠、杀鼠灵等）；⑥有毒植物和植物毒素（如乌头碱植物、钩吻、曼陀罗、夹竹桃、毒蕈、莽草、红茴香、雷公藤等）；⑦有毒动物和动物毒素（如蛇毒、河豚、斑蝥、蟾蜍、鱼胆、蜂毒、蜘蛛毒等）；⑧细菌及霉菌性毒素（如沙门菌、肉毒杆菌、葡萄球菌等细菌，以及黄曲霉素、霉变甘蔗、黑斑病甘薯等真菌）。

按毒物的应用范围分类，有：①工业性毒物（在工业生产中所使用或产生的有毒化学物，如强酸、强碱、溶剂、甲醇、甲醛等）；②农业性毒物（如农药等）；③生活性毒物（指日常生活中接触或使用的有毒物质，如煤气、杀鼠剂、除垢剂、消毒剂、灭蚊剂、染发剂及细菌性毒素等）；④药物性毒物（使用不当的处方药和非处方药，如巴比妥和非巴比妥类催眠镇静安定药、麻醉药、水杨酸类止痛药、洋地黄、地高辛、某些抗生素及中草药等）；⑤军事性毒物（指战争中应用的有毒物质，如沙林、芥子气等）。

按毒物的急性毒性分类，有：①剧毒（成人致死量小于 0.05g/kg 体重）；②高毒（成人致死量 0.05～0.5g/kg 体重）；③中等毒（成人致死量 0.5～5g/kg 体重）；④低毒（5～15g/kg 体重）；⑤微毒（成人致死量大于 15g/kg 体重）。

15.7.2　毒物毒性的表示

毒物造成机体损害的能力称为毒性。由药物毒性引起的机体损害习惯称中毒。大量毒药迅速进入人体，很快引起中毒甚至死亡者，称为急性中毒；少量毒药逐渐进入人体，经过较长时间积蓄而引起的中毒，称为慢性中毒。此外，药物的致癌、致突变、致畸等作用，则称为特殊毒性。一种外源化学物对机体的损害能力越大，则其毒性就越高。外源化学物毒性的高低仅具有相对意义，在一定意义上，只要达到一定的数量，任何物质对机体都具有毒性，如果低于一定数量，任何物质都不具有毒性，关键是此种物质与机体的接触量、接触途径、接触方式及物质本身的理化性质，但在大多数情况下与机体接触的数量是决定因素。

在实际应用中，通常用使特定试验动物（如小白鼠、大白鼠、兔等）死亡一半所需的药物的剂量或浓度表示药物的急性毒性，前者称为半致死量，后者称为半致死浓度，分别用 LD_{50} 和 LC_{50} 表示。一些常见物质和几个毒性最强物质的半致死量如表 15.7.1 所示。

表 15.7.1 一些剧毒物质的半致死量

物质	LD_{50}/mg·kg^{-1}	物质	LD_{50}/mg·kg^{-1}
肉毒毒素	3×10^{-8}	破伤风毒素	5×10^{-6}
白喉毒素	3×10^{-4}	2,3,7,8-四氯二苯并对二噁英	3×10^{-2}
蕈毒碱	3×10^{-1}	蟾毒素	4×10^{-1}
沙林(甲氟膦酸异丙酯)	4×10^{-1}	马钱子碱/氯化管箭毒碱	5×10^{-1}
梭曼(甲氟膦酸异己酯)	6×10^{-1}	塔崩(二甲氨基氰磷酸乙酯)	6×10^{-1}
氰化钾	7	对硫磷(硝苯硫磷酯)	10
黄曲霉素 B_1	10	砒霜(As_2O_3)	20

15.7.3 毒物的作用机理

乙酰胆碱是神经递质的一种，传递信息的神经末梢都有内含乙酰胆碱的小泡。当神经脉冲要在神经元之间传递时，小泡就会释放出乙酰胆碱，乙酰胆碱再跃过突触与受体结合，刺激下一步的生化过程。完成信息传递任务后的乙酰胆碱与乙酰胆碱酯结合，发生水解反应，形成胆碱以利回收并供重新合成乙酰胆碱。这一步水解反应相当快，以确保此神经刺激反应非常短。但如果乙酰胆碱或乙酰胆碱酯被外来的化合物抑制了，则可导致信息传递的失真。

按照作用机理来分，毒素类毒物通常可分为神经毒素和血液循环毒素两大类。神经毒素作用于运动神经与骨骼肌接头处，或与乙酰胆碱作用阻断它们之间的联系，令中毒者浑身上下不听使唤，最后都会表现为四肢麻痹，呼吸衰竭，窒息而死；或与乙酰胆碱酯作用，其结果是促进和持续信息传递过程，引起肌肉抽搐导致痉挛，然后活活“累”死。血循毒包括影响心脏、血管及血液各部分的一系列毒素，主要引起心血管功能障碍。如心脏毒素能使心肌可兴奋细胞去极化而发生挛缩，出现单心音，奔马律直至心室纤颤而停止跳动；膜毒素能使细胞膜通透性增加，形成细胞渗漏，血凝失调，表现为局部或全身性出血。血循毒中毒早期常有短暂的兴奋过程，如心率加快，血压上升，频发期前收缩，以后血压缓慢而持续下降，心律失常，心音减弱。严重中毒时血压降至休克水平，死亡原因多为心力衰竭。

15.7.4 常见毒物

15.7.4.1 肉毒毒素

肉毒毒素（botulinum toxin）是肉毒杆菌（发现于腐败的肉类食品中的一种细菌）产生的含有高分子蛋白质的神经毒素，是目前已知在天然毒素和合成毒剂中毒性最强烈的毒素，它主要抑制神经末梢释放乙酰胆碱，使肌肉失去运动神经的支配，引起肌肉松弛麻痹。呼吸肌麻痹是致死的主要原因。

肉毒毒素经消化道吸收中毒，经 12～72h 的潜伏期后出现全身中毒症状。早期症状有恶心、呕吐及腹泻等，继之出现头痛、头昏、眩晕、软弱无力。由于眼内外肌麻痹，中毒的重要特征为视力紊乱（复视、斜视、瞳孔散大、视力模糊，同时伴有眼球震颤）。严重病人有吞噬、咀嚼、语言、呼吸、排痰及抬头困难；症状继续发展则出现进行性呼吸困难，全身肌肉松弛性麻痹；继则脉搏加快，血压下降，短时间抽搐，意识丧失，最终因呼吸衰竭、心力衰竭或继发肺炎等而死亡。

由于肉毒毒素具有导致肌肉麻痹甚至萎缩的功能，因此现代美容学中将其用于阻缓面部肌肉的代谢，以达到延缓面部衰老的目的。

15.7.4.2　破伤风毒素

破伤风毒素（tetanus toxin）是破伤风杆菌进入生物体后分泌的一种毒素，包含痉挛毒素和溶血毒素两种。痉挛毒素对神经有特别的选择性和亲和力，经吸收后分布于脊髓、脑干等处，与中间联络细胞的突触相结合，而抑制突触释放抑制性传导介质甘氨酸或氨基丁酸，使运动神经元失去中枢的抑制，兴奋性增强，从而出现肌肉紧张性痉挛。溶血毒素能引起组织局部坏死和心肌损害。

破伤风杆菌是一种广泛存在于泥土、粪便、铁锈之中的革兰阳性厌氧芽孢杆菌。若创伤伤口较深，又有坏死的组织（导致局部缺血、缺氧），就形成了适合破伤风杆菌生长繁殖的环境。破伤风杆菌的潜伏期长短不一（往往与是否接受过预防注射、创伤的性质和部位及伤口的处理方式等因素有关），通常 7～8 日，但也有短仅 24 小时或长达几个月或数年者。其前期表现为乏力，头晕，头痛，咀嚼无力，反射亢进，烦躁不安，局部疼痛，肌肉牵拉，抽搐及强直，下颌紧张，张口不便等；发作期表现为肌肉持续性收缩（最初是咀嚼肌，以后顺序是脸面、颈项、背、腹、四肢、最后是膈肌、肋间肌）。患者神志始终清楚，感觉也无异常，一般无高热。

15.7.4.3　狂犬病毒

狂犬病（rabies）是由狂犬病毒引起的一种急性病毒性传染病，人兽都可以感染，又称恐水病、疯狗病等。该病主要是通过动物咬人时牙齿上带的唾液中的狂犬病病毒侵入人体而受到感染。狂犬病一旦发病，其进展速度很快，多数在 3～5 天，很少有超过 10 天的，病死率为 100％。

狂犬病潜伏期无任何症状，缓慢渐进，临床症状多数病例在一个月甚至半年后才发病。在狂犬病的发病初期，病人多有低热、头痛、全身发懒、恶心、烦躁、恐惧不安等症状；接着，病人对声音、光线或风之类的刺激变得异常敏感，稍受刺激立即感觉咽喉部发紧，被病兽咬伤的伤口周围，也有麻木、痒痛的异常感觉，手脚四肢仿佛有蚂蚁在爬；两三天以后，病人处于高度兴奋的状态（称为兴奋或狂躁期），突出表现为极度恐水（听到水声，看见甚至想到水就会引起咽部的剧烈痉挛和呼吸困难），怕风，遇到声音、光线、风等，都会出现咽喉部的肌肉严重痉挛。由于交感神经兴奋，病人出现大汗及流涎，加上呕吐及进食进水的障碍，很快即出现脱水，体温高达 39～40℃。兴奋期（约 2～3 天）后，病人安静下来进入麻痹期，出现全身瘫痪，呼吸和血液循环系统功能衰竭，并迅速陷入昏迷，十几个小时后死亡。狂犬病的病程，一般不超过 6 天。

15.7.4.4　动物毒素

许多动物为了捕猎和自卫的需要，常分泌和储存有毒素，这些动物包括毒蛇、毒蝎、毒蜘蛛、毒蛙、毒蚁、蜈蚣等。

蛇毒是一类复杂的混合物，不同种类的蛇毒中所含的成分也不相同，一般来说含有十数种酶，近二十种非酶类蛋白质和多肽以及少量的中性脂、磷酸和游离单糖；无机盐以钠、钾、锌离子为主，也含有一定的钙、锰离子。有毒成分主要是蛋白质和多肽，占干毒重 85％～90％，而蛋白质中 90％是白蛋白和球蛋白。具体来说，金银环蛇毒、响尾蛇毒等主要含有与乙酰胆碱作用的阻断性神经毒素；竹叶青蛇、烙铁头蛇、五步蛇和蝰蛇蛇毒中主要含有血循毒；而蝮蛇、眼镜蛇和眼镜王蛇蛇毒属于混合型毒素。

被具有神经毒素的蛇咬伤后，局部症状不明显，流血少，红肿热病轻微。但是伤后数小时内出现急剧的全身症状，病人兴奋不安，痛苦呻吟，全身肌肉颤抖，吐白沫，吞咽、呼吸困难，最后卧地不起，全身抽搐，呼吸肌麻痹而死亡。被具有血循毒素的蛇咬伤后，伤处剧痛并迅速肿胀、发硬、流血不止，皮肤呈紫黑色，常发生皮肤坏死，淋巴结肿大，经 6～8h

可扩散到头部、颈部、四肢和腰背部，并伴有战栗、体温升高、心动加快、呼吸困难、不能站立、鼻出血、尿血、抽搐等。如果咬伤后4h内未得到有效治疗则最后因心力衰竭或休克而死亡。被具有混合毒素的蛇咬伤后，局部伤口红肿，发热，有痛感，可能出现坏死。毒素被吸收后，全身症状严重而复杂，既有神经症状，又有血循毒素造成的损害，最后死于窒息或心力衰竭。

黑寡妇蜘蛛毒主要含有与乙酰胆碱酯作用的促进性神经毒素；河豚毒素是一种专一性阻断为产生神经冲动所必需的Na^+向神经或肌肉细胞的流动，使神经末梢和神经中枢发生麻痹，最后使呼吸中枢和血管神经中枢麻痹致死的神经毒素，其致死量约为$10\mu g \cdot kg^{-1}$；蝎毒素主要含有阻断性神经毒素；蜈蚣毒主要含溶血性蛋白酶、生物胺和蚁酸等；蟾蜍毒的活性成分主要是作用于心脏的蟾毒配基-3-辛二酰精氨酸酯，其致死量约为$0.3mg \cdot kg^{-1}$；水蛭毒中含有血液抗凝因子（称水蛭素），会导致血液失凝、血流不止。

15.7.4.5 植物毒素

许多植物和菌类也含有可使误食者致命的毒素，如含强心配糖体毒素的植物有毛地黄、夹竹桃、铃兰、马利筋、万年青、海檬果、侧金盏花等，中毒时可造成呕吐、异常视觉、心脏传导阻碍、心室性心律不整等，严重时甚至可造成死亡；含氰化物前驱物的植物有树薯、杏仁、亚麻、苏铁、桃、李、梅子、枇杷等果实之核仁，此类植物如制造过程处理不当，则服食后可在人体内分解产生氰化物，而造成氰化物中毒，影响体内呼吸链的进行，造成代谢性酸中毒，而致昏迷、休克、死亡；可造成皮肤炎的植物有侧柏、龙舌兰、琼麻、漆树、腰果、黄金葛、福禄桐、小叶黄杨、金露花、咬人猫、咬人狗、猪草、蚌兰、紫锦草、紫锦木、圣诞红、白千层、紫茉莉、垂柳等，这些植物可造成皮肤红疹、疼痛、肿胀，严重时可致溃疡、水疱或全身性红疹、多形性红疹；含草酸的植物有姑婆芋、龙舌兰、彩叶芋、芋、海芋、孔雀椰子、酸模等，皮肤接触这些植物汁液可致皮肤炎，食入时则可致口腔肿胀、疼痛、腹泻等肠胃症状；含乙酰胆碱作用的植物有大花曼陀罗、红花曼陀罗、马缨丹等，中毒时可造成口干、瞳孔扩大、心跳加速、血压升高、便秘、小便困难、皮肤干等症状，严重时并可导致心室性心律不整、发烧或精神病症乃至昏迷；可造成肠胃伤害的植物有短果苦瓜、油桐、石栗、巴豆、麒麟花、龙骨木、绿珊、蓖麻、日本女贞、仙客来、海绿等，中毒时可造成呕吐、腹泻、肠胃出血等症状。

马钱子碱（又称士的宁、毒鼠碱、番木鳖碱）是取自一种分布于印度、越南、缅甸、泰国、斯里兰卡等地的叫做马钱科的番木鳖树的一种生物碱，在番木鳖树的提取物中，除含有马钱子碱外，还含有番木鳖碱和箭奴子等其他类型的生物碱。箭奴子也是爪哇产的一种名为箭毒木（又称见血封喉）的桑科植物（云南西双版纳热带雨林中也有该植物）的有毒成分。也有人将马钱子碱、番木鳖碱和箭奴子统称为马钱子碱，是早期猎人涂敷在箭头和飞标上射杀猎物和敌人的毒药。

氨基乙酸是脊椎神经系统的一种传导抑制剂，马钱子碱能与氨基乙酸作用使其失去活性，因而可以选择性地兴奋脊髓，能增强骨骼肌肉对刺激的敏感度和紧张度，对大脑皮层及视、听器官也有一定兴奋作用。早期主要用作毒鼠药及用于治疗偏瘫、瘫痪、弱视症。过量使用会破坏中枢神经，导致神经系统的强烈反应，导致肌肉过度收缩。中毒者会先脖子发硬，然后肩膀及腿痉挛，直到中毒者向后蜷缩成弓形并伴有背部肌肉极度疼痛，并且只要中毒者说话或做动作就会再次痉挛。中毒者或死于精力耗尽，或死于因呼吸神经失控而导致的窒息。中毒者死后尸体仍然会抽搐，面目狰狞，形象恐怖。

15.7.4.6 战争毒剂芥子气，沙林，梭曼与塔崩

芥子气（mustard gas，学名β,β'-二氯二乙硫醚），呈微黄色或无色的油状液体，其挥发气体具有芥子或大葱、蒜臭味。芥子气于第一次世界大战后期首先由德军大量使用，其后各国军队相继效仿，造成大量人员伤亡。其伤亡率占毒剂总伤亡人数 130 万的 88.7%，故有“毒剂之王”之称。芥子气可与 DNA、蛋白质、酶等起烷化反应。DNA 烷化后分子结构被破坏，细胞有丝分裂障碍，影响细胞增殖；RNA 烷化后，影响氨基酸摄合，导致蛋白质代谢障碍，剂量大时出现细胞核碎裂、核崩解和细胞死亡。由于细胞死亡，引起组织炎症、坏死和后期的修复反应。细胞分裂活跃、代谢旺盛的组织，如淋巴组织、造血组织、肠上皮组织及睾丸造精组织对芥子气较为敏感。中毒后淋巴器官萎缩，骨髓造血组织破坏，造血细胞减少或消失，肠黏膜上皮和腺体细胞核浓缩碎裂，绒毛水肿、坏死、黏膜脱落，黏膜下炎症、出血，导致腹泻、便血、水及电解质丧失，严重者可致休克。剂量较大时中枢神经系统呈现“中毒性脑病”的表现。

沙林（sarin，学名甲氟膦酸异丙酯），是第二次世界大战期间德国纳粹研发杀虫剂的副产物而获得的一种致命神经性毒气（并没有在战场上使用），可以麻痹人的中枢神经。实验室里可通过甲基氧二氯化磷与氟化氢反应，产物甲基氧二氟化磷再与甲基氧二氯化磷及异丙醇反应，即得沙林。沙林是有机磷酸盐，会破坏生物体内的神经传递物质乙酰胆碱酯脢，使肌肉只有收缩作用而无扩张作用，中毒后表现为瞳孔缩小、呼吸困难、支气管痉挛、剧烈抽搐等，严重的数分钟内死亡。1995 年 3 月 20 日，日本的“奥姆真理教”利用该毒气制造的东京地铁毒气案，致使 12 人死亡，数千人中毒，这是人类历史上首次公开使用沙林的例子。

梭曼（soman，化学名甲氟膦酸异己酯）是德国诺贝尔奖获得者理查德·库恩于 1944 年首次合成制得，但未及生产苏军就占领了工厂。此后，苏军根据所缴获的设备和资料，于 20 世纪 50 年代装备了梭曼弹药。梭曼的毒性比沙林大 3 倍左右。据有关资料记载，人若吸入几口高浓度的梭曼蒸气后，在一分钟之内即可致死，中毒症状与沙林相似。

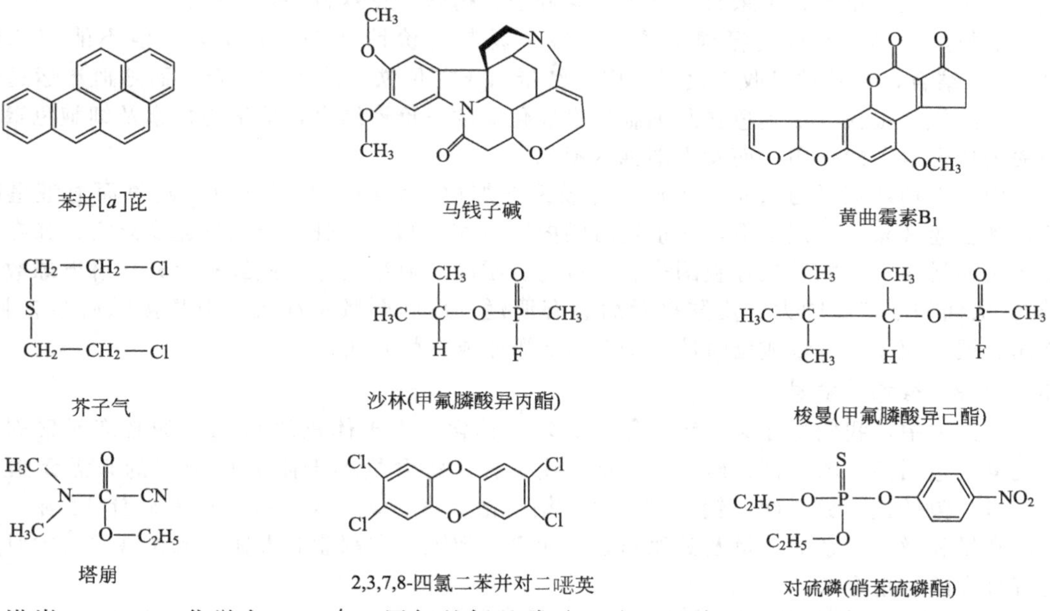

塔崩（tabun，化学名 N,N'-二甲氨基氰基磷酸乙酯）是德国的格哈德·施拉德于 1936 年首次合成制得，而他本人在次年初轻微中毒，成为塔崩的最早受害者。塔崩既是治疗神经系统的药剂，又是胆碱酯酶抑制剂。中毒症状与沙林相同，包括呼吸困难、流涎、恶心、呕吐、痛性痉挛、大小便失禁、抽筋、头痛、精神错乱、嗜睡、昏迷、惊厥、死亡。在两伊战争中，伊拉克首次将塔崩较大规模地用于实战。1981 年 1～11 月，伊拉克军队曾向伊朗军队阵地发射了塔崩炮弹，造成了人员伤亡。作为战争毒剂，塔崩虽然优于氢氰酸、光气等老式毒剂，可是由于其战术性能不及沙林，毒性只是沙林的 1/3，因此目前属于逐渐淘汰的战

争毒剂。

15.7.4.7　砷化合物

砷是一种化学元素，常见天然砷化合物有雌黄（As_2S_3）、雄黄（As_2S_2）、砷黄铁矿（FeAsS）等，砒石是上述天然矿物的初产品，也称为信石。含杂质但呈无色、白色或其他浅色者称为白信石；含杂质而呈红色者称为红信石，由于红信石色如丹顶鹤的红顶，故古代常称其为鹤顶红。将信石进一步精制得到的白色粉末俗称砒霜。砒石、信石、砒霜的有效化学成分均为 As_2O_3。

砷是生命体所必需的微量元素之一。缺砷可导致怀孕减少，自发流产和死胎较多，幼体生长滞缓等。砷过量可引起砷中毒，过量的砷进入人体后，会和蛋白质的硫基结合，使蛋白质变性失去活性，可以阻断细胞内氧化供能的途径，使人快速缺少 ATP 供能而死亡。

随着摄入量、摄入速度和摄入方式的不同其中毒症状各异。皮肤接触者会出现皮疹，甚至导致皮肤癌变；大剂量急性误服者则是胃剧痛，腹泻并带血，呕吐，体温下降，血压下降，头晕，痉挛，严重者导致昏迷，血液循环停止导致死亡；慢性中毒者会出现头疼、手脚痛、局部肿胀、脱发、心力衰竭等语言混乱或瘫痪。

15.7.4.8　氰化物

氰化物可分为无机氰化物（如氢氰酸、氰化钾、氯化氰等）、有机氰化物（如乙腈、丙烯腈、正丁腈等），凡能在加热或与酸作用后或在空气、组织中释放出氰化氢或氰离子的都具有与氰化氢同样的剧毒作用。氰化物曾经被用作毒气室执行死刑以及战争时的杀人武器。氰化物可由自然界的某些细菌、真菌及藻类产生，也可从某些植物性的食物（如杏仁、樱桃、李子、桃、银杏、干果梨、苹果和梨种子、树薯和特殊竹芽）中取得。

氢氰酸中毒的原理是氰根离子（CN^-）易与三价铁（Fe^{3+}）结合，但不能与二价铁（Fe^{2+}）结合，当其被吸收入血后，因血红蛋白含二价铁，故不与结合，而随血流运送至各处组织细胞，很快与细胞色素及细胞色素氧化酶的三价铁结合，使细胞色素及细胞色素氧化酶失去传递电子的作用，而发生细胞内窒息。

中毒者初期症候为头晕、头痛、呼吸速率加快、后期为发绀（由于缺氧而血液呈暗紫色）和昏迷现象。高剂量下，在很短时间内即可伤害脑及心脏，造成昏迷及死亡；如在低剂量下长期暴露，可能导致呼吸困难、心口痛、呕吐、血液变化（血红素上升、淋巴球数目上升），头痛和甲状腺肿大。皮肤接触后会有溃烂、皮肤刺激及红斑；眼睛接触后会有刺激、烧伤、视力模糊，过量或延时性接触会造成眼睛永久性伤害。

15.7.4.9　有毒重金属

在人体中，我们将除氧、碳、氢、氮外，其含量大于体重的 0.01％的必需元素称为常量元素，包括钙、磷、钾、硫、氯、钠、镁 7 种；将含量小于体重 0.01％的必需元素称微量元素，包括铁、锌、碘、铜、硒、氟、钼、钴、铬、锰、镍、锡、钒和硅计 14 种。上述必需常量和微量元素的过量及其他非必需元素的超限存在都能对人体造成伤害，其中对人体伤害最大的是重金属。

有人认为重金属对人体的危害由金属元素的化学性质所决定，根据多项物理指标和结构参数（如第一电离势、熔点、沸点、熔化热、汽化热、电化当量、结合能、离子半径、密度、电荷离子半径比、氧化性、离子奇偶性、挥发性等）对重金属的潜在毒性进行分类和排序，并结合生理、毒理和病理学的研究结果，得到的毒性大小序列是：汞＞镉＞铊＞铅＞铬＞铟＞锡≫银＞锑＞锌＞锰＞金＞铜＞镨＞铈＞钴＞钯＞镍＞钒＞锇＞镥＞铂＞铋＞镱＞铕＞镓＞铁＞钪＞铝＞钛＞锗＞铑＞锆≫铪＞钌＞铱＞锝＞钼＞铌＞钽＞铼＞钨＞铥＞镝＞钕＞铒＞钬＞钆＞铽＞镧＞钇。

人体中重金属过量可以对不同部位产生不同程度的毒害作用。铅一旦进入人体很难排除，直接伤害人的脑细胞，可造成胎儿的先天大脑沟回浅和智力低下，对老年人造成痴呆脑死亡等，具有致癌致突变作用；汞吸食后直接进入肝脏，对大脑、神经、视力等产生破坏作用；铬会造成四肢麻木，精神异常；镉会导致高血压，引起心脑血管疾病，造成骨中钙流失，引起肾功能失调；铝过量时可造成儿童的智力低下，中年人的记忆力减退，老年人的痴呆症等；钴能对皮肤有放射性损伤；钒能损伤人的心、肺，导致胆固醇代谢异常；硒超量时会得踉跄病；铊会使人得多发性神经炎；锰超量时会引发甲状腺机能亢进；铁过量时会损伤细胞的基本成分（如脂肪酸、蛋白质、核酸等），导致其他微量元素（如钙、镁）失衡。

当然重金属的毒性的大小与其出现的状态有关，一般来说，元素态的重金属毒性很低，离子态和无机重金属化合物的毒性较高，有机重金属化合物的毒性最高。同一种重金属毒物对人体的毒害程度随人的年龄、性别、健康状况和摄取方式的不同而不同。

重金属的毒害机理比较复杂。一般来说，亲硫重金属元素（汞、镉、铅、锌、硒、铜等）与人体组织某些酶的巯基（—SH）有特别大的亲和力，能抑制酶的活性；亲铁元素（铁、镍）可在人体的肾、脾、肝内累积，抑制精氨酶的活性；六价铬可能是蛋白质和核酸的沉淀剂，可抑制细胞内谷胱甘肽还原酶，导致高铁血红蛋白，可能致癌；过量的钒和锰则能损害神经系统的机能。重金属中毒的临床症状一般是头痛、头晕、失眠、健忘、神经错乱、关节疼痛、结石、癌症（如肝癌、胃癌、肠癌、膀胱癌、乳腺癌、前列腺癌及乌脚病和畸形儿）等；尤其对消化系统、泌尿系统的细胞、脏器、皮肤、骨骼、神经破坏更加严重。

15.7.4.10　环境毒物二噁英

二噁英（dioxin）是一种无色无味、毒性严重的脂溶性物质。二噁英实际上是一个简称，它指的并不是一种单一物质，而是结构和性质都很相似的包含众多同类物或异构体，包括 210 种化合物，这类物质非常稳定，熔点高、极难溶于水，所以非常容易在生物体内积累。自然界的微生物和水解作用对二噁英的分子结构影响较小，因此，环境中的二噁英很难自然降解消除。

二噁英的毒性是氰化物的 130 倍、砒霜的 900 倍，有“世纪之毒”之称。国际癌症研究中心已将其列为人类一级致癌物。焚烧含氯物质便会释放出二噁英，化工企业、冶金企业、农药厂是主要的污染源。二噁英常以微小的颗粒存在于大气、土壤和水中。

二噁英的毒性因氯原子的取代位置不同而有差异，故在环境健康危险度评价中用它们的含量乘以等效毒性系数得到等效毒性量。二噁英中以 2,3,7,8-四氯二苯并对二噁英（2,3,7,8-TCDD）的毒性最强，研究也最多。

二噁英是环境内分泌干扰物的代表，它们能干扰机体的内分泌，产生广泛的健康影响。二噁英能引起雌性动物卵巢功能障碍，抑制雌激素的作用，使雌性动物不孕、胎仔减少、流产等；低剂量的二噁英能使胎鼠产生腭裂和肾盂积水；给予二噁英的雄性动物会出现精细胞减少、成熟精子退化、雄性动物雌性化等。流行病学研究发现，在生产中接触 2,3,7,8-TCDD 的男性工人血清睾酮水平降低、促卵泡激素和黄体激素增加，提示它可能有抗雄激素和使男性雌性化的作用。

2,3,7,8-TCDD 对动物有极强的致癌性。用 2,3,7,8-TCDD 染毒，能在实验动物诱发出多个部位的肿瘤。流行病学研究表明，二噁英暴露可增加人群患癌症的危险度。根据动物实验与流行病学研究的结果，1997 年国际癌症研究机构将 2,3,7,8-TCDD 确定为Ⅰ类人类致癌物。

15.7.4.11　三致性毒物

三致性毒物是指那些进入人体后能致癌、致畸、致突变的毒物。

致癌性是指来源于自然和人为环境，在一定条件下能诱发人类和动物癌变的物质。致癌物包括物理性致癌物质（如 X 射线、放射性核素及日光中的紫外线等）、生物性致癌物质（生物合成产物如真菌毒素、生物碱、苷、水和土壤微生物、低级和高级植物合成多环芳烃化合物、动物和人类激素等）及化学致癌物质（其种类最多、分布范围广）三类。

凡能引起胚胎发育障碍而导致胎儿发生畸形的物质称为致畸物。卵受精后准确地进行着细胞增殖和器官形成的过程，如果在孕卵转为胎儿的胚胎阶段（妊娠的第 2～8 周）受到致畸物的影响，就可能造成各种类型的畸形（如小头、无脑、耳聋、肢体残缺、先天性心脏病等）。

能引起生物体细胞遗传信息发生突然改变的物质称为致突变物质。

虽然由这些毒物致病、致残、致死的效应是远期的，但对人类生存的威胁甚大，其影响关系到人类子孙后代是否依然为“人”，人类是否会从地球物种名单上消失的问题。常见的可疑三致化学物质如表 15.7.2 所示。

表 15.7.2　常见的可疑三致化学物质

种类	主要代表
致癌物	苯，苯并[a]芘，双(2-氯乙基)醚，氯乙烯单体，氯仿，四氯化碳，二噁英，亚硝胺，石棉，铬酸盐，砷化物，艾氏剂，狄氏剂和异狄氏剂，放射性物质，黄曲霉毒素 B_1，病毒
致畸物	2,4,5-三氯苯酚，二噁英，有机汞，苯二甲酸酯，砷酸盐，镉盐，乙酸苯汞，雄性激素类，香豆素衍生物，己烯雌酚，二苯基乙内酰脲，噁唑烷-2,4-二酮，多氯联苯，孕酮类，四环素，反应停，碘化物及丙硫脲嘧啶等
致突变物	DDT，2,4-二氯苯酚，2,4,5-三氯苯酚，二噁英，苯臭氧，砷酸盐，镉盐，铅盐，亚硝胺，苯并[a]芘，甲醛，苯，有机汞，甲基对硫磷，敌敌畏，谷硫磷，百草枯，黄曲霉毒素 B_1 等

习题与思考题

15.1　根据给出的结构式写出药物的名称，或根据给出的名称画出结构式，并简要说明该药物主要用途和作用机理。

① 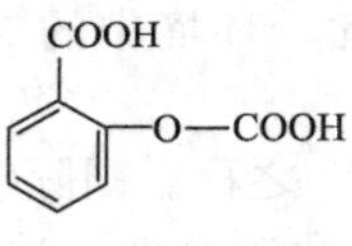　　， 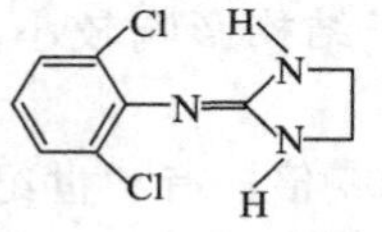　　， 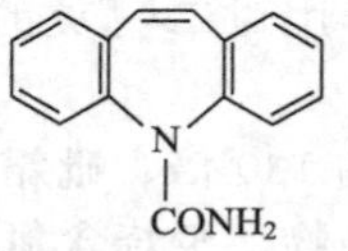　　， 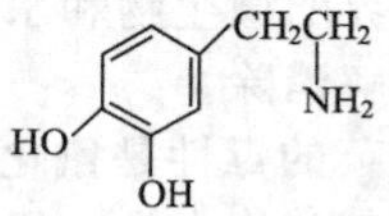　　；

② 诺氟沙星，青霉素 G，度冷丁，氟尿嘧啶，马钱子碱；

③ 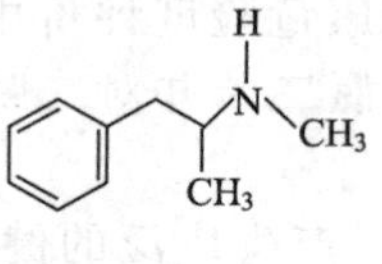　　， 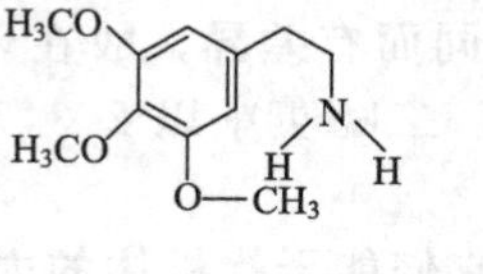　　， 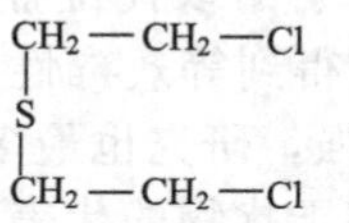　　，

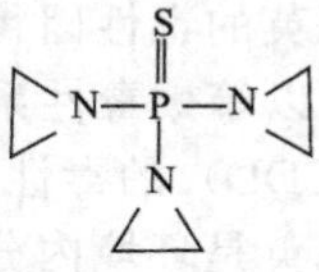

15.2　抗生素按化学结构可分为哪几大类？简述每类抗生素的作用特点和副作用。

15.3　天然青霉素有什么缺点？研制半合成青霉素的目的是什么？

15.4　写出磺胺甲噁唑和环丙沙星的合成路线。

15.5　喹诺酮类抗菌药物可以分为几代？每代的代表药物分别有哪些？

15.6　咖啡因具有哪些主要的临床作用？

15.7　简述一种硝苯地平的合成路线，并注明其反应条件。

15.8　APC 的主要成分有哪些？有哪几种功能？

15.9　当前常用的抗肿瘤药物有哪几类？每种类型的典型代表各有哪些？当前抗肿瘤药物的研究动向是什么？

15.10　进行半合成结构修饰是近年来发现抗癌新药的重要途径，请问在喜树碱、长春新碱、鬼臼毒素和紫杉醇的基础上进行结构修饰可分别得到哪些新药？其性能得到了哪些改善？

15.11　降糖药按化学结构可分为哪几类？各举出至少一种药物，并画出其结构式。它们的降血糖机理分别是什么？

15.12　毒品的定义和分类是什么？吸毒有哪些危害？

15.13　根据毒品的制造过程，公安部门控制的易制毒化学品有哪些？

15.14　蝎与狂犬病毒的作用机理分别是什么？它们在本质上有什么区别？

15.15　蛇毒的主要成分有哪些？蛇毒有哪些医用价值？其特点是什么？

参考文献

[1] Carl H Snyder. The Extraordinary Chemistry of Ordinary Things. New York：John Wiley&Sons，Inc. 1992.
[2] 杨光华主编．病理学．第 5 版．北京：人民卫生出版社，2003.
[3] 李　瑞，殷　明主编．药理学．第 5 版．北京：人民卫生出版社，2003.
[4] 戴　敏主编．医药学基础．北京：化学工业出版社，2005.
[5] 李瑞芳主编．药物化学教程．北京：化学工业出版社，2006.
[6] 徐文芳主编．药物化学．北京：高等教育出版社，2006.
[7] 魏玉芝主编．毒品学．北京：群众出版社，1999.
[8] 朱宝泉，李安良，杨光中等主编．药物合成手册．北京：化学工业出版社，2003.
[9] 何燧源．环境毒物．北京：化学工业出版社，2002.
[10] 王汝龙，原正平．化工产品手册（第三版）//药物．北京：化学工业出版社，2000.
[11] 刘岱岳，余传隆，刘鹊华主编．生物毒素开发与利用．北京：化学工业出版社，2007.

[illegible]

参 考 文 献

[1] [illegible] John Wiley & Sons, Inc. [illegible]
[2] [illegible]
[3] [illegible]
[4] [illegible]
[5] [illegible]
[6] [illegible]
[7] [illegible]
[8] [illegible]
[9] [illegible]
[10] [illegible]
[11] [illegible]